suhrkamp taschenbuch
wissenschaft 1773

Die Kulturphilosophie steht üblicherweise der Erkenntnis- und Wissenschaftstheorie eher fern. Fragen historischer Kulturentwicklung, aktuellen Kulturvergleichs oder der Kulturkritik werden kaum auf die besonderen Kulturleistungen des Menschen bezogen, wie zweckrationales Handeln in Technik und Wissenschaft, Erscheinungsformen des Sprachlichen und die Ausbildung besonderer Methoden des Erkennens und Begründens in Lebenswelt, Wissenschaft und Philosophie. Zwar ist die Kultürlichkeit dieser menschlichen Kulturleistungen unbestritten, aber Naturalisierungstendenzen, insbesondere in naturwissenschaftlich geprägten Weltbildern, verdecken den Charakter von Rationalität zwischen Natur- und Geisteswissenschaften. Anknüpfend an die Tradition des Methodischen Konstruktivismus und Kulturalismus, greift Peter Janich klassische Themen der theoretischen Philosophie auf und führt kritisch zu Alternativen auch für aktuelle Fragestellungen der Kommunikation, der Information und der Naturwissenschaften vom Menschen.

Peter Janich ist Professor für Philosophie an der Philipps-Universität Marburg. Im Suhrkamp Verlag ist zuletzt von ihm erschienen: *Konstruktivismus und Naturerkenntnis. Auf dem Weg zum Kulturalismus* (1996, stw 1244).

Peter Janich

# Kultur und Methode

*Philosophie in einer wissenschaftlich geprägten Welt*

Suhrkamp

Bibliografische Information Der Deutschen Bibliothek
Die Deutsche Bibliothek verzeichnet diese Publikation
in der Deutschen Nationalbibliografie
http://dnb.ddb.de

suhrkamp taschenbuch wissenschaft 1773
Erste Auflage 2006

Satz: TypoForum GmbH, Seelbach
Druck: Nomos Verlagsgesellschaft, Baden-Baden
Printed in Germany
Umschlag nach Entwürfen von
Willy Fleckhaus und Rolf Staudt
ISBN 3-518-29373-7

1 2 3 4 5 6 – 11 10 09 08 07 06

# Inhalt

## Kapitel VI: Wissen vom Menschen

# Einleitung

Vernünftiges Handeln in einer von Wissenschaften geprägten Welt ist eines der wichtigsten Anliegen gegenwärtiger Philosophie. Ziele und Mittel, dafür einen Beitrag zu leisten, gibt es viele. Ein besonderer Fokus liegt dabei auf Ethik und Politik. Vor allem die Technik- und Naturwissenschaften mit einem aktuellen publizistischen Schwerpunkt bei der Hirnforschung und der Nanotechnologie (kaum daß sich die Aufmerksamkeit für die Informationstechnologie, die Humangenomforschung und die Zellbiologie beruhigt hat) fordern oder provozieren ein Nachdenken über Verschiebungen im aktuellen Menschenbild, über Chancen und Risiken, über neue Verantwortung und rechtliche wie politische Vorsorge. *Die praktische Philosophie* findet heute zu Recht Aufmerksamkeit und Gehör.

Eine andere gewichtige Stimme der Philosophie kommt aus der Besinnung auf ihre eigene Tradition. Man erhofft sich wieder Orientierung aus einer *Lektüre der Klassiker.* Ihr Kreis erweitert sich bzw. läßt sich erweitern dadurch, daß auch lebende Philosophen zu Klassikern ausgerufen oder ihre Schriften wie Klassikertexte behandelt werden. Gespeist werden diese Bemühungen von verschiedenen Faktoren: Die Zahl der akademischen Philosophiehistoriker hat im deutschen Sprachraum immer die Zahl der philosophischen Systematiker bei weitem übertroffen; das Schreiben von Philosophiegeschichte ist eine der vornehmsten Geisteswissenschaften und gewinnt den Rang einer moralischen Pflicht, wo das Hochschulsystem vor allem nach ökonomischen Gesichtspunkten reformiert oder umorganisiert wird; und der allgemeine Zulauf zum Historischen – lange vernachlässigt – nimmt auch die Philosophiegeschichte nicht aus. Nicht zuletzt mag mancher Leser (und mancher Philosophiehistoriker) die Autorität der bekannten Namen schätzen: Da weiß man, was man hat (und zu welcher Gemeinde man sich gesellt).

Weit weniger Aufmerksamkeit dagegen findet die *systematische theoretische Philosophie.* Der Boom der Wissenschaftstheorie scheint beendet, obwohl immer noch nachwirkt, daß ihre einflußreichsten Schulen mit einer Philosophie der Wissenschaften auch die Erkenntnistheorie beerben wollten. Die Philosophien der Sprache haben sich zu Expertenwissenschaften hochstilisiert. Die Herausforderung der theoretischen Philosophie durch Entwicklungen der

Künstlichen-Intelligenz- und der Hirnforschung haben eine analytische Philosophie des Geistes nach sich gezogen, die ihre Hauptaufgabe in Analyse und Beschreibung eines Katalogs von Positionen sieht, die zum Leib-Seele-Problem entwickelt wurden. Eine Wissenstheorie der Neurowissenschaften kommt darin ebensowenig vor wie eine Sprachkritik. Konstruktivismen und Naturalismen bleiben gegenüber den Entwicklungen von Technik und Naturwissenschaft, um so mehr gegenüber Sozial- und Geisteswissenschaften meistens in der Distanz einer Beschäftigung mit sich selbst.

Die Zusammenstellung der vorliegenden Texte versucht, gegenüber diesen Entwicklungen einen anderen Weg zu finden. Einerseits sollen die thematischen Fluchtpunkte der theoretischen Philosophie wie Erkenntnis, Wahrheit, Sprache, Wissenschaft oder Anthropologie festgehalten werden. Andererseits ist vom Spektrum der Relativierungen und Pluralisierungen, von Umbrüchen der Lebenswelt, der Wissenschaften und der Philosophie Kenntnis zu nehmen und nach den *Möglichkeiten weiterentwickelter Rationalität* zu fragen.

In der Tradition eines methodischen Philosophierens gewinnen unter veränderten Bedingungen alte Fragen neue Berechtigung: Welche Möglichkeiten methodischer Begründung von Wissen in den lebensweltlichen, wissenschaftlichen und philosophischen Formen gibt es noch? Welche Geschichts- und Kulturabhängigkeit als Relativität ohne Relativismus läßt sich ausmachen? Wie läßt sich mit der technischen Umgestaltung der Kultur ohne Zerrbild der Technik umgehen? Wie sind Synthesen oder arbeitsteilige Kooperationen von Natur-, Technik-, Sozial- und Geisteswissenschaften aus philosophischer Sicht möglich?

Die vorliegenden Texte sind zum Teil publizierte, zum Teil aus Publikationen in Vorbereitung stammende, zum Teil unpublizierte Überlegungen etwa zu Forschungsprojekten. Einige verdanken ihre Themenstellung der Vorgabe eines Kongreßthemas, einige dem Anliegen von Herausgebern interdisziplinärer Sammelbände, wieder andere den Arbeitsschwerpunkten eines zu ehrenden Festschrift-Empfängers. Solche Herkünfte beziehen aus ihrem Auftragscharakter eine Orientierung an Fragen, die in anderen als den eigenen Forschungszusammenhängen für erheblich oder aktuell gehalten werden. Andererseits fordern sie heraus, in der Kontinuität der eigenen Arbeit nach Stellungnahme und origineller Fortsetzung oder nach Opposition zu suchen.

Eine Kohärenz erhalten die vorliegenden Texte durch den methodischen, nach linguistischer, pragmatischer und kulturalistischer Wendung weiterentwickelten Ansatz: Was können wir wissen in den Spannungsverhältnissen von Lebenswelt und Wissenschaft, von Erkenntnis- und Wissenschaftstheorie, von Naturalismus und Kulturalismus, von Information und Kommunikation, von wissenschaftlicher Transsubjektivität und kultürlicher Relativität? Mit welchen Argumenten können aus methodischer Perspektive neue Entwicklungen aufgenommen, Abgrenzungen zu manchen Trends begründet und Veränderungen von Menschenbildern durch Wissenschaften aufgefangen werden?

Das Projekt einer Philosophie rationalen Handelns in einer wissenschaftlich geprägten Welt soll den systematischen Kern, eine Art Quintessenz der thematisch weit gestreuten Aufsätze markieren: In sechs Kapiteln zu je drei Texten geht es zunächst (Kapitel I) um einen kritischen Blick auf das gespannte Verhältnis von Technik und Kultur. Keine umfassende Kulturphilosophie, sondern die Kulturförmigkeit der Technik als Modell für die Technikförmigkeit der Kultur soll einen Aspekt klären, der in kulturphilosophischen Betrachtungen gerne (nicht zuletzt wegen der Technikfremdheit von Kulturphilosophen) übersehen wird. Ein solcher Kulturbegriff, der zweckrationales Handeln nicht gleich mit Nützlichkeitsdenken verwechselt, aber leicht unter das Verdikt der antiken Philosophie gerät (und zum minderwertigen Stiefbruder der Sinnrationalität herabgestuft wird), erlaubt die Frage, ob nicht das prinzipielle Fehlen eines archimedischen Standpunktes außerhalb aufeinandertreffender Kulturen durch die konstruktive Gewinnung einer Beobachterperspektive aufgefangen werden kann. Im Verhältnis von Handwerk und Mundwerk sind Grundzüge methodischen Philosophierens zu präzisieren, mit denen die methodischen Merkposten fixiert werden, um sich in der auffächernden Vielfalt von Konstruktivismen und Kulturalismen zu verorten.

Sprechen als Handeln zu verstehen (Kapitel II) führt zu einer Grundfigur von Begründungsanfängen im Handlungsvollzug. Die analysierende und beschreibende Grundtendenz der Wissenschaftstheorie und ihrer Bestimmungen von Wissenschaftlichkeit wird durch den Rückgang von der Beschreibungsperspektive auf die Vollzugsperspektive erweitert. Der in Lebenswelt, Wissenschaft und Philosophie mehrdeutige Informationsbegriff – hier semantisch und pragmatisch an Gelingen und Erfolg von Kommunikation orientiert, dort als formaler oder struktureller Informationsbegriff auf semantische Bedeutung und alethische Geltung verzichtend – erweist sich als später Abkömmling einer Sprachphilosophie, in der die Sonderform eines monologischen, naturwissenschaftlich-mathematischen Sprechens mit beschreibender oder behauptender Absicht die Sprachphilosophie beherrscht hat. Auch der Versuch, das alte Thema »Satz vom Widerspruch« sprachpragmatisch aufzufangen, bedient sich der handlungstheoretischen Reflexion der Sprache.

Erkennen und Begründen (Kapitel III) hat sich heute den vielfältigen Ansprüchen naturalistischer, von Naturwissenschaftlern aus ihren Disziplinen heraus extrapolierter Thesen und Vorschläge zu stellen. Szientistische oder biologistische, naturalistische oder reduktionistische Auffassungen von Kognition jeglichen Typs werden einem kulturalistischen Verständnis von Erkennen und Wissen gegenübergestellt, um selbst die schwächste Form naturalistischer Thesen von den Grenzen der Erkenntnis als problematisch zu erweisen. Begründungsanfänge, noch einmal in der Vollzugsperspektive handlungstheoretischer Sprachauffassung aufgenommen, eröffnen einen neuen Zugang zu apriorischem Wissen in der Minimalbestimmung, daß es zu empirischer Falsifikation nicht freigegeben wird, weder lebensweltlich (wie beim Alibi-Prinzip) noch wissenschaftlich (wie bei der Dreidimensionalität des Erfahrungsraums) noch philosophisch (wie beim Satz vom Widerspruch). Bedeutung und Geltung sind handlungstheoretisch einzufangen in einem methodischen Pragmatismus, der sich nicht nur dem Laien verständlich machen läßt, sondern der seine Reichweite auch für den philosophischen Fachmann in das Spektrum unterschiedlicher Typen von Wahrheiten hinein erkennen läßt.

Die Konjunktur des Informationsbegriffs (Kapitel IV) hält unter Einflüssen der Informationstechnologie, der Informationsmetaphorik der Biologie und soziologisch-politischer Auseinandersetzung um Informationsgesellschaft und Datenschutz an. Die Naturalisierung von Information fügt sich unter dieser Perspektive in den Mainstream fachwissenschaftlicher, philosophischer und populärer Auffassungen. In einer Kritik von einem Sprachverständnis her, das die Rolle der Sprache primär in der Kommunikation (und nur abgeleitet in der Signifikation oder gar in der Formalisierung) sieht, sind informationsbegriffliche Naturalisierungen zurückzuweisen. Das Aufkommen einer eigenen Medienphilosophie aus heterogenen Ursprüngen und mit diversen Zielsetzungen läßt sich (auch gegenüber einer sich ausdifferenzierenden Unterscheidung von Medium und Mittel) fruchtbar an methodischen Reihenfolgen prüfen. Gleichsam als Gegengewicht ist der Optimismus zu kritisieren, maschinell die kommunikative Kompetenz »natürlicher« – und natürlich »kultürlicher« – Sprecher zu substituieren.

Wissenschaftstheoretisch (Kapitel V) ist das schon in der Formulierung »Handwerk und Mundwerk« aufgenommene antike Spannungsverhältnis am historischen Vorbild der Geometrie Euklids zu identifizieren, um unerkannte Belastungen heute vorherrschender Aufteilungen in eine (formale) mathematische und eine (empirische) physikalische Geometrie – mit allen Folgen erkenntnistheoretischer Blickverengungen – darzulegen. Die Chemie, philosophisch gesehen immer noch der Exot unter den Naturwissenschaften, bietet eine Fülle von Überraschungen, wo sie nicht naturalistisch, sondern als Kulturleistung betrachtet wird. Die Biologie, längst zum starken Konkurrenten der Physik als Leitwissenschaft geworden, ist von der Blickverengung auf beobachtende Naturgeschichtsschreibung zu befreien und wissenschaftsphilosophisch als das wahrzunehmen, was sie nicht nur im Bereich von Molekular- und Zellbiologie längst geworden ist: eine Experimentalwissenschaft.

Dies leitet (Kapitel VI) über zum Wissen vom Menschen, das – nach den großen Programmen einer Anthropologie als Tatsachenwissenschaft im 20. Jahrhundert – heute unter die Vorherrschaft molekularistischer Betrachtungsweisen geraten ist und unter den Schlagzeilen des Humangenomprojekts und der Neurowissenschaften nicht nur neue (der Sache nach aber alte) Determinismen behauptet, sondern mit faktischem Erfolg bis etwa in die Rechts- und Geschichtswissenschaften hinein ein neues Menschenbild zu zeichnen beansprucht. Hier ist der Fokussierung auf die natürlichen Dispositionen des Menschen seine kultürliche Situiertheit in den Aufgaben der Lebensbewältigung entgegenzusetzen; und hier tut wieder Sprachkritik not, freilich mit einem pragmatisch und kulturhistorisch fundierten Verständnis von »Sprache«. Exemplarisch wird für das kognitionswissenschaftliche Projekt der Erforschung von Raumkognition deren Sprachabhängigkeit in einem methodischen Entwurf aufgefangen.

Die Anliegen dieses Durchgangs durch Aspekte des Handelns und Sprechens in kultürlichen, wissenschaftlich geprägten Lebensumständen sind deutlich zu sehen: Es sind einerseits Aktualisierungsbemühungen der klassischen Fragen nach Erkenntnis, Wahrheit, Sprache, Wissenschaft und Anthropologie, andererseits ein rationaler Umgang mit den zwingenden und den begrenzenden Aspekten von Relativierung und Pluralisierung: Wie viel Rationalität läßt sich undogmatisch in Lebenswelt, Wissenschaft und Philosophie explizieren und begründen?

Gerichtet sind diese Bemühungen gegen manche vorherrschenden Tendenzen der Naturalisierung in Erkenntnistheorie, Wissenschaftstheorie und in den Naturwissenschaften vom Menschen. Getragen ist der Versuch von der Hoffnung, daß methodische Begründungen möglich sind und eine Kulturabhängigkeit ohne Relativismus oder Aufgabe von Geltungsansprüchen anerkennungswürdig ist. Die Rolle der technischen Zivilisation läßt sich kompetent und gelassen aufnehmen und zu einer Synthese von Natur-, Technik-, Geistes- und Sozialwissenschaften im Sinne einer expliziten und gerechtfertigten Arbeitsteilung führen.

Letztlich ist es die Hoffnung des Autors, die über Jahrzehnte geführten Diskussionen der methodischen Philosophie in aktuellen Themenfeldern und Aspekten produktiv fortzusetzen. Ethik und Politik sollten sich in ihren wichtigen Aufgaben auf geklärte Fundamente im Theoretischen stützen können.

# Kapitel I
# Kultur und Methode

## 1. Technik und Kulturhöhe

Das Verhältnis von Technik und Kultur ist in der heutigen öffentlichen Meinung durch eine Reihe fest etablierter Klischees bestimmt. Die deutsche Alltagssprache hält Suggestionen bereit, die man sozusagen als Indiz für das nehmen kann, was man immer schon gedacht hat, solange man nicht danach gefragt wurde.

Ziel dieses Aufsatzes ist es, eine philosophische Reflexion über das Verhältnis von Technik und Kultur anzustellen. Der Weg zu diesem Ziel wird von der Kulturförmigkeit der Technik zur Technikförmigkeit der Kultur führen. Doch dies ist ein Vorgriff. Zunächst geht es um die Klischees, die von Alltags- und Bildungssprache bereitgehalten werden – vor allem im Deutschen.

### 1. »Kultur«

Kultur ist heute ein allgegenwärtiges Modewort, vor allem in der Form von Bindestrichkulturen wie Streitkultur, Unternehmenskultur, Badekultur, Eßkultur usw. Es scheint nichts mehr zu geben, was nicht mit dem Wort »Kultur« eine Bindestrichvereinbarung eingehen könnte, um dadurch die Sache selbst interessanter und wertvoller zu machen. Um diese Wort-Politik oder Wort-Psychologie soll es hier jedoch nicht gehen.

Das Wort Kultur ist vielmehr auch zur Einteilung von Aufgabenbereichen üblich. Es gibt ein Kulturressort, eine Kulturpolitik, in großen Zeitungen eine Kulturredaktion, einen Kulturstaatsminister und einen Kulturetat. Kultur ist eine öffentliche Aufgabe.

Dabei fällt auf: Technik kommt in ihr nicht vor. Erst wenn Technik alt ist und ins Museum wandert oder unter Denkmalschutz gestellt wird, d. h., erst wenn Technik schön wird, wird sie Teil der Kultur. Aber die Technik der Industrieproduktion, die Technik unter der Motorhaube des Autos, die Computertechnik usw. sind keine Gegenstände, an die man durch das Wort Kultur erinnert wird.

Der Erinnerung wert ist freilich die Herkunft des Wortes »Kultur«: Es leitet sich ab vom lateinischen Verbum *cultivare*, das die menschliche Tätigkeit bezeichnet, in die Natur nach eigenen Zwekken einzugreifen. Der Ackerbauer und der Viehzüchter, aber auch der Steinbrecher und der Straßenbauer, der Holzfäller und der Bergmann, d. h. jeder für den menschlichen Lebensunterhalt Tätige, der sich bei der Natur bedient, ist ein *cultivator*. Im heutigen Deutsch ist diese ursprüngliche Bedeutung nur noch im Zusammenhang von Bakterien- und Obstbaumkulturen erhalten.

Schon diese kurze Erinnerung an die Abstammung des Wortes Kultur zeigt, daß mit Kultur ursprünglich bezeichnet war, was wir heute Technik nennen.

## 2. »Technik«

Das deutsche Wort ist über das Französische aus dem griechischen Adjektiv *technike* und dem Substantiv *techne* abgeleitet, und es heißt soviel wie Kunst, künstlich, in den lateinischen Entsprechungen *ars* und *artefactum*.

In der vor allem durch Aristoteles prominent gemachten Einteilung zwischen Natur und Kultur ist das Technische das Künstliche, das vom Menschen naturwidrig und kunstvoll nach Zwecken hervorgebracht wird. Es sind die handwerklich herstellenden Handlungen, die Poiesis, die zu Artefakten (lat.), zu technischen Produkten, führen.

Schon bei Aristoteles[1] war die Gegenüberstellung von Natur und Technik eine solche von Aspekten. Ein und dasselbe Objekt, das der Mensch handwerklich bearbeitet hatte, konnte dadurch künstliche Eigenschaften gewinnen und zugleich einige natürliche behalten.

In moderner Alltagssprache kann man drei unterschiedliche Bedeutungen von Technik bzw. technisch unterscheiden: Einmal spricht man von der Technik im Sinne der Beherrschung eines Handlungsschemas, etwa wenn von der Technik eines Pianisten, eines Malers, einer Tänzerin, einer Sängerin oder irgendeines hand-

1 Aristoteles befaßt sich in mehrfachem Zusammenhang mit Technik, etwa in seiner Physikvorlesung, in der *Metaphysik* (Buch Lamda, 3.1070a) (Technik als das vom Menschen handelnd Hervorgebrachte im Unterschied zu dem von Natur aus Gewordenen) und in der *Nikomachischen Ethik*. Dort wird Technik explizit als das bezeichnet, was durch poietische Hervorbringung im Gegensatz zur Praxis steht. Vgl. Janich 1996a; Janich 1998d. Außerdem: Artikel »Technik« in: Ritter, J./Gründer, K. (Hg.), *Historisches Wörterbuch der Philosophie*, Bd. 10, 1998, S. 940-952.

werklich oder künstlerisch Schaffenden die Rede ist. Zum zweiten spricht man von Technik im Zusammenhang mit etablierten Verfahren, etwa einer Guß- oder einer Informationstechnik (nicht selten in einer wenig sprachbewußten Vermengung mit dem Wort Technologie). Und zum dritten bezeichnet man mit Technik den ganzen Bereich der Produkte handwerklicher und ingenieurmäßiger Konstruktion.

Lehrbücher der Ingenieurwissenschaften im weitesten Sinne bemühen sich ebenfalls, einen Technikbegriff zu entwickeln und eine möglichst umfassende Definition zu geben. Dort heißt es üblicherweise, Technik diene dem Transport, der Transformation und der Speicherung von Stoff, Energie und Information. Diese Bestimmung ist für den sprachkritischen Philosophen insofern provozierend, als die drei (vermeintlichen) Gegenstandsbereiche Stoff, Energie und Information drei Wörter mit höchst unterschiedlichen Rollen in den Technik- und Naturwissenschaften betreffen. Energie ist ein in der Physik explizit durch Meßverfahren definierter Parameter. Stoff ist dagegen ein in den Einleitungen von Chemiebüchern allgegenwärtiges Wort, das allerdings innerhalb der Fachwissenschaften niemals eine Definition erfährt.[2] Und Information ist der bestenfalls sekundär definierte Grundbegriff eines Wissenschaftsbereichs, der sich einerseits mathematische Kommunikationstheorie nennt und andererseits als höchst erfolgreiche Ingenieurdisziplin eine lange Schleppe unverarbeiteter sprachphilosophischer Anhängsel nach sich zieht.[3] Die ingenieurwissenschaftlichen Bestimmungen von »Technik« sind also zumindest inhomogen, wohl aber insgesamt unüberlegt.

Philosophisch betrachtet geht es bei Technik in den drei erstgenannten Verwendungsweisen letztlich immer um die Beherrschung von Mitteln nach Zwecken, seien diese Mittel nun Handlungsschemata (wie beim Pianisten), Verfahren (wie bei der Gußtechnik) oder Produkte und Folgen von Handlungen (wie bei Ingenieurkonstruktionen).

War oben darauf hingewiesen worden, daß die ursprüngliche Wortbedeutung von »Kultur« genau dem entspricht, was man heute unter Technik versteht, so zeigt sich hier umgekehrt, daß »Technik« genau den Bereich bezeichnet, der einen Kernbereich der Kultur

2 Vgl. Psarros 1999; Hanekamp 1996.
3 Janich 1998e; 1999a (auch im vorliegenden Band).

ausmacht. Mit anderen Worten, ein erster, genauerer Blick auf die Wortverwendungen führt in den direkten Gegensatz zu den Üblichkeiten der deutschen Alltags- und Bildungssprache.

## 3. Deutsche Bildungssprache

Im Unterschied zu den romanischen und angelsächsischen Sprachen gibt es im Deutschen einen prägnanten Unterschied von »Kultur« und »Zivilisation«. Bei »Kultur« denkt der gebildete Deutsche an Bach, Goethe und Dürer, bei (»technischer«) Zivilisation an Auto, Zentralheizung und Wasserspülung.

Dabei hat man bereits vergessen, daß »Zivilisation« (als Form etablierter Technik) abgeleitet ist vom Lateinischen *civis*, Bürger. Der Bürger ist der Bewohner einer Burg oder einer von Stadtmauern umfriedeten Stadt; heute lebt niemand mehr in Burgen oder innerhalb von Stadtmauern, sondern in der City. (Ich übergehe hier den politischen Aspekt des Übergangs vom *bourgeois* (als dem Burg- oder Stadtbewohner) zum *citoyen*, dem aufgeklärten (Staats-)Bürger der Französischen Revolution.[4]

Auch dieser kurze Blick auf die Ursprungsbedeutung des Wortes Zivilisation verweist darauf, daß es dabei gerade nicht um handwerkliche oder ingenieurmäßige Produkte geht, sondern um ein geregeltes Zusammenleben der Menschen in einer städtischen Gemeinschaft, also um Sitte, Moral, Recht und Staat.

Schon ein flüchtiger Blick zeigt also, daß die Technik, deren Etabliertheit sich als Zivilisation äußert, dem Sprachgebrauch nach der Kultur entzogen, aus der Kultur ausgebürgert wurde – wie gesagt, im Deutschen. Der Kultur-Charakter von Techik und Zivilisation ist im üblichen deutschen Sprachgebrauch übersehen, ignoriert, verdrängt oder zumindest unterbewertet.

An diese drei Befunde zu den Stichworten Kultur, Technik und der deutschen Rede von Zivilisation sei nun eine philosophische Kritik angeschlossen. Diese Kritik soll konstruktiv sein und in zwei Schritten vorgehen. Im ersten wird Technik als Kulturleistung ausgewiesen, im zweiten ein Technikmodell für Kultur vorgeschlagen. Damit soll das einleitende Versprechen eingelöst werden, von der

4 Vgl. Riedel 1971.

Kulturförmigkeit der Technik zur Technikförmigkeit der Kultur zu gelangen.

## 4. Technik als Kulturleistung

Technik in ihrer ursprünglichen, von Aristoteles bestimmten Bedeutung ist der Gegenbegriff zu Natur. Natur ist das, was den Grund aller Veränderung in sich selbst trägt, damit auch, neben qualitativer Veränderung und örtlicher Bewegung, den Grund für Werden und Vergehen, den Grund für die eigene Existenz. Technisch ist dagegen, was der Mensch naturwidrig hervorbringt. Technik ist das Zweckrationale, das für den Philosophen (seit Aristoteles) deshalb von besonderer epistemologischer Wichtigkeit ist, weil der Mensch die Natur nur nach dem Vorbild des eigenen Handelnkönnens, des technischen Eingriffs, der Naturwissenschaften also, verstehen kann.

Demgegenüber nehmen Naturalisten an, daß Technik nur die angewandten, nach menschlichen Zwecken genutzten Naturgesetze umfaßt, die vom Menschen ganz unabhängig da und im günstigen Falle durch den Menschen in den Naturwissenschaften erkannt sind.[5]

Gegen diesen Streit zwischen einer kulturalistischen und einer naturalistischen Religion läßt sich einwenden, daß unstrittig ist: Technik (in den drei oben erläuterten Bedeutungen des Wortes) einschließlich der in naturwissenschaftlicher Forschung genutzten technischen Mittel ist nicht wieder von Natur aus, sondern durch menschliches Handeln in der Welt. Menschen sind Künstler, Handwerker, Ingenieure, Techniker und Laborforscher.

Der erwähnte Streit der Religionen spitzt sich zu beim Handlungsbegriff.[6] Ist »Handeln« etwas spezifisch Menschliches und Kultürliches, oder ist es nur natürlich im selben Sinne, wie die Bewegungen und Regungen, die Hervorbringungen und Erscheinungsformen der Tiere und Pflanzen natürlich sind?

Die heute bei weitem dominanteste Auffassung sagt, daß Tiere in ihren Leistungen den Menschen sehr ähnlich sind und sich zumin-

5 Zum Verhältnis von Technik und Naturwissenschaft vgl. Janich 1997b; 1992c.

6 Eine methodische Handlungstheorie mit einer Anwendung in der Sprachphilosophie ist entwickelt in: Janich 2001b.

dest als Exemplare betrachten lassen, in denen wir Vorstufen der naturgesetzlichen Evolution zum Menschen erblicken dürfen bzw. sollen. Die technischen Hervorbringungen des Menschen seien nur etwas weiter entwickelt als die tierischen Produkte wie Nester, Bienenwaben und Spinnennetze. Es ist heute geradezu ein Modetrend, von der Kultur der Tiere im Unterschied zur Natur des Menschen zu reden,[7] den Tieren hohe und höchste Weihen zuzusprechen, etwa in der doch so menschlichen Leistung des Täuschens und Lügens, der zweckrationalen Übervorteilung des Rivalen und in der Fürsorglichkeit der den Nachwuchs lehrenden Elterngeneration. Nach dieser Modemeinung spricht nichts dagegen, daß Tiere handeln, Erkenntnisse haben und ihre eigene Kultur hervorbringen. Sollte sich diese dem Menschen als Schwundstufe präsentieren, könnte es ja immer noch an mangelnder Wertschätzung des Tieres durch den Menschen oder an mangelnder Erkenntnisfähigkeit des Menschen gegenüber dem Tier liegen.

Demgegenüber läßt sich, weniger von den Höhen überzogener biologischer Theorien herab, mit den Umständen des täglichen Lebens argumentieren: Menschen müssen lernen, in die jeweilige Kultur hineinzuwachsen. Unbestritten unterscheidet den Menschen vom Tier seine ungewöhnlich lange Lerngeschichte, seine späte Pubertät, sein Zwang, nicht wie das neugeborene Junge von Tieren eben in der Natur zu sein, sondern sich in der Kultur orientieren und bewähren zu müssen. Dazu zählt, daß eine elementare Unterscheidung erworben werden muß, nämlich die zwischen Handlungen, die den Menschen von der Gemeinschaft als Verdienst oder Verschulden zugerechnet werden, und den anderen Regungen und Bewegungen, den anderen Vorgängen am und im eigenen Körper, den anderen Widerfahrnissen und Umständen.

Gerne übersehen Naturalisten, die eine dem Tier und dem Menschen gemeinsame Natur betonen, daß auch sie selbst der sittlichen und rechtlichen Verpflichtung unterworfen sind, die von der Gemeinschaft kommt. Keine naturwissenschaftliche Erklärung für die Konstitution und Leistung des eigenen Organismus kann davon befreien. Der Mensch ist für die Folgen seines Handelns moralisch und rechtlich verantwortlich.

Der Mensch muß deshalb im Unterschied zum Tier mühsam

7 Vgl. etwa de Waal 2001 (deutsch 2002).

ein Handlungsvermögen erwerben (und differenziert sich in der Gemeinschaft durch den Grad, wieweit ihm dies gelingt): Er muß als selbstbestimmt lebendes Individuum Zwecksetzungsautonomie, Mittelwahlrationalität und Folgenverantwortlichkeit entwickeln. Keine der drei Bestimmungen trifft auf das Vermögen von Tieren zu. Das Handlungsvermögen orientiert sich an kultürlichen Normen und differiert historisch und geographisch, sozial und politisch nach den jeweiligen Umständen. Dennoch kann in einer philosophischen Handlungstheorie hinzugefügt werden, daß zum Handlungsbegriff, bestimmt durch Zurechnung von Verdienst und Schuld, zählt: Handlungen können unterlassen werden; zu Handlungen kann man sinnvoll auffordern; Handlungen können ge- und mißlingen, sei es bezogen auf die Absichten des Handelnden, sei es bezogen auf etablierte Regeln; Handlungen können Erfolg und Mißerfolg haben, indem sie ihren Zweck erreichen oder verfehlen.

Diese Bestimmung des Handelns, die damit das Handeln von einem naturwissenschaftlich kausal erklärbaren Verhalten (im Sinne von *behaviour*, nicht im Sinne von *conduct*) zu unterscheiden erlaubt, ist einschlägig auch für eine ganz spezifisch menschliche Form des Handelns, nämlich das Sprechen. Auch sprachliches Verhandeln ist Handeln.

Was bedeutet diese spezifisch menschliche Leistung, handeln zu können, für den Begriff der Technik?

## 5. Drei Handlungstypen für Technikbegriffe

Handlungen lassen sich nach verschiedenen Aspekten unterscheiden und einteilen. Hier sei zunächst die Gegenüberstellung von kinetischen, poietischen und praktischen Handlungen betrachtet.

Kinetische, also Bewegungshandlungen, sind von natürlichen Bewegungen von Mensch und Tier zu unterscheiden. In natürlicher Hinsicht sind die Tiere in ihren Bewegungen den Menschen weit überlegen. Aber der Mensch lernt Gehen, Schwimmen, Radfahren, Autofahren, Tanzen; er entwickelt Sportarten wie den Eiskunstlauf, das Turmspringen, Golf- und Tennisspielen, und er lernt Musizieren auf dem Klavier oder der Geige, der Flöte oder mit der Posaune. Er entwickelt eine Gestensprache, lernt Schreiben und vollzieht das ganze Leben in Bewegungen, bei denen das Natürliche nur vorkommt im Reflex, etwa um beim Ausrutschen auf der berühmten Bananenschale den Sturz zu vermeiden, beim elektrischen Schlag oder um beim Anfassen eines heißen Gegenstandes die Hand zurückzuziehen, vor einem Objekt die Augenlider zu schließen und bei einer Fülle weiterer, natürlich-angeborener Bewegungsmuster. Neugeborene Menschenkinder können sogar tauchen und unter Wasser schwimmen, verlieren diese Naturfähigkeit und müssen sie später als die Kunst des Schwimmens und Tauchens, des Atmens und Atemanhaltens neu erlernen.

Der Mensch hat zur Beschreibung solcher Fähigkeiten nur seine menschliche Sprache. Deshalb liegt es nahe, daß er auch seine Beobachtungen z. B. an heranwachsenden Raubvögeln oder Räubern unter Säugetieren anthropomorph als Lehren und Lernen von Fähigkeiten beschreibt. Ebenso tendiert der Mensch dazu, beim Tier nach Gelingen und Mißlingen, nach Erfolg und Mißerfolg zu beschreiben, was er an ihm beobachtet. Dennoch kann es gar keine Frage sein, daß es nicht den geringsten Anhaltspunkt für die drei Bestimmungen des Handlungsvermögens beim Tier gibt, nämlich die Zwecksetzungsautonomie, die Mittelwahlrationalität und die Folgenverantwortlichkeit. Dies gilt bereits ohne Frage für die kinetischen Handlungen des Menschen.

## 6. Poiesis

Das herstellende Handeln steht unter einer fatalen historischen Belastung. Den großen griechischen Philosophen war die eigene körperliche Tätigkeit im Verhältnis zum Philosophieren und Politisieren derart unwürdig erschienen, daß sie – trotz häufigen Rückgriffs auf das Handwerk zu Erläuterungszwecken etwa in der Ethik – für die Abwertung des *banausos* (wörtlich: des Handwerkers) verantwortlich sind. Die Mundwerker haben im europäischen Geistesleben das Diktat über die Handwerker übernommen. Und völlig verwirrt präsentiert sich das Lateinische, wenn es aus dem griechischen Poiesis lateinisch den Poeten macht, der gerade nichts handwerklich herstellt, sondern Verse schmiedet und damit allenfalls ein metaphorischer Handwerker ist.

Die Abgrenzung der Poiesis gegenüber der Kinesis als Aspekt des Handelns ist nicht trivial. Zum einen gibt es ohne Kinesis keine

Poiesis. Zum andern ist nicht jede Kinesis auch schon poietisch, weil man etwa beim Pfeifen eines Liedes, das sicher ein Handeln ist, nicht von einem Produkt sprechen kann. Ja selbst bei bleibenden Folgen (wie dem Ordnen von Büchern in einem Regal) hat man es nicht mit einem Produkt zu tun, an das zu denken ist, wenn die poietischen Handlungen eines Schreiners oder Maurers betrachtet werden.

Eine nähere Bestimmung gelingt, wenn wir von Poiesis nur dort sprechen, wo Produkte geschaffen werden, die zur eigenen oder fremden Verwendung dienen und dabei einer gewissen Neuinterpretation ihres Mittelcharakters für (neue) Zwecke offenstehen.

Die Poiesis ist der Prototyp einer Handlung, für den die Zweck-Mittel-Rationalität die zentrale Rolle spielt. Wer etwas herstellt, setzt sich zuerst den entsprechenden Zweck, faßt einen entsprechenden Plan und ergreift dann die entsprechenden Mittel. Dabei ist das Wort »Mittel« in der deutschen Alltagssprache mehrdeutig: Einerseits ist selbstverständlich die zum Ziel führende Handlung das Mittel, andererseits bezeichnet man gerne die erforderlichen Werkzeuge oder das erforderliche Material als Mittel zur Realisierung eines Zwecks. Manche Autoren sprechen hier von Gütern.

In Handwerk und technischer Herstellung ist der strikte Bezug zwischen Mittel und Zweck unstrittig: *Ex post* steht immer fest, ob ein Mittel geeignet war für die Realisierung eines Zwecks. Dennoch ist diese Verbindung nicht im selben Sinne eineindeutig, wie dies für den Zusammenhang von Ursache und Wirkung in Kausalerklärungen angenommen wird. Vielmehr kann ein und derselbe Zweck durch verschiedene Mittel, also auf verschiedenen Wegen erreichbar sein, und umgekehrt kann ein und dasselbe Mittel für verschiedene Zwecke taugen. Damit kommen dort, wo technisches Handeln eine tragende Rolle spielt (wie z. B. in den experimentellen Naturwissenschaften), spezifische Probleme in den Blick.

(1) Für eine Technikgestaltung und eine vorausschauende Technikfolgenbeurteilung[8] gibt es prinzipielle Grenzen. Der Erfinder und Erzeuger technischer Produkte kann auch bei bester Planung nicht vorhersehen, welche Umdeutungen die nach bestimmten

8 Zum Begriff der Technikfolgenbeurteilung im Unterschied zur Technikfolgenabschätzung (TA) vgl. Gethmann/Janich./Sax 1993; Grunwald (Hg.) 1998; Grunwald/Sax (Hg.) 1994. Die Verbindung von Technikfolgenbeurteilung mit einer philosophischen Theorie des Handelns findet sich in: Grunwald 2000.

Zwecken bereitgestellten technischen Mittel später durch andere Verwender finden. Jedes Produkt erzeugt gewissermaßen eine neue historische Situation, in der andere Agenten mit den dinglichen Überbleibseln früherer Technik völlig neu verfahren können. (Es ist nicht zufällig von Psychologen für die Bestimmung von »Intelligenz« aufgegriffen worden, die Phantasie und Flexibilität eines Probanden bei der unkonventionellen Umdeutung von Mitteln für neue Zwecke heranzuziehen.)

(2) Das reduktive Vorgehen der Naturwissenschaften von »höheren«, komplexeren Beschreibungsebenen auf niedrigere, mehr »elementare«, findet ihre Grenzen in der Nichteineindeutigkeit der Verknüpfung von Mittel und Zweck. Wenn etwa in der naturhistorischen Forschung der Evolutionsbiologie eine Hierarchie von Komplexitätsebenen in Organismusmodellen angenommen wird, um die Entstehung des Menschen aus Einzellern nachzuzeichnen, dann handelt es sich um Verhältnisse von Modellbildungen.[9] Höhere Systemeigenschaften »emergieren«[10] aus niedrigeren im Sinne einer gelungenen Modellbildung für die Emergenzprozesse oder Emergenzverhältnisse zwischen zwei verschiedenen Modellierungen desselben Gegenstandes. Modelle sind zweckmäßige Mittel. Ein und dasselbe zu Modellierende kann mit verschiedenen Modellen erfaßt werden, wie umgekehrt auch ein und dasselbe Modell für verschiedene Modellierungen brauchbar sein kann. Das heißt, es greift zu kurz, das reduktive Vorgehen der Naturwissenschaften dort, wo es sich nicht einfach um einen logisch-definitorischen Zusammenhang der verschiedenen Systemebenen handelt, auf einen durchgängigen Kausalnexus zu reduzieren. Vielmehr hängen die verschiedenen, auseinander (angeblich) emergierenden Systemebenen von den jeweils gewählten Mittel-Zweck-Zusammenhängen und den dabei getroffenen Auswahlen der Naturwissenschaftler ab.

(3) Ein Spezialfall dieses Zusammenhangs ist das sogenannte Körper-Geist-Problem.[11] Erläutert am einfachen Beispiel: Die Eigenschaft einer einfachen Rechenmaschine, richtige Rechenergebnisse zu produzieren, kann weder logisch-definitorisch aus der physikali-

9 Eine Ausarbeitung dieser Überlegungen findet sich in: Gutmann 1996; Weingarten 1992; Janich/Weingarten 1999.

10 Zu einer Kritik naturalistisch verstandener Emergenztheorien vgl. Janich 2002b, auch im vorliegenden Band.

11 Janich 1993a, S. 39-54.

schen Beschreibung des Rechners abgeleitet werden, noch folgt sie kausal aus diesen. Rechenmaschinen dienen bekanntlich nicht dazu, beliebige Ergebnisse zu liefern, sondern dienen dem Zweck, richtige Resultate zu produzieren. Die (zu einer mathematischen Aussage auf der Metastufe stehende) Behauptung, ein Rechenresultat sei richtig (oder wahr), kann schon deshalb nicht aus der physikalischen Beschreibung der Rechenmaschine logisch-definitorisch folgen, weil in dieser das Wort »richtig« (oder »wahr«) nicht vorkommt. Kausal kann die Richtigkeit der Resultate nicht aus der physikalischen Beschreibung des Rechners folgen, weil im Falle eines Defekts der Rechenmaschine, also im Falle falscher Rechenergebnisse, niemand auf die Widerlegung der physikalischen Gesetze schließen würde, nach denen die Rechenmaschine gebaut ist und funktioniert. Wenn aber falsche Rechenergebnisse keine Falsifikation physikalischer Sätze leisten, kann im Umkehrschluß nicht von einer zutreffenden physikalischen Beschreibung des Rechners auf die Gültigkeit der Rechenergebnisse geschlossen werden. Defekte Rechner verfehlen nur einen menschlichen Zweck, d. h., sie sind keine geeigneten Mittel mehr, die menschliche Leistung des Rechnens maschinell zu substituieren.

Zur dritten Form des Handelns, der Praxis, kann hier nur kurz ein Aspekt angedeutet werden. In seiner *Nikomachischen Ethik* hat Aristoteles Poiesis (inklusive Kinesis) und Praxis unterschieden. Mit den oben angedeuteten handlungstheoretischen Mitteln läßt sich diese Unterscheidung so aufnehmen: Bei Poiesis werden Zwecke festgehalten und nach zweckmäßigen Mitteln gesucht. In der Praxis dagegen geht es um die Zwecke selbst, um ihre Setzung, Kritik, Modifikation, Rechtfertigung oder ähnliches.

Man sieht, daß die Klassifikation von Handlungen nach kinetisch, poietisch und praktisch nur verschiedene Aspekte der Beschreibung gegebenenfalls ein und desselben Handlungszusammenhangs betrifft. Auch wo durch Körperbewegungen ein handwerkliches Herstellen nach Zwecken betrieben wird, unterliegen diese in der Regel einem Rechtfertigungsgebot.

Nicht selten begegnet man in der Debatte um das Verhältnis von Geistes- oder Kulturwissenschaften zu Natur- und Technikwissenschaften der Auffassung, es sei ein Zeichen niederer Gesinnung, immer nach dem Zweck zu fragen, statt ein (moralisch wertvolles) zweckfreies Handeln in den Blick zu nehmen. Solche Auffassungen leben von einer schlichten Verwechslung. Zweckmäßig hat nichts mit nützlich oder schädlich zu tun. Ob Natur- und Technikwissenschaften in ihren Leistungen nützlich oder schädlich sind, hängt von einer entsprechenden Bewertung ihrer Forschungszwecke und von Nebenfolgen ihrer Realisierung ab. Aber daß diese Forschung selbst zweckrational und damit ihre Maßnahmen zweckmäßig sind, hat damit nichts zu tun.

Darüber hinaus darf wohl gefragt werden, wieso auch Praktiken, in denen es um eine (moralische, rechtliche oder politische) Rechtfertigung von Zwecken geht, nicht selbst zweckrational sein dürfen. Hier können diese Fragen nicht weiter verfolgt werden. Vielmehr soll mit den drei Bedeutungen von »Technik« in den Handlungstypen Kinesis, Poiesis und Praxis ein Begriff der Kulturhöhe bestimmt werden.

## 7. Kulturhöhe[12]

Für Handeln spielen Reihenfolgen von Teilhandlungen in den allermeisten Fällen eine entscheidende Rolle. Tatsächlich besteht das menschliche Alltagsleben, die Tätigkeiten des Berufes (vom Handwerker über den Naturwissenschaftler bis zum Politiker) nicht aus isolierten Einzelhandlungen, sondern aus Handlungsketten. Häufig (wenn auch nicht immer) hängt dabei der Erfolg, also das Erreichen des Zwecks, von der Einhaltung zweckmäßiger Reihenfolgen der Teilhandlungen ab. Dies gilt trivialerweise schon bei kinetischen Handlungen: Wer einen weiten Sprung machen möchte, wird zuerst anlaufen und dann springen und nicht umgekehrt.

Ein naturalistischer Fehlschluß wäre es, die Richtung von Geschehnissen (einschließlich der Handlungen) naturgesetzlich durch den zweiten Hauptsatz der Wärmelehre auszeichnen oder gar definieren zu wollen. Denn die hier unbestrittene, wiederholt und ohne Ausnahme zu machende Beobachtung bestimmter Abläufe (z. B. des Vermischens von heißem und kaltem Wasser in einem Behälter zu warmem, nie jedoch die Entmischung von warmem Wasser zu einer

12 Der Begriff der Kulturhöhe wird erstmals verwendet in: Janich 1998d. Daran schließt sich eine Debatte an, die jüngst fortgeführt wurde in: Gutmann/Hartmann/Weingarten/Zitterbarth (Hg.) 2002; dort etwa Schneider, H. J., »Technikgeschichte als Paradigma für Kulturverstehen?«, S. 302-321.

Portion heißen und einer Portion kalten Wassers) bedarf immer einer eindeutigen Kennzeichnung der beschriebenen Zustände nach früher und später, die der beschreibende und handelnde Mensch bereits mitbringen muß, also in die Beobachtung und ihre Beschreibung investiert. Handlungen selbst sind zeitlich, genauer modalzeitlich strukturiert: Man handelt immer, um etwas (in der Zukunft Liegendes) zu erreichen, zu vermeiden oder aufrechtzuerhalten. Und dazu zieht man das Handlungsvermögen heran, das in der Vergangenheit erworben wurde. So kommt die Reihenfolge von Ereignissen durch das Handeln als eindeutige in die Welt.

Dramatisch wichtig wird dies im Bereich der Poiesis. Darauf hat zuerst Hugo Dingler[13] mit seinem Operationalismus (etwa im Bereich der Geometriebegründung) hingewiesen. Eines seiner Beispiele: Wer eine bemalte Holzstatue herstellen möchte, muß zuerst schnitzen und dann malen. Und beim Hausbau müssen zuerst das Fundament gelegt, dann die Wände gebaut und dann das Dach aufgesetzt werden; das Decken des Daches geschieht immer von der Traufe zum First, relativ zu dem generell unterstellbaren Zweck, daß das Dach dem Schutz vor Niederschlägen dient.

So ist die Poiesis das Paradebeispiel für die Reihenfolge von Teilhandlungen in Handlungsketten, die nur bei Strafe des Mißerfolgs verletzt werden darf. Philosophisch wird daran ein »Prinzip der methodischen Ordnung« geknüpft, das es verbietet, in beschreibender oder vorschreibender Rede andere als die zum Erfolg führenden Reihenfolgen zu nennen.

Faktisch ist dies – jedenfalls im Alltag – ohne Einschränkung anerkannt: Niemand würde eine Gebrauchsanweisung, eine Bauanleitung oder ein Kochrezept akzeptieren, die durch Vorschreiben falscher Schrittfolgen regelmäßig zum Mißerfolg führen. Und auch Berichte, Geschichten, Erzählungen werden nicht akzeptiert, wenn durch Vertauschung der Schritte etwas anderes erreicht wird als das behauptete Resultat.

Mit diesem Grundprinzip des methodischen Philosophierens läßt sich nun der technische Fortschritt als Erreichen einer Kulturhöhe charakterisieren. Dazu zwei einfache Beispiele:[14]

Das Rad ist ein poietisches Produkt. Wird definitorisch verlangt,

13 Dingler 1911; 1955.

14 Die beiden Beispiele sind detaillierter ausgeführt im Aufsatz »Die Struktur technischer Innovationen« (Janich 1998d).

daß Räder frei drehbar auf Achsen oder fest auf frei drehbaren Achsen sitzen, kann es von Natur aus (wegen der Stoffwechselkohärenz der Organismen) keine Räder geben.

Die Entwicklungsgeschichte vom Wagenrad über die Seilrolle zum Flaschenzug, zum Zahnradgetriebe und zum Schneckengetriebe ist eine methodisch-konstruktive Kette von jeweils neuen Verwendungsbestimmungen des technisch bereits Erreichten.

Ebenfalls unumkehrbar, wenn auch abhängig von kontingenten empirischen Entdeckungen, ist das Beispiel des Drahtes. Nachdem die Herstellung metallischer Drähte zu mechanischen Verwendungen beherrscht wurde, konnte entdeckt werden, daß über sie auch elektrische Ladung abfließt (schon in der griechischen Antike war bekannt, daß die Reibung von Bernstein, griechisch *elektron*, an einem Tierfell eine Anziehung von Fasern und Haaren gegen die Fallrichtung bewirkt). Draht wird also vom Mittel zur mechanischen Befestigung zum Stromleiter für neue Zwecke und Techniken umgedeutet.

Die beiden Beispiele von Rad und Draht, das konstruktive und das empirische, weisen dieselbe Form technischer Handlungsrationalität aus, die auf der jeweils erreichten Höhe neue Zwecksetzungen durch Umdeutungen verfügbarer Mittel in Anspruch nimmt. Die Schritte sind jeweils unumkehrbar. Aussagen über die ältere Verwendung im Mittel-Zweck-Schema sind nicht (im Popperschen Sinne) durch die jüngere Technik falsifiziert. Es findet auch kein Paradigmenwechsel im Sinne Th. S. Kuhns statt. Vielmehr läßt sich von einer Koexistenz verschiedener Verwendungen desselben Mittels sprechen – wie dies ja vom eigentlichen Vater des Begriffs der Inkommensurabilität verschiedener Paradigmen, Ludwik Fleck, für den Bereich der Medizin als fruchtbare Situation behauptet worden war. Räder werden weiterhin für Wagen, Flaschenzüge, Getriebe usw. verwendet und ebenso Drähte für Zäune, mechanische Zwecke, aber auch als elektrische Leiter usw. Dennoch läßt sich durch die methodische Ordnung zwischen den einzelnen Entwicklungsebenen eindeutig und unumkehrbar ein technischer Fortschritt (innerhalb des jeweiligen Entwicklungsstranges) auszeichnen. Wiederum sei hinzugefügt, daß diese an archaischen Beispielen vorgetragenen Einsichten auch für Entwicklungsschritte etwa in modernster Automobil- oder der Computertechnik gelten.

## 8. Fazit: Die Technikförmigkeit der Kultur

Die vorangehenden Beispiele sollten einen in der Diskussion regelmäßig vernachlässigten Aspekt der Kultur hervorheben. Dies steht nicht in Konkurrenz zu anderen Aspekten der Kulturgeschichte, etwa der Geistes- oder der Kunstgeschichte. Allerdings bleibt für diese anderen zu prüfen, ob ihnen ebenfalls die Technikförmigkeit der Entwicklung zugesprochen werden kann.

Hier sollte vor allem auf die methodische Ordnung kinetischer, poietischer und praktischer Handlungen hingewiesen werden. Im Sinne einer Analogie läßt sich eine Betrachtung des ontogenetischen Erwerbs von Handlungsvermögen in der individuellen Biographie auf phylogenetische übertragen. (Allerdings soll hier kein Analogon zum biogenetischen Grundgesetz im Sinne Ernst Haeckels behauptet werden, wonach die Ontogenese die Phylogenese wiederhole.) Es gibt eine Art von kulturhistorischem Grundgesetz, wonach jedes Individuum die Kulturhöhe seiner Gemeinschaft durch eine individuelle Lerngeschichte »erwerben muß«, um sie zu besitzen.

Was W. Goethe mit seiner Aufforderung »Was du ererbt von deinen Vätern hast, erwirb es, um es zu besitzen!« gemeint haben mag, zeigt sich hier als Aufgabe für das Individuum, eine technische Partizipationskompetenz im Leben unserer Zivilisation zu erwerben. Es geht also nicht nur um den Erwerb sittlicher und rechtlicher sozialer Kompetenzen, sondern auch um den Erwerb von Handlungsvermögen, die sich adäquat als technische beschreiben lassen. Und hier sollte wieder nicht der enge Sprachgebrauch von »Technik« zugrunde gelegt werden, sondern ein weitestmöglicher; auch eine kommunikative Sprachkompetenz zählt zu ihr.

Eine Beseitigung des Reflexionsdefizits, wie es sich im Deutschen von der Alltags- und Bildungssprache bis zu naturalistischen und formalistischen Wissenschaftsverständnissen zeigt, ja schließlich in naturalistischen Welt- und Menschenbildern seinen Niederschlag findet, kann über den Weg der Kulturförmigkeit von Technik zur Technikförmigkeit von Kultur Aufklärung leisten. Diese ist einschlägig nicht nur für Technik-, sondern auch für Kulturwissenschaften und Kulturphilosophie.[15]

15 Dieser Ansatz ist näher ausgeführt in: Janich 2002c; auch im vorliegenden Band.

## 2. Kulturvergleich in der Beobachterperspektive
### *Versuch einer methodischen Grundlegung*

### Einleitung

Das Tagungsthema »Konstitution und Vergleichbarkeit von Kulturen« ist gewaltig, die Synopse von Ansätzen im Einladungsschreiben der Veranstalter eindrucksvoll. Da wird auf höchster Ebene von Kenntnis und Begriff, von Perspektivenvielfalt und Komplexitätsbewältigungsmut eine Aufgabe formuliert, die mir als Erkenntnis- und Wissenschaftstheoretiker methodischer Herkunft auf den ersten Blick als ein Multikulti-Metasyndrom erscheint: Wo läßt sich da Halt finden, wo anfangen, wo Anker werfen?

Das probate Rezept, besonderer Komplexität mit besonderer Einfachheit zu begegnen und etwa zu fragen, was unter Kultur zu verstehen sei, wo es um den Vergleich von Kulturen geht, versagt hier. Worin besteht das Problem oder das Bündel von Problemen, um das es bei Konstitution und Vergleich von Kulturen gehen soll? Wo sollen Antworten gesucht werden, da doch die Fragen und Problemformulierungen selbst auf höchstem Niveau *kulturwissenschaftlich vermittelt* sind? Sind also verschiedene Kulturbegriffe verschiedener Kulturwissenschaften oder kulturwissenschaftlicher Schulen ein geeigneter Anfang?

Die gegenwärtige Diskussionslandschaft ist noch problemreicher. In einem nicht mehr zu übersehenden Trend beanspruchen mehr und mehr Naturwissenschaftler, in Sachen Kultur und Kulturen mitzureden. Ob Evolutionsbiologen, Genetiker oder Hirnforscher, ob Mediziner, Pharmakologen oder Primatenforscher, die Grenzen zwischen Natur und Kultur, zwischen Tier und Mensch, zwischen naturgesetzlich erklärbarem Verhalten und moralisch zu verantwortendem Handeln scheinen zu verschwimmen. Werden Stimmen maßgeblich sein, die – wie der Primatenforscher Frans de Waal in seinem Buch *Der Affe und der Sushimeister. Über die Kultur der Tiere*[1] – in den Chor derer einfallen, die nach der Kopernikanischen, der Darwinschen und der Freudschen Kränkung des Menschen eine vierte, etwa neurologische (Willensfreiheit neurologisch widerlegt?)

1 De Waal 2001 (deutsch 2002).

oder eine genetische (Nature-nurture-Alternative zugunsten der Erbanlagen entschieden?) Kränkung erwarten – und selbstverständlich am liebsten selbst die dazu erforderliche Theorie liefern würden? Oder soll man den Stimmen folgen, die (ebenfalls aus naturwissenschaftlicher Primatenforschung kommend) behaupten, schon beim Vergleich ein- bis dreijähriger Kinder mit Schimpansen oder Bonobos ließen sich prinzipielle Unterschiede empirisch feststellen, wonach nur der Mensch zu Kooperation und sozialer Aufmerksamkeit fähig sei, nicht aber das Tier?[2]

Solche Orientierungsprobleme stellen sich bei Anfängen in einer Art von Top-down-Vorgehen. Als Anfang firmiert dabei die Höhe der Kulturwissenschaften und/oder der Kulturphilosophie – jeweils in der Vielfalt ihrer Teildisziplinen und Schulrichtungen. Statt dessen läßt sich auch in einem Bottom-up-Vorgehen ein erster orientierender Gang durch den Problemdschungel organisieren, wenn man alltagssprachlich, ohne hohen Anspruch auf wissenschaftliche Absicherung und philosophische Reflexion beginnt bei Fragen, die sich heute jedem Zeitungsleser und Fernsehzuschauer stellen. Ist ein unter den Vorzeichen des Islamismus antretender Terrorismus ein Kulturkampf? Gehen durch eine globalisierte Wirtschaft – und in deren Gefolge durch globalisierte Technik und Lebensformen – kulturelle Eigenständigkeiten verloren, die unter anderen Aspekten als wertvoll gelten? Weisen Unterschiede, die ein Fernsehzuschauer leicht in den ersten Minuten eines Unterhaltungsfilms zwischen einem amerikanischen und einem französischen Produkt feststellt, auf Kulturunterschiede hin? Verstehen wir andere Kulturen? Und selbstverständlich wird auch der fingierte Zeitungsleser und Fernsehzuschauer allüberall mit den neuesten naturwissenschaftlichen Erklärungsansprüchen einerseits, mit den vortrefflich ins Bild gesetzten jüngsten archäologischen und ethnologischen Forschungen andererseits konfrontiert; spektakuläre Kunstfunde zwingen zur Revision herrschender Meinungen über Zeit, Ort und Primat vergangener Hochkulturen; droht am Ende, daß wir bei gleichzeitigem Verlust der eigenen kulturellen Identität paradoxerweise immer weniger in der Lage sind, fremde Kulturen zu verstehen? Publizistische Unterstützung findet sogar das bildungsbürgerliche Schaudern vor der Unmöglichkeit, die Grenzen der eigenen Kultur zu über-

2 So etwa Tomasello 1999.

schreiten, wenn sich das andere *nur im Anderssein* und *nicht in dessen Betrachtung von außen* erschließt.

In all diesen Beispielen wird selbstverständlich schon mit Hilfe des Wortes »Kultur« operiert. Vorverständnisse sind unausweichlich und dunkel. Erst eine strenge Fassung von Problemen oder Fragen präzisiert die Rede von Kultur. Deshalb noch einmal die Orientierung: Um welche Probleme und Fragen geht es hier? Welche Zwecke sollen erreicht sein, wenn die Frage nach der Konstitution und dem Vergleich von Kulturen beantwortet ist?

Hier soll in einem Bottom-up-Ansatz eine erste, gewissermaßen analytische Runde versucht werden. Mit einem alltagssprachlichen Vorverständnis von »Kultur« und »Kulturen« ist zunächst naiv festzustellen, daß bestimmte Aspekte des Menschen ersichtlich in allen Kulturen vorkommen, wie immer sie gegeneinander abgegrenzt sein mögen: Der Mensch wird geboren und stirbt, und er ist einer Fülle von natürlichen Bedingungen seines Lebens unterworfen. Doch nicht nur diese naturhaften, auch kulturhafte Bedingungen sind sicher für alle Kulturen maßgebend: Der Mensch muß in sie hineinwachsen durch Lernen in Lebensgemeinschaften, die ihm allererst das Überleben ermöglichen.

Deshalb läßt sich in einem ersten Schritt, ohne gespielte Naivität, aber mit einer möglichst geringen Zahl von Vorentscheidungen fragen: Was ist das Minimum dessen, was *in allen Kulturen kultürlich* ist, d. h. was der Mensch, der quasi naturhaft geboren wird, in ihnen erwerben und lernen muß?

Anschließend an diese Frage soll der Versuch einer methodisch-systematischen Grundlegung eines Kulturbegriffs unternommen werden, der in einem pragmatisch-instrumentellen Sinne zur Lösung von Konflikten zwischen Kulturen (nach der gegebenen Bestimmung) sich als brauchbar ausweisen muß.

Dieses Vorgehen wird damit vier Schritte umfassen: Die erste These expliziert, daß der Mensch in allen Kulturen *Handeln lernen* muß. Die Ergebnisse treffen im zweiten Schritt auf *Hindernisse*, die *in der westlichen Geistesgeschichte* bezüglich unseres Kulturverständnisses entstanden sind. Im dritten Schritt wird (als Überwindung dieser Hindernisse) ein *Poiesis-Paradigma für Kultur* vorgestellt, aus dem sich in einem vierten Schritt sprachtheoretisch expliziert ein Kulturbegriff ergibt, der wenigstens eines erlaubt: eine *Beobachterperspektive zum Kulturvergleich* und damit ein Überschreiten der angeblich unausweichlichen Teilnehmerperspektive im Kulturkonflikt.

## 1. Kultürliche Gemeinsamkeiten aller Kulturen

Eine erste und vorläufige Unterscheidung zwischen natürlich und kultürlich orientiert sich am Vorschlag von Aristoteles: Natürlich ist, was von selbst, das heißt ohne Zutun des Menschen, geschieht und, weil Entstehen und Vergehen auch ein Geschehen ist, was »von Natur aus« existiert.[3] Das Zutun des Menschen, das bei Aristoteles technisch heißt, darf auch mit dem vom lateinischen *cultivare* stammenden Fremdwort als kultürlich bezeichnet werden. Der Mensch greift zum Zweck seines Überlebens in die vorhandene Natur ein und verändert sie, z. B. als Werkzeuge gebrauchender Jäger, als Ackerbauer und Viehzüchter sowie als Handwerker. Die spezifisch deutschsprachige Assoziation zum Wort »Kultur«, nämlich die schönen Künste und die Wissenschaft im Unterschied zur Technik (die erst zur Kultur gerechnet wird, wenn sie, alt und schön geworden, ins Museum wandert), darf dabei nicht irritieren. Kulturen von Obstbäumen oder Bakterien erinnern treffender an den Ursprung des Wortes Kultur.

Die Entgegensetzung von *natürlich* und *kultürlich* benennt keine ontologische Differenz, sondern eine solche von Aspekten. Völlig klar schon bei Aristoteles am Beispiel der Marmorstatue ausgeführt, sind die vom Menschen künstlich erzeugten Eigenschaften (die Gestalt der Statue) am selben Objekt zu finden wie die bleibenden, natürlichen Eigenschaften des Marmors. Die Gegenüberstellung von Natur und Kultur (und damit eine erste begriffliche Präzisierung von »kultürlich« als das vom Menschen Hervorgebrachte) betrifft – in der erforderlichen Abwehr naturalistischer Mißverständnisse von Hervorbringungen der Tiere – das (in sprachlicher Planbarkeit) *zweckrational Erzeugte*. Nicht kontrovers dürfte sein, daß in allen »Kulturen« (im Sinne alltäglicher Vorverständnisse) der Mensch sein Überleben durch Werkzeuggebrauch, durch Produktion von Nahrung, Kleidung, Behausung, Werkzeugen, Transportmitteln usw. sichert. Außerdem dürfte nicht kontrovers sein, daß in

3 Aristoteles, *Physik*, B1 und *Metaphysik* Λ

allen Kulturen der Mensch ein sprechendes Gemeinschaftswesen ist. Damit ist die erste These vorbereitet: *In allen Kulturen muß der Mensch Handeln lernen.*

Das deutsche Alltagswort Handeln soll zum Zwecke der folgenden Überlegungen in seinem Gebrauch näher bestimmt werden.[4]

Unter *Handeln* ist zu verstehen, was menschliche Gemeinschaften (etwa der Bezugspersonen für das kleine Kind) dem Individuum *als Verdienst oder Verschulden zuschreiben*. Es ist unbestritten, daß ein Minimum sozialer Kompetenz schon beim kleinen Kind darin besteht, zwischen dem zu unterscheiden, was das Individuum selbst tut, und dem, was ihm widerfährt, auch am eigenen Leib, wie das Erschrecken, Stolpern, Atmen usw. (neben den Handlungen anderer Personen). Selbst das Gelingen und Mißlingen von Handlungen sowie das Erreichen oder Verfehlen von Zwecken wird schon vom kleinen Kind, etwa an elementaren Situationen des Ballspielens, unterschieden. Als Vollzug, nicht in Beschreibung, werden Unterschiede eingeübt, die sich dann sprachlich als absichtlich, versehentlich und schuldlos benennen lassen und die im (alle Bürger des Staates verpflichtenden) Unterschied von vorsätzlich, fahrlässig und schuldlos rechtlich verbindlich werden.

Handeln als das, was andere Menschen dem einzelnen als Verdienst oder Verschulden zuschreiben, ist also durch den Aspekt der Sitte und der Sittlichkeit sowie in öffentlicher, staatlicher Perspektive durch den Aspekt des Rechts bestimmt. (Dies muß man auch Naturalisten vorhalten, die das Programm verfolgen, Handeln naturwissenschaftlich kausal erklären zu wollen, neuerdings vor allem neurowissenschaftlich. Auch Naturalisten kommen nicht zurecht, ohne andere Menschen zu verpflichten und von ihnen verpflichtet zu werden.)

Bereits im Vorschulalter wird das Kind (implizit) gelernt haben, daß *Sprechen* Handeln ist. Was man sagt, wird einem (als Schuld oder Verdienst) zugerechnet.

Eine Handlungstheorie zur Bestimmung eines Kulturbegriffs zielt darauf ab, einerseits den gesamten Bereich der nichtsprachlichen kultürlichen Handlungen, andererseits die Sprachkultur zu erfassen.

Zu den *nichtsprachlichen* Handlungen zählen vor allem die *kineti-*

4 Für eine methodisch-kulturalistische Handlungstheorie vgl. Janich 2001b.

*schen* oder Bewegungshandlungen wie die Bewegungen der Sportarten, des Schreibens mit der Hand, des Essens mit Besteck, des Musizierens, des Bewegens und Lenkens von Fahrzeugen usw. All diese kommen im Tierreich nicht vor. Außerdem der enorm weite Bereich des *poietischen* oder herstellenden Handelns, das nicht erst bei Handwerk und Technik vorliegt, sondern bereits in den einfachsten Lebensvollzügen des Alltags wie dem Essen, dem An- und Auskleiden, der Körperpflege, dem Räumen wie dem Ordnen von Dingen im häuslichen Bereich, dem Schmücken, dem Herumtragen von Dingen usw. ausgeführt wird. Bis zum Beweis des Gegenteils durch ein Gegenbeispiel läßt sich hier behaupten: Es gibt keine Kultur, in der die nichtsprachlichen (kinetischen und poietischen) Handlungen nicht *entscheidend für die Lebensbewältigung wären* – und zwar auf allen Ebenen technischer und zivilisatorischer Differenzierung.

*Sprachkultur* heißt, daß Menschen eine Sprache zu erlernen haben, die – wie immer ihre angeborenen Dispositionen dafür aussehen mögen – eine Einübung in die Üblichkeiten der jeweiligen Sprechergemeinschaft bedeuten. Sprechen ist dabei – zur Abwehr einer syntaktisch-monologischen Auffassung von Sprache – *kommunikatives* Handeln. Verstandenwerden und Verstehen läßt sich beides mit dem Unterschied von Gelingen und Mißlingen des kommunizierenden Handelns erfassen. Und mit der Unterscheidung von Erfolg und Mißerfolg (als Erreichen oder Verfehlen von Zwecken) lassen sich Sprechhandlungen wie das Behaupten, das Fragen, das Auffordern beurteilen, aber auch der weite und (in unserer Kultur) erhebliche Bereich der sogenannten »performativen Sprechhandlungen« (im engeren Sinne) wie das Loben und das Tadeln, das Bitten und das Danken, das Versprechen, Ernennen, Beleidigen usw. Nicht zuletzt expressive Äußerungen, also Bekundungen des eigenen Befindens, spielen eine zentrale Rolle für Spracherwerb und kommunikative Kompetenz.

Neben dem schon bemühten wichtigen Unterschied zwischen den sprachlichen und den nichtsprachlichen Handlungen ist hier auf den Unterschied von individuellen, gemeinschaftlichen und Teilnahmehandlungen zu verweisen: Die *individuelle* Handlung steht dem einzelnen Agenten unabhängig von den Handlungen anderer Agenten zur Verfügung. *Gemeinschaftliche* Handlungen dagegen hängen in ihrem Erfolg von der Beteiligung anderer Agenten ab – wie etwa beim Heben eines schweren Gegenstandes, bei dem jeder Agent ohne Mühe das Handlungsschema des Hebens allein beherrscht, aber erst die Kooperation und damit die gemeinsame Absicht der beteiligten Agenten zum Erfolg führt. Demgegenüber sind *Beteiligungshandlungen* solche, bei denen bereits das Gelingen an der Mitwirkung anderer Agenten hängt: Niemand kann allein einen Wettlauf oder eine Diskussion, eine Kommunikation oder eine Kooperation ins Werk setzen, wenn nicht wenigstens ein anderer Agent sich im gleichen Sinne beteiligt.

Es wäre ein vom Naturalismus beeinflußter Irrtum, die individuellen Handlungen und *a fortiori* die sprachfreien Bewegungs- und Herstellungshandlungen als gemeinschaftsunabhängig, sozusagen als individuelle Organismusleistungen zu beschreiben. Denn das Handelnkönnen ist ein Ergebnis des Lernens in der Gemeinschaft. Und es ist auch die Gemeinschaft, die uns durch Zuschreibungen von Verdienst und Schuld, d. h. durch Beurteilungen, die Handlungsschemata vorgibt, die ein Mensch kultürlich für seine Bewegungen, Herstellungen und Taten im allgemeinen sowie seine Beteiligungs- und gemeinschaftlichen Handlungen im besonderen zu erwerben hat.

Damit sei die These erläutert, was es heißen soll, daß der Mensch in allen Kulturen Handeln lernen muß. Behauptungen darüber, warum dies der Fall sei, sollen nicht aufgestellt werden. Also etwa eine Anthropologie, die jenseits des Unterschiedes von natürlich und kultürlich unabweisbare anthropologische Konstanten behauptet, wird hier nicht bemüht. Als Begründung der obigen These ist lediglich anzuführen, daß empirisch keine menschlichen Gemeinschaften bekannt sind, in denen, bei aller Verschiedenheit ihrer Formen, nicht Menschen als Gemeinschaftswesen Handeln im erläuterten Sinne erlernen müßten.

Selbstverständlich ist es nur eine in der philosophischen Reflexion zugespitzte idealtypische Bestimmung, wenn das *Handlungsvermögen* dann charakterisiert wird durch die drei Bestimmungen der *Zwecksetzungsautonomie*, der *Mittelwahlrationalität* und der *Folgenverantwortlichkeit*. Wie bei einer idealtypischen Bestimmung wohl nicht überraschend, heißt dies in Anwendung auf tatsächliche menschliche Gemeinschaften (sowie auf Individuen), daß real und empirisch immer nur mehr oder weniger gute Realisierungen der idealen Verhältnisse vorzufinden sind. Dies ergibt aber keinen Einwand gegen die These, daß die Kultürlichkeit des Menschen (als von der Natürlichkeit zu unterscheidender Aspekt) in seinem Handlungsvermögen besteht.

## 2. Der kulturhistorische Unfall des Abendlandes

Obwohl die Unterscheidung natürlich/kultürlich bei Aristoteles (z. B. im Rahmen seiner Vier-Ursachen-Lehre) mit aller wünschenswerten Klarheit am Beispiel des poietischen Handelns erläutert wird, hat gerade die griechisch-antike Philosophie den Grund für ein wirkungsvolles Mißverständnis gelegt. Der Handwerker ist der Banause, und *banausos* wird schon bei Platon und Aristoteles (wohl wie in der damaligen Sprache der gebildeten Bürger der Polis) abwertend verwendet. Der freie Bürger, der *polites*, ist ein *theoros*, ein Zuschauer, ein Theoretiker. Die Zweckrationalität des handwerklich-technischen Handelns taugt zwar als Beispiel für begriffliche Erklärungen in den Grundlagen der Ethik. Aber die Abhängigkeit der Kultur von der Poiesis wird philosophisch ignoriert oder abgewertet. Körperliche Arbeit war etwas für Sklaven, Frauen, Periöken – und eben Banausen.

Dies zeigt nichts deutlicher als die wirkungsvolle Rolle, die die Geometrie des Platonikers Euklid mit ihrer Vorbildform von Theorie und Wissen gespielt hat.

Ohne in Details gehen zu müssen, läßt sich behaupten, daß dieser Wissens- und Theorieform ihre Gegenstandskonstitution verlorengegangen ist. Obgleich die Theorie Euklids nicht ohne Postulate über die Konstruierbarkeit von Geraden und Kreisen in der Ebene (mit Zirkel und Lineal) auskommt, wird die Herkunft der Geometrie aus dem Handwerk ignoriert. Ohne poietische Erzeugung der Zeichenebene, des Lineals, des Zeichenstifts und des Zirkels gibt es aber keine Zeichenpraxis, wiewohl sie bis in die Terminologie bei Euklid, in die Definitionen, die Theoreme und Beweise hinein in Anspruch genommen wird.[5]

Wissen als theoriefähige Form der Erkenntnis und Wissenschaft im Sinne des begründeten Wissens als Episteme in Form einer Theorie nach platonischem Mißverständnis wird damit bis auf den heutigen Tag zum Vorbild für die Wissenschaften, indem die

5 Zur methodischen Geometriebegründung vgl. Janich 2001a.

Grundbegriffe nicht definiert und ihr Bezug auf Herstellungspraktiken nicht erläutert sind. Die Folgen sind durchgängig bis in die Gegenwart nachzuweisen. Hier können nur einzelne Beispiele herausgegriffen werden.

(Da einem öfter mit Naturwissenschaftlern und Mathematikern als mit Soziologen kooperierenden Philosophen die Vermutung naheliegt, er könnte unter Sozialwissenschaftlern Anhänger des Kritischen Rationalismus im Sinne Poppers und Alberts vor sich haben, wähle ich diese Position als Folge des historischen Mißverständnisses über den Banausen.)

K. R. Popper[6] (und mit ihm H. Albert) hat einen Begriff von Wissenschaftlichkeit propagiert, wonach – außerhalb der Formalwissenschaften Logik und Mathematik – jede These an Erfahrung muß scheitern können; andernfalls sei sie ideologisch oder metaphysisch, jedenfalls nicht wissenschaftlich. Der Erfolg dieser Auffassung ist immer wieder verblüffend, wenn man sie mit der Tatsache konfrontiert, daß sich im Alltag niemand an diese Auffassung hält. Dafür zwei Beispiele:

Niemand bezweifelt, daß ein Mensch zwar zu zwei verschiedenen Zeiten am selben Ort, nicht aber zur selben Zeit an zwei verschiedenen Orten sein könne. Darüber hinaus nehmen wir dies auch für jedes individuelle Ding an. Aus naheliegenden Gründen nenne ich diese Auffassung »Alibi-Prinzip«; prinzipiell wird es bis in folgenschwere juridische Urteile hinein anerkannt. Niemand kann vor Gericht bei Verhandlung eines Verbrechens das Alibi-Prinzip in Zweifel ziehen.

Das Alibi-Prinzip ist aber nicht empirisch falsifizierbar im Sinne Poppers. Es ist vielmehr ein apriorisches Prinzip für unsere faktische, begriffliche und poietische Organisation von Raum und Zeit. Damit fehlt dem Wissens- und Wissenschaftsverständnis des Kritischen Rationalismus der gesamte Bereich menschlichen Handlungsfolgewissens im Bereich von Kinesis – und auch von Poiesis, wie das nächste Beispiel zeigt.

Das zweite Beispiel ist auf die Rolle der Geometrie Euklids bezogen: Ebenen als Formen von Oberflächenstücken von Körpern (Zeichenebenen) haben die Eigenschaft, daß alle Ebenen (d. h. jeweils zwei paarweise) aufeinander passen, und zwar beliebig dreh- und

6 Zur Kritik an Popper vgl. Janich 2002a.

verschiebbar. Hier ist die Poppersche Bedingung für Theorien erfüllt, daß ein Allsatz vorliegt, der sich auf reale Gegenstände bezieht. Und dennoch wird niemand diesen Satz zur Falsifikation freigeben. Findet man zwei Objekte, die für eben gehalten werden, aber nicht aufeinander passen, wird man wenigstens eines der beiden als nicht eben bezeichnen.

Ebenen sind Artefakte, also Produkte poietischen Handelns, und betreffen außerdem den entscheidenden Grundbegriff der Geometrie Euklids. Die Gerade kann als Schnitt zweier Ebenen und damit das Lineal als Schnitt zweier ebener Oberflächen an einem Körper definiert und erzeugt werden. Die – nachweislich vernünftige – Weigerung des Laien, die These über die Passung aller Ebenen zur Falsifikation freizugeben, hat ihren Grund in einem impliziten *Wissen über die Produkte des eigenen herstellenden Handelns.*[7] Damit ist ein Beispiel dafür gegeben, daß die platonische Form der Theorie bei Euklid und der Verlust der Gegenstandskonstitution in diesen Formen der Wissenschaft gerade den *Bezug von Theorie auf Praxis verloren* hat. Theoretisches oder wissenschaftliches Wissen hat wegen dieses historischen Unglücks zur Folge, daß »Kultur« als Hervorbringung des Menschen (in Wahrheit durch nichtsprachliches Handeln) mit dem fundamentalen Vorurteil belastet ist, das sprachliche oder symbolische Handeln allein oder hauptsächlich wäre konstitutiv für Kultur.

Die beiden Beispiele von Ebene und Alibi-Prinzip sind dadurch verbunden, daß die Nichtfalsifizierbarkeit des Alibi-Prinzips als mögliche Falsifikationsinstanzen nur nichtsprachliche (kinetische oder poietische) Handlungen des Herumtragens von Objekten oder der Selbstbewegung von Personen zur Verfügung hat. Das Alibi-Prinzip ist ja keine formale oder formalwissenschaftliche These, sondern eine realwissenschaftliche. Aber die von Euklid herkommende Theorieform der beiden den Kritischen Rationalismus *ad absurdum* führenden Beispiele verweist auf das Defizit, *Kultur als Produkt des nichtsprachlichen Handelns* im Anschluß an die historischen Mißverständnisse des platonischen Euklid *nicht erfassen* zu können.

Als Lehre wird hieraus gezogen, alternativ zu einem sprachfixierten Kulturbegriff ein Poiesis-Paradigma für Kultur zu versuchen.

7 Eine moderne, handlungstheoretische Begründung des Apriori als implizites Handlungswissen findet sich zuerst in: Janich 1989b, S. 134f.

Nichtsprachliche Handlungen bieten lehrreiche Beispiele für die Struktur menschlicher Handlungsrationalität. Schon im Bereich der Kinesis sind in Handlungsketten *Reihenfolgen von Teilhandlungen durch Zweckmäßigkeit ausgezeichnet.* Wer über einen Graben springen möchte, wird, wie gesagt, zuerst anlaufen und dann springen – und nicht umgekehrt. Für die Poiesis hat schon Hugo Dingler auf die pragmatische Ordnung von Handlungen hingewiesen und dies am Beispiel der bemalten Holzstatue erläutert, die nur in der Reihenfolge »zuerst schnitzen, dann malen« erzeugt werden kann.[8] Eine sprachkritisch-methodische Philosophie hat diese handlungstheoretischen Einsichten zu einem »Prinzip der methodischen Ordnung« verschärft.[9] Danach ist über Handlungen (deskriptiv oder präskriptiv) der Reihenfolge nach nicht anders zu sprechen, als diese – bei Strafe des Mißerfolgs – ausgeführt werden müssen. Dieses Prinzip fungiert als eine Rationalitätsnorm für den Aufbau wissenschaftlicher Theorien, sofern diese eine operationale oder praktische Basis haben; sie entfaltet ihr kritisches Potential vor allem gegen formalistische und syntaktisch-kombinatorische Auffassungen von Sprache und Theorie.

Naturgemäß spielen für die Entwicklung einer Kultur (immer noch: im Vorverständnis) kinetische Handlungen eine geringere Rolle als die poietischen, weil diese zu bleibenden Produkten führen. Dennoch ist auch davon auszugehen, daß die Entwicklung von Bewegungsrepertoires eine Kulturgeschichte hat. Sicher wird heute anders musiziert als im Barock; eine High-Tech-Unterstützung für die Optimierung von Bewegungen im Sport, die veränderten Ausgangssituationen eines heutigen gegenüber etwa einem mittelalterlichen Handwerker, das Leben nach der Uhr in der modernen Zivilisation und vieles mehr haben mit Sicherheit zu einem veränderten Bewegungshandeln geführt. Dennoch soll hier nur die Poiesis für die Modellbildung von Kultur herangezogen werden. Denn nur an bleibenden Produkten geschieht eine *Umdeutung von Mitteln* nach neuen Zwecken.

Zunächst soll *Poiesis* dahin gehend präzisiert werden, daß ein

8 Vgl. Dingler 1938, S. 116f., sowie Dingler 1964.

9 Zum Verhältnis von pragmatischer und methodischer Ordnung erstmals Janich 1980, S. 60 und 114.

handwerkliches Herbeiführen von Sachverhalten *dem Zweck weiterer Verwendung* durch den Hersteller oder andere Agenten dient. Ob die Produktion eines Möbels oder nur die Anordnung von Büchern in einem Regal, ob die Herstellung einer Speise oder der Bau eines Hauses, ob die Produktion eines Computers oder eines wissenschaftlichen Meßgeräts betroffen ist, immer geht es um die planvolle Herstellung von Verhältnissen, die durch den Hersteller oder eine andere Person wiederum zweckrational weiterverwendet werden können bzw. sollen.

*Unvorhersagbar* ist dabei, ob und wie poietisch produzierte Verhältnisse als Mittel für völlig neue Zwecke umgedeutet und verwendet werden. Das Hauptproblem der Technikfolgenbeurteilung hat darin seinen Grund. Und die Technikgeschichte ist voll von Beispielen, bei denen ein einmal erreichtes technisches Niveau zu völlig neuen Plänen und Zwecken geführt hat, in denen die alten Resultate als Mittel für neue Praktiken verwendet wurden.

Poiesis gibt in mehrfacher Hinsicht ein ertragreiches *Modell für Kulturentwicklung* ab. Dies soll an zwei Beispielen erläutert werden, die für eine apriorische und eine empirische Reihenfolge von Schritten zu einer Höherentwicklung, zu einem Fortschritt dienen.

Das erste Beispiel ist, kurz, die Geschichte des Rades. Das Rad (frei drehbar auf einer Achse, oder fest auf einer frei drehbaren Achse) kann in der Natur nicht vorkommen; es ist ein Kulturprodukt. Als Wagenrad erfunden (zur Verbesserung des Transports schwerer Lasten), ist es schon in archaischen Zeiten umgedeutet worden zur Seilrolle, die der Umlenkung von Zugkräften dient. Seilrollen sind zum Wellrad (zwei fest miteinander verbundene Seilrollen unterschiedlichen Durchmessers) zur Über- bzw. Untersetzung von Zugkräften kombiniert worden. Auch der Flaschenzug wurde bereits in der Antike als Maschine erfunden, bei der anstelle der Umlenkung der Zugkraft deren Transformation (physikalisch: nach dem Satz »Kraft mal Weg ist konstant«) erreicht wird. Die Kombination von Rädern mit Seilzügen muß bereits verfügbar sein, um den Vorzug von ineinandergreifenden Zahnrädern als Maschinen für permanente Übertragung und Transformation von Kräften zu sehen. Das Zahnrad muß verfügbar sein, um ein Schneckenradgetriebe entwickeln zu können, das neben der hochgradigen Untersetzung zusätzlich eine Sperrfunktion (Kraftübertragung nur von der Schnecke auf das Zahnrad, nicht umgekehrt) hat. Diese Reihe ließe sich fortsetzen zur Entwicklung von Getrieben einerseits, zur Entwicklung mechanischer Rechenmaschinen andererseits.

Charakteristisch für diese Schrittfolge von Entwicklungen des Rades ist ihre *Unumkehrbarkeit*, ihre *Höherentwicklung*, und die dabei jeweils vorgenommenen *Umdeutungen* vorhandener Maschinen zu neuen Zwecken. Unproblematisch läßt sich hier von einer Höherentwicklung bzw. von einem *Fortschritt* sprechen. Dieser vollzieht sich ganz im Bereich eines konstruktiv-planerischen Handelns, das idealtypisch sogar im Kopf eines einzelnen genialen Technikers hätte stattfinden können. Die neuen Zwecke ergeben sich phantasievoll aus der Verfügbarkeit der alten Mittel. Deshalb kann diese Entwicklungsreihe als *apriorisch* bezeichnet werden.

Nur *empirisch* ist dagegen das folgende Beispiel: Nachdem die Herstellung und Verwendung von metallischem Draht zu mechanischen Zwecken verfügbar war, konnte zufällig entdeckt werden, daß elektrische Ladung (schon der griechischen Antike bei Reibung von Bernstein, griechisch *elektron*, mit Tierfell bekannt) über metallische Drähte abfließt. Es ist also keine planbare, sondern eine empirisch entdeckte Umdeutung von Mitteln für mechanische Zwecke zu elektrischen Zwecken geschehen. Werden nun stromdurchflossene elektrische Leiter in Magnetfelder gebracht, sind elektromotorische Kräfte zu beobachten. Auch die Kombination von Elektrizität und Magnetismus ist nicht apriorisch konstruktiv, sondern faktisch und empirisch entdeckt. Aber die methodische Reihenfolge Draht – Elektrizität – Elektromagnetismus kann nicht umgekehrt werden. Auch hier läßt sich von einem Fortschritt im Sinne einer technischen *Höherentwicklung* sprechen.

Die Struktur dieser beiden Beispiele kann auf die modernsten technischen Beispiele angewendet werden, etwa die Verwendung von Elektronik im Automobilbau. Die Entwicklung des Antiblokkiersystems geht methodisch der Entwicklung der Anfahrtbremse gegen das Durchdrehen der Räder voraus, und jenes wiederum der Entwicklung der elektronischen Bremse des Innenkurvenhinterrades zur Vermeidung des Schleuderns. Kurz, ein Poiesismodell für unumkehrbare Höherentwicklungen ist ein Technikmodell.

Dieses läßt sich auf technisches Handeln im weiteren Sinne übertragen und löst sich damit partiell von der Poiesis ab: Die Reihenfolge Tauschhandel, Geld, Zins, Währung, Bank, Aktie, Börse ist ein Beispiel für eine methodische Schrittfolge im Bereich der Entwicklung von Handel und Banken. Auch die Höherentwicklung von Institutionen, von Verkehrssystemen nicht nur im technischen, sondern im organisatorischen Sinne, schließlich alle sozialen und politischen Organisationen lassen sich partiell als *Ketten methodisch geordneter Einzelschritte mit einem unumkehrbaren Gang zur Höherentwicklung* beschreiben.

Was damit nicht behauptet sein soll, ist zur Vermeidung von Mißverständnissen besonders zu betonen: Die Vielfalt unterscheidbarer Stränge der Höherentwicklung heißt nicht, daß alle Entwicklungen zusammengenommen werden können und *insgesamt* einen Fortschritt zur Höherentwicklung oder Ausbildung einer Kultur darstellen. Über eine Kultur im ganzen wird hier nicht gesprochen. Und das Poiesis-Modell besagt auch nicht, daß Produkte oder Praktiken als Ergebnis einer Höherentwicklung nicht aufgegeben oder durch ganz andere Produkte und Praktiken ersetzt werden können. So hat z. B. die technische Entwicklung des Rechenschiebers (mit einer Fülle von Spezialanwendungen) ein jähes Ende mit der Verfügbarkeit billiger und leistungsfähiger Taschenrechner gefunden. (Wissenschaftstheoretisch bedeutsam daran ist, daß die theoretische Beschreibung der wieder aufgegebenen Techniken nicht etwa im Wege der Falsifikation nach dem Verständnis Poppers oder nach dem Schema des Kuhnschen Paradigmenwechsels erfolgt ist. Nichts wird an der wissenschaftlichen Beschreibung der älteren Praktiken und Techniken falsch, wenn sie etwa nach Gesichtspunkten der Effizienz, der Rentabilität oder sonstiger Attraktivität aufgegeben werden. Es sind einfach bessere Mittel oder neue Zwecke aufgetaucht, die eine Änderung von Praktiken bedeuten – und die relativ zu den neuen Zwecken wiederum nach expliziten Kriterien einen Fortschritt darstellen.)

Das Poiesismodell der Kultur besteht darin, daß ausgehend von elementaren Situationen Entwicklungen stattfinden, die *unumkehrbar*, *unvorhersagbar* und *fortschrittlich* sind. Die *»Konstitution von Kultur« besteht also in Analogie zur Poiesis im Verfolgen von Strängen einzelner Entwicklungen* im Rahmen zweckrationaler Praktiken.

Damit soll nicht behauptet werden, daß sich das Modell einfach z. B. auf die Kunstgeschichte übertragen ließe. Nicht behauptet werden soll auch, daß – neben der schon erwiesenen Kohärenz aller Entwicklungen in bestimmten zeitlich-örtlichen Bereichen – diese Modelle den Begriff *der* oder *einer Kultur* festlegen.

Statt dessen ist sprachtheoretisch hervorzuheben, daß »Kultur« weder ein Prädikator[10] noch ein Abstraktor,[11] sondern ein *Reflexionsterminus*[12] ist: *Kultur* ist explizit nur über das Adjektiv *kultürlich* zu gewinnen, das seinerseits ein *Sortierungswort für sprachliche Bezeichnungen*, anschaulich gesprochen, für Aspekte ist. So wie Raum und Zeit für den Physiker oder Stoff für den Chemiker keine Prädikatoren sind, die sich nach dem Muster »Dies ist ein x, und jenes ist kein x« bestimmen ließen. Sie sind Abkürzungssubstantiva für die Sortierung räumlicher, zeitlicher und stofflicher Aspekte im Beschreiben von Handlungen und ihrer Produkte. Entsprechend ist »kultürlich« ein Oberbegriff für Aspekte menschlicher Praktiken und ihrer Produkte. Das Poiesis-Paradigma für Kultur soll also abdecken, daß kultürliche Entwicklungen nach Unumkehrbarkeit, Unvorhersagbarkeit und Fortschrittlichkeit ausgezeichnet werden können. Damit bleibt noch einzulösen, wie mit diesem Verständnis von kultürlich ein Kulturvergleich möglich wird.

## 4. Die Gewinnung einer Beobachterperspektive

Die sprachtheoretische Klärung, daß »Kultur« ein Reflexionsterminus ist, also letztlich nicht mehr beinhaltet, als daß wir kultürliche von nichtkultürlichen Aspekten unterscheiden, mag als unverzichtbare Einsicht angenommen werden – aber mehr als ein Anfang der Klärung kann dies nicht sein. Wie soll die offene Liste kultürlicher Unterscheidungen inhaltlich gefüllt werden? Welche Aussagen über kultürliche Phänomene sind begrifflich klar und gültig und welche nicht? Oder weniger sprachtheoretisch formuliert: Wovon ist mit welchem Ziel und welchem Ergebnis die Rede?

Im folgenden soll (wiederum) eine Orientierung an alltäglichen Problemen und Aufgaben gewählt werden. Dies zwingt nicht, mit einem kulturwissenschaftlichen oder kulturphilosophischen Holismus zu beginnen und dafür erst einmal die Palette der theoretischen Angebote zu sammeln, dann eine »logische Landkarte« (nach einem

10 Die sprachphilosophischen Termini Prädikator, Abstraktor und Reflexionsterminus werden im Zusammenhang erklärt in: Janich 2001b.

11 Janich 2001b.

12 Janich 2001b und Artikel »Reflexionsbegriffe« und »Reflexionsterminus«, Janich 1995a.

beliebten Bild von Gilbert Ryle[13]) zu erstellen und sich dann geschmäcklerisch in Details der einzelnen Inseln, trennenden Gewässer usw. zu verlieren.

Vielmehr soll den folgenden prinzipiellen Überlegungen der Versuch zugrunde gelegt werden, die Reflexion auf Kulturbegriffe und Kulturvergleiche in den Dienst der Lebensbewältigung, allgemeiner etwa: der Konfliktlösung zu stellen.

In der Einleitung wurden aktuelle und auch im außerwissenschaftlichen Kontext bekannte, ja brennende Probleme genannt. Fragen, warum sie brennend sind und Lösungen fordern und warum sie nicht zu den natürlichen Phänomenen gerechnet werden, seien hier als beantwortet oder wenigstens im Alltagsverstande als unproblematisch unterstellt. Selbstverständlich ist es hilfreich, wenn kenntnisreiche Analyse (Worin besteht ein bestimmtes Problem?), eine einfühlsame Entstehungsgeschichte (Welche traditionellen Hintergründe, historisch markanten Ereignisse, Situationsveränderungen der Umgebung usw. haben zu dem bezogenen Problem geführt?) und Kenntnis von Handlungsoptionen (Welche Konfliktlösungen sind realisierbar?) bekannt sind. Hier soll keine utopische Versprechung einer allgemeinen Problemlösungsmethode gemacht werden.

Im folgenden soll es nur darum gehen, sich mit einer speziellen Meinung auseinanderzusetzen, die in Kontexten wie den oben genannten heute allgegenwärtig scheint: Ist, wo immer es um Kulturvergleich im Blick auf brennende Probleme und ihre Lösung geht, die Teilnehmerperspektive, also die Zugehörigkeit zu einer Kultur, überwindbar? Sind wir nicht prinzipiell und unauflöslich in Teilnehmerperspektiven gefangen? Heute wird es häufig geradezu als Ausweis von Kompetenz gewertet, eine Nostrifizierungsphobie zu entwickeln. Wer sich anmaße, über Verhältnisse in »anderen« Kulturen zu urteilen, könne dies nur durch Bezugnahme auf die Standards der eigenen. Ein Exemplar dieser Haltung möchte ich das Eurozentrismus-Syndrom nennen, dem zufolge die Rahmenbedingungen einer Globalisierung durch Technik, Wirtschaft und politische Organisationsformen (einschließlich ihrer Machtmittel) dem europäischen Denken entspringen und typisch europäische Welt- und Menschenbilder (in beliebig ausgedünnter Form) zu ihren Grundlagen zählen werden. Auch die amerikanische Political-correctness-

13 Ryle 1949 (deutsch 1987).

Bewegung ist ein einschlägiges Beispiel. Gibt es demgegenüber keinen Beobachterstandpunkt außerhalb zweier in Konflikt geratener Kulturen? Bevor ich diese Frage mit Gründen beantworten möchte, ist die heute gängige Gegenüberstellung von Teilnehmer- und Beobachterperspektive zu erläutern.

Historisch mußte die Beobachterperspektive im Erkenntnisprozeß selbst erst entdeckt werden. Es war wohl die Physik, in der zuerst aufgefallen ist, daß die klassische Mechanik des 17. Jahrhunderts sich einem Objektbereich zuwandte, ohne den Akteur und seine Zutaten zum Erkenntnisprozeß zu würdigen. Naturgesetze in Form von Wenn-dann-Aussagen betrafen Sachverhalte, die erschöpfend in der mechanischen Fachsprache über Objekte wie Körper, Bewegungen, Orte, Zeiten, Massen usw. erfaßt schienen. Einfach gesagt, der Physiker beschrieb, was er sah – im Experiment, an seinen Meßgeräten, allgemein im Labor und in Anwendung seiner Geräte auf Naturphänomene. So kamen, kantisch gesprochen, die Bedingungen der Möglichkeit physikalischer Erfahrungen in Form der eingesetzten Instrumente, vor allem hinsichtlich Raum, Zeit und Kausalität, nicht in den Blick.

Erst die Krise der Physik durch die Entdeckung von Unverträglichkeiten der klassischen Mechanik und Elektrodynamik machte eine Reflexion auf räumliche, zeitliche und kausale Zusammenhänge erforderlich. Im Umbruch zur (speziell) relativistischen Physik wurde der *Beobachter eingeführt*. Was die stillschweigende (raumzeitliche) Übersichtlichkeit des Labors überschritt und etwa die Gleichzeitigkeit entfernter Ereignisse im kosmologischen Rahmen betraf, bedurfte eigener Operationalisierung. Die Relativierung der Gleichzeitigkeit räumlich entfernter Ereignisse auf einen Beobachter durch Albert Einstein war der Durchbruch, dessen naturalistische Verkürzung – der Beobachter wurde nicht als eine handelnde Person, sondern nur wieder als ein Registrierapparat verstanden, der erschöpfend mit naturwissenschaftlichen Mitteln beschrieben und in seiner Funktion erklärt werden konnte – unerkannt blieb.[14]

Das Vorbild der Physik ergab für das Ensemble von Beobachter und Beobachtetem in den Sozialwissenschaften ein völlig neues Problem: Der Bereich des Beobachteten bestand nicht aus den Bewegungen von Körpern in Kraftfeldern (wie in der klassischen Physik),

14 Für eine kritische Auseinandersetzung mit den Problemen des Messens in der Physik vgl. Janich 1997a.

sondern aus Menschen und ihren Gemeinschaften, war also prinzipiell auf den sozialwissenschaftlichen Beobachter selbst anwendbar. Dieses Problem der Selbstbezüglichkeit war wohl zuerst in den Geschichtswissenschaften[15] aufgefallen. Der Historiker, der – unter welchem Aspekt auch immer – die Vorgeschichte seiner eigenen Situation beschreibt, ist gerade selbst ein Produkt dieses zu erforschenden Geschehens. Daraus ergibt sich ein prinzipieller Verdacht der Befangenheit. Kein Beobachter »*sub specie aeternitatis*« steht raum- und zeitlos einer Dingwelt gegenüber, sondern zählt – anscheinend unausweichlich – zum Bereich des Beobachteten.

Hier ist zunächst auf einen wichtigen Unterschied hinzuweisen: Hat die (eventuell nur prinzipielle) Zugehörigkeit des wissenschaftlichen Beobachters zum Gegenstandsbereich seiner Beobachtungen Einfluß auf Bedeutung und Geltung seiner Resultate oder nicht? Im einfachen Beispiel, auch die Ergebnisse eines Anatomen oder eines Physiologen über den menschlichen Organismus treffen auf den medizinischen Forscher selbst zu. Aber ist dies wichtig für die Geltung dieser Ergebnisse?

Hier kann der erste Blick leicht in die Irre führen. Denn einerseits bedarf es wohl keiner weiteren Erläuterung, daß Aussagen des Anatomen z. B. über das menschliche Skelett semantisch und der Geltung nach davon unbeeinflußt sind, daß diese Aussagen auch auf das Skelett des Anatomen selbst zutreffen. Aber schon beim Physiologen liegen die Dinge anders:[16] Wer Aufbau und Funktion von Sinnesorganen untersucht, investiert unverzichtbar sein eigenes vorwissenschaftliches Wissen darüber, was Sehen, Hören, Riechen usw. ist. Der Physiologe hätte keinen Forschungsgegenstand und keine Frage, wollte er nicht, bezogen auf einen sprachlichen Konsens hinsichtlich der alltäglichen Unterscheidung von Sinnesmodalitäten, alltägliche Leistungen der Sinneswahrnehmung erklären. In anderen Worten, der Physiologe ist auf ein vor- und außerwissenschaftliches *Explanandum* angewiesen, um überhaupt durch eine Sinnesphysiologie ein Explanans formulieren und prüfen zu können. Er ist also sehr wohl als Beobachter ein Beobachter seiner eigenen Leistungen und bleibt damit, im Unterschied zum Anatomen, in einer gewissen Selbstbezüglichkeit befangen. Diese zeigt sich etwa daran, daß es nicht unproblematisch ist, die Ergebnisse einer solchen sin-

15 Wohl spätestens bei Jacob Burckhardt 1905.
16 Vgl. etwa: Janich 1992d.

nesphysiologischen Forschung auf andere Lebewesen, etwa auf das Echolot-System der Fledermaus oder die Wahrnehmung von polarisiertem, ultraviolettem oder infrarotem Licht durch Insekten oder Vögel, zu übertragen.

Der »objektive«, d. h. nicht selbst als Gegenstand der Beobachtung betroffene Beobachter ist also nicht die geeignete Figur zur Unterscheidung von Natur- und Kulturwissenschaften. Selbst in den Naturwissenschaften tritt schnell die Abhängigkeit des Beobachteten vom Beobachter im Sinne vielfältiger Einflüsse auf die Beobachtungsresultate zutage.

Spezifisch sozialwissenschaftlich und verstärkt in der praktischen Philosophie ist die Teilnehmerperspektive als ein Gegenüber zur Beobachterperspektive formuliert worden, wo die *Betroffenheit des Beobachters* durch die Ergebnisse seiner Beobachtung nicht nur Semantik und Geltung seiner Aussagen, sondern moralische und rechtliche Aspekte betreffen. Der Grund ist simpel: Es ist eben ein entscheidender Unterschied, ein Bedürfnis an einem anderen Menschen festzustellen/anzuerkennen oder es selbst zu haben. Aber auch im rein theoretischen Bereich sozialwissenschaftlicher oder ethischer Überlegungen, in dem die praktischen Aspekte des Betroffenseins von sittlich oder rechtlich relevanten Handlungen keine Rolle spielen, ist die Unterscheidung von Teilnehmer- und Beobachterperspektive gravierender als im obigen Physiologiebeispiel. Es sind nämlich gerade die gemeinschaftlichen und die Beteiligungshandlungen sowie alle Widerfahrnisse, die sich an ihnen einstellen (können), die – handlungstheoretisch gesprochen – den Akteur vom Beobachter unterscheiden. Dem Beobachter fehlt sozusagen ein erheblicher Bereich des Beobachtbaren, sofern er über etwas spricht, was aus Praktiken von Beteiligungs- oder gemeinschaftlichen Handlungen besteht, an denen er selbst nicht teilhat.

Deshalb ist hier eine weitere handlungstheoretische Unterscheidung unverzichtbar, nämlich die zwischen *Beschreibung und Vollzug*[17] einer Handlung. Selbstverständlich unterscheiden wir dies schon im Alltag mit weitestreichenden Folgen. Wir würden z. B. dem Mörder anders als dem Krimiautor gegenübertreten, das Begehen und das Beschreiben eines Mordes also erheblich verschieden »behandeln«. Aber eines ist daran unstrittig: Ohne Handlungsvoll-

17 Eine ausführliche Erörterung des Problems, den Vollzug von Handlungen nicht hinreichend zu beachten, findet sich in: Janich 2001b, S. 31 f.

zug kann es keine Beschreibung geben, ohne Morde keine Beschreibung von Morden.

Vollzüge gehen Beschreibungen methodisch voraus – nicht zuletzt, weil Beschreibungen selbst nur als Handlungsvollzüge in die Welt kommen. Für die weniger dramatischen und kriminellen Beispiele heißt dies: Leben findet immer als Vollzug statt, und nur Vollzüge sind die Gegenstände der Beschreibung – ob im Alltag, in den Natur- oder in den Kulturwissenschaften und der Philosophie.[18] Wo das alltägliche Sprechen und Erkennen zum wissenschaftlichen hochstilisiert wird, muß aus den Vollzügen von Handlungen durch Individuen die besondere Qualität der Wissenschaftlichkeit als Transsubjektivität (Geltungsanspruch wissenschaftlicher Aussagen) und Universalität (Reichweite wissenschaftlicher Aussagen) erst mühsam durch Verfahren gewonnen und etabliert werden.

Ersichtlich ist die oben diskutierte Unterscheidung von Beobachter- und Teilnehmerperspektive eine solche, die ganz im Bereich des Beschreibens von Handlungen liegt. Auch der Sozialwissenschaftler oder der Ethiker, der aus einer Teilnehmerperspektive spricht und seine Aussagen erläutert und begründet, *spricht* (nur) über Handlungen und Widerfahrnisse – im Unterschied zu deren Vollzug. Gäbe es keine Vollzüge von individuellen, gemeinschaftlichen und Beteiligungshandlungen, gäbe es auch deren Beschreibung nicht, sei es aus einer Teilnehmer- oder einer Beobachterperspektive. Daraus folgt aber nicht, daß diese Bindung an den Handlungsvollzug die Transsubjektivität ihrer Beschreibung unmöglich macht. Schon in den Bereichen von Kinesis und Poiesis – auch Turnen lernt man nicht durch Beschreibung des Turnens, sondern durch Übung, also im Handlungsvollzug, und analog alle Formen des poietischen Handelns – spielen Vormachen und Nachahmen, gemeinsame Praxis, begleitende sprachliche Erläuterungen usw. *für die Kultürlichkeit des Menschen als Gemeinschaftswesen*, der sein Handeln erlernen muß, die entscheidende Rolle. Das heißt, die These von der Unmöglichkeit eines Kulturvergleichs aus der Beobachtersperspektive müßte generell leugnen, daß Transsubjektivität und Universalität (und damit Wissenschaftlichkeit) ein sinnvolles Programm ist. Diese Beweislast ist wohl nicht mit Erfolg zu übernehmen.

18 Vgl. Janich 2003, im vorliegenden Band.

## 5. Fazit

Damit hat sich im Zusammenhang unserer prinzipiellen, im Bottom-up-Verfahren versuchten Überlegungen ergeben: Es gibt keine Kulturen, in denen der Mensch nicht Handeln lernen muß. Handeln wird im Vollzug gelernt und schließt Beteiligungs- und gemeinschaftliche Handlungen ein. Dem lebensweltlichen Gewinnen einer Beschreibungsperspektive, ob nun als Teilnehmer oder Beobachter, betroffen oder nicht, entspricht in den Kulturwissenschaften und (auf der nächsthöheren, der Reflexionsebene) in der Kulturphilosophie die Etablierung von Methoden und Regeln zur Gewinnung von Transsubjektivität und Universalität kulturwissenschaftlicher bzw. kulturphilosophischer Erkenntnisse und Einsichten. Es ist also kein eingebildeter, archimedischer Standpunkt außerhalb der Welt oder ein »God's-eye view« erforderlich, sondern nur das schrittweise nach methodischen Regeln festzulegende Vorgehen der Beschreibung des Kultürlichen, um eine Beschreibungsperspektive zu gewinnen.

Die Betonung des Unterschieds von Teilnehmer und Beobachter erscheint demgegenüber vielmehr als ein Ritual, das auf einem Kategorienfehler beruht: Wer eine »fremde« Kultur glaubt nicht ohne (der wissenschaftlichen Objektivität widersprechende) »Nostrifizierung« erreichen zu können, um dies gar mit emotiven Aspekten der Selbstzuschreibung besonderer Sensibilität oder Aufgeschlossenheit zu verbinden, übersieht, daß er schon in der eigenen Kultur kein hinreichend kognitiv, emotiv und sozial kompetentes Mitglied einer Gemeinschaft wäre, wenn nicht der Beschreibungsaspekt des Handelns und Widerfahrens erreicht würde. Der Fehler besteht also in der Verwechslung des Unterschieds zwischen den Beschreibungsformen eines Teilnehmers und eines Beobachters einerseits mit dem Schritt, der von der Vollzugs- zur Beschreibungsperspektive des Handelns zu gehen ist, andererseits. Letzterer wird von jedem Menschen im Lebensvollzug und von jedem Wissenschaftler im Vollzug des Wissenschafttreibens fortwährend gemacht.

# 3. Vom Handwerk zum Mundwerk
## *Grundzüge von Konstruktivismus und Kulturalismus*

### 0. Einleitung

Die Zweigleisigkeit der Themenformulierung erlaubt, ja verlangt eine zweifache Einleitung. Die erste betrifft die Gegenüberstellung von Handwerk und Mundwerk. Die zweite greift die Stichworte Konstruktivismus und Kulturalismus auf.[1]

#### *0.1 Das antike Erbe*

Unentrinnbar sind wir als Mitglieder der abendländischen Kultur Erben der griechischen Antike. Für Philosophen ist diese Unentrinnbarkeit notorisch: Die Unterscheidungen von Theorie und Praxis, von Natur und Technik sowie von Praxis und Poiesis sind bekannt und gehören zum kleinen Einmaleins erkenntnistheoretischer Rechenkunststücke. Sollte eine von ihnen dennoch einem Leser weniger vertraut sein, wird ihm jedes auch sonst brauchbare Handbuch zu Hilfe kommen. Hier sei nur angedeutet, daß der Gegensatz von Natur und Technik mit Bezug auf Aristoteles gemeint ist, wonach natürlich heißt, was den Grund seiner Veränderung in sich trägt, während alles, was der Mensch eingreifend in das Natürliche hervorbringt, künstlich (griechisch: technisch) heißt. Auch Praxis und Poiesis werden von Aristoteles unterschieden, und zwar im Kontext der Ethik; hier genügt im Moment, zu wissen, daß Poiesis das herstellende, verfertigende Handeln ist. Und den Unterschied von Theorie und Praxis glaubt ohnehin jeder zu verstehen.

Dieses Erbe ist glänzend – doch ist auch alles Gold, was glänzt? Hinter allen drei Begriffspaaren verbergen sich nicht gerade kleine Probleme:

Theorie geht auf das Verbum *theorein* zurück, das Zuschauen heißt. Der *theoros* war ursprünglich der Zuschauer bei religiösen Feiern (*theos*, griechisch Gott, göttlich), später der offizielle Zu-

1 Zum methodischen Konstruktivismus und Kulturalismus vgl. etwa: Dingler 1911; Hartmann/Janich (Hg.) 1998, 1996a; Janich 1997a, 1980, 1989b, 1996c; Kamlah/Lorenzen 1973; Lorenzen 1955; Thiel 1995.

schauer bei den Olympischen Spielen, also der Sportfunktionär, wie man heute sagen würde. Die Aktion fand unten im Stadion statt. Diese Gegenüberstellung gilt insbesondere auch für harte körperliche Arbeit, die der freie Bürger der griechischen Polis den Frauen, den Sklaven und den Periöken, also den Umlandbewohnern, überließ. Dem Freien blieben (wenigstens in Friedenszeiten) Politik und Philosophie, neben Musik, Sport und anderen Zerstreuungen. Seit dieser Zeit hat sich die Wertschätzung für das Theoretische gegenüber dem Praktischen gehalten. Bis in die Gegenwart hinein gilt der mathematisierende Theoretiker mehr als der handwerkliche Laborforscher, der Physiker mehr als der Ingenieur. Ja, es gilt als selbstverständlich, daß die intellektuellen Redefreunde die eher mühsamen Teile der Praxis gerne anderen überlassen. Und doch habe, wird gesagt, die Praxis Primat vor der Theorie.

Nicht besser steht es mit dem Gegensatz von *physis* und *techne*, sozusagen dem erkenntnistheoretischen Säugling der Naturphilosophie, den Galilei mit dem Bade ausgeschüttet hat. Obwohl mit der neuzeitlichen Physik die Erfolgsgeschichte der technikgestützten Naturerforschung beginnt, werden die Instrumente für Beobachtung, Messung und Experiment seit Galilei als Naturgegenstände betrachtet, an denen sich, weil sie selbst nach Naturgesetzen funktionierten, Naturgesetze zeigten. Der Zeit und ihrer Frömmigkeit entsprechend mußte dann der Schöpfergott dieser Natur auch Mathematiker sein. Erfindung und technische Realisierung mathematischer Verhältnisse z. B. in der Meßkunst durch rational handelnde Menschen werden seit Galilei ignoriert. Die Philosophie der Naturwissenschaften hat sich vom galileischen Naturalisierungsschock bis heute nicht erholt.

Noch schlimmer erging es der Unterscheidung von Praxis und Poiesis. Man wird nicht übertreiben, wenn man dreitausend Jahre Ignorieren des Handwerks durch das Mundwerk behauptet. Zahllos sind die Beispiele, in denen Kulturgeschichte und Philosophie nur als Rede über Rede, nicht aber als Reflexion auf sprachfreie Handlungen betrieben wird.

Alle drei Defekte zusammen haben eine erhebliche und höchst kritikbedürftige Wirkung bis in unsere Tage hinein. Der (methodische) Konstruktivismus und seine weiterentwickelte Form des Methodischen Kulturalismus versprechen Abhilfe.

## *0.2 Konstruktivismus als Mode*

Mein verehrter philosophischer Lehrer Paul Lorenzen, der als einer der beiden Begründer des Erlanger Konstruktivismus gilt, hat manche meiner Bemühungen um die Verbreitung dieser Lehre mit dem Kommentar quittiert, nichts wäre schlimmer, als mit seiner philosophischen Lehrmeinung zur Mode zu werden. Dann habe jede Rationalität abgedankt. Blickt man historisch zurück und sieht in einer Schrift Hugo Dinglers zur Geometrie von 1911 einen Eckpunkt der Vorgeschichte und in Lorenzens erster konstruktiver Logik von 1955 einen Anfang, der in der *Logischen Propädeutik* von 1967 (zusammen mit Wilhelm Kamlah) zum schulbildenden Buch führte, so ist zunächst auch das neben der Logik erste durchgeführte Projekt der Protophysik mit meinem Buch *Die Protophysik der Zeit* (1. Auflage 1969) trotz der dann einsetzenden lebhaften Diskussion eine krasse Minderheitenposition geblieben. Zwanzig Jahre lang habe ich »Konstruktivist« immer auch als Schimpfwort gehört. Von Mode keine Spur!

Das ist heute ganz anders. Zahlreiche Formen des Konstruktivismus wetteifern miteinander, haben unterschiedliche Entstehungsgeschichten, Hintergründe und Zielsetzungen. Da ist sicher Klärung und Orientierung hilfreich.

## *0.3 Ziele dieses Aufsatzes*

Drei Ziele verfolgt dieser Aufsatz, mit denen die drei Aspekte unseres griechischen Erbes wieder aufgenommen werden: Im weichen Grund des konstruktivistischen Hochmoors sollen drei solide Pflöcke eingeschlagen werden:

– Die *Konstruktivität unseres Wissens* zu erläutern soll belegen, warum es falsch ist, ein Empirist zu sein. (Mit Bezug auf die alten Griechen: Jede *Erfahrung ist poiesisabhängig.*)

– Die *Methodizität unseres Wissens* zu belegen soll zeigen, warum es falsch ist, ein Relativist zu sein. (Mit Bezug auf die alten Griechen: *Technisches Handeln* hat seine eigene, *methodische Rationalität.*)

– Die *Praktizität unseres Wissens* zu explizieren soll zeigen, warum es falsch ist, ein Naturalist zu sein. (Mit Bezug auf die alten Griechen: *Wahr und falsch in der Theorie* kann nur bestimmt werden durch Rückführung auf das *Gelingen und Mißlingen, Erfolg und Mißerfolg in der Praxis.*)

Mit diesen drei Punkten, bei denen der aufmerksame Leser selbstverständlich sofort die Umkehrung der Reihenfolge gegenüber der ersten Nennung bemerkt hat, ist auch die Gliederung für das Folgende gegeben.

## 1. Konstruktivität und Poiesis

Der Mensch, der schon viele Kennzeichnungen über sich ergehen lassen mußte, ist jedenfalls ein *Homo faber*, ein Handwerker. Hier soll es nicht um biologistische Thesen gehen, wie der Mensch durch Verlust von Haarkleid, Zähnen und Klauen immer mehr zum Mängelwesen und kompensatorisch zum Techniker und Kulturwesen wird. Es reicht hin, anzuerkennen, daß der Mensch heutzutage sein tägliches Leben nicht bewältigen könnte, wäre er nicht immer auch Handwerker. Dies gilt sogar für den weltfremdesten Geisteswissenschaftler oder Philosophen, sofern dieser nicht auf die Hilflosigkeit des Säuglings zurückfallen möchte. Schon die simpelsten Tätigkeiten der Selbstversorgung wie An- und Auskleiden, Nahrungsmittelbeschaffung, Zubereitung und Verzehr, aber auch Öffnen von Türen mit Schlüsseln, Packen von Koffern, Schreiben und Absenden von Briefen usw. sind Tätigkeiten, die immer auch einen *herstellenden Charakter* haben.

Aber nicht nur die heute vorfindliche Lebenswelt, vor allem auch die heute vorfindlichen und technisch wie prognostisch und explikativ höchst erfolgreichen Naturwissenschaften beruhen auf Poiesis. Grundlegend für alle Natur- und Technikwissenschaften ist dabei ein Kulturverständnis, das auf die ursprüngliche Wortbedeutung von *cultivare* zurückgeht, wonach der Mensch das vorgefundene Natürliche nach seinen Zwecken durch handwerklichen Eingriff verändert, »kultiviert«. Und wo die ersten Acker- und Waldbauern, die ersten Tier- und Pflanzenzüchter ihr Kultivierungshandwerk mit Werkzeugen unterstützt oder betrieben haben, auch wo Behausung und Kleidung verfertigt wurden, ging es immer um die räumliche Umgestaltung von physischen Körpern. Aus diesem Bereich archaisch-fiktiver Kulturanfänge seien zwei Beispiele zur Veranschaulichung gewählt: die Geometrie und die Arithmetik.

Der historische Euklid ist nicht nur für Philosophie und Wissenschaft einer der wirkungsvollsten Erblasser, sondern war selbst bereits der Erbe einer großen Vorgeschichte. Die *Gegenstände* nämlich, von denen seine Geometrie unter heftigen platonischen Einflüssen handelt, verweisen auf eine Mal- und Zeichenpraxis (am schönsten beim griechischen Wort für Linie, *gramme*, zu sehen, das sich vom Verbum *graphein*, zeichnen, schreiben, ableitet).

Daß es sich dabei um *Gegenstände handwerklicher Herstellung* handelt, zeigt besonders eindrucksvoll ein Vergleich der Definitionen von Kreis (im ersten Buch) und Kugel (im elften Buch) der *Elemente* Euklids. Modern gesprochen, definiert Euklid den Kreis als die Linie, deren Punkte von einem Mittelpunkt gleich weit entfernt sind – geradeso, wie man sie zeichnet, wenn man einen Zirkel benützt. Keineswegs aber definiert Euklid die Kugelfläche genauso, weil nämlich ein Wissen, daß die Punkte der Kugelfläche alle vom Mittelpunkt denselben Abstand haben, nutzlos ist für die Herstellung von Kugeln. Bei Euklid wird vielmehr die Kugel durch Rotation eines Halbkreises um den Durchmesser bestimmt. So kontrollieren Steinmetze mit einer Holzschablone beim Verfertigen einer Kugel deren Form.

Auch wir alle haben als kleine Geometrieschüler die Objekte der neuen Kunst nicht durch Axiome oder Definitionen gewonnen, sondern im Schreibwarengeschäft gekauft – als handwerkliche Produkte. Zu diesen zählen nicht nur Zirkel, Lineal oder Geodreieck, sondern auch die *Zeichenebene*, auf der die Figuren als Gegenstand des Geometrieunterrichts gezeichnet werden.

Wie aber bekommt das Wort »eben« eine Semantik (besser: Bedeutung)? Im Alltag verwenden wir das Wort als einstelligen Prädikator, den wir exemplarisch an Bauklötzen, Fensterscheiben usw. gelernt haben – prinzipiell nicht anders als die Farbprädikatoren. Was aber macht man mit dem Alltagswort bei Streit? Gibt es in fraglichen Fällen ein Entscheidungsverfahren, wie es für Wissenschaften erwartet wird? Die Antwort lautet ja: Man nimmt von der fraglichen Körperoberfläche zwei Abdrücke und sieht nach, ob diese auch untereinander passen. (Dies ist das berühmte Dinglersche Dreiplattenverfahren zur Herstellung methodisch erster Ebenen bzw. zur Kontrolle vorfindlicher Formen.)

Auch der logische Laie wird erkennen, daß in diese Definition von »eben« durch die Existenz zweier untereinander (auch bei freier Verschiebung) passender Stücke ein Einsquantor eingeht. Tatsächlich gehen aber alle Laien, Techniker und Fachwissenschaftler (einschließlich relativistischer Physiker) mit Ebenen so um, daß sie nicht den Existenzsatz, sondern den Allsatz unterstellen: Alle Ebenen (ergänze: ungeachtet ihrer Herkunft) passen aufeinander.

An diesem unbestrittenen Tatbestand ist der Logische Empirismus definitiv gescheitert: Einerseits gilt dieser Allsatz nämlich selbstverständlich nicht als logische Folge der Definition, und andererseits gilt er nicht empirisch, weil niemand bereit ist, ihn für die Falsifikation durch Erfahrung freizugeben. Vielmehr wird bei Nichtpassung zweier vermeintlicher Ebenen mindestens eine der beiden als »uneben« verworfen. (Die Wiener Positivisten hätten nicht so schnell Kants synthetisches Apriori über Bord werfen, sondern es »rational rekonstruieren« sollen!)

Im Rahmen der Protophysik des Raumes wird der Allsatz als ein *Handlungsfolgewissen* interpretiert und das Vorgehen der Laien wie der Fachleute als rational ausgewiesen. Dies ist selbstverständlich nur ein Beispiel, das in der (methodisch-kulturalistischen) Protophysik eine »prototypenfreie Reproduzierbarkeit« von Grundformen betrifft und die Eindeutigkeit der semantisch dadurch gewonnenen Grundbegriffe analog auch für Orthogonalität und Parallelität anzeigt. Auch Grundformen der Bewegung und der Dichte, wie sie für die Meßkunst von Zeit und Masse grundlegend werden, sind von dieser Art. Damit gelingt der Ausweis, daß wir es hier tatsächlich mit einem Wissen zu tun haben, den Verdikten von Formalisten und Empiristen zum Trotz.

### *1.2 Arithmetik*

Sicher ist nicht alle Mathematik Arithmetik, aber ohne Arithmetik gäbe es – bei minimalen Anforderungen an einen systematischen Aufbau – keine Mathematik.

Die elementare Arithmetik setzt bei der Frage an, was »zählen« ist. Das gelegentlich bei kleinen Kindern zu beobachtende Zwischenstadium des Lernens, wonach sie schon die Zahlwortreihe von eins bis zehn auswendig in der richtigen Reihenfolge hersagen können, dennoch nicht einmal ihre eigenen Finger zählen können, gibt den

Hinweis: Zählen ist die Zuordnung von irgendwelchen Symbolen, hier von Zahlwörtern, zu den gezählten Objekten. Historiker der Arithmetik haben schöne Beispiele dafür, wie die *calculi*, die Rechensteinchen, oder die Perlen auf dem Abakus solche Zuordnungen darstellen. Immer geht es dabei um *Zählgleichheit* zwischen Gezähltem und Zählendem.

In der konstruktiven Philosophie der Mathematik, wie sie von Paul Lorenzen entwickelt wurde und nun in einem Buch von Christian Thiel nachzulesen ist, wird aufgeführt, wie man über das logische Abstraktionsverfahren zum Zahlbegriff kommt, welche konstruktive Interpretation die berühmten Peano-Axiome haben und wie schrittweise das System der Zahlen und die Analysis aufgebaut werden.

Nicht zu übersehen ist, daß die Grundlagen der Arithmetik nicht beim bloßen Reden, sondern bei der *Herstellung von Zählgleichheit* ansetzen, die mindestens auf der Seite des Gezählten, bei den Rechensteinchen und dem Abakus aber sogar auch auf der Seite des Zählenden ein Stück Poiesis ist. In einem Bild: Beim Kindergeburtstag einer vielsprachigen Kinderschar ohne Dolmetscher werden Bonbons gerecht verteilt, indem nacheinander reihum jedem Kind jeweils eines zugeteilt wird.

### *1.3 Fazit*

Die beiden Beispiele Geometrie und Arithmetik stehen hier nur stellvertretend, betreffen aber immerhin den Anfang des Prototyps abendländischer Wissenschaft in der Antike. Gegen die platonische Verblendung läßt sich der *Rückgang auf die Poiesis* nachweisen, wo die Grundbegriffe der mathematischen Wissenschaften sich selbst erst mundwerklich spät an eine handwerkliche Gegenstandskonstitution anschließen. Gegen die Mißverständnisse, mit denen philosophierende Naturwissenschaftler und Mathematiker unseres Jahrhunderts wissenschaftstheoretisch reagiert haben, lassen sich Empirismus und Formalismus als die beiden fehlerhaften Seiten derselben Medaille erkennen. Ein methodischer Kulturalismus dagegen kann durch Rückgang auf das Handwerk konstruktiv dem Mundwerk die Kriterien dafür liefern, die übrigens *de facto* unbezweifelten arithmetischen und geometrischen Sätze mit einer soliden, zirkelfreien und lückenlosen Begründung zu versehen. (Wer als Anhänger der Modeartikel Th. S. Kuhn oder W. V. O. Quine lieber auf das schiere Faktum der Anerkennung verweist, dem sagt dies selbstverständlich wenig: Auch den professionellen Taschendieb wird man nicht mit Verweisen auf bürgerliche Ehrlichkeit und Eigentumsvorstellungen beeindrucken.)

## 2. Methodizität und Kultürlichkeit

Hier ist der aristotelische *Gegensatz von physis und techne* aufzugreifen, der – von der Philosophiegeschichte so gut wie unerkannt – einen *methodischen Aspekt* beinhaltet. Bemüht man noch einmal die fiktive Kunstfigur des weltfremden Mundwerkers, so muß dieser, wenn er nicht auf die Hilflosigkeit des Säuglings zurückfallen möchte, für die Verrichtungen des täglichen Lebens immer ein Stück Handwerker sein. Dazu muß er aber nicht nur nichtsprachlich handeln, sondern in diesen Handlungen auch eine bestimmte, *vom Zweck abhängige Ordnung* von Teilhandlungen respektieren. So wurden denn auch kaum Mundwerker gesichtet, die sich die Jacke vor dem Hemd, die Schuhe vor den Strümpfen anziehen oder den Briefbogen vor dem Beschreiben abschicken usw. Sprachfreies, zumal herstellendes Handeln spielt sich in Handlungsketten ab, deren Teilhandlungen nur bei Strafe des Mißerfolgs vertauscht werden können. Zwar falsifiziert niemand ein Naturgesetz und verletzt niemand ein Sittengesetz, der sein Frühstücksei vor dem Aufschlagen salzt oder mit einer Weinflasche vor dem Entkorken ein Glas einzugießen versucht, aber er wird seine Probleme haben. Diese Trivialität ins Bewußtsein zu heben rechtfertigt sich aus der Tatsache, daß beim Übergang vom sprachfreien Handeln zum Sprechen über Handlungen diese Selbstverständlichkeit – wieder dank Platon – meist vergessen wird. Deshalb regelt im Methodischen Konstruktivismus ein »Prinzip der methodischen Ordnung« diesen Übergang vom sprachfreien Handeln zum Sprechen. Man denke dazu etwa an Kochrezepte oder Gebrauchsanweisungen: Niemand würde solche schätzen, wenn sie durch Vertauschung vorgeschriebener Einzelschritte regelmäßig zum Mißerfolg anhielten. Entsprechend werden auch keine Beschreibungen von Handlungsketten für wahr gehalten, die gleichsam aus solchen erfolglosen Rezepten dadurch hervorgehen, daß man sie ihres Aufforderungscharakters entkleidet und als

Erzählungen auffaßt. Kurz, unser *Wissen* hängt von der *Respektierung der methodischen Reihenfolge* der *Handlungen* ab, die zielführend ist. Dafür sollen zwei Beispiele gegeben werden, die spezifisch kulturalistisch sind, weil sie die Rede von kultürlicher Entwicklung und Kulturhöhe bis hin zur Kulturinvarianz belegen.

### *2.1 Das Rad*

Der Volksmund sagt, das Rad müsse nicht noch einmal neu erfunden werden. Wir brauchen nicht zu wissen, wer wann wo wofür und auf welchen Wegen das Rad erfunden hat, sondern wir können es, da es nun schon erfunden ist, immer wieder als *taugliches Mittel für bestimmte Zwecke* erkennen – übrigens *transkulturell*, sofern nur entsprechende Zwecke in verschiedenen Kulturen auftauchen.

Betrachtet man die Kulturgeschichte des Rades, taucht die soeben besprochene methodische Ordnung wieder auf. Es muß z. B. das (auf einer Achse frei drehbare oder auf einer drehbaren Achse festsitzende) Rad bereits erfunden sein, um Paare von Zahnrädern zu erfinden, sei es zur Umkehr der Drehrichtung, sei es zu Zwecken der Über- oder Untersetzung. Es muß auch eine *Umdeutung bereits vorhandener Mittel für neue Zwecke* (etwa der Räder an Wagen für den Lastentransport) stattfinden, um die Verwendung verschieden großer Räder als Seilrollen für die antike Konstruktion des Flaschenzugs zu erfinden – und die wesentlich schwerer herzustellenden Zahnradgetriebe sind dann eine andere technische Lösung derselben Aufgabe. Viele weitere Entwicklungen der technischen Mechanik, wie die Erfindung des Schneckengetriebes, des Differentials usw. lassen sich anschließen – in einer eindeutig identifizierbaren und *nicht umkehrbaren Reihenfolge*. Hier haben wir es in den Urteilen über solche Reihenfolgen mit einer konstruktiv, ja *a priori* nachvollziehbaren Ordnung zu tun, im Unterschied zum folgenden Beispiel:

### *2.2 Der Draht*

Die Kunst der Herstellung und des Ziehens von Metalldrähten betraf ursprünglich die Gewinnung von Material für Ligaturen, Schmuckgegenstände usw. Von der mechanischen Verfügbarkeit metallischer Drähte völlig unabhängig war die Entdeckung schon der griechischen Antike, daß Bernstein (griechisch: *elektron*) bei

Reiben mit einem Fell »elektrisch« aufgeladen wurde, soll heißen, Wollfäden oder Haare anzog in Gegenrichtung zur normalen Fallbewegung. Dann konnte – empirisch! – entdeckt werden, daß die Ladung des Bernsteins über einen metallischen Draht wieder verschwand, »abfloß«. Wiederum unabhängig davon war ebenfalls in der Antike die Besonderheit bekannt, daß Steine von einem Berg nahe der Stadt Magnesia sich, auf einem Holzstück im Wasser schwimmend, immer nach derselben Richtung drehten, also modern gesprochen »Magnete« waren. Erst dann konnte empirisch entdeckt werden, daß die in Metalldrähten abfließende Bernstein-Elektrizität die Bewegung der Steine aus Magnesia beeinflußte.

Selbstverständlich soll diese fingierte Geschichte nur die Ordnung von Entdeckungsschritten plausibel machen, die ebenfalls, wie beim Rad, nicht beliebig umgekehrt oder vertauscht werden kann, aber doch im Unterschied zum Rad immer wieder über empirische Entdeckungen verläuft.

### *2.3 Fazit*

Rad und Draht stehen hier für zwei Beispiele des *apriorischen und empirischen Entwicklungszusammenhangs* handwerklich-technischer Produkte. Die unumkehrbaren Reihenfolgen erlauben es, beschränkt auf den Zusammenhang einer Entwicklungskette, von »Kulturhöhe« zu sprechen. Sie wird definiert durch die bereits zurückgelegten technischen Entwicklungen. Dabei geht es, wie oben schon betont, nicht um eine Chronologie der Entdeckungen, sondern eine Zwangsläufigkeit der Entwicklungen im Sinne der Abhängigkeit der späteren Erfindung von der früheren. Die jeweils auf einer Kulturhöhe verfügbaren Produkte können, unabhängig von der faktischen Entdeckungsgeschichte, in ihrer *Zweckmäßigkeit jeweils neu überprüft* und bestätigt werden. Kulturwandel ist dabei möglich, indem Produkte, die Mittel für ältere Zwecke waren, als *Mittel für neue Zwecke umgedeutet* werden – ein durchgängig aufweisbares Verfahren vom genannten Beispiel des Wagenrades in Umdeutung zur Seilrolle bis hin zum Antiblockiersystem moderner Autos als Vorstufe der Antischlupfregelung.

Wichtig ist, gegen die schon erwähnte Kuhnsche Mode, daß nicht die faktische Anerkennung, sondern die jederzeit neu zu belegende Mittel-Zweck-Rationalität der technischen Produkte aufgewiesen wird. Hier werden keine Mittel-Zweck-Zusammenhänge im Popperschen Sinne falsifiziert und keine Paradigmenwechsel im Kuhnschen Sinne vollzogen, sondern es wird technisch erfolgreich gehandelt und Erfolg an Erfolg geknüpft – wie sich ja der methodische Fortschritt der Handwerker- und Techniker-Tradition herzlich wenig um »Paradigmenwechsel« gekümmert hat.

Deshalb ist der häufig zu hörende Vorwurf ungerechtfertigt, *Konstruktivisten* würden Wahrheit oder Geltung nicht *fest*stellen, sondern *her*stellen und seien deshalb notorisch *relativistisch* – wenn nicht gar die Totengräber der Wahrheit (H. Albert). Vielmehr zeigt sich: Statt einer Absolutbegründung nachzujagen oder achselzukkend einen bloßen Relativismus durch Rückgang auf die faktische Anerkennung zu akzeptieren, wird methodisch-konstruktiv die Begründung für Mittelwahlen relativ zu Zwecken als Wissen angeboten – bei aller Toleranz, ob Individuen, Gemeinschaften oder »Kulturen« diese Zwecke verfolgen wollen oder nicht.

## 3. Die Praktizität unseres Wissens

Den Gegensatz von *theoria* und *praxis* aufnehmend, soll nun gezeigt werden, warum es falsch ist, ein Naturalist zu sein. Naturalismen gibt es freilich allem Anschein nach noch mehr, als es Naturalisten gibt – was man als Gärungsprozeß gegenüber den vielfältigen erkenntnistheoretischen Herausforderungen der Naturalisierungs-Selbstverständnisse interpretieren kann. Hier soll nur die für einen methodischen oder handlungstheoretischen Konstruktivismus und Kulturalismus wichtige Perspektive herausgegriffen werden, ob in erkenntnistheoretischer Hinsicht zu Recht von *Handlungen im Gegensatz zu einem bloßen Verhalten* gesprochen werden darf.

### *3.0 Die Handlungen der Naturalisten*

In den verschiedenen Spielarten von Naturalismen, vor allem der naturalisierten Erkenntnistheorien in der Nachfolge Quines und der Mehrheitsströmungen der Philosophie des Geistes, die mit dem Körper-Geist-Problem nicht befriedigend zurechtgekommen sind, läßt sich eine gläubige Orientierung an den Resultaten empirischer Naturwissenschaften feststellen, zumal solcher vom Menschen. Genauer, es geht kaum um die tatsächlichen Resultate der Naturwissenschaften vom Menschen, sondern um einen schnellen Anschluß an bestimmte philosophische Interpretationen derselben.

Gerade noch reicht das Verständnis der meisten Naturalisten bis zur klassischen Mechanik. Dort wird (nicht als mechanischer, sondern philosophischer Begleitsatz) behauptet, sie verdanke ihren Erfolg dem Verzicht auf die Zweckursache aus dem alten, aristotelischen Repertoire der vier Ursachen. Das kartesische Programm, den Lauf der Welt auf Druck und Stoß ausgedehnter Materie zurückzuführen, sofern sie nicht der anderen Substanz des Geistigen angehört, spitzt sich zur These zu, daß es in der Natur und ihren Gesetzen *nur Wirkursachen*, keine Zweckursachen geben könne (womit man in Wahrheit sagt: geben dürfe). Vor allem die Übertragung dieses Glaubenssatzes auf das Entstehungsgeschehen des Lebendigen durch Darwin hat die Auffassung beflügelt, *Erkenntnisse* müßten als *kausale Wirkungen organismischer Mechanismen* erklärt werden – und dies, als der naturalistische Sündenfall von Konstruktivismen, sogar im Radikalen Konstruktivismus des Typs Maturana/Varela (und abgeschwächt auch des Typs von Glasersfeld/von Foerster).

Danach »gibt« es nur in der Phantasie der naturwissenschaftlich Gestrigen die Illusion von Zwecksetzungsautonomie, Mittelwahlkompetenz und Beurteilungsauthentizität für Handlungsresultate. Wenn erst einmal die Naturwissenschaften vom Stoffwechsel im Hirn weit genug seien, würde diese Illusion (wie viele andere, z. B. die der Willensfreiheit usw.) wie eine Seifenblase zerplatzen.

Nun wird dem Naturalisten jeder Besitzer eines Hundes bestätigen, daß dieser perfekt unterscheiden kann, ob man versehentlich über ihn stolpert oder ihn absichtlich mit dem Fuß tritt; er wird versöhnungsbereit jaulen oder knurrend zum Gegenangriff übergehen. Es ist schwer zu erklären, warum Naturalisten sich selbst nicht die Fähigkeiten zuschreiben wollen, die sie dem eigenen Hund zubilligen. (Das Hunde-Beispiel soll die *Unterscheidung von Handlung und bloßem Verhalten* verdeutlichen – und zwar selbstverständlich nicht beim Hund, sondern beim Leser dieses Beispiels, der ja dafür den Unterschied von »absichtlich« und »versehentlich« schon verstanden haben muß.) Wer sich übrigens beharrlich weigert, diesen Unterschied anzuerkennen, kommt in praktisch allen Rechtssystemen in Konflikt mit dem Gesetz, das, notfalls unter Zwang, die Anerkennung fordert, zwischen dem vorsätzlichen, dem fahrlässigen und dem schuldlosen Herbeiführen eines Unglücks zu unterscheiden. Und bei ein wenig Phantasie bricht auch jede Sozialkompetenz von der persönlichen Partnerschaft bis zu verantwortlicher öffentlicher Tätigkeit zusammen, wenn im Ernst zweckgerichtetes Handeln nicht von bloßem Verhalten wie Stolpern, Erschrecken oder Niesen unterschieden wird.

Naturalisten müssen auch behaupten, daß sie tierliche Produkte wie Nester, Bienenwaben, Spinnweben und Termitenhügel nicht von menschlichen Bauwerken wie Bauernhöfen, Domen, Tankstellen und dergleichen am Kriterium der Zweckrationalität unterscheiden können. Aber all diese Defekte sind noch harmlos gegenüber der *Selbstwidersprüchlichkeit* aller naturalistischen Positionen, wonach sie konsequent den *Unterschied von Wahr und Falsch opfern* müssen. Dies sei am Beispiel des Taschenrechners und am Beispiel der evolutionären Erkenntnistheorie gezeigt.

### *3.1 Der Rechner*

Nachdem den Substanzdualismus von Descartes heute kaum jemand mehr vertreten möchte, ist das Körper-Geist-Problem etwa am Beschreibungsdualismus eines Taschenrechners exemplifizierbar: Einmal geht es um das handwerklich-technische Produkt in der Beschreibung des Konstrukteurs, Erfinders und Reparaturdienstes, zum andern um die mathematische Beschreibung der Rechenleistungen als Input-Output-Relationen, die sich als mathematische Aufgabenstellung und ihre Lösung lesen lassen.

In der Beschränkung der Erkenntnismittel auf logisch-mathematische Aussagen einerseits, empirische Aussagen andererseits (nach den Empfehlungen des Logischen Empirismus und seiner Schuldner in Mathematik und Naturwissenschaften) müssen die Rechenleistungen aus der technischen Beschreibung des Rechners entweder logisch folgen oder empirisch-kausal erklärt werden können. Der defekte Rechner zeigt, daß dies nicht möglich ist, weil ja auch falsche, aufgrund eines Gerätedefekts auftretende Rechenresultate mit den naturwissenschaftlich-technischen Mitteln erklärt werden können (und tatsächlich im Zusammenhang von Reparaturen auch erklärt werden). Kurz, ob logisch oder empirisch, die technisch-physikalische Beschreibung des Rechners gilt für gestörte wie für einwandfreie Geräte. Die *Störung* wird nur durch ein *Verfehlen des menschlichen Zwecks* definiert, *richtige* Rechenresultate zu liefern. Einschlägig ist hier also die handlungstheoretisch gefaßte Mittel-Zweck-Relation: Nur wer richtige Rechenergebnisse als Konstruktionszweck vorgibt (und dazu die Wahr/falsch-Unterscheidung auf mathematische Aussagen bereits anzuwenden weiß), kann überhaupt Rechner erfinden, und zwar als Substitut für die menschliche Kulturleistung des richtigen Rechnens. Der Naturalist dagegen verzichtet auf den Unterschied von richtigen und falschen Rechenresultaten, wenn er nur seinen Ansatz zu Ende denkt.

Das Problem taucht in analoger Weise bei der Erklärung von Kognitionsleistungen durch die Funktion des organismischen Substrats auf. Was immer man naturwissenschaftlich über den Menschen, seine Sinnesorgane, sein Zentralnervensystem usw. wissen kann, es ist immer auch im selben Sinne für die falschen Ergebnisse verantwortlich wie für die wahren. Kurz, die Wahr/falsch-Unterscheidung muß immer schon vorab gewußt und für die naturalistisch gesuchte Erklärung angewandt werden.

### *3.2 Die Evolution der Erkenntnis*

Der Physiologismus oder Biologismus, die beide die Produktion von Erkenntnis allein naturwissenschaftlich (und damit naturalistisch) erklären wollen, müssen an irgendeiner Stelle der Argumentation entweder die Wahr/falsch-Unterscheidung oder aber die *Gelingens-/Mißlingensunterscheidung investieren.* Theorien, die in Analogie zum Schlichtmodell einer Mutations-/Selektionstheorie die Anpassung von Sinnesorganen und weltbildstiftendem Apparat (K. Lorenz) an die Wirklichkeit erklären wollen, begehen denselben Fehler zweimal: einmal den im Rechner-Beispiel genannten und zum zweiten die Petitio Principii, die im Anpassungsgedanken bereits eine (wahre!) Erkenntnis der Welt als Anpassungsregulativ in Anspruch nimmt. (Auch der Umweg über die Naturwissenschaften, die uns sagen, wie die Welt sei, so daß dann die evolutionäre Anpassung nur im Mesokosmos aufweisbar sein müsse, während mikro- und makrophysikalische Modelle mit der Anschauung in Konflikt liegen dürfen, vergessen die Abhängigkeit aller Naturwissenschaften von der Kulturleistung, zu einem *Konsens in der Beurteilung von Handlungen* und ihren Resultaten zu kommen. Das gilt auch für die Sonderform von Wahrnehmungen.)

## *3.3 Fazit*

Die Praktizität unseres Wissens, die von Naturalisten jeder Couleur geleugnet wird, belegt, wie sich der Naturalismus selbst in eine Beschreibungsdistanz hineinmanövriert hat, der auch die einfachsten Einsichten nicht mehr zugänglich sind. Kein Kulturmensch, der nicht zugleich der Dummheit und der Barbarei geziehen werden möchte, kann sich im Alltag wie in den Wissenschaften erlauben, auf die *Unterscheidung von Vollzug und Beschreibung einer Handlung* zu verzichten. Einen Mord zu begehen versus einen Mord zu beschreiben ist ein Unterschied, den im Ernst niemand ignoriert, und zwar wieder im Vollzug. Deshalb ist es der Hauptvorwurf gegen naturalistische Positionen, nicht mit Ernst vertreten zu werden, sondern als ein luxurierender Irrtum. Das Luxurieren besteht im Einnehmen des Zuschauerstandpunktes, mit dem griechischen Wort: des Theoretiker-Standpunktes, der vergißt, daß niemand so sehr Zuschauer und Theoretiker sein kann, daß er nicht selbst immer wieder handelt. Insbesondere ist *auch Reden* eine spezielle *Form des Handelns*, das als Vollzug seinem Träger als Schuld oder Verdienst zugerechnet wird, werden darf und werden muß. Auch der Naturalist ist für die Falschheit seiner Behauptungen selbst verantwortlich – nicht die Natur.

Vollzüge von Handlungen sind theoretisch nicht hintergehbar. (In diesem Punkt gibt es noch viele Fragen auch an den Radikalen Konstruktivismus zu stellen, die hoffentlich eine Antwort finden oder zu seiner Modifikation führen werden.) All die Kausalerklärer, die sich nach dem Status von Gründen in einer Welt der Ursachen fragen, vergessen, daß sie selbst nur im Vollzug von Handlungen diese Frage formulieren und für jede überhaupt mögliche Antwort nur wieder im Vollzug Geltung beanspruchen können. Diese Vollzüge müßten ihrerseits, was auch der abenteuerlichste Optimist nicht versucht, selbst kausal erklärt werden; dann hätte man wenigstens eine geschlossene, wenn auch zirkuläre Theorie. Aber nicht einmal diese könnte darüber hinwegtäuschen, daß sie nur durch Zwecksetzungen und Mittelwahlen im Vollzug in die Welt gekommen ist.

## 4. Schluß

Die Konstruktivität, Methodizität und Praktizität unseres Wissens ist damit die moderne Antwort auf Fragen, die sich an die griechischen Gegensatzpaare von *praxis* und *poiesis*, von *physis* und *techne*, von *praxis* und *theoria* angeschlossen haben. Im Rückgang auf die Vollzüge von Handlungen in der Lebenswelt, die ihrerseits immer schon eine bestimmte Kulturhöhe hat, werden erkenntnistheoretische und wissenschaftstheoretische Fragen der Gegenwart beantwortet. Diese Antworten von den bereits entdeckten Defiziten naturalistischer Positionen freizuhalten ist der Anspruch der methodischen Philosophie im Konstruktivismus und seiner weiterentwickelten Form des Kulturalismus.

# Kapitel II
# Handeln und Sprechen

# 1. Vollzugs- versus Beschreibungsperspektive des Handelns und das Problem wissenschaftlicher Transsubjektivität

## Einleitung

### *1. »Konstruktiver Realismus« oder »Methodischer Kulturalismus?«*

F.G. Wallner und M. J. Jandl haben unter dem Titel »Konstruktion und Verbindlichkeit« (2002) die These aufgestellt, »daß der Instrumentalismus die Wissenschaft untergräbt, weil die Verbindlichkeit von wissenschaftlichen Konstrukten zerstört wird« (S. 260).[1] In einem lesenswerten Vergleich zwischen Methodischem Kulturalismus (Hartmann/Janich 1996a und 1998) und dem Konstruktiven Realismus F. Wallners (1991 u. a.) diskutieren sie die Frage, ob der Konstruktivismus der Methodischen Kulturalisten (im Anschluß an H. Dingler und den Erlanger Konstruktivismus P. Lorenzens) einen Instrumentalismus vertritt, der letztlich die Verbindlichkeit wissenschaftlicher Ergebnisse preisgibt.

Es liegt nahe, daß die beiden Autoren das von Wallner propagierte Verfahren der »Verfremdung« hervorheben und »jedem Gedanken an ein verbindlich normiertes Meta-Sprachspiel eine Absage« erteilen (S. 277).

Diese Diskussion soll hier nicht in dem Sinne fortgeführt werden, daß es als Mißverständnis von Wallner und Jandl nachgewiesen wird, der Rekonstruktion von Fachsprachen (auf der Objekt- oder der Metaebene) die »Verbindlichkeit« zuzuschieben, die man zu Recht von wissenschaftlichen Ergebnissen erwartet. Explizitheit und Nachvollziehbarkeit von Terminologien, die selbstverständlich jeder zweckmäßigen Revision offenstehen, sind lediglich eines von mehreren Mitteln, die transsubjektive Geltung wissenschaftlicher

1 Die Zitate von Wallner und Jandl stammen aus Wallner/Jandl 2002. Dort wird Bezug genommen vor allem auf Hartmann/Janich 1996a. Einschlägig für die Diskussion zwischen Konstruktivem Realismus und Methodischem Kulturalismus sind des weiteren: Hartmann/Janich (Hg.) 1998; Janich 1996d, 2000a, 1997a, 2001b.

Aussagen zu sichern – und nebenbei ein empfehlenswertes Heilmittel gegen unverbindliches Gerede.

Einschlägig scheint dagegen die Frage, um welche »Wirklichkeit« es im Blick auf die Verbindlichkeit wissenschaftlicher Ergebnisse geht. Hier bleibt der Konstruktive Realismus ganz unverbindlich. Im Methodischen Kulturalismus dagegen verschiebt sich gleichsam die Blickrichtung von einem metaphysischen Realismus im Sinne eines »Superbeobachters« – in dessen Ablehnung sind sich wohl alle Formen des Konstruktivismus einig – auf die Handlungswirklichkeit. Handlungswirklichkeit heißt aber nicht nur Reden über Handeln (was nebenbei selbst ein Handeln durch Vollzug ist), sondern das Vollziehen von Handlungen. Dies wird gern in Auseinandersetzungen um die Tradition des Methodischen Konstruktivismus und Kulturalismus vergessen, übrigens auch von Wallner und Jandl bei ihrer Diskussion des Dinglerschen Ansatzes.

Um die Diskussion mit dem Konstruktiven Realismus bezüglich der (nach gemeinsamer Überzeugung nicht preiszugebenden) Verbindlichkeit wissenschaftlicher Ergebnisse fortzuführen, wird im folgenden dargelegt, welche Rolle die Unterscheidung von Vollzugs- und Beschreibungsperspektive des Handelns für wissenschaftliche Transsubjektivität spielt.

## *2. Einleitung: Zum Beispiel Medien- und Kommunikationswissenschaft*

Niemand bestreitet, daß die Wissenschaften durch Handeln von Menschen in die Welt kommen. Die Frage ist lediglich, ob die Betrachtung der Wissenschaften unter diesem Aspekt etwas beiträgt zur Lösung von Problemen, die zum Beispiel das zeitgenössische Wissenschaftsverständnis in den Kultur-, Medien- und Kommunikationswissenschaften betreffen. Diese Frage mit Gründen zu bejahen ist Ziel des folgenden Textes.

Dazu werden in einem ersten, handlungstheoretischen Schritt Unterscheidungen eingeführt und diskutiert, die man einem Neopragmatismus methodisch-kulturalistischer Form zurechnen kann. Im zweiten Schritt werden diese Unterscheidungen auf den Begriff der Kommunikation als Grundbegriff von Kommunikationswissenschaften angewendet. Im dritten Schritt wird die Frage nach der Transsubjektivität als Postulat der Wissenschaftlichkeit beantwortet.

## 1. Perspektiven des Handelns

Aus einer phänomenologisch orientierten Soziologie kommend, hat sich eine Unterscheidung eingebürgert, nämlich die zwischen einer *Beobachter-* und einer *Teilnehmerperspektive*. Betrachtet man die Wissenschaften insgesamt, geht dieser Unterscheidung die Entdeckung des Beobachters in der Physik voraus. Die klassische Physik Galileis und Newtons war insofern methodologisch naiv, als sie sich in ihren Aussagen ganz auf den Objektbereich, etwa die Bewegungen von Körpern unter dem Einfluß von Kräften, beschränkt hat. Damit waren die Bedingungen des Beobachtens, Messens und Experimentierens in Form funktionierender Instrumente unbeachtet geblieben. Die Abhängigkeit empirischer Daten, die durch Messung und Experiment gewonnen wurden, vom Vorliegen künstlich erzeugter, relevanter Geräteeigenschaften, war übersehen worden.

Dieser Defekt, den man als Naivität gegenüber der Rolle des Beobachters für naturwissenschaftliche Erfahrung bezeichnen kann, erregte die Aufmerksamkeit der Physik, als die Unverträglichkeit von klassischer Mechanik und Maxwell-Hertzscher Elektrodynamik bemerkt und ihre Auflösung durch Äthertheorien verworfen worden war. Die Grundbegriffe von Raum und Zeit, zugespitzt auf die Operationalisierung der Gleichzeitigkeit räumlich entfernter Ereignisse, wurde (später) als die *Entdeckung des Beobachters* apostrophiert. (Es ist hier nicht der Ort, die szientistische Verkürzung des Beobachters in der relativistischen Physik auf eine naturgesetzliche Funktion von Meßgeräten zu diskutieren.)

In der Soziologie wie in der Geschichtswissenschaft war bemerkt worden, daß dieses Modell des naturwissenschaftlichen Beobachters (mit seiner Distanz zum Gegenstand der Beobachtung) nicht nur eine von mehreren Möglichkeiten des Verhältnisses zum Forschungsgegenstand darstellt, sondern auch eine mögliche Fehlerquelle: Wenn nämlich der Beobachter zugleich Teil des untersuchten Gegenstandes ist, sei es als Mitglied einer Gesellschaft, sei es als Historiker, dessen Wissenschaft mit ein Produkt der Geschichte ist, die er untersucht, wirft dies Fragen nach Selbstbezüglichkeit und Objektivität der Forschung auf. Kurz, der Beobachterperspektive wurde eine Teilnehmerperspektive gegenübergestellt, die in der Zugehörigkeit des Wissenschaftlers zu dem von ihm untersuchten

Gegenstandsbereich nicht gleich die Kapitulation vor Ansprüchen auf Wissenschaftlichkeit sieht.

Handlungstheoretisch betrachtet sind die beiden Perspektiven des Beobachters wie des Teilnehmers solche der *Beschreibung von Handlungen*. Ihr Unterschied besteht im Vorliegen oder Fehlen der *Selbstbezüglichkeit* der Beschreibung. Dieser Unterschied ist auch handlungstheoretisch erheblich, weil in der Beobachterperspektive prinzipiell Handlungen anderer Agenten gedeutet werden müssen, während in der Teilnehmerperspektive die Authentizität des Agenten und der privilegierte Zugang zu den eigenen Intentionen, Zwecksetzungen, Mittelwahlüberlegungen usw. einen prinzipiell weiteren und jedenfalls anderen Zugang zum Wissen über singuläre Handlungen eröffnen.

Am Gegensatz von Teilnehmer- und Beobachterperspektive finden sich wieder die alten philosophischen Probleme des Unterschieds vom Eigen- und Fremdpsychischen, der Frage nach der Zugänglichkeit des Fremdpsychischen und sogar grundsätzliche Differenzen zwischen Introspektion und Behaviorismus, zwischen Mentalismus und Empirismus, ja bei manchen Autoren sogar zwischen Geistes- und Naturwissenschaften. Die handlungstheoretische Analyse des Unterschieds von Teilnehmer- und Beobachterperspektive als zwei wichtigen Beschreibungsperspektiven des Handelns ist deshalb ein Eckstein neopragmatischer Überlegungen im Methodischen Kulturalismus.

Allen offenen Fragen zum Trotz ist dabei unstrittig, daß es in beiden Fällen um Perspektiven der Beschreibung von Handlungen geht. Die Trivialität, daß »Beschreiben« selbst ein Handeln ist, bleibt hierbei außer Betracht. Und wieder darf man es wohl als unbestritten bezeichnen, daß auch die Handlung des Beschreibens von Handlungen, ob aus der Teilnehmer- oder der Beobachterperspektive, nicht ihrerseits beschrieben, sondern *vollzogen* wird. Kurz, der Unterschied (im Unterschied zur Unterscheidung) von Teilnehmer- und Beobachterperspektive kommt nur durch Handlungsvollzüge (nämlich der Handlungsbeschreibungen) in die Welt. Also wird niemand behaupten wollen, die *Vollzüge* spielten hier keine Rolle. Nur werden sie eben meistens nicht selbst Gegenstand der Reflexion.

Hier soll es – selbstverständlich – nicht um das intellektuelle Spiel wiederholter Sprünge von einer zur nächsthöheren Sprachebene gehen, wonach jede Beschreibung selbst eine Handlung ist, die auf der nächst höheren Ebene wieder beschrieben werden kann. Hier soll es vielmehr um einen prinzipiellen Unterschied zwischen Theorie und Praxis gehen. Dieser Unterschied, hier wiederum in handlungstheoretischer Perspektive, ist so wichtig wie unbeachtet. Wo er, etwa in wissenschaftstheoretischen Kontroversen zwischen Methodischen Konstruktivisten und realistisch denkenden Empiristen, zur Sprache kommt, spaltet er die Welt in zwei Lager. Die Mehrheit haben die Empiristen, verstärkt durch alle nichtempiristischen Theoretiker, die zwar gern der These vom Primat der Praxis zustimmen, aber in den lichten Konstruktionen ihrer Theorien (mit Begriffsnetzen, Metasprachenhierarchien und Interpretationsankern in einen sumpfig-weichen Grund von Praxis) verharren, ohne daß der Praxis eine verläßliche Kontrolle, Falsifikation oder gar Verifikation der Theorie zu entreißen wäre.

Im strengen Sinne *operative Begründungen von Theorien* dagegen, als Beispiel möge hier die Geometriebegründung dienen, führen zurück auf eine *Erzeugung der Gegenstände von Wissenschaften* durch tatsächliches Handeln, durch Handlungsvollzug. Die Theorie wird hier in der Kette des Zurückfragens auf ihre Gründe genau dort verlassen, wo es nicht mehr nur die Handlungen des Fragens und Antwortens, des Definierens und Argumentierens sind, sondern die Handlungen der Lebenswelt selbst, die Erzeugung der Gegenstände, um die es in der Wissenschaft geht. Dies können auch sprachfreie Handlungen sein wie die handwerkliche Herstellung räumlicher Formen an Körpern, zu der dann die Geometrie eine Theorie wird.

Es ist eine Grundidee des Methodischen Kulturalismus, Begründungsmodelle zu entwickeln, die in den *Vollzug von Handlungen in der Lebenswelt* zurückführen. Das gesamte Programm der sogenannten Prototheorien mit ihrem konstitutionstheoretischen Anspruch setzt hier an. Es ist der Vollzug der Handlungen, die Handwerker ausführen, aus denen sich Praktiken etablieren, die dann zu den Wissenschaften Physik, Chemie, Biologie und anderen hochstilisiert werden.

Nun ist selbstverständlich nicht zu bestreiten, daß auch das Einnehmen einer Vollzugsperspektive im Sinne eines Rückgangs auf die tatsächlichen Handlungsvollzüge eine »Perspektive« und mithin eine Beschreibung betrifft. In einem Text zur Geometriebegründung werden ja nicht selbst Platten abgeschliffen, Ebenen, rechte

Winkel und parallele Kanten erzeugt, sondern es wird nur darüber gesprochen. Deshalb ist genauer zu erklären, worin der *Gegensatz von Vollzugs- und Beschreibungsperspektive* besteht, wo dann letztere in Beobachter- und Teilnehmerperspektive differenziert wird. Was ist also charakteristisch für die Vollzugsperspektive in der Handlungsbeschreibung?

Eine Bestimmung erster Näherung lautet: Der Handlungsvollzug ist Gegenstand der Handlungsbeschreibung aus der Vollzugsperspektive. Damit ist immerhin bestimmt, daß es der singuläre Vollzug einer Handlung durch einen bestimmten Agenten zu einer bestimmten Zeit ist, um den es geht, und nicht etwa ein Handlungstyp – in der bekannten Unterscheidung von G. H. von Wright also der Unterschied von *token* und *type*. In zweiter Näherung beinhaltet die Vollzugsperspektive, daß strittige Fragen der Handlungsbeschreibung tatsächlich am Handlungsvollzug entschieden werden müssen.

Damit hier nicht vorschnell Geltungsprobleme für Handlungsbeschreibungen ins Spiel kommen, mögen exemplarisch Aufforderungen betrachtet werden. Niemand bestreitet, daß die Qualität eines Kochrezepts, einer Gebrauchsanweisung oder Bauanleitung letztlich durch Befolgen, also durch Handlungsvollzüge, zu prüfen ist. Damit wird ein dritter charakteristischer Zug der Vollzugs- im Unterschied zur Beschreibungsperspektive sichtbar: In einer Beschreibungsperspektive lassen sich keine Handlungsanweisungen *geben*, auch nicht in der Teilnehmerperspektive. Sie werden eben nur *beschrieben*. Aufforderungen dagegen, die nicht als Beispielsätze eines Textes diskutiert, sondern selbst als Handlung vollzogen werden, durchbrechen die Grenze des Verbleibens in der Theorie, in der Sprache, in der Reflexion. Sie führen aus der Theorie heraus und in Praxis hinein.

Dies tun sie aber, und damit ist ein viertes Charakteristikum der Vollzugsperspektive genannt, nicht zum Zweck der Kooperation, wie dies aus dem lebensweltlichen Kontext des Ergehens und Befolgens von Aufforderungen vertraut ist, sondern zum *Zweck der Begründung*. Wenn z. B. eine Theorie zur Begründung der Geometrie auf nichtsprachlichen Prozeduren der Herstellung räumlicher Formen an Körpern beruht, so sind die dabei vorgeschriebenen Handlungsvollzüge nicht dem Zweck gewidmet, für weitere Verwendung nun eine (individuelle) Zeichenebene, ein (individuelles)

Lineal usw. bereitzustellen – wie es etwa einem Robinson einfallen würde, der nun das Zeichenwerkzeug für die Konstruktion eines Schiffes herstellen möchte. Vielmehr sind die Vollzüge im strittigen Fall auszuführen, um nichtsprachliche Handlungen als Träger erster exemplarisch bestimmter Handlungsprädikatoren und damit als erste Schritte zur Sicherung von Definitionsketten bereitzustellen. (Wird etwa die Ebene definiert durch die frei verschiebbare Passung zweier Abgüsse, die ihrerseits untereinander frei verschiebbar passen, so müssen die nichtsprachlichen Handlungen vorführbar sein, Körpertripel paarweise zur Berührung zu bringen bzw. bis zur Passung aneinander abzuschleifen. Dadurch erhält das Grundvokabular seine interpersonell nachvollziehbare Semantik.)

Zusammenfassend unterscheidet sich also die Vollzugs- von (jeglicher) Beschreibungsperspektive dadurch, daß die Sprache über Handlungsvollzüge die ersten Schritte im Aufbau einer einschlägigen Terminologie trägt. Die Vollzugsperspektive löst das Anfangsproblem für Begründungen (und ist deshalb ein Gegenentwurf zum »Münchhausen-Trilemma« des Kritischen Rationalismus bei H. Albert). In gemeinsamer Ausführung solcher Handlungen – man denke stilisierend etwa an das Vor- und Nachmachen bestimmter handwerklicher Tätigkeiten – werden die ersten Normierungsschritte einer für ebendiesen Bereich des Handelns einschlägigen Terminologie bereitgestellt. Der *Wirklichkeitsbezug* dieses Vorgehens ist *antirealistisch* im Sinne der Unabhängigkeit von einer hypostasierten, menschenunabhängigen Realität; er ist vielmehr *pragmatisch* im Sinne eines Wirklichkeitsbezugs, in dem das Wirkliche das durch Handlung Bewirkte ist. Zugespitzt gesagt, nur die Vollzugsperspektive verdient tatsächlich das Prädikat »pragmatisch«, während die Beschreibungsperspektive des Handelns noch nicht einmal in der Zuspitzung auf die Teilnehmerperspektive mehr mit Pragmatismus zu tun hat als das Reden über Pragmatismus.

## 2. Handlung – Kommunikation – Wissenschaft

Die Debatte um Medien- und Kommunikationswissenschaften spricht vom »Wissenschaftsverständnis in den Kultur- und Sozialwissenschaften«. Im folgenden soll es um Kommunikation und die Anwendung der vorausgehenden handlungstheoretischen Unterscheidungen auf diese gehen, gleich, ob sie dann als Grundbegriff der Kommunikationswissenschaften oder in den anderen Kategorien eine Rolle spielen soll. Kommunikation wird hier also als ein Grundbegriff (und in der Vollzugsperspektive als ein Grundgegenstand) betrachtet.

Der Grammatik des Wortes »Kommunikation« darf mißtraut werden. Kommunikation ist sowohl der Prozeß des Kommunizierens als auch ihr erfolgreiches Produkt, ist ein Beschreibungswort zu einer Praxis ebenso wie ein Reflexionswort für die Theorie zu dieser Praxis. Deshalb soll im folgenden nur (verallgemeinernd) der Handlungsprädikator »kommunizieren« verwendet werden. Dieser Prädikator steht für einen Typ von Handlungen, der in pragmatischen und neopragmatischen Theorien unterrepräsentiert ist. Dazu einige weitere handlungstheoretische Unterscheidungen:

Handlungen lassen sich nach vielen verschiedenen Aspekten einteilen, und solche Einteilungen sind gerade so gut, wie sie taugliche Mittel zu bestimmten Zwecken des Einteilens sind. Das heißt, mit dem folgenden Einteilungsschema sind keinerlei Ontologie- oder Exklusivitätsansprüche verknüpft. Allerdings wird der Anspruch erhoben, daß eine Rede von Kommunizieren ohne die folgende Einteilung mindestens defizitär bleibt.

Manche Handlungen sind überhaupt nur vollziehbar, wenn sich andere Agenten beteiligen, und zwar nicht irgendwie beiläufig, sondern explizit in der Absicht, sich eben daran zu beteiligen. So kann z. B. niemand allein einen Wettlauf machen, sondern nur mit einem Konkurrenten zusammen. Und wenn ein Erwachsener einem kleinen Kind einen Wettlauf vorspielt und dann das Kind zur Stärkung seines Selbstbewußtseins gewinnen läßt, sagen wir zu Recht nicht, dies sei ein Wettlauf gewesen – weil der Erwachsene nicht die Bedingung erfüllt hat, den Wettlauf gewinnen zu wollen.

Handlungen dieses Typs sollen *Beteiligungshandlungen* heißen. Sie können nur gelingen, d. h. richtig vollzogen werden, wenn sich eine andere Person beteiligt.

Davon sind zu unterscheiden die *gemeinschaftlichen Handlungen*, die nur Erfolg haben können, wenn andere sich beteiligen. Ein Beispiel hierfür wäre das Hochheben eines schweren Balkens.

An der Unterscheidung von Beteiligungs- und gemeinschaftlicher Handlung läßt sich eine weitere wichtige terminologische Explikation anschließen. Eine Handlung zu vollziehen kann gelingen oder mißlingen. Demgegenüber heißt das Erreichen oder Verfehlen des Zwecks einer Handlung Erfolg oder Mißerfolg. Die Trennung der beiden Begriffspaare Gelingen/Mißlingen und Erfolg/Mißerfolg entspricht den Fällen lebensweltlicher Erfahrung, in denen eine Handlung gelungen ist und gleichwohl ihren Zweck verfehlt. Wer etwa nach den Regeln der Kunst einen Garten bepflanzt hat, also seine gärtnerischen Bemühungen als gelungen bezeichnen darf, aber durch Schädlingsbefall oder Trockenheit das Verdorren seiner Pflanzen beobachtet, wird seine Handlungen nicht als erfolgreich bezeichnen.

Ob der Vollzug einer Handlung gelungen oder mißlungen ist, entscheidet entweder authentisch der Akteur relativ zu seinen Absichten oder relativ zu bestimmten Regelungen (wie sie etwa beim Eiskunstlauf oder Turmspringen im Sport zur Bestimmung spezieller Sprünge bekannt sind und dann von Punktrichtern beurteilt werden).

Mit diesen Unterscheidungen läßt sich nun das Kommunizieren als ein Handeln erfassen, das für Wissenschaften von der Kommunikation eine Reihe weiterführender Aspekte aufweist. Zunächst einmal ist Kommunizieren eine Beteiligungshandlung. Nicht nur sind mindestens zwei Akteure für einen Kommunikationsprozeß erforderlich, sondern sie müssen auch gleichzeitig und aufeinander gerichtet die Handlungen des Kommunizierens vollziehen (bzw. intendieren, sie zu vollziehen). Ein Mißlingen der Handlungen des Kommunizierens beruht auf Störungen des gelingenden Normalfalls. Unerträglicher Lärm, dramatische Situationsumstände oder etwa das Fehlen einer gemeinsamen, von beiden Seiten gesprochenen und verstandenen Sprache sind Störungen, die als solche erst auftauchen und bestimmt werden können, wenn unter anderen, günstigen Umständen das Kommunizieren bereits praktiziert worden ist und in diesem Sinne den gelingenden Normalfall darstellt. Mit anderen Worten, das Gelingen des Handlungsvollzuges geht (prinzipiell) der Bestimmung von Störungen und den mißlingenden Fällen methodisch voraus. Das Gelingen verhält sich zum Mißlingen wie das wahrhafte Sprechen zum Lügen: Das Lügen kann eine Person erst dann lernen bzw. ausüben, wenn sie absichtlich etwas anderes sagen kann als das für wahr Gehaltene.

Selbstverständlich ist Kommunizieren als Handlungsprädikator schon gegenüber der alltäglichen Unterscheidung von Sprechen und

Zuhören, von Verstandenwerdenwollen und Verstehen, reichlich undifferenziert. Ein Sprecher wird das Gelingen seiner kommunikativen Handlungen anders beurteilen als der Hörer. Hier kommt es auf den Beschreibungszweck an, ob es dem Sprecher bei der Beurteilung des Gelingens auf die grammatische Korrektheit, auf die deutliche Artikulation, auf den treffenden Ausdruck nach eigenem Verständnis oder auf einen anderen Aspekt seiner Rede ankommt. Auch der Hörer handelt. Seine Verstehensbemühungen können genaues Hinhören, Aufmerksamkeit, Herstellung von Kontextbezügen oder ähnliches betreffen.

Von anderer Art ist die Frage, woran Erfolg und Mißerfolg des Kommunizierens als Beteiligungshandlung bestimmt werden. (Und wieder anders liegen die Verhältnisse, wenn Kommunizieren als gemeinschaftliche Handlung bezüglich Ge- und Mißlingen und bezüglich Erfolg und Mißerfolg beurteilt werden.)

Wieder hängt es vom Zweck der angestellten Beurteilung ab, ob Erfolg und Mißerfolg einer Sprechhandlung im Verstehen oder im Anerkennen durch den Gesprächspartner liegt. Dabei bestehen trivialerweise Abhängigkeiten innerhalb ganzer Zweckhierarchien, weil ja das Verstehen dem Anerkennen vorhergehen muß. Wer einer mißverstandenen Behauptung zustimmt, einer mißverstandenen Aufforderung Folge leistet, eine mißverstandene Frage beantwortet oder auf einen mißverstandenen performativen Sprechakt wie Bitten, Danken, Gratulieren, Kondolieren usw. reagiert, wird dem Sprecher nicht das Urteil einer erfolgreichen Sprechhandlung nahelegen.

Die bisherigen Betrachtungen waren so angestellt, als hätte das Kommunizieren keine über den Kommunikationsprozeß hinausgehenden Zwecke. Dies ist gewissermaßen der Typ der Talk-Show-Kommunikation oder der Geschwätzigkeit. Im Normalfall des Lebensernstes jedoch kommunizieren Menschen, um zusammenzuleben, terminologisch, um Kooperation zu organisieren. Im methodisch einfachsten Fall ergeht eine Aufforderung eines Sprechers an einen Hörer, damit dieser die Aufforderung befolgt. Es gehört aber zum pragmatischen Verständnis des Aufforderns zu wissen, welche anderen Antworthandlungen ebenfalls als adäquat gelten: Immer das Verständnis der Aufforderung durch den Hörer unterstellt, kann dieser die Befolgung ablehnen, die Legitimation des Auffordernden für diesen Befehl in Frage stellen, die Möglichkeit der Befolgung bestreiten oder ähnliches. Analog verhält es sich bei fragendem und behauptendem Reden sowie bei den genannten performativen Sprechakten.

Immer wieder hängt es von den Beschreibungszwecken des Kommunikationstheoretikers ab, was genau in einer konkreten Situation als Erfolg oder Mißerfolg gilt. Mit anderen Worten, die Differenzierung kommunikativer Handlungen mit den drei Paaren handlungstheoretischer Unterscheidungen (Beteiligungs- versus gemeinschaftliche Handlung; Ge-/Mißlingen; Erfolg/Mißerfolg) durch den Kommunikationstheoretiker richtet sich nach dessen spezifischen Erkenntnisinteressen und muß, sofern es sich um eine empirisch anwendbare Kommunikationstheorie mit Adäquatheitsbedingungen handelt, selbstverständlich die Absichten und Zwecke der kommunizierenden Personen berücksichtigen.

Eine pragmatische Pointe des handlungstheoretischen Verständnisses einer Kommunikationssituation liegt darin, daß Bedeutung und Geltung sprachlicher Ausdrücke auf die genannten handlungstheoretischen Unterscheidungen zurückgeführt werden können. Wer z. B. auf die Frage »Wo geht es bitte zum Bahnhof?« die Antwort erhält »17 Uhr«, darf davon ausgehen, daß er jedenfalls mit seinem kommunikativen Akt keinen Erfolg hatte, eventuell dieser sogar mißlungen ist. Wer dagegen auf die Frage »Wie spät ist es?« die Antwort erhält »17 Uhr«, obwohl es 10 Uhr ist, darf wohl seinen kommunikativen Akt für gelungen, aber nicht für erfolgreich halten. Diese Andeutungen müssen hier genügen. Für eine detaillierte Ausarbeitung eines solchen pragmatischen Begründungsansatzes für eine sprachphilosophische Klärung der Bedeutung und Geltung sprachlicher Ausdrücke sei auf die Literatur verwiesen (Janich 2001b).

Die Fortsetzungsmöglichkeiten dieser Überlegung können hier nur angedeutet werden.

Zum einen läßt sich an eine pragmatische Fundierung einer Theorie des Kommunikationshandelns ein Informationsbegriff anschließen, der nicht den dogmatischen Vorentscheidungen eines Sprachverständnisses unterworfen ist, wie er in der Tradition der Semiotik von Ch. W. Morris und, allgemeiner, der Philosophie des Wiener Kreises steht und im Informationsbegriff der »mathematischen Theorie der Information« vom Typ C. Shannons und W. Weavers bekannt geworden ist. Ein lediglich syntaktischer Informationsbegriff, der für technische Probleme der Nachrichtenübertragung ausreicht, kann nicht nachträglich mit einer Semantik und dann zusätzlich mit einer Pragmatik angereichert werden, um aus Signalmustern gelingende und erfolgreiche Kommunikation zu machen. Vielmehr muß in methodischer Ordnung erst Kommunikation gelingen und erfolgreich sein, um daran die technische Aufgabe zu formulieren und zu lösen, mit technischen Hilfsmitteln die Kommunikate durch Raum und Zeit zu transportieren. Dabei spielen dann strukturelle Aspekte von Codierung und Decodierung, von Kanalkapazität und technischer Störungsunterdrückung eine Rolle.

Eine weitere Fortsetzung einer pragmatischen Theorie des Kommunizierens findet sich in der Sprachwissenschaft, wo etwa Kriterien des gelingenden, des erfolgreichen und sogar des »guten« Wissenstransfers geklärt werden (vgl. hierzu Nina Janich 2002).

Statt dieser Fortsetzungen und Anwendungen soll nun die im ersten Teil erläuterte Unterscheidung von Vollzugs- und Beschreibungsperspektive zum Tragen kommen. Denn diese Überlegungen werden die Grundlage bilden, um im folgenden Teil das Problem der transsubjektiven, also wissenschaftlichen Geltung in den Fächern zu diskutieren, in denen es zumindest immer auch um Kommunikationsprozesse geht. Es ist so selbstverständlich, daß es deshalb nicht in Vergessenheit geraten darf: Kommunikation kommt durch Vollzug von Handlungen zustande, nicht durch deren Beschreibung. In einer Theorie der Kommunikation die Vollzugsperspektive einzunehmen heißt, entsprechend den obigen Erläuterungen, daß nicht die Sprechhandlungen des Theoretikers, sondern die (objektsprachlichen) Äußerungen des betrachteten Sprechers bzw. Hörers den semantischen Anfang eines methodischen Aufbaus von Fachterminologie bilden. Aber welcher Handlungsbegriff war hier zugrunde gelegt, wo schlicht von Vollzug versus Beschreibung die Rede war? Genauer geht es hier um die Alternative eines authentizistischen vs. eines askriptivistischen Handlungsbegriffs.

Authentizistisch ist ein Handlungsbegriff, wenn als unhintergehbare Autorität für die Frage, welche Handlung vollzogen wird, der Handelnde selbst – authentisch – urteilt. Dieser Handlungsbegriff liegt etwa dort vor, wo Handeln vom bloßen Verhalten eines naturwissenschaftlich beschreib- und erklärbaren Typs durch die Bedingung unterschieden wird, daß Handlungen (im Unterschied zum bloßen Verhalten) unterlassen werden können. (Auf die Problematik dieses Handlungsbegriffs, nicht zuletzt wegen der Modalität des

Unterlassen»könnens« und der Unhintergehbarkeit des Akteurs, kann hier nicht eingegangen werden.)

Das askriptivistische Verständnis des Handelns geht davon aus, daß jeder Akteur eine Lerngeschichte in einer kultürlich geprägten Handlungs- und Redegemeinschaft absolviert haben muß, um gelernt zu haben, was ihm als Verdienst oder Schuld zugerechnet wird – im Unterschied zum bloßen Verhalten, das solche Bewertung durch die Mitmenschen nicht erfährt. Schon kleine Kinder haben zu bewältigen, daß ihnen Erschrecken, Stolpern, Niesenmüssen, Krankwerden, Einschlafen, Aufwachen usw. weder als Verdienst noch als Schuld zugerechnet werden – im Unterschied zu manchen anderen Leistungen. Das heißt, ob wir handeln oder nicht, wird uns, zunächst in der Lerngeschichte, von anderen Menschen zugeschrieben – daher heiße dieser Handlungsbegriff askriptivistisch.

Für die hier anstehenden Überlegungen zur Transsubjektivität von kommunikationsbetreffenden Fachwissenschaften ist erheblich, daß hier nicht eine naturalisierte Verhaltenswissenschaft im Sinne von Quines Auffassungen zum Spracherwerb zum Tragen kommt, sondern ein askriptivistischer Handlungsbegriff. Wir, das heißt die Sprecher unserer Sprache, hatten zu lernen und haben gelernt, daß uns auch Sprechhandlungen zugerechnet werden, d. h., daß wir verantwortlich sind für Verständlichkeit, Wahrheit, Folgen usw. unserer Rede- und Sprachhandlungen.

Pragmatisch oder neopragmatisch ist der vorgetragene Ansatz genau in dem Sinne und deshalb, weil in der Praxis Vollzüge des Sprechens und Verstehens uns zugerechnet werden. Die bloße Beschreibungsperspektive gegenüber dem kommunikativen Handeln dagegen wäre gerade kein spezifisch pragmatischer Zugang zur Kommunikation. Es würde das Spezifikum fehlen, welches das Handeln vom bloßen Verhalten unterscheidet.

(Zur Vermeidung von Mißverständnissen muß erwähnt werden, daß die bisher vorgetragene Terminologie nicht deckungsgleich ist mit der Rede vom kommunikativen Handeln bei Jürgen Habermas. Zum Verhältnis der Sprachphilosophie eines methodisch-kulturalistischen Zuschnitts zum Ansatz von Habermas muß abermals auf die Literatur verwiesen werden.)

## 3. Transsubjektivität der Wissenschaft von Kommunikation

Bevor sich die Rede von Intersubjektivität als Charakteristikum der Wissenschaftlichkeit eingebürgert hatte (vor allem unter dem Einfluß des Wiener Kreises), war erkenntnistheoretisch naiv von Objektivität der Wissenschaften die Rede. Als Erläuterung wurde gerne gesagt, Objektivität bedeute die Unabhängigkeit einer Aussage von Raum und Zeit. Genauer war die Unabhängigkeit der Geltung einer Aussage von den Raum- und Zeitstellen gemeint, an denen der entsprechende Datenbefund erhoben wurde. Darin lag der geläufige Fehler aller methodologischen Naivitäten, nicht zwischen dem Gegenstand und der Rede vom Gegenstand (und damit den Kriterien ihrer Bedeutung und Geltung) zu unterscheiden. »Objektiv« wurde die Geltung von Aussagen im Sinne einer Herkunft vom Objekt, genauer von den Naturgesetzen, genannt. Diese sollte sich, so die gängige Auffassung der klassischen Physik, aus den räumlichen und zeitlichen Invarianzen dieser Gesetze ersehen lassen. Jeder »Beobachter«, der sich in einem Inertialsystem befindet, sollte ein und denselben Vorgang (etwa den Stoßvorgang zweier Billardkugeln) gleich beschreiben, weil sich die örtlichen und zeitlichen Differenzen der Relativbewegung zwischen den (inertialen) Beobachtern aus den Bewegungsgleichungen heraussubtrahieren.

Der Schritt von der Objektivität zur Intersubjektivität bestand in der Aufklärung über diesen Sachverhalt. Die Unabhängigkeit der Geltung einer Aussage vom einzelnen Subjekt und dessen Lage in Raum und Zeit war die prinzipielle Vorgabe für die Formulierung von Naturgesetzen in sprachlichen Sätzen. Sie war in die Theorie investiert und nicht aus ihr deduziert worden.

Diese Aufklärungsgeschichte aus der Reflexion der Physik ist auch für Kulturwissenschaften lehrreich. Sie liefert Gründe, auf den Begriff der Objektivität im Sinne einer Herleitung vom Forschungsobjekt zu verzichten, wo es um Kriterien der Wissenschaftlichkeit geht. Zugleich bildet sie nicht den Abschluß einer Aufklärungsgeschichte, denn der Begriff der Intersubjektivität ist in einen empiristischen Sog geraten. Tatsächlich wird heute unter intersubjektiver Geltung das Kriterium verstanden, daß zwischen Subjekten faktische Übereinstimmung, faktischer Konsens hinsichtlich einer These besteht. Vor allem in der Historisierung und Soziologisierung der

Wissenschaftstheorie des Wiener Kreises und des Kritischen Rationalismus durch Thomas S. Kuhn wird der Konsens einer Scientific Community als historisches Faktum genommen. Normative Ansprüche auf eine darüber hinausgehende Zustimmungsfähigkeit oder gar (relative) Zustimmungspflicht werden dagegen nicht vorgesehen.

Deshalb ist hier der Begriff Transsubjektivität vorzuziehen. In der Vorsilbe trans- soll das Transzendieren, das Überschreiten der Subjektivität als prinzipieller Geltungsanspruch zum Ausdruck gebracht werden. Die Geltung eines Satzes transsubjektiv zu nennen heißt also, seine Zustimmungsfähigkeit prinzipiell für jede Person zu beanspruchen und dafür prinzipiell für jede Person nachvollziehbare Begründungen vorzulegen.

Es ist ein unausrottbares Vorurteil empiristischen Denkens, überall dort, wo (logisch gesprochen) Allaussagen vorkommen, nur noch die universelle Hypothese für möglich zu halten, die der empirischen Widerlegung am Einzelfall offensteht. Eine andere Form von universellen oder generellen Sätzen, eventuell außerhalb rein formaler oder definitorischer Verhältnisse, gibt es mit irgendeinem Anspruch auf Wirklichkeitsbezug nach empiristischer Auffassung dagegen nicht.

Dem steht schon die Lebenspraxis entgegen. Gerade im auffordernden Reden kennen und verwenden wir in der Alltagssprache mit höchst wichtigem Realitätsbezug eine Art der Herstellung von Allgemeinheit. Wieder sind es die einfachen Anweisungen wie Kochrezepte, Gebrauchsanweisungen und Bauanleitungen. Sie enthalten keinen Personennamen für den Adressaten, und in den meisten Fällen keine Personennamen für die Situation oder das Objekt ihrer Befolgung. Sie sind in diesem Sinne universell. Mit anderen Worten, ein in diesem Sinne typisches Rezept (das heißt ohne Eigennamen im logischen Sinne) formuliert ein universelles Befolgungswissen – handlungstheoretisch selbstverständlich unter die Bedingung gestellt, daß jemand den Aufforderungen Folge leistet, weil er die darauf bezogenen Zwecke realisieren möchte.

Mit dieser Zwischenüberlegung kann Transsubjektivität als Norm für Wissenschaftlichkeit im Sinne einer universellen, d.h. das einzelne Subjekt transzendierenden Norm verstanden werden.

Nach den Unterscheidungen zur Beschreibungs- und Vollzugsperspektive für Teilnahme- und gemeinschaftliche Handlungen läßt sich jetzt präzisieren: Transsubjektivität kann nur in der Vollzugsperspektive als Norm erhoben werden – wo sie bloß (analytisch) beschrieben wird, ist sie eben nur beschrieben und nicht als Postulat erhoben. Deshalb ist auch mit den Wörtern deskriptiv und präskriptiv bzw. analytisch und normativ vorsichtig umzugehen. In der Wolle gefärbte Deskriptivisten und Analytiker sprechen selbstverständlich ebenfalls über Aufforderungen, Handlungsanweisungen und Normen – verstehen aber aus einer deskriptiven Perspektive heraus diese nur als Gegenstände ihrer Beschreibung, die ihrerseits wahr oder falsch sein können. Eine Aufforderung zu erheben, eine Norm zu setzen und damit die Vollzugsperspektive einzunehmen erhebt dagegen keinen Anspruch auf Wahrheit. Vielmehr liegen Geltungsansprüche im Sinne der Erwartung vor, Aufforderungen durch Vollzug zu befolgen und damit handelnd Wirklichkeit zu schaffen. Dies ist wiederum der (neo)pragmatische Zug des hier vorliegenden Ansatzes.

Damit ist freilich noch nicht gesagt, wie die Forderung nach Transsubjektivität in den Wissenschaften von der Kommunikation einzulösen ist. Dazu eine kurze Plausibilitätsbetrachtung:

Wenn die Sinnesphysiologie beschreibt und erklärt, wie die sinnliche Wahrnehmung des Sehens oder des Hörens stattfindet, bietet sie (durch strukturelle und funktionelle Beschreibung der Sinnesorgane und des zentralen Nervensystems) ein naturwissenschaftlich-empirisches Explanans, eine Erklärung. Erklärungen sind aber prinzipiell keine, wenn es dazu nicht auch (vorgängig) ein Explanandum, ein zu Erklärendes gibt. Dies ist im vorliegenden Beispiel selbstverständlich das Sehen bzw. das Hören. Methodisch gesprochen muß man also zuerst wissen, was unter Sehen und Hören zu verstehen ist; genauer, es muß auch im Konsens der Physiologen klar sein, was es im einzelnen heißt, etwas Bestimmtes zu sehen oder zu hören. Und insbesondere müssen die physiologischen Forscher in der Lage sein, bezüglich des Explanandums zu konsensfähigen Aussagen zu kommen, die ihrerseits selbstverständlich nicht ohne Inanspruchnahme der eigenen Fähigkeiten des Sehens oder Hörens überhaupt semantisch sinnvoll formuliert, geschweige denn zur Konsensbildung kontrolliert werden können.

Diese Plausibilitätsüberlegung soll lehren: Wissenschaftliche Beschreibungen und Erklärungen betreffen (zumindest in wichtigen Fällen) Gegenstände, die ihrerseits bereits weitgehend bestimmt sein müssen. Dies nennt man, spätestens seit Kant, Konstitution. Den Gegenstand einer Wissenschaft konstituieren heißt, ihn zu bestimmen. Bestimmungen sind hier aber – wie bei den Beispielen der Sinneswahrnehmung – auch im Falle des Kommunizierens nicht aus einer Beschreibungsperspektive möglich. Auch die Selbstbezüglichkeit der Teilnehmerperspektive ersetzt nicht, daß eine Beschreibung des Kommunizierens keinen Gegenstand hätte, wenn nicht der die Teilnehmerperspektive einnehmende Wissenschaftler bereits wüßte, welche Vollzüge des Kommunizierens gemeint sind. Mit anderen Worten, die Gegenstandskonstitution des Gegenstandes von Wissenschaften der Kommunikation muß aus der Vollzugsperspektive erfolgen.

Damit liegen die beiden Komponenten einer Antwort der in der Einleitung gestellten Frage vor. Von Kommunikation im Sinne der Handlungen des Kommunizierens sinnvoll zu sprechen ist nur aus der Vollzugsperspektive möglich. Erst wo diese Gegenstandskonstitution geleistet ist, kann dann zu wissenschaftlichen Zwecken auf eine Beschreibungsperspektive, sei es als Beobachter, sei es als Teilnehmer, übergegangen werden.

Damit dieser methodische Anfang der Kommunikationswissenschaften jedoch dem Erfordernis der Transsubjektivität genügt, reicht nicht das schiere kontingente Faktum aus, daß selbstverständlich auch alle Kommunikationswissenschaftler Mitglieder der menschlichen Kulturgemeinschaft und damit Teilnehmer an Handlungs- und Redegemeinschaften sind, denen sie ihre Fähigkeiten des Handelns und Sprechens verdanken. Vielmehr muß der Anspruch auf transsubjektive Nachvollziehbarkeit explizit eingelöst werden. Dies kann geschehen, indem elementare, gegebenenfalls stilisierte Handlungsvollzüge an den Anfang des methodischen Aufbaus der Theorien gestellt werden, und – wo es zu Kontroversen um die Adäquatheit von Beschreibungen aus der Vollzugsperspektive kommt – schließlich durch Vollzug selbst.

Dieser Vorschlag ist einerseits methodisch und andererseits pragmatisch. Er sieht einen Anfang und eine geordnete Schrittfolge des Aufbaus von Theorien vor, die zurückgehen auf Praktiken – hier Praktiken des Kommunizierens. Diese werden nicht frei erfunden, sondern im Blick auf tatsächliche Lebensvollzüge methodisch rekonstruiert. Wie dies im einzelnen auszusehen hat, hängt von den Zwecken der angestrebten Kommunikationswissenschaft und ihrer

Theorien ab. Aber das kritische Potential dieses Ansatzes gegen deskriptivistische, behavioristische und naturalistische Mißverständnisse der Kommunikation dürfte sichtbar geworden sein.

# 2. Sprachphilosophie und Informationsbegriff

## Vorbemerkung

Es ist ein Topos geworden, die drei Termini »Syntax, Semantik, Pragmatik« gemeinsam und in dieser Reihenfolge zu nennen, nicht nur in Sprachphilosophie und Wissenschaftstheorie, sondern auch in Informationstheorien und naturwissenschaftlichen Grundlagenfächern wie der Molekularbiologie. Ihre Anordnung ist so kanonisch wie die der Zahlwörter »eins, zwei, drei« (bei denen assoziativ die Alltagssprache Fortsetzungen wie »schnell herbei!« oder »vorbei!« kennt, während die antikanonische Reihenfolge »drei, zwei, eins« nur noch »null« oder »Feuer!« als Fortsetzung nahelegt). Die kanonische Reihenfolge hat ihren Urheber in den *Grundlagen der Zeichentheorie* von Ch. W. Morris (1938, im folgenden abgekürzt GdZ).[1] Diesen Leittext mit sprachphilosophischer Aufmerksamkeit ins Verhältnis zu setzen zu der wohl prominentesten mathematischen Kommunikationstheorie und ihrem Informationsbegriff soll in folgenden vier Thesen geschehen:

(1) Die Parallelität der Semiotik nach Morris und der Kommunikationstheorie nach Shannon und Weaver[2] erklärt, warum Kommunikation auf einen lediglich syntaktischen Informationsbegriff zusammengezogen wird.

(2) Die dem syntaktischen Informationsbegriff zugrundeliegende Morris-Semiotik hat eine Reihe praktischer Defizite, die sich aus stillschweigenden Prämissen des Programms »Logischer Empirismus« erklären.

(3) Sprache als menschliche Kulturleistung kann nur aus ihrer Einbettung in gemeinschaftliche Praxis und aus der kultürlichen Form des individuellen Spracherwerbs heraus begriffen werden.

(4) Der Informationsbegriff ist – für alle Anwendungen – einer sprachphilosophischen Revision zu unterziehen.

1 Morris 1938 (deutsch: 1988).
2 Shannon/Weaver 1949 (deutsch: 1976).

## 1. Semiotik und Kommunikation

Die prominenteste Theorie der Kommunikation, der das heute übliche informationstheoretische Vokabular von der Nachrichtentechnik bis zur Molekularbiologie und Genetik geschuldet wird, findet sich in den *Mathematischen Grundlagen der Informationstheorie* von C. Shannon und W. Weaver (im folgenden kurz MGI). Sie ist zudem durch die Erläuterungen von Weaver (und durch die explizit angesprochene Nähe zur »Kybernetik« N. Wieners[3]) auch für das philosophische Selbstverständnis von Informationstheoretikern und Bindestrich-Informatiken (von der Wirtschaftsinformatik bis zur »Biosemiotik«) prägend geworden. Im klassischen Text dieser Theorie von 1949 finden sich allerdings sowenig wie bei N. Wiener Fußnoten, Literaturangaben oder sonstige Hinweise auf den von den Autoren investierten, semiotisch-sprachphilosophischen Hintergrund. (Über Lektüre oder Kontakte der drei Autoren Shannon, Weaver und Wiener zu Vertretern des Wiener Kreises ist uns nichts bekannt.) Dennoch springt eine frappierende Übereinstimmung in diesen Prämissen sofort ins Auge, wenn man den Text von Shannon und Weaver parallel zu den GdZ von Morris liest.

Diese Übereinstimmung soll hier zunächst belegt und erläutert werden. Sie erstreckt sich nicht nur auf die Reihenfolge von Syntaktik (wie Morris, sprachlich sorgfältig die drei semiotischen Teildisziplinen betrachtend, statt Syntax sagt), Semantik und Pragmatik. Sie betrifft insbesondere auch die in beiden Ansätzen behaupteten Abhängigkeiten der drei Teildisziplinen voneinander:

Weaver bestimmt »*Kommunikation*« in seiner »analytischen Behandlung« in einem möglichst umfassenden Sinne, so daß er alle Vorgänge einschließt, »durch die gedankliche Vorstellungen einander beeinflussen können«, was sich »eigentlich auf alles menschliche *Verhalten*« bezieht (alle Hervorhebungen von mir, P. J.). Hinzuzunehmen seien außerdem maschinelle Vorgänge in Mensch-Maschine- und in Maschine-Maschine-Wechselwirkungen. Dieser weit gefaßte Begriff von Kommunikation führe zu Aufgaben auf drei Ebenen, die bei Weaver »technisch«, »semantisch« und »Effektivitätsproblem« heißen (MGI, 11f.). Bekanntlich ist die gesamte Theorie dann der Lösung des technischen Problems gewidmet, struktu-

3 Wiener 1961 (deutsch: 1963).

rell, also syntaktisch treu Nachrichten von einer Quelle zu einer Senke mit den Hilfsmitteln von Codierung in einem Sender und Decodierung in einem Empfänger zu übertragen.

Zu den beiden anderen Problemen heißt es:

Die *semantischen* Probleme betreffen die völlige Übereinstimmung oder genügend gute Näherung *der Interpretation der Nachricht beim Empfänger*, verglichen mit der *vom Sender gewünschten Bedeutung* ... Die Effektivitätsprobleme beziehen sich auf den Erfolg, mit dem die Nachricht, die dem Empfänger übermittelt wurde, zu einem *vom Sender beabsichtigten Verhalten* führt ... Mit einer einigermaßen weiten Auslegung des Begriffs Verhalten ist jedoch klar, daß *Kommunikation* entweder *das Verhalten beeinflußt* oder aber ohne irgendeine ersichtliche oder wahrscheinliche Wirkung bleibt. Das Problem der Effektivität führt zu ästhetischen Betrachtungen im Fall der schönen Künste (MGI, 13f.).

(Da wir im weiteren darauf nicht eingehen werden, sei darauf verwiesen, daß auch Morris seinen »Grundlagen der Zeichentheorie« ein Jahr später eine »Ästhetik der Zeichentheorie« folgen ließ.)

Zum Verhältnis dieser drei Problemebenen heißt es dann bei Weaver: »Das Effektivitätsproblem ist eng mit dem semantischen Problem verbunden und überschneidet sich mit ihm auf eine schwer bestimmbare Art; tatsächlich bestehen Überschneidungen zwischen all den hier vorgeschlagenen Kategorien von Problemen.« Und in einem »Kommentar«: »Die weitaus größere Bedeutsamkeit der Ebene A (das ist die Ebene der syntaktisch treuen, technischen Nachrichtenübertragung; P. J.) ergibt sich jedoch dadurch, daß die Analyse ihrer Probleme eine stärkere Überlappung dieser Ebene mit den anderen beiden offenbart, als man sich als Laie vorzustellen vermag. Dadurch ist *die Theorie der Ebene A zumindest in einem bedeutsamen Grad auch eine Theorie der Ebenen B* (der semantischen Probleme, P. J.) *und C* (der Effektivitätsprobleme, P. J.)« (MGI, 14f.).

Die GdZ von Morris weisen nicht nur in den Kapiteln III bis V die Reihenfolge (und Überschriften) Syntaktik, Semantik und Pragmatik auf, nachdem (nach einer Einleitung) die Begriffe Semiose, Zeichen und Sprache abgehandelt wurden. Die Reihenfolge wird vielmehr ausdrücklich hervorgehoben.

Zeichen sind für Morris »nichts anderes als an bestimmten Funktionsprozessen beteiligte *Gegenstände* der Art, *wie sie die Biologie und die Naturwissenschaften untersuchen*« (GdZ, 18). Dabei wird durchgängig Bezug darauf genommen, daß ein Zeichen Z Zeichen eines

Gegenstandes »für ein *Verhalten*« ist und daß Morris den »Akt der mittelbaren Notiznahme« »für eine Behandlung aus *behavioristischer* Sicht, die wir im folgenden zu der unsrigen machen«, für geeignet hält. Kurz, der »Zeichenprozeß« (Semiose) wird Gegenstand einer naturwissenschaftlich-empirischen Verhaltenswissenschaft, in der Zeichen »selbst ein rein semiotischer Begriff (wird), der weder innerhalb der Syntaktik noch der Semantik noch der Pragmatik allein definierbar ist« (GdZ, 26).

Bei Weaver wie bei Morris finden sich Hinweise, daß »in der Syntaktik ... in gewisser Hinsicht leichter Fortschritte zu machen (sind) als in den beiden anderen Teildisziplinen (Semantik und Pragmatik)«. »Aus diesem Grunde kann die Einführung bestimmter Unterscheidungen in syntaktischen Untersuchungen die Einführung analoger Unterscheidungen in semantischen und pragmatischen Untersuchungen anregen« (GdZ, 35).

Nochmals auf »die experimentelle Verfahrensweise der Behavioristen« (GdZ, 42) hinweisend, behauptet Morris, »ein strenger Aufbau der *Semantik setzt* eine relativ weit entwickelte *Syntaktik voraus, ... abstrahiert* aber *von der Pragmatik*« (GdZ, 43). Am Ende seiner Ausführungen zur Semantik heißt es: »Wenn auf den Seiten, die die Semantik behandelten, pragmatische Faktoren häufig auftauchten, dann deshalb, weil die gängige Einsicht, die *Syntaktik* müsse *durch* die *Semantik ergänzt* werden, noch nicht durch die Erkenntnis erweitert worden ist, daß die *Semantik* ihrerseits der *Ergänzung durch die Pragmatik* bedarf« (GdZ, 51). Dennoch darf diese Reihenfolge der »semiotischen Teildisziplinen« Syntaktik, Semantik und Pragmatik nicht als These einer methodischen Abhängigkeit interpretiert werden: »Das enge Verhältnis zwischen den semiotischen Teildisziplinen ... ändert nichts an der Tatsache, daß die drei Teildisziplinen drei *nicht reduzierbare und gleichwertige Perspektiven* darstellen, die den *drei objektiven Dimensionen des Zeichenprozesses* entsprechen« (GdZ, 81). Damit ist die Parallelität zwischen Weaver (1949) und Morris (1938) für das Verhältnis der drei semiotischen Teildisziplinen offenkundig.

Der Bezug zu einer behavioristischen Psychologie bzw. Biologie (Morris: »Der Interpret eines Zeichens ist ein Organismus; der Interpretant ist die Gewohnheit [›habit‹] des Organismus, ... so zu reagieren, ...« [GdZ, 54]) findet im durchgängigen Bezug von Weaver auf Verhalten seine Entsprechung.

Geradezu verblüffend wird die Parallelität der beiden Ansätze im Abschnitt »Individuelle und soziale Faktoren in der Semiose«. Morris: »Stimmgesten ... zeichnen sich dadurch aus, daß der *Sender* des Lauts den Laut genauso hört wie der *Empfänger* ... Jeder, der an einer gemeinschaftlichen Tätigkeit teilnimmt, übt auf sich selbst und auf die anderen durch seine Stimmgesten einen *Reiz* aus ... dann hat man eine mögliche *Erklärung* dafür, wie *sprachliche Zeichen in einer willensgesteuerten Kommunikation* funktionieren« (GdZ, 61). Entsprechend bei Weaver: »Bei der gesprochenen Sprache ist die Nachrichtenquelle das Gehirn, der *Sender* sind die Stimmbänder ... Der *Empfänger* ist eine Art umgekehrter Sender, der das übertragene Signal in eine Nachricht zurückverwandelt und diese Nachricht an das Ziel weitergibt. Wenn ich zu Ihnen spreche, ist mein Gehirn die Nachrichtenquelle und das Ihre das Ziel; meine Stimmbänder sind der Sender und Ihre Ohren und die damit verbundenen Gehörnerven sind der Empfänger« (MGI, 16f.).

Auch wo sich nicht direkt die Parallelität der Formulierungen zeigt, bleibt eine verblüffend weite Übereinstimmung in der Sache – etwa wenn Weaver betont, »Information« dürfe »nicht der *Bedeutung* gleichgesetzt werden«, und Morris auf das Wort »Bedeutung« als semiotisch überflüssig verzichtet, »da die *Bedeutung eines Zeichens* durch die Feststellung seiner Gebrauchsregeln vollständig bestimmt ist« ... »sich *durch eine objektive Untersuchung* ... vollständig feststellen« lasse. »Zeichenanalyse ist die Bestimmung der syntaktischen, semantischen und pragmatischen Dimension *gegebener* Zeichenprozesse« (Hervorhebungen von mir, P. J.).

Zusammenfassend läßt sich behaupten (und vermutlich historisch erklären), daß die Hintergrundphilosophien von Morris und Weaver dieselben sind. *Kommunikation* (einschließlich derer zwischen einem menschlichen Sprecher und einem Hörer) ist ein *empirisch-verhaltenswissenschaftlich beobachtbares Wechselwirkungsgefüge zwischen Organismen*, das primär strukturell-syntaktisch, darauf aufbauend sekundär semantisch und tertiär von den Wirkungen her, also pragmatisch, zu beschreiben sei. Und da ja schon aus chronologischen Gründen die Richtung des Einflusses nur von Morris zu Weaver gehen kann, sind im nächsten Schritt die Probleme der stillschweigenden Prämissen im Ansatz von Morris zu erörtern.

## 2. Die Hintergrundphilosophie der Morris-Semiotik

Die GdZ erscheinen als Beitrag zur »International Encyclopedia of Unified Science«, in der der Wiener Kreis sein Programm der Einheitswissenschaft entwickelt. Morris bezieht sich mehrfach auf R. Carnap und teilt die Zielsetzung des Logischen Empirismus, Scheinprobleme als solche zu entlarven und in seiner semiotischen Wissenschaft metaphysikkritisch auf logisch-syntaktische und auf naturwissenschaftlich-empirische Mittel beschränkt zu bleiben.

Die Gegenstandsbereiche, die seinem semiotischen Ansatz als unproblematisch *vorgegeben* unterstellt werden, sind Mathematik und Naturwissenschaften sowie die vorfindliche kulturhistorische Situation einschließlich einer begrifflich unklaren Philosophie (am Beispiel der semiotischen Lösung des Universalienproblems vorgeführt). Dieser Ausgangslage steht die Zielsetzung gegenüber, in der Semiotik »die Teildisziplinen Syntaktik, Semantik und Pragmatik« (GdZ, 26) wegen ihrer gegenseitigen Abhängigkeit voneinander zusammenzuführen; die *Formalisten*, die dazu neigen, »jedes axiomatische System als Sprache anzusehen«, die *Empiristen*, die dazu neigen, »zu betonen, daß die Zeichen in Beziehung zu Objekten stehen«, und die *Pragmatisten*, die dazu neigen, »die Sprache als eine Art kommunikativer und sozial bedingter Tätigkeit zu betrachten« (28), sehen je für sich immer *nur einen von drei* Aspekten »ein und desselben Phänomens«. Semiotik übernimmt

> eine Aufgabe, die man traditionell der Philosophie zugewiesen hat ... Nach alter Überlieferung sollte die Philosophie doch Einsicht in die charakteristischen Formen menschlicher Aktivität gewähren und nach größtmöglicher Allgemeinheit und Systematisierung streben. Die Wirksamkeit dieser Tradition zeigt sich heute in der Identifikation der Philosophie mit der Zeichentheorie und in der Integration der Wissenschaft durch ihre Ausrichtung auf die allgemeineren und systematischeren Gesichtspunkte der reinen und deskriptiven Semiotik (GdZ, 88).

Dieser hohe Anspruch, die gesamte Philosophie zu beerben (oder als Irrweg auszuweisen), hat erhebliche Folgen für das Verständnis von Sprechen und Handeln, für die Einteilung, Aufgabe und Leistung der einzelnen Wissenschaften, ja letztlich für das Menschenbild mit seinen erkenntnistheoretischen und ethischen Aspekten. Der Ansatz zeigt starke naturalistische und erkenntnistheoretisch-realistische Züge:

Wie es zu Systemen zusammenhängender Zeichen kommt, ist ohne Schwierigkeit zu *erklären. Als Naturobjekte* haben *Zeichenträger* Teil am Zusammenhang außerorganischer und organischer Vorgänge. Gesprochene und gesungene Wörter sind buchstäblich Teil von Organreaktionen, während Geschriebenes, Gemaltes, Musik und Nachrichten direkte Ergebnisse des Verhaltens sind ... Der Zusammenhang der Ereignisse auf der einen Seite (gemeint sind Naturereignisse wie Blitz und Donner, P. J.) und der Zusammenhang der Handlungen auf der anderen Seite läßt auch Zeichen in einen gegenseitigen Zusammenhang treten und Sprache als ein System von Zeichen entstehen. Daß die syntaktische Struktur der Sprache im allgemeinen weder eine Folge der objektiven Ereignisse allein noch eine Folge des Verhaltens der Sprecher allein ist, sondern beides zusammen, läßt sich in der These von der dualen Kontrolle der Sprachstruktur zusammenfassen (GdZ, 31).

Hier taucht bei Morris das Wort »Handlung« auf. Ersichtlich ist die These nicht, das System der Zeichen bilde den Zusammenhang der Ereignisse einfach ab. »Die syntaktische Struktur hat nicht nur empirische, sondern auch instrumentelle Aspekte, sie ist *mehr als bloß ein Spiegel der Natur* und kann nicht unabhängig von den Sprachbenutzern gesehen werden« (GdZ, 51). Vielmehr komme es auch auf den Zusammenhang der Handlungen an – aber ersichtlich verweist die Formulierung »weder eine Folge der objektiven Ereignisse allein noch eine Folge des Verhaltens der Sprecher allein« zumindest auf die terminologische Gleichsetzung von »Handlung« und »Verhalten« und auf eine nicht problematisierte Rede von »objektiven Ereignissen«.

Stillschweigende Prämissen und das philosophische Gesamtprojekt von Morris in den GdZ sind keineswegs Züge eines isolierten und längst überholten Ansatzes, sondern bilden auch gegenwärtig über die Vermittlung durch moderne kommunikations- und informationstheoretische Umsetzungen höchst wirkungsvoll den Nährboden für eine naturalistische Selbstverständigungsphilosophie der Naturwissenschaften. Diese übt ihrerseits über den Kredit, den die modernen Naturwissenschaften durch ihren technischen, explikativen und prognostischen Erfolg erworben haben, auf die öffentliche Meinung, ja auf den gesamten Zeitgeist unserer Zeit in erkenntnistheoretischer, ethischer und politischer Hinsicht eine bestimmte Wirkung aus. Deshalb geht es im nächsten Abschnitt um die Entfaltung einer nichtnaturalistischen Gegenposition, aus der Gründe und Mittel für die Kritik an der Morris-Weaver-Doktrin sichtbar werden sollen.

## 3. Sprache als Kulturleistung

Es ist eine philosophisch legitime Frage, was den Menschen prinzipiell vom Tier unterscheidet. Diese Frage macht keine Unterstellung der Art, *Naturwissenschaften vom Menschen* für unmöglich (im Sinne von: gültiger Resultate für nicht fähig) zu halten. Schon wer Gewicht, Volumen oder Temperatur des menschlichen Körpers mißt, treibt eine Physik des Menschen, die nach Maßgabe ihrer Methoden und Gegenstandsbestimmungen für viele Zwecke höchst sinnvoll sein kann, vom Fahrzeugbau bis zur Medizin. Analoges gilt für Chemie und Biologie bis hin zu Fächern wie Verhaltenswissenschaften, Hirnforschung und Genetik.[4]

Einen prinzipiellen Unterschied des Menschen vom Tier zu vertreten bestreitet auch keine naturhistorischen Behauptungen etwa der *Evolutionsbiologie* oder sonst irgendwelche, im Rahmen naturwissenschaftlicher Begriffsbildung und Methoden belegbaren Resultate. Anders verhält es sich mit gewissen *naturalistischen Philosophien* und Glaubensbekenntnissen (bei denen es übrigens nicht darauf ankommt, ob sie von Naturwissenschaftlern oder Philosophen stammen). Ein prinzipieller Unterschied zwischen Mensch und Tier liegt nämlich dort, wo Wissenschaften überhaupt getrieben werden, d. h. wo in kulturgeschichtlicher Entwicklung ein gemeinschaftliches Unternehmen entsteht, das mit normativen Geltungsansprüchen versehen ist. Tiere treiben keine Wissenschaft und erheben keine Geltungsansprüche. *A fortiori* besteht ein prinzipieller Unterschied zwischen einer Wissenschaft und ihrem Gegenstand bei den Naturwissenschaften vom Menschen. Die Naturwissenschaften vom Menschen können sich nicht selbst zum Gegenstand haben und ihre eigenen Geltungsansprüche aus ihrem Gegenstandsbereich her auch nur formulieren, geschweige denn einlösen. Sogar nach neuester Selbstdefinition des Naturalismus ist prinzipiell nur der Mensch und nicht das Tier in der Lage, ein Naturalist zu werden, weil das dafür unverzichtbare Stück Metaphysik (G. Vollmer)[5] als metasprachlicher Irrtum nur Menschen mit Handlungskompetenz zugänglich ist, nicht aber dem Tier.

Unauflösbar schließlich ist die prinzipielle Grenze zwischen

4 Zur Naturwissenschaft vom Menschen vgl. Janich 2000a.

5 »Es hat sich aber gezeigt, daß wir ohne metaphysische Annahmen nicht auskommen, auch nicht in der Wissenschaft«, Vollmer 2000, S. 50.

Mensch und Tier, wo es nicht mehr um die Wissenschaften, die Naturwissenschaften oder die Naturwissenschaften vom Menschen geht, sondern um Moral und Recht: auch der überzeugteste Naturalist wird von seinen Mitmenschen sittlich und rechtlich *als Person betrachtet* und damit in die Pflicht genommen, in kultürlich, historisch und geographisch variierender Form; nicht aber das Tier durch das Tier.

Bekanntlich werden Menschen nicht mit voll entwickelter Handlungs- und Sprachkompetenz geboren, sondern haben diese erst in einer Lerngeschichte zu erwerben. Das Neugeborene ist *infantil* und *inagentil* (mit einem Kunstwort für »handlungsunfähig«, das dem lateinischen Wort für »redeunfähig« nachgebildet ist). Daß dem Säugling genetisch allerlei in die Wiege gelegt ist, braucht dabei nicht ignoriert zu werden.

Die Angewiesenheit des Säuglings, Kleinkindes, Kindes und Adoleszenten (je nach Kultur) auf die Gemeinschaft der Versorger bedingt, daß der (nur nachträglich begrifflich zu trennende) Erwerb von Handlungs- und Sprachfähigkeit nicht in Selbstbestimmung, sondern *in Fremdbestimmung* beginnt.

Wird die Handlungsfähigkeit einer Person im kognitiven, moralischen und rechtlichen Sinne nach den Kriterien der *Zwecksetzungsautonomie*, der *Mittelwahlrationalität* und der *Handlungsfolgenverantwortlichkeit* bestimmt, so werden ersichtlich dem infantilen und inagentilen Menschen Zwecke primär vom Versorger gesetzt, Mittelwahlen vorgelebt bzw. gemeinsam eingeübt sowie die Anerkennung von Folgen des eigenen Tuns als solche durch Verpflichtungen und Sanktionen auferlegt. Während sich das Tier naturwüchsig entwickelt, was je nach zugrundeliegendem Begriff des Lernens auch eine Lerngeschichte einschließen kann, beginnt die Bildungsgeschichte des menschlichen Individuums kulturrelativ dadurch, daß es von den erwachsenen Personen einer Kulturgemeinschaft in Versorgerrolle verpflichtet wird. Dabei wächst es in eine gemeinsame Praxis hinein, die sehr schnell nur dadurch zu einer gelingenden werden kann, daß sich eine Wechselseitigkeit des Verpflichtens einspielt. Die Einübung kulturell akzeptierter Reaktionsmöglichkeiten des Kindes auf Aufforderungen, Fragen, sprachfrei durchgespielte gemeinschaftliche Aktionen usw. mit dem Versorger wird immer auch dessen Verpflichtung durch das Kind einschließen.

*Handeln* als nur dem Menschen zukommende Fähigkeit ist demnach bestimmt als dasjenige, was (im Unterschied zum bloßen Verhalten) dem Individuum von den Mitgliedern seiner Kulturgemeinschaft *als Verdienst oder Schuld zugerechnet* wird. *Gelingen und Mißlingen* im Sinne vorgeführter und nachgeahmter Handlungsschemata, Erfolg und Mißerfolg im Sinne des Erreichens und Verfehlens von Zwecken (die zunächst vom Versorger vorgegeben, später in eigener Verantwortung des Versorgten gesetzt werden können) charakterisieren Handeln *im Unterschied zum bloßen Verhalten*. Das *Unterlassenkönnen* von Handlungen erweist sich als konkludentes Kriterium, sonst wäre ein Zurechnen von Verdienst bzw. Schuld sinnlos.

Bereits die ersten Schritte im Erwerb von Handlungsfähigkeiten in gemeinschaftlicher Praxis haben den *Normalfall gelingender Handlungsdeutung* zur Bedingung. Wenn im Wechselspiel von Zögling und Erziehern nicht immer auch eine wechselseitige Einschätzung stattfindet, was die andere Seite jeweils gerade tut und beabsichtigt, und wenn dies nicht der gelingende Normalfall ist, kann es (relativ zu diesem) auch keine Mißverständnisse und keine Fehldeutungen geben. Insofern kann sogar die Irrtumsfähigkeit des Menschen, die sprachlich als Störung gegenüber dem gelingenden Normalfall des (hinreichend) zutreffenden Handlungsdeutens gefaßt wird, als einzigartig gegenüber der Tierwelt behauptet werden. Tiere können in diesem Sinne nicht irren. Auch wenn man geneigt ist zu sagen, daß sie sich im Verhalten eines Freßfeindes, eines Nebenbuhlers oder eines Geschlechtspartners »irren«, ist dies als Störung nur relativ zu einem *in sprachlicher Beschreibung normativ ausgezeichneten Normalfall* durch einen menschlichen Beobachter möglich.

Die handlungstheoretischen Grundunterscheidungen wie Handlungsschema und Aktualisierung, Zweck und Mittel, Handlung versus Widerfahrnis, Handlung versus (bloßes) Verhalten, Gelingen und Mißlingen, Erfolg und Mißerfolg, um nur die wichtigsten zu nennen, sind geeignet, auch die speziellen Handlungen zu erfassen, die man zu den sprachlichen rechnet. *Sprache* im weiteren Sinne des symbolischen Handelns oder im engeren Sinne des wortsprachlichen Redens läßt sich, und zwar in allen Typen von Sprechakten, wie die sprachfreien Handlungen der eigenen Körperbewegungen und der Poiesis, *nach Gelingen und Mißlingen* sowie *nach Erfolg und Mißerfolg unterscheiden*. Verstandenwerdenwollen und Verstehen sind immer beiläufige Zwecke der Sprecher und Hörer, der Autoren und Adressaten.

(Deshalb kann ein Streit darüber, ob in reflektierender, theoretischer Explikation die Philosophie des Handelns oder die des Sprechens Primat hat, nur auf einem Mißverständnis beruhen. Selbstverständlich bedarf eine zweckadäquate, begrifflich-semantisch und begründungsbezogen-syntaktisch tragfähige Handlungs*theorie* entsprechender sprachlicher Mittel, die ihrerseits etwa in einer sprachphilosophischen Propädeutik normativ auf Verfahren gebracht werden. Aber dieses ganze Geschäft ist per se selbst immer schon ein Handeln, das sich nach Erfolg und Mißerfolg beurteilen lassen muß. Die Philosophie des Handelns ist also umfassender, auch wenn sie sich selbstverständlich nach Vortrag ihrer Ergebnisse der sprachtheoretischen Überprüfung stellen muß. Der fiktive Glücksfall, eine Philosophie des Handelns sei sprachphilosophisch im ersten Wurf bereits perfekt geglückt, hat kein symmetrisches Pendant darin, eine Sprachphilosophie könnte als solche ein handlungstheoretischer Glücksfall sein: Sie kann nämlich, so die hier vertretene These, nicht ohne handlungstheoretisches Vokabular auskommen – wohl aber die Handlungstheorie ohne sprachphilosophisches.)[6]

Sprechen als Handeln ist *Kommunikation* unter Menschen, die ihrerseits im Erwerb von Handlungs- und Sprachfähigkeit keine Bedienung der *Signifikationsrolle* der Sprache gegenüber einer menschenunabhängigen Welt ist, sondern sich auf gemeinsame Praxis, auf Kooperation bezieht. Idealtypisch beginnt Reden als Kommunizieren im gemeinsamen, sprachfreien Handeln, wobei Verstehen und Verstandenwerden an (normal richtig) gedeuteten sprachfreien Handlungen des Gegenübers eingeübt und überprüfbar werden. Wer die Aufforderungen »Komm her« oder »Geh weg«, »Vorsicht heiß!« oder »Halte fest!« nach Meinung des Auffordernden richtig befolgt, hat sie *per definitionem* richtig verstanden. (Der lange Weg zur Zwecksetzungsautonomie des Zöglings wird selbstverständlich die Zwischenstation durchlaufen, das Repertoire an Verweigerungsmöglichkeiten gegenüber Aufforderungen zu erwerben.)

Hier kann die ganze Bandbreite verschiedener *Sprechakttypen* einerseits und die ganze Bandbreite von *Handlungstypen*, die Gegenstand von Aufforderungen sind, andererseits nicht einmal aufgezählt, geschweige denn durchgespielt werden. Aber das Lernen von

6 Hartmann 1996.

sprachfreien Handlungsketten, deren Teilhandlungen nur bei Strafe des Mißerfolgs vertauscht werden können, oder das Lernen von Zählen und Rechnen gehören ebenso dazu wie die Unterscheidung von Sprechakttypen durch die eingespielten Antworthandlungen wie Behaupten, Auffordern, Fragen und die für die Kooperation und das Verständnis der Mitmenschen ebenso wichtigen performativen Sprechakte des Lobens und Tadelns, der Zuneigungs- und Abneigungserweise, des Versprechens, Grüßens, Schmeichelns, Drohens usw.

Aus Sicht eines methodischen Philosophierens ergibt sich aus diesem elementaren Spracherwerb auch, die *Schnittstelle zwischen Sprache und Welt* primär zwischen den Sprechhandlungen einerseits und den (eigenen und fremden) Handlungen als Gegenstand des (auffordernden, fragenden, behauptenden usw.) Redens andererseits zu setzen.[7]

Die idealtypische Rekonstruktion eines Erwerbs von Handlungs- und Sprachfähigkeit wird also bei den Handlungen und mit der Unterscheidung der kooperierenden und kommunizierenden Personen beginnen. In diesen Kontext sind dann Dinge und Geschehnisse, die keine Handlungen sind, einzubeziehen. Mit dem eigenen Handlungswissen lassen sich anschließend Dinge und Geschehnisse in handelnd provozierte (also künstliche) und in »natürliche« einteilen, um sozusagen ganz am Ende der Skala die Dinge und Geschehnisse einer menschenunabhängigen Natur zu erreichen. Parallel dazu wird sich das Reden über das Reden etablieren, das sich wieder idealtypisch zunächst einmal z. B. an Aufforderungen einüben läßt, lauter, leiser oder deutlicher zu sprechen, dann auf die Korrektur (semantischer oder alethischer) Fehler parallel zu grammatischen und das dann erst allmählich zu den Stufen der Metasprachenhierarchie des täglichen Lebensvollzuges übergehen wird.

Sprechen als Kulturleistung, die den Menschen gegenüber dem Tier spezifiziert, ist (in einem nicht degenerierten Verständnis) Kommunikation. Damit kommen wir zurück zu den in den ersten beiden Teilen besprochenen Ansätzen von Kommunikationstheorie und Semiotik, um deren prinzipielles Defizit zu benennen. Da das »semiotische Dreieck« von Zeichen, Bezeichnetem und Interpret nach Morris sowohl beim Sprecher als auch beim Hörer Anwen-

7 Janich 1999b.

dung findet, also nach Weaver bei Nachrichtenquelle und -senke, zeigt sich das prinzipielle Defizit am technischen Modell des Nachrichtenübergangs von einem Sprecher zum Hörer: Dieses Geschehnis (auch hier mit der Unterstellung des gelingenden Normalfalls betrachtet) kann *nicht als die kleinste Einheit eines Kommunikationsprozesses* angesehen werden; sie ist vielmehr, bildlich gesprochen, weniger als dessen eine Hälfte.

## 4. Die kommunikative Revision von Sprachphilosophie und Informationsbegriff

Weder der Semiotik von Morris noch der Kommunikationstheorie von Shannon und Weaver wäre vorzuwerfen, daß sie die Sprecher- und Hörer-Rolle nicht unterschieden hätten. Ausdrücklich kann der »Interpret« im Zeichenprozeß nach Morris Urheber oder Rezipient sein, und auch die Begriffe der Nachrichtenquelle und Nachrichtensenke als Anfang und Ende eines Nachrichtenweges bei Shannon und Weaver werden diesen beiden Rollen gerecht. Dennoch bleibt der ganze Ansatz *monologisch*. Hier schlägt sich am Ende nieder, daß die sprachphilosophischen Überlegungen des Wiener Kreises auf Probleme der Wissenschaftssprache gerichtet waren. Man hat sozusagen den Logiker, Mathematiker oder naturwissenschaftlichen Theoretiker vor Augen, der vor einem Blatt Papier mit den Problemen der wissenschaftlichen Begriffsbildung ringt, monologisch, bestenfalls im Dialog mit sich selbst. Und ein wesentliches Verdienst von Morris, die Unterscheidung von Sprachebenen nach Objektsprache und einer Hierarchie von Metasprachen eingefordert zu haben, verweist auf dieselben charakteristischen Züge: Der ganze Gegenstandsbereich der Sprache wird *von einem archimedischen Standpunkt aus* diskutiert, von dem aus nur die *Struktur schon vorgefundener Sprachstücke*, weniger dagegen die Sprachproduktion in den Blick kommt, kaum noch die möglichen Rezipienten und schon gar nicht mehr deren Antwort.

Philosophisch pointiert läßt sich deshalb kritisieren, daß die Ansätze von Morris und Shannon/Weaver *naiv* sind *gegenüber der eigenen Beobachter- und Beschreiberrolle*. Tatsächlich aber kann die Gemeinschaft der sprechenden Menschen einschließlich ihrer Theoretiker und Philosophen einen solchen archimedischen Standpunkt nicht (abgehoben von allen lebensweltlichen Umständen des Spracherwerbs und der Sprachkompetenz) einnehmen. Das heißt, tatsächlich muß an die Stelle des monologischen Modells von Sprache bzw. Kommunikation ein dialogisches treten, in dem – idealtypisch – zwei Personen beteiligt sind, von denen jede den *Rollenwechsel* vom Sprecher zum Hörer bzw. vom Hörer zum Sprecher (mindestens einmal) durchlaufen haben muß; anders hat »Kommunikation« nicht stattgefunden.

Hier ist »Kommunikation« so bestimmt, daß nicht ein Theoretiker aus archimedischer Beobachtersicht entscheidet, ob eine sprachliche Botschaft einer Person von einer anderen Person verstanden wurde, sondern die miteinander sprechenden Personen entscheiden selbst. Was lebensweltlich als der Normalfall sprachlicher Kommunikation gilt, nämlich daß der Sprecher verstanden werden möchte und den Erfolg seiner Bemühungen selbst beurteilt, trifft auch für den Hörer zu, der an seinen eigenen Antworthandlungen und deren Wirkung auf den Gesprächspartner beurteilt, ob er recht verstanden hat.

Der hier kritisierte monologische Charakter von Sprachphilosophie und Kommunikationstheorie aus der Tradition des Wiener Kreises betrifft also den Umstand, daß hier offensichtlich ein *naturwissenschaftliches Ursache-Wirkungs-Modell* (»Was löst ein Sender bei einem Empfänger aus?«) aus der Perspektive des Experimentators zugrunde gelegt wurde. Ohne Extravaganz des Begriffs »Kommunikation« ist damit der Titel *The Mathematical Theory of Communication* bei Shannon und Weaver ebenso deplaziert wie die Verwendung von »Kommunikation« bei Morris. Kommuniziert wird nämlich erst, wenn kontrollierbar ein »Kommunes«, also etwas Gemeinsames, erzeugt worden ist. Mit anderen Worten, das Erzeugen einer Gemeinsamkeit mit sprachlichen Mitteln muß durch die Gemeinsamkeit der Praxis, in die dieses Erzeugen eingebettet ist, im Dialog kontrollierbar werden.

Hieran zeigt sich, daß eine Fülle historisch aufgetretener Probleme der Sprachphilosophie und der Wissenschaftssprachtheorie ihre Ursache darin haben, zunächst einmal die syntaktischen von den semantischen und dann die semantischen von den pragmatischen Fragen abgelöst zu haben, weil im Ursache-Wirkungs-Modell die Nachrichtenübertragung von syntaktischen Strukturen in der Tat überzeugend begrifflich und technisch beherrschbar gemacht worden ist. Daß aber semantische und Geltungsfragen erst aus der (sprachlichen oder nichtsprachlichen) Reaktion der angesprochenen Person erkennbar werden, wurde im monologischen Ansatz nicht berücksichtigt. (Hier ist »Reaktion« im wörtlichen Sinne einer Handlung, nicht im behavioristischen Sinne eines Reiz-Reaktions-Schemas als kausal erklärbares Verhalten gemeint.)

Läßt man sich bezüglich »Geltung« als sprachphilosophischem Problem nicht sogleich auf die historisch belastete Frage nach der Wahrheit ein, sondern betrachtet Alltagsbeispiele gelingender Kommunikation durch Aufforderungen, wird sofort ersichtlich, wieso der Rollenwechsel beider an einer Kommunikation beteiligter Personen konstitutiv für den Kommunikationsprozeß wird: Eine aufgeforderte Person muß in diesem Falle zweierlei leisten, nämlich die Aufforderung verstehen und sie befolgen (oder anders re-agieren). Und auch der Auffordernde muß zweierlei leisten, nämlich eine verständliche Aufforderung ergehen lassen und dann deren Erfüllung (oder andere Handlungen) durch den Aufgeforderten beurteilen.

An dieser kleinsten, nicht weiter teilbaren Einheit eines Kommunikationsprozesses wird sichtbar, daß erst die Befolgung einer Handlungsaufforderung, also erst das Handeln (des Hörers) selbst, die Kontrolle durch den Sprecher eröffnet, ob der Hörer richtig verstanden hat. Das heißt, erst die *pragmatische* Beschreibung einer Kooperation, nämlich eines mitwirkenden Handelns durch den Aufgeforderten, eröffnet dem Sprecher einen ersten Zugang zur Beurteilung des *semantischen* Sprachverstehens.

»*Geltung*« im Sinne der *Anerkennung einer Aufforderung* durch den Aufgeforderten (und ihrer Befolgung) ist eine notwendige Bedingung für die Kontrolle des Gelingens von sprachlicher Kommunikation im semantischen Sinne. Und daß diese durch gestörte syntaktische Verhältnisse gestört werden kann, ist eine nachträgliche Einsicht in Zusammenhänge, bei denen es – wie z. B. bei der Störungsbeseitigung einer nachrichtentechnischen Signalübertragung – um Wirkungen eines gestörten Nachrichtenkanals geht.

Ein minimaler Aufforderungsdialog, in dem beide beteiligten Personen den Rollenwechsel vom Hörer zum Sprecher bzw. vom Sprecher zum Hörer vollziehen und darin Verständnis und Anerkennung von Kommunikationshandlungen kontrollieren können, schreibt der *Kommunikationsfunktion* einen methodischen Primat vor der *Signifikationsfunktion* der Sprache zu. In einer idealtypischen

Rekonstruktion von Sprache als Mittel der Kommunikation beginnt man also zuerst bei der Rede von Handlungen, d. h. mit Handlungsprädikatoren (wie z. B. »gehen«, »sagen«), dann mit Apprädikatoren (wie »schnell« oder »laut«), geht erweiternd über auf Prädikatoren für Dinge und Ereignisse, die als Objekte von Handlungen in Frage kommen, erweitert andererseits den Sprachgebrauch um Eigennamen zur gezielten Adressierung einzelner Personen aus einer Gruppe heraus, überträgt dann die Verwendung von Eigennamen (und funktional äquivalenten Kennzeichnungen) auf Dinge und Ereignisse als Objekte des Handelns, um schließlich so in die bekannten, weiteren Ergänzungsmöglichkeiten der Sprache durch Logik, Metasprachenbildung usw. einzutreten. Die Probleme der Signifikation sind nach diesem Verständnis auf der Grundlage eines sprachphilosophisch geklärten Repertoires der Kommunikation zu lösen.

Der hier nur als Skizze angedeutete methodische Aufbau einer Sprachrekonstruktion ist bereits in den chronologisch *letzten Schriften aus der Erlanger Schule*[8] bekannt. Gegründet werden muß aber eine solche Rekonstruktion auf das Repertoire von Kontrollmöglichkeiten, die über einen (selbst wieder methodisch geordneten) Kanon von Typen von Handlungen eröffnet werden. Diese etablieren *unterschiedliche Typen von Geltung.*[9] Hier wäre wohl bei den eigenen Körperbewegungen zu beginnen, um über die poietischen Handlungen zu speziell der Poiesis von Werkzeugen und dann wiederum spezieller zur Poiesis von kognitiven Werkzeugen (wie Meßgeräten oder Rechenmaschinen) überzugehen. Handlungen, für die schematische Regelbefolgung (wie in der Grundlegung von Arithmetik und Analysis) eine Rolle spielen, sind ebenso zu berücksichtigen wie Handlungen, die (wie z. B. im öffentlichen Geldverkehr) zu Institutionen führen. Hier kann nur auf die einschlägige methodisch-kulturalistische Literatur verwiesen werden.

Die kommunikative Revision des sprachphilosophischen Ansatzes ist folgenreich auch für den Informationsbegriff. Konstitutiv für »Information« werden schon in lebensweltlicher Praxis solche Bedürfnisse und Interessen, die sich explizit als *Zwecke von Invariantenbildungen* verstehen lassen.[10] Die sprachliche Organisation ge-

8 Vgl. Lorenzen 1987.
9 Janich 1993c.
10 Vgl. Janich 1998e.

meinsamer Praktiken (von den archaischen Beispielen der Treibjagd, des Kampfes, der Bewegung großer Lasten bis zu den modernen Aufgaben der technischen Bedienung eines großen Segelschiffs oder den modernen bürokratischen oder organisatorischen Aufgaben, z. B. der legalen Bewältigung des Straßenverkehrs) ist immer auf spezifische Unabhängigkeiten sprachlicher Kommunikation vom individuellen Sprecher, vom individuellen Adressaten und von der individuellen Form der Darstellung angewiesen. So erwarten z. B. alle Studenten einer Universität gleichermaßen, unabhängig von der Person des Nachfragenden Auskünfte über Studien- und Prüfungsordnungen zu erhalten, und es soll dabei auch nicht auf den speziellen Auskunftgeber ankommen, der jedermann gleichermaßen die gültigen gesetzlichen Bestimmungen mitzuteilen hat. Und schließlich soll nicht die spezielle Wahl der sprachlichen Mittel, gar des Dialekts oder dergleichen, über Verständlichkeit und Geltung der Auskunft entscheiden. In diesem Sinne läßt sich »die Information« eines sprachlichen Kommunikats durch ein (*logisches*) *Abstraktionsverfahren* bestimmen. Logische Abstraktion besteht in der Invarianz bezüglich relevanter Äquivalenzrelationen, von denen hier also die Sprecher-, Hörer- und Darstellungsäquivalenz von Kommunikaten in Frage kommt.

Diese sprachphilosophische Erläuterung ist nur eine Hochstilisierung einer lebensweltlich längst vertrauten und bewährten Kommunikationspraxis. Sie ist also nicht unabhängig als »Informations-« oder »Kommunikationstheorie« eine anwendungsneutrale und wertfreie Theorie, über die sekundär bezüglich lebensweltlicher Anwendung befunden werden kann. Vielmehr dient sie primär als gemeinsame Praxis immer der Lösung praktischer Lebensprobleme.

Die hier skizzierte kommunikations- bzw. informationstheoretische *Verwissenschaftlichung der Beschreibung* von Kommunikation über die Bildung entsprechender informationsbegrifflicher Terminologie macht *Information* zu einem *Gegenstand, der Bedeutung und Geltung hat.*

Ist dieser erst einmal terminologisch bestimmt, kann z. B. im Stil der Theorie von Shannon und Weaver methodisch sekundär das nachrichtentechnische Problemfeld bearbeitet werden. Allerdings ist die gelungene technische Beherrschung von Information in einem syntaktischen Sinne keine Lösung von semantischen oder pragmatischen Problemen. Vielmehr setzt die Lösung der *technischen*

Probleme auf der syntaktischen Kommunikationsebene eine *Definition der Störungsfreiheit* voraus, die *nicht ohne Semantik*, ohne semantisches Verständnis der beteiligten Personen auskommt. Und dieses hätte ihrerseits keinen Sitz in tatsächlicher Redepraxis, wenn es nicht in pragmatischer Einbettung durch Befolgungshandlungen oder Re-aktionen kontrollierbar wäre.

Damit ergibt sich folgende *methodische* Schrittfolge: Ein Begreifen menschlicher Kommunikation in seinem Mittelcharakter für gemeinschaftliche Lebensbewältigung erlaubt (1) ein sprachphilosophisch geklärtes Verständnis von Bedeutung und Geltung menschlicher Rede. Diese kann (2), mit Verweis auf eine erfolgreiche Technik, in speziellen ihrer Aspekte technisch substituiert werden, um Nachrichten durch Raum und Zeit zu transportieren oder zweckgerichtet zu transformieren – in allen bekannten Formen der Datenverarbeitung. Dieser technisch erfolgreiche Weg eignet sich (3) vorzüglich zur Modellbildung für naturwissenschaftliche Beschreibungen und Erklärungen von der Physik bis zur Biologie. Diese kann sich (4) wieder auf den Menschen selbst beziehen und z. B. kognitive Leistungen naturwissenschaftlich untersuchen. Als Kognitionen müssen sie allerdings bereits auf eine sprachphilosophisch etablierte Unterscheidung von Wahr und Falsch[11] zurückgreifen, um z. B. als kognitiv relevante Vorgänge von kognitiv irrelevanten Stoffwechselprozessen unterscheidbar zu werden. Nicht anders steht es (5) mit der Reflexion auf die Naturwissenschaften vom Menschen, die ja ihrerseits nur durch Handlungsvollzüge von Menschen möglich werden, die Handlungskompetenz und Sprachkompetenz im oben erläuterten Sinne schon besitzen.

Um auf den Einleitungssatz dieses Textes zurückzukommen: Der Topos »Syntax, Semantik, Pragmatik« beruht in dieser kanonischen Reihenfolge auf prinzipiellen Vorentscheidungen einer Sprachphilosophie, die an degenerierten Formen einsamer Begriffs- und Theoriebildung ansetzt, aber mit Sprache als spezifisch menschlicher Kulturleistung wenig zu tun hat. Deshalb ist diese Reihenfolge durch eine methodisch reflektierte Umkehrung zu ersetzen.

11 Vgl. Janich 1996d.

# 3. Der Satz vom Widerspruch

Der »Satz vom Widerspruch« (im folgenden kurz SvW) ist ein allgemeiner und elliptischer Titel für einen Gegenstand, der in der Geschichte der Philosophie immer wieder auftaucht. Dennoch wird man kaum behaupten können, daß dieses Thema selbst eine Geschichte hat, d. h., daß sich die Auffassungen dazu historisch entwikkeln und spätere Autoren die Meinung früherer aufnehmen, analysieren, kritisieren und verbessern. Schon eher machen die einzelnen Beispiele, die sich in Texten bekannter Philosophen finden, den Eindruck des jeweiligen Anhängsels. Manchmal Aperçu, manchmal zum Prinzip erhobene Nebensächlichkeit, manchmal Stilübung – das Thema verspräche keine besondere Attraktivität, hätte es nicht einerseits so viele Gesichter und andererseits – für einen Marburger Professor – Aktualität durch Nachfragen von Studenten. Diese melden sich, nicht nur im logischen Propädeutikum, zu Wort und wollen wissen, wie es sein könne, daß dieser Satz eine nicht in Frage zu stellende Geltung besitze und gleichwohl für die Geltung aller Sätze unverzichtbar sei. Der Grund für solche Fragen ist schnell gefunden: Natürlich sind sie keine eigene Erfindung der Studenten, sondern stammen von einem philosophischen Lehrer, der sich gerade selbst mit einer Einführung in die Philosophie in den Ruhestand verabschiedet hat (Brandt 2001, im folgenden als »Einführung« bezeichnet). Dort wird der Satz vom Widerspruch zum Anfang und zur Grundlage der Philosophie schlechthin. Und er präsentiert sich nicht in einer eigenen Formulierung des Autors, sondern in Zitaten von Platon, Aristoteles und Kant.

Der folgende Text gliedert sich in drei Teile. Zuerst wird die genannte »Einführung« mit ihren Thesen zum SvW anhand der Texte von Platon, Aristoteles und Kant kritisiert. Im zweiten Teil wird jeweils eine kohärente und konsistente Lesart der drei Klassiker gesucht. Der dritte Teil bietet eine eigene, neue Klärung des SvW in seinen verschiedenen Formen an, bei der im Rückgang auf Handlungsvollzüge (statt Handlungs- oder andere Beschreibungen) den entscheidenden Unterschied zu (klassischen oder modernen) Alternativen bildet.

## 1. Die Klassiker

Wer »die« Klassiker zum Thema »Satz vom Widerspruch« (SvW) sind und ob es überhaupt sinnvoll wäre, sie alle oder die wichtigsten zu erfassen, muß ich offenlassen. Ich wähle diejenigen aus, die mit dem Anlaß für die Wahl des Themas in Verbindung stehen, besagte Philosophie-»Einführung« also, und damit Platon, Aristoteles und Kant. Diesen füge ich hinzu, daß sich selbstverständlich zeigen muß, ob sie ihr Prädikat »Klassiker« verdienen. Diese Kritik ist am größtmöglichen Ertrag für eine Klärung orientiert.

### *1.1 Wo ist Platon?*

Platon äußert sich in der *Politeia* angeblich zum Satz vom ausgeschlossenen Widerspruch. Der Kontext ist weder Logik noch Sprachphilosophie, weder Prädikations- noch Bedeutungstheorie, sondern eine Untersuchung der Seelenteile, modern, eine spezielle Frage nach den Aspekten unseres Handlungsvermögens. Dabei taucht – in Buch IV, Abschnitt 12 (436a7 bis 437a2) – die Frage auf, ob man unterscheiden könne, ob wir im Handeln nur eines von drei Handlungsvermögen benötigen oder »mit der ganzen Seele« handeln und wie dies zu entscheiden sei. In allgemeinster Form geht es dabei um die Frage, ob etwas in sich verschieden oder ein und dasselbe sei.

In diesem Kontext beginnt Platon mit der These: »Offenbar ist doch, daß dasselbe nie zugleich Entgegengesetztes tun und leiden wird, wenigstens nicht in demselben Sinne genommen und in Beziehung auf ein und dasselbe.« Diese These könnte man – vorläufig – als die platonische Formulierung des SvW verstehen, in der Übersetzung F. Schleiermachers, allerdings hier mit der Änderung, daß »zu gleicher Zeit« ersetzt wurde durch »zugleich« (dazu unten mehr). Dann fährt Platon fort: »So daß, wenn wir etwa finden sollten, daß in diesen dies vorkommt, wir wissen werden, daß sie nicht dasselbe waren, sondern mehreres.«

Diese allgemeinen und nicht leicht zu verstehenden Sätze werden nun durch ein Beispiel erläutert: »Ist es wohl möglich, fuhr ich fort, daß dasselbe zugleich in demselben Sinne stillsteht und sich bewegt?« – mit der erwartbaren Antwort: »Keineswegs.« Dieses Beispiel, wonach also ein und derselbe Gegenstand im selben Sinne stillsteht und bewegt ist, wird nun wiederum an zwei Beispielen konkretisiert, am Menschen und am Kreisel. Ziel dieser Beispiele ist es, eine genauere Bestimmung zu finden, damit die Gesprächspartner im Verlauf des weiteren Dialogs sich nicht »uneins« fänden.

Das erste Beispiel für ein Zugleich von Stillstand und Bewegung: Ein Mensch steht still, bewegt aber Hände und Kopf. Dies Beispiel löst Platon auf durch den Hinweis, daß hier nicht über den ganzen Menschen gesprochen wird, sondern über seine Körperteile (»einiges von ihm«). Die Beine (und damit der Mensch an seinem Ort) stehen still, Arm und Kopf bewegen sich. Mit anderen Worten, die Empfehlung Platons lautet, genau darauf zu achten, *welchen Gegenständen* die Prädikatoren stillstehen bzw. bewegen *zugesprochen* oder *abgesprochen* werden.

Am zweiten Beispiel von einem Kreisel, der rotiert, aber mit seiner Spitze an ein und derselben Stelle der Unterlage verharrt, wird das Problem (scheinbar) zugespitzt: Der Kreisel wird ausdrücklich als ganzer (*holos*) betrachtet. Nun könnte jemand sagen, der Kreisel rotiere zwar, aber die Achse stehe still (nämlich im Unterschied zum Kreisel, der eine Nutations- und Präzessionsbewegung ausführt). Die gebotene Präzisierung, die Kreiselbewegung zu beschreiben, liegt hier darin, *zwei Sorten von Bewegungen zu unterscheiden*, die Rotation des Kreisels um seine Achse sowie (physikalisch unterminologisch) das Wanken oder Taumeln des Kreisels. Dies stellt sich regelmäßig ein, wenn ein (realer, physikalisch ein »schwerer«) Kreisel auf horizontaler Unterlage nicht genau in vertikaler Richtung, sondern schief in Gang gesetzt wird, und etwas anders, wenn der Kreisel allmählich durch Reibung auf der Unterlage seinen Schwung verliert und kurz vor dem Umfallen taumelt.

Platons Beobachtungen an Mensch und Kreisel sind uns offensichtlich heute so leicht zugänglich wie damals. Deshalb darf eine Platon-Kritik bei der Frage ansetzen, *warum* er *zwei Beispiele* wählt. Ist das zweite redundant und eine im wesentlichen strukturgleiche Wiederholung des ersten, oder gibt der Text explizit einen Grund her, daß und warum Platon zwei *verschiedene* Beispiele wählt?

Zitieren wir dazu noch das Resümee Platons: »Nichts dergleichen also wird uns verwirren, wenn es vorgebracht wird, noch uns irgend mehr überreden, als ob jemals etwas dasselbe bleibend zugleich in demselben Sinne und in bezug auf dasselbe könne Entgegengesetztes erleiden oder sein oder auch tun.« Diese sehr wörtliche Übersetzung Schleiermachers in heutiges, leichter verstehbares Deutsch übertragen: Ein und dieselbe Sache kann nicht im selben Sinne und im selben Bezug Gegensätzliches tun, leiden oder sein. (Der aufmerksame Leser wird registrieren, daß hier »sein« hinzugekommen ist, wo in der früheren Formulierung nur von tun und leiden die Rede war.)

Auch am griechischen Text läßt sich, unabhängig von der Übersetzung Schleiermachers, mit jeder wünschbaren Klarheit zeigen, daß diese beiden Formulierungen des SvW bei Platon – wenn sie denn eine solche sind – drei Stücke enthalten: Es geht (1.) um ein und denselben Gegenstand und um die Frage, ob er (2.) im selben Sinne und (3.) in derselben Beziehung Gegensätzliches tun oder leiden (oder sein) könne. Dabei sind diese beiden letzten Aspekte durch die Präpositionen *kata tauton* und *pros tauton* ausgedrückt.

Daß es um ein und denselben Gegenstand geht, ist – fast – trivial; fast, denn in der zweiten Formulierung heißt es ja explizit »dasselbe bleibend«; Platon trägt also sogar Vorsorge, daß die Bestimmung »ein und derselbe Gegenstand«, für den dann in zwei Hinsichten zugleich das Entgegengesetzte auftritt, sich zeitlich nicht so ändert, daß er ein anderer geworden ist. Sucht man eine kohärente und konsistente Platon-Interpretation, dann sind *beide* Hinsichten wichtig, denn für sie sind die sachlich verschiedenen Beispiele des nicht zugleich stillstehenden und bewegten Menschen bzw. Kreisels gewählt.

In moderner Diktion liegt der Unterschied zwischen den Beispielen von Mensch und Kreisel darin, daß ersteres eine *extensionale* Bedeutungsverschiedenheit, letzteres eine *intensionale* betrifft. Das heißt, der Satz, ein Mensch bewege sich und bewege sich zugleich nicht, wird aufgelöst dadurch, daß – bei gleichbleibender Bedeutung des Wortes »bewegen« – differenziert wird nach Beinen, Armen und Kopf, also nach den Gegenständen, von denen die Rede ist. Im zweiten Beispiel dagegen wird die Aussage, daß der Kreisel (als ganzer) sich zugleich bewege und nicht bewege, durch den Hinweis auf die Verschiedenheit der Wortbedeutungen von »sich bewegen« behoben.

Mit anderen Worten, nimmt man die Formulierungen Platons für den SvW ernst, d. h., berücksichtigt man beide Aspekte, unter denen ein und derselbe Gegenstand nicht zugleich Gegensätzliches an sich haben könne, so wird im ersten Falle die Referenz oder

Extension eines Prädikators korrigiert (es ist eben nicht ein und derselbe Gegenstand Mensch, der sich bewegt/nicht bewegt, sondern es muß auf seine verschiedenen Körperteile referiert werden), während im zweiten Falle die Korrektur die Bedeutung des gegensätzlichen Wortpaares »bewegen/stillstehen« betrifft, für das eine Unterscheidung in Bewegungstypen herangezogen werden muß (siehe unten).

Fraglich ist indessen, mit welcher Berechtigung hier die Bezeichnung »Satz vom ausgeschlossenen Widerspruch« anzuwenden ist. Es fällt auf, daß die Teilsätze der aufgelösten Aussagen (die Beine des Menschen stehen still, der Arm bewegt sich; der Kreisel rotiert, die Achse des Kreisels wankt nicht) wahr sind – eine Wahrheit, die sie aufgrund der herbeigeführten semantischen Eindeutigkeit bezüglich Referenz bzw. Intension haben. Die korrekturbedürftigen bzw. korrigierten Aussagen sind dagegen nicht falsch, sondern schlicht und einfach mehrdeutig (bezüglich Referenz bzw. Intension). Man sollte also zutreffender von einem semantischen Eindeutigkeitspostulat sprechen oder von einem *»Satz der ausgeschlossenen Mehrdeutigkeit«*.

Wenig überzeugend ist es dagegen, die Bezeichnung »Satz vom ausgeschlossenen Widerspruch« zu verwenden oder Platon als seinen Urheber in Anspruch zu nehmen, weil dieser Widerspruch in beiden Beispielen ja nur ein scheinbarer ist und in Wahrheit auf einer Mehrdeutigkeit beruht, so daß in Wahrheit kein Widerspruch vorliegt.

Unzutreffend und wohl völlig Platon-widrig wäre es, den den beiden Beispielen vorangehenden, allgemeineren Satz (wonach ein und dasselbe nicht zugleich im selben Sinne stillstehen und sich bewegen könne) *als Begründung* für die beiden semantischen Eindeutigkeitspostulate heranzuziehen. Denn darin liegt ja, wie die beiden Beispiele zeigen, gerade die Pointe der platonischen Argumentation: Wo auch immer zu Recht gesagt werden kann, daß dasselbe zugleich im selben Sinne stillstehe und sich bewege, kann es sich nur um einen *scheinbaren Widerspruch aufgrund semantischer Mehrdeutigkeiten* handeln.

Nicht übersehen werden darf, daß das doppelte (nämlich extensionale und intensionale) semantische Eindeutigkeitspostulat von Platon explizit durch einen *Zweck gerechtfertigt* wird, nämlich die Vermeidung von Dissens. Mit anderen Worten, die Ergebnisorientiertheit des Dialogs (über die Seele und die Handlungsvermögen) rechtfertigt die Bemühung um semantische Eindeutigkeit. Soviel zu Platon.

Zu den deutschen Übersetzungen sind einige Bemerkungen angezeigt: Wo bei Schleiermacher die Ausdrücke »zu gleicher Zeit«, »gleichzeitig« und »zugleich« stehen, heißt es im Griechischen durchgehend immer nur *hama* (zugleich, gemeinsam). Nirgendwo dagegen steht bei Platon ein »zugleich bezüglich der Zeit«.

Systematisch gesehen ist selbstverständlich ein semantisches oder ein logisches »zugleich« (Näheres siehe unten) von »gleichzeitig« zu unterscheiden. *Gleichzeitig* darf nur heißen, was *auch ungleichzeitig* sein kann. Ein Beispiel: »Wenn gleichzeitig die Sonne scheint und Regen fällt, läßt sich ein Regenbogen beobachten.« Sonnenschein und Regen als zeitlich ausgedehnte und in eine Zeitordnung einzufügende Ereignisse können auch zu verschiedenen Zeiten stattfinden.

Ein semantisches »zugleich« ist dagegen in folgendem Beispiel enthalten: »Wer in München geboren ist, ist zugleich gebürtiger Bayer.« Man mache sich die beiden möglichen Gegensätze deutlich: Es ist einerseits der Gegensatz »Wer in München geboren ist, ist zugleich gebürtiger Bayer, *nicht jedoch zugleich gebürtiger Frankfurter*« und »*nicht jedoch zugleich gebürtiger Hesse*«. Der erste Gegensatz des »nicht-zugleich« betrifft den Vordersatz der Regel »Jeder gebürtige Münchner ist gebürtiger Bayer«, der zweite Gegensatz den Nachsatz dieser Regel. (Von Vorder- und Nach*satz* ist hier die Rede, weil in expliziter Formulierung diese Regel die Struktur hat: »Jedem x, dem der Prädikator ›gebürtiger Münchner‹ zukommt, soll auch der Prädikator ›gebürtiger Bayer‹ zugesprochen werden dürfen.«)

In der Alltagssprache gehen »zugleich« und »gleichzeitig« häufig durcheinander. Dies spielt dann keine Rolle, wenn nicht ausdrücklich ein semantisches Zugleich von allen anderen Gleichheiten, wie denen der Zeit, zu unterscheiden ist. In methodischer Ordnung läßt sich die *Gleichzeitigkeit* zweier Ereignisse (wie im Beispiel von Sonne und Regen) nur mit Hilfe semantischer Eindeutigkeit bestimmen und nicht umgekehrt; anders formuliert, die semantische Eindeutigkeit geht der zeitlichen methodisch voraus.

Und damit zur zweiten Gruppe von Bemerkungen: In der oben erwähnten »Einführung« in die Philosophie heißt es im Textnachweis (S. 289), daß die auf den Seiten 27 und 28 zitierte Passage aus Platons *Politeia* die Übersetzung von Schleiermacher in der Ausgabe von Walter F. Otto und Ernesto Grassi (Rowohlt Verlag, Reinbek

1958, S. 161-163) sei. Ein Vergleich zeigt jedoch, daß die beiden Texte völlig verschieden sind. (Ich konnte nicht herausfinden, von wem die vom Autor angebotene Übersetzung stammt. Jedenfalls findet sich schon in der Stellenangabe des griechischen Textes ein Fehler: Die Passage beginnt nicht bei 435a7.)

In der Sache finden sich erhebliche Fehler in dieser Übersetzung:

(1) Der Autor der »Einführung« zitiert Platon mit den Worten: »Wir wollen uns noch genauer verständigen, damit wir nicht etwa im weiteren Verlauf *in Widerspruch* geraten.« (Schleiermacher hatte übersetzt: »uns uneins finden«.) Der Übersetzer hat wohl die Vorsilben amphi- und anti- verwechselt. Tatsächlich enthält der Platonische Text das Verbum *amphisbetein*, das modern am besten als »sich im Dissens befinden« übersetzt wird. Wer im Dissens ist – etwa zwei Personen, von denen die eine für den gemeinsamen Urlaub einen Aufenthalt am Meer, die andere im Gebirge vorschlägt –, befindet sich nicht im Widerspruch. »Am Meer« und »im Gebirge« ist kein kontradiktorischer, sondern ein konträrer Gegensatz. Dieser Übersetzungsfehler ist deshalb nicht nebensächlich, weil er – sozusagen qua (falscher) Übersetzung – die eigentliche Frage vorentscheidet, ob sich bei Platon in der behandelten Passage tatsächlich der Satz vom ausgeschlossenen Widerspruch findet oder etwa eine ganz andere Maxime.

(2) In der Übersetzung der genannten »Einführung« kommt für das Griechische *hama* nur noch das Wort gleichzeitig vor (siehe oben).

(3) Es heißt – bei der ersten Formulierung des vermeintlichen SvW: »Das Entgegengesetzte im nämlichen Sinn und *in gleicher Richtung* tun oder leiden«. Offensichtlich hat hier das Bewegungsbeispiel bereits Wirkung gezeigt, denn im Griechischen ist nicht von Richtung (als etwas an der Bewegung) die Rede, sondern mit der Präposition *pros* (parallel zu *kata*) von Hinsicht, Bezug. Damit ist (siehe oben) die Pointe verpaßt, daß Platon mit der Präzisierung von »das Entgegengesetzte« in zwei unterschiedlichen Beispielen die intensionale und extensionale semantische Mehrdeutigkeit meint.

(4) Das Kreiselbeispiel wurde vom Autor der »Einführung« insgesamt mißverstanden, und zwar wegen grammatisch und sachlich falscher Übersetzung. In der »Einführung« heißt es »etwas Aufrechtes und etwas Kreisförmiges«. Bei Platon steht aber statt des griechischen Wortes für aufrecht (orthos) das Wort *euthys* (gerade).

Hier darf man den damaligen griechischen Wortgebrauch nicht außer acht lassen. Bei Euklid etwa wird im 1. Buch der Winkel zwischen zwei Linien in einer Ebene allgemein definiert (Definition 8) und umfaßt damit den Schnitt beliebiger (ebener) Kurven, also z. B. auch den wichtigen Fall des Schnitts zweier Kreise. (Von besonderem Interesse sind auch Schnitte von Gerade und Kreis, die wiederum als Spezial- bzw. Grenzfall die Tangente an den Kreis enthalten.) In einer eigenen Definition (Definition 9) wird dann der Spezialfall des *geradlinigen* (*euthys*) Winkels zwischen zwei sich schneidenden Geraden definiert. Die geraden, die kreisförmigen und die aus beiden gemischten Winkel sind die in den »Elementen« behandelten Gegenstände. Kurz, die Wörter »gerade« und »kreisförmig« bilden einen damals vertrauten, *geometrischen* Gegensatz.

Das deutsche Wort »aufrecht« ist zweideutig. In salopper Rede wird damit auch rechtwinklig (orthogonal) gemeint. In Platons Kreiselbeispiel ist es aber relevant, ob die von Platon tatsächlich intendierte *geometrische* Entgegensetzung von gerade und kreisförmig gemeint ist (und ob – was in unserem platonischen Text nicht der Fall ist – in einem geometrischen Kontext das Wort für rechtwinklig [griechisch *orthos*] vorkommt) oder ob (in heutiger Diktion) die *physikalische*, nämlich auf die Erde und die Horizontale bezugnehmende Bezeichnung aufrecht, lotrecht oder senkrecht eine Rolle spielt. (In der klassischen Mechanik zeigt die Theorie des schweren Kreisels, daß der Kreisel bei nichtvertikalem Aufsetzen auf eine horizontale Unterlage eine Präzession und eine Nutation ausführt. Diese Theorie mußte Platon selbstverständlich nicht kennen, um die Beobachtung zu machen, auf die er sich tatsächlich bezieht: daß sich nämlich ein schief aufgesetzter Kreisel mit seiner Achse in alle vier horizontalen Richtungen bewegt, genauer, einen Kegel beschreibt.)

Nachgerade falsch ist es, das Kreiselbeispiel zu parallelisieren mit dem Beispiel vom Menschen, bei dem die einzelnen Körperteile betrachtet werden, und nun über den Kreisel zu sagen, er würde »nicht mit denselben Teilen ruhig bleiben und sich bewegen«. Es handelt sich hier nicht um Teile wie eine materielle Achse (das Gerade), auf der eine kreisförmige Scheibe säße, sondern um die Anwendung einer geometrischen Unterscheidung. Und in der erläuternden Formulierung des Autors »wir würden vielmehr sagen, sie hätten in sich etwas Aufrechtes und etwas Kreisförmiges, und mit dem Aufrechten stehen sie gerade …, mit dem Kreisförmigen dagegen bewegen sie sich ringsum« ist noch nicht einmal der deutschen Semantik Genüge getan: nicht »mit dem Aufrechten stehen sie gerade«, sondern »mit dem Geraden stehen sie aufrecht« müßte es doch wohl (in der falschen Betrachtung der Teile) heißen.

Diese Monita sind nicht beckmesserischer Selbstzweck, sondern betreffen den Zweck, den der Autor dem Platon-Zitat zuweist: In den Erläuterungen heißt es nämlich: »Platon weist fast unauffällig auf das *Prinzip des SvW* hin, das jedoch die gesamte Unterredung der Politeia *überhaupt ermöglicht* und entsprechend von allen Gesprächspartnern *stillschweigend anerkannt* und *vorausgesetzt* wird.« Und »Platon führte uns *den SvW* und seinen *Geltungsanspruch* an einem anschaulichen Beispiel, dem Kreisel, vor Augen. Hiermit wird etwas überraschendes klar: Wir wissen besser Bescheid über den Kreisel als über uns selbst; denn was hier vom Kreisel gesagt wird, ist sofort einleuchtend und dürfte kaum bestritten werden« (S. 29, Hervorhebungen von mir, P. J.). Wie sich aber gezeigt hat, ist nicht nur die Klassifikation der platonischen Eindeutigkeitsforderungen als Satz vom ausgeschlossenen Widerspruch fragwürdig; wenn es denn wahr wäre, daß dieses »*Prinzip* des SvW« die vom Autor der »Einführung« vorgesehene Rolle spielte, wäre doch der Abschnitt 12 des vierten Buches der *Politeia* überflüssig. Man kann wohl sagen, Platon mache etwas Implizites explizit, um es zur Untersuchung der Seelenteile heranziehen zu können. Aber diese Explikation soll ja gerade erst sicherstellen, daß derlei semantische Eindeutigkeit von allen Gesprächspartnern anerkannt wird. Es könnte ja noch einen Dissens unter den Gesprächspartnern geben, etwa hinsichtlich der Typen der zu vermeidenden Mehrdeutigkeiten. Dies will Platon ausschließen, und insofern ist es auch unangemessen, von einer (gegebenenfalls »stillschweigenden«) Voraussetzung zu sprechen.

Noch weniger trifft zu, daß wir über den Kreisel besser Bescheid wissen als über uns selbst – jedenfalls dort, wo man offensichtlich über den Kreisel nicht Bescheid weiß. Und sicher findet sich bei Platon keine andere Begründung oder Rechtfertigung des ja explizit präskriptiven Satzes als diejenige, daß man sich im weiteren Gespräch nicht uneins vorfinden wolle.

(Um hier Übersetzungs- und Interpretationsfragen kürzer zu halten, gleich zu Beginn: Textgrundlage der »Einführung« ist hier eine Passage aus Buch IV, Kapitel 3 der *Metaphysik* in der Übersetzung von Hermann Bonitz, Bearbeitung von Horst Seidel. Der Autor der »Einführung« zitiert sie – wieder mit einer kleinen Ungenauigkeit bezüglich der Stellenangabe, nämlich 1005b13 statt 11 – wörtlich, allerdings mit einer in der Sache ganz erheblichen Veränderung: Wo bei Bonitz »Einwürfe« steht, heißt es hier »Entwürfe«. Dies ist sicher eine falsche Übersetzung des griechischen Wortes *dyschereia*. Daß es sich hier nicht um einen Druckfehler handelt, der aus Einwürfen Entwürfe gemacht hat, geht aus der Erläuterung hervor. Durch den gezielten Übersetzungsfehler sollen den logischen Einwänden, die nach Aristoteles berücksichtigt werden müssen (»daß nämlich dasselbe demselben und in derselben Beziehung unmöglich zukommen und nicht zukommen kann« mit dem Einschub, »und dazu mögen noch die anderen näheren Bestimmungen hinzugefügt sein, mit denen wir logischen *Einwürfen* ausweichen«), nicht etwa die Rolle zufallen, den SvW *in logischer Hinsicht* zureichend zu formulieren. Das Wort »Entwürfe« behauptet einen konventionellen, wenn nicht gar einen beliebigen Charakter des Logischen, das – so das an den Aristoteles-Text herangetragene Interpretationsziel des heutigen Autors – allemal vom SvW abhänge. Aristoteles selbst anerkennt ganz offensichtlich mit seinem Einschub die Legitimität logischer Einwände und formuliert deshalb eine entsprechende Kautele, und zwar nicht nur hier, sondern einige Zeilen später noch einmal.

Eine »Einführung« in die Philosophie, die sich für das Programm stark macht, Philosophie an einem »Lehrbestand« von Inhalten der Klassikertexte zu lehren und zu lernen (»zuerst der Lehrbestand und Inhalt der Textausschnitte, sodann der kritische Umgang mit ihren Argumenten«, S. 15), könnte sich selbst nicht gründlicher *ad absurdum* führen. Schließlich hängt dieses Vorgehen davon ab, was der *Inhalt* der ausgewählten Klassikertexte ist (und nach welchen Kriterien diese ausgewählt wurden) – und dies wird durch die angebotenen (falschen) Übersetzungen und Interpretationen verdorben. Mit anderen Worten, hier wird ausgerechnet *das kritische Unternehmen Philosophie* durch iterierte Inanspruchnahme von Autorität – Auswahl der Klassiker und der Textabschnitte, Übersetzung, Interpretation, Erläuterung – an dem prinzipiellen Problem vorbeigeschleust, daß der Anfänger und Leser der Einführung *kein Urteil über die Wahrheit des angebotenen »Lehrbestandes«* in der jeweiligen Interpretation zur Verfügung hat oder, nach irreführendem Einstand, gewinnen kann. So wird die Philosophie zur Kirche, und ihre Lehrer werden zu Priestern, die sich ihr »ex cathedra« selber verleihen. Damit zurück zu den »Klassikern«!)

Bei Aristoteles nun findet sich, was aus heutiger Sicht üblicherweise unter dem SvW verstanden wird. Den Kontext bildet die Frage, ob es einer oder verschiedenen Wissenschaften zukommt, von den Axiomen und der »Usia« zu handeln. Und selbstverständlich sind es die Philosophen, die Aristoteles für zuständig erklärt, denn sie stehen noch über bzw. vor den Spezialwissenschaften der Geometrie, der Arithmetik und der Physik; sie behandeln – so die traditionelle Übersetzung – das Seiende als Seiendes und mithin in der größten Allgemeinheit. Wer die Axiome untersuchen wolle, müsse schon die Kenntnisse der Analytik mitbringen und nicht erst bei dieser Untersuchung gewinnen wollen. (Dies als wiederholte Bestätigung der Bonitz-Übersetzung »Einwürfe« statt »Entwürfe«.)

Der Philosoph könne die sichersten Prinzipien von allen angeben, und »das sicherste unter allen Prinzipien ist dasjenige, bei welchem Täuschung unmöglich ist«. Das sicherste Prinzip »muß ohne Voraussetzung gelten«. Es ist »notwendig« für jeden, »der irgend etwas von dem Seienden erkennen« will, hat nicht den Charakter einer Hypothese, sondern sei »schon zum Erkennen mit(zu)bringen«. Und nun die aristotelische Formulierung des SvW:

»Daß nämlich dasselbe demselben und in derselben Beziehung (und dazu mögen noch die anderen näheren Bestimmungen hinzugefügt sein, mit denen wir logischen Einwürfen ausweichen) unmöglich zugleich zukommen und nicht zukommen kann.«

(Hier ist auch die Bonitz-Übersetzung zu kritisieren: Sie iteriert das aristotelische Verbot »unmöglich« durch »zukommen *kann*«. Im Griechischen heißt es dagegen wörtlich, es sei unmöglich, daß dasselbe demselben zugleich *zukomme und nicht zukomme*. Die Iteration der Modalität »unmöglich« durch »kann« ist dagegen logisch sinnlos. Sie hat allenfalls den Charakter der Wiederholung in der Hoffnung, so eine Verstärkung zu erreichen.)

Nun folgt bei Aristoteles eine Erläuterung, die der Frage offensteht, ob sie eine Begründung des SvW, eine Präzisierung oder eine Diskussion seiner Anwendungen ist.

Zunächst wird wiederholt, daß der SvW das sicherste aller Prinzipien sei. Und nun kommt, wegen des Wortes »nämlich« (griechisch *gar*), eine Art von Begründung: »Es ist nämlich *unmöglich*, daß jemand *annehme*, dasselbe sei und sei nicht.« Hier werden wir nicht den Streit aufnehmen, ob diese elliptische Formulierung die Lesart stütze, das Verbum *einai* sei nur Hilfszeitwort, also logisch gesehen eine Kopula, so daß immer ein bestimmter Prädikator hinzuzudenken sei, bezüglich dessen unmöglich derselbe Prädikator ein und demselben Gegenstand zugleich zukomme und nicht zukomme; oder ob es sich bei *einai* um ein Vollverb, also einen Prädikator handelt, den die deutsche Bildungssprache gerne mit »existieren« übersetzt. Denn dieser Streit leidet selbst unter dem Begründungsdefizit, einen geklärten Gebrauch der Rede von »existieren« zu etablieren.

Nach einer Nebenbemerkung über Heraklit, den Aristoteles mit dem Kommentar abtut, man wisse ja nicht, ob er das, was er gesagt hat, auch wirklich meine, folgt eine in ihrer grammatischen und logischen Struktur schwer überschaubare Passage. Zunächst das volle Zitat nach Bonitz:

> Wenn es nun aber nicht möglich ist, daß demselben das Entgegengesetzte zugleich zukomme (und dabei wollen wir auch zu diesem Satze die gewöhnlichen näheren Bestimmungen hinzugefügt haben), beim Widerspruche aber eine Meinung der anderen Meinung entgegengesetzt ist, so ist es offenbar unmöglich, daß derselbe zugleich annehme, daß dasselbe sei und nicht sei; denn wer sich hierüber täuschte, der hätte ja die entgegengesetzten Ansichten zugleich.

Offensichtlich enthält der erste Teil des Arguments »beim Widerspruche aber eine Meinung der anderen Meinung entgegengesetzt ist« eine Zweideutigkeit. Entweder wird hier der SvW *auf sich selbst angewandt* und das »beim Widerspruche« als »beim SvW« zu lesen sein, der von entgegengesetzten Meinungen betroffen ist; oder diese Passage *erläutert* in der Formulierung »eine Meinung der anderen Meinung entgegengesetzt«, was mit der obigen Formulierung des SvW selbst gemeint sein soll.

In der ersten Lesart könnte man vermuten, hier liege die häufig zu hörende Figur vor: Wer den SvW bestreitet, muß ihn dazu bereits anerkannt haben. Und damit hätte er »ja die entgegengesetzten

Ansichten zugleich«, wie Aristoteles hier fortfährt. Ein und dieselbe Person würde nämlich dann zugleich den SvW bestreiten und anerkennen. Diese Art von Begründung liefe am Ende darauf hinaus, daß jemand einen Widerspruch seiner Meinungen nicht wolle oder wollen könne. Aber es findet sich weder hier noch an anderen Textstellen in der Metaphysik ein Hinweis, daß diese Begründung intendiert ist.

Die andere Lesart stellt eine Verbindung her zwischen dem SvW Aristotelischer Formulierung (»daß nämlich dasselbe demselben und in derselben Beziehung unmöglich zugleich zukommen und nicht zukommen kann«) mit dem explizit als Widerspruch (*antiphasis*) charakterisierten Entgegengesetztsein von Meinungen. Hier wird, kurz gesagt, von einer Tatsache auf Meinungen geschlossen. Es wäre aber vorschnell, damit Aristoteles zu unterstellen, er habe hier eine Art von Realismus formuliert, daß sich widersprechende Meinungen zur selben Sache unmöglich seien, weil die Sache selbst nicht zugleich Entgegengesetztes aufweisen könne. Denn die Frage ist selbstverständlich, welcher Art die Tatsache (und damit die Behauptung) ist, daß Entgegengesetztes nicht zugleich derselben Sache zukommen könne. Diese Lesart kann also als Argument im *modus tollens* für den SvW genommen werden, als vorläufiges Argument, da in Abschnitt IV die Frage nach Beweisbarkeit oder Begründbarkeit des SvW explizit erörtert wird. Für diese Lesart spricht damit: Wie anders sollte das Zukommen (*hyparchein*) zu erläutern sein als über das Zu- und Absprechen von Prädikatoren und einer Beurteilung, ob dieses im jeweiligen Falle zu Recht oder zu Unrecht geschieht? Die Tatsache, nach der sich die Meinung (gemäß dieser Lesart) zu richten hätte, wäre damit nicht abzulösen von der menschlichen *Beurteilung einer Aussage*, in der ein bestimmter Prädikator einem bestimmten Gegenstand zu- oder abgesprochen wird.

Wie das folgende Kapitel IV bei Aristoteles nahelegt, ist der Text – anders als bei Platon – bezüglich des SvW nach zwei verschiedenen Hinsichten aufmerksam zu lesen, nämlich einmal in Richtung einer Prädikations- oder Bedeutungstheorie und einmal in syntaktischer Hinsicht. Denn Aristoteles betont ja noch zu Ende von Kapitel III: »Daher kommen alle, die einen Beweis führen, auf diese letzte Annahme zurück; denn dies Prinzip ist seinem Wesen nach zugleich Prinzip der anderen Axiome.« Und in Kapitel IV heißt es: »Manche verlangen nun aus Mangel an Bildung, man solle auch dies (sc. den

SvW) beweisen; denn Mangel an Bildung ist es, wenn man nicht weiß, wofür ein Beweis zu suchen ist und wofür nicht. Denn daß es überhaupt für alles einen Beweis gäbe, ist unmöglich, sonst würde ja ein Fortschritt ins Unendliche eintreten und auch so kein Beweis stattfinden.«

Diese Passagen zeigen, daß Aristoteles einen prädikationstheoretischen Satz auch für syntaktisch grundlegend hält. Diese Einsicht ist demjenigen modernen Logiker und Sprachphilosophen, der sich der formalistischen Auffassung von Logik angeschlossen hat, unzugänglich. Für Aristoteles dagegen geht eine *materiale*, d. h. den Inhalt elementarer Aussagen betreffende »Logik« den syntaktischen Regeln voraus; antiquiert formuliert: Die Lehre vom Urteil kommt vor der Lehre vom Schluß, und der Lehre vom Urteil selbst geht die Lehre vom Begriff, d. h. die Theorie der Prädikation voraus.

Bemerkenswert, auch aus moderner Sicht, ist die weitere Argumentation von Aristoteles, wonach einerseits für den SvW kein Beweis »gesucht werden darf«, andererseits eine Widerlegung des SvW möglich ist. Modern formuliert, der SvW gilt für Aristoteles nicht als beweis-, wohl aber als widerlegungs*definit*. Das Instrument des Widerlegens kann auf ihn angewandt werden – allerdings nicht im Wege des indirekten Beweises (Widerlegung der Negation des SvW), sondern durch Rückgang auf das (prädizierende) Reden überhaupt. In ihm erfolgt das Abgrenzen, das sprachliche Bestimmen des »horismenon« (1006 a 24). Hier ist die Gelenkstelle zwischen dem prädikations- bzw. bedeutungstheoretischen Aspekt und dem syntaktischen: Wenn eine Widerlegung *nicht formal, sondern material* (modern: nicht syntaktisch, sondern semantisch) erfolgen soll, muß die bedeutungstheoretische Version des SvW bereits akzeptiert sein. Man könnte diese Argumentation, modern gesehen, als eine pragmatische bezeichnen. Wer die Handlungen des prädizierenden Redens in einem Gespräch mit einer anderen Person aktualisiert, hat den SvW im bedeutungstheoretischen Sinne *durch Handlungsvollzug* (faktisch) anerkannt.

Die Konsequenzen für das Klischee des Verhältnisses von Platon und Aristoteles – hier der Idealist, da der Empirist – sowie eine »ontologische« Interpretation des SvW bei Aristoteles erweisen sich damit als unhaltbar. Aristoteles ist darin zuzustimmen, daß diese Argumentation kein »Beweis« (*apodeixis*) im Sinne des geometrischen Beweises ist; aber daß es ein Argument und damit eine Begründung für den materialen SvW ist, läßt sich als die durchgängige Auffassung von Aristoteles behaupten.

In der »Erläuterung« unserer »Einführung« zu diesen aristotelischen Überlegungen heißt es: »Die Nicht-Widersprüchlichkeit ist eine Seins- und damit auch eine Denkbedingung. Sie geht der Unterscheidung von Sein und Denken noch voraus (ein erstaunlicher Satz).« Dies ist durch den Aristoteles-Text nicht gedeckt. Systematisch rächt sich, wenn – hier im Deutschen – derart beliebig mit Sprache umgegangen wird. Der Ausdruck »Nicht-Widersprüchlichkeit« enthält einerseits das explikationsbedürftige »Nicht« (das bisher schon *in zwei Formen* vorgekommen ist, einmal als Absprechen eines Prädikators und einmal in der Formulierung des präskriptiven SvW) und zum anderen den Bezug auf Sprache im Wort »Widerspruch«; dies gilt auch für das Griechische *antiphasis* und das Lateinische *contradictio.* In allen drei Sprachen haben Widersprüche etwas mit dem Sprechen zu tun – und das Denken (im Unterschied zum Meinen) kommt bei Aristoteles in der Erörterung des SvW überhaupt nicht vor.

Die Erläuterung des SvW in der »Einführung« ist also falsch.

### *1.3 Kant und die Finsternis der Aufklärung*

Ohne Diskussion der Auswahlgründe übernehmen wir von der »Einführung« die Auswahl der Passage A 150-153 aus der *Kritik der reinen Vernunft.* Dort wird »die allgemeine, ob zwar nur negative Bedingung aller unserer Urteile überhaupt« darin gesehen, »daß sie sich nicht selbst widersprechen«, und noch im selben Satz wird die Begründung mitgeliefert: »widrigenfalls diese Urteile an sich selbst (auch ohne Rücksicht aufs Objekt) nichts sind«. Es folgt die Überlegung, daß auch Urteile, die frei von inneren Widersprüchen sind, gleichwohl falsch oder grundlos sein können. Dies ist die Einleitung zu einer Debatte, in der der prädikationstheoretische und der syntaktische Aspekt des Widerspruchs erwogen werden. Dabei ist sich Kant nicht zu schade, explizit zu sagen, wie der SvW in seinem Verständnis lautet: »Keinem Dinge kommt ein Prädikat zu, welches ihm widerspricht« und der SvW in dieser Form gehöre nach Kant »bloß in die Logik, weil er von Erkenntnissen, bloß als Erkenntnissen überhaupt, unangesehen ihres Inhalts gilt«. Mit »Logik« meint Kant also, ganz im Sinne obiger Ausführungen zu Aristoteles, eine noch nicht auf das formalistische Verständnis verkürzte Syntaxlehre von Urteilen und Schlüssen.

Kant fährt, seine Unterscheidung von analytischen und synthetischen Urteilen aufgreifend, mit dem Hinweis fort, der SvW könne auch dazu dienen, »Wahrheit zu erkennen«. Analytische Urteile, seien sie positiv oder negativ, müssen in ihrer Wahrheit »jederzeit nach dem Satze des Widerspruchs hinreichend können erkannt werden«. Mit anderen Worten, Kant insinuiert hier, daß ein Satz wie »Jede gerade Zahl ist durch 2 teilbar« (um der uferlosen modernen analytischen Diskussion über die Möglichkeit analytischer Sätze zu entgehen, sei dieser Satz der Einfachheit halber in einem Kontext geäußert, wo die gerade Zahl dadurch explizit *definiert* ist, daß sie durch 2 teilbar ist) aus dem SvW solle begründet werden können. Dafür bleibt Kant allerdings jeden Nachweis schuldig. Ein konkreter Versuch der Form »Kein Junggeselle ist zugleich unverheiratet und verheiratet« zeigt, daß damit weder das analytische Urteil »Junggesellen sind unverheiratet« noch das analytische Äquivalent »Kein Junggeselle ist verheiratet« zu gewinnen ist, sondern nur ein materiales Beispiel für den formalen SvW »Keinem Dinge kommt ein Prädikat zu, welches ihm widerspricht«.

Man wird deshalb Kant nicht zustimmen können, wenn er schreibt: »Daher müssen wir auch den Satz des Widerspruchs als das allgemeine und *völlig hinreichende* Principium aller analytischen Erkenntnis gelten lassen« (Hervorhebung von mir, P. J.).

Für die »synthetischen Teile unserer Erkenntnis« heißt es, daß wir »zwar jederzeit bedacht sein (werden), diesem unverletzlichen Grundsatz niemals zuwider zu handeln, von ihm aber, in Ansehung der Wahrheit von der gleichen Art der Erkenntnis, niemals einigen Aufschluß gewärtigen können«. Dazu hieß es vorher: »Weiter geht auch sein Ansehen und Brauchbarkeit nicht, als eines hinreichenden Kriteriums der Wahrheit.« Kurz, man darf den SvW nicht verletzen, weil sonst – wie zitiert – alle unsere Urteile überhaupt nichts sind, aber er trägt nichts zur Begründung von Wahrheit bei.

Im folgenden Teil befaßt sich Kant mit der Zurückweisung eines Bezugs auf die Zeit, wie er bei widersprüchlichen Formulierungen vorkommt. Irreführend daran ist, daß Kant nicht die Ausdrücke »gleichzeitig« oder »zur selben Zeit« verwendet, sondern das Wort »zugleich«. (Oben hatten wir »zugleich« in einem semantischen oder logischen Sinne und als Übersetzung des Griechischen *hama* verwendet – als explizit *nicht* zeitlich.) Dennoch ist in der Sache das Argument Kants klar und läuft darauf hinaus: »Nun muß der Satz des Widerspruchs, als ein bloß logischer Grundsatz, seine Aussprüche gar nicht auf die Zeitverhältnisse einschränken.«

Bemerkenswert schließlich ist Kants Kritik an der Formulierung »Es ist unmöglich, daß ...«: »außer dem, daß hier die apodiktische Gewißheit (durch das Wort unmöglich) überflüssigerweise angehängt worden, die sich doch von selbst aus dem Satz muß verstehen lassen«, lautet Kants Einwand – und er trifft damit eine Unklarheit, die bei Platon wie bei Aristoteles (im ungeklärten Charakter der Modalität »unmöglich«) vorliegt.

Damit erweist sich der SvW bei Kant als *bedeutungstheoretisches Postulat*, das sich der Begründung verdankt, eine Verletzung des Postulats in einem Urteil mache dies zunichte – unabhängig davon, ob es ansonsten wahr oder falsch, affirmativ oder negativ ist. Alle anderen Fragen bleiben offen, etwa die, wie es mit mehrstelligen Prädikatoren stehe, ob ein Unterschied zwischen Eigen- und Apprädikatoren zu machen sei, ob der SvW auch auf mehrdeutige Kennzeichnungen an der Subjektstelle anzuwenden sei und ob nicht insgesamt das Problem einschließlich Kants Meinungen über die analytischen Urteile in einer Schlichtform betrachtet wird, die schon für das Urteilen in der Alltagssprache völlig unzureichend ist, geschweige denn für die Sprache der Wissenschaften oder der Philosophie eine andere Rolle spielen könnte als ebendie immer neu wiederholte Schlichtform erster Lehrbuchschritte, nicht aber eine sorgfältig zu Ende geführte philosophische Untersuchung.

## 2. Resümieren, ein schwieriges Geschäft

Die Textauswahl bei Platon, Aristoteles und Kant entsprach dem historischen Anlaß studentischer Fragen in Marburg. Deshalb ist ein Blick darauf zu werfen, wie genannte »Einführung« ihr Kapitel 1 (im ersten Hauptteil: »Erkenntnis und Sein«) zu Ende bringt. Hier wird der Leser und Studierende direkt adressiert, sprachlich durch die vereinnahmende Wir-Form:

Platon, Aristoteles und Kant formulieren den SvW in unterschiedlicher Weise und in verschiedenen Sprachen. Wir lesen ihre Äußerungen zu verschiedenen Zeiten an verschiedenen Orten und *setzen* doch *voraus*, daß ein *identisches Prinzip* des SvW von den drei Autoren unterschiedlich aufgefaßt und formuliert wird. Diese Unterschiede können näher benannt und bestimmt werden. Wir *wissen* jedoch, daß die exakte Unterscheidung und die nähere Bestimmung der Differenzen schon wieder das Widerspruchsprinzip *voraussetzen*.

So haben natürlich die »Klassiker« wenig Aussicht auf Gehör. Man unterstellt ihnen einfach, daß sie alle denselben Gegenstand mit ihren verschiedenen Formulierungen meinen, und erhebt diese Unterstellung flugs zum Wissen. Das überraschende Resümee des Autors: Wie immer man mit den drei Klassikern umgeht, sie gegeneinander ausspielt oder wie immer man gegen eine Formulierung des SvW argumentiert, jeder konkrete Einwand setze »wieder den SvW voraus«. Fazit: »Der SvW selbst ist also *nicht bezweifelbar* und *nicht kritisierbar.*« Das »also« darf hier nicht als Erheben eines Begründungsanspruches, sondern nur als zusammenfassendes »also« gelesen werden. Zur Begründung folgt:

Zur Bestätigung beachte man den Sprachgebrauch *in der Literatur* zu Platon, Aristoteles, Kant, Hegel und vielen anderen Philosophen; es wird durchgehend von den diversen Formulierungen des SvW gesprochen und dabei zugleich *vorausgesetzt*, daß dieser selbst den unterschiedlichen Varianten *als identischer* zugrunde liegt. Nimmt man diese vorsprachliche Instanz nicht an, zerfällt die zu stiftende gemeinsame Welt des Denkens und Seins notwendig in so viele Welten, wie es Sprachen und Kulturen gibt. Diese Vielheit von Welten kann man jedoch nur mit Worten behaupten, *tatsächlich überspringt der Gedanke die Rede, die ihn verleugnet*, und bezieht *zu Recht auf die eine gemeinsame Welt* (alle Hervorherbungen von mir, P. J.).

Diese Form der Geisterseherei äußert sich selbst aber in Widersprüchen: Die gemeinsame Welt des Denkens und Seins kann ja nicht zugleich erst eine zu stiftende und zugleich vorsprachlich die eine gemeinsame Welt sein. Diese Geisterseherei immunisiert sich gegen jeglichen Einwand mit dem vulgär-transzendentalen Trick, wer einen Satz S leugnet, habe ihn damit bereits anerkannt. Daß auch solche Begründungsversuche aus Sätzen bestehen, die in verantwortlicher argumentativer Rede auf Nachfrage zu erläutern und zu begründen sind, wird übergangen. Schlimmer aber ist wohl noch, daß folgendes übersehen wird: Wenn eine These – hier die These von der unvermeidlichen vorsprachlichen Instanz als Grund für die Nicht-Kritisierbarkeit des SvW – nicht falsch sein kann, kann sie auch nicht wahr sein.

Die drei Klassiker hatten in ihren Texten, so wie wir sie heute verstehen können, philosophische Anliegen sprach- und erkenntnistheoretischer Art. Aber die Philosophie hat sich seit den Tagen dieser Klassiker weiterentwickelt; und nicht nur durch die modernen Naturwissenschaften und die Mathematik, sondern auch durch moderne Philosophien sind Aspekte für die Debatte um den Satz vom Widerspruch zugänglich geworden, die bei den zitierten Klassikern einfach nicht auftauchen – man muß keine Behauptungen darüber aufstellen, ob sie ihnen nur nicht wichtig, nicht präsent, nicht auffällig oder aber prinzipiell unzugänglich waren.

Ein weniger hermetisches und dogmatisches Resümee, als R. Brandt es in seiner »Einführung« zieht, kann sich darauf beschränken, für die drei behandelten Autoren festzuhalten: Alle drei haben es letztlich mit prädikations- bzw. bedeutungstheoretischen Fassungen des SvW zu tun. Alle drei favorisieren eine präskriptive Form, wonach es verboten sei, einem Gegenstand zugleich einen Prädikator zu- und abzusprechen. Alle drei beschränken sich auf den assertorischen Teil des Sprechens, auf das Behaupten, als Gegenstand des SvW. Keiner der drei Autoren bemerkt, daß bereits darin eine Schwäche liegt, einerseits den SvW präskriptiv zu fassen, andererseits seinen Gegenstandsbereich nur im Deskriptiven oder Assertorischen zu sehen, und nicht in dem ja schon für den SvW selbst unverzichtbaren Aspekt des Präskriptiven oder Normativen. (Schließlich sind ja auch Aufforderungen von Widersprüchen freizuhalten!) Alle drei Autoren bringen ihre Überlegungen in Verbindung zur kommunikativen Funktion des Sprechens. Der platonische Dialog soll nicht im Dissens enden, der Teilnehmer an einem Streitgespräch bei Aristoteles darf sich nicht selbst *ad absurdum* führen, und bei Kant darf der Urteilende sein eigenes Urteil nicht durch widersprüchliche Prädikationen vernichten. Auch wenn es eine andere Terminologie ist, diesen Sachverhalt auszudrücken: Allen dreien geht es um gelingende und erfolgreiche Kommunikation und um die Vermeidung von Fehlern und Störungen. Alle drei bleiben sie dabei, aus heutiger Sicht, zu grob, zu kurz, in mehrfacher Hinsicht (siehe unten) beschränkt. Die Vielfalt sprachlicher Kommunikation in ihrer Einbettung in lebenspraktische Zusammenhänge oder in Wissenschaft und Philosophie ist unberücksichtigt. Kurz, man kann (wenn man kann) manches von den Klassikern lernen; aber schlecht beraten ist, wer bei ihnen den Anfang oder gar das Ende des Philosophierens im

Sinne eines Ergebnisses sucht. Das berühmte Bild, daß die Fortsetzung einer Erkenntnisbemühung heiße, sich auf die Schultern von Riesen zu stellen, birgt immer auch die Konsequenz, auf den größeren Teil der Riesen herunterzuschauen.

## 3. Widersprüche. Eine rationale Annäherung

Wie die deutschen Wörter »Widerspruch« und »widersprechen«, so sind auch die lateinischen und griechischen Äquivalente unübersehbar mit den Bestandteilen Sprache, Spruch oder Sprechen ausgestattet. Der Widerspruch ist also, selbstverständlich auch bei Platon, Aristoteles und Kant, ein Gegenstand, der gar nicht anders als in Sprachform gefaßt werden kann, weder als Satz noch als »Prinzip« dieses Satzes. Auch die deutsche Alltagssprache mit dem Verbot »Widersprich nicht!« oder der Feststellung »Dagegen spricht, daß ...« kennt diesen Typ Sprachhandlung, der sich mühelos auch durch andere Kultursprachen verfolgen läßt.

Ein Blick in die Literatur, aber auch in einschlägige Fachlexika offenbart, daß sich in der Philosophie durch zweieinhalbtausend Jahre das *Vorurteil* festgesetzt hat, Widersprüche seien Gegenstände lediglich des assertorischen Sprechens. Ob semantische oder logische Widersprüche, alles steht unter dem jenseits jeden Rechtfertigungsbedarfs gesehenen Dogma des behauptenden und beschreibenden Redens. Dabei kennt schon die Alltagssprache – und mit nicht geringer Einschlägigkeit auch die Sprache der Wissenschaften und die der Philosophie – die Figur einer *widersprüchlichen Anweisung*. Wie dramatisch deren Folgen sein können, belegt der Zusammenstoß zweier Flugzeuge über dem Bodensee (2002), nachdem der Fluglotse in Zürich eine widersprüchliche Anweisung zum Ausweichen gegeben hatte: Beide Piloten sind in dieselbe Richtung ausgewichen.

Außerdem gehört es zum geläufigen Bildungsgut, von sogenannten *performativen* Widersprüchen zu reden und diese zu kritisieren. Damit ist mühelos und unkontrovers festgestellt: Ein SvW oder ein »Satz vom ausgeschlossenen Widerspruch« wird nicht ohne Erläuterung auskommen, welche Arten und Typen von Widersprüchen vorkommen, bekannt sind und ausgeschlossen werden sollen.

Ungünstig ist es, mit möglichen Kandidaten für Widersprüche zu beginnen und etwa zu fragen, ob es Meinungen, Sätze, Denkakte, Urteile, Sachverhalte, ja Tatsachen sind oder Performationen von Handlungen, die zueinander im Widerspruch stehen können. Denn diese Fragestellung suggeriert bereits die Verwendung des Substantivs »Widerspruch« als geklärt. Substantiva haben aber bekanntlich die philosophisch irreführende Tendenz, darüber hinwegzutäuschen, daß hier Verben oder Adjektiva versubstantiviert worden sind – hier »feiert die Sprache«, wie Wittgenstein dies genannt hatte.

Deshalb empfiehlt sich ein Beginn nicht beim abgeleiteten »Widerspruch«, sondern beim primären »widersprechen«. Dieses Verbum ist selbstverständlich, wie das Verbum »sprechen« auch, ein Handlungprädikator – jedenfalls dort, wo Widersprüche nicht als unbeabsichtigte Irrtümer Widerfahrnischarakter haben (»der Angeklagte hat sich in Widersprüche verwickelt«). Die Handlung des Widersprechens kann ge- und mißlingen, Erfolg und Mißerfolg haben, einen Zweck verfolgen und ein geeignetes oder ungeeignetes Mittel für diesen Zweck sein. Als sprachliche Handlung muß das Widersprechen in der Absicht unternommen sein, zu widersprechen, also einen Widerspruch intendieren, und es muß entsprechend verstanden werden. Kurz: Widersprechen ist ein kommunikativer Akt, der mit den Beschreibungsmitteln der Handlungstheorie erfaßt und geklärt werden kann.

In einer methodischen Rekonstruktion läßt sich fragen, wo *im Rahmen eines bereits gelingenden sprachlichen Kommunizierens* das Widersprechen seinen Sitz haben könnte. Sicherlich sind dies nicht die in der Philosophiegeschichte vorfindlichen Debatten um den SvW, auch nicht in der platonischen Form eines Mehrdeutigkeitsverbots. Und methodisch empfiehlt sich, nicht bei behauptender Rede zu beginnen, weil dort die bekannten Probleme warten, die sich aus Zusammenhängen von semantischen und Geltungsfragen ergeben: Muß man von einer Behauptung schon wissen, daß sie wahr ist, um die Bedeutung ihrer Wörter zu verstehen, oder umgekehrt, oder keines von beidem?

Aufforderungen haben dagegen, als eine kommunikative Handlung, die Kriterien von Gelingen (im Sinne von: Verstandenwerden) und Erfolg (im Sinne von: Befolgtwerden) unmittelbar in der Kommunikationssituation zur Verfügung. Die Reaktion des Gesprächspartners gibt Auskunft.

Nun ist »widersprechen«, ebenso wie die Prädikatoren sprechen, behaupten, fragen, auffordern u. a., und erst recht solche für die sogenannten performativen Sprechakte wie bitten, danken, tadeln, beleidigen, versprechen usw., ein *Prädikator der Metasprache*. Mit seiner Hilfe wird *über das Sprechen gesprochen*.

Die elementarste, in ihren definitorischen Bedingungen sparsamste Form des Widersprechens ist der Widerspruch gegen eine Aufforderung. Das Auffordern (zu unterscheiden *vom Wort* »auffordern«) wird praktisch eingeübt, im Unterschied zum Behaupten und zum Fragen etwa. Wer weiß, was eine sprachliche Aufforderung ist, weiß auch, daß Aufforderungen in einer Sprechergemeinschaft durch ein Repertoire sozial zulässiger Antworthandlungen bestimmt sind. Man kann z. B. Aufforderungen direkt (und sprachfrei) befolgen (sofern sie eine nichtsprachliche Handlung fordern). Man kann nachfragen, weil die Aufforderung ungenau war, kann einwenden, daß sich die Aufforderung aus bestimmten Gründen nicht erfüllen lasse, kann dem Auffordernden die Berechtigung zu dieser Aufforderung absprechen und anderes mehr. (Diese Antworthandlungen unterscheiden sich zu einem Teil von denen, die auf Behauptungen oder Fragen zulässig, d. h. üblich sind.) Einige dieser Antworthandlungen auf eine Aufforderung wird man nach den Üblichkeiten der deutschen Alltagssprache als »widersprechen« bezeichnen. Wer sich etwa weigert, einer Aufforderung nachzukommen, widerspricht. Widersprechen ist also im einfachsten Falle ein Typ Sprachhandlung im Kontext einer Kommunikation zweier Personen.

Wird diese Kommunikation, etwa im Bericht einer dritten Person, selbst Gegenstand der Debatte, so lautet im elementarsten Falle der Aufforderung »Tue h!« (mit »h« für einen Handlungsprädikator zunächst einer nichtsprachlichen Handlung) der Widerspruch des Aufgeforderten als fiktive Selbstaufforderung »Unterlasse h!« Nach den Üblichkeiten solcher Gespräche wird die kürzestmögliche Form in dem Wort »Nein«, einer anderen Bekundung des Sichweigerns, oder auch der Mitteilung »Ich tue h nicht« bestehen. Pragmatisch gesehen ist mit dieser (gelungenen, weil verstandenen, aber erfolglosen, weil nicht befolgten) Aufforderung ein Patt entstanden. Es muß eine neue Debatte, etwa mit einer Wiederholung oder einer Begründung der Aufforderung, mit einer Nachfrage nach dem Grund der Weigerung oder ähnliches folgen. Achtet dabei die dritte, den Dialog beschreibende Person primär auf die Frage, ob h ausgeführt oder unterlassen wird, und zwar selbstverständlich von der aufgeforderten Person, so ist *der ausbleibende Vollzug von h* im Resultat (nicht aber als Ausgangspunkt für die folgende Fortsetzungsdebatte) im Ergebnis *nicht unterscheidbar* davon, daß die auffordernde Person die *widersprüchliche* Aufforderung »Tue und unterlasse h!« geäußert hat.

Hier findet sich die von Kant für Urteile behauptete »Vernichtung« (Urteile, die sich selbst widersprechen, »sind nichts«). Mit anderen Worten, der voraussetzungsärmste, elementarste Fall, in dem sich die sprachliche Äußerung einer Person gegenüber einer anderen im genannten Sinne »vernichtet«, ist die Aufforderung an eine bestimmte Person, eine bestimmte Handlung zugleich zu tun und zu unterlassen. Eine solche Aufforderung ist in sich selbst unbefolgbar und macht damit den Akt des Aufforderns zwecklos, seine Sprachform sinnlos. Anders ausgedrückt, es gibt keinen nennbaren Zweck, für den eine solche in sich widersprüchliche Aufforderung ein Mittel wäre. Die »In-sich«-Widersprüchlichkeit ein und derselben Aufforderung ist damit auf das dialogische Wechselspiel von Rede und Gegenrede zweier Personen zurückgeführt (methodisch rekonstruiert).

Eine andere, etwas weniger sparsame Elementarsituation wäre: Zwei Personen A und B fordern zugleich eine dritte Person C auf, h zu tun (A) bzw. h zu unterlassen (B). C kann nicht beiden Aufforderungen *zugleich* folgen. Sie macht sich deshalb zur Metasprachensprecherin und weist beide Aufforderungen als »zueinander widersprüchlich« zurück.

Eine »in sich« widersprüchliche Aufforderung besteht dann in der (pragmatischen) Konjunktion der Aufforderungen von A und B. In diesem Beispiel »widerspricht« primär A dem B und vice versa. Und C stellt diesen »Widerspruch« fest.

An diese Überlegung lassen sich zwei längere Fortsetzungen anschließen, einmal die Differenzierung der Aufforderungen, zum andern der Übergang vom auffordernden zum behauptenden Sprechen. In sie werden alle bisher in der philosophischen Diskussion unter dem Titel »Satz vom ausgeschlossenen Widerspruch« behandelten Fälle subsumierbar. Hier können diese Fortsetzungen nur angedeutet werden. Zur Differenzierung der Aufforderungen sei auf Janich (2001b) verwiesen, ebenso zum Übergang vom auffordernden zum behauptenden Reden und zur Gewinnung von Wahrheitskriterien für die Skala der Wahrheitstypen anhand verschiedener Aufforderungsformen.

Im folgenden also nur eine kurze Skizze: (Ihr schicken wir die Wiederholung einer obigen Bemerkung voraus: Bereits die klassischen Formulierungen bei Platon, Aristoteles und Kant enthalten zwei verschiedene Varianten von »nicht«: einmal in der Formulierung des Verbots, einen Widerspruch zu formulieren oder zuzulassen, und einmal in der Fassung des Widerspruchs selbst als ein Zugleich von Zukommen und Nicht-Zukommen, d. h. von Zu- und Absprechen eines Prädikators. Dabei sind noch unberücksichtigt: das »nicht« etwa der klassischen, zweiwertigen Aussagenlogik oder etwa das »nicht« der aristotelischen Syllogismen der Prämissenform »*nego*« [kein p ist q, und einige q sind nicht r].) Wir betrachten zur Abkürzung der Rekonstruktion nun nur noch Fälle, in denen die auffordernde Person selbst eine der vielen Varianten des »nicht« in ihrer Aufforderung verwendet. In der Terminologie der *Logisch-pragmatischen Propädeutik* handelt es sich dabei um unterschiedliche Typen von *Exklusoren*. Der Terminus »Exklusor« anstelle von »Negator« soll der Tatsache Rechnung tragen, daß sich das Ausschließen in einer Aufforderung auf höchst verschiedene Teilaspekte der Handlung beziehen kann, zu der aufgefordert wird. Der Negator der Logik hat dagegen eine andere Funktion.

Durch schlichte Aufzählung der Fälle ohne sprachtheoretische Erläuterung mag der Leser selbst solche Aspekte unterscheiden – ohne Anspruch auf Vollständigkeit:

– »Nicht rauchen!«
– »Franz: nicht rauchen!« (für gebrauchssprachlich »Franz, rauche nicht!« – Die Nennung des Adressaten ist genau dann sinnvoll, wenn in der Gesprächssituation mehr als einer präsent und klarzustellen ist, daß eine bestimmte der anwesenden Personen Adressat der Aufforderung ist. Davon wird auch alltagssprachlich unterschieden: »nicht Franz, rauchen!« für »nicht Franz (sondern z. B. Albert) soll rauchen«.)
– »Franz, wirf nicht den roten (sondern z. B. den blauen) Ball bzw. wirf nicht den Ball (sondern z. B. den Stock)!«
– »Franz, wirf den roten Ball nicht nach links, nicht so weit, nicht jetzt, nicht in das Fenster, nicht zu Hans!«

Diese Beispiele mögen hinreichend verdeutlichen, in welchen Aspekten speziell *zur Unterlassung einer Handlung aufgefordert* werden kann. Entsprechend sind die konträren oder kontradiktorischen Verhältnisse, unter denen eine selbstwidersprüchliche Aufforderung ergehen kann. Noch einmal im einfachen Beispiel: An einer Weggabelung ist der Links/rechts-Gegensatz kontradiktorisch, an einer Kreuzung nur konträr (weil man auch geradeaus gehen kann). In beiden Fällen aber ist die Aufforderung »Gehe nach links und rechts!« im jetzt rekonstruierten Sinne selbstwidersprüchlich.

Diese Beispiele mögen außerdem den Anspruch verdeutlichen, warum es nicht sinnvoll ist, hier noch einmal Begründungen oder gar Beweise zu verlangen – ganz im Sinne von Aristoteles, der es als Zeichen der Unbildung bezeichnete, an der falschen Stelle Begründungen oder Beweise zu fordern: Es ist nicht sinnvoll, darüber zu räsonieren, daß oder warum man nicht zugleich nach rechts und nach links gehen kann und daß oder ob solche (nichtsprachlichen) »Weltverhältnisse«, besser Handlungsalternativen, den Grund, die Begründung oder gar den Beweis einer Nichtwidersprüchlichkeit der Welt liefern. Hier kann nur verwiesen werden darauf, daß *die Sprache, die sich auf unser eigenes Handeln bezieht, gerade so eingerichtet* wurde, daß *Aufforderungen befolgbar* sind, also *Unbefolgbarkeit als Störungen der Kommunikation vermieden* werden. Ein Mehr an Begründung für die Vermeidung von Selbstwidersprüchen ist nicht erforderlich. (Das hindert faktisch niemanden daran, Aufforderungen zu formulieren, die sich selbst im kantischen Sinne »vernichten«, also generell und prinzipiell unbefolgbar sind.)

Völlig unbeachtet haben unsere drei Klassiker den *performativen Selbstwiderspruch* gelassen. Auch er ist zunächst einmal auf die einfachere Form des (nicht selbstbezüglichen) performativen Widerspruchs in einer Aufforderung zurückzuführen. Die Aufforderung »Sei doch jetzt völlig spontan!« – keineswegs so absurd, wie es scheinen mag, sondern in anderer Formulierung durchaus eine gängige Aufforderung bei psychologischen Experimenten etwa vom Typ der Libet-Experimente zur (angeblichen, tatsächlich mißverstandenen) Widerlegung der Willensfreiheit – ist eine Aufforderung, deren Befolgung der Aufforderung recht verstanden widerspricht. Mit anderen Worten, die Aufforderung ist selbstwidersprüchlich wie das oben zitierte Beispiel, an der nächsten Weggabelung zugleich nach links und nach rechts zu gehen; der Widerspruch liegt allerdings nicht im Auftreten zweier konträrer oder kontradiktorischer Prädikatoren, sondern im Umstand, daß schon ein *Befolgen der Aufforderung dieser widerspricht* (im Verständnis, daß spontanes Handeln gerade unterschieden ist vom Handeln auf fremde Aufforderung hin). »Performativ« heißt, daß der Handlungs*vollzug* nicht Befolgung der Aufforderung sein kann, die ihn fordert. Wird strikt darauf bestanden, »Widerspruch« für Sprachgegenstände zu reservieren, so muß zum *Nachweis* des performativen Widerspruchs die Performation (hier: der Handlungsvollzug) *beschrieben* werden.

Das Beispiel ist auch philosophisch relevant: Wer Philosophie als kritische Selbständigkeit oder vernünftige Autonomie im Handeln und Reden lehren möchte, kann dazu keine Handlungsanweisungen geben, die dann in einem Metadiskurs als vernünftige, selbständige, autonome ausgezeichnet werden. *Direkte Rezepte für vernünftige Selbständigkeit sind selbstwidersprüchlich.* Umgehen läßt sich das Problem nur durch Einübung in Praktiken, vergleichbar dem Turnen: Turnen lernt man weder durch Zuschauen noch durch explizite Anweisungen, sondern durch Turnen. Auch dieses Beispiel ist von erheblicher Relevanz, weil es für ein Kernproblem von Erziehung und Bildung steht. Die Alltagsweisheit, daß ein gutes Vorbild zehnmal mehr ausrichtet als gute Ratschläge, nimmt diesen Gedanken auf.

Performative *Selbst*widersprüche sind dann nicht an Fremdaufforderungen, sondern an selbstbezüglichen Aufforderungen definiert. Sie sind heutzutage unter der Dominanz naturalistischer Menschenbilder an der Tagesordnung, auch wenn sie erst auf den zweiten Blick als solche, nämlich als Selbstaufforderungen, erkennbar werden. Wer, um gleich die Radikalform eines naturalistischen Menschenbildes zu wählen, den Menschen als vollständig kausal determiniert und damit als Maschine im naturwissenschaftlichen Sinne betrachtet, hat erst einmal nur eine unvermeidbar selbstbezügliche Behauptung aufgestellt, weil sie auch den Autor der Behauptung betrifft. Solche Theorien über den Menschen haben aber immer auch Aufforderungscharakter insofern, als die konkurrierenden Auffassungen vom Menschen als historischem Gemeinschaftswesen mit moralischer und politischer Verantwortung in geistes-, kulturwissenschaftlichen oder philosophischen Beschreibungen als unzureichend angesehen werden sollen. Der performative Selbstwiderspruch dieser Aufforderung liegt darin, daß das Maschinenmodell des Menschen gerade nicht den normativen Aspekt erklären kann, unter dem diese irrtümliche Auffassung selbst vorgetragen wird.

Mit diesen Bemerkungen ist keine Überheblichkeit des Philosophen oder Geisteswissenschaftlers über Naturwissenschaftler verbunden. Gerade die Zunft der Philosophen, etwa aktuell im Bereich der analytischen Philosophie des Geistes, hat zahlreiche Vertreter, deren Philosophien in diesen performativen Selbstwiderspruch münden. Und selbst philosophische Naturalismusskeptiker (wie der Autor der eben herangezogenen »Einführung«) liefern zahlreiche Beispiele performativer Selbstwidersprüche. Um nur einen zu nennen: Wie sollte sich ein Philosophieren im systematisch unselbständigen Anschluß an Kant rechtfertigen lassen, nachdem dieser selbst (in der Vorrede der Prolegomena) gehöhnt hatte: »Es gibt Philosophen, denen ist die Geschichte der Philosophie ihre Philosophie«?

Die zweite, oben versprochene Fortsetzung des Typisierens von Widersprüchen liegt im Übergang vom vorschreibenden zum behauptenden Reden. Über die Gründe eines solchen Übergangs innerhalb einer methodischen Rekonstruktion sei auf die *Logisch-pragmatische Propädeutik* (Janich 2001b, S. 86-88) verwiesen. Dort sind es (1) die bedingten Aufforderungen, (2) die Berichte über das Befolgen oder Nichtbefolgen von Aufforderungen sowie (3) Aufforderungen in Form von Normen, die Gründe für die Unverzichtbarkeit von Behauptungen im Kontext des Aufforderns liefern.

Wo das Prinzip verstanden und anerkannt ist, wie man aus einer *Aufforderung* (z. B. einen Weg zu einem bestimmten Ziel zu gehen) durch den Erfolg (im Befolgen der Anweisung) eine *wahre Wegbeschreibung* gewinnt, wird man für die Liste der oben zitierten Exklusoren ohne Mühe erst einmal die Typen von Fällen elementarer, d. h. logisch nicht zusammengesetzter Aussagen überblicken, in denen diese *nicht zugleich wahr und falsch* sein können. Wichtig dabei ist, daß hierfür nicht etwa eine zweiwertige Logik, ein *tertium non datur*, oder ähnliches in Anspruch genommen wird. In Anspruch genommen wird lediglich jeweils die Abhängigkeit davon, daß die Exklusion eines Aspektes der Aufforderung nicht zugleich mit der Inklusion zu einer *befolgbaren* Aufforderung führt – und damit auch kein Nachweis etwa der Geltung eines Berichts darüber zu gewinnen ist.

Ein bisher nur beiläufig (durch die Verwendung des Adjektivs »logisch«) erfaßter Aspekt ist die *Vermeidung logisch-syntaktischer Widersprüche*. Hierbei muß ich mich auf wenige Andeutungen beschränken.

Leider steht die gesamte Debatte, sofern sie modern geführt wird, unter der Prämisse bestimmter Logikverständnisse. Wo, etwa in der analytischen Tradition, die Einführung in die Logik damit beginnt, zunächst grammatisch von Sätzen zu sprechen, die dann in Behauptungssätze gegenüber Frage-, Aufforderungs- und anderen Sätzen nach dem Kriterium zerfallen, ob sie wahr oder falsch sein können, bewegt man sich bereits im Felde der klassischen Aussagenlogik in der Tradition Freges und Wittgensteins. Das *tertium non datur* als tautologisches Äquivalent des SvW und ähnliche Aspekte werden dabei betrachtet. Aus methodischer Sicht wird hier übersehen, daß (1) eine formale Logik nur eine spezialisierende Betrachtung der materialen Logik sein kann, daß (2) die Alltagssprache keine geeignete Metasprache für die Definition der logischen Partikel ist und daß (3) schließlich (schon) jede (Aussagen-)Logik auf zwei Komponenten angewiesen ist, nämlich auf die Definition der logischen Partikel und auf ein Kriterium zur Unterscheidung logisch gültiger von logisch ungültigen Aussageformen. Hinzuweisen ist schließlich darauf, daß auch eine Prädikatenlogik mit dem All- und dem Einsquantor je zwei Verneinungen zuläßt, so daß bereits im simplen und voraussetzungsvollen Falle der klassischen Aussagen- und Prädikatenlogik sechs Typen von Widersprüchen (prädikativer, aussagenlogischer und je zwei für die Quantoren, nämlich jeweils vor und hinter dem Quantor) durch einen SvW ausgeschlossen (und die Ausschlüsse begründet) werden müssen.

Logische Widersprüche und ihre Vermeidung haben, abgesehen von Problemen der Theoriebildung in formaler Logik und Mathematik, ihren philosophischen Kern im klassischen *ex falso quodlibet*. Als »falsum« schlechthin gilt jede Aussage der Form »A et non A«, das heißt, aus dem Widerspruch folgt Beliebiges. Deshalb gelte es, vor allem für syntaktisch hierarchisch aufgebaute Theorien, Widersprüche zu vermeiden, weil andernfalls in ihnen zu jeder Aussage auch deren Negation abzuleiten wäre und mithin die Aussagekraft der Theorie verschwinden würde. Dabei wird gerne übersehen, daß auch in solche Einschätzungen die oben erwähnten Vorgaben für jede Logik schlechthin eingehen: Es hängt von der Definition der logischen Partikel sowie vom Kriterium der logischen Geltung ab, auf welchem theoretischen Terrain man sich mit seinem *ex falso quodlibet* bewegt.

Die Philosophie der Mathematik hat seit der formalistischen Wendung der Mathematik durch D. Hilbert der Widerspruchsfreiheit den obersten Rang in den Kriterien für Theorien (recht besehen heißt dies: für Theorieformen) eingeräumt. Mehr noch, nach formalistischer Auffassung bestehe die Existenz mathematischer Objekte in nichts anderem als dem Vorkommen von Termen in einer widerspruchsfreien, formalen Theorie. Die phänomenologische Kritik an dieser Auffassung (etwa im Sinne Oskar Beckers) oder die konstruktive Kritik (etwa im Sinne Paul Lorenzens) kann hier nicht aufgegriffen werden. Vielmehr mögen diese Bemerkungen zur Logik und zur formalen Auffassung von Logik und Mathematik dazu dienen, den SvW nicht unter der unzulässigen Beschränkung der klassischen Lehre vom Urteil zu diskutieren.

## 4. Schluß

Vieles, was auch unter dem Titel »Widerspruch« diskutiert wird, muß hier gänzlich unbeachtet bleiben, etwa der dialektische Widerspruch im Sinne von Karl Marx oder der existentielle Widerspruch im Sinne von Albert Camus. Aber auch Widersprüche im engeren Sinne der Klassifikation bestimmter, zusammengesetzter Sprechhandlungen zerfallen in gröbstmöglicher Einteilung in zwei Gruppen, die bedeutungstheoretischen und die logisch-syntaktischen. Den drei betrachteten Klassikern ging es um den ersten Typ. Dabei muß aber die elementare Prädikation nicht im Sinne dieser drei Klassiker auf das assertorische oder apophantische Sprechen begrenzt sein.

Bezweifeln darf man, ob der bedeutungs- und prädikationstheoretische Begriff des Widerspruchs und sein Verbot in einem Prinzip der geeignete Ort ist, prinzipielle erkenntnistheoretische Antithesen, etwa zwischen der widerspruchsfrei unterstellten Ideenwelt Platons und der widersprüchlichen realen Welt, oder die widerspruchsfrei mögliche Konstitution der Welt durch den Verstand im Verhältnis zu den Widersprüchen (Antinomien und Paralogismen) der Anwendung von Vernunft und teleologischer Urteilskraft auf die Erfahrungswirklichkeit bei Kant, zu diskutieren. Denn solche philosophischen Großalternativen schweben entweder in der dünnen Luft der freien Erfindung, oder sie werden durch Rekonstruktion der Problementstehung auf unsere Lebenswelt zurückgeführt und für uns im anspruchsvollen Sinne begreifbar. Dann aber geht es nicht um Philosopheme und Kopfgeburten wie das Reich der Ideen, das Ding an sich oder auch das Urteil als »die Vorstellung der Einheit des Bewußtseins verschiedener Vorstellungen« im kantischen Mentalismus, sondern um den *in einen Lebensvollzug eingebetteten* Gebrauch menschlicher Sprache. Dabei stehen nicht Probleme im Vordergrund, wie sie in antithetischen Positionen von Realismus und Konstruktivismus, von Empirismus und Idealismus oder ähnlichem diskutiert werden.

Hier geht es vielmehr um das Organisieren von Kooperation durch Kommunikation mit allen sich anschließenden Hochstilisierungen und Verzweigungen auch z. B. in (hier noch unbeachtete) expressive, bekundende Rede hinein. Auf diesem Feld, also sicher nicht ohne eine Handlungstheorie, kann geklärt werden, wie sich die Geschäfte des Aufforderns, Behauptens, Fragens, Versprechens, Bekundens usw. mit Hilfe wohlunterschiedener Wortsorten bewältigen lassen. Dort hat auch die Vermeidung von Widersprüchen ihren Sitz. Sie gehört zum gelingenden Normalfall von Kommunikation. Da Handlungen einschließlich der sprachlichen keine Naturstücke sind, richtet sich auch die *Frage nach möglichen Begründungen oder Rechtfertigungen des SvW* nicht an Naturgegenstände oder an eine menschenunabhängige, außer-, vor-sprachliche Realität, sondern an unsere *Handlungswirklichkeit*. Wer darüber sophistizieren will, woher wir wissen oder gar »was es ist«, daß wir nicht zugleich eine Treppe hinauf- und hinuntergehen können, hat sich einfach nicht gefragt, ob es nicht doch an einer bewährten und gut überlegten, letztlich sprachlichen Einteilungen unseres Handelns liegt, daß sich unsere Handlungswirklichkeit (in diesem Aspekt) widerspruchsfrei zeigt.

Den Marburger Studenten konnte also geholfen werden. Wer sein Denken bei Platon oder Kant beginnt (und sich dabei vielleicht von H. Cohen helfen läßt), ist wie ein Physiker, der Physik durch das Studium der Physikgeschichte lernen möchte. Wissenschaften sind jedoch, einschließlich einer Reflexionswissenschaft Philosophie, Praktiken, in die man sich nur praktisch einüben kann. In eine Praxis wie diejenige der Physik wird sich niemand einüben können, der nicht *vorher* einerseits sprechen und rechnen, andererseits das handwerkliche Rüstzeug zum Experimentieren gelernt hat. Und auch die Autoren der Physikgeschichte erschließen sich dem heutigen Leser nur, wenn er schon hinreichend Physik kann. So steht es auch mit den philosophischen Klassikern. Der Satz vom Widerspruch ist ein exzellentes Lehrstück dafür, daß ihre Texte sind wie der Wald, aus es dem herausschallt, wie man in ihn hineinruft.

# Kapitel III
# Erkennen und Begründen

# 1. Emergenz: Ist die Kultur des Wissens natürlich begrenzt?

## I.

### *1. Einleitung: Naturalismus als veröffentlichte Meinung*

Der Naturalismus hat die öffentliche Meinung nicht nur erreicht, er hat sie in einer konzertierten publizistischen Aktion besetzt. Das deutsche Zentralblatt für Evolutionsbiologie, Genom- und Hirnforschung – ich spreche vom SPIEGEL –, darin assistiert von der *Frankfurter Allgemeinen Zeitung*, der Wochenzeitung DIE ZEIT und anderen, haben die Kultur zum Naturgegenstand erklärt, ungeachtet des Umstandes, daß dies im Widerspruch zu den geisteswissenschaftlichen Angeboten dieser Zeitungen steht.

Direkter Anlaß für diese Bemerkung ist ein Interview (SPIEGEL Nr. 33 vom 12. 8. 2002) mit dem Primatenforscher Frans de Waal (»Tierkultur und Menschennatur«) zum Erscheinen seines Buches *Der Affe und der Sushi-Meister. Das kulturelle Leben der Tiere* als deutsche Übersetzung eines englischen Originals. (Der Titel verweist auf die angebliche Ähnlichkeit eines Lernens der Tiere durch Beobachtung von Artgenossen mit dem [angeblich untätigen] Lernen, das als Beobachten des Sushi-Meisters durch seinen Lehrling stattfindet.)

Das Buch ist exemplarisch für ein ganzes Genre.[1] Die dazu zählenden Bücher haben einige Gemeinsamkeiten. Sie geben sich als voluminöse Popularisierungen naturwissenschaftlicher Ergebnisse, obwohl sie deren eher wenige enthalten, mehr jedoch Versprechungen, welche Ergebnisse die eigene Zunft noch erwarten läßt; sie sind aber zum größten Teil Verlängerungen aus den Naturwissenschaften heraus in das Angebot von Welt- und Menschenbildern hinein. Gemeinsam ist allen, daß ihre Autoren renommierte Professoren in ihrer jeweiligen wissenschaftlichen Disziplin sind. Dazu gehört

– als Imponierkulisse das Ansehen der Institutionen, in denen sie tätig sind, etwa das MIT, die Harvard Medical School, die Harvard-Universität und andere.

1 Einige weitere Titel: Vroon 1993; Diamond 1994; Pinker 1996 und 1998; Wilson 1998; Ratey 2001.

– Alle betreffen sie Kognition und Verhalten von Menschen, sei es aus evolutionsbiologischer, aus molekulargenetischer oder aus neurowissenschaftlicher Sicht – oder aus Kombinationen dieser Perspektiven.
– Naturalistisch sind all diese Titel, denn sie überbringen die Botschaft von der Alleinzuständigkeit der Naturwissenschaften für den Gegenstand Kultur.

Um die Suggestion zu vermeiden, hier handle es sich um eine Art amerikanischer Verschwörung, läßt sich dieses publizistische Konzert auch um deutsche Stimmen erweitern. Gerade in den oben genannten Tages- und Wochenzeitungen äußern sich gerne und häufig angesehene deutsche Naturwissenschaftler, deren Imponierkulisse von der Präsidentschaft der DFG, der Max-Planck-Gesellschaft oder des Hansekollegs bis zum Nobelpreis in Biologie reicht.[2]

Nimmt man schließlich die Wirkung von Wissenschaftsmagazinen im Fernsehen hinzu, die ebenfalls exklusiv auf naturalistische Positionen fixiert sind, so darf ein erheblicher Einfluß auf die Öffentlichkeit angenommen werden, der seinerseits nicht ohne Rückwirkung auf Wissenschaft und Philosophie bleibt.

Der Bezug zum Kolloquiumsthema »Grenzen des Naturwissens« (beim Deutschen Kongreß für Philosophie, Bonn 2002, zum Thema »Grenzen und Grenzüberscheitungen«) liegt darin, daß die genannten Titel die natürliche Begrenzung des Naturwissens hervorheben. Da ihnen die gemeinsame Annahme eigen ist, schließlich sei alles (materielle) Natur, gilt hier eine Art »naturalistischer Syllogismus«:

(1) Alles Wissen ist Wissen von der Natur.

(2) Der Mensch ist Teil der Natur.

(3) Also ist der Urheber von Naturwissen selbst ein Gegenstand des Naturwissens.

Die »natürliche« Begrenzung zeigt sich in dieser naturalistischen Sicht also im Zusammenfallen von Subjekt und Objekt des Naturwissens. In den Worten von W. Singer (in einem Beitrag »Vom Gehirn zum Bewußtsein« des genannten Buches unter der Zwischenüberschrift »Ein epistemologisches Caveat«):

»Bevor ich mich dem Gehirn als Objekt naturwissenschaftlicher Nachforschungen selbst zuwende, soll ein erkenntnistheoretisches

2 Roth 2001; Singer 2002.

Problem in Erinnerung gerufen werden, das alle angeht, aber jemandem, der Hirnforschung betreibt, besonders oft und eindringlich begegnet.« (Ich gestatte mir die Vermutung, daß diese Eindringlichkeit auch aus mündlichen und schriftlichen Kontakten zwischen W. Singer und mir stammt. Weiter Singer:)

Bei der Erforschung des Gehirns betrachtet sich ein kognitives System im Spiegel seiner selbst. *Es verschmelzen also Erklärendes und das zu Erklärende* (Hervorhebung von mir, P. J.), und es stellt sich die Frage, inwieweit wir überhaupt in der Lage sind, das, was uns ausmacht, zu erkennen. Natürlich ist dies ein generelles Problem, dem sich alle stellen müssen, die Aussagen über die Natur der Dinge machen. Ist doch nur erkennbar, was unser kognitiver Apparat, unser Gehirn, zu denken, zu rekonstruieren und sich vorzustellen vermag. Betrachtet man die evolutionären Prozesse, die dieses Organ hervorgebracht haben, liegt der Schluß nahe, daß die während der Evolution wirksamen Selektionsmechanismen vermutlich nicht dazu angetan waren, kognitive Strukturen auszubilden, die für die Erfassung dessen optimiert sind, was hinter den Dingen möglicherweise sich verbirgt (Singer 2002, S. 61).

## 2. *Ausblick*

Der folgende Beitrag soll in einem ersten Teil den Naturalismus mit der These von der kausalen Geschlossenheit der Natur, ihrer hierarchischen Gliederung nach zunehmend komplexen Systemebenen und deren emergentem Entstehen kritisch diskutieren.

Im zweiten Teil (»Kultur des Wissens«) soll in einem ersten Schritt am Beispiel elementarster Formen von Wissen, nämlich dem Know-how im Bereich nichtsprachlichen Handelns von Kinesis und Poiesis (Bewegung und Herstellung), begonnen und die These begründet werden, daß kinetische und poietische Handlungen im Tierreich nicht vorkommen. Im zweiten Schritt soll eine handlungstheoretische Reflexion die Unverzichtbarkeit und die Unhintergehbarkeit einer *Vollzugsperspektive* (im Unterschied zu einer Beschreibungsperspektive) des Handelns belegen. Damit werden sich die oben dargelegten offenen Probleme der naturalistischen Emergenztheorien beheben lassen.

Im dritten Teil wird als Fazit zu ziehen sein, daß die Kultur des Wissens durch die »kausale Geschlossenheit der Natur« nicht begrenzt ist.

## II.

### *1. Die naturalistische Grundannahme und ihre emergenztheoretische Stützung*

Um Vertretern der naturalistischen Position keine Unterstellung in den Mund zu legen, sei zunächst E. O. Wilson zitiert. Er nimmt an, »daß alle greifbaren Phänomene, von der Sternengeburt bis zu den Funktionsweisen gesellschaftlicher Institutionen, auf materiellen Prozessen basieren, die letzten Endes auf physikalische Gesetze reduzierbar sind, ganz egal wie umständlich oder lang ihre Sequenzen sind«. Mit anderen Worten, keine anderen als naturwissenschaftliche Kausalerklärungen sind nötig und zulässig, um, pointiert gesprochen, die Entstehung der Welt vom Urknall bis zum Sozialstaat zu erklären.

Um mich nicht dem Vorwurf auszusetzen, hier würden nur die Populärphilosophien von Naturwissenschaftlern zitiert, nenne ich diese *These* diejenige *von der kausalen Geschlossenheit der Natur*, eine Formulierung, die Philosophen wie Ansgar Beckermann oder Peter Bieri (neben anderen philosophischen Vertretern angelsächsischer Fixierung) mit Vorliebe führen.

Zwar wartet die Welt noch auf diesen erhellenden Durchgang von physikalischer zu chemischer, biologischer, psychologischer, soziologischer und schließlich historischer Erklärung; man begegnet aber allenthalben der These, die Naturwissenschaften hätten längst den Aufstieg von niederen zu höheren Systemeigenschaften im Griff, und zwar durch die Konzeption der »Emergenz«.

Um diesen Begriff zu diskutieren, beziehe ich mich auf Achim Stephan, *Emergenz. Von der Unvorhersagbarkeit zur Selbstorganisation* (Dresden 1999), die wohl einschlägigste Darstellung, die selbst explizit und grundsätzlich von einer naturalistischen Vorentscheidung ausgeht.

Doch zunächst bietet dieses Buch eine Überraschung: Hier werden weder in naturwissenschaftlicher Objektsprache emergente Phänomene beschrieben oder erklärt, noch werden in wissenschaftstheoretischer Metasprache die begrifflichen oder methodologischen Mittel der Naturwissenschaften diskutiert. Es geht vielmehr auf einer dritten Sprachebene um eine Konkurrenz von Emergenztheorien. Und der Autor dieses Buches schwingt sich gleichsam auf eine vierte Sprachebene, auf der eine Art Philologie und Geschichte dieser Emergenztheorien geschrieben wird.

Dieser Stil eines analytischen Philosophierens, dem nur noch Texte als Gegenstände der Untersuchung würdig erscheinen (aus einem Bereich, der dem eigenen philosophischen Umkreis oder seiner Vorgeschichte zugerechnet wird), führt günstigenfalls auf eine Art »logischer Landkarte« (G. Ryle) für einen Problembereich auf einer höheren Beschreibungsebene. Das Buch gibt keinen Hinweis darauf, daß dem Autor dieser systematische Ort seiner Untersuchung bewußt ist. Folgenreicher noch, dem Autor dieser Form von philosophischer Reflexion scheint nicht zugänglich, welche Probleme allererst produziert werden dadurch, daß der Aufstieg über die Metastufenleiter der Sprachebenen nur noch zu Einteilungsschemata von Ismen führen kann, daß aber Bedeutungs- und Geltungsfragen für den Bereich der naturwissenschaftlichen Forschung selbst oder wissenschaftstheoretischer Reflexion dazu definitiv nicht mehr zugänglich werden. Die Iteration von Versubstantivierungen (Emergieren, Emergenz, Emergentismus) generiert immer neue, vom Ausgangsproblem immer weiter entfernte Denkprodukte.

Dies ist die Form des Redens von Naturwissenschaften, die ihren Gegenstand nicht mehr benötigt, sondern sich mit einem Spiel auf dem Feld der von den Philosophen selbst erzeugten und erhaltenen Probleme begnügt. Typen von Emergenzen sind zu Gegenständen verdinglicht, die in der naturwissenschaftlichen Forschung nicht vorkommen und nur noch von den ebenfalls verdinglichten Spielarten verschiedener Emergentismen her genannt werden können. Dahin ist die alte Tugend der analytischen Philosophie verloren, sich der Einsichten des *linguistic turn* der Philosophie zu bedienen, die mit G. Frege und L. Wittgenstein begründet, mit B. Russell und R. Carnap zur Blüte geführt und auch in anderen, antiformalistischen und antiempiristischen Philosophien zum Qualitätsstandard begrifflich geklärter Debatten wurden.

A. Stephan resümiert seine Darstellung emergentistischer Ansätze in einer »Synopsis … der logischen Beziehungen … zwischen den einzelnen Spielarten des Emergentismus«. Darin wird ausgehend von einem »schwachen Emergentismus« durch isolierte oder kombinierte Hinzunahme von Verschärfungen wie »Irreduzibilität« oder »Neuartigkeit« ein »synchroner« einem »diachronen Emergentismus« gegenübergestellt. Diese werden ihrerseits verschärft bis hin zur Position eines »starken diachronen Strukturemergentismus« – eine fiktive Position, die sich aus dem Einteilungsschema von Stephan ergibt, die aber »kein Pendant in der zeitgenössischen Debatte« hat. Dies ist nicht verwunderlich, weil sich hier (von Stephan unbemerkt) ein Widerspruch zur naturalistischen Prämisse des ganzen Einteilungsschemas eingeschlichen hat, so daß ein Vertreter dieser Auffassung in der Tat schlechte Karten hätte.

Statt hier nun wiederum eine Philologie dieses Buches der Philologie von Emergenztheorien zu treiben, sei der Versuch unternommen, verschiedene Typen emergenter Phänomene in methodischer Reihenfolge darzustellen. Dabei sollen die Ergebnisse von Stephan soweit wie möglich berücksichtigt werden.

Trivialerweise ist die Rede von emergenten Eigenschaften *eine Rede*. Das heißt, der Prädikator »emergent« wird auf »Eigenschaften« oder »Phänomene« angewandt, die sprachlich beschrieben sein müssen. Bei Emergenzen handelt es sich also immer um Relationen zwischen *verschiedenen Beschreibungen desselben Referenzobjekts*. Klärungspflichtig bleibt, (1) um welche Referenzobjekte es sich handelt (die auch zeitliche Entwicklungen sein können), (2) worin die semantische Adäquatheit und die Geltung der Beschreibung besteht und (3) in welcher Relation genau die beiden Beschreibungen stehen, von denen gesagt wird, die eine betreffe relativ zur anderen »emergente« Eigenschaften oder Phänomene.

Da es dabei um Verhältnisse zwischen *zutreffenden* Beschreibungen gehen soll, empfiehlt sich zu bedenken, daß deren Gegenstände nicht etwa natürlich belassene Naturphänomene sind, wie sie sich einem begrifflich und instrumentell naiven, lebensweltlichen »Beobachter« zeigen, sondern Gegenstände naturwissenschaftlicher Untersuchungen, denen man mit Modellen beizukommen versucht. Mit anderen Worten, es geht bei der Typisierung von Emergenzen um Verhältnisse von Modellbildungen. Deshalb sollen hier der Klarheit wegen zunächst ausschließlich artifizielle, also technische Beispiele herangezogen werden. Erst wenn diese klar sind, können sie dazu dienen, auf naturwissenschaftliche Fragen angewandt zu werden, die ihrerseits dazu dienen sollen, die naiv vorgefundene Natur adäquat zu beschreiben und zu erklären.

Mit »synchroner Emergenz« ist die Relation zwischen gleichzeitig an ein und demselben Objekt (auf verschiedenen Ebenen) beschreibbaren Verhältnissen gemeint. Mit der Unterscheidung von »schwacher« und »starker Emergenz« soll der Unterschied von umkehrbarer und nicht umkehrbarer Reduktion bezeichnet werden, die ihrerseits wieder nach »logisch-definitorisch« oder »kausal« (und damit empirisch) unterschieden werden. Damit ergibt sich folgendes Einteilungsschema:

(1) synchron emergent

(1.1) schwach synchron emergent | (1.2) stark synchron emergent

(1.1.1) logisch-definitorisch | (1.1.2) kausal | (1.2.1) logisch-definitorisch | (1.2.2) kausal

(2) diachron emergent

Im Bereich der Artefakte genügen erstaunlich einfache Beispiele zur Erläuterung dieser vier Typen synchroner Emergenz:

*Zu (1.1.1):* Gegeben seien zwei zueinander passende, ineinandergreifende Zahnräder (z. B. mit dem Umfangsverhältnis von 1 : 3). Dann ist es eine »logisch-definitorisch schwach synchron emergente Eigenschaft« der beiden Zahnräder, ein *Getriebe* zu bilden. (Keines der beiden Zahnräder allein ist ein Getriebe. Die höhere Systemeigenschaft, ein Getriebe zu sein, kommt erst durch den logisch-definitorischen Zusammenhang zustande, daß sie entsprechend zueinander angeordnet sind.)

*Zu (1.1.2):* Das Getriebe ist eine *Maschine zur Umwandlung von Kraft*. Die Leistung des Getriebes, eine Übersetzung im Verhältnis 1 : 3 bzw. eine Untersetzung im Verhältnis von 3 : 1 nach dem Hebelgesetz (»Kraft × Kraftarm = Last × Lastarm«) bzw. nach dem Erhaltungssatz, wonach an einer (reibungsfreien) mechanischen Maschine Arbeit weder gewonnen noch verloren wird, ist eine »kausal schwach synchron emergente Eigenschaft« des Getriebes.

Die beiden Fälle (1.1.1) und (1.1.2) erfüllen die Bedingung der »schwachen« synchronen Emergenz, daß (1) die jeweils höheren Eigenschaften, ein Getriebe zu sein oder eine Über-/Untersetzung zu leisten, auf die *Beschreibung* der Zahnräder zurückgeführt (»Reduktion«) bzw. aus ihnen gewonnen (»Umkehrung der Reduktion«) werden können.

Die Verschärfung von der schwachen zur starken Emergenz solle durch »Irreduzibilität« erreicht werden. Auch dies läßt sich an den beiden Zahnrädern exemplifizieren. Dazu werden sie nicht als Getriebe oder als Leistung des Getriebes (Kraftmaschine zur Über- oder Untersetzung) betrachtet, sondern als einfachst mögliche Form der Rechenmaschine. Durch Zählen der Umdrehungen der beiden Räder relativ zur Verbindungsgeraden ihrer Achsen lassen sich Multiplikationen mit dem Faktor 3 bzw. Divisionen mit dem Divisor 3 durchführen.

*Zu (1.2.1):* Unsere *Multiplikations- und Divisionsmaschine* ist relativ zu ihren Komponenten »logisch-definitiorisch stark synchron emergent«. Die Leistung der Rechenmaschine ist nämlich logisch-definitorisch irreduzibel in dem Sinne, daß es bei Rechenmaschinen ja nicht um die Produktion irgendwelcher, sondern *richtiger* oder *wahrer Rechenergebnisse* geht. Wir haben hier damit die einfachst mögliche Form eines Körper-Geist-Problems vor uns: Aus der geometrischen Beschreibung des Getriebes bzw. der arithmetischen Aussage über Anzahlen abgelaufener Umdrehungen folgt beim besten Willen nicht, daß z. B. »3 × 7 = 21« *wahr* ist. Mit anderen Worten, die *arithmetische Leistung der Maschine*, *gültige* Input-Output-Relationen zu produzieren, ist gegenüber den Leistungen der einzelnen Zahnräder emergent, ohne sich logisch oder definitorisch auf diese reduzieren zu lassen.

*Zu (1.2.2):* In physikalischer (also kausaler) Beschreibung stellt unsere schlichte Rechenmaschine ein System dar, in dem sich die Bewegung eines der Zahnräder durch eine von außen angreifende Kraft auf das andere Zahnrad überträgt. Dieser kausale Nexus ist verantwortlich für das tatsächliche Rechenergebnis in der jeweiligen Anwendungssituation. *Bedingung* für *richtige* Rechenresultate ist dabei die *Ungestörtheit der Maschine*. Wären z. B. die Zahnräder nicht ideal (oder wenigstens – relativ zum Ideal – hinreichend) starr, sondern hätten als reale Körper Eigenschaften, wie man sie sich etwa an Gelee oder an wassergefüllten Plastikbeuteln vorstellen könnte, so würde sich z. B. ein relevanter Unterschied ergeben je nachdem, ob und wie schnell das kleine das große oder das große das kleine Zahnrad antreibt – mit verschiedenen daraus resultierenden Rechenfehlern. Daraus folgt, daß trotz der kausalen Geschlossenheit des Systems die Leistung einer gut funktionierenden mechanischen Rechenmaschine nicht kausal aus den Eigenschaften ihrer Teile erklärt werden kann. Keines der hier einschlägigen Kausalgesetze würde durch die exemplarisch genannten Störungen falsifiziert. Wenn aber Störungen, definiert durch falsche Rechenergebnisse, keine Kausalgesetze falsifizieren (sondern nur einen Zweck verfehlen), implizieren im Umkehrschluß auch die Kausalgesetze keine richtigen Ergebnisse.

Der Übergang von den synchron zu diachron emergenten Verhältnissen verdankt sich keiner anderen Qualität als derjenigen, das synchrone Modell statt auf Dinge auf Vorgänge anzuwenden. Aus den stark, d. h. irreduzibel klassifizierten *gleichzeitigen* höheren Systemeigenschaften werden dann die *späteren* gegenüber den *früheren* Eigenschaften in den Systemkomponenten. Die bereits in der logisch-empiristischen Wissenschaftstheorie diskutierte Symmetrie von Erklärung und Vorhersage ist auch schon das ganze Geheimnis dieses Übergangs von der synchronen zur diachronen Betrachtung. Die »prinzipielle Unvorhersagbarkeit« einer später auftauchenden, emergenten Qualität, die früher am Referenzobjekt nicht vorhanden war, entspricht dem Fehlen entweder des logisch-definitorischen oder des kausalen Zusammenhanges zwischen den beiden Beschreibungen im stark synchronen Falle.

Auch die *diachron* schwach emergenten Verhältnisse lassen sich auf die schwach *synchronen* zurückführen: Im logisch-definitorischen Falle folgt die Beschreibung des späteren Zustandes logisch oder definitorisch aus der des früheren *und* einer Definition bzw. einem allgemeinen Satz (etwa über das Verhältnis der relativen Drehgeschwindigkeiten der beiden Zahnräder). Im Falle der Kausalerklärungen ergeben sich im schwach synchronen Falle die späteren Verhältnisse aus den früheren zusammen mit einem Kausalgesetz.

Zu den komplizierten Erörterungen verschiedener Emergenztheorien bei Stephan angesichts der hier vorliegenden einfachen Beispiele ist Verblüffungsresistenz verlangt. Es ist der systemtheoretische Formalismus, der, letztlich in der Tradition des Hilbertschen Formalismus stehend, die sonderbar geschraubte Terminologie von Entitäten, Eigenschaften, Systemen, Instantiierungen, Determiniertheiten, Irreduzibilitäten usw. nach sich zieht. Das eingangs bemerkte Aufsteigen auf wenigstens die vierte Ebene der Diskussion über der naturwissenschaftlichen Gegenstandsebene ist dafür verantwortlich. Und das Mittel, das hierfür eingesetzt wird, ist die fortgesetzte Versubstantivierung und Vergegenständlichung von Relationen, die für sich durch nichts anderes als durch die je gewählten Beschreibungen etabliert werden. Kurz, das Mißverhältnis zwischen der Kompliziertheit der propagierten Emergenztheorien und der entpuppten Schlichtheit ihres Gehalts liegt an mangelnder Reflexion der sprachlichen Mittel, mit denen die emergenztheoretischen Überlegungen einherstelzen.

Auch die Plausibilität, wonach die Unvorhersagbarkeit künftiger Verhältnisse in eine prinzipielle und eine mangels Wissen eingeteilt werden kann, ist nur eine scheinbare. Dieser Schein wird nicht dadurch behoben, daß mangelndes Wissen noch einmal als fehlende Datenbasis oder mangelnde Kenntnis von Verlaufsgesetzen charakterisiert wird. Typen von Unvorhersagbarkeit sind allemal im ersten Schritt nicht an Eigenschaften von Objekten zu klären, um die es geht, sondern an der Frage, was Vorhersagen verschiedenen Typs erkenntnistheoretisch und methodologisch sind. Mit anderen Worten, hier wird ein Anschein von philosophischen Problemen erzeugt, der sich dem Einsatz sprachlich ungeklärter Umschreibungen verdankt. Diese werden im Blick auf einen naiven Zugriff auf den Beschreibungsgegenstand formuliert, statt die Beschreibungsmittel wissenschafts- und erkenntnistheoretisch zu reflektieren.

Damit läßt sich auch das angeblich verbliebene Hauptproblem der emergenztheoretischen Betrachtung im Bereich der analytischen Philosophie des Geistes erklären. Wie soll es eine »downword causation« (eine »Verursachung nach unten«) geben? Im Beispiel: Wie sollen die mentalen Leistungen des Menschen, die aus seinen physischen emergieren, auf diese zurückwirken können, wenn zusätzlich Irreduzibilitätsannahmen gemacht werden? Aber ist nicht das Prinzip der kausalen Geschlossenheit der Natur schon verletzt, wenn ein Mensch einen Stein wirft? Hier verlassen wir (wegen der thematischen Aufgabe dieses Vortrags) dieses Feld der selbstproduzierten Schwierigkeiten der Emergenztheorien, um unter der Überschrift »Kultur des Wissens« einige Klärungen zu versuchen, vor deren Hintergrund sich die genannten Schwierigkeiten als Scheinprobleme erkennen oder beheben lassen.

Der Naturalismus in all seinen Spielarten zeitigt immer bedenklichere Folgen. War es zunächst nur ein Thema für Wissenschaftstheoretiker, daß einzelne naturwissenschaftliche Disziplinen Selbstverständigungsphilosophien entwickelten, die sich im wesentlichen auf die Mittel der eigenen fachwissenschaftlichen Forschung beschränkten, so sind es jetzt vor allem die *Naturwissenschaften vom Menschen* mit den Schwerpunkten Evolutionsbiologie, Genom- und Hirnforschung, die einen tiefgreifenden Wandel des Welt- und Menschenbildes auslösen. Hierbei spielen die Kognitionswissenschaften eine besondere Rolle, schon aus historischen Gründen. Die evolutionäre Erkenntnistheorie, eine am Methodenideal der Physik orientierte Wahrnehmungs- und Denkpsychologie, kybernetische und informationstheoretische Modelle sowie eine formalistisch-empiristisch orientierte Linguistik sind wichtige Quellen für eine Auffassung menschlicher Kognition, die sich mit einer Melange emotional gefärbter Ziele verbündet hat: Bei Mensch-Tier-Vergleichen das Pathos von Tierschützern, die leichter den Menschen als den Tieren böse sein können; die Kritik an einer angeblichen Überheblichkeit des Menschen und seiner Selbsteinschätzung als Krone der Schöpfung; das Aufklärungspathos, wonach die Naturwissenschaften das Menschenbild der Religionen und Philosophien durch eine Serie von Kränkungen überwinden; oder einfach die Freude am Nachweis, wie menschlich doch die Tiere sind oder daß den Menschenaffen nur der Artikulationsapparat zur Sprachfähigkeit fehle.

Hier soll keine Kampflinie zwischen den Naturwissenschaften auf der einen und den Kulturwissenschaften oder der Philosophie auf der anderen Seite gezogen werden. So ließen sich auf naturwissenschaftlicher Seite durchaus Ergebnisse des Primatenforschers M. Tomasello, Max-Planck-Direktor am Leipziger Institut für Kulturanthropologie, aus der empirischen Vergleichsforschung von Menschen- und Affenkindern zitieren. Tomasellos Befund läßt sich auf zwei wesentliche Unterschiede kondensieren, die sich schon im Alter von ein bis zwei Jahren zeigen: Im Tierreich gibt es nur »competition«, während Menschen früh zur Kooperation fähig werden; und Menschen zeigen, im Unterschied zu Schimpansen, »socially shared attention«. Letzterer Hinweis scheint mir für die Frage nach der Sprachlernfähigkeit des Menschen von besonderer Bedeutung:

Ohne Deixis oder Ostension im Primärsprachenerwerb ist nicht zu sehen, wie sprachliche und andere Handlungen lehr- und lernbar sein können. Deshalb sollen im folgenden einige Aspekte der Kultur unseres Wissens an möglichst elementaren Formen des Handelns und des Erwerbs der Fähigkeit dazu erläutert werden.

Menschen müssen Handeln *erlernen*. Dem liegt ein Handlungsbegriff zugrunde, für den maßgeblich ist, daß die Kooperations- und Kommunikationsgemeinschaft, in die der Mensch hineinwächst, diesem manches als Verdienst und Schuld zurechnet. Ebenso unverzichtbar wie elementar ist die zu vermittelnde und bei sozial hinreichend kompetenten Mitgliedern der Gemeinschaft auch vermittelte Fähigkeit, zwischen *Handlungen* und *bloßem Verhalten* zu unterscheiden. (»Bloßes Verhalten« im Sinne des englischen *behaviour*; im Deutschen ist »Verhalten« zweideutig und meint auch »Handlungsweise«, im Englischen *conduct*.) Wer handeln kann, hat im Idealfall Zwecksetzungsautonomie, Mittelwahlrationalität und Folgenverantwortlichkeit erworben. Handlungen dieses Zuschnitts können vom Agenten unterlassen werden, können Gegenstand sinnvoller Aufforderungen sein und werden nach Ge- und Mißlingen sowie nach Erfolg und Mißerfolg beurteilt. Alle diese Bestimmungen treffen auf ein bloßes Verhalten nicht zu.

Es ist nicht erst oder allein die Sprachkompetenz des Menschen, die ihn vom Tier unterscheidet, sondern bereits der Bereich der nichtsprachlichen Handlungen, von denen hier zwei näher betrachtet seien: die kinetischen und die poietischen.

Es scheint bisher wenig beachtet worden zu sein, daß der Mensch, der sein tägliches Leben nur in fortgesetzter Bewegung vollziehen kann, dies nicht im selben Sinne »natürlich« tut wie das Tier. Im Vergleich des Menschen mit Landtieren sind letztere diesem häufig weit überlegen im Laufen, Springen, Hakenschlagen, Klettern, im Auffangen von Stürzen, schneller Reaktion usw. Aber der Mensch muß zwangsläufig in der Kulturwelt eine Lerngeschichte kinetischer Handlungen absolvieren, vom Gehen über das Schwimmen, Radfahren, Tanzen, die geregelten Bewegungen des Sports bis hin zu den hochdifferenzierten Bewegungshandlungen des Schreibens, des Musizierens, des handwerklichen und des künstlerischen Produzierens. Unschwer läßt sich durchdeklinieren, daß alle Kriterien für die Unterscheidung von Handlung und bloßem Verhalten auf diese Formen der Kinesis zutreffen. Dagegen treffen sie nicht auf Tierbewegungen zu, wo nach allgemeiner Überzeugung wenigstens die Folgenverantwortlichkeit des Tieres fehlt, bei näherer Betrachtung aber auch das Fehlen von Zweckrationalität und Zwecksetzungsautonomie stichhaltig nachgewiesen werden kann.

Unverzichtbarer Teil des zu Lernenden beim Erwerb kinetischer Handlungsschemata ist die zeitliche Ordnung von Teilhandlungen in Handlungsketten. Geradezu selbstverständlich ist dies bei den Handlungen des Musizierens, aber auch der Eiskunstlauf oder das Turmspringen werden nicht ohne entsprechende zeitliche Organisation gelingen. Dabei sind Handlungsschemata hinsichtlich der Zeit nicht umkehrbar. Das Fangen eines Balls ist nicht die zeitliche Umkehr des Werfens (und umgekehrt). Fangen und Werfen sind zwei verschiedene, getrennt zu lernende und zu unterschiedlicher Meisterschaft zu bringende Handlungen. Bei alledem bildet sich diese Zeitordnung der Teilschritte zwangsläufig auf ihre sprachliche Erfassung etwa in Form von Regeln, Gebrauchsanweisungen oder Rezepten ab. Das kinetische Handlungsschema gibt der vorschreibenden oder beschreibenden sprachlichen Fassung die Reihenfolge vor.

Zur Kinesis treten bei der Poiesis einige Aspekte hinzu. Die Abgrenzung zwischen Kinesis und Poiesis ist nicht trivial. Selbstverständlich gibt es keine Poiesis ohne Kinesis, aber die landläufige Bestimmung, daß poietische Handlungen auf ein Produkt führen, ist unscharf. Ist das Umordnen von Büchern in einem Regal nur Kinesis oder schon Poiesis? Immerhin bleibt die Ordnung der Bücher als Produkt so stabil erhalten wie die ohne Frage zur Poiesis gerechnete Herstellung von Büchern und Regalen. Und ist das Spielen eines Klavierstücks nur Kinesis und nicht auch Poiesis (etwa wenn ein Tonband mitläuft)?

Zu bestimmten Zwecken empfehlenswert ist die Eingrenzung, von Poiesis nur dann zu sprechen, wenn dabei Produkte hergestellt werden, die von anderen Akteuren weiterverwendet werden können. Poiesis liegt also dort vor, wo sich Herstellung und Verwendung von bleibenden Produkten klar unterscheiden lassen. Mit dieser Bestimmung kommt etwas ins Spiel, was nur im Bereich der Kultur auftaucht: nämlich die Umdeutung von Produkten als Mittel für neue Zwecke durch neue Agenten. Es ist geradezu ein Charakteristikum aller Artefakte (von denen durch ebendieses Kriterium noch einmal die Kunstwerke unterschieden werden können), daß sie einerseits zum Zweck der eigenen oder fremden Verwendung hergestellt werden, andererseits nicht gegen Umdeutung, Mißbrauch, neue Instrumentalisierung usw. gefeit sind.

Das naturalistische Argument, mit Nestern, Spinnennetzen, Bienenwaben, Termitenhügeln usw. kämen auch im Tierreich poietische Handlungen vor, trifft *per definitionem* nicht zu. Ihnen fehlt die freie Wahl des Zwecks, der Spielraum in der Wahl der Mittel und (wiederum wie bei der Kinesis) die Verantwortung für die Folgen. Außerdem kann nicht zweckgerichtet im Sinne der Arbeitsteilung (Herstellung und Verwendung) produziert werden. Die Ausdehnung anthropomorpher Beschreibungen tierischen Verhaltens beim Hervorbringen bleibender Veränderungen in der Natur findet hierin ihre Grenze.

Mit den beiden Handlungsformen von Kinesis und Poiesis läßt sich bereits von einer Kultur des *Naturwissens* sprechen, die nun an einfachen Beispielen erläutert sei:

### *3. Die Kultur des Naturwissens*

Der Mensch gewinnt sein Wissen von der Natur nicht durch passive, distanzierte, in seinen Erkenntnisinteressen unstrukturierte Betrachtung, sondern durch Handeln. Selbst die Herkunft des Wortes »Kultur« von lateinisch *cultivare* verweist darauf, daß es der handelnde, die Natur nach den Zwecken der Selbsterhaltung verändernde Eingriff ist, in dem der Mensch seine Erfahrungen mit Natur aktiv macht. In seinen Handlungen widerfährt ihm nicht nur Ge- und Mißlingen, sondern mehr noch (und nicht selten existentiell bedrohlich) der Unterschied von Erfolg und Mißerfolg. Auch der erfahrenste Ackerbauer, der von den glücklichen Umständen eines fruchtbaren Bodens, eines wertvollen Saatguts und zuverlässiger Werkzeuge ausgehen kann, muß nach gelungener Aussaat warten, ob Wachstum und Reife der Feldfrüchte die Ernte ergeben, die er sich erhofft. Und der Viehzüchter kann seine Zuchttiere verlesen, wie er will, er muß doch warten, welches Zuchtergebnis sich einstellt. Dies sind Erfahrungen im handlungstheoretischen Sinne des Widerfahrnisses, die gesetzten Zwecke des eigenen Handelns zu erreichen oder zu verfehlen. (Dieses Schema läßt sich auch mit Gewinn übertragen auf die Bestimmung eines Erfahrungsbegriffs zur Beschreibung des Experimentierens in den Naturwissenschaften.)

Um eine spezielle Form technischen Wissens geht es, wo nicht mit lebenden Gegenständen wie Tieren und Pflanzen, sondern mit der Herstellung von Gerät, von Kleidung, Behausung, Werkzeugen, Wegen und Fahrzeugen usw. in die vorfindliche Natur eingegriffen wird. Ein näherer Blick auf diesen Bereich des Technischen gibt wertvolle Hinweise auf das Verständnis des Naturwissens, wie es in den hochstilisierten Verfahren der Naturwissenschaften gewonnen wird. Dazu seien zwei Beispiele unterschiedlicher Formen von technischem Fortschritt betrachtet.

Die Natur bringt keine Räder hevor – im Unterschied zu kreisrunden, flachen Gebilden; denn ein Rad muß frei drehbar auf einer festen Achse oder fest auf einer frei drehbaren Achse sitzen. Die Stoffwechselkohärenz von Organismen verbietet solches, und auch bei abgestoßenen Hervorbringungen wie dem Geweih kann sich ein solcher mechanischer Zusammenhang nicht ausbilden.

Es ist unbekannt, wann, wo, wie und von wem das Rad erfunden wurde. Aber es ist handlungstheoretisch verstehbar, daß die primäre Form des Wagenrads (zur Verringerung der Reibung beim Lastentransport gegenüber dem Schleifen über den Boden) als poietisches Produkt in seinem Zweck umgedeutet werden kann zur Seilrolle, damit sich auch bei der Umlenkung der Zugkraft an einem Seil gegenüber dem Rutschen über einen Balken die Reibung verringert. Es muß die Seilrolle bereits erfunden und in Verwendung sein, damit der nächste Entwicklungsschritt zum Wellrad der Antike möglich wird: Beim Wellrad sind zwei Seilrollen unterschiedlichen Durchmessers fest miteinander verbunden. Sie erlauben im Verhältnis ihrer Durchmesser eine kontinuierliche Anwendung des Hebelgesetzes, die nur von der Seillänge begrenzt wird. (Solche Wellräder wurden z. B. beim Heben von Lasten verwendet.) Auch die antike Entwicklung des Flaschenzuges sowie die Übertragung von Bewegung und Kraft über Transmissionsriemen, die beim Wechsel der Transmissionsscheibenpaare auch einen Wechsel des Übersetzungsverhältnisses erlaubt, schließen sich an die Umdeutung des Wagenrades zur Seilrolle und zur Komponente einer Maschine für die Transformation von Kräften an.

Um die Störung des Durchrutschens von Seilen oder Transmissionsriemen zu vermeiden, bietet sich (vereinfacht geschildert) die Entwicklung von Zahnrädern an. Und nur wo schon Zahnradpaare zur Verfügung stehen, ist die Erfindung des Schneckengetriebes möglich, welches die Funktion der hohen Untersetzung (eine Umdrehung der Schnecke bewegt das angeschlossene Zahnrad nur um einen Zahn weiter) mit einer Sperrfunktion verknüpft, wonach sich Bewegung nur von der Schnecke auf das Zahnrad fortsetzt, nicht aber in umgekehrter Richtung.

Diese kurze Schilderung offenbart eine methodische Reihenfolge der Konstruktionsschritte, die sich prinzipiell im Kopf eines einzigen Genies abspielen könnte. Ein Archimedes oder ein Leonardo wären dabei nicht auf Zufallsentdeckungen angewiesen. Dies markiert den Unterschied zum zweiten Beispiel:

Mit der Metallbearbeitung haben die Menschen die Kunst entwickelt, Draht herzustellen. Er wurde für mechanische Zwecke (Ligaturen) und für Schmuck verwendet. Nur das kontingente historische Faktum, daß metallischer Draht zur Verfügung stand, konnte dann zu der Entdeckung führen, daß über ihn elektrostatische Aufladung (schon in der Antike beim Reiben von Bernstein, griechisch *elektron*, an einem Tierfell entdeckt) zur Erde abfließen kann. Hier gibt es nicht diesen kohärenten methodisch-konstruktiven Weg wie bei der Entwicklung des Schneckengetriebes nach dem Wagenrad; wohl aber besteht die Abhängigkeit der »elektrischen« Funktion des Drahts von dessen mechanischer Verfügbarkeit. Und ebenso hängt die Entdeckung elektromotorischer Zusammenhänge von Stromfluß und Magnetfeld (wieder nach der bereits antiken, phänomenalen Entdeckung der Kraftwirkung von Steinen vom Berge bei Magnesia in Kleinasien) davon ab, daß metallische Drähte verfügbar waren und unter ihrer Verwendung Stromquellen etwa chemischer Art entdeckt und herstellend verbessert werden konnten.

An solchen Beispielen, die sich strukturell bis in die aktuellsten Entwicklungen etwa der Automobil- oder Computertechnik übertragen lassen, wird eine *Kulturhöhe* durch technischen Fortschritt definierbar. In kohärenten Entwicklungslinien lassen sich die methodisch späteren Errungenschaften von den früheren durch ihr Bedingungsverhältnis in einem zweckrationalen Zusammenhang verorten. Dabei spielt die fortgesetzte Umdeutung bereits erfolgreich verwendeter Mittel wie beim Wagenrad zum Zahnrad oder beim mechanischen Draht zum Stromleiter die entscheidende Rolle und erklärt zugleich die Kontingenz und Unvorhersagbarkeit technischer Entwicklungen.

Gleichwohl läßt sich, ungeachtet dieser Kontingenz, die Zweck-

Mittel-Bewährtheit technischer Innovationen transkulturell überprüfen und verifizieren oder falsifizieren.

Da detailliertere Arbeiten zu diesem Thema andernorts das Mißverständnis ausgelöst haben, mit Kulturhöhe sei gleichsam ein Meßparameter für »die« Kultur oder für »Kulturen im Kulturvergleich« gewonnen, sei darauf hingewiesen, daß es hier nicht um »die« Kultur oder Kulturen als Gesamtphänomene geht, sondern ausdrücklich »nur« um kohärente kultürliche Entwicklungslinien. (Diese müssen allerdings nicht im Sinne der gegebenen Beispiele maschinell sein: So lassen sich auch Praktiken wie die Entwicklung des Geldwesens vom Tauschhandel bis zur Aktiengesellschaft ebenfalls in solche kohärenten, methodisch geordneten Reihenfolgen bringen.)

Die gegebenen elementaren Beispiele technischer Entwicklung stützen das für eine methodische Philosophie zentrale »Prinzip der methodischen Ordnung«. Beim Übergang eines technischen Know-hows zu dessen propositionaler Darstellung in syntaktisch geordneter Form von Theorien ist die Reihenfolge der sprachlich gefaßten Schritte zu berücksichtigen. Im Alltag ist dieses Prinzip – also eine Norm, die verbietet, über Handlungen bezüglich der Reihenfolge anders zu sprechen, als sie für ein Erreichen des jeweiligen Zwecks eingehalten werden muß – unbestritten. Niemand würde eine Gebrauchsanweisung, eine Bauanleitung oder ein Kochrezept akzeptieren, die durch Vertauschung der vorgeschriebenen Schritte regelmäßig zu Mißerfolg führen würden. Und niemand würde eine Schilderung akzeptieren, in der eine Reihenfolge von Schritten berichtet würde, die »unmöglich« ist, d. h. nicht zum behaupteten Resultat führen könnte. Mit dem Prinzip der methodischen Ordnung ist also eine Rationalitätsnorm gewonnen, die einen Zusammenhang zwischen nichtsprachlichem, technischem Handeln und dessen sprachlicher Beschreibung (oder Vorschreibung) festlegt. Im Alltag wird dieses Prinzip ohnehin nicht verletzt. In den Wissenschaften dagegen hat sich ein Umgang mit Theorien eingespielt, bei dem es auf einen Gegenstandsbezug (nämlich einen Bezug auf die unverzichtbaren Handlungen, mit dem Ziel der Kontrollierbarkeit von Bedeutung und Geltung der theoretischen Sätze) nicht mehr anzukommen scheint. Über die historischen Gründe, die bei der Geringschätzung der Poiesis durch die antike Philosophie einen entscheidenden Anfang und in der platonischen Orientierung der Geometrie von Euklid einen prominenten Paradefall mit Jahrtausende währender Wirkung hat, kann hier nicht eingegangen werden.

Das naturwissenschaftliche Naturwissen hat nicht nur ein technisches Fundament und ist heute ohne die Form der apparativen Erfahrung nicht rekonstruierbar. Es hat darüber hinaus primär den Charakter eines technischen Bewirkungswissens, das sich strikt kumulativ und auch über vermeintliche Paradigmenwechsel im Theoretischen hinweg zu immer weiterer Kulturhöhe entwickelt – ohne daß etwa die verlassenen technischen Pfade durch die neuen, effizienteren oder erfolgreicheren (im Popperschen Sinne) falsifiziert wären. Und nur wo solches technisches im Labor gewonnenes Bewirkungswissen zur Verfügung steht, kann Wissen über die naturbelassene Natur wissenschaftlich werden. Es sind die technischen Modelle, die historisch zuerst in der Astronomie, später beim Blutkreislauf und der Atmung, dem Stoffwechsel, bis hin zur modernen Molekularbiologie der Genomforschung oder der Funktion von Synapsen im menschlichen zentralen Nervensystem die Modelle liefern. Das Natürliche wird beschreibbar, erklärbar und prognostizierbar nach Analogie und im Mittel des technischen Know-hows am geeigneten Modell.

Mit dieser Skizze einer methodischen Philosophie der Naturwissenschaften, die andernorts bis in die Details von Prototheorien zu einzelnen Fachdisziplinen ausgearbeitet sind, läßt sich nun auch die Reparatur naturalistischer Emergenztheorien angehen.

Dafür sei eine kleine Reflexion zum Erwerb von kinetischen und poietischen Fertigkeiten in menschlichen Kommunikations- und Kooperationsgemeinschaften eingefügt.

Sofern nicht bestritten wird, daß Naturwissen und Naturwissenschaften durch Handlungen von Menschen zustande kommen, ist für das Handeln eine Beschreibungs- und eine Vollzugsperspektive zu unterscheiden. Über die Beschreibungsperspektive ist, wenn auch unter anderer Terminologie, in der Wissenschaftstheorie der Naturwissenschaft viel geforscht worden. So wird der Umbruch von der klassischen zur (speziell) relativistischen Physik als die Entdekkung des Beobachters gefeiert, dessen technische und begriffliche Zutaten zum Forschungsresultat für dieses unverzichtbar sind. (Kritisch ist anzumerken, daß der physikalische Beobachter in der Tradition Albert Einsteins gerade nicht als zweckrationaler Mensch, sondern nur als allein nach Naturgesetzen zu fassender Registrierapparat vorkommt; die Einsteinsche Relativierung der klassischen Physik ist also naturalistisch geblieben.)

Die Beschreibungsperspektive des Beobachters beginnt dort eine Rolle zu spielen, wo die Handlungen selbst in den Blick kommen (und nicht mehr naiv nur über die Objekte des Handelns gesprochen wird). Es überrascht deshalb nicht, daß es gerade die Sozial- und die Geschichtswissenschaften waren, die der Beschreibungsperspektive des Beobachters diejenige des Teilnehmers gegenübergestellt haben. Der Übergang von der Beobachter- zur Teilnehmerperspektive muß sich dort vollziehen, wo Beschreibungen auf den Beschreibenden selbst anwendbar sind und dies auch wichtig für die semantische Bedeutung und für die Geltung der Handlungsbeschreibung wird. So spielt es z. B. keine Rolle, daß die Sätze des Anatomen über seinen Forschungsgegenstand auf ihn selbst zutreffen. Wichtig dagegen wird die Teilnehmerperspektive bereits beim Sinnesphysiologen, für den unverzichtbar bleibt, daß er für die Untersuchung etwa des visuellen Systems des Menschen bereits selbst sehen kann und weiß, was er mit dem Wort »sehen« meint. Eine Sinnesphysiologie des Visuellen hätte keinen Gegenstand und keine Ergebnisse, wenn die Physiologen nicht sehend zu konsensfähigen Urteilen über das Gesehene fähig wären. Die Teilnehmerperspektive wird also nicht erst in selbstbezüglichen Beschreibungen der Geschichtswissenschaft oder gar der Ethik erreicht, sondern bereits in den Naturwissenschaften.

Der Beschreibungsperspektive soll die Vollzugsperspektive nach dem Kriterium gegenübergestellt werden, daß Handlungsvollzüge unverzichtbar werden für die Beherrschung von Handlungsschemata (und letztlich für Begründungen). Dieselbe Einschlägigkeit, die oben für die Teilnehmerperspektive des Beschreibens gefordert war, wird hier als Kriterium herangezogen. Im Beispiel: Kinetische Handlungen wie Radfahren, Schwimmen, Tanzen, Musizieren usw. sowie poietische Handlungen wie Zeichnen, Kochen, Hobeln usw. werden nicht aus der Beschreibungsperspektive allein erlernt. Die Gegenstände, von denen in den Beschreibungen die Rede ist, müssen durch Vollzug, durch Selbermachen erworben werden. Die Semantik der einschlägigen Wörter ist nicht anders interpersonal etablierbar als durch Beteiligung an entsprechenden Praktiken in eigenen Handlungsvollzügen. (Dies gilt nebenbei auch für das vernünftige selbständige Denken, das man nicht durch Beschreibung, sondern durch Vollzug erlernen muß.)

In diesem Sinne ist dem klassischen Diktum, daß der Theorie die Praxis vorausgehe, eine handlungstheoretische Explikation zu geben: Überall, wo von Handlungen die Rede ist, ist die Gegenstandskonstitution an den Vollzug gebunden.

Mit dieser kleinen Reflexion läßt sich eine Begründung geben, warum naturalistische Emergenztheorien so kläglich scheitern. Sie vergessen, daß es nur Handlungsvollzüge sein können, in denen die jeweils höheren Systemeigenschaften ins Verhältnis zu niedrigeren gesetzt werden an (letztlich immer) technischen Modellen. Nur die distanzierte Beschreibung der technischen Verhältnisse, die den zeitlichen Ablauf des Handlungsvollzuges vom Konstruieren zum Produzieren, vom Zwecksetzen zum Mittelwählen vergißt, kann in das selbst erzeugte Staunen verfallen, wie sich aus einfachen Teilen ein komplexes Ganzes, ein höheres System entwickelt: Es sind eben keine Teile (als Ergebnis des Teilens), sondern Komponenten, aus denen der Erfinder, Ingenieur, Techniker und Naturwissenschaftler die Systeme zusammenstellt, erst in der Erfindung, dann in der Realisierung, aber immer von ihrem Zweck her. Und es ist der Naturforscher, der »das Natürliche« nach Analogie der technischen Systeme so einteilt, daß ihm im Handlungsvollzug immer zuerst das Komplexere bekannt ist.

### *4. Emergenz zwischen Irrtum und Konstruktion*

Die Emergenz höherer Systemeigenschaften wird schon in der traditionellen Literatur gern an einfachen artifiziellen Beispielen erläutert. So mißt keine einzelne Komponente einer mechanischen Uhr die Zeit, sondern nur das Gerät (»System«), in dem sie auf geeignete Weise zusammenwirken. Und erst das System aus Spule und Kondensator mit Spannungsquelle ergibt einen elektrischen Schwingkreis. Aber die Wortgeschichte, die mit dem Verbum »emergieren« (von lateinisch *emergere*, auftauchen, hervorkommen) beginnt, wird nicht etwa mit dem Verständnis eines Handlungsprädikators für die Tätigkeit des Auftauchens eines Schwimmers oder einer Person hinter einem Felsen verstanden, sondern im Sinne eines Naturvorgangs. Von selbst taucht etwas auf, emergiert es. Und auch das weniger erfolgreiche, von Konrad Lorenz vorgeschlagene Wort der »Fulguration« nimmt mit *fulgur* (lateinisch für Blitz) Bezug auf ein Naturereignis. Kurz, die Konnotation des »von selbst« im Wort

Emergenz ist schon ein deutlicher Hinweis auf den naiven Naturalismus, der nicht auf die Bedingungen reflektiert, unter denen die eigenen Aussagen von den auftauchenden Phänomenen sinnvoll und wahr sind.

Nur wer sich gegenüber dem Naturgeschehen selbst auf einen archimedischen Standpunkt stellt, von dem aus er die Ereignisse gleichsam an sich vorbeiziehen läßt, als wäre er persönlich als Beobachter präsent, kann die Frage überhaupt so formulieren, daß darin am Objekt, sozusagen beobachterunabhängig, neuartige Systemeigenschaften auftauchen. Was aber sollte »neuartig« heißen, wenn es nicht relativiert wird auf das Vorausgehende, das allemal ein Bekanntes sein muß, damit die Überraschung des Beschreibers und Beobachters überhaupt möglich ist.

Doch die kritisierte Naivität des naturalistischen Zuschauers betrifft nicht nur die Verkennung der Tatsache, daß die Vergangenheit stets nur aus der erkannten Gegenwart rekonstruiert werden muß. Sie betrifft auch schon die Vorstellung der synchronen Emergenz mit ihrer ungerechtfertigten Beschränkung auf logisch definitorische oder kausale Zusammenhänge, als wäre den Naturdingen (oder auch den Artefakten) die Grundorientierung des Logischen Empirismus als Natureigenschaft eingepflanzt. Nicht nur das Vergessen der Sprache eines Beschreibers, auch das Vergessen von Kinesis und Poiesis im Erkenntnisprozeß verdecken Zweckrationalität und methodische Ordnung, die in tatsächlichen Forschungsprozessen jedenfalls präsenter ist als in analytischen Beschreibungen.

Entgegen einer naiven naturgeschichtlichen Chronologie oder einer nicht weniger naiven Annahme von der Naturgegebenheit systematischer Hierarchie muß der Handlungsvollzug im Forschungsprozeß berücksichtigt werden. Für die oben gegebenen vier Beispiele von den zwei ineinandergreifenden Zahnrädern heißt dies, daß die Setzung des Zwecks der Wahl der Mittel methodisch vorhergeht. Richtige Rechenergebnisse werden nicht an Maschinen entdeckt. Vielmehr kann nur, wer bereits rechnen kann und damit zwischen richtigen und falschen Rechenergebnissen zu unterscheiden weiß, nach Mitteln suchen, menschliche Kognitionsleistungen maschinell zu substituieren. Es stellt sich nicht die Frage, woher die dummen Zahnräder wissen, welche Ergebnisse bestimmte Rechenaufgaben haben und warum diese gültig sind. Sondern es ist der im Vollzug handelnde Mensch, der vom Zweck der Funktion einer

Rechenmaschine methodisch ausgeht, um nach Mitteln zu suchen, diesen Zweck zu realisieren.

Bei der Übertragung technischer Modelle auf natürliche Systeme heißt dies, daß zuerst immer das Explanandum »gegeben« sein muß, was nichts anderes heißt, als daß der Forscher es sich selbst geben muß. Erklärungen zu suchen ist nun einmal kein rationales Vorgehen, wenn nicht festgelegt wird, was zu erklären ist. Und erst dann kann nach einem Explanans gesucht werden. Dies gilt für die einfachen Beispiele von Stephan (wie die Frage, wieso derselbe Kohlenstoff die höchst verschiedenen Formen von Graphit und Diamant bilden kann) bis zu den evolutionsbiologischen und den Problemen neuronaler Kognitionsforschung im Sinne Wolf Singers.

Der naive naturhistorische Realismus, der irgendwie vom Urknall bis zum Sozialstaat kommen möchte, verkennt, daß es selbst im Kontext von Forschungsfragen eine Behauptung ist, über vergangene, nicht beobachtete und nicht beschriebene Verhältnisse ein Wissen anzunehmen. Tatsächlich ist die gesamte naturgeschichtliche Forschung sowohl in der Biologie als in der Kosmologie nur eine Retrodiktion und das narrative Schreiben einer Geschichte. Diese betrifft aber immer im Ausgang von einem Explanandum als abgeschlossen betrachtete und im Resultat bekannte Entwicklungen. Pointiert formuliert, es ist nicht erst die Materie da, die dann Leben hervorbringt, welches seinerseits den Geist emergieren läßt. Wer dies behauptet, hat nämlich nicht reflektiert, daß es primär der Geist ist, der den Zweck erfindet und setzt, zum Vorfindlichen eine kausale Vorgeschichte zu erzählen oder zu schreiben. Und es ist der Geist in seiner kultürlichen Ausprägung, der die lebendige Maschine unter der Schädeldecke erforschen möchte und sich dabei ganz bestimmte Vorbilder an Begrifflichkeit, Erklärungstypen und Labortechniken wählt.

So trifft also nicht zu, was eingangs von Singer zitiert wurde: Das Explanandum und das Explanans fallen nie zusammen, und zwar schon aus dem trivialen Grund nicht, daß dann keine Erklärungen mehr möglich wären, sondern aus dem erkenntnistheoretischen Grund, daß die Explananda nur durch Handlungsvollzüge von Menschen (in diesem Falle von Forschern) in die Welt kommen.

So wird auch erkennbar, daß die »kausale Geschlossenheit der Natur« keine natürlichen Eigenschaft von irgend etwas ist, sondern ein Forschungsprogramm. Nach diesem werden Erklärungen gesucht, in denen keine den gewählten Methodenstandard genügenden Mittel oder Erklärungstypen zugelassen sind. Trivialerweise kann man mit ihnen dann nur solche Erklärungen gewinnen, zu denen sie von ihrer (methodisch vorher gewählten) Zwecksetzung aus fähig sind. (Nebenbei hat auch keiner der Protagonisten dieser kausalen Geschlossenheit bemerkt, daß er nicht über die Natur, sondern über die Naturwissenschaft oder bestenfalls über die Natur als Gegenstand der Naturwissenschaft spricht – mit der fatalen Konsequenz, daß die kausale Geschlossenheit der Natur gerade naturwissenschaftlich nicht feststellbar, nicht empirisch kontrollierbar und nicht im Sinne Poppers falsifizierbar ist.)

Die Naturwissenschaften haben – historisch gesehen und erkenntnistheoretisch trivialerweise – nicht ein einziges Explanandum gewählt oder produziert, das nicht selbst ein Kulturgegenstand wäre. Damit bleiben unsere Bestände des Naturwissens bis hin zu den aktuellsten Ergebnissen der Naturwissenschaften immer relativiert auf das kultürliche Explanandum.

### *5. Schluß: »Wissen« oder »Kultur des Wissens«?*

Wer mit Blick auf die Natur oder mit einem (in Spielarten des analytischen Philosophierens) schon nicht mehr ernsthaften Blick auf die Naturwissenschaften vom »Wissen« nur als Texte oder Systeme syntaktisch geordneter Propositionen blickt, hat einen Begriff des Wissens gewählt, der auch der Festplatte eines Computers zukommt. Man sagt aber mit guten Gründen schon in der alltäglichen Lebenswelt, daß ein Mensch nur dann etwas weiß bzw. ein Wissen hat, wenn er auch weiß, daß er ein Wissen hat, wenn er es einsetzen, von Irrtum unterscheiden, sprachlich verteidigen und ähnliches kann. Erst recht in den Wissenschaften und in der Philosophie gehört zum Wissen immer auch das Urteil, daß und warum es sich um Wissen handelt, welchem Typ und damit welchen Geltungskriterien es zuzurechnen ist und welche Geltungsansprüche aus welchen Geltungsgründen eingelöst werden können. In diesem Sinne wird hier von »Kultur des Wissens« gesprochen. Wissen ist nicht ein freischwebender, gar natürlicher Gegenstand, sondern nur im Zusammenhang mit dem Wissen um Wissen sinnvoll.

Im Fall des Naturwissens schließt diese Kultur des Wissens ein, daß ein physikalischer oder biologischer Determinismus (im Sinne der Annahme einer kausalen Geschlossenheit der Natur), der den Griff zu Emergenztheorien oder -modellen fordert, nicht selbst ein Ergebnis der Naturwissenschaft sein kann. Er taucht vielmehr als Ergebnis nur in der Reflexion auf Naturwissenschaften auf. Deshalb wird man auch behaupten dürfen: Der Naturalismus ist ein Mangel an Kultur des Naturwissens.

# 2. Begründungsanfänge

## Einleitung

Wolfgang Kuhlmann, dem dieser Aufsatz zum 60. Geburtstag gewidmet ist als dem Autor des Buches *Reflexive Letztbegründung*[1] und zahlreicher weiterer Untersuchungen zum Programm einer Transzendentalpragmatik im Sinne K.-O. Apels, ist das Anliegen nicht erläuterungsbedürftig, sich mit der Philosophie des Begründens zu befassen. Für Wahrheit zu argumentieren gehört nicht nur zum Geschäft eines jeden Wahrheitssuchenden – im Alltagsleben, in den Wissenschaften und in der Philosophie –, es gehört auch zur vornehmsten und vielleicht wichtigsten Frage der theoretischen Philosophie, was »begründen« heißt.

Der wissenschaftliche und der philosophische Zeitgeist haben sich freilich weit entfernt vom platonischen Programm des *logon didonai*, des Gründegebens, um Wissen vom bloßen Meinen zu unterscheiden. Selbst der Prototyp der beweisenden Wissenschaft, die antike Geometrie, und im Gefolge alle theoriebildenden Disziplinen einschließlich der Logik sind nach heutiger Überzeugung nur große Wenn-dann-Sprachspiele: Wenn bestimmte Axiome, Definitionen oder Prinzipien akzeptiert werden, dann gelten relativ dazu bestimmte Sätze. Das heißt, selbst die exaktesten, die im Sinne der Ableitungsrichtigkeit nach expliziten Regeln ausgewiesenen Thesen gelten nur relativ. Die Frage nach der Möglichkeit von *Begründungen schlechthin* ist damit zur Frage nach *legitimen Begründungsanfängen* geworden.

Eine eigene Spezialdisziplin hat sich um das Begründungsproblem der formalen Sprachen (und damit nach dem heute vorherrschenden Verständnis der Mathematik und der formalen Logik) gebildet. Modelltheoretische Reduktionen – historisch ist beides versucht worden: die Logifizierung der Arithmetik und die Arithmetisierung der Logik – gehören zwar in den Bereich einer Philosophie des Begründens. Aber er betrifft eben nur den Spezialfall formaler Sprachen und nicht den Bereich materialer Wahrheiten, wie immer diese weiter zu klassifizieren sind. Wir werden deshalb hier nicht weiter darauf eingehen.

1 Kuhlmann 1985.

Begründungsanfänge für materiale Wahrheiten sind bekanntlich dem stupenden Erfolg von suggestiven Trilemmata zum Opfer gefallen. Schon Popper zitiert den Neukantianer Jakob Friedrich Fries mit einem Begründungstrilemma, wonach erste Sätze in ihrer Geltung entweder psychologisch (als Evidenz- oder Überzeugungsgefühl) erklärt oder dogmatisch gesetzt werden oder (versteckt zirkulär) in einen unendlichen Begründungsregreß münden. Während Fries sich für eine psychologische Begründungsbasis entscheidet, nimmt Popper dieses Trilemma zum Anlaß, das Begründungsprogramm aufzugeben. Außerhalb der Formalwissenschaften soll Begründen nur noch das Ableiten von Sätzen aus Sätzen mit Hilfe der klassischen Logik sein, um universelle Hypothesen nach Möglichkeit an weniger universellen Basissätzen zu falsifizieren. Wissen im Sinne wissenschaftlicher Geltung war damit zur Vorläufigkeit degradiert, in der prinzipiell alles und jedes, also auch die jeweils in den Naturwissenschaften akzeptierten Basissätze, revidierbar bleiben sollte. Mit dramatischem Gespür für Publikumswirksamkeit hat Popper diese Auffassung als Fortschritt propagiert. Der Abschied von Dogmatismus und Ideologie, die Überwindung von Feinden der »offenen Gesellschaft«, ja eine Open-Mindedness, eine Aufgeschlossenheit als professionelle und persönliche Haltung waren der Sympathiegewinn aus diesem Ansatz.

Dabei war Popper selbst als Philosoph störrisch und dogmatisch im Festhalten an den Grundzügen seiner Philosophie. Er hat, wie kompetente Biographen[2] und Analytiker herausgearbeitet haben, keine seiner Grundüberzeugungen aus dem Bereich der »Logik der Forschung« je revidiert, sondern nur gegen auftauchende Einwände immunisiert. Hier soll die Popper-Diskussion nicht aufgenommen und fortgesetzt werden. Popper mußte lediglich erwähnt werden, weil er vermutlich den größten Beitrag zur *Durchsetzung des Relativismus* in der theoretischen Philosophie des 20. Jahrhunderts geleistet hat. Erwähnt werden sollte aber, daß neben der Kritik an Popper aus der eigenen Tradition (am prominentesten durch Thomas S. Kuhn und Paul Feyerabend) ein paar Aspekte der Philosophie Poppers generell übersehen werden:[3]

Sein Verdikt über apriorische Erkenntnis im Sinne Kants ist schlicht physikaffirmativ. Die Möglichkeit dagegen, daß die Physik

2 Schäfer 1996, S. 10.
3 Vgl. Janich 2002a.

Einsteins mit der Philosophie Kants gar nicht in Konflikt gerät, hat Popper nicht einmal erwogen. Seine Auffassung vom Scheitern des kantischen Apriori angesichts der empiristischen Geometrieverständnisse von Helmholtz bis Einstein liegt auf dem Niveau der Äußerungen von Physikern, die nie eine Zeile von Kant (oder Kompetentes über Kant) gelesen haben.

Popper hat nicht bemerkt, daß er mit seinem Falsifikationismus die Physik, die ihren Erfolg ihrem technisch-handwerklichen Charakter verdankt, auf Sprache reduziert hat. Dies ist um so erstaunlicher, als er sich wiederholt dem Sprachzentrismus des Wiener Kreises entgegenstemmt. Nie ist bei Popper die Frage aufgetaucht, ob genau die Formen des Scheiterns an der (technisch gestützten Labor-)Erfahrung, die er zum Wissenschaftlichkeitskriterium erhebt, Prämissen haben könnte, die sich nicht in sein Falsifikationsmodell fügen.

Popper hat wie viele seiner philosophischen Zeitgenossen Wissen mit wissenschaftlichem Wissen gleichgesetzt. Dabei ist unstrittig, daß es auch öffentliche Wissensbestände gibt, die keinen Anspruch auf Wissenschaftlichkeit erheben und dennoch nachvollziehbaren Kontrollverfahren unterliegen, wie z. B. das Wissen, das in Telefonbüchern und Adreßverzeichnissen, in den Manualen für den Kfz-Mechaniker oder den Computerbenutzer usw. festgehalten ist. Ebenfalls unberücksichtigt bleibt, daß das individuelle Leben nicht ohne nichtöffentliche Wissensbestände geführt werden kann, die die eigene Person betreffen – von den biographischen Daten über die eigenen Kleider- und Schuhgrößen bis zu den Besitzverhältnissen. Auch hier kommt es darauf an, daß es sich nicht bloß um beliebige Meinungen, sondern um (wahres) Wissen handelt.

Überwältigend ist das pragmatische Defizit des Popperschen Wissensbegriffs. So ist z. B. die raumzeitliche Kohärenz des eigenen Leibes und seiner Bewegungen für jede Person ein unaufgebbares Handlungswissen. Daß eine Person sehr wohl zu zwei verschiedenen Zeiten am selben Ort, nicht aber zur selben Zeit an zwei verschiedenen Orten sein kann, folgt daraus und unterliegt nicht der Popperschen Falsifikation. Wir rechnen es eben mit guten Gründen zur Science-fiction, daß eine Person am Ort eine Zeitmaschine besteigen und in die Vergangenheit oder in die Zukunft (am Ort) reisen bzw. instantan (d. h. ohne Verfließen von Zeit) von einem Ort zum anderen »gebeamt« werden könne. Kurz, im gesamten Kosmos des

Kritischen Rationalismus kommt ein Wissen als nicht falsifizierbares Verfügen über das eigene Handeln nicht vor.

Der Relativismus des Popperschen Ansatzes hat in Deutschland mit dem Münchhausen-Trilemma von Hans Albert Klärung, Präzisierung und Ausweitung auf den Bereich der Normen erfahren. Der Erfolg dieser Auffassung ist beeindruckend. Die Wirtschaftswissenschaften sind im wesentlichen am Albertschen Relativismus orientiert, wenn sie nicht einer dogmatischen Gegenposition von Wirtschaftstheorien aus dem Marxismus anhängen. Ja, man wird sagen dürfen, daß dieser Relativismus dem Lebensgefühl der westlichen Welt im Übergang vom 20. zum 21. Jahrhundert entspricht. Heute kommt schon jeder Student mit dem Gepäck ins Philosophie-Seminar, daß es Absolutbegründungen nun einmal nicht geben könne und daß man ja »mit irgend etwas anfangen« müsse. Dieser Anfang sei die blinde Dezision, die Entscheidung, deren man sich nur deshalb nicht zu schämen brauche, weil sie ja beliebig und jederzeit revidierbar sei. Und selbst in der deutschen Alltagssprache ist in den letzten Jahrzehnten durch die Verbreitung des Wörtchens »mal« in Formulierungen wie »ich sage mal« oder »ich denke mal« ein Indiz für das umfassende Bekenntnis zur Beliebigkeit, zum Tentativen, zum Vorläufigen, zum Passageren, zum Unverbindlichen vorzufinden.

Da ist ein Programm wie das von W. Kuhlmann und seinem Lehrer K.-O. Apel allein schon wegen seiner Abweichung vom Mainstream von Interesse. Man lernt nebenbei eine Mainstream-Meinung besser dadurch kennen, daß man ihre Gegenmeinungen betrachtet.

Nun sind bekanntlich nicht nur die Transzendentalpragmatik und das Programm einer reflexiven Letztbegründung ein Kristallisationspunkt der Gegnerschaft gegen Relativismus und Kritischen Rationalismus. Eine andere, mindestens ebenso engagierte Tradition bildet die methodische Philosophie. Sie hat, wohl unverdient, in den Arbeiten von Kuhlmann und Apel so gut wie keine Berücksichtigung gefunden. Umgekehrt gilt dies nicht, was insbesondere an der detaillierten Diskussion zu sehen ist, die C. F. Gethmann[4] dem Ansatz Apels gewidmet hat (und auf die auch W. Kuhlmann eingeht). Im folgenden Aufsatz sollen nun einige historisch-syste-

4 Vgl. Gethmann /Hegselmann 1977. Einschlägig auch: Gethmann 1975.

matische Bemerkungen zu Begründungsanfängen in der Tradition der methodischen Philosophie vorgetragen werden. Ziel ist es, ein Gespräch zwischen den Versuchen anzuregen, dem Begründungsdilemma oder -trilemma durch Reflexion, Begründungsverfahren oder ähnliches beizukommen. In den Zielen, das alte philosophische Anliegen des Unterscheidens von Wissen und Meinen hochzuhalten, sind sich die besprochenen Richtungen ohnehin einig.

## 1. Hugo Dingler

Hugo Dingler ist einer der Ahnherren der methodischen Philosophie. Im Zentrum seiner Arbeit standen Fragen nach der Begründung von Geometrie und Physik. Sein wichtigster, an Kant anschließender, aber weit über diesen hinausgehender Einfall ist das »Herstellungsapriori«, das der Physik zugrunde liegt.[5] Dingler hat erkannt, daß die Gegenstände der Physik, wie sie sich in Messung und Experiment zeigen, von Menschen künstlich hergestellt werden, also in den entscheidenden Eigenschaften technisch sind. Nicht eine passive Naturbeobachtung und nicht eine sensualistische Haltung gegenüber der Natur kennzeichnen die modernen Experimentalwissenschaften, sondern das ingenieurmäßige Produzieren.

Dingler hat sich gegen zwei Seiten vorherrschender Meinungen wehren müssen, zum einen gegen die Reduzierung der Mathematik auf den formalen Aspekt ihrer Theorien durch David Hilbert, zum andern gegen die Reduzierung der Geometrie auf die Erfahrung durch H. v. Helmholtz und die damit angestoßene, in die relativistische Physik führende Tradition. Als Gegner des vorherrschenden Selbstverständnisses der Mathematiker einerseits (Dingler war seiner Ausbildung nach selbst Mathematiker), der relativistischen Physik andererseits stand er auf verlorenem Posten.

Ausgeblendet soll hier bleiben, ob dieses Schicksal eine Erklärung für manche, historisch noch weitgehend unerforschte Verstrickungen Dinglers mit dem Nationalsozialismus liefern. Falsch wäre es jedoch, obwohl es bereits in der Literatur zu lesen ist, Dingler eine »Blut-und-Boden-Philosophie« zu unterstellen, weil er anscheinend opportunistisch von prosemitischen zu antisemitischen Meinungen

5 Dingler 1928.

(und zurück) gefunden hat. Der Grundgedanke der operativen Begründung der Geometrie hat mit solchen weltanschaulichen, rassistischen oder politischen Verbindungen nichts zu tun.

Es war vielmehr der historische Zufall, daß Dingler in Aschaffenburg auf eine Richtplattenindustrie traf, die ihm deutlich machte, daß die Geometrie Euklids durch den Einfluß Platons gleichsam auf dem Kopf stand. »Ebenen« als die methodisch primären Gegenstände, von denen die Geometrie spricht, sind Produkte ingenieurmäßiger Herstellungskunst von hoher technischer Präzision und Wichtigkeit (etwa für den optischen Gerätebau).

In zwei Richtungen hat dieser Grundgedanke bei Dingler eine Ausarbeitung erfahren: einmal in Richtung des *Aufbaus der exakten Fundamentalwissenschaft*,[6] einem posthum von P. Lorenzen herausgegebenen Buch, und zum andern im Sinne einer philosophischen Generalisierung in Dinglers Buch *Die Ergreifung des Wirklichen.*[7]

Zu ersterem ist zu sagen, daß Dingler offenbar die sprachphilosophischen, die handlungstheoretischen Mittel oder vielleicht auch nur die Gesprächspartner gefehlt haben, seinen Ansatz erfolgreich auszuarbeiten. Letzteres, eine Theorie der Ergreifung des Wirklichen, hat durch eine kommentierte Neuausgabe von Kuno Lorenz und Jürgen Mittelstraß[8] eine Aufwertung, aber auch eine Historisierung erfahren, die zusätzlich belastet ist durch das Weglassen des »Ethik-Kapitels« von Dinglers Buch.

Für die Frage nach den Begründungsanfängen erwähnenswert ist an der *Ergreifung des Wirklichen*, daß Dingler darin den Standpunkt des täglichen, bürgerlichen Lebens als Ausgangsstandpunkt auszeichnet und einen »Anfang« bei der Grundrelation der Verschiedenheit in der Formulierung »etwas Unterschiedenes überhaupt« sucht.

In diesem Punkt ist Dinglers Ansatz nicht unähnlich dem von Rudolf Carnap in seinem Buch *Der logische Aufbau der Welt*,[9] der auch mit einer einzigen Relation, der Ähnlichkeitserinnerung, beginnt und eine Art Konstitutionstheorie entwickelt – allerdings im Unterschied zu Dingler mit einer logischen Explikation, die dem damaligen Geschmack des Wiener Kreises entsprach.

6 Dingler 1964.
7 Dingler 1955.
8 Lorenz /Mittelstraß (Hg.) 1969.
9 Carnap 1928 (1974).

Heute ist schwer nachzuvollziehen, worin die Attraktivität dieser Art von Fundamentalismus liegen sollte. Der Begründungsanfang, den Dingler hier empfiehlt, verdankt sich nämlich einerseits einer nicht mehr rational hinterfragbaren Grunddezision, einer Willensentscheidung, das Wahre zu wollen. Explizit sagt Dingler, daß er nichts anzubieten hätte dem, dem die Wahrheit nicht schon ein Problem geworden sei.[10]

Zur Willensmetaphysik bei Dingler gibt es eine detaillierte philosophische Untersuchung von Ulrich Weiß.[11] Eine Würdigung der Dinglerschen Lösung des Anfangsproblems ist bei einem Kolloquium aus Anlaß des 50. Todestages Dinglers durch den Autor dieses Aufsatzes vorgestellt worden und soll in einem Tagungsband veröffentlicht werden.

Zur Würdigung des Dinglerschen Beitrages hier jedoch so viel: Die Willensmetaphysik Dinglers trägt nichts zur Lösung des Anfangsproblems bei. Aus heutiger Sicht ist es eher eine sprachanalytische Trivialität, daß immer dort, wo zielgerichtet oder zweckmäßig gehandelt wird, ein entsprechender Wille des Akteurs im Spiel ist. Der Wille zur Tat erscheint hier als notwendige, nicht aber als hinreichende oder gar begründende Begleiterscheinung des Handelns. Außerdem ist nicht zu sehen, warum die *Eindeutigkeit* von Begründungen, auf die Dingler mit wichtigen Vorschlägen zu Recht höchsten Wert legt, zugleich deren *Einzigkeit* nach sich ziehen soll; warum können nicht mehrere eindeutige Wege zum selben Ziel führen? Der Aspekt der Alternativenlosigkeit seiner Begründungsvorschläge hat dem Dinglerschen Ansatz – zu Recht – geschadet.

Ganz hervorragend ist das Verdienst Dinglers um die Begründung von Geometrie und (klassischer) Physik: Geometrie unterscheidet sich eben einerseits von Arithmetik, andererseits von empirischer Physik dadurch, daß sie es mit Formungen zu tun hat, die nicht nur als geistige Prozesse, sondern eben auch als handwerkliche

10 Wörtlich: »Nur *der* Leser wird aber zum vollen Verständnis des folgenden gelangen, dem selbst das Problem der Gewißheit zur schmerzenden Wunde geworden ist. Wo das nicht der Fall ist, dort werden sich allerlei Meinungen einstellen, die anders meinen als es hier geschieht. Das kann der Autor nicht ändern. Ein solcher Leser wird sich aber klar sein müssen, daß das keine Widerlegung bedeutet. Und daß ihm das Problem der Gewißheit noch nicht zur leitenden Instanz für sein Denken wurde«, in: Dingler 1955.

11 Weiß 1990.

Herstellungsschritte zu sehen sind. Das Anwendungsproblem – wie kommt es, daß die Geometrie auf die Natur paßt? – stellt sich nicht, weil die Geometrie von Anfang an eine Theorie der räumlichen Formen konkreter Körper ist, die erst im zweiten Schritt durch Ideation zu einer Theorie mathematischer Qualität wird. Man könnte auch sagen, Dingler hat die Vermutung von Gauß eingelöst, der Geometrie eine Zwischenstellung zwischen Arithmetik und empirischer Physik (Gravitationstheorie) zu geben.[12]

Dinglers Versuche waren allerdings weder operativ noch sprachphilosophisch hinreichend konsequent. An diesem Punkt haben die Arbeiten der Erlanger Schule angesetzt.[13] An diesem Punkt auch haben sich die Wege der Erlanger Tradition (Paul Lorenzen, Rüdiger Inhetveen)[14] und der Marburger Tradition (Peter Janich u. a.)[15] getrennt.

Festzuhalten ist, daß der Beitrag Dinglers für einen speziellen Bereich der Begründungsanfänge originell ist, nämlich für die Arithmetik, die Geometrie und für den experimentellen Teil der Physik. Festzuhalten ist auch das Verdienst Dinglers um das Prinzip der pragmatischen Ordnung als Rationalitätsprinzip für Begründungen, selbst wenn eine klare Trennung zwischen nichtsprachlichem und sprachlichem Handeln noch fehlt.

## 2. Paul Lorenzen

Lorenzen hat mehrere, zum Teil voneinander unabhängige Vorschläge zur Lösung des Anfangsproblems erarbeitet.

Der älteste ist die operative Begründung der Logik.[16] Der Grundgedanke zur Gewinnung des Anfangs ist die Lehr- und Lernbarkeit

12 Gauß schreibt am 28. 4. 1817 in einem Brief an den Astronomen Olbers (Gauß, Carl Friedrich, *Werke*, Bd. 8, S. 177): »Ich komme immer mehr zu der Überzeugung, daß die Notwendigkeit unserer Geometrie nicht bewiesen werden kann, wenigstens nicht vom menschlichen Verstande noch für den menschlichen Verstand ... man müßte die Geometrie nicht mit der Arithmetik, die rein a priori steht, sondern etwa mit der Mechanik in gleichen Rang setzen« (zitiert nach: Kropp 1969, S. 71).

13 Lorenzen 1961.

14 Inhetveen 1983; Lorenzen 1984.

15 Janich 1976, 1989b, 1997a, 2001a.

16 Lorenzen 1955.

des schematischen Operierens. Manuelle Tätigkeiten wie das Aufschichten einer Mauer aus Ziegeln »auf Fuge« sind dafür genauso Beispiele wie simple »Kalküle« in Anlehnung an den ursprünglichen Wortsinn, wonach die »calculi«, die Rechensteine, nach Regeln bewegt werden wie später die Perlen auf dem Abakus.[17]

Der Grundgedanke der Logikbegründung durch schematisches Operieren liegt in einem fortgesetzten Übergang von Sprachebenen auf die jeweilige Metaebene: Auf dieser kann die Zulässigkeit einer Regel der nächsttieferen Sprachebene selbst als Regel formuliert werden. Die Pointe dieses Ansatzes ist, daß sich daraus kein unendlicher Regreß von Metasprachen ergibt, weil sich zeigen läßt, daß der »Reichtum« der höheren gegenüber der niedrigeren Sprachstufe schnell abnimmt. Anschaulich gesprochen, ab einer n-ten Metasprache redupliziert sich jeder Kalkül beim Übergang auf die n+1te Metasprache. Fragt man also (mit einem intuitiven Begriff), worauf bei diesem Vorschlag die »Letztbegründung« der Logik liegt, ist es das »Vermögen, Figuren zu vergleichen ... aber wir haben keine Aussagen über dieses Vermögen gemacht mit dem Zweck, diese Aussagen zum Beweis von anderen Aussagen (etwa über die Zulässigkeit) zu benutzen ... Es liegt darin kein Zirkel, daß wir zur Definition der Aussagen mit (hier folgen Symbole für Identität und Nicht-Identität; P. J.) schon von dem Vermögen, Figuren zu vergleichen, Gebrauch machen werden. Das schematische Operieren geht methodisch den Aussagen über Figuren voran«.[18]

Sosehr damit eine brauchbare Alternative zur bloßen Setzung von Logikaxiomen gewonnen ist, so sehr gilt auch, daß diese Logikbegründung (1) sinnfreie Zeichen (»Figuren«) betrifft (inklusive der Regeln ihrer Zusammensetzung und Verwendung) und daß damit (2) zwar Begriffe wie Ableitbarkeit (im Sinne der Herstellbarkeit einer Figur im Kalkül) und Zulässigkeit gewonnen sind, aber noch kein Bezug zu einer Logik, die Operatoren (Junktoren, Quantoren, Modaloperatoren) als Hilfsmittel für schlüssiges inhaltliches Argumentieren ansieht, hergestellt ist. Lorenzen hat deshalb selbst diesen operativ-schematischen Ansatz der Logikbegründung aufgegeben.

Der für die Erlanger Schule maßgebliche Ansatz zur Logikbe-

17 »Für das schematische Operieren ist es unerheblich, ob die Figuren, mit denen operiert wird, Steine, mathematische Zeichen oder Wörter sind«, Lorenzen 1955, S. 10.

18 Ebd., S. 32.

gründung wurde nach Anregungen durch Lorenzen zuerst von Kuno Lorenz in einem spieltheoretischen Ansatz ausgearbeitet.[19] Bei Lorenzen trat dann an die Stelle eines Zwei-Parteien-Schemas der Spieltheorie ein ethisch orientierter Ansatz: Eine Aussage sollte logisch gültig heißen, wenn ein Proponent gegenüber jedem Opponenten eine Gewinnstrategie hat. Dazu wurde zuerst der Gebrauch der Junktoren und Quantoren in einem materialen Dialog geregelt. Um ein Entscheidungsverfahren zu gewinnen, mußte außerdem eine Gewinnregel für den Proponenten formuliert werden.

Der Begründungsanfang der Logikbegründung verschob sich dadurch auf die Frage nach der Fairneß der Regelungen für den Opponenten und den Proponenten. Fragt man also nach der Instanz, die hier letztlich die Logikbegründung trägt, ist zwar eine Anbindung an das Geschäft des argumentierenden Begründens gewonnen; aber es werden Überlegungen für die Fairneß-Bedingungen erforderlich, wenn nicht die dialogische Logik selbst wieder nur auf einer bloßen Setzung beruhen soll. Letzter Geltungsgrund sind hier also logisch keineswegs harmlose Überlegungen, wie die Logik in einem stilisierten Dialog aus Fairneßprinzipien heraus etabliert werden kann.

Sicher wichtiger als dieses offengebliebene Problem ist jedoch, daß Lorenzen die Logik nicht als eine formale, sondern eine materiale beginnt. Im selben Atemzug ist zu nennen, daß auch die Arithmetik und die gesamte darauf aufbauende Mathematik (Analysis und Mengenlehre) nicht formal, sondern material begonnen werden.[20]

Dies kann hier nicht zugleich vollständig und technisch korrekt vorgetragen werden; die Grundidee des Beginns bei einer materialen Logik läßt sich jedoch an einem Beispiel veranschaulichen: Eine logische Figur wie A → B wird im ersten Schritt nicht als Formel, d. h. unabhängig von den Inhalten der Aussagen A und B betrachtet. Vielmehr gewinnt der Junktor »Wenn-dann« (und so auch alle anderen Junktoren) seine Verwendung nur anhand elementarer Aussagen (statt an Aussageformen), von denen nicht *a priori* gesetzt wird, daß sie wahr oder falsch sind (wie in der klassischen Logik aus der Tradition Freges und Wittgensteins). Das heißt, ob ein Proponent einen Satz A → B erfolgreich verteidigen kann, hängt davon ab, ob er die Teilaussage B begründen kann, sofern der Opponent A begründen

19 Vgl. Lorenzen/Lorenz 1978, vor allem das Vorwort.
20 Vgl. Lorenzen 1965.

kann. (Der Übergang von der materialen zur formalen Logik geschieht dann durch bestimmte Regelerweiterungen, nach denen dem Proponenten erlaubt wird, jede vom Opponenten benötigte, logisch nicht mehr zusammengesetzte Aussage gleichsam zu zitieren, d.h. vom Opponenten ungeprüft zu übernehmen. Der Sprung vom materialen zum formalen Argumentieren geschieht also gerade durch diese Unabhängigkeit des Proponenten von der Begründbarkeit elementarer, d.h. logisch nicht zusammengesetzter Teilaussagen einer komplexen Behauptung.)

Für die Frage nach den Begründungsanfängen ist wichtig, daß diese materiale Logik auf einer Wahrheitstheorie für Elementaraussagen aufruht. Dieser Ansatz ist in der *Logischen Propädeutik* von Wilhelm Kamlah und Paul Lorenzen[21] vorgelegt und von der Erlanger Schule übernommen worden – wenn sich auch in Marburg später Alternativen dazu bildeten. Wichtig für das Konzept des Begründungsanfangs ist damit (gegenüber dem Wiener Kreis) eine sprachphilosophische Wende von der formalen zur materialen Argumentation. Damit muß geklärt werden, wann elementare Prädikationen zu Recht bestehen.

Die Antworten, die die *Logische Propädeutik* auf diese Frage gibt, sind meines Erachtens unzureichend. Pointiert gesagt fehlt der *Logischen Propädeutik* ein Vorschlag zur Bereitstellung des Begründungsanfangs, wie er doch für die angestrebten Rekonstruktionen von Wissenschaftssprachen durchaus erforderlich gewesen wäre. Gutartigkeit und Kompetenz eines Sprechers (*Logische Propädeutik*: weder böswillig noch schwachsinnig) sollten für die Wahrheit einer Elementaraussage ausreichen. Das Konzept der Lebenswelt, das dabei im Hintergrund stand, blieb unerläutert.[22]

Der Begründungsanfang der materialen Logik im Sinne Lorenzens führt also auf eine eher defizitäre Wahrheitstheorie für Elementaraussagen zurück, die nur noch die Erläuterung des Vernünftigen als Ausschluß von Böswilligen und Schwachsinnigen (in einer Formulierung Kamlahs) anbietet:

21 Kamlah/Lorenzen 1967.

22 »Eine traditionelle Formel aufgreifend, können wir sagen: Wir sprechen einem Gegenstand genau dann mit Recht den Prädikator ›P‹ zu, wenn auch jeder andere, der mit uns dieselbe Sprache spricht und der ›weder böswillig noch schwachsinnig ist‹, diesem Gegenstand nach geeigneter Nachprüfung den Prädikator ›P‹ zusprechen würde«, Kamlah/Lorenzen 1967, S. 118.

›Nicht böswillig‹ ist jemand, der nicht die Absicht hat, uns durch Täuschung zu schaden, der vielmehr ›gutwillig‹ ist, unserer Frage und dem zur Frage stehenden Gegenstand aufgeschlossen. ›Nicht schwachsinnig‹ ist im Sinne dieser Formel derjenige, der auch umgangssprachlich so genannt wird und der zugleich ›seine fünf Sinne beisammen hat‹, der fähig ist, im Sehen – oder im Hören, je nachdem – die geeignete Nachprüfung durchzuführen – wir sagen wieder positiv: der ›Normalsinnige‹ … Das Wort ›vernünftig‹, das Haupt- und Leitwort unserer Bemühungen, haben wir bisher nur der Umgangssprache entlehnt. Jetzt geben wir ihm eine vorläufige Explikation: Wir nennen einen Menschen vernünftig, der dem Gesprächspartner und den besprochenen Gegenständen aufgeschlossen ist, der ferner sein Reden nicht durch bloße Emotionen und nicht durch bloße Traditionen und Gewohnheiten bestimmen läßt … In summa: Wenn auch jeder andere, der mit mir dieselbe Sprache spricht, der sachkundig und vernünftig ist, einem Gegenstand nach geeigneter Nachprüfung den Prädikator ›P‹ … zusprechen würde, dann habe auch ich das Recht zu sagen, ›dies ist P‹ … Und wenn diese Bedingung erfüllt ist, dann darf ich ferner sagen: ›Die Aussage ⟨Dies ist P⟩ ist wahr‹ oder auch: ›Die Behauptung ⟨Dies ist P⟩ ist berechtigt‹.

Kurz, fragt man hier nach der Instanz, die eine »Letztbegründung« tragen solle, ist es die Gemeinsamkeit einer gelingenden Kommunikation – aber dies wird allenfalls exemplarisch erwähnt, nicht ausgeführt.

Als dritter Beitrag Lorenzens zur Lösung des Anfangsproblems von Begründungen sind seine Arbeiten zur Protophysik und zur Geometrie zu nennen. Dort hat er zunächst im Anschluß an Dingler in zwei programmatischen Aufsätzen gefordert, der Geometrie eine Begründung zu geben.[23] Geometrische Axiome (im Sinne Hilbersts) sollten durch Homogenitätsprinzipien ersetzt werden, die zur Charakterisierung räumlicher Grundformen wie der Ebene, des rechten Winkels und der Parallelität dienten.

Dieser Ansatz war aber nicht im Ernst operativ. Explizit sagt Lorenzen, daß die handwerklichen Herstellungsverfahren nur der Veranschaulichung dienen sollten. Tatsächlich fehlte bei Lorenzen schon ein operatives Verfahren für den rechten Winkel, *a fortiori* aber ein solches für die Parallelität. Lediglich die Ebene war durch das von Dingler schon favorisierte Dreiplattenverfahren auf technische Herstellung bezogen.

Jahrzehnte später hat Lorenzen im Anschluß an eine Geometriebegründung von Rüdiger Inhetveen die Homogenitätsprinzipien

23 Vgl. Lorenzen 1984, 1964.

aufgegeben. Friedrich Kambartel hatte schon an diesen beanstandet, daß sie nicht als Definitionen von Grundbegriffen gelesen werden dürfen, weil der zu definierende Term im Definiens des Homogenitätsprinzips enthalten ist. Damit war unklar, wie die Homogenitätsprinzipien als zirkelfreie Definitionen überhaupt zu verstehen waren. Außerdem war bei diesem früheren Ansatz Lorenzens ungeklärt, wie die Rede über reale Körper und ihre räumlichen Formen ins Verhältnis zur mathematischen, idealisierten Geometrie zu setzen sei. Dieses Defizit lag daran, daß Lorenzen letztlich nur eine Alternative zur Setzung von Axiomen im Sinne Hilberts durch Schemata geben wollte, die – handlungstheoretisch ebenfalls nicht expliziert – die leitende Idee für die technische Herstellung räumlicher Formen sein sollten, ganz in der Nachfolge Dinglers.

Bei Inhetveen werden die handwerklichen Herstellungsverfahren für die Grundformen der Ebene und des rechten Winkels durchaus genannt, bleiben aber zirkulär.[24] Denn Inhetveen veranschaulicht die Herstellung räumlicher Grundformen durch Schnitte. Nimmt man dies handwerklich wörtlich, statt sogleich an einen mathematischen Terminus »Schnitt« (etwa als Schnittmenge von Punkten) zu denken, benötigt man ein gerades Messer, dessen Schneide selbst ein Schnitt zweier Ebenen ist; und wie jeder Mensch weiß, der schon einmal eine rohe Kartoffel geschält, halbiert oder geviertelt hat, muß dieses Messer mit gerader Schneide auch noch entsprechend eben geführt werden, um ebene oder rechtwinklige Schnitte zu produzieren.

Das Geometriebuch, das Lorenzen im Anschluß an Inhetveen geschrieben hat, ist noch weniger operativ.[25] Alle Veranschaulichungen der Ebenendefinition durch »Klappsymmetrie« sind methodisch zirkulär, d. h. setzen die herzustellenden Formen bereits als technisch beherrscht voraus. Dies hat Lorenzen nicht gestört, weil es ihm um etwas anderes ging: Seine Begründung der euklidischen Geometrie sollte formentheoretisch sein und im Anschluß an die platonische Ideenlehre Formgleichheit durch Konstruktionsgleichheit interpretieren.

24 Vgl. Inhetveen 1983, S. 33: »Ein einfaches Verfahren, Keile herzustellen, besteht darin, einen Körper, der eine technische Ebene als Oberfläche besitzt, so zu zerschneiden, daß diese Ebene zerlegt wird und die entstehenden Schnittflächen wieder technische Ebenen sind.«

25 Vgl. Lorenzen 1984.

Die Nachfrage nach einem Begründungsanfang bleibt hier also ebenfalls offen. Insbesondere bleibt, wie H. Tetens zu Recht eingewandt hat (unveröffentlichter Seminartext), unklar, welchen Vorzug das »Formprinzip« Lorenzens gegenüber irgendeinem Axiom von Hilbert haben sollte. Die Benennung als »Prinzip« anstelle von »Axiom« kann diese Auszeichnung schwerlich leisten.

## 3. Methodische Philosophie

Zusammenfassend läßt sich zu den Vorschlägen Dinglers, Lorenzens und der (älteren) Erlanger und Konstanzer Schule festhalten: Das Problem der Begründungsanfänge war unter der strengen Beschränkung diskutiert worden, daß es nur um Begründungsanfänge wissenschaftlicher Sätze aus lebensweltlichen Praktiken heraus gehe. Andere Wissensformen etwa der Lebenspraxis selbst wurden nicht erwogen. Man hatte sich gewissermaßen unbemerkt mit einer unbegründeten Vorentscheidung seiner Gegner aus dem Wiener Kreis und der analytischen Tradition belastet: Erkenntnistheorie war auf Wissenschaftstheorie reduziert worden. Der Rest der Philosophie sollte sich nach Möglichkeit selbst überflüssig machen, ganz im Sinne der Maximen, mit denen Wittgenstein seinen *Tractatus* schließt.

Für die Arithmetik war ein konstruktiver Ansatz gefunden, der mit einfachen Strichkalkülen eine »Letztbegründung« leistete. Lorenzen hat dies bis in die Grundlagen der Differential- und Integralrechnung hinein ausgearbeitet[26] – ein Ansatz, der unverdient wenig Beachtung gefunden hat. Den Philosophen geht es dabei zu mathematisch und exakt zu, während den Mathematikern aufgrund ihrer formalistischen Präferenzen das Verständnis für die Begründungsaufgabe (außerhalb der Ableitungsrichtigkeit in formalen Systemen) anscheinend ganz verlorengegangen ist.

Die *Logische Propädeutik* hat eine weitere Belastung aus den abgelehnten Gegenpositionen unbemerkt übernommen, nämlich ein pragmatisches, und in den Naturwissenschaften sogar ein poietisches Defizit. Zwar ist in den Bemühungen von Lorenzen, die zusammen mit Oswald Schwemmer zu einer konstruktiven Ethik geführt haben,[27] eine pragmatische Wende eingeleitet worden. Diese

26 Vgl. Lorenzen 1965.
27 Lorenzen/Schwemmer 1975.

betraf zentral die Fragen des Rechtfertigens von Handlungen. Aber sie blieb halbherzig. Eine Sprachphilosophie, die Sprechen als Handeln unter die Begründungserfordernisse für Handlungen setzt, ist nicht entwickelt worden. Die Sprachphilosophie behielt den Primat vor der Handlungstheorie.

Ein bemerkenswertes äußeres Zeichen dafür ist, daß in der Erlanger Tradition das Prinzip der pragmatischen Ordnung von Dingler übernommen wurde,[28] ohne dabei das Verhältnis des nichtsprachlichen Handelns zur sprachlichen Handlungsbeschreibung zu reflektieren.

Damit waren Aufgaben gestellt, sofern das am nachdrücklichsten von Hugo Dingler formulierte Desiderat einer Vollbegründung methodisch weiter verfolgt werden sollte.

## 4. Methodischer Kulturalismus

Die »Kulturalistische Wende«[29] der methodischen Philosophie war eine Reaktion meiner Marburger Arbeitsgruppe einerseits auf die zahlreichen Mißverständnisse, die aus einer irrtümlichen Gleichsetzung des Methodischen Konstruktivismus Erlanger Herkunft mit dem (weithin naturalistischen) Radikalen Konstruktivismus in seinen verschiedenen Spielarten resultierten. Andererseits war die Subsumption unserer Marburger Arbeiten nicht nur mit den Prototheorien zu Physik, Chemie, Biologie, Psychologie und Informationswissenschaften unter die Erlanger Tradition unserer Meinung nach unangemessen. Auch in der Handlungstheorie, der Sprachphilosophie, der Erkenntnis- und der Wahrheitstheorie, der Theorie des Experiments und in anderen Bemühungen hatten wir uns auf

28 Vgl. etwa den Artikel »Prinzip der pragmatischen Ordnung« von Gereon Wolters (1995) in der *Enzyklopädie Philosophie und Wissenschaftstheorie*, wohingegen der Artikel »Prinzip der methodischen Ordnung« lediglich in einem Verweis auf den ersteren besteht.

29 Diese »Kulturalistische Wende« wurde vollzogen im Sammelband *Methodischer Kulturalismus. Zwischen Naturalismus und Postmoderne* (Hartmann/Janich 1996a) und dem darin enthaltenen Manifest »Methodischer Kulturalismus«. Die Reaktionen darauf veranlaßten die Arbeitsgruppe um P. Janich, in einem zweiten Band *Die Kulturalistische Wende. Zur Orientierung des philosophischen Selbstverständnisses* von denselben Herausgebern (1998) eine weitere Ausarbeitung des Ansatzes zu versuchen.

neue Themen konzentriert und von den Erlanger Beschränkungen freigeschwommen. Insbesondere hatte es in Marburg eine ausführliche Diskussion um einige der stillschweigenden Prämissen der Erlanger (und Konstanzer) Philosophie gegeben, wie: Was sollte eine »Rekonstruktion« leisten? Wann sollte eine Rekonstruktion als gelungen gelten? Was sollte im Falle einer Abweichung zwischen Rekonstrukt und Rekonstruendum geschehen? Waren nicht gerade die Rekonstruktionsversuche, die Lorenzen im Bereich der exakten Wissenschaften vorgelegt hatte, von der Gefahr eines zirkulären Vorgehens betroffen: Wenn Rekonstruieren selbst ein zielgerichtetes Handeln ist, wie hängt dann die Rekonstruktion vom investierten Rekonstruktionsziel ab? Was muß man vor dem Vorlegen einer Rekonstruktion wissen, etwa, daß das Rekonstruendum tatsächlich rekonstruktionsfähig ist? Und was folgt, wenn sich herausstellt, daß es sich anders verhält?

Da in der Tradition der methodischen Philosophie das (»methodische«, d.h. nach pragmatischer Ordnung sprachkritische) Rekonstruieren die Suche nach einer Begründung ist, lassen sich die vorstehenden Fragen alle auch mit dem Verbum »begründen« reformulieren. Was ist genau der Gegenstand einer Begründung? Was muß man über das zu Begründende vor Angabe einer lückenlosen und zirkelfreien Begründung schon wissen? Wie ist zu verfahren, wenn die Begründung einer These nicht gelingt? Vor allem aber: Wie steht es mit den Begründungsanfängen? Bergen selbst bei Rückgang auf die unhintergehbare elementare Prädikation die investierten Unterscheidungsabsichten (und die entsprechend gewählten Beispiele und Gegenbeispiele) nicht doch wieder eine Gefahr, auf eine Petitio Principii hinauszulaufen?

Zwei Aspekte schienen in unseren Marburger Diskussionen von der Erlanger und der Konstanzer Philosophie (aufgrund einer fehlenden Theorie der Lebenswelt) zu wenig berücksichtigt worden zu sein, nämlich einerseits die Geschichtlichkeit und andererseits die Gemeinschaftlichkeit aller lebensweltlichen Fähigkeiten, deren wir uns im Handeln und Argumentieren bedienen. Vor allem gewann die Handlungstheorie einen methodischen Primat vor der Sprachphilosophie, nachdem der zu erwartende Einwand entkräftet war, daß ja auch jede Reflexion auf das Handeln im Medium der Sprache sich vollziehe. (Für die weiteren Aspekte der von uns versuchten »Kulturalistischen Wende« der methodischen, schon linguistisch und pragmatisch gewendeten Philosophie sei auf die in Anmerkung 29 genannten Bände verwiesen.)

Im Rückblick beginnt die damit vollzogene Weiterbildung und teilweise Ablösung von der Erlanger Position schon mit meinen ersten Arbeiten zur Protophysik. Aus meiner Promotionszeit erinnere ich mich an mehrere Gespräche mit meinem verehrten Lehrer Paul Lorenzen, in denen ich immer wieder folgendes Problem vorgebracht habe: Wenn in der Geometrie die Ebene durch das Dinglersche Dreiplattenverfahren operativ definiert wird (wobei damals noch die Lorenzenschen Homogenitätsprinzipien den Sprung von Handwerk und Technik zur mathematischen Geometrie leisten sollten), dann benötigt man ein Wissen, warum voneinander unabhängig durchgeführte Verfahren der Ebenenherstellung zu den gleichen Resultaten führen. (Ich nannte dies die Eindeutigkeit der operativen Ebenendefinition.) Logisch gilt dies jedenfalls nicht. Hier liegt, in meiner heutigen Terminologie, ein »Russell-Problem« vor (benannt nach Bertrand Russell, der 1919 geschrieben hatte, daß die Methode des Postulierens [im Vergleich zum Begründen] den Vorzug des Diebstahls vor der ehrlichen Arbeit habe): Wenn die Ebene definiert ist durch die Existenz zweier frei verschiebbarer Paßstücke, die auch untereinander frei verschiebbar passen, woher will und kann man wissen, d. h. wie kann man begründen, daß *unabhängig voneinander* nach dieser Definition hergestellte »ebene« Platten auch zueinander (frei verschiebbar) passen?

(Das Russell-Problem taucht meinem Verständnis nach zuerst bei Euklid auf: Der rechte Winkel wird [in Buch I, Definition 10] durch die Deckungsgleichheit eines Winkels mit seinem Nebenwinkel definiert. Logisch gesehen ist das Definiens ein Existenzsatz: Ein Winkel heißt ein rechter, wenn es zu ihm einen Nebenwinkel gibt, der mit ihm deckungsgleich ist. Dazu fordert Euklid in Postulat 4, daß alle rechten Winkel einander [deckungs]gleich sind. Da dieser Sprung vom Existenz- zum Allsatz nicht logisch gilt, mußte Euklid diese Lücke durch das Postulieren der Gleichheit aller rechten Winkel überspringen. Die Pointe dieser Lesart liegt darin, daß sich das vom Platoniker Euklid übersehene Russell-Problem schon bei der Ebene stellt [bei Euklid fehlt ein entsprechendes Postulat] und historisch höchst wirksam, nämlich zur nichteuklidischen Geometrie führend, noch einmal bei der Parallelen auftritt: In einer von Euklid abweichenden Formulierung liest sich die Parallelendefinition [bei

Euklid Buch I, Definition 23, durch »sich nicht schneiden« definiert] als Existenzsatz im Definiens: Zwei Geraden [in einer Ebene] heißen parallel, wenn es zu ihnen ein gemeinsames Lot gibt. Das Parallelenpostulat [bei Euklid Buch I, Postulat 5] lautet dann [entsprechend umformuliert], daß alle [weiteren] Lote auf eine von zwei Parallelen auch auf der anderen senkrecht stehen. Die ganze »Entdeckung« der nichteuklidischen Geometrien beruht auf der fehlenden Lösung der drei Russell-Probleme der geometrischen Grundformen eben, rechtwinklig und parallel.)

Meiner Erinnerung nach hat Lorenzen nicht nur zugestimmt, daß es für die Begründung der Geometrie einen Eindeutigkeitssatz der Ebene und dessen Beweis geben müsse; er hat später selbst in einem Aufsatz den von mir aufgestellten und nur indirekt bewiesenen Eindeutigkeitssatz der Chronometrie direkt bewiesen – und damit wohl definitiv das zugrundeliegende Begründungsproblem anerkannt. (Während meiner Arbeit an der Dissertation zur Protophysik der Zeit konnte ich Lorenzen über diese Anerkennung hinaus nicht für das Problem erwärmen, weil er in diesen Jahren zusammen mit Oswald Schwemmer an der Begründung der Ethik arbeitete.)

Ein erstes Exemplar eines eigenen Typs von Begründungsanfang findet sich in meinem Versuch, Geometrie als Theorie der Formen (wie bei Dingler und Lorenzen, anstelle einer Theorie der Größen wie bei H. v. Helmholtz) zu begründen, der einerseits den operativen Ansatz Dinglers, andererseits den sprachkritischen Ansatz der *Logischen Propädeutik* von Kamlah und Lorenzen konsequent durchzuführen versucht:[30] Die nichtsprachlichen Handlungen, zwei Körper zur Berührung zu bringen und dabei Passung in einzelnen Stellen oder Teilflächen her- oder festzustellen, sollten in einer unlösbaren Verbindung mit der Bestimmung entsprechender erster Handlungsprädikatoren stehen. Die Behauptung etwa, daß zwei (bestimmte) Körper $K_1$ und $K_2$ sich an (bestimmten) Stellen ihrer Oberflächen berühren, sollte das Ergebnis einer handwerklichen Herstellung der Berührung sein. Der deskriptive Prädikator »berühren« (als Relation für Körper) sollte damit an die Herstellung des bezeichneten Sachverhalts gebunden und so sein Gebrauch normiert werden.

30 Vgl. Janich 1976.

(Als ich später in einer Kritik von Hans Albert an der *Kritischen Psychologie* Klaus Holzkamps auf den Vorwurf gegen die Philosophie Dinglers stieß, hier würde Wahrheit nicht »festgestellt«, sondern »hergestellt«, sah ich darin statt einer Kritik gerade die adäquate Beschreibung meines Lösungsvorschlages.[31] Tatsächlich sollte das Feststellen von Wahrheiten auf ihre Herstellung zurückgeführt werden. Nur so, d.h. in einer Verbindung eines präskriptiven Weges mit einem nichtsprachlichen Weg des poietischen Handelns, schien mir das Anfangsproblem der Begründung geometrischer Sätze lösbar.)

Damit war eine später vollzogene Trennung des Erlanger und des Marburger Wegs zur Geometriebegründung, ja letztlich zur gesamten Protophysik eingeleitet.[32] Denn für meinen Vorschlag war unerläßlich, vorab zu klären, worauf denn das ganze Unternehmen der Geometrie- bzw. Physikbegründung abzielen solle, ohne das Risiko der Zirkularität einzugehen.

Da hierfür nicht eine historisch vorgefundene Theorie (wie z. B. die *Grundlagen der Geometrie* von David Hilbert oder eine moderne Axiomatisierung der Mechanik Newtons) für die rekonstruierende Begründung vorgegeben sein durfte, wenn die bereits erwähnten Begründungszirkel zu vermeiden waren, mußten es andere Rekonstruktionsziele sein. Es sollte »Leistungsgleichheit« zwischen den zu rekonstruierenden Wissensbeständen und den Rekonstrukten erreicht werden. Durch eine philosophische Rekonstruktion durften keine technischen, explikativen oder prognostischen Leistungen vorliegender mathematischer Naturwissenschaften verlorengehen. Diese wurden zur Vermeidung semantischer Zirkel, allein durch lebensweltliche und alltagssprachliche (im Zweifel selbst zu rekonstruierende, zu normierende) Mittel beschrieben.

Damit war ein Begründungsanfang ausgewählt, der als Rede über Räumliches einerseits unsere Alltagspraxis rekonstruiert, größeninvariant über Formen zu sprechen, also Wörter wie Würfel, Kugel, Rechteck usw. unabhängig von der Größe der bezeichneten Objekte zu gebrauchen. (Jeder Kenner der Mathematik weiß, daß dieses nur

31 »Die Übereinstimmung von Aussage und Sachverhalt, die in der klassischen Wahrheitsidee gefordert ist, wird nicht festgestellt, sondern durch *Herstellung* herbeigeführt« (S. 16); Albert 1973.

32 Diese Trennung wurde manifest, als sich Inhetveen und Lorenzen zur Aufgabe der Homogenitätsprinzipien als Formulierung der Herstellungsziele entschlossen. Vgl. Inhetveen 1985.

in einer Ähnlichkeits- und damit einer euklidischen Geometrie möglich ist.) Andererseits sollte für die Verwendung der Geometrie in der (klassischen) Physik eingeholt werden, daß deren Gesetze skaleninvariant, d. h. unabhängig von der Wahl von Maßeinheiten für Länge, Dauer und Masse, gelten.

Begründungsziele waren also nicht spezielle materiale Sätze der Geometrie oder der Physik. Statt dessen waren neben den alltagssprachlichen, bewährten Unterscheidungspraktiken und der technischen Leistungsfähigkeit der Mechanik methodologische Prinzipien vorausgesetzt, wonach die operativen Verfahren situationsinvariant, d. h. durch jede Person beliebig wiederholbar (transsubjektiv) und auf alle Objekte anwendbar (universell), sein sollten.

Der »Begründungsanfang« des damit geschilderten Weges ist also der Vollzug einer nichtsprachlichen Handlung (hier: im ersten Schritt zwei Körper zur Berührung und zur Passung zu bringen). Daran wurde einerseits eine vorgeometrische Terminologie normiert (beginnend mit den vierstelligen Prädikatoren »berühren« und »passen«: $K_1$ berührt an der Stelle $S_1$ den Körper $K_2$ an der Stelle $S_2$) und andererseits die ersten (singulären) Aussagen in ihrer Geltung sichergestellt.

Das heißt, die festgestellten Sachverhalte waren die hergestellten. Transsubjektivität und Universalität sind bezüglich der Personenunabhängigkeit dadurch eingelöst, daß die entsprechenden Handlungen beliebig, d. h. von jedermann, vorgeführt und nachgemacht (und zugleich in normierter Terminologie vorgetragen) werden können. Universalität liegt z. B. im Verzicht auf die Auszeichnung irgendwelcher Standardkörper, wie sie in der empiristischen Tradition etwa als Pariser Urmeter vorgesehen waren. »Letztbegründet«, sofern man diesen Ausdruck statt des Dinglerschen »vollbegründet« vorzieht, war damit eine singuläre Aussage über eine konkrete relative Lage bzw. Oberflächenform zweier konkreter Körper in einer bestimmten Gesprächssituation.

Selbstverständlich wichtiger im Blick auf die wissenschaftliche und philosophische Tradition war das Problem, wie man zu *allgemeinen* Aussagen über räumliche, zeitliche und stoffliche Formen kommen könne. Am anschaulichen Beispiel: Wie wird begründet, daß alle ebenen Körperoberflächen aufeinander passen? Mit anderen Worten, wie ist das Russell-Problem zu lösen? In dieser Arbeit von 1976 wurde zum ersten Mal für die Geometrie ein Eindeutigkeitssatz für die Ebene und für den rechten Winkel formuliert und bewiesen. (Für die Eindeutigkeit der Kongruenz – die Parallelität war damals nicht als eigene Grundform vorgesehen – enthält die Arbeit allerdings einen Fehler, der erst später bemerkt wurde.)

Die Lösung des Russell-Problems gelingt über ein Handlungs- und Handlungsfolgenwissen, also ein Wissen über unsere Handlungsschemata unabhängig von der Qualität ihrer Durchführung (»Performanz«).

Dieser Vorschlag greift eine Praxis auf, die uns allen im Alltag geläufig ist. Man führt etwa eine Planungsdiskussion zu einer Reise, zu einem Hausbau oder zu irgendeiner anderen Unternehmung. Auch Parlamentsdebatten im Gesetzgebungsverfahren haben diesen Status. Dabei diskutiert man das zu Tuende, das geplante Vorhaben, *als ob* es durchgeführt sei, um vorab die Handlungsfolgen bedenken und die geplante Handlung gegebenenfalls auch unterlassen zu können. (Damit ist die zu Beginn dieses Aufsatzes erwähnte Zweiteilung menschlichen Wissens in formalwissenschaftliches und empirisches aufgegeben. Handlungsfolgen werden weder von formalem noch von einem empirisch falsifizierbaren Wissen erfaßt. Sie sind fiktiv, nicht hypothetisch.)

Tatsächlich haben und nützen wir täglich ein solches »Als-ob-Wissen«. Wir kennen und berücksichtigen die Folgen unseres Handelns (etwa beim Lesen eines Eisenbahn-Fahrplans), auch wenn wir dieses Handeln konkret nicht vollziehen. Die Passung *aller* ebenen Körperoberflächen aufeinander wird also als Handlungsfolgenwissen begründet. Das heißt, es muß aus den (selbstverständlich sprachlich beschriebenen) Handlungsschemata deduzierbar sein. Unter der kontrafaktischen Annahme, die schematisch beschriebenen Handlungen seien vollzogen, wird daraus abgeleitet, welche Folgen sie haben. Wie dies im einzelnen geht, kann hier nicht vorgeführt werden, ist aber in den zitierten Arbeiten nachzulesen.

Erkenntnistheoretisch wichtig ist hier der Status dieses Wissens: Es dient in der Protophysik als normative Bestimmung des ungestörten Falles. Nur wo die Ergebnisse eines Herstellungsverfahrens bekannt sind, ist im konkreten Fall einer beobachteten Abweichung sinnvoll nach Ursachen für diese Störung zu fragen und diese Frage empirisch (am Falle der Störungsbehebung) zu beantworten.

Diese »Als-ob-Sprechweise« wird dann, zur Unterscheidung von der Sprechweise über tatsächlich vollzogene Handlungen und ihre Resultate, auch terminologisch unterschieden – im Verfahren der »Ideation«. (Der Terminus »Ideation« ist von Husserl übernommen, der in der Krisis-Schrift dazu einen mit der protophysikalischen Ideationstheorie[33] bestens verträglichen Vorschlag gemacht hat.)

Obwohl auch dies hier nur die Skizze eines Begründungstyps sein kann, läßt sich doch jetzt sagen: Die Begründung sogenannter »mathematischer« Sätze der Geometrie ist über die Lösung der Russell-Probleme für die Ebene, die Orthogonalität und die Parallelität in einer ideierenden Sprechweise über Handlungsschemata nichtsprachlichen Handelns möglich. (Damit hatte ich das mir selbst gesteckte Ziel im Bereich der Protophysik erreicht und anschließend an einer Frage erprobt, die mich schon lange umtrieb: Woher wissen wir, das heißt, wie begründen wir das unstrittige Wissen, daß die Objekte unseres Erfahrungsraumes dreidimensional sind? Dies hat zugleich einen Lösungsvorschlag für eine handlungstheoretische Auflösung der Unklarheiten des synthetischen Apriori bei Kant geliefert. Vgl. Janich 1989b.)

Am vorläufigen Ende dieser Entwicklung meiner Arbeiten zum Problem der Begründungsanfänge steht die *Logisch-pragmatische Propädeutik.*[34] Sie revidiert die *Logische Propädeutik* von Kamlah und Lorenzen in ihrem pragmatischen Defizit. In ihr wird der Primat der Sprachphilosophie vor der Handlungstheorie bestritten und statt dessen Sprechen als Handeln rekonstruiert.

Damit war ein neues Problem zu lösen: Wie ist in einem Buch, also selbstverständlich sprechend, ein Beginn bei nichtsprachlichen Handlungen zu fassen? Die handlungstheoretische Lösung dieses Problems liegt darin, eine Vollzugs- von einer Beschreibungsperspektive zu unterscheiden. Die bekannte, bei Jürgen Habermas in der theoretischen wie der praktischen Philosophie tragende Unterscheidung von Teilnehmer- und Beobachterperspektive betrifft nur zwei verschiedene Typen der *Beschreibungsperspektive.* Wenn in der Begründung einer Aussage, in der Handlungsbeschreibungen vorkommen, der Akteur selbst mit einbezogen oder von ihr betroffen ist, argumentiert er aus der Teilnehmerperspektive. Ist der Akteur

33 Die Ideationstheorie mit ihren Schritten über ein Ideationsprinzip und einen Ideationssatz ist entwickelt in: Janich 1980. Ein Vergleich mit dem Ansatz von E. Husserl findet sich in: Janich 1991.

34 Janich 2001b.

nicht von der Beschreibung betroffen, wird eine Beobachterperspektive eingenommen. Diese Trennung läßt sich exemplarisch erläutern: Die zu begründenden Behauptungen, die etwa ein Segler über seine eigenen Handlungen beim Steuern seines Bootes machen kann, unterscheiden sich von der Beschreibung derselben Gegenstände (Fahrtrichtung, Geschwindigkeit, Windrichtung, Windgeschwindigkeit, Wasserströmung) durch einen Beobachter vom Ufer aus in genau dieser Hinsicht von Teilnehmer- und Beobachter-Perspektive. Auch die methodischen Probleme etwa einer Geschichtswissenschaft oder einer Soziologie, in der der Wissenschaftler selbst seinen Ort in der Geschichte oder in der Gesellschaft hat, sind streng explizierbare Beispiele dieser zwei Formen der Beschreibung aus der Teilnehmer- und der Beobachterperspektive.

Anders die *Vollzugsperspektive*. Ihre Schwierigkeit liegt darin, daß sie (ebenfalls) eine »Perspektive« ist, d. h. in Beschreibungen vorkommt. Der entscheidende Unterschied von Vollzug und Beschreibung liegt darin, daß das Vollziehen einer Handlung (insbesondere einer nichtsprachlichen Bewegungs- oder Herstellungshandlung des Sprechers) zu einem *unverzichtbaren Bestandteil der Begründung* wird. Genauer, wo Begründungen kontrovers werden und deshalb expliziert werden müssen, treten diese Vollzüge an den Anfang der fraglichen Begründung.

Nun ist das oben ausgeführte Beispiel der Geometriebegründung durch Rückgang auf nichtsprachliche poietische Handlungen (wie das Zur-Berührung-Bringen zweier Körper) auch begründungstheoretisch eingeholt. Aussagen über räumliche Verhältnisse zwischen Körpern (hinsichtlich Form, Größe und relativer Lage) werden argumentativ zurückgespielt auf Sachverhalte, die im Zweifel nichtsprachlich poietisch herzustellen sind, und zwar im Zweifel tatsächlich, was also herausführt aus dem Diskurs und diesen in Richtung auf das Zurückfragen nach Gründen abschließt.

Allgemein gewinnt damit eine nicht weiter aufzulösende Einheit von Handeln und Sprechen die Rolle sowohl eines semantischen wie eines alethischen (d. h. geltungstheoretischen) Anfangs. Erste Wörter (Handlungsprädikatoren) werden am Vollzug in Kommunikations- und Kooperationssituationen »eingeführt« (wie das noch aus der Erlanger Tradition übernommene, von Außenstehenden gerne als sozialpsychologische Duftmarke einer Schule apostrophierte Wort lautet), und die durch Vollzug erzeugten Sachverhalte werden im emphatischen Sinne zu den grundlegenden Tatsachen. (Es kann hier nicht weiter ausgeführt werden, daß die hier am Beispiel der nichtsprachlichen Vollzüge vorgestellten ersten Schritte auch bei Vollzügen »erster« sprachlicher Handlungen Anwendung finden.)

In meiner »pragmatisch-instrumentellen« Wahrheitstheorie[35] ist darüber hinaus versucht, dieses Modell des Begründungsanfangs bei poietischen Handlungen auf alle Typen von Wahrheiten und Handlungen auszudehnen. Daß dies schrittweise bis zu historischen Wahrheiten gehen kann, in denen gerade vergangene und nicht durch unmittelbaren Vollzug erneut verfügbare Sachverhalte möglich sind, ist in der Logisch-pragmatischen Propädeutik ausgeführt.

## 5. Schluß

Wo Wolfgang Kuhlmann als Ziel seiner Theorie der reflexiven Letztbegründung angibt, die Transzendentalphilosophie Kants in eine »Transzendentalpragmatik« zu transformieren, ist in der methodisch-kulturalistischen Begründungstheorie das Ziel leitend, einen Beitrag zur Lebensbewältigung durch philosophische Kritik an den vorgefundenen Verhältnissen zu leisten. Nach der Maxime Goethes »Was du ererbt von deinen Vätern hast, erwirb es, um es zu besitzen!« ist die historisch vorgefundene Situation in ihrer Kulturhöhe[36] in einer pragmatischen Sprachkritik methodisch zu rekonstruieren. Methodische Rekonstruktionen sollen die Frage beantworten, ob ein historisch vorgefundenes Wissen verdient, als solches akzeptiert zu werden. Dazu muß es (rekonstruierend »noch einmal«) begründet werden – im bequemsten Falle natürlich bei Vorliegen stichhaltiger Begründung einfach durch deren Nachvollzug.

Wo aber, wie insbesondere auch in den theoriebildenden, exakten Wissenschaften das vorgefundene »Wissen« *de facto* nur eine Lehrmeinung ist, die sich naturwüchsig durchgesetzt hat und im evolutionären Kampf der Schulen zu einem Zeitpunkt das herrschende Paradigma darstellt, sind neue Begründungen zur Unterscheidung des Wahren von der bloßen Meinung gefordert.

35 Janich 1996d, 2. Auflage 2000.

36 Der Begriff der »Kulturhöhe« wird eingeführt in: Janich, Peter, »Die Struktur technischer Innovationen«, in: Hartmann/Janich 1998, S. 129-177. Zu Mißverständnissen und Kritik dieses Begriffs vergleiche Schneider 2002.

In der üblichen Unterscheidung von Entstehungs- und Begründungszusammenhang soll nach diesem Begründungsmodell generell gelten, was exemplarisch für die Situationsinvarianz technischen Wissens gilt: Wer immer zu welchen Zwecken welche technischen Mittel erfunden und realisiert hat, ihre Zweckmäßigkeit muß sich stets von neuem situationsinvariant erweisen lassen. Es ist nicht erheblich, wer wann wozu das Rad erfunden hat. Erheblich ist, daß es sich für die Lösung bestimmter Probleme universell als geeignetes Mittel ausweisen läßt, und so jeder technische und nicht-technische Fortschritt in der Kulturhöhe.

Historische Kontingenz läßt sich durch Unterscheidung von wahr und falsch, gerechtfertigt und nichtgerechtfertigt im Rückgang auf die Vollzugsperspektive als Begründungsanfang bewältigen.

# 3. Was ist denn nun Wahrheit – ganz praktisch gesehen?

## Einleitung

Wenige Tage nach Beginn des Kosovokrieges schrieb Rudolf Augstein in einem Kommentar: »Das erste, was im Krieg auf der Strecke bleibt, ist die Wahrheit.« Und tatsächlich, wer hätte nicht in den letzten Wochen immer wieder mit Empörung festgestellt, wie ein totalitäres System die Wahrheit mit Füßen tritt, und wer hätte nicht vielleicht auch mit gemischten Gefühlen die Informationspolitik der Nato verfolgt? Am Ende muß man sich fragen, was überhaupt wahr ist von den Nachrichten, die uns erreichen, sei es im Fernsehen, sei es in Zeitungen. Es ist keine Frage: Wir sind auf Wahrheit angewiesen, um uns orientieren zu können.

Zugleich scheinen wir im Alltag recht genau zu wissen, was Wahrheit ist. Geht man z. B. davon aus, daß jedes gesunde, normal entwickelte Kind im Alter der Einschulung die Fähigkeit besitzt zu lügen (und falls nicht, diese Fähigkeit in den ersten Wochen der Schulzeit erwerben wird), so unterstellen wir jedem Kind die Fähigkeit, mit Absicht etwas anderes zu sagen, als es für wahr hält. Das heißt, wir trauen jedem Kind die Fähigkeit zu, zu entscheiden, was nach seiner eigenen Meinung wahr ist und was nicht.

Einleitend möchte ich diese Beispiele unseres Alltagsverständnisses von Wahrheit noch ein wenig fortsetzen. Unausweichlich wohl in jeder Biographie kommt die Situation, in der wir mit unserer eigenen Überzeugung in Konflikt geraten zu Meinungen anderer, ganzer Gruppen, vielleicht Mehrheiten oder Autoritäten. Das ist – spätestens – der Zeitpunkt, zu dem uns bewußt wird, daß Wahrheit nicht einfach von Zustimmung, der Zustimmung anderer, der Mehrheiten oder Autoritäten, abhängen kann, sondern daß es etwas anderes geben muß, das Wahrheit auszeichnet. Und spiegelbildlich dazu dürfte es wohl auch eine jedem zugängliche Erfahrung sein, daß wir uns mit einer ganz bestimmten Überzeugung völlig sicher waren und uns doch einen Irrtum eingestehen mußten, etwa beim Durchlesen eines eigenen, lange zurückliegenden Briefes.

Diese Beispiele können zeigen, daß schon unser Alltagsverständnis von Wahrheit höchst differenziert ist, so daß sich mit Recht die

Frage stellt, wozu ein Philosophieprofessor erläutern soll, was Wahrheit sei.

Die Beispiele aus unserem Alltagsverständnis, die ich genannt habe, beziehen sich auf Einzelpersonen und ihren persönlichen Umgang mit bzw. ihr persönliches Erleben von Wahrheit. Schwieriger wird es dagegen, wo es um Formen der Wahrheit geht, die dieses Persönliche, auf das Individuum Bezogene überschreiten und allgemeine, öffentliche, überpersonale, allgemein gültige oder transsubjektive Wahrheiten betreffen. Hier läßt uns unser Alltagsverständnis schnell im Stich, und hier bin ich beim Anliegen meines Beitrags, für das man vielleicht doch einen Philosophen brauchen kann, und dies hoffentlich um so mehr, wenn es um eine neue, mit verbreiteten Mehrheitsmeinungen konkurrierende Antwort geht.

## 1. Zwei Thesen

Wir nehmen ja allgemein an, daß es den Wissenschaften, und dort wieder vor allem den Naturwissenschaften, am besten gelungen ist, eine Wahrheit zu etablieren, die nicht von der Einzelperson abhängig ist, sondern einen Anspruch auf überpersönliche Geltung zu Recht erheben und einlösen kann. Dazu möchte ich Ihnen die These vortragen und begründen, daß die Wahrheitsauffassung der Naturwissenschaften deren Erfolg nicht erklärt und daß die Naturwissenschaften heute das Risiko laufen, Wahrheit gänzlich zu verlieren.

Meine zweite These, die sich selbstverständlich Reparaturbemühungen zum diagnostizierten Problem der ersten These vornimmt, lautet: Wahrheit ist nicht ein Zeichen der Übereinstimmung mit (gar noch menschenunabhängiger) Wirklichkeit, sondern ein Aspekt gelingender Praxis. Das Hauptanliegen meines Vortrags wird darin bestehen, diese zweite These darzulegen und sie als einen Vorschlag zu rechtfertigen.

## 2. Philosophische Erblasten

Sie haben sicherlich den ungeduldigen und unzufriedenen Unterton in der Formulierung meines Themas bemerkt. »Was ist denn nun Wahrheit?« ist eher ein ungehaltener Ausruf als eine Frage, was durch den Zusatz »ganz praktisch gesehen« noch verstärkt wird. Tatsächlich ist es die Unzufriedenheit mit den Leistungen meiner eigenen Zunft, der Philosophie, die mich zu einem neuen Vorschlag veranlaßt. Dazu werde ich zunächst andeuten, wie es geistesgeschichtlich zu der Wahrheitsauffassung kommt, die für die modernen Naturwissenschaften prägend wurde. Dann werde ich, wie angekündigt, erläutern, warum diese nicht den Erfolg der Naturwissenschaften erklärt und wieso die Naturwissenschaften das Risiko laufen, die Wahrheit zu verlieren.

Wenn Sie heute bei der professionellen akademischen Philosophie anfragen, was Wahrheit sei, wenn Sie etwa ein Fachlexikon konsultieren oder sich gar ein Buch kaufen mit dem Titel »Wahrheitstheorien« (Plural!), dann werden Sie auf ein ganzes Potpourri von Theorien treffen. Da gibt es eine Korrespondenztheorie der Wahrheit, so genannt, weil Wahrheit und Wirklichkeit miteinander korrespondieren, oder eine Kohärenztheorie, wonach das Wahre immer das mit allem anderen Zusammenhängende sei, oder eine Konsenstheorie der Wahrheit, wonach ein Konsens von Fachleuten oder Informierten oder Bemühten oder der herrschaftsfrei Diskutierenden die Wahrheit auszeichne. Da gibt es eine Redundanztheorie, wonach das Wort »wahr« überflüssig sei, weil, wer Wahres behauptet, nicht auch noch hinzufügen müsse, daß es eben wahr sei, wenn es wahr ist. Es gibt phänomenologische, instrumentalistische, pragmatische und andere Wahrheitstheorien, kurz, eine unübersehbare Fülle von Vorschlägen und Ansätzen.

Das wäre für sich genommen noch kein Grund zur Unzufriedenheit. Aber die Debatte über die Konkurrenz von Wahrheitstheorien, also ein genauerer Blick auf das, was tatsächlich passiert, wenn Kontroversen zwischen Wahrheitstheorien und ihren Vertretern ausgetragen werden, gibt Anlaß zur Kritik: Sie findet nämlich als reines Glasperlenspiel statt, gleichsam als Fortsetzung einer nun einmal vorgefundenen traditionellen Debatte ohne Bezug auf Praxis, ohne »Sitz im Leben«.

Diese Debatte der vierten Stufe hat aber unmeidlich drei andere Stufen zur Voraussetzung: Wenn etwa eine wichtige Aussage, z. B. eine Zeugenaussage vor Gericht, als die erste Stufe bezeichnet wird, auf der eine Behauptung aufgestellt wird, so kann man über diese Aussage sprechen und diskutieren, ob sie wahr oder falsch sei. Diese Diskussion ist die zweite Stufe. In einer solchen Debatte, ob eine bestimmte Aussage wahr oder falsch ist, kann und wird die Frage auftauchen, nach welchen Kriterien für den fraglichen Fall der Zeugenaussage zu urteilen sei und ob entsprechend das Urteil, daß die Zeugenaussage wahr oder falsch sei, zu Recht gefällt wurde. Mit dieser Debatte befindet man sich auf einer dritten Stufe, auf der z. B. gegeneinandergehalten wird, daß die Beobachtung eines ins Geschehen involvierten Zeugen gegenüber den Berechnungen eines Sachverständigen anderen Kriterien unterliegt. Diese dritte Ebene ist in der philosophischen Fachdiskussion diejenige der Wahrheitstheorien. In ihnen werden Wahrheitstypen, z. B. logische und empirische, unterschieden. In ihnen geht es um Wahrheitsdefinitionen, Erläuterung von Wahrheitskriterien usw. Da aber, wie angedeutet, unter den Fachleuten für Wahrheitstheorien keine Übereinstimmung herrscht, findet auf der vierten Stufe eine Diskussion unter Wahrheitstheoretikern statt. Diese mündet in fruchtlose Definitions- und Argumentationszirkel, wenn sie mit dem Unterton geführt wird, welche Wahrheitstheorie denn nun die wahre sei. Doch auch wo diese offensichtliche Zirkularität vermieden wird, bleibt dieser Streit so fruchtlos, wie er historisch tatsächlich ergebnislos ist. Dies liegt m. E. daran, daß ohne Rechtfertigung die Wozu-Frage der ganzen Bemühungen ausgespart bleibt. Anders gesagt, meine Unzufriedenheit mit dieser ganzen Debatte rührt daher, daß sie sich nur als Fortsetzung einer geistesgeschichtlichen Tradition und nicht als Wahrnehmung der Aufgabe abspielt, für (lebenswichtige) Probleme Lösungen vorzuschlagen. Der Zusatz im Titel meines Vortrags »ganz praktisch gesehen« soll andeuten, daß meine eigenen Vorschläge in genau die entgegengesetzte Richtung gehen, d. h. daß Wahrheit nicht als Selbstzweck, sondern als Mittel zum Zweck betrachtet, definiert und gesucht wird.

Damit verlasse ich die innerphilosophische Diskussion des Wahrheitsproblems und wende mich der heute überwältigend dominanten Auffassung zu, nämlich der stillschweigenden Philosophie der Naturwissenschaftler. Worin besteht sie, und wie ist sie entstanden?

## 3. Die Wahrheit in den Naturwissenschaften

Natürlich läßt sich im zeitlichen Rahmen eines solchen Vortrags nur andeuten, welche Stationen zur heutigen Auffassung geführt haben. Das ganze Unternehmen beginnt mit Aristoteles, bei dem sich zum ersten Mal eine explizite und klare Definition für »wahr« findet. In der *Metaphysik* heißt es: »Von etwas, das ist, zu sagen, daß es nicht ist, oder von etwas, das nicht ist, zu sagen, daß es ist, ist falsch. Von etwas, das ist, zu sagen, daß es ist, und von etwas, das nicht ist, zu sagen, daß es nicht ist, ist wahr.« Diese Definition kann wohl jeder Laie verstehen, und jeder Laie wird ihr auch zustimmen können. (Warum diese Definition so kompliziert ist und vier Fälle betrachtet, kann ich hier aus Zeitgründen nicht erläutern. Aristoteles war eben auch der Begründer der Logik.)

Ungeachtet dieser Zustimmung kann man aber an dieser aristotelischen Definition, die auch in einem modernen Sinne durchaus strenge Anforderungen an das Definieren erfüllt, feststellen, wie wenig sie einem nützt. Zwar sind die Wörter »wahr« und »falsch« jetzt definiert. Aber man kann diese Definition nicht dazu verwenden, zu entscheiden, was denn nun im einzelnen wahr oder falsch ist. Denn dazu müßte man selbstverständlich schon wissen, was ist bzw. was nicht ist. (Modern gesprochen: Aristoteles ist damit der Erfinder der Wahrheitsdefinition im Unterschied zu Wahrheitskriterien.) Mit anderen Worten, an der aristotelischen Definition zeigt sich ein Dilemma, das sich bei allen Wahrheitsdefinitionen findet: Entweder, man gibt an, wie festgestellt oder gewußt wird, was ist und was nicht ist, und wird dabei nicht vermeiden können, dieses in die sprachliche Form des Behauptens zu bringen und damit diese Behauptungen bereits wieder nach wahren und falschen zu beurteilen. Das heißt, man muß die Wörter wahr und falsch schon verwenden – und sei es auf dem Umweg, daß Aussagen wahr oder falsch sind, die feststellen, was wirklich ist oder nicht wirklich (bzw. wirklich nicht). Kurz, man bewegt sich in Definitionszirkeln, oder man kommt nur zu Vergleichen von Sätzen mit Sätzen und damit zu relativen Wahrheiten der Art, daß man nur von einem Satz a wissen könne, daß er wahr sei, wenn man die Wahrheit eines anderen Satzes b kenne – mit demselben Sinn von »wahr«, der dabei natürlich unerläutert bleibt. Oder – der rettende Ausweg – man weiß, was ist und was nicht ist, ohne jeden Bezug auf die Verwendung der Wörter wahr und falsch und ohne irgendeinen Wahrheitsausweis.

Diese zweite Variante ist historisch durch das Christentum ins Spiel gekommen, nämlich durch einen Rekurs auf den Schöpfungsglauben und die Überzeugung, daß im Rahmen christlichen Schöpfungsglaubens die Schöpfung selber menschenunabhängig vorhanden ist, ihre Strukturen und Eigenschaften durch göttlichen Willen hat, ohne daß wir Menschen davon etwas wissen oder darauf Einfluß nehmen können. Zwei Autoren, die für die Entwicklung der modernen Wahrheitsauffassung der Naturwissenschaften in diesem Zusammenhang höchst wichtig geworden sind, sind einmal der Kirchenvater Augustinus und zum anderen, fast tausend Jahre später, der Scholastiker Thomas von Aquin.

Nach Augustinus ist es eine Aufgabe des Menschen, Größe und Herrlichkeit Gottes zu erkennen. Ein Weg zu dieser Erkenntnis führt über ein Erkennen der Größe und Herrlichkeit göttlicher Schöpfung. Modern und pointiert gesagt, Augustinus hat gleichsam den Auftrag erteilt, Naturwissenschaft zu treiben, um als eine Art Gottesdienst die Schöpfung, die Natur zu erkennen.

Thomas von Aquin, übrigens ein gelehrter Übersetzer und Kommentator der Schriften von Aristoteles, nimmt, genauso im christlichen Glauben stehend wie Augustinus, die aristotelische Wahrheitsdefinition auf und formuliert, nun in Lateinisch, daß die Wahrheit eine »adaequatio« oder auch eine »correspondentia rei ac intellectus« sei, also eine Entsprechung oder Passung der tatsächlichen Wirklichkeit zu dem »intellectus«, was man in diesem Zusammenhang mit Vorstellung, Gedanken oder Meinung zu übersetzen hätte. Bei Thomas von Aquin findet sich also die klassische Abbildvorstellung der Wahrheit. Und er ist übrigens auch insofern ein guter Aristoteliker, als er fragt, wie wir die Wahrheit erkennen können. Seine (aristotelische) Antwort lautet: durch Erfahrung, genauer: durch Sinneserfahrung.

Wichtig an den Wirkungen der Schriften von Augustinus und Thomas wird, daß jeder Zweifel an der Existenz von Wirklichkeit und ihrer Strukturiertheit zugleich ein Zweifel wäre an religiösen Grundüberzeugungen. Es ist mit anderen Worten der christliche Schöpfungsglaube, der sichert, daß da etwas ist und daß es so ist, wie es ist – unabhängig vom Menschen, dank göttlicher Fügung. Über eine Jahrhunderte währende Säkularisierung wird dann allmählich die Rede von Gott durch die Rede von der Natur ersetzt. Wo die Väter der neuzeitlichen Physik, genauer der klassischen Mechanik im 17. Jahrhundert (etwa noch mit der Frömmigkeit Newtons), Natur als göttliche Schöpfung verstehen, läßt die empiristische Naturwissenschaft des 19. Jahrhunderts diesen Bezug auf religiöse oder metaphysische Grundüberzeugungen mehr und mehr beiseite.

Aber es ist frappierend, etwa eine deutsche Übersetzung der Wahrheitsauffassung von Thomas von Aquin neben z. B. das Lehrbuch der Mechanik von Heinrich Hertz (*Prinzipien der Mechanik*, 1894) zu legen. Wir finden dort genau die gleiche Auffassung, wonach wir uns in der Physik Gedankenbilder der Wirklichkeit machen und daß dies das Geltungskriterium und zugleich die Erklärung des Erfolges der Naturwissenschaften ist. Und übrigens wird diese Einleitung in das Mechaniklehrbuch von Hertz von Ludwig Wittgenstein in den Anmerkungen seines *Tractatus logico-philosophicus* zitiert. Das heißt, die Abbildtheorie der Wahrheit verbündet sich mit dem »linguistic turn« der Philosophie, d. h. mit der sprachlichen Wende in der Entdeckung, daß ja alle Ergebnisse der Wissenschaften im Medium der Sprache zu fassen seien. Die Verschiebung, die die sprachliche Wende bedeutet, besteht im Abgehen vom »intellectus« eines Thomas von Aquin hin zu den Sätzen oder Aussagen der naturwissenschaftlichen Theorien.

Die heute dominante Auffassung der Naturwissenschaften läuft auf eine Entsprechung von Theorien oder Modellen und Wirklichkeit hinaus. Die Objektivität der Naturwissenschaften komme vom Objekt her, von der Realität, die säkularisiert als die Materie gesehen wird, welche den Zwangsläufigkeiten von Naturgesetzen unterworfen sei.

## 4. Kritik der Abbildtheorie

Eingangs habe ich gesagt, der Erfolg der Naturwissenschaften ließe sich nicht mit ihrer eigenen Auffassung von Wahrheit erklären. Nun wissen Naturwissenschaftler selbst, zumal Physiker, daß Ende des 19. Jahrhunderts die Naivität der Auffassung erste Risse bekam, die Objektivität als Qualität der Naturwissenschaften leite sich vom Objekt ab. Es gelang nämlich nicht mehr, passende, genauer: durchgängig passende Theorien für die Wirklichkeit zu formulieren. Man konnte z. B. nicht mehr die mechanischen und die elektromagnetischen Kräfte in derselben Theorie fassen. Für die Fachleute: Die Elektrodynamik von Lorentz, Hertz und Maxwell ist nicht galileiinvariant formulierbar. Diese (und einige andere) Schwierigkeiten haben dazu geführt, daß in der Physik unseres Jahrhunderts die klassische Naivität, gleichsam den physiktreibenden Physiker bei der

Formulierung von Theorien zu vergessen, aufgegeben wurde. So hat etwa Albert Einstein in der Speziellen Relativitätstheorie den Beobachter eingeführt, und ähnliches ist in der Quantenphysik geschehen, wo – zu nennen sind etwa die Autoren Niels Bohr, Max Planck und Werner Heisenberg – im quantenphysikalischen Meßprozeß ebenfalls der Eingriff des forschenden Beobachters in Begriffs- und Theoriebildung der Physik Eingang findet. Bei Beobachtungen und Messungen im mikrophysikalischen Bereich stelle jede Beobachtung eine derart schwere Störung dar, daß nur noch die Wechselwirkung von Vorhandenem mit dem Eingriff des Experimentators beobachtet werden könne, nicht mehr aber die Natur als solche.

Leider war diese Überwindung der klassischen Naivität so halbherzig, daß man sowohl in der relativistischen wie in der Quantenphysik die Wechselwirkungen zwischen beobachtetem System und Beobachtung nur wieder in den Begriffen und mit den Methoden der Naturwissenschaften selbst gefaßt hat. Man hat also nicht daran gedacht, daß Beobachter zweckrational handelnde Menschen sind, die das Beobachtete maßgeblich beeinflussen bzw. künstlich herstellen. Vielmehr wurde der Beobachter nur wieder in naturwissenschaftlichen Parametern, sozusagen als naturgesetzlich funktionierender Registrierapparat aufgefaßt. Der Aufbruch in eine erkenntnistheoretische Reflexion naturwissenschaftlicher Erfahrung war damit mißlungen. Statt dessen hat sich in unserem Jahrhundert eine neue Naivität eingestellt, die ich naturalistisch nennen möchte (wie es sich unter Philosophen eingebürgert hat, es »naturalistisch« zu nennen, wenn den Naturwissenschaften die Kompetenz, und zwar die alleinige und erschöpfende Kompetenz für alle erkenntnistheoretischen Fragen zugewiesen wird). Für unser Wahrheitsproblem haben wir damit das Stadium erreicht, wonach die allgemeingültigen Wahrheiten der Naturwissenschaften wiederum auf naturwissenschaftlichen Erklärungen der Beobachtungsinstanzen beruhen, gleich, ob man dabei an die Meß- und Experimentierapparaturen in den Labors oder an die Organismen der menschlichen Beobachter denkt.

Fragt man vor dem Hintergrund dieser Entwicklung danach, was denn den Erfolg der Naturwissenschaften tatsächlich trägt, dann ist es aber nicht diese durch Selbsterklärung zirkuläre und fruchtlose Philosophie der Naturwissenschaftler, wonach ihre Theorien oder Modelle Abbild der Wirklichkeit seien, und auch nicht die relativistische und quantenphysikalisch vollzogene Revision, die ihrerseits nur mit den Mitteln der Physik beschrieben wird; sondern es ist der Umstand, daß sich – übrigens völlig unbestritten von den Naturwissenschaften – in allen naturwissenschaftlichen Fächern mit Vehemenz im 19. und 20. Jahrhundert die technische Form des Forschens im Labor durchgesetzt hat. Pointiert gesagt besteht diese darin, daß nicht etwa Technik angewandte Naturwissenschaft, sondern naturwissenschaftliche Forschung angewandte Technik ist. Niemand bestreitet, daß heute naturwissenschaftliche Laborforschung ein Hightech-Unternehmen an künstlich hergestellten Apparaten ist. Wie immer Naturwissenschaften ihre Selbstverständnisse formulieren, tatsächlich pflegen sie eher eine Überhöhungs- denn eine Erklärungsfunktion für den Erkenntniserfolg, den Naturwissenschaften in technischer, prognostischer und explikativer Form haben. Und entgegen allen fachphilosophischen Wissenschaftstheorien, die historisierend und soziologisierend von »Paradigmenwechseln« und »wissenschaftlichen Revolutionen« sprechen, gibt es unbestritten den technischen Fortschritt, wie er sich z. B. in Zahl und Genauigkeit meßbarer Parameter, technisch beherrschbarer Effekte, Größen, Energien usw. manifestiert.

Noch schulde ich ein stichhaltiges Argument, warum ein naturalistisches Mißverständnis vorliegt, wenn Naturwissenschaften nun selbst wieder mit Naturwissenschaften ihren Erfolg in der Geltung ihrer Ergebnisse erklären sollen. Ich greife ein simples, auch für Laien wohl leicht verständliches Beispiel heraus. Die modernen Naturwissenschaften profitieren davon, daß sie quantitative Erfahrungswissenschaften sind, d. h. daß sie in ihren Ergebnissen auf Messungen beruhen und erfolgreich Meßdaten gewinnen. Fragt man einen Physiker (ohne Vorwarnung, daß die Frage von einem Philosophen kommt), was denn Meßdaten wahr, verläßlich oder brauchbar mache, wird er antworten: die naturgesetzlich bestimmte Funktion der Meßgeräte. Nun mein simples Beispiel: Wenn etwa in den Naturwissenschaften Zeitmessungen angestellt werden – und es gibt praktisch keine wichtigen Sätze, die nicht irgendwie von Zeit abhingen –, dann verwenden Forscher Uhren. Fragt man Physiker, was eine Uhr sei, wird man hören, ein Apparat, der Zeit etwa durch die Schwingungsgesetze für die Schwingungen eines Pendels, einer Unruh, eines Quarzes oder was auch immer mißt. Kurz, Zeitmeßergebnisse resultierten aus der naturgesetzlichen Funktion der Uhr.

Diese Antwort ist falsch. Eine naturgesetzliche Erklärung der Funktion eines Meßgerätes kann nämlich nie erschöpfend sein, wie sich sofort herausstellt, wenn etwa die Uhr defekt ist. Angenommen, die Uhr habe einen unregelmäßigen Gang oder bleibe gar stehen. Dann kommt niemand auf den Einfall, dem »Naturgeschehen« Unregelmäßigkeit oder gar unendliche Geschwindigkeit zuzuschreiben. Vielmehr gehört es zur Kompetenz des messenden Naturwissenschaftlers, zu entscheiden, daß sein Meßgerät gestört ist. Störungen, die zu unbrauchbaren oder falschen Daten führen, falsifizieren aber keineswegs ein Naturgesetz oder geraten mit einem solchen in Konflikt. (Diese werden sogar, nämlich bei der Reparatur defekter Geräte, ausgenützt und angewendet.) Vielmehr werden wahre und falsche Daten nur dadurch unterschieden, daß Meßgeräte ungestört oder gestört in dem Sinne sind, daß sie menschliche Zwecke erreichen oder verfehlen.

Also, die Wahrheit der Datenbasis aller messender Naturwissenschaften bleibt immer davon abhängig, welche Zwecke die Konstrukteure, Erbauer und Benutzer von Meßgeräten verfolgen. Dies sind übrigens auch die Zwecke, die die mathematische Struktur der Datenbasis erzeugt, die ihrerseits erlaubt, verschiedene Meßdaten z. B. in Rechnungen oder Gleichungen einzusetzen oder in Diagrammen als Kurvenverläufe darzustellen.

Damit sei die These belegt, daß die Wahrheitsauffassung der Naturwissenschaften, also die Abbildvorstellung von Theorie und Wirklichkeit, den tatsächlichen und völlig unbestrittenen Erfolg der Naturwissenschaften nicht erklärt. Es ist vielmehr der Erfolg des zweckrationalen Handelns einer Technik, die den Forschungsprozeß trägt.

Diese zur Wissenschaftstheorie oder Methodenlehre gehörenden Überlegungen betreffen zwar historisch den Kern eines naturalistischen Selbstmißverständnisses der Naturwissenschaften, stellen aber noch nicht den Kern des dramatischen Risikos dar, den ich im zweiten Teil meiner ersten These als völligen Verlust der Wahrheit angekündigt habe. Dieser dramatische Höhepunkt des naturalistischen Mißverständnisses liegt also nicht dort, wo naturwissenschaftliche Methoden logisch zirkulär durch die mit ihnen erzielten Ergebnisse erklärt oder gerechtfertigt werden sollen, sondern wo die Naturwissenschaften sich dem Menschen selbst zuwenden.

## 5. Die Naturwissenschaften vom Menschen

Es gibt heute eine Fülle von Naturwissenschaften vom Menschen, von der experimentellen Wahrnehmungspsychologie oder, allgemeiner, von der Experimentalpsychologie über die Sinnesphysiologie, die Neurowissenschaften usw. bis hin zur Evolutionsbiologie, die behauptet, sie könne evolutionstheoretisch die Anpassung unseres Erkenntnisapparates an das zu Erkennende erklären. Konrad Lorenz, der ein später Nachfolger von Kant auf dessen Königsberger Lehrstuhl war, hat die Formel Kants von den apriorischen Bedingungen der Möglichkeit von Erfahrung auf den Kopf gestellt und behauptet, das Apriori der Erfahrung sei ein Aposteriori der Evolution; d. h., die von Kant ausgemachten Erkenntnisbedingungen seien uns als organismische Strukturen evolutionär zugewachsen und als Ergebnis der Stammesgeschichte mit evolutionsbiologischen Selektionstheorien erklärbar. Erkenntnisfähigkeit des Menschen wird hier in der Form naturalisiert, daß »wahr« und »falsch« durch Anpassung des menschlichen Organismus in seinen Erkenntnisfunktionen an das zu Erkennende bestimmt wird. Dieser Vorschlag ist philosophisch unhaltbar. Auch dies möchte ich wieder stellvertretend an einem kleinen Beispiel zeigen.

Wir haben es hier mit einer speziellen Form des berühmten Körper-Geist-Problems zu tun. Wie kommt es, daß unser Organismus oder, noch radikaler formuliert, daß Materie, aus der die Zellen unseres Körpers bestehen und auch unser zentrales Nervensystem, nun Geist oder Erkenntnis hervorbringt und wahr und falsch unterscheiden kann?

Da in diesen Bereichen der Modellbildung für Sinnesorgane und das menschliche zentrale Nervensystem informationstheoretische Begriffe eine wichtige Rolle spielen, ziehe ich zu Erläuterungszwekken das simple Beispiel des Taschenrechners heran. Und analog zu meinem Einwand gegen das naturalistische Verständnis des Messens im Falle des defekten Meßgeräts frage ich, was es heißt, daß hier etwas falsch werden kann, also beim Rechner, daß er falsche Ergebnisse liefert.

Ich besitze selbst einen Taschenrechner, der ein defektes Display hat. An der zweiten Stelle vor dem Komma sind die drei Querstriche ausgefallen, die z. B. zur Darstellung einer 3 benötigt werden. Statt 3 liest man 1. Was bedeutet das falsche Rechenergebnis 3 × 10 = 10 für den Zusammenhang von physikalischen oder »Natur«-Gesetzen mit der Wahrheit oder Falschheit von Rechenergebnissen? Und was bedeutet das Beispiel allgemeiner für das Körper-Geist-Problem und die Naturwissenschaft von den menschlichen Erkenntnisfähigkeiten?

Das Körper-Geist-Problem beim Taschenrechner besteht darin, daß wir ihn einmal in der Sprache der Ingenieure und Physiker beschreiben, die man dazu verwendet, solche Geräte zu konstruieren, zu bauen und gegebenenfalls zu reparieren. Zum anderen beschreiben wir den Rechner in der Sprache der Mathematik, indem wir die Input-Output-Verhältnisse angeben und daran festlegen, was die Rechenaufgaben und was die Ergebnisse sind. Die naturalistische oder materialistische Auffassung wäre nun die, aus der Beschreibung der Ingenieure und Physiker für die Konstruktion des Rechners gewinnen zu wollen, daß die Rechenresultate gültig sind. Dies ist unmöglich, sowohl im Sinne einer logischen Ableitung der Rechenresultate aus der Physik des Rechners als auch im Sinne einer empirischen Kausalerklärung für die Wahrheit der Resultate aus der Funktion der Maschine.

Analog zum Beispiel der Meßgeräte liegt hier wieder die Situation vor, daß ein »falsches« Rechenergebnis nicht in Widerspruch zu irgendeinem ingenieurwissenschaftlichen oder physikalischen Satz gerät. Vielmehr ist das falsche Rechenresultat ein Verfehlen menschlicher Zwecke von Konstrukteuren und Benutzern von Rechenmaschinen. Und naturwissenschaftliche Beschreibungen, Konstruktionspläne und ihre Realisierungen sind ein Mittel, diese Zwecke zu realisieren. Defekte der Rechenmaschine definieren sich nicht an Naturgesetzen, sondern am Verfehlen der dem Konstrukteur vorher zugänglichen Wahr/falsch-Unterscheidung von Rechenergebnissen. Mit anderen Worten, eine Rechenmaschine substituiert die menschliche Leistung, »richtige« oder »wahre« Rechenresultate zu produzieren.

Das Fazit dieser Überlegung: Was immer man naturwissenschaftlich über den menschlichen Organismus, seine Sinnesorgane und sein Zentralnervensystem weiß, es verhält sich wie beim Taschenrechner: Die Maschinerie ist genauso verantwortlich für die wahren und richtigen Ergebnisse und Erkenntnisse, wie sie bei Störungen für die falschen Ergebnisse und für Irrtümer verantwortlich ist. Weder die Naturwissenschaft vom Menschen noch die Physik oder

Technikwissenschaft vom Rechner leisten, was sie beanspruchen, nämlich den Unterschied von Wahr und Falsch in Erkenntnis- oder Rechenleistungen zu stiften. Vielmehr muß für natürliche wie künstliche Systeme vorab gewußt werden, wie mit Wahr und Falsch umzugehen ist. Das heißt aber, daß die ohne Zweifel höchst erfolgreichen Wissenschaften erfolgreich nicht als Natur-, sondern eben als Technikwissenschaften sind und daß sich hier Erfolg von Mißerfolg durch Erreichen oder Verfehlen technischer Ziele und Zwecke unterscheidet. Nicht dagegen ist es die aristotelisch-thomasische Abbildtheorie der Wahrheit. Es ist nicht eine abgebildete Wirklichkeit oder Natur, wie es in der gängigen Wahrheitsauffassung der Naturwissenschaften gerne betont wird, sondern allein der Erfolg und der Mißerfolg, technische Zwecke zu erreichen oder nicht. (Wer diesen Unterschied von Erfolg und Mißerfolg noch einmal kausal »erklären« möchte durch Rückgang auf eine hinter den Praktiken liegende, menschenunabhängige Realität, hat sich nicht den Unterschied von erfolgreichen und erfolglosen Erklärungen und deren Abhängigkeit von entsprechenden Kriterien vor Augen geführt.)

## 6. Wahrheit als Handlungserfolg

Was in meiner Kritik (wohlgemerkt nicht an den Naturwissenschaften, sondern an einer bestimmten Philosophie der Naturwissenschaften) schon angedeutet ist, soll nun in einer kurzen systematischen Darstellung und mit einigen anschaulichen Alltagsbeispielen erläutert werden. Wie läßt sich Wahrheit, ganz praktisch gesehen, über den Unterschied von Erfolg und Mißerfolg im Handeln bestimmen?

### *6.1 Zwischen Naturalismus und Relativismus*

Die vorherrschende Auffassung, Wahrheit als Passung auf eine menschenunabhängige Realität zu definieren, diese Passung mit (natur)-wissenschaftlichen Verfahren zu erkennen und die Verfahren selbst dann naturalistisch zu deuten, wurde oben kritisiert. Diese Kritik wird von vielen geteilt und unterstützt eine andere Wahrheitsauffassung, die auf dem besten Weg ist, der naturalistischen den Rang abzulaufen: die relativistische. Das Pendel schlägt gleichsam voll nach der anderen Seite aus, von der – nicht zu habenden – absoluten Erkenntnis zur bloßen Relativität. In den resignativen Bemerkungen »Von nichts kommt nichts« und »Mit irgend etwas muß man ja anfangen« wird achselzuckend in Kauf genommen, daß jeder Begründungsversuch für die Wahrheit von Sätzen Voraussetzungen anerkennen muß, deren Wahl nicht *ad infinitum* wieder begründet werden kann. Die Propheten dieser Meinung berufen sich gern auf das »Münchhausen-Trilemma« der Kritischen Rationalisten – wonach die Auszeichnung erster Begründungsschritte der Kunst des Lügenbarons gleichkommt, sich am eigenen Schopf aus dem Sumpf zu ziehen. Oder sie zitieren historisierende und soziologisierende Beschreibungen naturwissenschaftlicher Forschung, die nur noch nach dem Vorbild von Stammeskriegen zwischen Schulen, Generationen und sonstigen »communities« die jeweilige Gruppenwahrheit für möglich halten. Mein eigener Alternativvorschlag geht einen Mittelweg zwischen unerreichbarer Absoluterkenntnis und relativistischer Beliebigkeit. Seine Fundamente hat dieser Weg darin, Wahrheit als Passung nicht auf eine menschenunabhängige Realität (das Seiende, die Schöpfung, die Natur, die von Naturgesetzen beherrschte Materie) zu beziehen, sondern auf eine menschenabhängige Realität, auf Handlungen, Produkte und letztlich auf die von keinem Handelnden je aufzugebende Zuständigkeit, Erfolg und Mißerfolg am eigenen Handeln zu unterscheiden.

### *6.2 Zwei Vorklärungen*

Zur Vorklärung muß ich Sie kurz ins philosophische Proseminar entführen, wofür ich um Entschuldigung bitte. Das Wort »Handlung« nämlich, uns so vertraut wie das Wort »Verhalten«, soll hier in einem klar begrenzten Sinne verwendet werden. Wenn wir an Beispielen wie Erschrecken, Stolpern, Niesenmüssen oder auch an Körpervorgängen wie der Atmung, die naturwissenschaftlich beschrieben und erklärt werden können, von einem »Verhalten« – zur Verdeutlichung besser von einem »bloßen Verhalten« – sprechen, soll das, was der Laie »vorsätzlich« nennt, also z. B. einen Brief schreiben, einen Kuchen backen, eine Verabredung treffen, »Handlung« heißen. Philosophen verweisen gerne auf das, was der Laie hier schon weiß: Handlungen kann man auch unterlassen; zu Handlungen kann man sinnvoll auffordern, Handlungen können gelingen und mißlingen – drei Aspekte, die wir dem »bloßen Verhalten« nicht zuerkennen würden.

Von den bekennenden Naturalisten unter den Philosophen würde hier sofort Protest eingelegt. Man brauche sich nicht zu wundern – so würde etwa argumentiert –, daß man eine andere Wahrheitstheorie erhalte, wenn schon in den Beginn der Unterscheidungen das absichtliche, auf Zwecke gerichtete Handeln dem naturwissenschaftlich beschreibbaren und erklärbaren Verhalten gegenübergestellt würde. Es sei sozusagen nur eine Frage der Zeit für die Naturwissenschaften vom Menschen, bis alte Illusionen wie Willensfreiheit, Zwecksetzungsautonomie und dergleichen als Funktionen des menschlichen Organismus naturwissenschaftlichen Erklärungen zugeführt seien. Demgegenüber bleibt festzuhalten, daß alle Menschen unseres Kulturkreises, wenn sie nicht als die schweren Fälle in Heil- oder Strafanstalten sitzen, schon als Kinder die Sozialkompetenz ausbilden müssen und können, zwischen dem zu unterscheiden, was uns als Leistung oder Schuld zugerechnet wird, und dem, was einfach mit uns oder an uns sich ereignet, also die Unterscheidung von Handeln und bloßem Verhalten. Es bleibt festzuhalten, daß unser Rechtssystem mit den Unterscheidungen von vorsätzlich, fahrlässig und schuldlos die Unterscheidung von Handeln und bloßem Verhalten zum unverzichtbaren und für alle anerkennungspflichtigen Unterschied gemacht hat. Und es bleibt festzuhalten, daß auch die Naturwissenschaften vom Menschen, ja sogar das verfehlte Programm der Kausalerklärung von Handlungen und Wahr/falsch-Unterscheidungen, nur als Handeln in die Welt kommen.

Wir vollziehen Handlungen, indem wir selber Zwecke setzen und authentisch beurteilen, ob wir sie erreichen oder verfehlen. Wir brauchen uns nicht von einem Außenstehenden, etwa einem psychologischen oder gerichtlichen Beobachter, sagen zu lassen, was wir tun. Vielmehr sind wir selbst authentisch immer die besten und primären Interpreten dessen, was wir wollen und tun, und erst wo wir dies können, können wir in eine Diskussion der Sonderfälle eintreten, in denen andere beanspruchen, uns besser zu verstehen als wir selbst.

Die zweite Vorklärung aus dem Proseminar betrifft die Eigentümlichkeit unserer Sprache, zu harmlosen Verben oder Adjektiven gefährliche Substantiva zu bilden. Substantiva (in der deutschen

Grammatik der Grundschule wurde früher »Dingwort« gesagt) suggerieren, daß es da ein Ding oder eine Substanz gibt, über deren Eigenschaft man Erkenntnisse gewinnen könne. Das Substantiv »Wahrheit« verhält sich zum Adjektiv »wahr«, mit dem wir Behauptungen beurteilen, wie z. B. das Substantiv »Bewegung« zum Adjektiv »bewegt« bzw. zum Verbum »(sich oder etwas anderes) bewegen«. Es kommt mit dem Substantiv »Bewegung« nur scheinbar eine neue, tiefsinnige Möglichkeit des Fragens hinzu wie: »Haben alle Bewegungen Anfang, Ende und Richtung?« gegenüber der Verwendung von Adjektiv oder Verbum. Bewegung ist eben kein neuer Gegenstand, sondern nur ein Wort, das uns inhaltsgleiche Übersetzungen erlaubt, z. B. von »x ist gleichförmig bewegt« zu »x hat eine gleichförmige Bewegung« oder »die Bewegung von x ist gleichförmig«. Entsprechend ist »die Wahrheit« kein neuer Gegenstand, sondern nur eine (gelegentlich praktischere oder kürzere) Rede anstelle des Adjektivs »wahr«, das wir zur Unterscheidung von wahren und falschen Behauptungen verwenden.

### *6.3 Von der Handlung zur Wahrheit*

Ich fingiere nun einen kleinen Dialog, um daran zu erläutern, wie sich Wahrheit über Handlungserfolg bestimmen läßt (und wie damit Wahrheit nicht mehr durch Bezug auf eine menschenunabhängige Wirklichkeit, sondern auf das vom Menschen Bewirkte bestimmt wird).

Damit wir nun nicht gleich zu Beginn unseres Dialogs wieder auf das Problem der aristotelischen Wahrheitsdefinition stoßen, wie man wissen könne, was ist und was nicht, werden Behauptungen vermieden. Der Dialog besteht nur aus Aufforderungen. Stellen Sie sich bitte vor, eine Person A sage zu einer anderen B: »Bitte sagen Sie mir den Weg zum Bahnhof!« B antworte ebenfalls mit einer Aufforderung: »Gehen Sie da diese Straße hinunter, dritte Ampel links, zweite rechts!« Ich unterstelle: A befolgt diese Aufforderung, kommt dadurch zum Bahnhof, hat also über seine Aufforderung an B, dessen Befolgung dieser Aufforderung, den Weg zum Bahnhof zu nennen, und mit seiner Befolgung den gewünschten Zweck erreicht und den Bahnhof gefunden.

Das Beispiel soll erläutern, daß die Wahrheit der Wegbeschreibung vom Ort des Dialogs zum Bahnhof definiert werden kann als der Handlungserfolg von A, über einen solchen Dialog den Weg zu finden. (Dazu muß natürlich die Wegvorschreibung als Wegbeschreibung gelesen werden.) Dieser Dialog hat noch andere schöne Eigenschaften, nämlich diejenige, daß er zeigt, was es heißt, daß zwei miteinander kommunizierende Menschen einander verstehen (im Sinne des Sprachverstehens). Denn wenn A zu B sagt: »Sagen Sie mir den Weg zum Bahnhof!«, und B antwortet: »17 Uhr«, dann würden wir vermuten, B habe A irgendwie nicht verstanden. Wir haben sozusagen eingespielte Formen des Reagierens und Antwortens, und wir haben – im Hinblick auf die ausgetauschte Information und den Informationsbegriff höchst wichtig – in beiden Fällen, also bei A und bei B, einen Rollenwechsel; beide sind einmal Sprecher, einmal Hörer. Ein solcher Kommunikationsprozeß mit Kontrollierbarkeit des Verstehens sowie mit Kontrollierbarkeit der Anerkennung der Aufforderungen (in diesem Falle Anerkennung durch Befolgung) leistet das Versprochene. Er führt direkt vom auffordernden Reden in sprachfreies Handeln über, das jeweils vom Akteur auf Erfolg und Mißerfolg beurteilt werden kann.

Selbstverständlich ist dies ein sehr triviales Beispiel, und auch Laien wissen, daß wir bei »wahr« und »falsch« höchst verschiedene Typen von Wahrheiten, von Begründungen und Widerlegungen zu erwarten haben. Der Satz »3 × 4 = 12« ist sicher ein anderer Typ Wahrheit als der Satz »Unter den Zuhörern dieses Vortrags ist mein oberster Dienstherr, Frau Wissenschaftsminister Ruth Wagner« (was mir eine Ehre ist). Das Newtonsche Gravitationsgesetz gilt sicher aus anderen Gründen als der Satz »Karl der Große ist 800 in Rom zum Kaiser gekrönt worden«. Es bleibt also zu überlegen, ob die Definition von Wahrheit über den Handlungserfolg für alle Wahrheitstypen anerkannt werden kann.

Ich greife deshalb ein zweites Beispiel auf, das neben dem Vorzug, ein klares und treffendes, dem Laien verständliches Beispiel zu sein, auch einen historischen Bezug zur Modemeinung des Relativismus hat und andererseits einen Bezug zur »ganz praktischen« Lebenserfahrung meines Auditoriums. Mein Beispiel stammt aus der Geometrie.

Oben hatte ich gesagt, jede Begründung oder Widerlegung müsse ja offensichtlich von irgend etwas ausgehen – von nichts kommt nichts. Die Geometrie ist seit Euklid das große Vorbild für axiomatisches Denken und hat für die Erkenntnistheorie wie für die wissenschaftliche Theoriebildung eine prominente Rolle gespielt. Vergleichen Sie mit mir bei Euklid die beiden Definitionen von Kreis und Kugel. Euklid sagt (in moderner Reformulierung), der Kreis ist die Linie, die von einem Punkt – dem Mittelpunkt – denselben Abstand hat. Jeder Laie sieht sofort: Diese Definition entspricht direkt dem Verfahren, einen Kreis mit dem Zirkel zu zeichnen. Analog könnten wir nun vermuten, die Kugelfläche würde genauso definiert, nämlich als Fläche, deren Punkte von einem Mittelpunkt denselben Abstand haben. Dies aber tut Euklid nicht. Vielmehr definiert er die Kugelfläche dadurch, daß man einen Halbkreis um einen Halbmesser rotieren läßt. Das ist die Steinmetzdefinition. Wenn ein Steinmetz eine Steinkugel herstellt, nützt es ihm gar nichts, zu wissen, daß die Punkte der Oberfläche gleich weit entfernt vom Mittelpunkt sind, der im Inneren der Steinkugel unerreichbar für jede Kontrolle liegt. Vielmehr fertigt er eine Halbkreisschablone aus Holz und kontrolliert mit dieser, ob sein Produkt schon kugelförmig ist. Dies ist mein – aus Zeitgründen zwangsläufig kurz gefaßter – Hinweis darauf, daß die Geometrie Euklids aus einer Zeichen- und Malpraxis, allgemeiner, aus einer handwerklichen Herstellungspraxis räumlicher Formen kommt. Geometrische Axiome muß man nicht als irgendwelche Behauptungen betrachten, die so evident seien, daß niemand mehr nachfragen könne, warum sie denn wahr sind. Vielmehr lassen sie sich interpretieren als Rezepte zur Herstellung derjenigen Formen, über die die Axiome etwas sagen.

Der Bezug dieses Beispiels zu Ihrer Lebenserfahrung liegt darin, daß Sie selbst bei Beginn Ihres Geometrieunterrichts in der Schule die Gegenstände der Geometrie nicht über Axiome oder Definitionen bekommen haben, sondern aus dem Schreibwarengeschäft. Das Zeichenheft, das Lineal, das Geodreieck und der Zirkel sind die von Handwerkern den Mundwerkern des Geometrieunterrichts zur Verfügung gestellten Gegenstände. Das sprachfreie, erfolgreiche herstellende Handeln produziert die Gegenstände, über die dann definierend und idealisierend in geometrischer Theorie gesprochen werden kann.

Aber noch viel weiter geht der Bezug zu Ihrer persönlichen Lebenserfahrung an diesen geometrischen Beispielen. Wir wissen z. B. alle, was das Wort »eben« bedeutet. »Eben« begegnet uns nicht zuerst als ein mathematischer Terminus in einem Axiomensystem, sondern wir lernen und gebrauchen es für Oberflächenformen an Körpern, wie z. B. der Deckel dieses neben mir stehenden Flügels wunderbar eben ist. Im Alltag lernen und gebrauchen wir das Wort »eben« wie das Wort »rot«, nämlich an Beispielen und Gegenbeispielen. Wollen wir daraus einen wissenschaftlichen Ausdruck machen, was bedeutet, daß man das Zutreffen oder Nichtzutreffen des Wortes »eben« in einem wiederholbaren Verfahren personenunabhängig kontrollieren kann, könnte ich Ihnen folgendes empfehlen: Wir machen von der fraglichen Oberfläche zwei Gipsabdrücke – nacheinander. So ein Gipsabdruck paßt auf die Oberfläche und behält diese Passung bei beliebiger Drehung und Verschiebung. Weil diese Eigenschaft auch Kugeloberflächen haben, habe ich zwei Gipsabdrücke empfohlen, die nun auch noch untereinander verschiebbar aufeinander passen. Kurz, ein wissenschaftlicher Ausdruck »eben« kann dadurch definiert werden, daß es zwei frei verschiebbare Paßstücke gibt, die auch untereinander frei verschiebbar passen.

Als Laien wie als Fachleute gehen wir nun mit dieser Definition höchst sonderbar um: Wir erwarten nämlich, daß alle ebenen Oberflächenstücke aufeinander passen, obwohl wir bei jedem einzelnen bereits damit zufrieden sind, wenn es nur jeweils zwei spezielle passende Paßstücke gibt. (Auch der Laie weiß, daß kein logischer Schluß von »es gibt« auf »alle« führt.) Mehr noch, als Laien wie als Wissenschaftler lassen wir den Allsatz über die Passung von Ebenen nicht zur empirischen Widerlegung zu. Finden wir z. B. den auf der Herdplatte wackelnden Topf, schließen wir nicht auf eine empirische Entdeckung zweier nicht passender Ebenen, sondern stellen lapidar fest: mindestens eine der beiden Oberflächen ist nicht eben.

Das heißt aber, daß wahrheitstheoretisch der Satz »alle Ebenen passen aufeinander« weder aus der Ebenendefinition folgt (was die Philosophen analytisch wahr nennen) noch daß er aus Erfahrung wahr ist, weil wir ihn nämlich für eine empirische Widerlegung nicht freigeben.

Dieses Beispiel, das direkt auf die Vernünftigkeit Ihres eigenen Umgangs mit räumlichen Formen Bezug nimmt, ist ein deutlicher Hinweis darauf, wie wir in unserer Lebenspraxis sogar im sprachfreien Handeln ein Wissen über die Folgen poietischen, d. h. handwerklichen Herstellens und seiner Produkte haben. Wir nehmen dieses Wissen ernst, weil es am Gelingen technischer Prozesse gebildet ist, und legen es unseren geometrischen Theorien zugrunde.

Damit hoffe ich gezeigt zu haben, daß wir das Begründen (und Widerlegen) nicht irgendwo an beliebigen oder an dogmatischen oder an evidenten Axiomen abbrechen lassen müssen. Wie beim Beispiel mit der Empfehlung, einen bestimmten Weg zum Bahnhof zu gehen, lassen sich Begründungen geometrischer Sätze (das Beispiel läßt sich auf die Meßkunst, auf Experimente und die empirischen Wissenschaften erweitern) zurückspielen auf Rezepte, auf Vorschriften, wie beim Herstellen und Kontrollieren räumlicher Formen zu verfahren ist, um zum Erfolg zu kommen. (Man nennt dies eine operative Begründung der Geometrie; und hier erlaube ich mir einen Hinweis auf ein Buch von mir: *Das Maß der Dinge. Die Protophysik von Raum, Zeit und Materie* (Suhrkamp Verlag, Frankfurt/M. 1997), in dem dieses Verfahren für die Meßkunst der Physik zur Theorie ausgearbeitet ist.)

## 7. Begründen und Widerlegen

Es wird Ihnen nicht entgangen sein, daß auf meiner philosophischen Wanderung vom Bahnhofsweg über Kreis und Kugel zur Ebene das für »wahr« und »falsch« wichtige Begründen und Widerlegen hinzugekommen sind: Wo A die Wahrheit der Wegbeschreibung durch sprachlosen Vollzug feststellt, sind wir nun über Definieren und Argumentieren zur Prüfung und Bestätigung bzw. Widerlegung von Sätzen gekommen, die in höchster Form in den theoriebildenden mathematischen Naturwissenschaften erreicht wurde.

Für das Begründen und Widerlegen als Mittel, über Wahr und Falsch von Aussagen tatsächlich zu entscheiden, sind im wesentlichen zwei Aufgaben zu bewältigen: Es muß erstens das »Anfangsproblem« gelöst werden, d. h. die Frage der ersten Schritte, der Begründungs- und Widerlegungsanfänge; und es muß zweitens der

Weg, griechisch die Methode des Vorgehens angegeben werden. Der Rückgang auf sprachfreies Handeln als Lösung des Anfangsproblems wurde bereits exemplarisch an den Bahnhofs- und Geometriebeispielen aufgezeigt. Bleibt in einem letzten Schritt das Begründungs- und Widerlegungsproblem. Auch hier werde ich wieder anhand eines simplen Beispiels auf Ihre Alltagserfahrung zurückgreifen. Und damit meine Überlegungen nicht zu theoretisch ausfallen, bitte ich Sie, mir in die Küche zu folgen (leider eher Mensaküche als Haute Cuisine).

Um Russische Eier herzustellen, müssen die sprachfreien Handlungen des Kochens, Schälens, Halbierens und Garnierens ausgeführt werden, und zwar, wie wohl jeder weiß, in genau dieser Reihenfolge. Wer diese Einzelhandlungen in anderer Reihenfolge ausführt, falsifiziert weder ein Naturgesetz, noch verletzt er ein Sittengesetz – er wird lediglich etwas anderes produzieren als Russische Eier. Das heißt, es gibt Ketten sprachfreier Handlungen, die in ihrer Ordnung nur bei Strafe des Mißerfolgs vertauscht werden dürfen. Ist man auf diesen Umstand erst einmal aufmerksam geworden, wird man entdecken, daß nicht nur im alltäglichen Lebensvollzug, sondern auch in technischen Produktionsprozessen und in den sprachfreien Handlungen naturwissenschaftlicher Laborforschung ungezählte Beispiele zu finden sind, in denen die beschriebenen Ordnungen von Handlungsketten eingehalten werden müssen und geradezu selbstverständlich eingehalten werden.

Für das Begründen und Widerlegen interessiert daran der Übergang vom sprachfreien Handeln zum Sprechen, genauer zu den Argumentationsketten, die Begründung bzw. Widerlegung leisten sollen. Wir gehen damit gleichsam vom Kochen zum Kochbuchschreiben über.

Wiederum geradezu selbstverständlich für jeden Verfasser oder Nutzer einer Kochrezepts ist es, daß die Einzelschritte des Vorgehens so vorzuschreiben sind, daß eine Befolgung der Vorschriften erfolgreich ist. Oder denken Sie an ein anderes wichtiges Beispiel solcher Ketten von Vorschriften, nämlich an Gebrauchsanweisungen. Niemand würde eine Gebrauchsanweisung z. B. für die menügesteuerte Programmierung eines Handys, eines Anrufbeantworters oder Videogeräts akzeptieren, die wegen Vertauschung von Einzelschritten regelmäßig zum Mißerfolg führt. Das heißt aber, daß wir für die Argumentationsgänge des Begründens und Widerlegens *de facto* immer schon (und nun auch als vernünftig einsehbar) ein Prinzip der methodischen Ordnung befolgen, das den Übergang vom sprachfreien Handeln zum Argumentieren regelt: Man halte sich beim Reden über Handlungen an die erfolgversprechende Reihenfolge!

Zugleich ist damit ein Exempel erfolgreichen Begründens gewonnen: Man braucht die wegen ihres Aufforderungscharakters ja weder wahren noch falschen Rezepte oder Gebrauchsanleitungen nur als Schilderungen eines Vorgehens, also als Beschreiben und Behaupten, zu formulieren und gewinnt damit wahre Behauptungen. Und wieder kann jeder Laie sofort an seinen eigenen sprachfreien und sprachlichen Lebensvollzügen bestätigen, daß er eine Schilderung für falsch halten würde, in der, metaphorisch gesprochen, die Eier erst halbiert, dann geschält und dann gekocht wurden.

Dies trage ich Ihnen nicht vor, weil Heidegger empfohlen hat, das Selbstverständlichste zum Fragwürdigsten zu machen, sondern weil die Geistesgeschichte, beginnend mit Platon, ein höchst überraschendes Abgehen von dieser Selbstverständlichkeit entwickelt hat: So steht z. B. die Geometrie des Platonikers Euklid schlicht auf dem Kopf, d. h. verletzt (aus Gründen einer philosophischen Ideenlehre, die hier nicht diskutiert werden kann) das Prinzip der methodischen Ordnung. Die beiden auffälligsten Verstöße: Euklid beginnt seine Definitionen beim Punkt, geht über die Linie zur Geraden und über die Fläche zur Ebene vor; und er betreibt zunächste Planimetrie (also die ebene Geometrie der gezeichneten Figuren) und erst danach Stereometrie, in der Kegel, Kugel und Zylinder durch rotierende Dreiecke, Halbkreise und Rechtecke definiert werden. Hier hat das (theoretisierende, zu deutsch »zuschauende«) Mundwerk das die Gegenstände der Geometrie erzeugende Handwerk vergessen – in einer typischen Geringschätzung handwerklicher Arbeit, die der freie Bürger der antiken Polis den Sklaven, Frauen und Umlandbewohnern überließ.

Wenn dagegen ein Punkt ein Schnitt zweier Geraden, eine Gerade Schnitt zweier Ebenen und eine Ebene ein Schnitt durch einen Körper ist und wenn wir an die Abhängigkeit des Geometrieschülers vom Angebot des Schreibwarenladens denken, empfiehlt sich für den Aufbau der Geometrie gemäß dem Prinzip der methodischen Ordnung genau der umgekehrte Weg. Zunächst werden ebene Oberflächen, gerade Kanten, rechte Winkel und dergleichen an den Geräten des täglichen Gebrauchs sowie an den Zeichengeräten der Konstrukteure und Geometer erzeugt, und erst dann wird in einer idealisierenden Sprache über sie gesprochen, als ob diese räumlichen Formen nur die bezweckten Eigenschaften hätten und nicht auch die zufälligen Nebeneigenschaften wie Farbe, kleine Produktionsfehler oder Beschädigungen.

Die platonische Entgleisung Euklids ist deshalb für unser Wahrheitsproblem so entscheidend geworden, weil Euklids *Elemente* das Vorbild für wissenschaftliche Theoriebildung schlechthin wurden, von Newtons Mechanik (und sogar Spinozas Ethik) bis zu den Theorien der relativistischen und Quantenphysik in unserem Jahrhundert. (Und ich weiß Sie bereits auf meiner Seite wegen Ihrer Vorliebe für erfolgreiche Rezepte und Gebrauchsanweisungen.)

## 8. Schluß

Hier kann dem heutigen Philosophen nur Mut zur Ehrlichkeit helfen: Es ist paradoxerweise eine philosophische Doktrin, die zweieinhalbtausend Jahre lang den Blick auf eine Lösung des Wahrheitsproblems verstellt hat. Und es ist verblüffend zu sehen, daß und warum sich Laien wie Wissenschaftler, ganz praktisch gesehen, über diese Doktrin immer hinweggesetzt haben und weiter hinwegsetzen, wenn sie tatsächlich Wahr und Falsch am Handlungserfolg bzw. Mißerfolg identifizieren, obwohl sich der metaphysische Mythos einer Passung unserer Gedanken oder Sätze an eine menschenunabhängige Wirklichkeit hält (oder alternativ das Achselzucken relativistischer Beliebigkeit seine Anhänger gewinnt).

Der Mittelweg zwischen einer nicht zu habenden absoluten Wahrheit und bloßer Beliebigkeit führt über die Passung unseres Redens auf unser Handeln. Da nicht wahr sein kann, was nicht auch falsch sein kann, empfiehlt sich dieser Bezug auf das, was nur gelingen kann, weil es auch mißlingen kann, also der Bezug auf die Wirklichkeit, die in unseren Handlungen besteht. Nur wer handelt – nach dem philosophischen Proseminar müßte nun das Hauptseminar zu den Regeln der Logik und des wissenschaftlichen Begründens folgen –, kann im Handeln Erfahrungen machen wie z. B. in der astronomischen Beobachtung oder dem chemischen Experiment. Und nur wer handelt, kann über die Wahr/falsch-Frage hinaus nach seinen Zwecken gefragt werden und nach deren moralischer und politischer Rechtfertigung.

Sie mögen mir nachsehen, für die Beantwortung meiner ungeduldigen Frage »Was ist denn nun Wahrheit – ganz praktisch gesehen?« Ihre Geduld so sehr beansprucht zu haben. Ganz praktisch gesehen ist die Wahrheit nicht der philosophisch geadelte Selbstzweck, sondern ein Mittel – ein Mittel freilich, das auf Gelingen oder Scheitern unseres eigenen Handelns und auf die Pflicht zur Rechtfertigung seiner Zwecke verweist. Wahrheit als Mittel (zu verantwortlicher Lebensführung und Wissenschaft) kann ich Ihnen, zum Dank für Ihre Geduld mit mir, zurückgeben, wo sie Ihnen von anderen Philosophen als Selbstzweck entwendet wurde.

# Kapitel IV
# Kommunikation und Information

# I. Die Naturalisierung der Information

## Einleitung

Die folgenden erkenntnistheoretischen Überlegungen gelten der Frage, ob und inwieweit Information ein Gegenstand der Naturwissenschaften ist. Gegenstand einer Wissenschaft zu sein ist dabei selbstverständlich nicht eine Frage des Auftauchens der einschlägigen Bezeichnungen. Es ist offenkundig, daß nicht nur das Wort »Information« selbst, sondern ein ganzes informationstheoretisches Vokabular Eingang in praktisch alle Wissenschaften gefunden hat. Dies könnte aber auch ein Zeichen von Homonymien der Art sein, daß z. B. Wörter wie »Masse« oder »Kräfte«, die auch alltagssprachlich vertraut sind, in verschiedenen Kontexten z. B. denjenigen der Physik oder der politischen und der Wirtschaftswissenschaften auftreten, ohne daß dies Anlaß zu besonderer Überlegung wäre; allenfalls eine begriffsgeschichtliche Aufklärung der Herkunft von Metaphern käme in Frage.

Anlaß der Frage, ob Information ein Gegenstand der Naturwissenschaft sei, bilden vielmehr sowohl programmatische Äußerungen als auch durchgeführte Ansätze, »Information« in einzelnen Naturwissenschaften im selben Sinne zu einem Gegenstand zu machen, wie es z. B. Kräfte und Felder für die Physik, Organismen und Arten für die Biologie, Elemente und Verbindungen für die Chemie sind. (Sprachtheoretisch heißt dies in erster Näherung, »Information« zu einem objektsprachlichen Terminus technicus naturwissenschaftlicher Theorien zu erheben.) Anlaß der hier aufgeworfenen Frage ist, genauer, der von Naturwissenschaften erhobene Anspruch, naturwissenschaftliche Beschreibungen und Erklärungen auf alle Erscheinungsformen von Information erschöpfend auszudehnen. Dieser Anspruch gewinnt selbstverständlich genau dort seine Brisanz, wo gesehen wird, daß das gesamte Feld informationstheoretischer Rede einschließlich seiner nachrichtentechnischen Herkunft letztlich auf menschliche, in Sprache vollzogene Kommunikation zurückgeht. Mit anderen Worten, die hier erkenntnistheoretisch zu erörternde Frage betrifft eine Konkurrenz von Zuständigkeitsansprüchen zwischen Natur- und Kulturwissenschaften, ja, wie sich zeigen wird, auch zwischen Naturwissenschaften und Philosophie.

Die hier angestellten Überlegungen nehmen deshalb folgenden Gang: Zunächst sollen einige Beispiele für die erwähnten programmatischen Ansprüche sowie für entsprechende Durchführungen gegeben werden, um gleichsam das kulturhistorische Phänomen des zu reflektierenden Anspruches zu identifizieren. Die Reichweite dieses Zuständigkeitsanspruches soll im Wort »Naturalisierung« zum Ausdruck kommen, das in einem zweiten Schritt zu erläutern ist. Unter diesem Schlagwort, das als »Naturalisierung der Erkenntnistheorie« Teil der Analytischen Philosophie geworden ist, verbirgt sich ein allgemeineres Programm, den Naturwissenschaften die Aufgabe der Erklärung von Kulturphänomenen einschließlich der Selbsterklärung der Naturwissenschaften zuzuweisen. Im dritten Schritt sind dann die informationstheoretischen Begriffsbildungen, die in dieser Debatte auftreten, einer näheren Betrachtung zu unterziehen. Ausgehend von den technischen Modellen, die in naturwissenschaftlichen Ansätzen Verwendung finden, wird die nachrichtentechnische, auf menschliche Kommunikation bezogene Betrachtungsweise diskutiert, die historisch im Grenzgebiet von technischer Beherrschung kultürlicher Phänomene selbst ein unglückliches, zu Mißverständnissen führendes Schicksal erlebt hat. In einem vierten Schritt wird versucht, die dort diagnostizierten Probleme und Defizite durch eine methodische Rekonstruktion auf handlungs- und sprachphilosophischer Ebene zu lösen. Im fünften und letzten Schritt wird dargelegt, daß (ungeachtet einer brauchbaren metaphorischen Sprechweise von Information für naturwissenschaftliche Zwecke von der Molekularbiologie bis zur Hirnforschung) eine naturwissenschaftliche Erklärung des Kulturphänomens sinnvoller, wahrheitsfähiger menschlicher Rede nicht gelingen kann, daß aber andererseits auf deren Beherrschung im tatsächlichen Vollzug auch nicht verzichtet werden kann.

## 1. Das naturwissenschaftliche Programm

Im zweiten Drittel des 20. Jahrhunderts gewinnen ingenieurwissenschaftliche Entwicklungen auf verschiedenen Gebieten gleichzeitig und zum Teil in enger Wechselbeziehung zueinander besondere Bedeutung: Nicht zuletzt unter dem Einfluß zweier Weltkriege nimmt die Entwicklung von nachrichtentechnischen, waffentechnischen und logistischen Steuerungs- und Organisationsmitteln einschließlich dabei verwendeter Rechenmaschinen einen stürmischen Verlauf. Im Jahr 1948 erscheinen zwei die historische Debatte bis heute prägende Arbeiten, zum einen die (1949 um einen zweiten Teil von W. Weaver erweiterte) Abhandlung von C. Shannon *The Mathematical Theory of Communication*, und zum andern die Arbeit des Mathematikers N. Wiener *Cybernetics, or Control and Communication in the Animal and the Machine*. Beide sind primär technischen Aufgaben gewidmet; die erste kurz gesagt der Verbesserung des Telefons und der Nachrichtenmittel, letztere der Steuerungs- und Regelungstechnik für die Lenkung von Waffen wie Flugabwehrkanonen oder zielverfolgende Raketen. (Die Autoren beider Schriften, in deren Titel das Wort Kommunikation vorkommt, treten in einen ehrenhaften Wettbewerb, dem jeweils anderen die besonderen Innovationsleistungen zuzuerkennen.[1])

Für die programmatische Orientierung der Naturwissenschaften ist das Buch Norbert Wieners von größter Bedeutung, weil es nicht nur, weit über den Titel hinaus, Steuerungs- und Regelfunktionen in Lebewesen und in Maschinen zum Gegenstand hat, sondern als Pilottext für die neue Brückenwissenschaft »Kybernetik« gilt. Das Buch, das an manchen Stellen Züge einer wissenschaftlichen Autobiographie trägt und von den damaligen Entwicklungen am Massachusetts Institute of Technology (MIT) erzählt, ist für den Philosophen eine reiche Fundgrube unbesorgtester programmatischer Äußerungen. Diese mögen in Zeiten eines stürmischen fachwissenschaftlichen Fortschritts bei deren Urhebern psychologisch verständlich sein, sind aber auch allgemein für historische Entwicklun-

1 W. Weaver gibt in einer Anmerkung bereits zur ersten Überschrift Hinweise sowohl auf die Entstehung seines Textes als auch auf den Zusammenhang zwischen statistischer Physik und dem Entropiebegriff der Informationstheorie. Danach heißt es, »Dr. Shannon selbst wies mit Nachdruck darauf hin, daß die Kommunikationstheorie viel von ihrem eigentlichen Gehalt Professor Norbert Wiener verdankt. Professor Wiener andererseits betont, daß Shannons Früharbeiten über Schaltvorgänge und mathematische Logik erschienen sind, noch bevor sein eigenes Interesse auf diesem Gebiet erwacht ist; und er fügt freundlicherweise hinzu, daß Shannon sicherlich für die selbständige Entwicklung solch grundlegender Aspekte zur Theorie wie die Einführung der Entropie die Ehre gebührt. Shannon hat sich natürlich besonders um die technische Anwendung der Kommunikationstheorie bemüht, während Wiener sich mehr mit biologischen Anwendungen (Erscheinungen im Zentralen Nervensystem) beschäftigte«, in: Shannon/Weaver 1976, S. 11.

gen im negativen Sinne aufschlußreich. Dazu gehört ein forsches Bekenntnis Wieners zu einer kartesischen Auffassung von Tieren als Maschinen und die Selbstverständlichkeit, daß aus evolutionsbiologischer Perspektive der Mensch ein Tier sei, also konsequenterweise Menschen wie Maschinen funktionierten. Bei Wiener bieten sich solche Auffassungen mit der philosophischen Sorglosigkeit, nicht etwa nur ein Programm für einen Beschreibungs- und Erklärungstypus innerhalb eines beschränkten Aufgabenbereichs zu formulieren; vielmehr finden sich in geradezu ontologisierender Sprechweise mit dem Verbum »ist« bzw. »sind« Identitätsbehauptungen, die zu lesen sind als: »Tiere sind (naturwissenschaftlich) nichts als Maschinen«, und: »Menschen sind (naturwissenschaftlich) nichts als Tiere« – und implizit, daß jedes wissenschaftsfähige Wissen mathematisch-naturwissenschaftlich ist.

Nicht die Entdeckung also, daß technische Regelsysteme vom Fliehkraftregler der Dampfmaschine im 18. Jahrhundert bis zum frequenz- und amplitudenmodulierten Regelkreis in der Elektrotechnik des 20. Jahrhunderts vorzügliche Modelle dafür abgeben, um in der Physiologie Homöostasen zur Aufrechterhaltung der Körpertemperatur oder des Blutzuckerspiegels oder Rückkoppelungsprozesse sensomotorischer Wahrnehmungsleistungen zu erklären, ist hier in Frage zu stellen. Wieners Buch ist im Überschwang des Erfolgs der neuen Wissenschaft Kybernetik vielmehr ein historisch wirksamer Beleg für die logisch-empiristische Überzeugung, daß allen philosophischen und kulturwissenschaftlichen Ansprüchen durch radikale Beschränkung auf die Mittel von Mathematik und naturwissenschaftlicher Erfahrung ein Ende zu bereiten sei.

Darüber hinaus propagiert das Buch als neuen, unverzichtbaren und in seiner Leistungsfähigkeit kaum zu überschätzenden Begriff den der Information. So ist es schon zu einem Topos geworden, Wiener mit der Behauptung zu zitieren: »Information is information, not matter or energy. No materialism which does not admit this can survive at the present day.«[2] Dieser Satz läßt den Anspruch erkennen, mit dem Informationsbegriff naturwissenschaftlich-materialistische Erklärungen zu leisten, die ohne ihn nicht möglich sind. (Auf den verkappten Biologismus, daß Positionen oder Programme wie die Reduktion aller Phänomene auf ein materielles

2 Wiener 1948, S. 155.

Geschehen selbst nur auf einen »Überlebenswert« hin – statt auf Wahrheit – zu beurteilen sind, mag am Rand verwiesen sein.)

Gemeint hat Wiener wohl, daß der Informationsbegriff gleichberechtigt neben andere naturwissenschaftliche Begriffe wie den der Energie oder der Materie zu treten hätte. Nur wo es keine Probleme erzeugt, nicht ausdrücklich hinzuzufügen, daß hier von einer Gleichstellung von Begriffen, also von wissenschaftlichen Verwendungsweisen fachsprachlicher Wörter, die Rede ist, mag auch schlicht von Information, Energie und Materie statt von den Begriffen der Information, der Energie und der Materie gesprochen werden. Allerdings ist die sorgfältigere Sprechweise dort von Vorzug, wo sie auf die Folgen einer Nachlässigkeit aufmerksam macht. Der Energiebegriff nämlich ist in den Naturwissenschaften, ausgehend von der Physik, in der Objektsprache angesiedelt. Schon in der klassischen Mechanik wird »Energie«, aufbauend auf den Grundbegriffen von Länge, Dauer und Masse, (hier in salopper Form) über die Definitionskette »Kraft ist Masse mal Beschleunigung«, »Arbeit ist Kraft mal Weg«, »Arbeit ist dimensionsgleich mit Energie, die als potentielle oder kinetische auftreten kann«, zu einem wohlbestimmten Terminus der mechanischen Theorie selbst. Alle anderen Energieformen von der thermischen (über ein Wärmeäquivalent) zur elektromagnetischen, chemischen usw. werden jeweils über die Messung mechanischer bzw. thermischer Energie ebenfalls in den Bereich naturwissenschaftlicher Gegenstände eingereiht.

Mit dem Wort »Materie«, in chemischen Kontexten synonym verwendet mit »Stoff« oder »Substanz«, steht es anders. Dieses Wort bezeichnet keinen quantitativen Begriff, ist also nicht durch Meßverfahren operational definiert, und tritt in naturwissenschaftlichen Lehrbüchern und Diskursen an keiner Stelle als objektsprachlicher Terminus auf. Vielmehr ist er ein »Reflexionsterminus« wie etwa die Wörter »Raum« und »Zeit« in der Physik. Reflexionstermini gehören der Ebene der Metasprache an und dienen zur Einteilung oder Abgrenzung von objektsprachlich formulierten Sachverhalten, also etwa den räumlichen, den zeitlichen und den stofflichen, die ihrerseits in Physik und Chemie z. B. durch bestimmte Meßverfahren und durch die an sie angeschlossenen Begriffsbildungen den dazugehörenden Objektbereich bilden.

Wieners sprachliche Sorglosigkeit, statt von den drei Begriffen von den drei Designaten selbst zu reden, hat ihm den Blick darauf verstellt, daß er die Eigenständigkeit eines Begriffs »Information« gegenüber zwei (der Definition und Zugehörigkeit zu Sprachebenen nach) unterschiedlichen Vergleichsgegenständen, nämlich dem objektsprachlichen Terminus technicus »Energie« und dem metasprachlichen Reflexionsbegriff »Materie«, behauptet. Damit bleibt selbstverständlich offen, ob diese Wienersche These den Begriff der Information selbst der Objektsprache oder aber der Metasprache der Naturwissenschaften zuordnen möchte. Dies ist auf den ersten Blick eine sprachtheoretische Feinheit, der man keine besondere Bedeutung beimessen möchte, solange man nur die vermutliche Intention Wieners im Auge hat, der Information ein eigenes Wohnrecht im Haus der Naturwissenschaften einzuräumen. Es wird sich aber im folgenden weisen, daß diese feine Unterscheidung der Zugehörigkeit eines Begriffs zur einen oder anderen Sprachebene ein zuverlässiges Indiz dafür ist, ob Information ein Gegenstand der Naturwissenschaft wird oder nur eine Metapher im Bereich der Modellbildung – und damit fundamental verschiedene Ansprüche auf die Reichweite naturwissenschaftlicher Erklärungen trägt.

Heute, mehr als fünfzig Jahre nach Wieners Publikation, ist die Verwendung der informationstheoretischen Sprechweise in den Naturwissenschaften derart üblich geworden, daß bis in die Alltagssprache hinein von Erbinformation, von deren Codierung im Genom, aber auch von Wahrnehmung und Denken als Aufnahme und Verarbeitung von Informationen oder von der evolutionären Anpassung der Lebewesen als deren Information durch die Umwelt die Rede ist. Der Laie hört hier, was die Fachleute ihm in allen Graden der Popularisierung naturwissenschaftlicher Ergebnisse vortragen. Da ist dann die Fischflosse durch das Wasser informiert, und auch die Aufnahme und Verdauung von Nahrung durch einen Organismus wird als Informationsprozeß beschrieben.

Eine besondere Betonung haben Kybernetik und Informationstheorie in der DDR erfahren, wo sich Hoffnungen auf die Brükkenwissenschaft richteten, im Rahmen dialektisch-materialistischer Überzeugungen gleichsam den Sprung von der Materie zum Geist und zum Bewußtsein zu leisten. Zwar kann diese Entwicklung hier nicht erörtert werden. Aber es sei doch wenigstens exemplarisch auf ein prominentes Lehrbuch der Psychologie hingewiesen, nicht nur, weil es in naturwissenschaftlich orientierten psychologischen Instituten der Bundesrepublik gern verwendet wurde, sondern weil es bis heute in naturwissenschaftlichen Publikationen zitiert wird: Friedhart Klix, *Information und Verhalten. Kybernetische Aspekte der organismischen Informationsverarbeitung. Einführung in naturwissenschaftliche Grundlagen der allgemeinen Psychologie*. Dort heißt es etwa im ersten Kapitel (»Der Informationsaustausch zwischen Organismus und Umgebung als Grundlage der Verhaltensanpassung und der Verhaltensorganisation von Organismen«) unter der Subüberschrift »Einführung in Zusammenhänge zwischen Information und Verhalten«:

Die Fähigkeit, das Verhalten nach eintreffenden Informationen zu richten, ist eine grundlegende Eigenschaft aller Organismen, die über ein Nervensystem verfügen. In den niedrigsten Formen ist die Verhaltensabstimmung angeboren ... Für das Verständnis der Entstehung psychischer Eigenschaften bei höher organisierten Lebewesen ist wesentlich, daß mit der Aufgliederung von Wahrnehmungs- und Lebensbereichen in der Phylogenese die Vielfalt der Reizeinwirkungen so stark zunimmt, daß sie trotz stufenweiser Vergrößerung des Nervensystems die Aufnahmekapazität des Gehirns übersteigt. Aufnehmbare Reize müssen vernachlässigt, unterdrückt werden ... Damit werden zugleich die ursprünglich festen Paßformen zwischen Reizeinwirkung und Verhaltensantwort gelockert. Dieses evolutionsgeschichtlich bedingte Risiko einer Fehlanpassung wird durch neuartige Wirkprinzipien des Nervensystems abgefangen und kompensiert. Sie finden ihren Ausdruck in der Fähigkeit aller höheren Organismen: zu lernen.[3]

Das Lehrbuch entwickelt dann, ausgehend von Erläuterungen informationstheoretischer Termini wie Signal, Nachricht und Informationsgehalt einer Nachricht usw., ein Instrumentarium, mit dem konsequent tierliches und menschliches Verhalten durch kybernetische, d. h. informationsverarbeitende Steuerungs- und Regelungsprozesse im Rahmen eines differenzierten Reiz-Reaktions-Schemas erfaßt werden soll. Der Informationsbegriff hat das naturwissenschaftliche Menschenbild erobert.

Die Anschlüsse von Klix an den nachrichtentechnischen Ansatz von Shannon und Weaver bedienen sich der Unterscheidung dreier Aspekte des Informationsbegriffs, nämlich (1) des syntaktischen Aspekts der Information, der für den Informationsaustausch zwischen einem Sender und einem Empfänger quantitativ und strukturell die Menge und Ordnung von Signalen betrifft, (2) den semantischen Aspekt der Information, der »die Bedeutung« einer Nachricht

3 Klix 1976, S. 30.

für den Empfänger beinhaltet, und (3) den pragmatischen Aspekt, der »Nutzen oder Bedeutsamkeit« einer Nachricht für den Empfänger darstellt.[4] Diese schon 1948 bei Shannon und Weaver zu findende Einteilung ist heute durchaus gängig. Sie findet sich (mit Verweis auf Klix) zum Beispiel wieder in einem Buch des Titels *Physik der Selbstorganisation und Evolution*, das 1986 die Vereinheitlichung aller hier in Frage kommenden Betrachtungsweisen und Fachwissenschaften in der folgenden Formulierung versucht:

Das Kapitel 10 dieses Buches (»Speicherung und Verarbeitung von Informationen«) beginnt mit der Behauptung einer Korrelation von Informationsverarbeitungskapazität und Entwicklungsgeschichte. Dort heißt es: »Die Fähigkeit, Informationen zu speichern und zu verarbeiten, ist eine wesentliche Eigenschaft lebender Systeme. Im Laufe der biologischen Evolution hat diese Fähigkeit eine enorme quantitative und qualitative Steigerung erfahren. Im wesentlichen werden drei Formen der Information benutzt:

1. genetische Informationen,
2. Informationen im Nervensystem und im Hirn,
3. extrasomatische Informationen, die außerhalb des Organismus in Aufzeichnungen, Büchern usw. gespeichert sind.

Diese drei Formen haben sich entwicklungsgeschichtlich nacheinander gebildet.«[5]

Dieses Zitat stehe hier exemplarisch für die Auffassung, daß ein und dasselbe Wort »Information« für den Bereich der Genetik genauso wie für den Bereich von Aufzeichnungen in Büchern tauglich ist und daß die Physik über die Chemie, die Biochemie und eine molekularbiologische Genetik zur Grundlage einer Evolutionsbiologie und dann, weiter, einer Evolutionstheorie wird, die schließlich auch alle Kulturphänomene wie menschliche Sprache, wissenschaftliche Bibliotheken und Institutionen erfaßt. Eingebettet in diese Darstellung sind bereits Ergebnisse der molekularen Genetik, die wohl die Hauptverantwortung dafür zu übernehmen hat, daß in den Naturwissenschaften heute allgemein von »biologischer Information« oder »biologischer Entstehung von Information« gesprochen wird. Kennzeichnend für diese Auffassung ist, daß materielle Systeme (wie z. B. Moleküle) als Träger von Informationen und Wechselwirkungen solcher Systeme als Informationsprozesse be-

4 Ebd., S. 58.

5 Ebeling/Feistel 1986, S. 302.

trachtet werden. Einen Höhepunkt erreicht diese Betrachtungsweise in der Anthropomorphisierung chemischer Objekte und Vorgänge, wenn etwa in Untersuchungen biochemischer Reaktionen Molekülen eine »molecular recognition«[6] in dem Sinne zugesprochen wird, daß sich Moleküle im flüssigen oder gasförmigen Medium einen Reaktionspartner suchen und nach Erkennen der Passung sich mit ihm vereinigen (in nahezu biblischer Diktion, die menschliche Paarung als »Sich-Erkennen« bezeichnet).

Dabei ist es keineswegs nur der Popularisierung schwer verständlicher naturwissenschaftlicher Ergebnisse aus Chemie oder Biologie zuzuschreiben, wenn Naturwissenschaftler den Hiatus zwischen den beiden Ebenen der experimentell-kausal untersuchten Mikroobjekte einerseits und der höheren Kulturleistungen etwa in Sprache und Dichtung andererseits dadurch zu entschärfen suchen, daß sie der ersteren Ebene eine anthropomorphisierende Beschreibung mit Hilfe kognitiver, informationstheoretischer oder Bewußtseinsterminologien angedeihen lassen. Vielmehr ist es Teil eines expliziten Reduktionsprogramms, höhere Kulturleistungen als »letztlich nichts anderes« denn als Produkte ihrer materiellen Träger darzustellen. So ist es auch nicht Popularisierung, sondern Selbstverständigung, wenn etwa B. O. Küppers, ein Schüler M. Eigens (mit einer fachlichen Herkunft aus der Physik), »die Entstehung biologischer Information«[7] auf den Anspruch zuspitzt, gleichsam vom Urknall und

6 Ein – wegen der Häufigkeit dieser Sprechweise eher beliebig herausgegriffenes – Beispiel: »The phenomenon of molecular recognition has evolved around the principles of self-organization, self-assembly, and self-synthesis to the extent that participating molecules must not only be ...«, aus: Anelli u. a. 1992, S. 193.

7 »Wenn wir das Prinzip der molekularen Informationsspeicherung in den Erbmolekülen eines Lebewesens als genetische ›Molekularsprache‹ bezeichnen, so steckt dahinter mehr als eine bloße Metapher«, in: Küppers 1990. Und obwohl sich Küppers explizit (und übrigens ohne Begründung) den Thesen von Weizsäckers (»Information ist nur, was verstanden wird«, und »Information ist nur, was Information erzeugt«) anschließt und, im Anschluß an H. Seifert, die syntaktische, die semantische und die pragmatische »Dimension« des Informationsbegriffs mit der Einsicht verbindet, daß nur von den späteren oder höheren Dimensionen her die früheren möglich sind (»Syntaktische Information ist nicht möglich, ohne daß der Empfänger bereits über semantische Information verfügt«, S. 63), wird dann von »semantischem Informationsgehalt einer Nukleinsäure« gesprochen und der pragmatische Aspekt von Information naturalistisch ausgeweitet auf »Veränderungen im Empfänger«. »Unter ›Veränderung‹ soll hier sowohl jede strukturelle Änderung des Empfängers als auch jede beim Empfänger hervorgerufene Bereitschaft für eine zielgerich-

der Entstehung erster Elementarteilchen her ein naturwissenschaftliches Hypothesensystem bis zur komplexen Leistung von Menschen in hochentwickelten Kulturen einschließlich der Sprache zu formulieren. Beleg dafür, daß dies nicht nur eine unbesonnene programmatische Übertreibung ist, bietet eine militante Zurückweisung jeder Kritik daran, dass es sich bei informationstheoretischer Beschreibung genetischer oder evolutionärer Prozesse bestenfalls um eine Metapher handeln könne, die aus dem Bereich menschlicher Kommunikation genommen ist und deshalb untauglich bleibt, diese ihrerseits zu konstituieren oder zu erklären.[8]

Diese Beispiele mögen ausreichend belegen, daß programmatisch und in inhaltlicher Durchführung erstens behauptet wird, Information sei ein Gegenstand der Naturwissenschaften. Als solcher trage er zweitens in naturwissenschaftlicher Erkenntnis zur Kausalerklärung für den Bereich bei, aus dem er theoriengeschichtlich stammt, nämlich dem menschlicher Kommunikation. Der Import des Informationsbegriffs in die Disziplinen der Chemie, der Biologie und der Psychologie verdankt sich dabei den beiden Großprojekten, einerseits menschliches Verhalten im Reiz-Reaktions-Schema nach dem Vorbild der Physik zu beschreiben, zu erklären und vorherzusagen, und andererseits, aus der Perspektive des objektiven Beobachters das Naturgeschehen chronologisch in der Entstehung von den Elementarteilchen über die Atome zu den Molekülen, zu den Zellen, zu den Organismen und zu ganzen Populationen nachzuzeichnen.

Meistens eher beiläufig kommt dabei zur Sprache, daß die Gleichartigkeit des nachrichtentechnischen und des naturwissenschaftlichen Gebrauchs von »Information« auf ein weiteres Indiz gestützt werden kann, nämlich die Übertragung des Entropiebegriffs aus der Thermodynamik in die Nachrichtentechnik.

Hier soll nur kurz begründet werden, warum wir diesen Zweig

tete Handlung verstanden werden« (S. 85, Hervorhebung von mir, P. J.) – die Begriffe der Handlung, gar der zielgerichteten Handlung, sucht man aber nicht nur im Register vergeblich; Sprache wird ganz als statistisches Produkt auf dem Weg vom Buchstaben zum Gesamttext aufgefaßt und jede Einbettung menschlichen Sprechens als zielgerichtetes Handeln in kultürliche Praxis konsequent vermieden.

8 Der Einwand gegen die Parallelisierung von menschlicher und »Molekularsprache« bei Küppers 1990 läßt sich bereits als Verletzung der Selbstkonsistenz seines Ansatzes formulieren: Seine Sprachauffassung gestattet nicht mehr, den von ihm selbst erhobenen molekularbiologischen Geltungsanspruch seines Ansatzes zu erfassen.

der Diskussion – Information angeblich als ein und dieselbe Zustandsgröße in Thermodynamik und Nachrichtentechnik – nicht weiter verfolgen: Zwar verweisen die Autoren der mathematischen Theorie der Kommunikation ausdrücklich auf eine formale Parallelität des thermodynamischen Entropiebegriffs der Boltzmann-Beziehung, wonach die Entropie, die nach dem zweiten Hauptsatz der Thermodynamik die Verlaufsrichtung nichtreversibler Prozesse bestimmt, proportional dem natürlichen Logarithmus der Zustandswahrscheinlichkeit sei, und der Entropie einer (kontinuierlichen) Nachrichtenquelle. Aber die Thermodynamik enthält in der Boltzmannschen Gleichung eine (empirische) Naturkonstante sowie einen Entropiebegriff, der keine reine Zahl, sondern eine benannte physikalische Größe ist;[9] die Informationstheorie dagegen benutzt sozusagen nur den mathematischen Formalismus der statistischen Deutung der Thermodynamik durch Boltzmann und sieht sich außerdem noch mit der Tatsache konfrontiert, daß die Information, die beim Eintreten eines Ereignisses aus einem statistischen Ensemble erhalten wird, der negative Logarithmus zur Basis 2 der Auftrittswahrscheinlichkeit dieses Ereignisses ist – weshalb in der Informationstheorie das Maß für den mittleren Informationsgehalt häufig auch »Negentropie« genannt wird. Bei wissenschaftstheoretisch liberalster Sichtweise könnte man die formale Analogie von Thermodynamik und Informationstheorie deshalb so fassen: In einer formalen, also rein mathematischen Statistik läßt sich ein Maß für das Auftreten verschieden wahrscheinlicher Zustände definieren, das sich einerseits in der Thermodynamik, andererseits in der Informationstheorie anwenden läßt, wenn auch auf prinzipiell verschiedene Gegenstandsbereiche. Damit wird aber »Entropie« oder ein an den thermodynamischen Entropiebegriff gebundener Informationsbegriff nicht zu einem Gegenstand der Physik bzw. der Naturwissenschaften. (Es behauptet auch niemand, daß die Anwendung bestimmter mathematischer Limes-Begriffe in der Volkswirtschaftslehre nun den Limes zu einem Gegenstand der Ökonomie mache.)

Abschließend zu dieser Darstellung verschiedener Formen des Umgangs mit dem Informationsbegriff in den Naturwissenschaften sei zur Vermeidung von Mißverständnissen (zum Teil Gesagtes wie-

9 Vgl. Artikel »Entropie«, S. 176.

derholend) zusammengestellt, welche Usurpationen des Informationsbegriffs durch die Naturwissenschaften hier nicht gemeint sind:

– keine Homonymien, also lediglich Wortgleichheiten zwischen naturwissenschaftlichen und auf menschliche Kommunikation bezogene Sprechweisen;

– keine metaphorischen, sinnvolle und wahrheitsfähige menschliche Kommunikation nur als Modell heranziehenden Sprechweisen;

– keine »Anwendungen« naturwissenschaftlicher Methoden auf Gegenstände aus dem Bereich menschlicher Kommunikationsleistungen mit Geltung und Bedeutung (etwa deren partielle leistungsgleiche Substitution durch technische Geräte, wie in Abschnitt 5 besprochen. Selbstverständlich läßt sich ein Buch sinnvoll, z. B. für postalische Zwecke, wägen und damit einer physikalischen Meßmethode unterwerfen. Und selbstverständlich läßt sich sinnvoll auch eine Person, etwa zu medizinischen Zwecken der Gesundheitsvorsorge, wägen, ohne daß sich daraus irgendwelche erkenntnistheoretischen oder ethischen Probleme ergäben).

Vielmehr sollen die im letzten Abschnitt vorgetragenen Beispiele belegen, daß Naturwissenschaften explizit in eine Konkurrenz zu Kulturwissenschaften und Philosophie dort treten, wo »Information« zum objektsprachlichen Terminus naturwissenschaftlicher Theorien gemacht und mit dem Anspruch verknüpft wird, daß sich spezifische Aspekte menschlicher Kommunikation wie Bedeutung und Geltung auf diesem Weg erfassen und letztlich als strukturelle Eigenschaften materieller Systeme erklären lassen.

## 2. Naturalisierung als philosophisches Programm

Die Rede von »Naturalisierung« und »Naturalismus« bestimmt vor allem eine philosophische, weniger eine naturwissenschaftliche Diskussion. Dabei geht es um eine Debatte, die sich von der Wissenschaftstheorie der Naturwissenschaften zur analytischen Philosophie des Geistes verschoben hat und gleichsam parallel zur aktuellen Hirnforschung und zu naturwissenschaftlichen Kognitionswissenschaften geführt wird. Im Vordergrund stehen dabei Fragen des Körper-Geist-Problems in heutiger Sicht von Philosophen, deren Interesse gerade nicht in einer kritischen Prüfung naturwissenschaftlicher Methoden und Resultate liegt.

Prominent und historisch wirksam für die Naturalisierungsdebatte ist vor allem ein Aufsatz von W. V. O. Quine geworden, der 1969 unter dem Titel »Epistemology Naturalized« erschienen ist. Er soll im folgenden paradigmatisch zeigen, worin das Programm einer naturalisierten Erkenntnistheorie besteht, deren Niederschlag dann auch in einer Naturalisierung des Informationsbegriffs aufweisbar ist.

Quine bestimmt als die Aufgabe einer Erkenntnistheorie, die Grundlagen der Wissenschaften zu klären. Dabei richtet sich sein Augenmerk, ausgehend von der Mathematik, auf die empirischen Wissenschaften und ihre traditionelle Diskussion, die sich in eine Theorie der Bedeutung oder Begriffsbildung einerseits, in eine Theorie der Geltung oder Wahrheit andererseits aufgespalten habe. In einer Kritik am Empirismus David Humes, dem er Reste eines nicht auf bloße Beobachtung gestützten Mentalismus vorwirft, formuliert Quine die These, am Anfang jeder Bestimmung von Wortbedeutungen oder Satzinhalten, damit am Anfang jeder rationalen Rekonstruktion von Erkenntnis, stünden Reizungen der eigenen Sinnesrezeptoren als »das einzige, was man hatte, um zu seinem Bild von der Welt zu kommen«.[10]

Damit wendet sich Quine explizit gegen das Rekonstruktionsprogramm, das Rudolf Carnap als prominentester Vertreter des Logischen Empirismus in seinem Buch *Der logische Aufbau der Welt* (1928, 4. Auflage 1974) formuliert und durchgeführt hatte. Für Quine ist dieses Programm gescheitert, weil es keinen logisch zwingenden Zusammenhang von unmittelbarer Erfahrung, formuliert in Beobachtungssätzen, und der Geltung einer empirischen wissenschaftlichen Theorie zeige. Keine »rationale Rekonstruktion« als nachträglicher philosophischer Ausweis von Bedeutung und Geltung naturwissenschaftlicher Sätze sei möglich; es gäbe in einer Welt der Körper primär nur Sinnesreizungen, über die das menschliche Individuum Wortbedeutungen erlerne – zu der man dann nach Quine nur noch den Mengenbegriff hinzuzunehmen habe, um konsequent metaphysikfrei ein Bild der Welt zu erzeugen. »Was die Theorie der sprachlichen Bedeutung angeht, so hat man sicherlich

10 Quine 1969, im folgenden zitiert mit Seitenangaben nach der deutschen Ausgabe 1975: hier S. 105.

keine andere Wahl als die, ein Empirist zu sein.«[11] Erkenntnistheorie (»oder etwas Ähnliches«) erhält damit ihren Platz innerhalb der Psychologie und wird so selbst ein Teil »der empirischen Wissenschaften«.

Als eine der zahlreichen Konsequenzen sei hier nur die an anderer Stelle von Quine ausführlich behandelte These erwähnt, daß damit »auf den umstrittenen Begriff der Analytizität zugunsten (einer) geradlinigen Eigenschaft der gemeinschaftlichen Anerkennung verzichtet«[12] werden müsse. Das heißt, es solle keine aufgrund von Definitionen oder terminologischen Konventionen gültigen Sätze mehr geben, sondern nur noch das Faktum deren Anerkennung. »Ich bezweifle, daß eine objektive Unterscheidung zwischen Bedeutung und solcher zusätzlicher Information getroffen werden kann, die in der gesamten Gemeinschaft verbreitet ist.«[13] Damit werden »Bedeutung« und »Information, die in der gesamten Gemeinschaft verbreitet ist« insofern dasselbe, als beide nur Gegenstände der Beobachtung, also empirischer Wissenschaften und Verfahren, seien. Nach Quine sind »Beobachtungssätze diejenigen Sätze ..., die wir zuerst verstehen lernen können, sowohl als Kinder wie als Linguisten im Urwald ... der Beobachtungssatz ist der Eckpfeiler der Semantik«. (Am Ende des Aufsatzes erwähnt Quine zustimmend die »evolutionäre Erkenntnistheorie« nach D. T. Campbell als weiteren Beleg, wie »der Erkenntnistheorie die Hilfsquellen der empirischen Wissenschaften erschlossen« werden.)[14]

Quine resümiert:

Die alte Erkenntnistheorie (für Quine der Empirismus Humes und die Wissenschaftstheorie des Wiener Kreises, P. J.) trachtete danach, die empirischen Wissenschaften in gewissem Sinne einzuschließen; sie wollte diese irgendwie aus Sinnesdaten konstruieren. Die Erkenntnistheorie in ihrem neuen (gemeint: Quineschen, P. J.) Rahmen ist umgekehrt als ein Teilgebiet der Psychologie in den empirischen Wissenschaften eingeschlossen. Aber das alte Verhältnis bleibt auf seine Weise ebenfalls bestehen. Wir untersuchen, wie das menschliche Subjekt Körper postuliert und seine Physik aus seinen Daten projiziert, und wir begreifen, daß unsere Stellung in der Welt der seinen gleicht ... doch jetzt, da wir uns aus dem alten Traum, die ganze

11 Ebd., S. 113.
12 Ebd., S. 120.
13 Ebd., S. 120.
14 Ebd., S. 125.

Wissenschaft aus Sinnesdaten zu deduzieren, erwacht sind, steht alles zum besten. Wir sind darauf aus, die Wissenschaft als Institution oder als Vorgang in dieser Welt zu verstehen, und wir verlangen nicht, daß dieses Verständnis irgendwie besser ist als sein Gegenstand, die Wissenschaft.[15]

Und auch zum Informationsbegriff findet sich hier eine Passage: »... ein Urteil (nach Quine hier gemeint: über eine Beobachtung, P. J.) kann nicht allein von der bestehenden Reizung abhängen und gegenüber der gespeicherten Information invariant sein. Gerade darin, daß wir Sprache gelernt haben, zeigt sich deutlich die Speicherung von Informationen ...«.[16] Diese Stelle belegt, daß sich Quine der unter Naturwissenschaftlern und Informatikern üblichen Redeweise bezüglich Information anschließt.

Quine formuliert damit ein wissenschaftliches Selbstverständnis, das von den meisten, empiristisch eingestellten Naturwissenschaftlern geteilt werden dürfte. Dabei unterstellt er – selbstverständlich – die Ergebnisse der Naturwissenschaften als gültig. »Naturalisierung« kann danach charakterisiert werden durch die Selbstbezüglichkeit empiristisch-naturwissenschaftlich verstandener Erkenntnistheorie: die Naturwissenschaften beschreiben und erklären sich selbst, mit Rückgriffen auf Wahrnehmungspsychologie, Evolutionsbiologie oder auf eine mit informationstheoretischen Modellen arbeitende Kognitionswissenschaft.

Schon das zitierte Resümee zeigt, und zwar eher mit einem bewertenden Appell als mit einem Argument, daß von Quine jeder erkenntniskritische Anspruch philosophischer Reflexion auf die Wissenschaften aufgegeben wird zugunsten der Meinung, das Verständnis der Wissenschaften habe nicht »irgendwie besser« zu sein als sein Gegenstand, die Wissenschaften. Dennoch ist Erkenntnistheorie der Sache nach wenigstens »irgendwie anders« als die Wissenschaften, insofern nämlich das Treiben von Wissenschaften und das Reden über die Wissenschaften auf verschiedenen Sprachebenen stattfinden, verschiedene Gegenstands- und Geltungsbereiche haben und auf verschiedene Kriterien angewiesen bleiben; vermutlich könnte auch Quine nicht bestreiten, daß Physik oder Chemie Naturwissenschaften sind, Physik- oder Chemiegeschichte dagegen Geisteswissenschaften; und daß es zumindest sehr schwierig, wenn

15 Ebd., S. 116.
16 Ebd., S. 119.

nicht abwegig wäre, für letztere nur die vorgesehenen logischen, mathematischen und naturwissenschaftlich-empirischen Geltungskriterien als erschöpfend zu behaupten. Kurz, die von Quine paradigmatisch und historisch höchst wirksam formulierte Auffassung ist einer sorgfältigen Analyse und Kritik zu unterziehen. Dies geschieht hier in der Form von fünf Thesen, die fünf Defizite erkennen lassen:

(1) Wo immer Quine von Wissen oder Wissenschaften spricht, treten als deren Beispiele nur Mathematik und Naturwissenschaften auf. Es fehlen Kultur- oder Geisteswissenschaften ebenso wie die Philosophie als eine Reflexionsdisziplin, die, selbstverständlich keine Naturwissenschaft, aber auch nicht zu den Geisteswissenschaften zu rechnen ist, weil sie als Reflexionsdisziplin eine kritische Distanz auch zu Gegenstand und Methoden der Geisteswissenschaften selbst einnehmen kann. Damit fehlt bei Quine selbstverständlich auch der Aspekt, daß Philosophie als Reflexionsdisziplin nicht noch einmal von einem weiteren metasprachlichen Niveau oder außerweltlichen archimedischen Standpunkt aus eine Meta- oder Fundamentalphilosophie zu ihrer Kritik erfordert, sondern als Reflexionsdisziplin immer zugleich selbstkritisch ihre eigenen Aufgaben und Ziele, Methoden und sprachliche Mittel zu prüfen hat. Bei Quine ist Selbstkritik durch eine letztlich dogmatische Affirmation der Zugehörigkeit zu den Naturwissenschaften ersetzt.

(2) Die Bestimmung der Aufgaben einer Erkenntniskritik betrifft bei Quine sofort und ohne Abstriche den Gegenstand wissenschaftlichen Wissens. Es findet sich keine explizite Unterscheidung von wissenschaftlichem und nichtwissenschaftlichem, etwa alltäglichem Wissen, das ja in der Einteilung von individuellem Privatwissen einerseits, öffentlichem Wissen andererseits unstrittige Exemplare bereithält, von Gewißheit, Wichtigkeit, Intersubjektivität, allgemein begründeter Anerkennung usw. zu sprechen. Quine erkennt nicht, daß bereits in den drei Formen individuellen Privatwissens, vor- und außerwissenschaftlichen öffentlichen Wissens der Alltagswelt sowie wissenschaftlichen Wissens höchst unterschiedliche Ansprüche und deren Einlösungen vorzufinden sind, die weder im Alltagsleben noch im wissenschaftlichen Forschungsprozeß verzichtbar werden.

(3) Quine teilt naiv das Dogma, Sprache reduziere sich auf ihre assertorische oder affirmative Funktion und bestünde darin, Behauptungssätze zu formulieren und die Welt zu beschreiben. Das

Sprachlernmodell, das Quine für den Erstsprachenerwerb von Kindern oder von Linguisten in fremden Kulturen vor Augen hat, ist geradezu grotesk. Hätte er sein eigenes Kriterium der wissenschaftlichen Beobachtung ernst genommen, hätte ihm auffallen müssen, daß Spracherwerb und darauf fußende menschliche Kommunikation an prominenter Stelle das Auffordern, das Fragen und performative Sprechakte umfassen, und zwar methodisch primär und für die Lebensbewältigung wichtiger als das behauptende Beschreiben der Welt. Zwar wird niemand bestreiten, daß beim Spracherwerb Sinneserfahrung im Spiel ist. Die Frage ist aber, ob diese ausreicht, die Unterscheidungsleistungen zu erklären, die ein Kind beim Sprechen erwirbt. Da wird es wohl auf den handelnden Umgang mit den Dingen des täglichen Gebrauchs, noch elementarer aber den Umgang mit anderen Menschen und deren Handlungen und Erlebnissen ankommen sowie auf Sanktionen wie Lob und Tadel, die in einem Lebenszusammenhang von Sprachlernenden und Sprachlehrenden die gemeinschaftliche Anerkennung von Sprachgebräuchen etablieren. Quine ist, ohne es zu merken, dem Bild aufgesessen, es sei primär die Maschine Organismus, die Sprache erwirbt; und dies auch noch reduziert auf den Teil der Sprache, den die klassische, wahrheitsdefinite Logik erfaßt.

(4) Nicht weniger abwegig ist die Unterstellung, Wirklichkeit oder Welt sei eine Menge von Körpern. Es sind ja nur die für spezielle Zwecke höchst sinnvollen Abblendungen der Physik oder der Chemie, das Vorfindliche, in das der Mensch unter anderem naturwissenschaftlich forschend eingreift, als Körper und deren Relationen bzw. Veränderungen zu beschreiben. Daß aber die Lebensvollzüge, die auch die naturwissenschaftliche Forschung ausmachen, Handlungen sind, an denen die Handelnden authentisch ein Gelingen von einem Mißlingen unterscheiden, entgeht Quine. Auch naturwissenschaftliches Beobachten, Messen und Experimentieren sind Handlungen des Typs, der Vollzug in Zwecksetzungsautonomie des Agenten sowie seine authentische Unterscheidung von Erfolg und Mißerfolg betrifft – oder die Naturwissenschaften hätten keine Chance, die allgemeine Anerkennung von Resultaten zu unterscheiden von einer nichtallgemeinen Anerkennung oder von einer allgemeinen Nichtanerkennung. Das Realitätsmodell, das Quine seiner naturalisierten Erkenntnistheorie zugrunde legt, ist das »Festkörpermodell der Realität«, wie H. Schmitz in seiner

Neuen Phänomenologie mit begründetem Spott bemerkt[17] – auch wenn Quine menschliche Subjekte Körper aus Sinnesdaten »postulieren« läßt.

(5) An den Quineschen Ansatz ist die Frage zu richten, warum er nicht zwischen Natur und Artefakt unterscheidet. Schon die aristotelische Trennung von natürlich und künstlich würde Quine erlauben, unserer technischen Zivilisation sowie der Technik moderner naturwissenschaftlicher Laborforschung gerecht zu werden; denn nur das Reich der Zwecke von Handwerkern, Ingenieuren und Experimentalwissenschaftlern, nur das Reich der Pläne und ihrer erfolgreichen technischen Realisierung liefert die Gegenstände, in denen Quine die naturwissenschaftlichen Resultate sieht, auf die er sich stützt. So weiß z. B. jeder Experimentalwissenschaftler, daß er nur empirische Resultate gewinnt, wenn seine Instrumente im Sinne der Realisierung seiner Absichten und Zwecke ungestört sind. Naturgesetze reichen zur Erklärung der Ungestörtheit nicht aus, weil sie im selben Sinne auch für gestörte, defekte und damit keine brauchbaren Resultate liefernden Forschungsinstrumente gültig sind.

Damit entsteht insgesamt für die naturalisierte Erkenntnistheorie Quines ein entscheidender Defekt: Mit seinem Verzicht auf den erkenntniskritischen Anspruch und mit seiner Degradierung von Erkenntnistheorie zur naturwissenschaftlichen Teildisziplin geht das Erheben von Geltungsansprüchen, ja das Erheben von Ansprüchen auf Verstehbarkeit, Nachvollziehbarkeit und Einlösbarkeit insgesamt völlig verloren. Es bleibt das schiere, ja dumpfe Faktum der Anerkennung von Sprachgebräuchen, Behauptungen und Theorien – mit der traurigen Iteration, daß auch diese ihrerseits selbst nur wieder der Beobachtung zugänglich sind (und dieses Beobachtungsurteil selbst sogar falsch ist). Hier ist der Sitz eines Relativismus im Sinne völliger Beliebigkeit von Bedeutung und Geltung menschlicher Rede, in der Lebenswelt ebenso wie in den Wissenschaften. Und man braucht kein Philosoph zu sein, um diesem Totalverzicht auf Rationalität, Verbindlichkeit, ja Auszeichnung von Wissen vor Nichtwissen, seine Zustimmung zu verweigern und die hoffnungslose Zirkularität, den Kreisgang im bloß empirischen als letztlich kriterienlos und unbedacht, ja sogar nach den eigenen Maßstäben als falsch zu durchschauen.

17 Schmitz 1990, S. 36f.

Die Kritik an der Naturalisierung als einem philosophischen Programm wird wieder aufzunehmen sein bei einer Diskussion des Informationsbegriffs, wie er sich in naturalistischem Verständnis zeigt.

## 3. Der Informationsbegriff der »mathematischen Theorie der Kommunikation«

Die Wörter »Information« und »informieren« haben genauso wie viele Wörter aus dem nachrichtentechnischen oder kommunikationstheoretischen Umfeld (wie Botschaft, Nachricht, Signal, Zeichen, Daten usw.) alle Bereiche des Sprechens erobert, von der Alltagssprache über natur- und kulturwissenschaftliche Fachsprachen bis hin zur Philosophie. Dabei muß offenbleiben, ob die Alltagssprache nur abgesunkene, popularisierte fachsprachliche Verwendungen aufweist oder umgekehrt die primären Verwendungsweisen bereitstellt, die dann in die Wissenschaften eingeflossen sind. Jedenfalls läßt sich bereits in einem ersten Schritt der Analyse feststellen, daß die Alltagssprache einen zweideutigen Informationsbegriff hat. Zum einen nämlich sprechen wir von »Information« dort, wo es uns auf Bedeutung und Geltung menschlicher Sprache ankommt, etwa, wenn man bei der Fahrplanauskunft der Bahn eine Information über geeignete Zugverbindungen einholt. Zum anderen sprechen wir auch im Alltag davon, daß auf einer Schallplatte oder einem Tonband die Information gespeichert sei, die man bei Abspielen als Musik, als Schallereignis hört. Hier gibt es zwar Erwartungen und Verständnisse vom Verhältnis des ursprünglichen zum wiedergegebenen Schallereignis, nicht jedoch den Anspruch, daß es sich bei dieser Information um Gegenstände mit Bedeutung und Geltung handle.

Diese Zweideutigkeit – kurz: Information mit und ohne Anspruch auf Bedeutung und Geltung – findet sich auch in den eingangs erwähnten technik- und naturwissenschaftlichen Theorien der Kommunikation und der Kybernetik. Sie ist aber kein Produkt des 20. Jahrhunderts. Sie ist vielmehr überraschenderweise bereits bei den Anfängen lateinischer Formen des Redens von Information nachweisbar. (Eine Begriffsgeschichte kann hier nicht gegeben werden; es sei auf das Buch *Information. Ein Beitrag zur etymologischen und ideengeschichtlichen Begründung des Informationsbegriffs* [München 1978] von Rafael Capurro verwiesen.) Etwa der Artikel »Information« im »Historischen Wörterbuch der Philosophie«[18] zitiert einerseits Cicero, wonach »informatio« eine (bestimmte) Vorstellung bezeichne, darunter auch die, die die Bedeutung eines einzelnen Wortes ist, oder ein Resultat der Klärung einer Wortbedeutung darstellt. In lateinischen Wörterbüchern finden sich dazu Belegstellen, wonach die Wendung »informatio totius sententiae«, also Information als Inhalt eines vollständigen Satzes, auftritt. Andererseits wird (bei Vergil) das Verbum »informare« mit dem Objekt »ingentem clipeum« auf die Metallbearbeitung eines riesigen Rundschilds bezogen.[19] Mit anderen Worten, schon bei den ältesten lateinischen Belegen betreffen Verbum und Substantiv die Formung (Prozeß oder Ergebnis) einerseits materieller Körper, andererseits von sprachlichen oder gedanklichen Gegenständen.

Diese zwei Bedeutungsebenen, vielfältig nachweisbar in der Scholastik, gewinnen eine explizite Bezugnahme aufeinander in der Philosophie Descartes'. In seinen »Rationes dei existentiam & animae a corpore distinctionem probantes«[20] findet sich die Auffassung, in der Wahrnehmung würde eine Formung des Geistes durch eine dem Gehirn aufgeprägte räumliche Veränderung vonstatten gehen. Hier liegt die historisch höchst wirksame Quelle einer Fassung des Leib-Seele- bzw. Körper-Geist-Problems, das für die Naturalisierung des Informationsbegriffs bis heute ausschlaggebend bleibt.

Festzuhalten ist, daß es nicht etwa ein Produkt der Natur- und Technikwissenschaften im zweiten Drittel des 20. Jahrhunderts ist, wenn Information als strukturelle Eigenschaft materieller Systeme verstanden und als solche zum Träger sprachlicher oder gedanklicher Gegenstände mit Bedeutung und Geltung erhoben wird. Die Frage lautet vielmehr, ob diese neuen Theorien unseres Jahrhunderts über klassisch-römische oder kartesisch-frühneuzeitliche Auffassungen hinausgekommen sind. Diese Frage richten wir nun an »die mathematische Theorie der Kommunikation« von Shannon und Weaver.

Im Rahmen dieser Theorie ist »Kommunikation« (wie zeitgleich

18 Schnelle 1976, S. 355.

19 Stichwörter »informatio« und »informo«, in: *Stowassers lateinisch-deutsches Schul- und Handwörterbuch*, 7. Auflage, Leipzig 1923, S. 409.

20 »Imo ipsas hic nullo modo voco ideas, quatenus sunt in phantasia corporea, hoc est in parte aliqua cerebri depictae, sed tantum quatenus mentem ipsam in illam cerebri partem conversam informant«, aus: Descartes 1964, Bd. 7, S. 160f.

auch bei M. Wieners Kybernetik)[21] als Wechselwirkung zwischen zwei Objekten gefaßt, die als »Sender« und »Empfänger« bezeichnet werden. Ziel der Theorie ist die Lösung des nachrichtentechnischen Problems, die Leistung eines Übertragungskanals, in dem Störungen auftreten, zu quantifizieren und seinen Wirkungsgrad zu erhöhen. Eine explizite Definition von »Information« kommt dabei nicht vor. Vielmehr wird zunächst an den technisch bekannten Mitteln zur Nachrichtenübertragung (klassisches Beispiel: Funkverkehr mit dem Morsealphabet) als Maß der Information das Maß für den Aufwand (Zahl der Alternativentscheidungen) gewählt, aus einem diskreten Zeichenvorrat (wie den Buchstaben eines Alphabets) eine konkrete Zeichenreihe (etwa den Wortlaut eines Telegramms) auszuwählen. In weiteren Schritten erfolgt dann ein Übergang auf kontinuierliche Nachrichten, wie sie etwa in kohärent gesprochener Sprache vorliegen und bei Telefongesprächen zu übertragen sind.

Bei diesem Ansatz wird an keiner Stelle tatsächlich Gebrauch davon gemacht, daß es sich bei einem vorgegebenen »Zeichenvorrat« um »Zeichen« handelt, d. h., daß übertragene Nachrichten von ihren Urhebern mit Bedeutung und Geltungsansprüchen versehen sind. Vielmehr wird ausdrücklich bereits am Anfang der Theorie betont: »Insbesondere darf Information nicht der Bedeutung gleichgesetzt werden.«[22]

Die Präsentation der Theorie in den beiden Texten von Shannon und Weaver beginnt bei menschlicher Kommunikation, zu der alle sprachlichen und nichtsprachlichen (z. B. gestischen, tänzerischen, musikalischen) Ausdrucksformen im Austausch unter Menschen gezählt und von dort auf die Beherrschung von Maschinen (z. B. Lenkwaffen) bis hin zur Maschine-Maschine-Kommunikation übertragen werden. Am Anfang steht also das Verständnis, daß es primär Menschen sind, die miteinander kommunizieren.

Die Theorie unterscheidet dann drei Ebenen der Kommunikation, nämlich

A) die Zeichenübertragung, das »technische Problem«,
B) die Bedeutungsübertragung, das »semantische Problem«, und
C) die Wirkungsübertragung, das »Effektivitätsproblem«, das auch das pragmatische genannt wird.[23]

21 Shannon/Weaver 1976, S. 11, und: Wiener (1948/1961) 1963, S. 103 f.
22 Shannon/Weaver 1976, S. 18.
23 Ebd., S. 12.

Aus der Sprachphilosophie übernommen, hat sich dafür seit Morris (1946) die terminologische Trias »syntaktisch – semantisch – pragmatisch« als Unterscheidung dreier Aspekte oder Ebenen der Beschreibung für Sprachstücke eingebürgert.[24]

Für unser Problem der Naturalisierung von Information ist der Kommentar von Bedeutung, den W. Weaver zu dieser Einteilung gibt:

Nach der vorangegangenen Darstellung könnte man zu der Annahme verleitet sein, die Ebene A stelle ein relativ oberflächliches Problem dar, da es nur die technischen Details eines guten Entwurfs für ein Kommunikationssystem betrifft, während die Ebenen B und C den meisten, wenn nicht den gesamten philosophischen Gehalt der Kommunikationstheorie einschließen. Die mathematische Theorie für die technischen Aspekte der Kommunikation, wie sie hauptsächlich von C. Shannon bei den Bell Telephone Laboratories entwickelt wurde, bezieht sich in der Tat zunächst nur auf das Problem A, nämlich das technische Problem, wie genau verschiedene Arten von Signalen vom Sender zum Empfänger übertragen werden. Aber die Theorie hat, wie ich glaube, eine tiefe Bedeutung, die eine Unterbewertung der Ebene A nicht gerechtfertigt erscheinen läßt. Ein Teil der Bedeutsamkeit der neuen Theorie kommt daher, daß auf den Ebenen B und C nur von dem Grad der Signalgenauigkeit Gebrauch gemacht werden kann, wie er auf der Ebene A analysiert wurde. So wirkt sich jede Beschränkung, die in der Theorie der Ebene A entdeckt wird, auch auf die Ebenen B und C aus. Die weitaus größere Bedeutsamkeit der Ebene A ergibt sich jedoch dadurch, daß die Analyse ihrer Probleme eine stärkere Überlappung dieser Ebene mit den anderen beiden offenbart, als man sich als Laie vorzustellen vermag. Damit ist die Theorie der Ebene A zumindest in einem bedeutsamen Grad auch eine Theorie der Ebenen B und C.[25]

Ein Teilargument Weavers ist wohl völlig trivial: Selbstverständlich können bei menschlicher Kommunikation Bedeutung und Geltung nur dort eine Rolle spielen, wo das technische Problem der Signalübertragung hinreichend gut gelöst ist; oder in einem simplen Beispiel: Wenn ein Telefonnetz ohne Strom ist, bricht mit der technischen Signalübertragung selbstverständlich auch jede sinnvolle Kommunikation zusammen. Positiv gewendet beschreibt Ebene A die technischen Mittel für eine Kommunikation im Sinne der Ebenen B und C.

24 Morris 1946.
25 Shannon/Weaver 1976, S. 14f.

Deshalb richten wir unser Augenmerk auf die »Überlappung« der technisch-syntaktischen mit der semantischen und pragmatischen Ebene, die sich – nach Weaver – der Laie kaum vorzustellen vermag. Es geht dabei um nichts Geringeres als den Anspruch, mit einer mathematischen (syntaktischen) Theorie technischer Übertragungsmittel, für die Zeichen bzw. Signale keinerlei Bedeutung zu haben brauchen, zu erreichen, »daß diese Analyse die Sachlage so weit geklärt hat, daß man nun, vielleicht zum ersten Mal, für eine wirkliche Theorie der Bedeutung bereit ist«.[26] Mit anderen Worten, die Lösung der technischen Probleme auf Ebene A, letztlich eine Theorie der Übertragung syntaktischer Strukturen, soll zur Grundlage von Bedeutung (und schließlich Geltung) sprachlicher Kommunikate werden. Wieder lautet die naturalistische These hier: Aus naturwissenschaftlich beschreibbaren Strukturen sind semantische und Geltungsfragen beantwortbar; wieder finden wir hier eine spezielle Form des Körper-Geist-Problems, wieder verbunden mit der Reihenfolge Syntax – Semantik – Pragmatik, vor. Dabei gibt Weaver zu erkennen, welche Auffassung von Sprache dabei seine Thesen leitet: »Eine Sprache muß ausgedacht (oder entwickelt) werden mit einem Blick auf die Gesamtheit der Dinge, die man sagen möchte.«

Die Kritik an der Kommunikationstheorie Shannons in der Erläuterung Weavers richtet sich auf die stillschweigenden oder expliziten philosophischen Prämissen der beiden Autoren. Sie soll in zwei Schritten erfolgen und zunächst das Problem der Semantik, dann das Problem der Geltung von Sprachstücken betreffen.

Pointiert gesagt besteht die gesamte Theorie nur aus Ebene A, einer theoretischen Beherrschung der Technik, (allein mit syntaktischen Mitteln definierte) Strukturen unter störenden Bedingungen des Rauschens zu übertragen. Zur Beurteilung dieser Theorie für Bedeutung und Geltung ist das zugrunde gelegte Modell zu analysieren, das aus den fünf Komponenten (1) Nachrichtenquelle, (2) Sender, (3) Kanal (mit Störeinflüssen), (4) Empfänger, (5) Nachrichtensenke besteht.[27] (In der deutschen Originalübersetzung ist von »Nachrichtenziel« statt von »Nachrichtensenke« die Rede; in moderneren Darstellungen werden, aus der physikalischen Sprache für Felder stammend, die Wörter Quelle und Senke bevorzugt.)

Schon hier ist der sprachkritische Hinweis angezeigt, daß die

26 Ebd., S. 38.
27 Ebd., S. 16, 44.

Wörter »Sender« und »Empfänger« primär aus dem Bereich des brieflichen Korrespondierens stammen und die Handlungen des Absendens bzw. Empfangens von Botschaften in schriftlicher Form betreffen. Die heute vielleicht schon näherliegende Assoziation, unter Sender und Empfänger elektronische Geräte zu verstehen, ist bereits dem Erfolg der Nachrichtentechnik zuzuschreiben. Im ursprünglichen Wortsinne sind aber mit Sender und Empfänger handelnde menschliche Subjekte gemeint, die autonom Zwecke setzen und deren Erreichen oder Verfehlen beurteilen können, während im abgeleiteten Sprachgebrauch Geräte gemeint sind, deren Funktion nach naturalistischer Überzeugung allein mit physikalischen Gesetzen erklärt werden kann. Auf diese Diskrepanz kommen wir sogleich zurück.

Auch die naiv, d. h. terminologisch unerläuterte Rede von Quelle und Senke bzw. Quelle und Ziel ist aufschlußreich: Wenn irgendwo irgend etwas, das nur in naturwissenschaftlichen Parametern beschrieben wird, hervorquillt und an anderer Stelle wieder in einer Senke versickert, wie Wasser solcher Flüsse, die nicht ins Meer führen, sondern in einer Senke verschwinden, ist in diesem Bild selbstverständlich jeder Bezug zu Bedeutung und Geltung menschlicher Rede verloren. Dagegen ist die einzelne Kommunikationshandlung eines menschlichen Sprechers oder Briefeschreibers selbstverständlich in der Regel kohärent eingebettet in komplexe, zielorientierte Handlungszusammenhänge und dient dort auch immer den Absichten eines Sprechers, bewertet durch die eines Hörers. Selbst wenn statt Senke von Ziel die Rede ist, wird dieses im Sinne einer Zielscheibe beim Bogenschießen gefaßt oder, noch deutlicher, als »*target*« eines Licht- oder Teilchenstrahls in der Experimentalphysik. Diese Betrachtung von »Ziel« in naturwissenschaftlich-technischen Kategorien unterscheidet es von »Ziel« oder »Zweck« menschlicher Handlungen im Sinne solcher Sachverhalte, die durch Handeln herbeigeführt, aufrechterhalten oder vermieden werden sollen. Kurz, schon die Beschreibung der »Hardware« eines Kommunikationssystems in den fünf Komponenten blendet aus, daß das gesamte System eine menschliche Erfindung ist, deren Mittelcharakter und Zweckmäßigkeit nur relativ zu menschlicher Kommunikation mit Anspruch auf (semantische) Bedeutung und Geltung verstanden werden kann.

Betrachtet man nun die Funktion eines solchen, aus den fünf

genannten Komponenten bestehenden Kommunikationssystems – gleichsam also die »Software« –, so wird eine in der Quelle entstehende Nachricht im Sender codiert, d. h. in eine Signalfolge umgewandelt, die den physikalischen Qualitäten des Übertragungskanals entspricht. Was unter dem Einfluß von Störungen übertragen wird, wird im Empfänger wieder von einer Signalfolge zu einer Nachricht decodiert, die bei der Nachrichtensenke/beim Nachrichtenziel ankommt. Alle Erläuterungen hierzu, sowohl bei Weaver wie in der anschließenden naturwissenschaftlich-technischen Literatur, exemplifizieren diese Funktion sowohl an bekannten technischen Systemen wie dem Telefon, der Übertragung sprachlicher Botschaften mit Hilfe des Morsealphabets durch Draht oder per Funk, aber eben auch an der direkten Rede eines menschlichen Zwiegesprächs. Dort wird dann, so Weaver, »die Nachrichtenquelle das Gehirn, der Sender … die Stimmbänder, die den sich ändernden Schalldruck (das Signal) erzeugen, der durch die Luft (den Kanal) übertragen wird … Der Empfänger ist eine Art umgekehrter Sender, der das übertragene Signal in eine Nachricht zurückverwandelt und diese Nachricht an das Ziel weitergibt. Wenn ich zu Ihnen spreche, ist mein Gehirn die Nachrichtenquelle und das Ihre das Ziel; meine Stimmbänder sind der Sender und Ihre Ohren und die damit verbundenen Gehörnerven sind der Empfänger.«[28]

Das heißt, die Funktion des Nachrichtensystems wird ohne Unterschied zwischen einem technischen Hilfsmittel menschlicher Kommunikation (wie dem Telefon) und dem unmittelbaren Kommunizieren zweier Menschen durch gesprochene Sprache beschrieben. In dieser Gleichstellung liegt bereits ein erkenntnistheoretisch wesentlicher Verlust: Technische Geräte wurden zu bestimmten Zwecken von Menschen erfunden, nach denen sie als geeignete oder, etwa bei einem technischen Defekt, als ungeeignete Mittel beurteilt werden. Menschliche Sprecher und Hörer bzw. deren Organe sind jedoch keine Artefakte, deren Leistungen von menschlichen Konstrukteuren planvoll herbeigeführt werden. Mit dem Fehlen dieses Unterschieds zwischen technischem System und sprachlicher Kommunikation von Menschen ohne technische Hilfsmittel geht die Möglichkeit verloren, ersteres auf seine Zweckmäßigkeit hin für letztere zu beurteilen. Vielmehr wird, in einer Verkennung

28 Ebd., S. 16.

der Abhängigkeiten voneinander, die menschliche Kommunikation über Organismusmodelle sogleich in den Beschreibungsmitteln des technischen Systems gefaßt – und damit jeder Zugang verbaut, die Angemessenheit technischer Organismus-Modelle für Beschreibung und Erklärung menschlicher Kommunikation zu beurteilen.

Die Tragweite des naturalistischen Verzichts auf den genannten Unterschied wird in folgenden Beispielen sichtbar: Greifen wir die ursprüngliche Wortbedeutung von Sender und Empfänger auf und betrachten als technisches, im aristotelischen Sinne also von Menschen kunstvoll herbeigeführtes Mittel die Verschriftlichung von Sprache, so greift die Weaversche Beschreibung ohne weitere Probleme auch hier. Das technische System, hier der geschriebene und gelesene Text, wird von der Nachrichtenquelle (Sprecher) zum Nachrichtenziel (Hörer) durch Codierung (schreiben) und Decodierung (lesen) transportiert. Bekanntlich ist der Zweck dieser Einschaltung eines technischen Hilfsmittels der Transport der Nachricht durch Raum und/oder Zeit.

Wie bei allen Artefakten, die sich menschlicher Herstellung verdanken, lassen sich Erfolg und Mißerfolg, Zielerreichung und Zielverfehlung unterscheiden. Für Schreiben und Lesen ist der Erfolg, also das Gelingen von Codierung und Decodierung gesprochener Sprache, daran gemessen, daß ein verlesener Text genau den gleichen Wortlaut reproduziert, den der Schreiber als gesprochene Sprache verschriftlicht hat. Selbstverständlich weiß jeder, der das Geschäft des Schreibens und Lesens beherrscht, daß über das technische Hilfsmittel »schriftlicher Text« auch manche wichtigen Teile gesprochener Sprache wie Gestik und Mimik, Sprechgeschwindigkeit, Betonungen, Stimmhöhe usw. nicht erfaßt werden, sondern nur »der Wortlaut«. Das Beispiel der verschriftlichten Sprache zeigt, daß es bei technischen Kommunikationssystemen, und dies gilt nun allgemein, um künstliche Substitute menschlicher Kommunikationsleistungen nach einem spezifischen Kriterium der Leistungsgleichheit geht. Der geschriebene Brief tritt sozusagen an die Stelle der mündlich durch einen menschlichen Boten von einem Absender zu einem Empfänger überbrachten Botschaft. Das übliche Kriterium, daß die Decodierung im Empfänger gerade so auf den Codierungsprozeß im Sender abgestimmt sein muß, daß die ursprüngliche Nachricht möglichst gut beim Nachrichtenziel zur Verfügung steht, ist genau durch dieses Kriterium der Leistungsgleichheit bestimmt. Störungen sind bezogen auf die spezifische Leistungsgleichheit und werden definiert relativ zum Zweck des Kommunikationssystems, beim Nachrichtenziel dieselben Nachrichten verfügbar zu machen, die die Nachrichtenquelle verlassen haben.

Damit wird das Problem, wie weit die technische Beherrschung der Nachrichtenübertragung auf der Ebene A für Bedeutung und Geltung der Nachrichten bestimmend wird, zu folgender Frage: Ist der (leistungsgleiche) technische Ersatz menschlicher Kommunikationsleistungen allein strukturell definiert? Ist es mit anderen Worten ausreichend für die Beurteilung der Leistung eines Kommunikationssystems, den Codierungs- und den Decodierungsprozeß allein durch Strukturgleichheit von erzeugter und empfangener Nachricht, d. h. als Strukturgleichheit von gesendeter und empfangener Signalfolge, zu bestimmen?

Die Antwort muß eindeutig nein lauten, wie sich am Beispiel der Verschriftlichung gesprochener Sprache gut verdeutlichen läßt. Man denke sich folgendes Beispiel (dessen Wahl bereits bestimmt ist durch eine Verwendung in der Molekularbiologie): Ein Archäologe findet einen Stein mit eingemeißelten Mustern, von denen er vermutet, sie seien Schriftzeichen. Er nimmt – als eine Art von Codierung – einen Gipsabdruck des Steins, um von diesem im Labor – als Prozeß der Decodierung – einen weiteren Gipsabdruck zu nehmen und so zu einer Kopie des ursprünglichen Steins zu kommen. Beim Codierungs- wie beim Decodierungsprozeß können Störungen (Rauschen) auftreten, etwa durch Verunreinigungen des Gipses, durch Luftblasen, durch Staubkörner auf dem ursprünglichen Stein usw. Angenommen, die vermutliche Schrift enthält Punkte, wie sie das Altarabische als Vokalisierung kennt, und die Störungen der Strukturübertragung bei der Herstellung einer Kopie bringen gerade solche »Punkte« hervor oder zum Verschwinden. Dann gibt es zwei Beschreibungsebenen solcher Störungen: zum einen die geometrisch-räumliche, durch die im direkten Vergleich von Original und Kopie festgestellt werden kann, worin sie voneinander abweichen. Eine andere Beschreibungsebene steht dagegen nur dem verständigen Kenner der vermutlichen Schrift, also dem kompetenten Schreiber und Leser zur Verfügung: Nur er kann entscheiden, ob in der Kopie hinzugekommene oder weggefallene Punkte die Bedeutung des geschriebenen Textes verändern oder nicht. Für die beiden Beschreibungsebenen sind also die Kriterien des Gelingens bzw.

Mißlingens von Codierung und Decodierung verschieden. Und nur der des Schreibens und Lesens Kundige kann anhand seines semantischen Verständnisses des geschriebenen Textes entscheiden, ob die geometrisch eindeutig beschriebenen Kopierfehler semantisch relevant sind oder nicht. Mit anderen Worten, nur die semantische Relevanz entscheidet über die Qualität des Kommunikationssystems als technisches Mittel, menschliches Kommunizieren leistungsgleich zu substituieren.

Mit diesem Beispiel ist eine auf alle technischen Kommunikationssysteme übertragbare Einsicht gefunden: Die Hierarchie der Konstruktionszwecke setzt das semantische Verständnis des Kommunikats als Oberzweck für den Unterzweck der strukturell hinreichend gut übertragenen Signalfolge – und nicht umgekehrt. (Oder in der Diktion Weavers: Die Funktionsziele auf Ebene B entscheiden über die auf Ebene A.) So absurd es wäre, z. B. aus der geometrischen Form der Schallplattenrille, die abgespielt einen philosophischen Vortrag ergibt, die Bedeutung oder gar Geltung der gesprochenen Worte ableiten zu wollen, so absurd ist es generell, aus der strukturtheoretischen Qualität eines technischen Nachrichtensystems dessen Leistungsfähigkeit auf den Weaverschen Beschreibungsebenen B und C gewinnen zu wollen.

Der Fehler, der dem Weaverschen (wie dem Wienerschen) Programm und allen anderen naturalistischen Versuchen zugrunde liegt, eine Semantik durch Strukturen materieller Systeme gewinnen zu wollen, ist der grundlegende Fehler des Naturalisierungsprogramms selbst. Die überzogene Erwartung an die Leistung naturgesetzlicher Beschreibung und Erklärung für die Funktion von Sender, Kanal und Empfänger vergißt einfach, daß es im Handlungsvollzug des Naturwissenschaftlers liegt, Geltungsansprüche zu erheben und zu beurteilen, ob sie eingelöst sind. Für technische Systeme heißt dies, daß es allein in der Kompetenz des Naturwissenschaftlers liegt, das gestörte vom ungestörten technischen System zu unterscheiden. Diese Unterscheidung leisten gerade die (anerkannten und anerkennungswürdigen) Naturgesetze nicht, weil diese sowohl für gestörte wie für ungestörte Geräte gleichermaßen gelten. Störungen sind vielmehr immer relativ zu Zwecken der Ungestörtheit definiert, erkannt und technisch beherrscht. Es sind also die Zwecke, die der Naturwissenschaftler oder Techniker im Vollzug der Konstruktion oder Verwendung technischer Systeme verfolgt, welche die Ungestörtheit bestimmen. Auch bei Kommunikationssystemen im Sinne der Shannon-Weaver-Theorie und allen modernen Nachfolgetheorien werden Störungen im Übertragungskanal, aber auch im Codierungs- und Decodierungssystem *de facto* und vernünftigerweise letztlich immer nach dem Kriterium des semantischen Verständnisses beurteilt, das als Maßstab für die Einteilung der Kriterien der strukturellen Störungen in relevante und irrelevante dient. Man denke etwa an die Rekonstruktion eines durch technische Störungen verstümmelten Funkspruchs und wird bestätigt finden: Die technische Beherrschung der Übertragungsprobleme auf der Ebene A ist nur ein Mittel für die Ebene B und muß sich nach tauglich und untauglich relativ zur Beherrschung der Ebene B beurteilen lassen.

Die Gegenüberstellung zweier Beschreibungsweisen von Übertragungsfehlern läßt sich auch auf das Geltungsproblem menschlicher Kommunikate und die Frage ihrer leistungsgleichen, technischen Substituierbarkeit anwenden. Dies trägt den zweiten Teil der Kritik. Dazu muß das betrachtete »Kommunikationssystem« einen Schritt aufwendiger werden als in der traditionellen Kommunikations- oder Informationstheorie: Das Nachrichtenziel muß die Rolle tauschen und in einem zweiten Schritt zur Nachrichtenquelle werden (wie der Hörer zum Sprecher bei Frage und Antwort). Der Grund hierfür ist einfach: Gelingende Kommunikation im Sinne eines semantischen Verständnisses findet ja sowohl bezüglich gültiger als ungültiger Behauptungen bzw. bezüglich anerkannter und nicht-anerkannter Sprechakte wie Aufforderungen, Fragen und anderer statt. Das heißt, semantisches Gelingen sichert noch nicht das Gelingen von Sprechen als Herbeiführen von Anerkennung, etwa pragmatischer Effizienz. Deshalb verlangt Geltung im Sinne einer Anerkennung eines Kommunikats den Rollenwechsel vom Hörer zum Sprecher.

Ein möglichst simples Beispiel für die technische Substitution dieser menschlichen Leistung, auf eine gehörte Nachricht mit einer gesprochenen zu reagieren, ist das Beantworten einer Frage, die für den Spezialfall einer arithmetischen Frage (»Wieviel ist drei mal vier?«) in der Antwort des Rechenergebnisses (»zwölf«) besteht. Als technisches Substitut denke man an einen Taschenrechner.

Hier tritt wieder das bereits mehrfach erwähnte Körper-Geist-Problem der zitierten kartesischen Tradition auf. Dabei braucht man sich nicht dem Substanzdualismus Descartes' anzuschließen, sondern kann sich auf einen Beschreibungsdualismus beschränken – nicht anders als im obigen Beispiel des Schriftsteins. Der Taschenrechner wird einmal physikalisch-technisch als Maschine beschrieben und einmal informationstheoretisch-kognitiv in seinen Rechenleistungen. Wieder besagt das naturalistische Programm, daß die definitorischen oder die kausal-empirischen Übergänge von einer zur anderen Beschreibungsebene vom materiellen System auszugehen haben, um das »geistige« oder »kognitive« System zu definieren oder zu erklären. Mit anderen Worten, es sollen die Naturgesetze sein, die in physikalischer Beschreibung die Funktion des Rechners bestimmen, um daraus die Rechenleistungen als Verhältnis von (in die Tastatur eingetipptem) Input und (am Display abgelesenen) Output zu definieren oder zu erklären.

Streng analog zum naturalistischen Mißverständnis des Semantikproblems besteht hier in Wahrheit wieder ein umgekehrtes Abhängigkeitsverhältnis. Nur wer so viel Mathematik beherrscht, daß er richtige von falschen Rechenergebnissen unterscheiden kann, kann überhaupt eine Rechenmaschine als leistungsgleiches Substitut eines menschlichen Rechners erfinden, konstruieren oder auch kompetent benützen. Dies ergibt sich zwingend wieder aus einer Betrachtung unterschiedlicher Formen von Störungen. Man veranschauliche sich dies am folgendem Beispiel:

Bei einem Taschenrechner sei an der zweiten Stelle vor dem Komma das Display defekt. Die über Flüssigkristalle aus sieben Strichen zusammengesetzten Ziffern enthalten bekanntlich drei horizontale Querstriche, die für die Darstellung der Ziffern 2, 3, 5 (meistens) 6, 8, und (meistens) 9 benötigt werden. Angenommen, durch einen technischen Defekt werden diese drei Querstriche an der zweiten Stelle vor dem Komma nicht mehr angezeigt, so daß alle Produkte aus 10 und den genannten Ziffern am Display zu einem Ergebnis führen, das entweder keine gebräuchliche Ziffer darstellt oder aber sogar arithmetisch falsch ist. So zeigt das Display als Produkt 3 × 10 wegen der fehlenden Querstriche 10 statt 30. Hier wird ein technischer Fehler als Störung relativ zum Zweck definiert, richtige Rechenergebnisse zu erzeugen.

Selbstverständlich kann es auch Defekte und Störungen auf der Beschreibungsebene des Rechners durch die Physik geben, etwa einen zu hohen Stromverbrauch, zu geringe Rechengeschwindigkeit oder ähnliches, die den Hauptzweck des Taschenrechners, richtige

Rechenresultate zu liefern, nicht berühren. Wieder die Abhängigkeitsverhältnisse der beiden Beschreibungsebenen betreffend, gelten die physikalischen Gesetze, die die Funktion des Rechners erklären, für das Liefern der richtigen wie der arithmetisch falschen Ergebnisse gleichermaßen. Falsche Rechenergebnisse falsifizieren kein physikalisches Gesetz, sondern definieren eine Störung nur relativ zum (Haupt-)Konstruktionszweck der Maschine. Es hängen also Kriterien der physikalischen Ungestörtheit von den Wahrheitskriterien arithmetischer Aussagen ab – und nicht umgekehrt.

Damit wird die Gleichartigkeit des Naturalisierungsfehlers in den Bereichen Semantik und Geltung sichtbar: So wenig, wie ein falsche Ergebnisse liefernder Rechner die physikalischen Gesetze seiner Maschinerie falsifiziert, so wenig falsifizieren semantische Fehler in der archäologischen Kopie des Schriftsteines geometrische Aussagen über den Vergleich von Original und Kopie. Daraus folgt in beiden Fällen im Umkehrschluß, daß aus einer wahren physikalisch-technischen Beschreibung des Rechners nicht folgt, daß er ungestört ist im Sinne der Produktion richtiger Rechenergebnisse; und analog folgt aus einer geometrisch zutreffenden Beschreibung von Original und Kopie des Schriftsteines nicht, daß die Kopie semantisch fehlerfrei ist. Damit ist die Hoffnung des Programms, Information zu naturalisieren und über naturwissenschaftliche Beschreibungen struktureller Eigenschaften von materiellen Systemen ein Erzeugen von Bedeutung und Geltung einzuholen, für beide Bereiche als illusionär erwiesen.

Sprachphilosophisch ausgedrückt kann Syntax nicht Semantik und Pragmatik konstituieren, und nachrichtentechnisch gefaßt kann die Lösung des technischen Problems, syntaktische Strukturen unter Störeinflüssen zu transportieren, nicht die semantische und die pragmatische oder Effizienzaufgabe der Kommunikation lösen. Es bleibt nur die Weaversche Trivialbehauptung, »daß auf den Ebenen B und C nur von dem Grad der Signalgenauigkeit Gebrauch gemacht werden kann, wie er auf der Ebene A analysiert wurde« – am Ende nicht mehr als die Trivialität, daß auch die kompetentesten Sprecher und Hörer nicht kommunizieren können, wenn unerträglicher Lärm jede menschliche Stimme übertönt oder dicke Mauern einen akustischen Kontakt unterbinden.

Abgesehen von dieser speziellen Theorie und ihren Erläuterungen durch Weaver darf erkenntnistheoretisch allgemein behauptet werden, daß sowohl die sprachphilosophische Unterscheidung der Ebenen Syntax, Semantik, Pragmatik als auch ihr nachrichtentechnisches Korrelat von einem fundamentalen naturalistischen Mißverständnis belastet sind: Wo naturwissenschaftliche und technische Lehrsätze so gesehen und verwendet werden, als könnten sie nicht auch falsch sein, wird üblicherweise naturwissenschaftlich nicht bedacht, in welcher Zweckehierarchie menschlichen Handelns Beschreibungsebenen voneinander abhängen. Immer sind die höheren Ebenen menschlicher Zwecke die Bezugspunkte, nach denen die Ebenen der Mittel beurteilt werden. Es sind immer die Zwecke der jeweils höchsten Ebene (wie Geltung bei Nachrichtenverarbeitung, Bedeutung bei Kommunikation), die die ungestörten Verhältnisse definieren und deren Verfehlen eine Stördefinition liefern; und es sind nur die Stördefinitionen auf der jeweils höchsten Ebene, die auf allen darunterliegenden Ebenen der Mittel die Unterscheidung relevanter von irrelevanten Störungen erlauben.

Damit stellt sich jetzt als nächstes die Aufgabe, die (in ihrer technischen Leistungsfähigkeit ja nicht angezweifelten) Theorien der Kybernetik und Nachrichtentechnik sowie deren metaphorische Verwendungen in Naturwissenschaften wie Genetik und Hirnforschung von ihrem naturalistischen Mißverständnis zu befreien und erkenntnistheoretisch stichhaltig zu interpretieren.

## 4. Die methodische Alternative: Kommunizieren als Handeln

Bereits mehrfach wurde bisher ein sprachphilosophischer Aspekt genannt, der auch außerhalb der Geschichte und der Bestimmung des Informationsbegriffs geläufig und gewichtig ist, nämlich die Unterscheidung von Syntax, Semantik und Pragmatik. Hier ist nicht der Ort, genauer die Geschichte darzulegen, die auf diese Trias geführt hat. Nur mit wenigen Andeutungen kann darauf verwiesen werden, daß es zunächst die Entwicklung der modernen Logik, beginnend mit G. Frege und dann L. Wittgenstein, war, die als Mittel einer »sprachlichen Wende« (*linguistic turn*)[29] der Philosophie eingesetzt wurde. Die Sprache von Traditionen, seien sie theologische, philosophische, mathematische oder naturwissenschaftliche,

29 Der Ausdruck »*linguistic turn*« stammt von G. Bergmann. Vgl. Rorty (Hg.) 1967.

sollte einer kritischen Prüfung unterzogen werden, um »Scheinprobleme« von (sozusagen echten) Problemen zu unterscheiden; Scheinprobleme waren solche, die sich allein grammatischen Möglichkeiten wie der Bildung korrekter Sätze verdankten, ohne daß diesen Ausdrucksmöglichkeiten von Bedeutung und Geltung her etwas Nachvollziehbares entsprach. Eines der wichtigsten Beispiele für Scheinprobleme dürften die Versubstantivierungen von Adjektiven oder Verben sein, die suggerieren, die so gewonnenen Substantiva stünden nun für bestimmte Dinge, die ihrerseits auf Eigenschaften hin empirisch zu untersuchen seien. (Dies gilt z. B. für »Bewegung« aus »bewegen« oder für »Zeit« aus »zeitlich«, das metasprachlich zeitliche Bezeichnungen etwa von räumlichen unterscheidet.)[30] Die Aufdeckung von Scheinproblemen sollte durch eine »logische Analyse« geschehen. Der schon in der antiken Logik leitenden Grundidee entsprechend, die Logik habe es mit der Geltung komplexer Sätze aufgrund ihrer syntaktischen Form allein zu tun, also unabhängig von ihrem Inhalt und dessen Bedeutung und Geltung, traten für die Logiker seit Beginn des 19. Jahrhunderts syntaktische Probleme in den Vordergrund, wie sie vor allem im Aufbau mathematischer Theorien eine Rolle spielen – man denke etwa an die logische Ableitung von Lehrsätzen aus Axiomen.

Die Logik, die in diesen Zusammenhängen einen Siegeszug angetreten hat, und mit ihr eine Sprachphilosophie analytisch-deskriptivistischen Zuschnitts ist einerseits die zweiwertige, klassische Logik und andererseits ein Verständnis von Sprachbedeutung, das wesentlich von einer mengentheoretischen, extensionalen Auffassung geprägt ist (die Extension eines Begriffs ist die Menge der Dinge, denen er als Eigenschaft zukommt). Dieser – sehr verkürzte – Hinweis soll den Hintergrund markieren, der im oben zitierten Sprachverständnis Weavers auftaucht, Sprache müsse »ausgedacht (oder entwickelt) werden mit einem Blick auf die Gesamtheit der Dinge, die man sagen möchte«. Eine mit guten Gründen vertretbare Alternative orientiert sich statt dessen an der prinzipiellen Offenheit von Sprache für neue Unterscheidungen, kreative (hypothetische oder fiktionale) Begriffsbildungen und an einem intentionalen Verständnis von Bedeutung und Logik.

In der Wissenschaftstheorie vor allem des Wiener Kreises und des

30 Vgl. Janich, Artikel »Reflexionsterminus«, 1995a, S. 528.

Kritischen Rationalismus führten diese Vorgaben im Rahmen eines Programms, Wissenschaftlichkeit durch Abgrenzungskriterien etwa von den Scheinproblemen metaphysischer Sätze zu bestimmen, zu der Entdeckung, daß auch die Theorien von Mathematik und mathematischer Physik ihre syntaktische Struktur nicht einfach zu erkennen gaben. Vielmehr sollten erst durch »logische Rekonstruktion« Sätze von Theorien, wie sie sich in fachwissenschaftlichen Texten fanden, umgeschrieben, »rekonstruiert« werden mit den Mitteln einer (klassischen, extentionalen) Aussagen- und Prädikatenlogik. Das Semantikproblem sollte dabei gleichsam auf den von D. Hume und dem 19. Jahrhundert übernommenen Empirismus verschoben und an der Erfahrungsbasis auf elementare Beobachtungs- oder Protokollsätze verlagert werden. Die später so genannten »theoretischen Begriffe« der Theorien sollten durch syntaktische Maßnahmen auf einer (empirisch sinnvollen) Datenbasis errichtet werden.

Dabei stellte sich in einer etwa 30 Jahre währenden Diskussion heraus, daß auf diese Weise nicht nur das semantische Problem theoretischer Begriffe der »exakten« Wissenschaften nicht zu bewältigen war – einer der Auswege war dann die sogenannte »strukturalistische Wissenschaftstheorie«,[31] die, pointiert gesagt, aus diesem Defekt eine Tugend zu machen versuchte –, sondern es erwies sich auch, daß das Geltungsproblem für Theorien ungelöst blieb. Geltung übertrug sich nicht durch logische Schlüsse von singulären Beobachtungs- oder Protokollsätzen auf Theorien, was einerseits zu unbefriedigenden induktionslogischen Rettungsversuchen, andererseits zum hypothetisch-falsifikationistischen Ansatz im Kritischen Rationalismus K. Poppers führte. Ein wichtiges Zwischenstadium war, das Geltungsproblem aufs engste mit dem Semantikproblem zu verknüpfen, explizit so etwa bei C. G. Hempel.[32] Etwas polemisch gesagt, lief der Vorschlag darauf hinaus, Ausdrücken naturwissenschaftlicher Theorien immer die Bedeutung zuzuweisen, die ihre Geltung sichern sollte, und umgekehrt ihre Geltung abhängig von der Bedeutung theoretischer Ausdrücke zu machen. Es ist ersichtlich, daß von dieser resignativen Position aus nur noch die historisierende oder soziologisierende Wissenschaftstheorie Th. S. Kuhns übrigblieb, in der Programme der Begründung oder rationalen Re-

31 Einen Überblick gibt Stegmüller 1987, Kap. 4: »J. D. Sneed: Das strukturalistische Theorienkonzept«, S. 468-518.

32 So Hempel 1974, S. 82.

konstruktion ersetzt werden durch das historische Faktum der Zustimmung von Scientific Communities zu bestimmten Paradigmen.[33]

Diese kurze Skizze, die viele Entwicklungen, Differenzierungen und Aspekte unterschlägt, kann wenigstens grob die Trias Syntax – Semantik – Pragmatik bestimmten historischen Schritten in der Entwicklung der analytisch-empiristischen Wissenschaftstheorie und Philosophie zuweisen. Diese Philosophie ist bekanntlich (und der in Abschnitt 2 besprochene Philosoph Quine ist ein Exponent dieser Einschätzung) zu einem Ende gekommen und bei relativistischer Beliebigkeit im Sinne des Verzichts auf rationale Begründung gelandet. Entsprechend gibt es keinen Grund, bis heute an dieser Trias festzuhalten und sie, man darf wohl sagen, ohne jede Ausnahme, immer in dieser Reihenfolge aufzuzählen, als handle es sich um eine weiterer Reflexion nicht zugängliche oder bedürftige Konvention wie die Anordnung der Zahlwörter 1, 2, 3. Wir gehen deshalb zur Alternative einer methodischen Philosophie über, die sich einer Überwindung erkannter Defizite der formalistisch-empiristischen Tradition verdankt.

Selbstverständlich ist die Reihenfolge der Aufzählung Syntax – Semantik – Pragmatik kein Naturgesetz, und sie entbehrt auch jeder erkenntnistheoretischen, sprachphilosophischen oder sonstigen Rechtfertigung. Bedenkt man nämlich einerseits den (Erst-)Spracherwerb, andererseits sprachliche Kommunikation von Menschen im Alltag wie in institutionell organisierten Formen, u. a. den Wissenschaften, so ist Reden immer in Praxis, in Handeln eingebettet und bezieht daraus Bedeutung und Geltung. Vor allem aber ist jedes Sprechen, das in einer hinreichend ernsten Kommunikation vorkommt, selbst ein Handeln und kann handlungstheoretischen Unterscheidungen unterworfen werden.

Es ist ein Kernprogramm der methodischen Philosophie, die Auseinandersetzung des Menschen mit der Welt primär als Praxis und seine Sprache als einen Teil dieser Praxis zu fassen.[34] Das Attribut »methodisch« verdankt sich der Einsicht, daß jedes menschliche Handeln nicht nur gewisse Kriterien wie Unterlaßbarkeit oder Un-

33 Zu einer Kritik dieser Wissenschaftstheorie vgl. Janich 1998d.

34 Die aktuellste Form der methodischen Philosophie auf dem Weg vom Konstruktivismus zum Kulturalismus vgl. Janich 1996c; Hartmann/Janich (Hg.) 1996a; Janich 1996d, 1997b, 1997a; Hartmann/Janich (Hg.) 1998.

terscheidbarkeit von Gelingen und Mißlingen aufweist, sondern sich auch in Handlungsketten abspielt. Dabei sind Handlungsketten ebenso häufig wie wichtig, in denen Teilhandlungen nicht vertauscht werden dürfen, ohne den Zweck der gesamten Handlungskette zu verfehlen. Besonders klare Beispiele dieser reihenfolgenabhängigen Handlungsketten zeigen sich im Bereich der Poiesis, des herstellenden Handelns. Jeder Laie kennt und führt Herstellungshandlungen aus – man denke etwa an das Kochen oder an die alltäglichen Verrichtungen, die auch der Nichthandwerker poietisch vollzieht, wie das Schreiben eines Briefes, das Packen eines Koffers, das Aufschließen und Öffnen einer Tür usw.

Die methodische Philosophie faßt mit erkenntnistheoretischem Interesse sozusagen die Grenze zwischen Sprache und Welt ins Auge, versteht aber unter »Welt« nicht methodisch primär eine menschenunabhängige Natur oder eine materielle Welt, weil diese selbst nur durch bestimmte Praktiken und Begriffsbildungen konstituiert sind. Vielmehr betrifft die Grenze von Sprache und Welt eine innerhalb des Handelns selbst liegende zwischen sprachlichem und nichtsprachlichem, poietischem Handeln und dessen Produkten.[35] (Der Kürze halber ist hier Poiesis sehr weit zu verstehen und schließt z. B. auch Handlungen ein, in denen kein handwerkliches Produkt im engeren Sinne übrigbleibt, sondern nur Verhältnisse verändert wurden, etwa dadurch, daß eine Person von A nach B geht.) Die Welt der Naturgegenstände und Naturereignisse, am Handeln (gut aristotelisch) unterschieden von der Welt der Artefakte, also der menschlichen Hervorbringungen, wird erst im Kontext einer klaren Trennung von sprachlichen und nichtsprachlichen Handlungen methodisch in einem späteren Schritt zugänglich.

Wo Theorien, also sprachliche Systeme von Sätzen und normierten Ausdrücken, etabliert werden sollen, ergibt sich ein der Sache nach geradezu triviales, dennoch in der Geistesgeschichte durchgängig übersehenes Rationalitätspostulat: Soll unser Sprechen, sei es vorschreibend oder beschreibend, die Welt betreffen, ja, auf sie passen, so sind in Vorschreibungen wie Beschreibungen von Teilhandlungen, deren Vertauschung dazu führt, daß der Zweck einer Handlungskette verfehlt wird, die zielführenden Reihenfolgen zu berücksichtigen. Im Alltag ist dieses Postulat von jedermann selbstverständlich anerkannt

35 Vgl. Janich 1999b.

(z. B. in bezug auf eine Gebrauchsanweisung oder ein Kochrezept). Dasselbe gilt für Berichte. Es ist der Geistesgeschichte der Theoriebildung vorbehalten geblieben, unter vielerlei philosophischen Einflüssen sich von der Praxis so weit abzulösen, daß Reihenfolgen sprachlich auf den Kopf gestellt wurden. Ob der Aufbau der Geometrie in den *Elementen* des Euklid (unter platonischem Einfluß), der Aufbau der klassischen Mechanik bei Newton (unter Euklids Einfluß), der Aufbau der relativistischen Physik (unter Newtons Einfluß), der Aufbau der empiristischen Wissenschaftstheorie (unter Hilberts und Einsteins Einfluß) oder endlich der Aufbau der Informationstheorie (unter logisch-empiristischem Einfluß) betrachtet wird, alle haben sie in der Theoriebildung die Reihenfolgen der Handlungen ignoriert, die eingehalten werden müssen, um die Zwecke zu erreichen, deren Erreichbarkeit die fraglichen Theorien in Anspruch nehmen. Die geistesgeschichtlich gewachsene Darstellungskunst von Theorien hat sich sozusagen grundsätzlich dafür entschieden, syntaktisch ihre Produkte auf dem Kopf stehend zu präsentieren – mit fatalen Folgen für die Probleme von Bedeutung und Geltung, von Semantik und Pragmatik.

Die Alternativen, die in der methodischen Philosophie entwickelt worden sind und bereits auf Durchführungen in Grundlagentheorien von Physik,[36] Chemie,[37] Biologie,[38] Psychologie[39] und Mathematik[40] verweisen können, betonen erkenntnistheoretisch ein Postulat der methodischen Ordnung, das (sparsam) nichts anderes und nicht mehr fordert, als bei (vorschreibender oder beschreibender) Rede über Handlungsketten die Reihenfolgen von Teilhandlungen nicht anders zu fassen, als sie zielführend vollzogen werden müssen. (Für Handlungsketten, bei denen die Reihenfolge ohne Schaden für den Erfolg der Kette vertauscht werden kann, postuliert dieses Prinzip nichts.)

In Befolgung dieses Prinzips der methodischen Ordnung lassen sich Bedeutungs- und Geltungsfragen (entgegen der formalistisch-empirischen Tradition) mühelos auseinanderhalten, zumindest wenn unter »Geltung« diejenige von wahrheitsfähigen Behauptungen ge-

36 Janich 1997a.
37 Hanekamp 1996; Psarros 1999.
38 Weingarten 1993; Gutmann 1996; Janich/Weingarten 1999.
39 Hartmann 1998.
40 Janich 1989b.

meint ist. Um dies zu zeigen, betrachte man menschliche Kommunikation in Form von Aufforderungen, die ja nicht nach dem Kriterium Wahr oder Falsch beurteilt werden. Ein, zugegeben in dieser Form etwas gekünstelter, kleiner Dialog, der nur aus Aufforderungen besteht, soll dieses Auseinanderhalten von Bedeutung und Geltung erläutern und legitimieren:

Eine Person A fordere B auf: »Sagen Sie mir bitte den Weg zum Bahnhof!« Die Fülle der alltäglich möglichen Reaktionen von B gibt A zu erkennen, ob er verstanden wurde. Die Antwort »17 Uhr«, Kopfschütteln, Worte in einer für A unverständlichen fremden Sprache usw. würden als Indiz genommen, daß B A nicht verstanden hat. (Es kann hier nicht weiter verfolgt werden, daß – im Unterschied zum Spracherwerbsmodell Quines – solche kommunikativen, in Handlungskontexte eingebundenen Aufforderungsdialoge auch den Erstsprachenerwerb erklären können.)

B möge antworten: »Gehen Sie diese Straße bis zur dritten Ampel, dann rechts und die zweite wieder links!«, verbunden mit einer Geste. Hier wiederholt sich das Spiel, daß B an der Reaktion von A wird erkennen können, ob er verstanden wurde. Das Problem der »Semantik« bzw. der Wort- und Satzbedeutungen wird hier also in dem Sinne »pragmatisch« gelöst, als die Einbettung von Kommunikation in Kooperation von Anfang an in Anspruch genommen wird.

Die ersten Wörter im Spracherwerb sind solche für menschliche Handlungen, für Unterlassungen und für ihre Akteure – und dann erst solche für Objekte von Aktionen, und hier wieder primär Personen als Objekte, noch vor den Dingen. Aber nicht nur das Bedeutungsproblem sprachlicher Ausdrücke durch eine Art der Bewertung in Handlungen (eigenen wie denjenigen der Angesprochenen) ist so zu leisten, sondern auch »Geltung«. Bei einer Aufforderung wird man von Geltung dann sprechen, wenn sie vom Aufgeforderten anerkannt ist, was nicht heißen muß, befolgt wird, was aber im Normalfall die Befolgung ist. Denn erst wo der Normalfall des Aufforderns und Befolgens eingespielt ist, können sich davon abgeleitete Alternativen etablieren, wie z. B. die Weigerung oder ein Bestreiten der Zuständigkeit des Auffordernden oder der Legitimität der Aufforderung usw. Kurz, Geltung wird primär als Anerkennung von Aufforderungen in den kulturell und sozial üblichen Formen verstanden.

Für diesen minimalen Aufforderungsdialog wurde selbstverständlich unterstellt, daß A zum Bahnhof kommen möchte. Befolgt nun A die Aufforderung des B, einen bestimmten Weg zu nehmen, und erreicht so den Bahnhof, war für ihn der gesamte Aufforderungsdialog erfolgreich, d. h. ein geeignetes Mittel, sein Problem zu lösen und seinen Zweck zu erreichen. Damit kann aber die in der Aufforderung des B an A enthaltene Wegbeschreibung vom Ort des Gesprächs aus zum Bahnhof als eine »wahre« Beschreibung genommen werden. Kurz, das Aufstellen wahrer Behauptungen über die Welt, sofern sie ihrerseits nicht aus Handlungen, sondern z. B. aus Straßenzügen und deren topologischem Zusammenhang besteht, wird selbst als gelingende Handlung dadurch deutbar, daß sie im Kontext erfolgreicher Aufforderungen ein Rezept des Gelingens bereithält.

Diese kurze Skizze mag genügen, um wenigstens andeutungsweise das methodische Vorgehen in sprachphilosophischer und erkenntnistheoretischer Hinsicht zu erläutern, wie in der Praxis über Aufforderungen zu Behauptungen überzugehen ist derart, daß Bedeutungs- und Geltungsprobleme lösbar werden. Selbstverständlich kann damit nur ein sehr elementarer Bedeutungs- und Geltungstyp abgedeckt werden. Wie man zu Bedeutungen etwa mathematischer oder naturwissenschaftlicher Fachtermini und zur Geltung theoretischer Sätze oder ganzer Theorien kommen kann, ist daran anschließend zu leisten, kann aber hier nicht vorgeführt werden; es handelt sich dabei aber nicht um ein programmatisches Gespinst, sondern um Ansätze, die im Rahmen der methodischen Philosophie mit großer Reichweite durchgeführt vorliegen.

Nachdem so nicht nur die illegitimerweise für sakrosankt gehaltene Reihenfolge Syntax – Semantik – Pragmatik zurückgewiesen, sondern auch eine Alternative vorgestellt worden ist, kommen wir auf den Informationsbegriff zurück. Wird Kommunikation als Mittel begriffen, Kooperation in gemeinsamer Praxis zu organisieren, so finden sich schnell Praktiken, in denen Kooperationen standardisiert sind, etwa bei Spielregeln für Brettspiele oder Ritualen zur Organisation gemeinschaftlicher Handlungen beim Militär, bei der Jagd, bei der Bedienung eines großes Segelschiffs usw. Es trifft also nicht zu, daß, wie so viele Autoren unter Verletzung der methodischen Reihenfolge behaupten, das Hinüberwechseln des Redens in die Praxis unlösbar schwer sei, weil diese ihrerseits zu vielfältig sei.[41]

41 So nicht nur Weaver, sondern auch Carnap/Bar Hillel 1964.

(Auch in den Naturwissenschaften muß z. B. der Physiker erst radikale methodische Beschränkungen etablieren, um etwa die Vielfalt verschiedener Naturereignisse mit den Mitteln der Mechanik zu erfassen.)

Betrachtet man nun Kommunikation zur Organisation solcher standardisierter Praktiken (bei den eingangs zitierten Fahrplanauskünften als Informationen mit Bedeutung und Geltung liegt ein solches Beispiel vor, das derart standardisiert ist, daß es bereits computerisierte Automaten für Fahrplanauskünfte gibt), können wir Beispiele für drei Invarianzen als bereits institutionell ausgezeichnet ausmachen: Sprecher -, Hörer- und Darstellungsinvarianz. Das heißt, es soll z. B. bei Fahrplanauskünften nicht darauf ankommen, wer Auskunft gibt, wer der Reisende ist und mit welcher individuellen Wortwahl, in welchem Dialekt, mit welcher Betonung usw. die Auskunft erteilt wird. Dasjenige, was weder vom Sprecher noch vom Hörer noch von der Darstellungsform abhängt, heiße »Information«. Logisch gesehen ist dieses Verfahren der Begriffsbestimmung von »Information« ein Abstraktionsverfahren, ähnlich demjenigen, das wir anwenden, wenn wir von der Rede über Ziffern zu Zahlen übergehen, indem wir uns auf die Aussagen über Ziffern beschränken, die invariant sind bezüglich der arithmetischen Gleichheit. (Wo wir dagegen über die Farbe der Ziffern reden oder römische von arabischen unterscheiden, reden wir nicht von Zahlen.)[42] So reden wir von Informationen auch nur dort, wo es nicht darauf ankommt, wer sie gibt, wem sie gelten und wie sie gefaßt sind.

(Manche Theorien verlangen von Information außerdem, daß sie für den Informierten »neu« ist, sein Wissen bereichert oder ähnliches. Hier scheint mir eine Verwechslung vorzuliegen: Wieder in Verletzung der methodischen Reihenfolge soll nämlich bei technischen Systemen die Zustandsänderung beim Empfänger bzw. bei der Nachrichtensenke als funktionelles Kriterium für erfolgte Signal- bzw. Nachrichtenübertragung umgedeutet werden in einen Lernprozeß beim Nachrichtenziel. Eine Verwechslung liegt hier insofern vor, als erst Erwartungen, Dispositionen und Zielorientierungen einer Person, der eine Nachricht zukommt, darüber entscheiden, ob Neuigkeit, Lernen oder ähnliches vorliegen – und erst damit der Rollentausch des Nachrichtenziels zur Nachrichtenquelle.

42 Zum Abstraktionsverfahren vgl. Lorenzen 1987, S. 42f.

Für Bedeutung und Geltung einer Information ist ihre Neuigkeit indessen nicht entscheidend.)

## 5. Ein kulturalistisches Fazit

Die Eingangsfrage lautete, ob Information ein Naturgegenstand sei. Als sprachtheoretische Bedingung war genannt, »Information« zum objektsprachlichen Terminus einer naturwissenschaftlichen Theorie zu machen. Kann dies, im Rückblick auf die vorgeführte Argumentation, gelingen? Als Antwort hat sich nein ergeben. Dazu sind zweierlei Folgen zu bedenken: Was heißt dies einerseits für die mathematische Theorie der Kommunikation, für Informationstheorien und Kybernetik selbst, und was bedeutet dies andererseits für Naturwissenschaften, die informationstheoretische Terminologien oder Modelle verwenden, wie die Genetik, die Hirnforschung und andere?[43]

Eine technische Theorie der Information im Sinne der Nachrichtentechnik hat davon auszugehen, daß sie nach technischen Mitteln sucht, menschliche Kommunikationsleistungen zu substituieren. Diese Leistungen sind aber vollständig nicht anders definiert und definierbar als solche des Verstehens und Geltens (in allen Varianten von Sprachebenen, Sprachformen und Sprachhandlungen, »Sprechakten«). Diese sind per se »pragmatisch« in dem Sinne, als Verstehen und Gelten nur in Kontexten gemeinsamer Handlungen etabliert werden können. Erkennen mathematische Theorien der Kommunikation bzw. die Kybernetik diese methodische Abhängigkeit von sinnvoller menschlicher Kommunikation an, ist sehr wohl ihr Erfolg zu erklären als Bereitstellung von Mitteln, bestimmte leistungsgleiche technische Substitutionen vorzunehmen, von den Maschinen, die Postleitzahlen auf Briefen, Ziffern auf Bankformularen oder Magnetstreifen auf Telefonkarten »lesen«, bis zu »sprachverstehenden« Computerprogrammen, die dazu dienen, gesprochene Rede zu verschriftlichen oder Texte in eine andere Sprache zu übersetzen. Alle Wörter wie »lesen«, »verstehen«, »übersetzen« (oder auch »rechnen« beim Taschenrechner) werden dabei aber metaphorisch verwendet; sie hätten keinerlei Sinn, würden wir nicht die Primärbedeutungen menschlicher Handlungsfähigkeiten des Lesens, Verste-

43 Eine ausführliche Diskussion mit Kritikern des hier entwickelten Ansatzes findet sich in: Janich 1998b und 1998a.

hens, Übersetzens oder Rechnens zugrunde legen und dann – leistungsgleich bezüglich Bedeutung und Geltung – technische Geräte zu ihrer partiellen Substitution erfinden. Ein weiteres Argument für das Kriterium der Leistungsgleichheit ist übrigens, daß »es« diese Maschinen gerade »nicht so« wie die Menschen »machen«, wenn sie »lesen«, »verstehen«, »übersetzen« oder »rechnen« – sowenig wie ein moderner Bagger beim Graben es »so machen« muß wie ein Mensch, der mit der Schaufel ein Loch gräbt, oder wie es ein Flugzeug »so machen« muß wie ein Vogel, wenn es fliegt. Immer geht es nur um ganz spezielle, d. h. spezifisch definierte und operationalisierte Leistungsgleichheit.

Als Fazit ergibt sich daraus für Informationstheorien und Kybernetik, daß sie vor allem in ihrem philosophischen Überbau bzw. Unterbau revidiert werden müssen; die technischen Teile können unverändert bleiben und erkenntnistheoretisch in ihrem beeindrukkenden Erfolg sogar explizit begriffen werden.

Naturwissenschaftliche Theorien, in der Hirnforschung wie in der Genetik, können sich erfolgreich der technischen Modelle bedienen, die Informationstheorien bzw. Kybernetik bereitstellen. Nicht ohne Nebenabsicht war oben bei der Diskussion der Bedeutung im Falle der archäologischen Kopie eines Schriftsteins das Abgußverfahren gewählt worden. Denn in der Geschichte der Theorien, die heute mit Begriffsbildungen wie biologische Information, Boten-Ribonukleinsäure, Translation, Transkription usw. in der Molekular-Genetik vorgestellt werden, wird eine letztlich kognitive Terminologie auf Molekülketten angewandt, um den Mechanismus der Weitergabe von Erbanlagen bei der zweigeschlechtlichen Fortpflanzung auf der Ebene der Keimzellen zu erklären.[44] Schon in den 1930er Jahren wurde dabei das Modell von Prägestock und Münze verwendet, wenn es um eine Veranschaulichung ging, wie durch Zellkernteilungen Kopien bestimmter Strukturen entstehen können.[45]

Erkenntnistheoretisch spricht nichts gegen die Verwendung solcher technischer Modelle. Es muß nur klar sein, ob die Modellsprache bei Kopierfehlern kognitiv relevante und irrelevante unterscheidet. Benützt sie das kognitive Modell derart exzessiv, daß kognitiv relevante von irrelevanten unterschieden werden, sind anthropo-

44 Vgl. Janich 1999c.
45 Vgl. Engels 1998, S. 115.

morphisierend Objekten wie Molekülketten Erkenntnisabsichten zugesprochen. Solange dies nicht auf andere Weise erfolgt, als im Alltag beim Umgang mit komplexen Geräten diese anthropomorph beschrieben werden, indem z. B. über ein Auto mit Startproblemen gesagt wird, es »wolle« nicht anspringen, oder dem schwer programmierbaren Videorecorder oder Faxgerät unterstellt wird, sie hätten den Bediener »mißverstanden«, handelt es sich um eine sprachliche Nachlässigkeit ohne prekäre Folgen. Solange also dabei berücksichtigt wird, daß man von Geräten spricht, die ihre Funktion den Absichten und Zwecken menschlicher Konstrukteure, Erbauer und Benutzer verdanken, ist die den Geräten selbst anthropomorphisierend zugeschriebene Zweckrationalität, so als sei diese gleichsam vom Konstrukteur auf das Gerät übergegangen, kein erkenntnistheoretisches oder moralisches Problem.

Anders liegt es, wenn (1) die Welt der Artefakte so weit anthropomorphisiert wird, daß diesen (anstelle ihrer Urheber und Benutzer) Verantwortungen zugeschrieben wird, und wenn (2) solche technischen Modelle auf Naturgegenstände übertragen werden, so daß dann »die Natur« Zwecke verfolgt, Mittel bereithält und Verantwortungen übernimmt – und der Mensch nur noch als »Teil der Natur« derselben Maschinerie angehört.

Dann bricht, auf dem Weg über die Erkenntnistheorie, der moralische freie Blick für die menschliche Verantwortung an seinen Produkten zusammen, seien es nun die unserer technischen Zivilisation oder seien es die (technische Modelle nützenden) naturwissenschaftlichen Erkenntnisse mit ihren Welt- und Menschenbildern. Dann wird die Naturalisierung der Information nicht nur zum erkenntnistheoretisch unhaltbaren Verzicht auf die Wahr/falsch-Unterscheidung, sondern zum Verzicht auf moralische und politische Verantwortung für technische und naturwissenschaftliche Ergebnisse.

## 2. Überlegungen zu einer methodischen Medienphilosophie der Kommunikation

### Einleitung

Wir werden für unser Reden *verantwortlich* gemacht, im Alltag, in den Wissenschaften und in der Philosophie. Was wir wie wem unter welchen Bedingungen sagen, was wir damit beabsichtigen, erreichen oder anrichten, wird uns von anderen zugerechnet. Reden ist also *Handeln* – jedenfalls in einem Verständnis von »Handeln«, das seinen Ursprung und Sitz im Zusammenleben von Menschen hat. Von Handeln überhaupt zu reden hat seinen Sinn genau darin, daß uns manches, aber nicht alles als Verdienst oder Schuld von anderen zugerechnet wird, was diese von uns miterleben.

Mit diesem, sich von anderen Handlungsbegriffen unterscheidenden Verständnis sind *sprachliche* Handlungen auf Handlungs- und Redegemeinschaften bezogen und betreffen das Reden als *Kommunizieren*. Reden als Handeln des Kommunizierens bildet einen Unterschied vor allem zum künstlich eingeengten Sprachbegriff einer analytischen Tradition, die sich gleichsam den vor einem Blatt Papier sitzenden Mathematiker oder Naturwissenschaftler vorstellt, der monologisch einen Beweis bzw. eine zutreffende Beschreibung der naturgesetzlichen Welt sucht. Dort geht es schon von vornherein um wahrheitsfähige Aussagen, um Syntax und Semantik, allgemein um die *Signifikationsfunktion* der Sprache. Hier dagegen steht ihre *Kommunikationsfunktion* im Blickpunkt.

(Allen Formalisten, Empiristen und Naturalisten im Feld von Sprachphilosophie und Sprachwissenschaft ist entgegenzuhalten, daß auch sie selbst [zumindest faktisch] andere Menschen moralisch und rechtlich verpflichten und von diesen verpflichtet werden. Keine Wissenschaft oder Philosophie leistet eine Befreiung etwa aus der Rolle des Staatsbürgers in einem demokratischen Rechtsstaat oder des Mitglieds in einer Familie, Schulklasse, Universität, einem Betrieb.)

Bezüglich *Grundbegriffen und Aufgaben einer Medienphilosophie der Kommunikation* heißt dies, daß *Reden als Handeln* nicht nur betrachtet werden *können* – was ohnehin niemand bestreitet –, sondern auch so betrachtet werden *sollen*, um eine philosophische Kritik, das heißt ein expliziertes, nachvollziehbares Unterscheidungssystem für die Aspekte der *Medialität von Kommunikation* zu entwickeln. Es geht also nicht um die Frage, ob Reden Handeln ist, sondern was dieser Aspekt für eine Medienphilosophie bedeutet.

Deshalb gliedert sich der folgende Text in vier Teile: Im ersten Teil werden Grundbegriffe einer methodischen Handlungstheorie bestimmt; im zweiten Teil werden diese Grundbegriffe für eine Theorie der Kommunikation eingesetzt; im dritten Teil ist eine Kritik an vorherrschenden Verständnissen von Information und Kommunikation im Blick auf die technischen Medien vorzutragen; im vierten Teil sind schließlich die Aufgaben für eine methodische Medienphilosophie der Kommunikation zu benennen, um eine Orientierung im aktuellen medienphilosophischen Diskurs zu gewinnen.

## 1. Kleine Handlungstheorie (im Blick auf das Reden)

Unter »*Handeln*« soll verstanden werden, was uns andere Menschen als Verdienst oder Verschulden zurechnen. Es ist ein unverzichtbarer Bestandteil unserer Sozialisation in Handlungsgemeinschaften, Handeln vom *bloßen Verhalten* (im Sinne von *behavior*) zu unterscheiden. Niemand lobt oder tadelt ein Kind, wenn es erschrickt, stolpert, hinfällt, krank wird oder Reflexe zeigt. Dieses naturhafte Verhalten (nicht zu verwechseln mit der Wortbedeutung des deutschen »Verhaltens« im Sinne von englisch »conduct«, also Handlungsweisen) mag Gegenstand naturwissenschaftlicher Erforschung und Kausalerklärung sein. Aber nur für Handeln, nicht für bloßes Verhalten sind wir verantwortlich.

Handeln läßt sich nach verschiedenen Aspekten differenzieren und klassifizieren. Dies soll hier nur soweit geschehen, wie es für die Fundierung eines medienphilosophisch tragfähigen Kommunikationsbegriffs erforderlich ist.

Wir lernen *kinetisch, poietisch* und *praktisch* zu *handeln*.

Ungeachtet eines angeborenen Bewegungs- und Reaktionsrepertoires lernen wir gehen, laufen, springen, schwimmen, skifahren, radfahren, Auto fahren, mit der Hand schreiben, mit einem Besteck essen, musizieren usw. Diese Handlungen, für die wir selbstverständlich verantwortlich gemacht werden, mögen *kinetisch* heißen.

*Poietische Handlungen* sind solche des Herstellens. Dabei ist nicht nur an den Schreiner zu denken, der einen Tisch herstellt. Schon das Ordnen oder Umordnen von Dingen, etwa von Büchern in einem Bücherschrank, ist Poiesis. Poietisches Handeln sei am Kriterium definiert, Sachverhalte in der Ding-Welt herbeizuführen, die ihrerseits für weitere (eigene oder fremde) Handlungen verwendet werden.

*Praktisch* heißen solche Handlungen, die andere Menschen betreffen, deren Interessen tangieren, sei es im Interessenkonflikt, der durch Behinderung oder Ausschluß der Handlungsmöglichkeit des Betroffenen definiert ist, sei es im Interessenausgleich oder im Interessenverbund. Der Aspekt des Praktischen im Handeln bezieht sich aber nicht nur auf die *Handlungs*möglichkeiten des Betroffenen, sondern auch auf dessen *Widerfahrnisse* etwa im Fall von Lob oder Tadel, von Belohnen oder Beleidigen, Beschenken oder Bestehlen.

Der Kulturmensch ist zwangsläufig ein Poietiker, selbst in der bequemsten und luxurierendsten Lebensform oder bei extrem unterentwickelter Geschicklichkeit; denn die Routinehandlungen des Alltags von der Körperpflege, dem An- und Auskleiden über die Nahrungsaufnahme bis zur Selbstbewegung in der Wohnung und auf der Straße sind (Kinesis und) Poiesis. Dies nachhaltig ignoriert zu haben ist ein schweres philosophisches Erbe der griechischen Antike, die mit ihrer Bevorzugung des Zuschauers (griechisch: Theoretikers) gerade einmal das Schimpfwort »Banause« (von griechisch *banausos*, Handwerker) hinterlassen hat.

Deshalb fehlt der abendländisch-griechischen Tradition der Blick fürs Methodische: Für den Erfolg kinetischer und poietischer Handlungen ist meistens die Reihenfolge von Teilhandlungen maßgeblich. Jeder wird zum Sprung über einen Graben erst anlaufen und dann springen, nicht umgekehrt; jeder wird die Flasche vor dem Ausgießen entkorken, die Banane vor dem Essen schälen, und sogar in den Bereichen der praktischen Handlungen werden wir immer Reihenfolgen einhalten, deren Vertauschung den Zusammenbruch zwischenmenschlicher Kommunikation und Kooperation zur Folge hätte.

Im Alltagsleben völlig selbstverständlich, in den Wissenschaften hochgradig verwirrt, folgt aus dieser Bindung der Reihenfolge von Einzelhandlungen an den Handlungserfolg – gemeint sind also Reihenfolgen, die nur bei Strafe des Mißerfolgs vertauscht werden können –, daß sich diese Reihenfolgen auch im Reden abbilden. Niemand würde im Bereich des behauptenden Redens Schilderungen akzeptieren, in denen ein Hysteron-Proteron vorkommt, die Kinder vor den Eltern geboren, das Hausdach vor dem Fundament gebaut und die Handlungswirkung vor der Handlungsdurchführung anzunehmen sind. Nur in den Theorien der Wissenschaften, historisch schon in der Zuschauerperspektive der platonisch verstandenen Geometrie Euklids, geht munter durcheinander, was kinetisch, poietisch und praktisch nicht sein kann: Der Punkt kommt vor der Geraden und diese vor der Ebene, die ebene Geometrie (Planimetrie) vor der Stereometrie, obwohl doch das Geschäft des Konstruierens von Figuren erst einmal die Herstellung der Zeichenebene, des Lineals und des Zirkels aus dreidimensionalen Körpern in Anspruch nimmt (»voraussetzt«, wie die Leute sagen).

Die folgenden Überlegungen heißen »methodisch«, weil sie einem *Prinzip der methodischen Ordnung* (PmO) folgen. Dies besagt nichts anderes als das Verbot, bei erfolgsabhängigen Reihenfolgen von Handlungen *in deren sprachlicher Darstellung* (gleich, ob im auffordernden, behauptenden oder anderen Reden) bezüglich Reihenfolge anders zu verfahren als in der erfolgreichen Praxis.

Die (relative) Rechtfertigung des PmO ist trivial. Wer Freude am Mißerfolg durch Befolgen verwirrter Rezepte hat, wer unglaubwürdige Berichte oder falsche Zeugenaussagen den glaubwürdigen und wahren vorzieht, hat keinen Grund, das PmO zu respektieren. Kurz, das PmO ist ein probates Mittel für den Zweck, sinnvolle von abwegigen Vorschriften, glaubwürdige von unglaubwürdigen Berichten und nachprüfbare von dogmatischen Theorien zu unterscheiden.

Die Unterscheidung kinetischer, poietischer und praktischer Handlungen betrifft eine Differenzierung von Aspekten, die zusammen, d. h. an derselben Handlung, auftreten können. Wer handschriftlich einen Dankesbrief schreibt, handelt zugleich kinetisch, poietisch und praktisch.

Bisher sind bereits Unterscheidungen benützt worden, die ebenfalls zur Handlungstheorie zählen, wie *Zweck* und *Mittel*, *Erfolg* (als Erreichen des Zwecks) und *Mißerfolg* (als Verfehlen des Zwecks).

*Zwecke* heißen die Sachverhalte, die durch Handeln herbeigeführt, aufrechterhalten oder vermieden werden sollen. Zwecke werden als Sachverhalte *durch Aussagen dargestellt.* Handlungen sind *Mittel*, Zwecke zu erreichen. (Für einen expliziten Aufbau der handlungstheoretischen Terminologie sei hier der Kürze halber auf die Literatur verwiesen [Janich 2001b].)

Unverzichtbar ist, zusätzlich zu Erfolg/Mißerfolg von *Gelingen* und *Mißlingen von Handlungen* zu sprechen, weil es zu den fundamentalen Lebenserfahrungen gehört, daß auch gelungene Handlungen gelegentlich zum Mißerfolg führen. Der alltagssprachliche Kalauer »Operation gelungen, Patient tot« bietet dafür das klassische Schema. Das Gelingen und Mißlingen von Handlungen bemißt sich (nämlich bei ungeregelten Handlungen) an der Handlungsintention des Akteurs oder (zusätzlich) an der Erfüllung von Regeln, wie bei Bewegungsabläufen im Sport, beim Musizieren, bei Spielen, Handwerken und Künsten. Ob eine Handlung ge- oder mißlungen ist, entscheidet im ersten Falle der Akteur, im zweiten Falle auch der Beobachter.

Bevor die Handlungen, die pauschal unter »Kommunizieren« zusammengefaßt werden, bezüglich *Verständnis* und *Anerkennung der Kommunikate* erläutert werden können, sind weitere handlungstheoretische Unterscheidungen erforderlich.

Unter einer *Beteiligungshandlung* ist zu verstehen, was nur unter Beteiligung eines anderen Akteurs *gelingen* kann. Niemand kann z. B. allein einen Wettlauf ausführen. (Wird der Wettlauf verloren, ist er gelungen, aber ein Mißerfolg.)

Die Liste der *Beteiligungshandlungen im Bereich der Kommunikation* ist schier endlos. Ein Gespräch, eine Diskussion, ein Streit, all diese durch Substantiva benannten Formen des Handelns zwischen Menschen, von den kinetischen Handlungen der Zärtlichkeit und der Aggression ganz abgesehen, sind Beteiligungshandlungen.

Verschieden davon sollen Handlungen *gemeinschaftlich* heißen, bei denen nicht das Gelingen, sondern der *Erfolg* am Mitwirken anderer Akteure hängt. Wenn ein Balken zu schwer ist, um von einer Person hochgehoben zu werden, wird eine hinreichende Anzahl von Helfern zum Erfolg führen. Schon dieses Trivialbeispiel von Kinesis und Poiesis zeigt, daß und warum das Gelingen nicht zwangsläufig den Erfolg nach sich zieht.

Wer eingeübt ist in Beteiligungs- und in gemeinschaftliche Handlungen, wird auch gelernt haben, bei welchen Handlungen Gelingen und Erfolg nur von ihm als dem Akteur allein abhängen; diese Handlungen mögen *Individualhandlungen* heißen.

Für all die bisher unterschiedenen Handlungstypen gilt, daß Ge- und Mißlingen sowie Erfolg und Mißerfolg dem Akteur an seinen Handlungen *widerfährt*. Erfahrungen sind also Widerfahrnisse im

Handeln. Verbindet man den Erfahrungsbegriff mit dem Gewinn von Wissen, ist der Begriff einer völlig passiven Erfahrung als selbstwidersprüchlich auszuschließen. Wem widerfährt, daß er erschrickt, stolpert, krank wird usw., verhält sich, lernt aber nichts daraus – es sei denn, er beginnt bezüglich dieser Erlebnisse zu handeln.

Verstehen und Anerkennen, Verstanden- und Anerkanntwerden sollen im folgenden auf Gelingen und Erfolg von Beteiligungs- und von gemeinschaftlichen Handlungen des Kommunizierens zurückgeführt werden. Dazu ist eine weitere Unterscheidung zu treffen, nämlich die von *Vollzugs-* und *Beschreibungsperspektive* gegenüber dem Handeln. Jeder Mensch weiß unverbrüchlich (bei sich selbst und bei anderen) zu unterscheiden zwischen dem *Vollzug* einer Handlung und deren bloßer sprachlicher *Beschreibung*, sei diese nun aus der Perspektive eines *Teilnehmers* an einer gemeinsamen Praxis oder aus der Perspektive eines unbeteiligten *Beobachters* unternommen. Wer würde nicht den Mörder, der den Mord vollzogen hat, vom Beschreiber des Mordes, dem (an der Situation teilnehmenden) Zeugen oder dem (beobachtenden) Gerichtsreporter etwa, in allen Konsequenzen unterscheiden?

Wieder ist es nicht die Lebenswelt, sondern die theoretische Distanz der Wissenschaften und der Philosophie, in denen diese zentrale Unterscheidung von Vollzug und Beschreibung abhanden kommt. Die uferlosen Debatten über Begründen und Rechtfertigen, die ja »mit irgend etwas« anfangen müssen und deshalb angeblich auf Münchhausen-Trilemmata (Albert 1969), formalaxiomatische Theorien, unvermeidliche Definitions- und Argumentationslücken, -zirkel oder ähnliches führen, sind Ausdruck dieser Degeneration wissenschaftlichen und philosophischen Argumentierens. Denn selbstverständlich beginnt jede Begründung einer Behauptung und jede Rechtfertigung einer Norm mit einem Handlungsvollzug. Auch Sprachhandlungen kommen nur durch Handlungsvollzüge in die Welt. Es geht also darum, an den Anfang von Begründungen und Rechtfertigungen, von Theorien und Normensystemen die *geeigneten* Vollzüge zu setzen.

Es ist eine Grundidee des *Methodischen Kulturalismus*, Begründungsmodelle für Wissenschaften zu entwickeln, die auf den *Vollzug von Handlungen in der Lebenswelt* zurückführen (Hartmann/Janich 1996a). Das Programm der sogenannten Prototheorien (bisher ausgearbeitet zu Physik, Chemie, Biologie, Psychologie und Informatik; vgl. Janich 1995c) mit ihrem konstitutionstheoretischen Anspruch setzt hier an.

Nun ist selbstverständlich nicht zu bestreiten, daß auch das Einnehmen einer Vollzugsperspektive im Sinne eines Rückgangs auf die tatsächlichen Handlungsvollzüge eine »Perspektive« und mithin eine Beschreibung betrifft. In einem *Text* etwa zur Geometriebegründung werden ja nicht selbst Zeichenebenen, Lineale und Zirkel hergestellt, sondern es wird nur darüber gesprochen. Deshalb ist der Gegensatz von Vollzugs- und Beschreibungsperspektive genauer zu bestimmen, wobei letztere in Teilnehmer- und Beobachterperspektive zu differenzieren ist. Was ist also charakteristisch für die Vollzugsperspektive in der Handlungsbeschreibung, nachdem Kommunizieren primär nur in der Vollzugsperspektive Gegenstand einer Reflexion werden kann?

Eine Bestimmung erster Näherung lautet: *Der Handlungsvollzug ist Gegenstand der Handlungsbeschreibung aus der Vollzugsperspektive.* Damit ist zumindest bestimmt, daß es der *singuläre* Vollzug einer Handlung durch einen bestimmten Agenten zu einer bestimmten Zeit ist, worum es geht, und nicht etwa ein Handlungsschema – in der bekannten Unterscheidung von *token* und *type* (G. H. von Wright 1963).

In zweiter Näherung beinhaltet die Vollzugsperspektive, daß *strittige Fragen der Handlungsbeschreibung tatsächlich am Handlungsvollzug entschieden* werden müssen (Dingler 1955). Niemand bestreitet, daß die Qualität einer Gebrauchsanweisung, einer Bauanleitung oder eines Kochrezepts letztlich durch Befolgen, also durch Handlungsvollzüge zu prüfen ist.

Damit wird als dritter charakteristischer Zug der Vollzugs- im Unterschied zur Beschreibungsperspektive sichtbar: In der Beschreibungsperspektive lassen sich keine Handlungsanweisungen *geben* (auch nicht in der Teilnehmerperspektive). Anweisungen würden dabei ja nur beschrieben. *Aufforderungen* dagegen, die nicht etwa als Beispielsätze eines Textes diskutiert, sondern selbst als Handlungen *vollzogen* werden und damit an eine andere Person *ergehen*, durchbrechen die Grenze des Verbleibens in der Beschreibung, in der Sprache, in der Reflexion und führen aus der Theorie heraus in die Praxis hinein: Die aufgeforderte Person kann etwa die Aufforderung sprachfrei befolgen.

(Vollzogene) Aufforderungen, und damit sei das vierte Charakteristikum der Vollzugsperspektive genannt, dienen nicht nur dem Zweck, (wie im Alltags vertraut) redend eine Kooperation vorzubereiten, sondern dem *Zweck der Begründung*. Wenn zum Beispiel eine Theorie zur Begründung der Geometrie mit nichtsprachlichen Prozessen der Herstellung räumlicher Formen an Körpern beginnt (der schon erwähnten Herstellung von Zeichenebene und Lineal), so sind dabei die vorgeschriebenen Handlungsvollzüge nicht dem Zweck gewidmet, nun solche individuellen Objekte tatsächlich zu produzieren. Vielmehr sind die Vollzüge nur im strittigen Fall auszuführen, um nichtsprachliche Handlungen als Träger erster exemplarisch bestimmter Handlungsprädikatoren und damit erste Schritte zur Sicherung von Definitionsketten bereitzustellen.

Zusammenfassend unterscheidet sich also die Vollzugs- von (jeglicher) Beschreibungsperspektive dadurch, daß die Rede über Handlungsvollzüge erste Schritte des Aufbaus einer einschlägigen Terminologie darstellt. Die Vollzugsperspektive *löst* damit *das Anfangsproblem für Begründungen – wenigstens hinsichtlich einer Bestimmung von »Grundbegriffen«*. (Über Grundsätze, »Axiome«, wird noch zu sprechen sein.) In gemeinsamer Ausführung solcher Handlungen – man denke stilisierend etwa an das Vor- und Nachmachen bestimmter handwerklicher Tätigkeiten – werden die ersten Normierungsschritte einer für ebendiesen Bereich des Handelns einschlägigen Terminologie bereitgestellt. Der Wirklichkeitsbezug dieses Vorgehens ist antirealistisch (im Sinne der Unabhängigkeit von einer hypostasierten, von Menschen unabhängigen Realität); sie ist vielmehr pragmatisch-realistisch im Sinne eines Wirklichkeitsbezugs, in dem das Wirkliche das durch Handeln Bewirkte ist. Und dies gilt allemal für die Gegenstände des Kommunizierens.

## 2. Kommunizieren als Handeln

Mit diesen Unterscheidungen soll nun endlich *das Kommunizieren als Handeln* beschrieben werden. Zunächst einmal besteht alles, was unter Kommunizieren zusammengefaßt wird, aus Beteiligungshandlungen. Nicht nur sind mindestens zwei Akteure für einen Kommunikationsprozeß erforderlich, sondern sie müssen auch gleichzeitig und aufeinander gerichtet die Handlungen des Kommunizierens vollziehen bzw. zu vollziehen beabsichtigen. Dabei ist der Normalfall *sprachlichen* Kommunizierens zu betrachten. (Ob man auch nichtsprachliche Handlungen von Kinesis, Poiesis und Praxis dem Bereich des Kommunizierens zurechnet, ist eine nebensächliche Definitionsfrage.) Unstrittig ist, daß Kinesis und häufig auch Poiesis bei sprachlichen Handlungen des Kommunizierens beteiligt sind, etwa im Falle brieflicher Korrespondenz.

Der Kürze halber soll im Rahmen dieses Aufsatzes an die Stelle einer ausgeführten Kommunikationstheorie die Erläuterung an einem einfachen Beispiel treten. Dabei soll das Wortpaar *Verstehen/Anerkennen* mit der üblicheren Unterscheidung von *Bedeutung* und *Geltung* sprachlicher Äußerungen verknüpft werden.

Selbstverständlich greift das Beispiel nicht auf Vorentscheidungen oder Ergebnisse der analytischen Sprachphilosophie zurück, wonach Wort- und Satzbedeutungen (in einem »semantischen Holismus«) nur innerhalb ganzer Texte oder gar Sprachen geklärt werden könnten oder wonach (in einem »bestätigungstheoretischen Holismus«) Bedeutungen niemals unabhängig von der Geltung ganzer Theorien bestimmbar seien. Vielmehr wird im Rückgriff auf *alltagssprachliche Kompetenz* geklärt, wie Gelingen und Erfolg eines fingierten Minimaldialogs zu bestimmen sind. Damit Bedeutung und Geltung, entsprechend Verstehen und Anerkennen getrennt behandelt werden können, besteht der fingierte Dialog allein aus Aufforderungssätzen. Wahr und falsch spielen deshalb hier keine Rolle. Freilich werden auch Aufforderungen anerkannt oder nicht.

(»Dialog« heiße die folgende Kommunikation nicht im [griechisch fehlerhaften] Mißverständnis von »Zwiegespräch«, sondern im Sinne einer sprachlichen *Durch*führung [von griechisch *dia*, durch] eines Gesprächs bis zu einer Entscheidung.)

Eine Person A möge eine Person B nach dem Weg zum Bahnhof fragen, und B möge mit der Aufforderung antworten, einen bestimmten Weg zu gehen; unterstellt wird weiter, daß A der Aufforderung des B folgt und so den Bahnhof erreicht.

Um das Problem des *Verstehens* von den zerredeten Problemen wissenschaftlicher und philosophischer Hermeneutiken freizuhalten, wird weiterhin unterstellt, A sei ein Ausländer, der sich im Lande des B dessen Sprache bedienen muß.

A bittet B um Auskunft nach dem Weg zum Bahnhof. Dies kann nur als Beteiligungshandlung *gelingen*. Dazu überlegt sich A in der fremden Sprache von B, wie die Frage nach dem Weg zum Bahnhof zu formulieren ist. Der *Zweck* der Beteiligungshandlung von A ist also, mit der Aufforderung (sinngemäß) »Sagen Sie mir den Weg zum Bahnhof!« *verstanden zu werden.* (Eine Höflichkeitsformel wie »bitte« wird hier der Einfachheit halber weggelassen, weil das Bitten noch einmal eine eigene sprachliche Beteiligungshandlung ist.)

Die Beteiligungshandlung von A ist *gelungen*, wenn er den B (nach *eigenem*, d. h. As Verständnis) mit einer *verstehbaren* Aufforderung angesprochen hat.

Gibt etwa B darauf eine abwegige Antwort (z. B. »17 Uhr« oder »Hermann Meyer«), so ist die Sprechhandlung von A nicht mißlungen, sondern hat ihren *Zweck verfehlt.* B hat A mißverstanden.

Betrachtet man den Widerfahrnischarakter von Gelingen und Erfolg, so widerfährt es A, (1) ob ihm die (fremdsprachlich richtige) Formulierung der Aufforderung *gelingt*, was sozusagen unabhängig vom individuellen B und bezogen auf potentiell alle »native speakers« der Sprache von B festzustellen ist. Dagegen widerfährt A (2) *Erfolg oder Mißerfolg* dadurch, daß B seinerseits handelt. Im alltäglichen Beispiel völlig trivial, bezogen auf vorherrschende Kommunikations- und Informationstheorien jedoch keineswegs selbstverständlich, *wechselt* dabei B von der *Rolle des Hörers* in die *Rolle des Sprechers.* B muß also zuerst verstehen und dann selbst, als Sprecher, die Beteiligungshandlung vollziehen, eine verständliche Antwort zu formulieren.

Nun wiederholt sich das Verstehens-Spiel (aktiv) auf der Seite von A. Angenommen, B weise, begleitend zu einer Antwort, mit einer Geste in eine bestimmte Richtung (sinngemäß »Gehen Sie dort hinunter ...!«), und A reagiert sprachlos, indem er in die entgegengesetzte Richtung weggeht. Dann wird B sich überrascht fragen, ob er mißverstanden wurde, womit seine Antworthandlung auch zum Mißerfolg geführt hat.

Im *gelingenden und erfolgreichen Normalfall*, der hier durchgespielt wird, um an ihm die möglichen Störungen zu reflektieren, wird A der Aufforderung von B Folge leisten. Erreicht er auf diese Weise den Bahnhof, wird A die Kommunikation mit B für gelungen und erfolgreich halten – denn zum Bahnhof zu kommen war ja der Zweck der gesamten Kommunikation. (Hier zeigt sich die Zweckrationalität des handlungstheoretischen Ansatzes: Kommunikation wird nicht als Selbstzweck, sondern im Sinne der Vorbreitung des Handelns, allgemeiner: der Kooperation gefaßt.)

Bisher wurden die Sprechakte von A und B als Beteiligungshandlungen unter den Kriterien des Gelingens und des Erfolgs betrachtet, um das *Sprachverstehen* zu erläutern. Dadurch ist zugleich erklärt, was es heißt, B habe die *Bedeutung* der von A verwendeten Wörter bzw. des von A geäußerten Satzes *verstanden*, und *vice versa* in bezug auf A hinsichtlich der Antwort von B. (Hier wird also eine Gebrauchstheorie der Bedeutung entwickelt.)

Der gelingende und erfolgreiche Normalfall dieses Minimaldialogs bedarf zusätzlich der Perspektive der *gemeinschaftlichen Handlung*, um der *Anerkennung* in der geschilderten Kommunikation gerecht zu werden.

Ganz im Sinne der Alltagssprache können *Aufforderungen anerkannt* werden, im einfachsten Falle durch (frageloses) Befolgen; aber es sind auch andere eingeübte Muster des Reagierens auf eine Aufforderung denkbar, etwa sich zu weigern usw.

Fingieren wir den Fall, B weigere sich, den Weg zu nennen (oder er würde absichtlich den armen A in die falsche Richtung schicken). Dann ist die Aufforderung des A als gemeinschaftliche Handlung *gescheitert,* d. h., ihm widerfährt von B der Mißerfolg, den Zweck seiner Aufforderung zu verfehlen. Mißlungen ist dagegen die Aufforderung als gemeinschaftliche Handlung, wenn B den Sprechakt von A so versteht, daß dieser gar nicht zum Bahnhof will, sondern z. B. nur auf eine Provokation aus ist.

Selbstverständlich wiederholt sich jetzt (analog dem Beteiligungshandlungs-Spiel) das Spiel der gemeinschaftlichen Handlung bezüglich der Aufforderung von B an A, einen bestimmten Weg zu gehen.

Wiederum im gelingenden und erfolgreichen Normalfall ist der dritte Zug (nach den Sprechhandlungen von A und B) das Befolgen der Aufforderung des B durch A; im Erreichen des Bahnhofs schließlich wird A den Hauptzweck seiner Sprachhandlung als erreicht und mithin das ganze Gespräch (»Kommunikationsprozeß«) als gelungen und erfolgreich beurteilen. Damit ist »kommunizieren«, das *im Minimalfall zwei Agenten, zwei Sprechhandlungen und zwei Rollenwechsel* einschließt, exemplarisch definiert.

Hier kann das Beispiel abbrechen. Der Ansatz sollte klar sein:

Auf der Sprecherseite ist das Gelingen der Beteiligungs- bzw. der gemeinschaftlichen Handlung des Redens durch Verständlichkeit und Anerkennenswürdigkeit nach den Üblichkeiten der jeweiligen

Sprache bestimmt. Vom Hörer dagegen widerfährt dem Redenden Verständnis und Anerkennung durch dessen Handlungen.

Dieses alles muß durch *Vollzüge* des Redens geschehen. Die (bezüglich des trivialen Gegenstandes) hochkomplizierte *Schilderung und Analyse des Dialogs* im vorliegenden Text dagegen ist in *Beschreibungsperspektive* erfolgt. Diese ist aber nur scheinbar die Perspektive eines Beobachters; niemand könnte die Schilderung verstehen, könnte er sich nicht selbst als Teilnehmer zumindest in die Zuhörerrolle gegenüber A und B versetzen. Mit anderen Worten, der Beschreiber des Dialogs muß die *Vertrautheit der (kulturüblichen) Aktions- und Reaktionsmuster* in einem solchen alltäglichen Trivialdialog schon mitbringen, um verständnisvoll folgen zu können; es mag Kulturen geben (und schon die japanische wäre ein geeigneter Kandidat), in denen sich ein solcher Dialog und insbesondere seine möglichen Störungen nicht in der geschilderten Weise abspielen würden.

Abschließend läßt sich jetzt beurteilen, welchen Gewinn die handlungstheoretische Betrachtung des Redens bringt: Die unter »Kommunizieren« zusammengefaßten Handlungen des Redens und Zuhörens, des Fragens, Aufforderns, Behauptens, Bekundens, Verbindens (wie Bitten, Danken, Gratulieren, Kondolieren usw. – »Verbinden« steht hier für die illokutionären Sprechakte im Sinne von Austin (1962), weil sie handlungstheoretisch gesehen eine Verbindung zwischen Personen herstellen, und zwar »verbindlich«) können einerseits zur Lösung der klassischen Probleme der Sprachphilosophie verwendet werden, Bedeutung und Geltung sprachlicher Äußerungen zu bestimmen, und zwar anhand von Vollzügen der tatsächlichen Sprachpraxis in der Alltagssprache. Andererseits kann jenseits von Bedeutungs- und Wahrheitstheorien (bzw. Geltungstheorien für die nichtbehauptenden Sprechakte) der Aspekt des »Gemeinsamen« im Kommunizieren *als notwendige Bedingung* herausgearbeitet werden dafür, daß sprachliche Gegenstände Bedeutung und Geltung haben; und nicht zuletzt kann der Aspekt des Verantwortens angemessen berücksichtigt werden, der auch für unsere sprachlichen Handlungen *de facto* und zu Recht großes Gewicht hat.

Für eine methodische Medienphilosophie kann schließlich gezeigt werden, welche Mißverständnisse schon theoretischer Art die gegenwärtige fachwissenschaftliche und philosophische Debatte bestimmen. Dies soll nun im dritten Teil geschehen.

## 3. Technische Medien, Information und Kommunikation

Das vorherrschende Verständnis von Kommunikation als Austausch von Informationen orientiert sich an einem Modell, das beherrschend ist für die »mathematische Theorie der Kommunikation« (im Titel der deutschen Übersetzung: »der Information«) von C. Shannon und W. Weaver (1949). An ihr sind *drei fundamentale Fehler* zu diagnostizieren, die sich in einem zweiten Schritt auf eine Hintergrundphilosophhie (die dogmatischen Beschränkungen des Logischen Empirismus) zurückverfolgen lassen.

Bekanntlich ist die Kommunikations- bzw. Informationstheorie von Shannon und Weaver die (ohne Frage höchst erfolgreiche) Lösung eines technischen Problems: Es ging um die Definition eines Maßes für die Kapazität eines (technischen) Übertragungskanals für Signalfolgen. Dafür wurde das bekannte »allgemeine Schema« entwickelt, das aus den fünf Komponenten (1) Nachrichtenquelle, (2) Sender, (3) Übertragungskanal (mit einem Input an Störungen), (4) Empfänger und (5) Nachrichtenziel (Synonym: Nachrichtensenke) besteht. Terminologisch gesagt gehen »Nachrichten« von der Quelle zum Sender, wo sie zu einer »Signal«-Folge »codiert« und ausgesandt werden, um nach (gestörtem) Durchgang durch den Übertragungskanal beim Empfänger wieder zu einer (konsequenterweise gestörten) Nachricht »decodiert« werden. Im Falle ungestörter Signalübertragung vom Sender zum Empfänger besteht die Funktion des letzteren darin, mit der Decodierung die Codierung des Senders rückgängig zu machen.

Für Nachricht, Signal und Störung werden keine expliziten Definitionen, sondern lediglich sehr weit gefaßte Aufzählungen von Exemplaren und strukturellen Bedingungen angeboten. Man geht aber sicher nicht fehl, wenn man bei Nachrichtenquelle und -senke an einen Sprecher und einen Hörer denkt und unter den Wörtern Sender und Empfänger im Sinne heutiger Alltagssprache Geräte versteht, etwa die jeweiligen Komponenten eines Telefons.

Ungeachtet der Tatsache, wie die Autoren mit dem Problem umgehen, Kommunikation und Information zu definieren, hat dieses Standardmodell drei gravierende Mängel (Janich 1998):

1) Das Schema ist monologisch und betrachtet nur den *halben* Durchgang eines Kommunikationsprozesses. Der Defekt dieser

Halbierung liegt darin, daß ein externer Beobachter, sozusagen von einem archimedischen Standpunkt außerhalb des Systems aus, die fünf Komponenten beschreibt und zu entscheiden hat, ob der Hörer den Sprecher *verstanden* hat.

In realen Kommunikationsprozessen (Vollzügen) jedoch müssen die Agenten selbst entscheiden, ob die Kommunikation gelungen ist und erfolgreich war. Das heißt, es muß genau der oben beschriebene Rollenwechsel an beiden Enden des Kommunikationsschemas stattfinden.

Erkenntnistheoretisch ist das Kommunikationsmodell der klassischen Informationstheorie naiv, insofern diese ihre eigene Beobachterrolle in einem Subjekt-Objekt-Schema nach klassisch-realistischem Vorbild nicht bemerkt.

2) Das Modell enthält den Fehler des *Formalismus, aus der Syntax die Semantik gewinnen zu wollen*. Tatsächlich wird nur das Zusammenspiel von Sender und Empfänger in einem strukturellen oder eben formalen Sinne betrachtet. Der störungsfreie Idealfall kann sich darauf beschränken, die Funktion des Empfängers im mathematischen Sinne als Umkehrfunktion der Codierungsfunktion des Senders zu definieren.

Materiale oder inhaltliche Überlegungen fehlen. Dies beginnt schon bei mangelnder Sensibilität für die Tatsache, daß Bezeichnungen wie »Sender« und »Empfänger« erst als Folge der Technisierung, genauer der technischen Substitution menschlicher Kommunikationsleistungen, zu Bezeichnungen für elektrische oder elektronische Geräte wurden, ursprünglich aber die Rollen von Personen in einer brieflichen Korrespondenz meinten. Eine Korrespondenz ist ein Stück kommunikativer Praxis nur dann, wenn sinnvolle, verstehbare Nachrichten ausgetauscht werden. Etymologisch treffender als Nachricht wäre das Wort »Botschaft«, wonach ein menschlicher Bote (nach dem klassischen Vorbild des Läufers von Marathon) eine Botschaft überbringt: schon in der Verschriftlichung einer Korrespondenz ist diese Leistung erfolgreich technisch substituiert. Die Pointe technischer Substitutionen bereits bei der Verschriftlichung von Rede, dann beim Transport von Rede durch Raum und Zeit mit Telefon bzw. Tonträgerkonserven ist deren *spezifische Leistungsgleichheit* zwischen redend ausgetauschter Botschaft und technischem Ersatz. Spezifisch ist diese Leistungsgleichheit als *partielle* Substitution:

Werden bereits beim Übergang vom gesprochenen Wort zur Schrift Aspekte wie Betonung, Sprechgeschwindigkeit, Stimmlage, begleitende Gestik usw. unterdrückt, so werden auch in technischen Substituten Aspekte des gesprochenen Wortes unterdrückt.

Der Sache nach übersieht die formalistische, nur Signalstrukturen erfassende Theorie, daß aus der *Syntax von Signalen keine Semantik folgen* kann. Dies gilt im folgenden Sinne: Die Frage, ob eine Störung der Signalsyntax auch eine Störung der Semantik übertragener Signalfolgen nach sich zieht, kann nur der semantisch verständige Hörer entscheiden. (Im Beispiel: Ob ein verwaschener Brief oder ein verstümmelter Funkspruch, eine verwitterte Inschrift oder eine zerkratzte Schallplatte noch einen verständlichen Text transportieren, kann nur der verständige Hörer entscheiden.)

Der hier begangene Fehler läßt sich sogar leicht an den im Alltag vertrauten technischen Systemen erläutern: Tatsächlich *codiert* ja der Sender keine *Nachricht* zu einer *Signal*folge, sondern *transformiert* nur *Signal*folgen in ein *anderes physikalisches Medium*. Das Mikrophon im Telefon bzw. im Tonbandgerät »versteht« ja keine »Nachrichten«, sondern überträgt Schalldruckschwingungen menschlicher Rede in elektromagnetische Schwingungen. Entsprechend bei der Decodierung. (Und es wird ja heute niemand mehr das aberwitzige Programm der frühen Kybernetik oder KI-Forschung für realisierbar halten, aus der Struktur etwa der Magnetisierung eines Tonbands oder der Schallplattenrille den Sinn des gespeicherten Wortes ablesen zu wollen.)

3) Das Kommunikationsmodell der mathematischen Informationstheorie ist *kausalistisch, insofern es aus der Syntax die Geltung gewinnen will.* Es unterstellt einen (empirisch erforschbaren) Kausalnexus von Syntax und Pragmatik.

Es muß auch im Sinne der mathematischen Kommunikations- bzw. Informationstheorie im Hörer (Nachrichtenziel) etwas passieren, um den »Effekt«, d. h. die pragmatische Wirkung der Nachricht, daraufhin zu beurteilen, ob sie den Absichten der Nachrichtenquelle entspricht. Der Hörer oder Adressat muß reagieren (was von den Autoren explizit im Sinne eines kausalen Reiz-Reaktions-Schemas verstanden wird). Deshalb ist hier ein Prozeß der Nachrichtenverarbeitung (beim Hörer) hinzuzunehmen.

Man betrachte dazu einen Taschenrechner: Er substituiert die menschliche Leistung des Rechnens durch eine technische Realisierung festgelegter Input-Output-Relationen. Nach kausalistischer Auffassung ist es die Rechnerphysik, welche die Rechnermathematik verursacht. (Daß es sich nicht um eine bloß logisch-definitorische Relation zwischen der physikalischen Beschreibung der Rechenmaschine und der mathematischen Beschreibung von Problemlösungen handeln kann, ist leicht, aber nicht in der hier gebotenen Kürze zu zeigen.)
Angenommen, der Rechner weise einen Defekt auf, der zu falschen Rechenergebnissen führt. Wären die richtigen Rechenergebnisse eine kausale Folge der richtigen Rechnerphysik, würde im Umkehrschluß ein falsches Rechenergebnis eine Falsifikation der Aussagen der Rechnerphysik logisch implizieren.
Zu Recht hält jedoch niemand die Physik, mit deren Hilfe der Rechner konstruiert und gebaut ist, für widerlegt, wenn der Rechner einen Defekt hat. Ein Defekt ist vielmehr definiert durch das Verfehlen des Konstruktionszwecks. Dieser liegt, und dies wird kausalistisch verkannt, eben nicht in der Produktion *irgendwelcher*, sondern *richtiger* Rechenergebnisse – wie die menschliche Handlung des Rechnens ja auch die Produktion richtiger Ergebnisse meint. Kurz, der Zusammenhang von Rechnerphysik und Rechnermathematik ist nur eine handlungstheoretisch bestimmte Zweckrationalität: die Rechnerphysik muß geeignete *Mittel* bereitstellen, den Zweck *richtiger* Rechenergebnisse zu realisieren.
Zurückgehend auf Informations- und Kommunikationstheorie: Die Syntax des Signalübertragungssystems impliziert nicht die Pragmatik, also die Wirkungen der Nachricht eines Sprechers auf den Hörer. Vielmehr sind Gelingen und Erfolg der Anerkennung das entscheidende Kriterium, um relevante von irrelevanten Störungen in den Prozessen von Codierung, Signalübermittlung und Decodierung, also »in der Syntax« zu unterscheiden.
Die Defekte des naiven Realismus, Formalismus und Kausalismus im vorherrschenden Verständnis von Information und Kommunikation sind wenig überraschend. Sie leiten sich aus der Herkunft der gesamten Auffassung ab:
Der umfängliche Apparat von Anmerkungen und Bezugnahmen auf andere Personen im Text von Shannon und Weaver erwähnt an keiner Stelle Ch. Morris (Morris 1938). Dabei ist jene Theorie bis

in die Parallelführung der entsprechenden Texte hinein die Übernahme der Semiotik, die Morris für die *Encyclopedia of Unified Science* des Wiener Kreises publiziert hat. Dort wird das bekannte *semiotische Dreieck* von Zeichen, Bezeichnetem und Interpretant (als Zusammenhang von Zeichen und Bezeichnetem) vorgeführt und einem Interpreten zugeschrieben, der bereits *radikal behavioristisch* und *kausalistisch* erläutert wird: Ein Hund zeigt eine Reaktion (Jagen eines Eichhörnchens), wenn er an dessen Stelle das Zeichen seiner Laute (Reiz) vernimmt. Mit dieser Verschiebung auf die Maxime des Logischen Empirismus hat Morris seinerseits das *semantische Dreieck* von Peirce (Peirce 1983) übernommen und dabei übersehen, daß der Pragmatiker Peirce immerhin explizit fordert, daß zwei »minds«, also zwei Bewußtseinsträger, an der Semiose (dem Zeichenprozeß) beteiligt sein müssen – wenngleich Peirce es versäumt, eine Kontrolle der Störungsfreiheit von Kommunikation vorzusehen, wie dies oben beim Rollentausch von Sprecher und Hörer handlungstheoretisch geschehen ist.

## 4. Ausblick: Aufgaben einer Medienphilosophie

Nachdem sich die Fachwissenschaften aus der Philosophie emanzipiert haben, ist dieser die Aufgabe der Reflexion vor allem als Nachdenken über das von den Wissenschaften Vorgedachte geblieben. Dieses Nachdenken hat traditionell theoretische und praktische Aspekte.

Im hier vorgestellten Ansatz wird Kommunizieren als Handeln betrachtet und dadurch eine *Verbindung von theoretischer und praktischer Perspektive* hergestellt: Wo theoretisch die Kommunikation unter der Perspektive einer Zweck-Mittel-Rationalität diskutiert wird, ist praktisch die Rechtfertigung der Zwecke zu reflektieren. Mit anderen Worten, gerade ein zweckrationales Verständnis von Kommunikation weist den Weg, Legitimationsprobleme aufzunehmen, und zwar nicht zuletzt im Verhältnis von Kommunikation und Theorie der Kommunikation: Was muß eine Theorie der Kommunikation leisten?

Der theoretischen Seite dieser Bemühungen obliegt die *Klärung von Grundbegriffen und Grundsätzen* einer Kommunikationstheorie. Bezüglich der Grundbegriffe wurde oben demonstriert, wie in methodischer Ordnung bei den elementaren Formen alltagssprachlicher Kommunikation zu beginnen ist, um – in enger Verschränkung mit klassischen Fragen der Sprachphilosophie – Leistungen des sprachlichen Austausches zwischen Personen auf geklärte Begriffe zu bringen, Modi des Sprechens (wie Auffordern, Fragen, Behaupten, Verbinden, Bekunden usw.) zu identifizieren und pragmatisch durch die kultürlich üblichen Antworthandlungen rekonstruierend zu definieren. Die Grundsätze einer Kommunikationstheorie hängen entsprechend von den Zwecken ab, die mit der jeweiligen Theorie verfolgt werden sollen.

So kann in der Tat unter den spezifischen Zweckbeschränkungen einer Informations- und Nachrichten*technik* die Funktion datenverarbeitender oder signalübertragender *Medien* (hier im Sinne von Hilfsmitteln) technikwissenschaftlich bearbeitet werden. Philosophisch spricht nichts dagegen, dies im traditionellen Sinne der mathematischen Informations- oder Kommunikationstheorie zu tun.

Problematisch ist dagegen die Übertragung der im technischen Bereich gewonnenen Unterscheidungen und Grundsätze auf Gebiete, für die die Theorie nicht entwickelt wurde. Dafür gibt es aktuell zahlreiche Beispiele. Herausragend sind die Großprojekte, Informations- und Kommunikationsbegriffe auf Naturvorgänge anzuwenden. Hier ist die prinzipielle, d. h. auf Kausalerklärungen abzielende, experimentell verfahrende Vereinheitlichung kritikbedürftig, die von den kommunizierenden Röhren in der klassischen Physik über die Kommunikation mechanischer oder elektrischer Bauteile von Maschinen, die Kommunikation zwischen Organismen und Umwelt oder Organismen untereinander schließlich bis zur behavioristischen, biologistischen und naturalistischen Beschreibung menschlicher Kommunikation reicht. Kurz, die Kritik an der *Naturalisierung von Information und Kommunikation* ausgehend von Theorien technischer Systeme (Nachrichtentechnik, Kybernetik, KI-Forschung, Artificial-Life-Forschung) ist *Aufgabe* einer *methodischen Medienphilosophie*.

Legitimationsaufgaben stellen sich einer (methodischen) Medienphilosophie nicht nur im Feld der Technikfolgenbeurteilung »neuer Medien« (Sandbothe 2001). Welche Folgen die Massenverbreitung von Kommunikations- und Unterhaltungselektronik, von Internet, E-Mail, Telebanking, Teleshopping usw. hat und welche naturwüchsigen Veränderungen das geläufige Menschenbild einerseits durch gesellschaftliche Praktiken, andererseits durch die ebenfalls naturwüchsig voranschreitenden Fachwissenschaften wie Informatik, KI-Forschung, Hirnforschung, Genetik usw. erfährt, bleibt kritisch zu beobachten.

Darüber hinaus gilt es aber vor allem zu bedenken, daß eine als Arbeitsteilung vielleicht noch hinzunehmende Trennung zwischen theoretischen und praktischen Fragen der Kommunikationsphilosophie nicht befürwortet werden kann. Das klassische Schema, das gerne auf die letzten 300 Jahre der Naturwissenschaften angewandt wird, empfiehlt sich für die Kommunikations- und Informationswissenschaften nicht: Die Forscher forschen zweckfrei im Feld der Grundlagen; die Techniker wenden deren Ergebnisse an und setzen sie industriell um; die Politiker regeln die sich faktisch etablierenden Praktiken nach einem sich naturwüchsig einstellenden Rechtsempfinden; und wenn »alles gelaufen« ist, treten nachträglich die Philosophen auf den Plan und diagnostizieren, welche Folgen dieser Entwicklungen bedenklich und welche ihrer Prämissen kritikbedürftig sind.

Aufgabe ist statt dessen, die Abhängigkeit der Verantwortung für technische Entwicklungen von einem adäquaten Verständnis herauszuarbeiten. Wo nachträgliche *ethische* Debatten zu natur- und technikwissenschaftlichen Entwicklungen und ihrer gesellschaftlichen Implementierung unterstellen, es käme auf ein adäquates *theoretisches* Verständnis nicht an, bleibt es bei der moralisierenden Besserwisserei *ex post*.

Gerade eine neue sich etablierende Medienphilosophie hat dagegen die *Aufgabe*, Wissenschaftstheorie als Wissenschaftskritik zu treiben und damit Wissenschaftskritik als Wissenschaftsphilosophie im Zusammenhang von zweckrationalem Handeln und der Rechtfertigung von Zwecken zu entwickeln. Deshalb begann dieser Aufsatz mit dem Hinweis, daß wir für unser Reden nicht nur im täglichen Kommunizieren und nicht nur in den Wissenschaften, sondern auch in der Philosophie verantwortlich gemacht werden.

# 3. Technische Substitution kommunikativer Kompetenz?

## Einleitung

Ziel dieses Vortrags ist die Klärung der Frage, ob und in welchem Sinne die Kompetenz von Menschen, miteinander zu kommunizieren, technisch durch Automaten substituiert werden kann. Die Antwort auf diese Frage setzt bei den Vorgaben an, die durch das Projekt »Robotik. Optionen der Ersetzbarkeit des Menschen« der Europäischen Akademie (Bad Neuenahr-Ahrweiler) gemacht wurden.

In der Projektskizze »Robotik. Ersetzbarkeit des Menschen« heißt es unter der Überschrift »Ziel«: »Es gilt, *Kriterien* zu finden, anhand deren die Ersetzbarkeit des Menschen durch künstliche Agenten *beurteilt* werden kann: Soll, kann, darf der Mensch ersetzt werden?« Einen Beitrag zu dieser Beurteilung zu leisten ist die Absicht des folgenden Textes.

Dazu heißt es dann in der Projektbeschreibung unter der Überschrift »Ausgangslage« zu Aspekten, unter denen eine Nichtersetzbarkeit des Menschen diskutiert werden kann, daß technische, ökonomische, rechtliche und moralische Gründe ins Auge zu fassen sind – mit dem Zusatz, daß diese Liste »um weitere Gesichtspunkte der Nichtersetzbarkeit erweiterbar« sei.

In einem freundlichen Anschreiben, mit dem ich zu diesem Beitrag eingeladen wurde, teilt mir schließlich ein am Projekt beteiligter Fachkollege mit, daß von philosophischer Seite einerseits die »Theorieperspektiven« Anthropologie, Philosophie des Geistes, Ethik und Ethik der Technik, andererseits als Arbeitsvorschläge fünf Punkte eingebracht wurden, die ich alle im weiteren Sinne normativen Fragestellungen zuordnen würde.

In all diesen Hinweisen findet sich nirgends eine Andeutung von *erkenntnistheoretischen* oder *wissenschaftstheoretischen Fragen zur Robotik*. Ich interpretiere dies vorläufig so, daß im geplanten Projekt vor allem eine Bewertung der Ersetzung des Menschen durch Roboter nach sozialen, moralischen, rechtlichen, politischen und ästhetischen Kriterien gesucht wird, wozu selbstverständlich auch ein Überblick über die derzeitigen und die erwartbaren technischen Möglichkeiten erforderlich ist. Mir scheint jedoch zwischen den technischen Möglichkeiten und der Bewertung eine wesentliche Lücke zu liegen, die etwas mit erkenntnis- und wissenschaftstheoretischen Problemen des investierten Verständnisses von Technik und Naturwissenschaft zu tun hat. Die gesamte Debatte um die Robotik einschließlich der KI-Forschung steht nämlich unter einer Reihe unerkannter, stillschweigender, nichtsdestoweniger höchst starker und kritikbedürftiger Prämissen. Diese liegen auf zwei Ebenen:

(1) Auf der *Objektebene* der Ersetzung des Menschen durch Roboter bestehen diese Prämissen in einem *Menschenbild*, das ganz aus den Naturwissenschaften stammt und pauschal als *naturwissenschaftlicher Materialismus* mit den Varianten Physikalismus, Physiologismus und Biologismus zu bezeichnen ist.
(2) Auf der Metaebene sind die investierten Wissenschaften auf der Seite von Mathematik und Informatik *formalistisch*, auf der Seite der Natur- und Ingenieurwissenschaften *empiristisch* verstanden.

Beide Ebenen zusammenfassend, wird man die gesamte Robotik-Debatte (»gesamt« im Sinne eines Bezugs zu meinem Kenntnisstand, wonach ich trotz ausführlicher Suche kein Gegenbeispiel finden konnte) als »*naturalistisch*« bezeichnen dürfen. Da aber in der gegenwärtigen philosophischen Naturalismusdebatte eine kaum überschaubare Vielfalt verschiedener Naturalismen vertreten wird, ist für diesen Aufsatz unter »naturalistisch« die Zuständigkeit, genauer *die Alleinzuständigkeit, der (mathematischen) Naturwissenschaften für die Frage der Ersetzbarkeit des Menschen durch Maschinen* zu verstehen.

Damit läßt sich das Ziel meines Vortrags bereits genauer nennen als am Anfang dieser Einleitung: Selbstverständlich ist die Robotik-Debatte dieses Projekts ein sprachliches Unternehmen, bei dem über Menschen und über Roboter geredet wird. Mir geht es um einen kritischen Blick auf diese Rede. Um die dabei intendierte *Unterscheidung von Sprachebenen* pointiert hervorzuheben: Wo die Robotikforscher über Roboter reden, rede ich hier über die Forscher. Welche Investitionen in die *Semantik* dieses Diskurses tätigen sie, und welchen Typ von *Geltungsanspruch* vertreten sie? Wie hängt die Beurteilung der Ersetzbarkeit (im Sinne der oben zitierten Zielbestimmung aus der Projektbeschreibung) von den stillschweigenden philosophischen Hintergrundüberzeugungen ihrer Urheber ab?

Da aber der zugestandene Rahmen vom Umfang her (Einladungsschreiben) keinen Raum für eine Beschreibung, Analyse und Kritik ganzer Theoriestücke der Robotik bietet, gehe ich einen anderen Weg: Ich versuche, den mir wichtigen erkenntnistheoretischen Punkt durch Darlegung und Begründung der *These* zu markieren, daß *die kommunikative Kompetenz des Menschen prinzipiell technisch nicht substituierbar ist.* Dabei muß ich eher thetisch als detailliert argumentierend vorgehen, hoffe aber doch, für die genannte, entscheidende These eine schlüssige Begründung vortragen zu können.

## 1. Philosophische Aspekte von Technik und Robotik

Eine klare Unterscheidung von *natürlich* und *technisch* findet sich zum ersten Mal in der Physikvorlesung von *Aristoteles.* Dort bedeutet der Dativ *techne,* heute zu übersetzen mit technisch und synonym dem lateinischen Lehnwort artifiziell (und dem zugehörigen Substantiv Artefakt), soviel wie das deutsche Wort »künstlich«. Es steht für das vom Menschen gemachte, und zwar in voller Absicht oder auch als unbeabsichtigte Nebenfolge entstehende Produkt. »Natürlich« bestimmt Aristoteles durch die Bedingung, daß es den Grund für seine Veränderung in sich selbst trage, von der Schwere des fallenden Steins über das Wachsen von Pflanzen bis zur Lokomotion von Tieren. Dabei wird von Aristoteles klar gesehen, daß diese Unterscheidung nicht etwa eine ontische Zweiteilung aller Dinge und Ereignisse in natürliche und künstliche betrifft (Seinsdualismus), sondern nur zwei Beschreibungsaspekte (Aspekte- oder Beschreibungsdualismus). Ein und dasselbe Ding bzw. Ereignis kann zugleich natürliche und künstliche Eigenschaften haben, wie etwa die künstlichen Zuchtformen unserer Kulturpflanzen oder unsere Haus- und Nutztiere.

Im *Alltagsverständnis* teilen wir diese Aristotelische Auffassung vollständig: Finden wir bei einem Waldspaziergang am Wegrand einen Steinpilz, nehmen wir an, er sei dort von Natur aus gewachsen. Finden wir an derselben Stelle einen Autoschlüssel, so denken wir wohl, daß jemand dieses technische Produkt dort verloren hat. Unsere geläufigen Unterscheidungen von künstlichen und natürlichen (»echten«) Blumen, von natürlichen und künstlichen Zähnen, von einem natürlichen und einem unnatürlichen Tod, von einer natürlichen und einer künstlichen Befruchtung usw. betreffen genau dieselben Aspekte.

Leider ist diese klare Unterscheidung mit Beginn der *neuzeitlichen Naturwissenschaft*, prominent mit Galilei, dadurch verlorengegangen, daß Galilei in den technischen Produkten, an denen er seine Experimente durchführte, einen Ausdruck von Natürlichkeit, genauer, Naturgesetzlichkeit sah. Im Gefolge sprechen heute die Naturwissenschaftler davon, daß technische Laborforschung Naturwissenschaft sei und Naturerkenntnis produziere. Daß in dieser Auffassung nicht nur eine erhebliche erkenntnistheoretische Ungenauigkeit, sondern ein schwerwiegender *naturalistischer Fehler* steckt, ist leicht zu zeigen:

»Naturalistisch« ist es, die Funktion der technischen Apparate (Instrumente, Geräte) wiederum *allein naturwissenschaftlich* beschreiben und erklären zu wollen. Dies wird, für die Robotik-Debatte einschlägig, an zwei Beispielen deutlich:

(1) *Meßgeräte*, mit denen quantitative Beobachtungen, vornehmlich in experimentellen Zusammenhängen, gemacht werden, beruhen in ihrer Funktion nach naturalistischer Auffassung allein auf den in ihnen technisch realisierten Naturgesetzen: im einfachen Beispiel der Uhr auf den Schwingungsgesetzen des Pendels oder eines quarzstabilisierten Schwingkreises für die Zeitmessung. Diese Auffassung ist insofern falsch, als sie übersehen hat, daß *nur ungestörte Meßgeräte brauchbare Meßdaten liefern*, die naturwissenschaftlichen Beschreibungen und Erklärungen der Funktion aber durch Störungen (z. B. die stehengebliebene Uhr) nicht außer Geltung gesetzt werden. Vielmehr werden Störungen und Defekte an Meßgeräten gerade aufgrund naturwissenschaftlicher Kausalerklärungen behebbar. Kurz, natur- und technikwissenschaftlich lassen sich gerade *die entscheidenden Funktionskriterien* von Meßgeräten (ihre *Ungestörtheit*) nicht bestimmen. Diese liegen vielmehr in den Zwecksetzungen von Konstruktion, Herstellung und Verwendung. Es sind die Normen, die einerseits operational die jeweiligen Meßparameter definieren, andererseits die logisch-mathematischen Eigenschaften von Meßdaten und damit die *Theoriefähigkeit messender Erfahrung* zur Folge haben. Diese Einsichten sind in der Protophysik zu expliziten Theorien der Messung von Länge, Dauer und Masse und einem Ausblick auf methodisch anschließende physikalische Parameter ausgearbeitet.

(2) *Informationsverarbeitende und kognitive Maschinen* werden naturalistisch derart verstanden, daß deren natur- und technikwissenschaftliche Beschreibung ihre *Funktion (Informationsverarbeitung und andere kognitive Leistungen) kausal erklären* soll. Zum Zweck der Kürze und Übersichtlichkeit wähle ich als Beispiel simple Rechenmaschinen für die vier Grundrechenarten. Analog zur naturalistischen Fehleinschätzung von Meßgeräten wird auch bei Rechenmaschinen das Störungsproblem und seine Folgen übersehen: Da nur ungestörte, d. h. nicht defekte Rechenmaschinen *richtige Rechenresultate* liefern, müßte die natur- und technikwissenschaftliche Kausalerklärung des Rechners nicht nur seine Funktion im Sinne des Input-Output-Verhältnisses des technischen Systems liefern, sondern vielmehr dessen Geltung oder Wahrheit. Defekte Rechenmaschinen dagegen, die falsche Ergebnisse liefern, falsifizieren keinen naturwissenschaftlichen Lehrsatz. Vielmehr, wieder analog den Meßgeräten, dienen solche Lehrsätze zur Kausalerklärung des Defekts und erlauben eine erfolgreiche Reparatur. Und wieder sind es *menschliche Zwecksetzungen des richtigen Rechnens*, die mit dem Mittel der Konstruktion der Rechenmaschine erfolgreich realisiert werden.

Zusammenfassend gesagt, ist es die *Zweckrationalität* einer durch menschliches Handeln hervorgebrachten Technik, ohne die *naturwissenschaftliches Wissen* nicht möglich wäre, d. h. nicht gewonnen und als Wissen ausgewiesen werden könnte. Da es sich von selbst versteht, daß auch in den naturwissenschaftlichen Bereichen der Physiologie, der Evolutionsbiologie und der Kognitionswissenschaften gültige statt ungültiger Aussagen angestrebt werden, ist zu beachten, daß die (kurz gesprochen:) Wahr/falsch-Unterscheidung in diesen Bereichen nur durch die Zweckrationalität des Handelns in naturwissenschaftlicher Forschung etabliert und genutzt werden kann.

*Technik* als Grundlage naturwissenschaftlicher Forschung ist in ihren ingenieurwissenschaftlich-theoretischen Definitionen für die *Robotik* zu weit. Dort wird etwa vorgeschlagen, Technik so zu verstehen, daß sie die Mittel für Transformation, Transport und Speicherung bzw. Lagerung von Stoff, Energie und Information bereitzustellen habe. Darunter fallen selbstverständlich Produkte für die Naturbedürfnisse des Menschen wie Nahrung, Kleidung und Behausung einschließlich Möblierung, die für die Robotik nur im

Sinne der Automatisierung der Produktion von Interesse sein können. Deshalb wird hier, unter Beibehaltung der Aristotelischen Unterscheidung von natürlich und technisch, für die Robotik als definitorische Minimalbedingung eine Einschränkung zu machen sein: vom russischen Wort *rabota* (Arbeit) und *rabotatch* (arbeiten) kommend – meines Wissens neben dem Wort Nepp das einzige aus dem Russischen kommende Lehnwort im Deutschen –, verweisen die Wörter »*Roboter*« und »*Robotik*« auf menschliche Arbeit bzw. im weiteren Sinne auf *menschliche Tätigkeit*. Ungeachtet der feineren Unterscheidungen in der Robotik-Diskussion etwa zwischen Industrieroboter, Serviceroboter und »Personal Robot« (Schraft/Müller 1998) verstehe ich unter einem Roboter prinzipiell ein *technisches Substitut für den Menschen hinsichtlich einer seiner Tätigkeiten*. Da es auch Maschinen gibt, die keine menschliche Tätigkeit substituieren (z. B. Flugzeuge), sollen unter Robotern nur »Maschinen« (von griechisch *mechanaomai*, ich ersinne eine List, Vorrichtung) verstanden werden, deren Substitutionsrolle durch *Leistungsgleichheit* mit einer menschlichen Tätigkeit oder Fähigkeit zu bestimmen ist.

Das Wort »Leistung« hat, wie übrigens auch »Arbeit«, die zweifache Bedeutung, daß sowohl der Vorgang als auch das Resultat gemeint sein kann. (Zum Beispiel: Die Projektgruppe Robotik hat ihre Arbeit aufgenommen. In der Europäischen Akademie sind die Arbeiten des Künstlers X ausgestellt.) Leistungsgleichheit als Kriterium für eine maschinelle oder technische Substitution soll *hier nicht die Prozedur*, sondern *nur das Ergebni*s betreffen. Und dies hat gute technikphilosophische Gründe:

In konsequenter Anwendung der Aristotelischen Unterscheidung von natürlich und technisch ist zu bemerken, daß schon von archaischen Zeiten an *Technik* immer dort, wo sie menschliche Tätigkeiten substituiert, *prozedural anders* verfährt *als die Natur*. Das klassische Beispiel ist das (auf einer Achse frei drehbare) Rad: »Die Natur«, d. h. hier Organismen, können keine Räder ausbilden, weil sie wegen der völligen Trennung von der Achse im Rahmen des Stoffwechsels nicht versorgt werden könnten. So hat der Mensch schon früh, nämlich mit der Erfindung von *Rad und Kurbel*, die Möglichkeit geschaffen, natürliche Bewegungen von Gliedmaßen eines Lebewesens in kontinuierliche Drehbewegung umzuwandeln. Sieht man etwa ein Ruderboot neben einem Tretboot, bei dem über Pedale eine Schiffsschraube angetrieben wird, hat man den Gegensatz der organismischen und der maschinellen Bewegung als Beispiel der These zu verstehen, daß »die Technik« anders verfährt als »die Natur«. Betrachtet man zusätzlich andere mechanische Leistungen des Menschen und nimmt zur Muskelkraft von Mensch und Tier natürliche Kraftquellen von Wind und Wasser sowie die technischen der Wärmekraftmaschinen hinzu, so lassen sich »im Prinzip leistungsgleiche« Zielvorgaben für Maschinen, die den Menschen substituieren, mit der bekannt höheren Effizienz bauen, die gerade auf der nichtnatürlichen, also einer technischen Vorgehensweise beruht – man vergleiche etwas das Graben eines Menschen mit einer Schaufel mit den Leistungen eines Löffelbaggers.

Im Bereich der *Informationsverarbeitung* liegen die Verhältnisse genauso: Technische Substitute etwa für einen menschlichen Rechner (Kopfrechner mit Papier und Bleistift) verfahren anders, wie schon der schlichte Rechenschieber bei der Multiplikation oder der mechanische und der elektronische Rechner bei den vier Grundrechnungsarten veranschaulichen. Nur die *Zwecke* (Leistungsgleichheiten) der rechen- oder informationsverarbeitenden Maschinen bis zu anspruchsvollen Leistungen etwa der Übersetzung von Texten in andere Sprachen *definieren den Roboter*, nicht aber die Prozedur im Sinne des technischen Weges: Es kommt nicht darauf an, wie, sondern nur daß Rechner richtige Ergebnisse liefern und Übersetzungscomputer richtige Übersetzungen produzieren.

## 2. Natürliche Konstruktionen und handelnde Menschen

*Leistungsgleichheit als Ergebnisgleichheit* bei der Ersetzung des Menschen durch Maschinen suggeriert – und dafür gibt es in der laufenden Robotik-Diskussion mit den Aspekten des *embodiment*, der *situatedness* und des Bottom-up-Vorgehens (Christaller 1998) gute Beispiele – den Versuch der »natürlichen Konstruktionen«. Hier ist wieder eine naturalistische Falle zu vermeiden:

Wer mit »*natürlicher Konstruktion*« den Versuch meint, Natur *technisch* zu *imitieren* (wie die Struktur von Insektenflügeln durch leichte Flächentragwerke wie beim Dach des Olympiastadions in München, die Struktur von Grashalmen durch die Betonkonstruktion von Fernsehtürmen oder die autopoietische Erzeugung von Ameisenhaufen durch Verfahren der Städteplanung), der übersieht leicht, daß man die Natur *erst kennen* muß, bevor man sie technisch imitieren kann. Kurz, *nur erkannte, also beschriebene und funktional erklärte Natur kann Vorbild für technische Konstruktionen sein*. Naturalistisch wird dabei in der Regel übersehen, daß gerade das hier erforderliche Erkennen der Natur nicht anders gelingt als durch ihre technische Simulation. Das heißt aber, daß Naturerkenntnis und natürliche Konstruktionen sich denselben menschlichen Bemühungen nach denselben Kriterien von Erfolg und Mißerfolg verdanken. Mit anderen Worten, die *methodische Reihenfolge* von Schritten zur technischen Substituierung von Natur endet nicht, sondern beginnt mit der Entwicklung technischer Modelle für natürliche Systeme – und verlangt hierbei methodisch primär eine *Bestimmung des Explanandums*, bevor überhaupt ein Explanans gesucht und gefunden werden kann. Für die Ersetzbarkeit des Menschen durch Roboter heißt dies, daß primär das *Explanandum menschlicher Leistungen* bestimmt sein muß, bevor die Technikwissenschaften darangehen können, unter der Zwecksetzung »Leistungsgleichheit« den prozedural zur Natur verschiedenen technischen Weg zu suchen.

Dies war übrigens, was uns heute wegen unserer hohen technischen Zivilisation kaum mehr als Problem oder Aufgabe erkennbar ist, schon bei der Beschreibung des menschlichen Skeletts und seiner Muskulatur in den Unterscheidungen der klassischen Mechanik der Fall. Man brauchte sozusagen erst den Blick auf den Bewegungsapparat des menschlichen Organismus, der in einem dreidimensionalen, kartesischen Koordinatensystem die Freiheitsgrade einzelner Gelenke, Aktionsradien, Hebelverhältnisse für den Ansatz von Sehnen am Knochen usw. lieferte. Die moderne Konstruktion etwa von Industrierobotern in der Automobilproduktion zeigt, daß dieser Bereich mit großer Perfektion beherrscht wird; und auch hier ist prozedural der technische Weg ein anderer als der natürliche, womit, wie oben erwähnt, eine hohe Leistungssteigerung in Geschwindigkeit, Genauigkeit und Effizienz gegenüber dem handwerklichen Autobau erreicht worden ist.

Selbstverständlich ist der *»intelligente«* oder *»autonome« Roboter* von besonderem Interesse, wie sowohl die Bestimmungen des Robotik-Projekts als auch die allgemeine Robotik-Debatte zeigen. Dabei wende ich mich weniger den Steuerungs- und Regelungsprozessen als vielmehr der Ersetzbarkeit derjenigen menschlichen Leistungen zu, die man beim Menschen intelligent und autonom nennt. Und der Kürze halber wähle ich dafür die *Kompetenz des Menschen zu (wort)sprachlicher Kommunikation* aus.

Diese Auswahl ist dadurch begründet, daß bei allen erstaunlichen Erfolgen (und für mich weniger erstaunlichen Mißerfolgen) einer informationstheoretischen Verarbeitung von Wortsprache durch Computer wieder die stillschweigenden Prämissen des Naturalismus durchschlagen.

Unter Fachleuten ist es eine Trivialität, daß *Computer syntaktische Maschinen* sind und alle »intelligenten«, »autonomen« oder sonstigen »kognitiven« Leistungen von Robotern allein und ausschließlich syntaktischer oder struktureller Art sind. Inwiefern hier ein Verständnis von »Information« durch ein formalistisches Mathematik- und ein empiristisches Naturwissenschaftsverständnis geprägt sind, kann hier nicht diskutiert werden. Ich muß dazu auf meine einschlägigen Arbeiten verweisen (vgl. Beiträge 1 und 2 dieses Kapitels).

Für das wortsprachliche Kommunizieren zwischen Menschen ist jedoch die *Bedeutung und Geltung von Rede* von grundlegender Wichtigkeit. Der Normalfall eines menschlichen Zwiegesprächs ist dadurch charakterisiert, daß beide Parteien sowohl verstanden als auch anerkannt werden wollen – sonst würde man seinem Gegenüber erst gar nichts sagen. Um das philosophisch gefährliche, leicht in Mentalismen (mit einer Fülle alltagssprachlich geläufiger, aber schwer zu analysierender oder definierender Wörter) abführende Wort »Wollen« zu vermeiden, greife ich auf die bewährten Unterscheidungen der Handlungstheorie zurück und spreche davon, daß im Zwiegespräch beide Parteien die *Zwecke des Verstanden- und Anerkanntwerdens verfolgen*. Reden ist Handeln insofern, als sich Handeln vom bloßen Verhalten vor allem dadurch unterscheidet, daß der Agent authentisch über *Gelingen und Mißlingen* seiner Handlungen sowie über das *Erreichen oder Verfehlen seiner Zwecke* befindet. Mit anderen Worten, zur kommunikativen Kompetenz des Menschen gehört die authentische Entscheidung, ob die eigenen Redehandlungen ihren Zweck erreichen, beim Gegenüber (hinreichend) verstanden und anerkannt zu werden.

(Von Anerkennung bzw. Geltung ist hier in dem allgemeinsten Sinne die Rede, daß sie alle Typen üblicher Alltagssprache abdecken, vom Auffordern über das Fragen zum Behaupten und zu den performativen Sprechakten, wie Danken, Bitten, Versprechen, Gratulieren, sowie zu den expressiven Sprechakten usw. Damit sind zugleich verschiedene Formen der Anerkennung oder Geltung gemeint, bei der Aufforderung die Befolgung oder eine andere sozial eingeübte Reaktion, d. h. [Wider-]Handlung, wie eine Verweigerung; bei der Frage die Beantwortung oder z. B. die Antwort, man könne die Frage nicht beantworten; bei der Behauptung die Zustimmung; bei den performativen Sprechakten das Akzeptieren des Dankes, der Bitte, des Versprechens; bei den expressiven Sprechakten Rücksichtnahme auf eine situative Behinderung des Gegenübers usw.)

Das allgemeine Problem der Ersetzbarkeit menschlicher Leistungen spitzt sich im Bereich der kommunikativen Kompetenz auf die Frage zu, ob menschliche Kommunikationshandlungen (im emphatischen, handlungstheoretischen Sinne) durch Roboter leistungsgleich ersetzt werden können. Auf dem Weg zu einer Antwort werden zwei wichtige handlungstheoretische Unterscheidungen benötigt, die dann in einem zweiten Schritt auf die speziellen kommunikativen oder Sprechhandlungen anzuwenden sind.

Handlungstheoretisch unterscheidet man erstens zwischen *Schema* und *Aktualisierung*, also etwa dem Handlungsschema, ein Streichholz anzuzünden, und der Durchführung, die sich einmalig auf ein bestimmtes Streichholz (und selbstverständlich auf einen bestimmten Agenten) bezieht. Die zweite Unterscheidung betrifft die *Handlungsbeschreibung* versus den *Handlungsvollzug*. In einem geschriebenen oder gesprochenen Text kann selbstverständlich für das Handlungsschema »Streichholz anzünden« nur die Beschreibung vorkommen, weil der *Vollzug eine nichtsprachliche Handlung* ist. Dieses Dilemma, über Handlungsvollzüge nur in der Form von Beschreibungen verfügen zu können, ist für einen schriftlichen Text prinzipiell unaufhebbar. Für einen mündlichen Vortrag ist das Dilemma, wenn auch in akademischen Vorträgen unüblich, lösbar durch Unterbrechung des Redeflusses und das Entzünden eines Streichholzes durch den Vortragenden (im Vortrag: Ich zünde schweigend ein Streichholz an).

Die Pointe und die Tragweite dieser zweiten Unterscheidung liegt darin, daß durch Heraustreten aus der Sprache und den *Eintritt in eine nichtsprachliche Handlung der Kinesis und Poiesis* (handwerklich herstellendes Handeln) das Rückfragen in argumentativen Begründungs- und Rechtfertigungsketten von der Ebene des Sprechens in die Ebene der nichtsprachlichen Wirklichkeit überführt und damit zu einem Abschluß gebracht werden kann. Ich möchte dies an einem simplen Dialog vorführen, um die Rolle von *Bedeutung und Geltung* sprachlicher Äußerungen *als Gegenstand des Gelingens menschlicher Kommunikation* zu charakterisieren.

Eine Person A fragt an einer bestimmten Straßenkreuzung eine Person B nach dem Weg zum Bahnhof, fordert also B zur Wegbeschreibung auf. (Ich wähle einen allein aus Aufforderungen bestehenden Dialog, um zunächst das Wahrheitsproblem für Behauptungen oder Beschreibungen zu umgehen.) Aufforderungen werden üblicherweise nicht als wahr oder falsch bezeichnet, sind aber selbstverständlich ebenfalls mit einem Anspruch auf Anerkennung durch die andere Partei verknüpft. B möge seinerseits in Form eines reinen Aufforderungssatzes antworten, welchen Weg A zu nehmen hat. Befolgt A diese Anweisung und gelangt auf diese Weise zum Bahnhof, ist A mit seiner ursprünglichen Aufforderung an B, eine Wegbeschreibung zu geben, *kommunikativ erfolgreich* gewesen. Und der propositionale Gehalt der Aufforderung von B ist eine *gültige* Wegbeschreibung, die sich, als Aussage formuliert, genau deshalb als wahr bezeichnen läßt, weil sie *zum erfolgreichen sprachfreien Handeln* der Person A führt, die von der Straßenkreuzung des Dialogs zum Bahnhof geht.

Nun erwarte ich, daß so gut wie jeder KI- oder Robotikexperte überrascht einwendet, daß diese simplen Leistungen heute schon oder fast schon durch sprachgesteuerte Automaten erbracht werden können oder daß zumindest keinerlei Gründe zu sehen seien, warum die Leistungen der Personen A und B nicht leistungsgleich durch Roboter substituierbar wären. (*Zusatz von 2005 zu diesem 1998 geschriebenen Text*: Inzwischen gibt es hervorragende, »ansagende« Navigationssysteme für Autos, die nur noch mit einem »sprachverstehenden« Input statt mit Druck auf Tasten oder einen Bildschirm gesteuert werden müssen, um – anscheinend – die leistungsgleiche Substitution einer eine Wegauskunft gebenden Person zu erreichen. Diese Entwicklungen machen aber die folgenden Behauptungen nicht hinfällig, sondern besonders aktuell.)

Da es mir nicht im geringsten um empirische Hypothesen oder um Prognosen der künftigen Entwicklung der Robotik geht, schenke ich den Robotik-Experten die Einlösung des Anspruchs, man habe Androiden gebaut, die sich »genauso verhalten« wie die beiden Personen A und B; und mancher Experte mag dabei noch an den Turing-Test denken, in dem der Beobachter die beiden Personen A und B nicht von den Androiden A' und B' in ihren Leistungen unterscheiden können soll. Aber auch dieses schon in den Science-fiction-Bereich vorgreifende Zugeständnis an die Experten würde nicht die leistungsgleiche Substituierbarkeit der kommunikativen Kompetenz bedeuten. Warum?

## 3. Bedeutung und Geltung versus Unhintergehbarkeit des Handlungsvollzuges

Oben war gesagt worden: Leistungsgleichheit im Sinne des Ergebnisses, nicht der Prozedur, soll für die fragliche These entscheidend sein. Wie immer die fiktiven Roboter A' und B' (in einer Art modifiziertem Turing-Test) strukturell und funktionell gebaut sein mögen, zum Zwecke des Arguments sei angenommen, ein menschlicher Beobachter könne im Aufforderungsdialog (bezüglich des Wegs zum Bahnhof) und in den beiden Befolgungen der beiden Aufforderungen keinen Unterschied zwischen A und A' bzw. B und B' feststellen. Der Handlungstheoretiker oder Philosoph, der auf die *Zwecksetzungsautonomie der Personen A und B* verwiese (A könnte auch zum Rathaus wollen und B absichtlich einen Irrweg empfehlen) sowie auf die *Authentizität der Beurteilung des Handlungserfolges* durch die menschlichen Agenten, schiene dann etwas Zusätzliches, Geistiges zu behaupten. Und der Naturalist würde ihm entgegnen: Wozu?

Und genau mit diesem Zwiegespräch, also der *Kommunikation zwischen dem philosophischen Handlungstheoretiker und dem Naturalisten,* sehe ich meine These begründet: Auch der Naturalist hat keine andere Wahl, als für seine Rede Bedeutungs- und Geltungsansprüche zu erheben, und zwar *durch Vollzug*. Jede Hoffnung, solche Vollzüge zum Explanandum zu machen und (naturalistisch, also mit natur- und technikwissenschaftlichen Mitteln) eine Kausalerklärung dafür anbieten zu wollen, wäre selbst wieder nur durch Handlungsvollzüge von Menschen, also hier der KI- oder Robotikexperten, möglich. Der Handlungsvollzug ist durch Handlungsbeschreibung unhintergehbar.

Hier zeigt sich das gesamte Dilemma des Naturalismus, das oben an den Beispielen der Meßgeräte bzw. des Taschenrechners erläutert wurde: Ein konsequenter Naturalismus verliert nicht nur die Wahr/

falsch-Unterscheidung auf der Objektseite, sondern auch auf der Subjektseite, d. h., der Naturalist kann *keine Geltungsansprüche* für seine Beschreibungen und Erklärungen *erheben*, weil diese selbst kein Gegenstand naturalistischer Erklärung sind. Naturalisten haben nur die Wahl zwischen selbstwidersprüchlichen (und damit ungültigen) Äußerungen oder einem sprachlosen (»natürlichen«) Dahinvegetieren ohne faktisches Erheben von Geltungsansprüchen (und Analoges gilt für Ansprüche an die semantische Bedeutung eigener Rede).

Wollte sich der Naturalist, der ja nicht nur Empirist, sondern auch Formalist ist, retten, könnte er noch auf einen Iterationstrick verfallen: Der soeben erhobene Einwand läuft ja, auf den modifizierten Turing-Test angewandt, auf die These hinaus, daß die Ununterscheidbarkeit von Mensch (Person 1) und Maschine und damit die Leistungsgleichheit in kommunikativer Kompetenz für die technische Substitution des Menschen vom Tester (Person 2) bestätigt wird, aber dazu wird ja eine dritte Person sozusagen als Beobachter des gesamten Turing-Tests benötigt – sonst könnten dessen Bedingungen selbst semantisch nicht verstehbar und sinnvoll formuliert werden. Also möge ein weiterer Beobachter (Person 4) vorschlagen, den Turing-Beobachter (Person 3) selbst wieder mit einer Turing-Maschine als leistungsgleich anzunehmen und damit die spezifisch menschlichen kommunikativen Kompetenzen vom Beobachter auf einen Metabeobachter, einen Meta-Metabeobachter usw. zu verschieben. Ist diese Iteration unendlich, kann sie von keinem menschlichen Beobachter vollzogen werden und verliert damit ihre Kraft, eine naturalistische Erklärung des Erhebens von Geltungsansprüchen zu leisten. Ist sie dagegen endlich, hat sie ihr Ziel ebenfalls verfehlt.

## 4. Schluß

Ohne die kommunikative Kompetenz des Menschen, in Sprache (d. h. redend oder schreibend) *Ansprüche auf Verstandenwerden und Anerkennung* gegenüber *einer anderen Person durch Vollzug* zu *erheben* und ohne die ihm dabei zuwachsende Leistung eines authentischen Beurteilens von Gelingen und Erfolg bzw. Mißlingen und Mißerfolg wiederum durch Vollzug zu erbringen, sind Bedingungen der Möglichkeit jeder Natur- und Technikwissenschaft, jeder KI-Forschung und Robotik unerfüllt. Deshalb ist aus erkenntnistheoretischen Gründen die Ersetzbarkeit des Menschen hinsichtlich seiner kommunikativen Kompetenz durch Roboter nicht in dem Sinne möglich, in dem (d. h. mit ebendiesen Mitteln) diese Wissenschaften das Ziel seiner Ersetzung selbst verfolgen. Oder kurz, das Ziel, die Leistungen sprechender Menschen durch Roboter (leistungsgleich) zu ersetzen, mit anderen Menschen sprachlich zu kommunizieren, steht mit sich selbst im (performativen) Widerspruch.

Für das Robotik-Projekt ergibt sich daraus die Forderung, mit erkenntnis- und wissenschaftstheoretischen Mitteln eine Klärung herbeizuführen, was denn die beiden im obigen Beispiel fingierten Roboter A' und B' tatsächlich leisten, wenn sie so zu agieren scheinen wie die Personen A und B.

# Kapitel V
# Wissenschaftstheorie

# 1. Euklids Erben

## 1. Einleitung

Die griechische Antike ist für die abendländische, europäische Kultur auf vielen Gebieten die wichtigste Erblasserin. Das Dreigestirn der Philosophen Sokrates, Platon und Aristoteles (neben dem ungerechtfertigterweise andere antike Philosophen mit bleibendem Einfluß auf die europäische Kultur vergessen werden) bildet den ersten Höhepunkt einer Philosophie, die bis heute ihre wichtigsten Themen und Richtungen vor zweieinhalbtausend Jahren vorgezeichnet bekam. Die Idee der Demokratie findet in der Polis, wenn auch nicht für alle Menschen, ihr erstes Modell. Erste Fachwissenschaften wie Astronomie, Geometrie und Musiktheorie nehmen ebenso ihren Anfang, wie die bildende und die Dichtkunst ihre ersten, traditionsprägenden Blüten erfahren. Und selbst dort, wo später, z. B. mit der Entstehung der neuzeitlichen Physik im 17. Jahrhundert, die Überwindung der Antike durch die klassische Physik versucht wird, zeigt das Beispiel Galilei mit seiner Kritik am Aristotelismus, wie sehr der Überwinder einer Philosophie von seinem Gegner abhängig und bestimmt bleibt.

Unserer Rolle als Erben griechisch-antiker Kultur entspricht das Risiko aller Erben, sich den eigenen Erblasser, je nach Wertschätzung des Erbes, entsprechend auszumalen. So fehlt es denn nicht an Literatur, in der die Entstehung der Geometrie in der Antike als Erkenntnisideal für zweieinhalb Jahrtausende gepriesen wird. Die historische Form der *Elemente* Euklids,[1] die selbst das Produkt einer Entstehungsgeschichte sind, wird als Ausdruck eines bei den Griechen entstandenen axiomatischen Denkens gerühmt.[2] Dessen wichtigste Kennzeichen sind die Verbindung eines stringenten, ja beweisenden Argumentierens für Behauptungen mit einem Anfang aus Prinzipien oder Axiomen, die der Begründung weder fähig noch bedürftig seien. Nicht fähig, weil sie im deduktiven Modell der Argumentation die Anfänge bilden; nicht bedürftig, weil von zwingender Evidenz. Die Vermittlung von Einsicht in komplizierte geometrische Lehrsätze aus einfachen Annahmen gibt bis heute ein

1 Euklid 1980.

2 Vgl. z. B. Reidemeister 1949; Becker (Hg.) 1965; Szabo 1969.

attraktives Vorbild für das Geschäft rationalen, argumentativen Begründens ab. Der Aufbau der Theorie, beginnend mit (1) Definitionen, (2) mit allgemeinen Postulaten (die die Gegenstände der Definitionen betreffen) und (3) schließlich mit Axiomen (die den Gegenstandsbereich der Theorie weit überschreiten) wurde Vorbild für die Form von Theorien. Ein Wissensgebiet »more geometrico«, also nach dem Vorbild der Geometrie aufzubauen, galt nicht nur als höchstes Ziel. Es wurde auch in prominenten Beispielen befolgt, deren wirkmächtigstes wohl die *Philosophiae naturalis principia mathematica* (London 1687) von Isaak Newton ist.

Erst im 20. Jahrhundert erfährt dieses Vorbild für Theorieformen eine weitgehende Revision. In der Mathematik wurde (aus dem Wunsch heraus, ein Mittel zur Überwindung oder Vermeidung der kurz vorher entdeckten logischen Widersprüche in den Grundbegriffen der Mathematik zu finden) auf den vorausgehenden Apparat der Definitionen verzichtet. David Hilberts *Grundlagen der Geometrie* (1. Auflage 1899), seine programmatischen Vorschläge (»Hilbert-Programm«)[3] für die Mathematik sowie die Übernahme seiner Vorschläge in einer sprachfokussierten Wissenschaftstheorie durch den Logischen Empirismus des Wiener Kreises haben der Wendung »axiomatisches Denken«[4] eine ganz neue Bedeutung gegeben. Grundbegriffe von Theorien wurden nicht mehr einzeln und explizit definiert. Vielmehr setzte man an den Anfang Axiomen*schemata* (logisch gesehen Aussage*formen*) und ergänzte diese durch eine Auffassung, wonach die in den Schemata vorkommenden Sorten von Variablen »implizit definiert« seien.[5]

Der Entwicklung von Mathematik und Naturwissenschaften in ihrer Überhöhung durch die Philosophie und Wissenschafstheorie analytischer und empiristischer Provenienz entspricht eine popularisierte Form: Der Laie, der sich überhaupt auf das Geschäft begründender Argumentation einlassen möchte, stellt achselzuckend fest, daß man ja »mit irgend etwas anfangen müsse«, im Sinne eines ebenfalls laienhaften »Von nichts kommt nichts«. In anderen Worten, da es weder einen Argumentationsanfang sozusagen im luftleeren Raum noch irgendeine absolute, überzeitliche, etwa gar menschenunabhängige Grundlage für das Beginnen von Argumentationen

3 Hilbert 1922 (1964).

4 Vgl. Hilbert 1935 (1964).

5 Vgl. Artikel »Definition, implizite«, S. 442, sowie: Gabriel 1978.

geben könne, scheint nur noch die beliebige Setzung für den Anfang offen. Axiomatisch zu denken heißt dann modern, das Geschäft des argumentativen Begründens auf das logische Deduzieren von Sätzen aus Sätzen zu beschränken und dafür erste Sätze in einem Belieben auszuwählen, das allenfalls Rücksicht zu nehmen hat (außer auf logische Widerspruchsfreiheit) auf Plausibilitäten oder faktische Zustimmungen, verbreitete Meinungen von Expertenkreisen oder ähnliches.

Auch diese Uminterpretation des antiken Ideals vom axiomatischen Denken und von argumentativer Begründung fügt sich noch kohärent in Unterscheidungen und Beurteilungen ein, die aus der Antike stammen: Bis in die Niederungen einer Alltagssprache, die sich ihrer Herkunft nicht bewußt ist, unterscheiden wir »Theorie« und »Praxis«; und der philosophisch begründete Primat der Praxis vor der Theorie im Sinne Platons und Aristoteles' ist auf dem Boden eines Alltagspragmatismus angekommen, der das »Bloß-Theoretische« nach dem Praktischen beurteilt. Wird die Welt von den »pragmatischen« Machern umgetrieben, erhält sich gleichzeitig die antike Wertschätzung für den Theoretiker, der das reine, zweckfreie Wissen im Auge behält und die überzeitlichen Güter hütet, die im Trubel der Alltagsgeschäfte leicht vergessen werden, aber immer noch eine Orientierung für Kulturträger abgeben. Der Theoretiker ist irgendwie besser als der Praktiker.

Euklids Erben sind die Europäer der Gegenwart insofern, als sie über eine wechselvolle Geschichte (mit den angedeuteten Umbrüchen im Verständnis von Erkennen und Wissen) eine Wertschätzung für Theorien entwickelt haben. Zu dieser gehört ein Verständnis von »Theorie«, »Erkenntnis« und »Begründung«, das sich auf den historischen Euklid, seine platonische Hintergrundphilosophie und den Erfolg einer beispiellosen Strukturierungsleistung für menschliches Wissen schlechthin stützt. Demgegenüber soll im vorliegenden Text eine These entwickelt und begründet werden, wonach Euklids Erbe ein zwiespältiges ist. Dem historischen Euklid wird hier der Sieg der Mundwerker über die Handwerker angelastet, der fatale Folgen weit über die Grenzen erkenntnistheoretischer oder mathematischer Überlegungen hinaus hat. Diese These läßt sich in erster Annäherung dadurch vorbereiten, daß auf eine Selbstverständlichkeit verwiesen wird: Euklid war nicht ein aus dem Nichts kommender Erblasser für unsere abendländisch-europäische

Tradition, sondern er war selbst bereits ein Erbe einer mehrhundertjährigen Vorgeschichte von Geometrie und Mathematik, die im Lichte einer dogmatischen (nämlich platonischen) Philosophie nicht angemessen von Euklid aufgenommen wurde. Schon Euklid war der mundwerkliche Theoretiker, der den handwerklichen Zusammenhang der Gegenstände der Geometrie nicht beachtet hat.

Die folgenden Überlegungen werden in einem ersten, analytischen Teil die *Elemente* Euklids behandeln und dabei auf Reihenfolgenprobleme in den Definitionen und Postulaten aufmerksam machen. Dabei werden sich Begründungsprobleme zeigen, die von der traditionell üblichen Interpretation Euklids herrühren. Schließt man sich dieser Interpretation nicht an, zeigen sich klare Schwächen und Lücken im Aufbau der Geometrie, die durch eine moderne Konstitutionstheorie für die Gegenstände der Geometrie behebbar sind. Es wird der Blick auf die handwerkliche Praxis der Herstellung räumlicher Formen sowie der Mal- und Zeichenpraxis sein, die sich dann überraschend verträglich mit der Geometrie Euklids erweisen – wenn man nur eine andere als die traditionelle philosophische Lesart annimmt. Zum Schluß werden Folgen für das Verhältnis von Mathematik, Erfahrung und Naturwissenschaft sowie für erkenntnistheoretische Grundüberzeugungen diskutiert.

## 2. Euklids *Elemente*

Die *Elemente* Euklids beginnen mit einer Reihe von Definitionen, deren Anordnung bemerkenswert ist. Die ersten sieben Definitionen betreffen die Wörter Punkt, Linie, Gerade, Fläche und Ebene.[6] Schon antike Kommentatoren haben sich mit dieser Reihenfolge

6 Dort heißt es im ersten Buch:
Definitionen
1. Ein Punkt ist, was keine Teile hat,
2. eine Linie breitenlose Länge.
3. Die Enden einer Linie sind Punkte.
4. Eine gerade Linie (Strecke) ist eine solche, die zu den Punkten auf ihr gleichmäßig liegt.
5. Eine Fläche ist, was nur Länge und Breite hat.
6. Die Enden einer Fläche sind Linien.
7. Eine ebene Fläche ist eine solche, die zu den geraden Linien auf ihr gleichmäßig liegt.

auseinandergesetzt und den Zusammenhang zu einer Philosophie hergestellt, wonach die Schrittfolge der Definitionen ein Voranschreiten vom Einfacheren zum Komplexeren zum Ausdruck bringen solle. Der Punkt als das, was keine Teile hat, ist demnach einfacher oder grundlegender als die Linie, die Länge, aber keine Breite hat. Und die Linie ist wieder einfacher zu bestimmen als die Gerade, die zu ihren Punkten gleich liegt, d. h. in ihren Punkten ununterscheidbar ist (was noch einmal besonderer zusätzlicher Bestimmungen bedarf, wenn die Gerade von anderen homogenen Linien wie dem Kreis oder der regulären Schraube unterschieden werden soll).

Nicht erst aus moderner Sicht darauf, welche Kriterien eine Definition zu erfüllen hat, die diesen Namen verdient, sind die Definitionen Euklids unzureichend. Gern wird hier Platon mit seiner Kritik an den Geometern im *Staat* zitiert, die »gar lächerlich und notdürftig« über die Handlungen des Geometrie-Treibens redeten.[7]

Im Unterschied zu den Definitionen verweisen die Postulate explizit auf die Zeichenpraxis.[8] Daß man eine gerade Linie über ihre Endpunkte hinaus verlängern kann, ist eine sprachliche Wendung, die auf die Verwendung eines Lineals und auf das Zeichnen in einer Zeichenebene verweist. Dabei braucht keine Entscheidung getroffen zu werden für die in der Mathematikgeschichte kontroverse Frage, ob die Postulate explizit als Handlungsanweisungen für den Zeichner zu lesen sind oder doch einen ganz anderen Status haben. Immerhin verweisen schon etymologisch die Wörter für Punkt und Linie[9] auf das zeichnerische Erzeugen von Marken bzw. Strichen.

Was in den ersten sieben Definitionen allenfalls einen impliziten Bezug auf die Zeichenpraxis hat und durch die Etymologie geometrischer Ausdrücke belegt werden muß, gewinnt in einem Vergleich

7 Platon, *Sämtliche Werke*, Bd. III, Rowohlts Klassiker der Literatur und Wissenschaft, 527a 3.

8 Bei Euklid heißt es:
Postulate
Gefordert soll sein:
1. daß man von jedem Punkt nach jedem Punkt die Strecke ziehen kann,
2. daß man eine begrenzte gerade Linie zusammenhängend gerade verlängern kann,
3. daß man mit jedem Mittelpunkt und Abstand den Kreis zeichnen kann.

9 Das griechische σημειον heißt Zeichen, Siegel, Feldzeichen, Panier, und das griechische Wort für Linie, γραμμη, stammt vom Verbum γραφειν, schreiben, zeichnen.

der Definitionen für den Kreis (im ersten Buch) und für die Kugelfläche (im elften Buch) besondere Deutlichkeit.[10] Die Kreisdefinition als Linie, deren Punkte von einem Mittelpunkt denselben Abstand haben, bringt direkt das Zeichnen eines Kreises mit einem Zirkel oder einem starren Körper mit Dorn und Schreibstift zum Ausdruck. Würde die Kugel analog definiert, wäre sie als Fläche zu bestimmen, deren Punkte alle von einem Mittelpunkt denselben Abstand haben. Statt dessen definiert Euklid aber die Kugel durch Rotation eines Halbkreises um seinen Durchmesser. Dies ist, worauf Mathematikhistoriker längst aufmerksam gemacht haben, eine Art von »Steinmetzdefinition«: Wenn ein Steinmetz eine Kugel herstellt, nützt ihm die Bestimmung wenig, daß die Oberfläche in allen Punkten vom Mittelpunkt gleich weit entfernt ist. Er wird vielmehr eine halbkreisförmige Schablone benützen, um das Herstellungsziel der Kugelform zu realisieren. Kurz, die Definitionen von Kreis und Kugel bei Euklid verweisen direkt auf den handwerklichen Herstellungszusammenhang, einen Kreis zu zeichnen bzw. eine Kugel aus einem festen Körper herzustellen.

Eine weitere Besonderheit zeigt sich im Vergleich zwischen Definition des rechten Winkels und dem vierten Postulat: Der rechte Winkel ist *per definitionem* derjenige, der zu seinem Nebenwinkel gleich ist[11] – wozu Euklid später den Satz angibt, den jeder Schüler bei der Konstruktion des rechten Winkels mit Lineal und Zirkel benützt. Welchen Sinn aber hat dann das Postulat 4, das unter Verwendung des so definierten Ausdrucks für den rechten Winkel fordert, daß alle rechten Winkel einander gleich seien?[12]

Verfährt man mit Postulaten in dem Sinne semantisch vernünftig, daß ein Postulat jedenfalls dann nicht vorliegt, wenn nicht ge-

10 Vgl. Definition 15 im ersten Buch: »Ein Kreis ist eine ebene, von einer einzigen Linie umfaßte Figur mit der Eigenschaft, daß alle von einem innerhalb der Figur gelegenen Punkte bis zur Linie [zum Umfang des Kreises] laufenden Strecken einander gleich sind.«
Im 11. Buch heißt es bei den Definitionen: »14. Eine Kugel ist der Körper, der umschlossen wird, wenn ein Halbkreis, während sein Durchmesser festbleibt, durch Herumführen wieder in dieselbe Lage zurückgebracht wird, von der er ausging.«

11 Definition 10. »Wenn eine gerade Linie, auf eine gerade Linie gestellt, einander gleiche Nebenwinkel bildet, dann ist jeder der beiden gleichen Winkel ein Rechter.«

12 Postulate. »Gefordert soll sein: ... 4. daß alle rechten Winkel einander gleich sind.«

sagt wird, was ein Mensch zu tun hat, der dem Postulat Folge leisten möchte, bietet sich folgende Interpretation an:

Die Definition des rechten Winkels bezieht sich auf die zeichnerische Konstruktion der Herstellung zweier Gerader, die sich so schneiden, daß jeweils Winkel und Nebenwinkel eines Winkels gleich groß (d. h. mit diesem deckungsgleich) sind. Damit ist die Rechtwinkligkeit definiert. Das Postulat 4 geht darüber hinaus und fordert, daß die zeichnerische Konstruktion eindeutig reproduzierbar ist. Das heißt, wird die in der Definition vorgeschriebene Konstruktion durch einen Menschen wiederholt, soll er von der Gleichheit der Resultate ausgehen dürfen. Daran knüpfen sich zwei Fragen:

(1) Was kann ein Mensch überhaupt außer der korrekten Wiederholung des Handlungsschemas tun, um eine Orthogonale zeichnerisch zu konstruieren? Mit anderen Worten, gibt es eine darüber hinausgehende zusätzliche Handlung, die die Gleichheit aller konstruierten rechten Winkel sicherstellt?

(2) Wie ist – wenn es eine solche Handlung nicht gibt in dem Sinne, daß mit der Konstruktion der rechten Winkel bereits alles getan ist – zu zeigen, daß aus der Konstruktionsanweisung für den rechten Winkel die Gleichheit aller Konstruktionsergebnisse folgt? (Diese Fragen ihrerseits sind mit der Unterstellung einer eindeutigen Verwendung des sprachlichen Ausdrucks für Winkelgleichheit im Sinne der Kongruenz oder Deckungsgleichheit gemacht. Hier liegen offenbar zwei verschiedene Arten von Herkunft der Gleichheit vor, einmal aus der Gleichheit eines Handlungsschemas für die Konstruktion des rechten Winkels und einmal die Deckungsgleichheit als Ergebnis eines Kontrollverfahrens. Hier ist also ein Herstellungs- von einem Feststellungs- oder Überprüfungsverfahren zu unterscheiden.)[13]

Das Verhältnis von Definition und Eindeutigkeitspostulat des rechten Winkels als einer geometrischen Grundform, die Euklid für die folgenden Konstruktionen und Lehrsätze immer wieder benötigt, wirft eine analoge Frage für zwei andere wichtige geometrische Grundformen auf, nämlich die Ebene und die Parallelität.

Die Ebene wird definiert durch die Homogenität bezüglich der in ihr liegenden Geraden. Warum gibt es dann bei Euklid kein Postulat

13 Für technische und logische Details vgl.: Janich 1997a, Kap. I.

analog dem der Orthogonalität, wonach alle Ebenen »gleich« sind? Ein solches Postulat würde zwar im Ausdruck »gleich« nicht die Deckungsgleichheit (Kongruenz) von Winkeln meinen, aber doch eine Formgleichheit der Art, daß zwei Ebenen dann (form)gleich sind, wenn sie frei verschiebbar auf dasselbe Paßstück passen. (Man denke anschaulich an zwei Exemplare ebener Oberflächen, wie sie z. B. bei Spiegeln vorliegen, und an einem Gipsabdruck des einen, der bei vorliegender Ebenheit frei verschiebbar auch auf den anderen paßt. Da diese Forderung auch von Kugeln gleicher Größe erfüllt wird, muß das Postulat für die Gleichheit zweier Ebenen einschließen, daß sie nicht nur auf dasselbe Paßstück passen, sondern auch untereinander [frei verschiebbar]; dann sind sphärische Flächen ausgeschlossen.)

Im Falle der Parallelität liegen die Verhältnisse bei Euklid wieder so wie bei der Orthogonalität: Es gibt dazu sowohl eine Definition[14] als auch ein Postulat.[15] Aber das Parallelenpostulat, das die Kommentatoren seit zweieinhalbtausend Jahren beschäftigt (und im Ersatz durch ein negiertes Parallelenpostulat zu den nichteuklidischen Geometrien und zur Raumauffassung der modernen, empirischen Physik geführt hat) ist hoch kompliziert. Jedenfalls behauptet es nicht, daß die *per definitionem* festgelegten Parallelen alle »gleich« (in einem speziellen, auf die Parallelen zugeschnittenen Erläuterungssinn von »gleich«) seien. Man könnte eine solche Gleichheit etwa erläutern als Transitivität der Art, daß wenn a und b sowie b und c parallel sind, dann auch a und c parallel liegen (a, b, c für Gerade).[16]

Der Aufbau der Geometrie bei Euklid liefert also ein kritikbedürftiges Bild:

14 Definitionen. 23. »Parallel sind gerade Linien, die in derselben Ebene liegen und dabei, wenn man sie nach beiden Seiten ins Unendliche verlängert, auf keiner einander treffen.«

15 Postulate. »Gefordert soll sein: … 5., und daß, wenn eine gerade Linie beim Schnitt mit zwei geraden Linien bewirkt, daß innen auf derselben Seite entstehende Winkel zusammen kleiner als zwei Rechte werden, dann die zwei geraden Linien bei Verlängerung ins Unendliche sich treffen auf der Seite, auf der die Winkel liegen, die zusammen kleiner als zwei Rechte sind.«

16 Wobei unterstellt wird, daß die beiden Parallelenpaare a und b bzw. b und c nach derselben Konstruktionsvorschrift (über ein gemeinsames Lot) konstruiert worden sind und für die Kontrolle der Parallelität von a und c ebenfalls diese Konstruktionsvorschrift zur Anwendung kommt.

– Die Definitionen der Grundbegriffe Punkt, Gerade und Ebene sind unzureichend.

– Die Reihenfolge der Definitionen ist unplausibel, sofern man an die Anwendung der Definitionen auf eine unverzichtbare handwerkliche Herstellungspraxis für die entsprechenden Gegenstände denkt: Zuerst muß eine Zeichenebene bereitgestellt werden (als Oberfläche eines festen Körpers mit der Bedingung, daß es dazu zwei auch untereinander frei verschiebbar passende Paßstücke gibt). Dann müssen an einem weiteren Körper zwei Ebenen so realisiert werden, daß diese sich schneiden und eine gerade Kante (Lineal) ergeben. Und erst wenn die mit dem Lineal gezeichneten Geraden sich schneiden, ist im Schnitt der Gegenstand »Punkt« realisiert.

– Der Umgang mit den geometrischen Grundformen eben, rechtwinklig und parallel ist uneinheitlich. Für die Ebene gibt es nur eine Definition, für die Rechtwinkligkeit eine Definition und eine Eindeutigkeitsforderung, für die Parallelität eine Definition und eine spezielle Forderung.

Läßt sich dieser Theorieentwurf mit einer anderen erkenntnistheoretischen Lesart so interpretieren und gegebenenfalls ergänzen, daß diese Defekte behoben werden? Dieser Aufgabe sei der nächste Abschnitt gewidmet.

## 3. Poiesis, Praxis, Theorie

Als Euklids Erben hängen wir, wie oben gesagt, einer antiken Wertschätzungshierarchie an, wonach der Theoretiker eine höhere Erkenntnisform verfolgt als der Praktiker, und noch einmal der Praktiker (im platonisch-aristotelischen Sinne: z. B. als Politiker) eine höhere Erkenntnisform anstrebt als der Poietiker, also der Handwerker. Fragt man nach der Bestimmung wissenschaftlicher Rationalität, die ja so vorbildlich von der Geometrie Euklids realisiert sein soll, ist nach moderner Auffassung immerhin so viel Praxis mit im Spiel, daß für das Geschäft des Behauptens und Begründens Wissenschaftlichkeit im Sinne von transsubjektiver Geltung und universeller Anwendbarkeit durch praktischen Vollzug sichergestellt werden muß. Damit ist die Aufgabe zu lösen, in welchem Sinne die handwerkliche Herstellung räumlicher Formen anhand von Zeichenflächen, Linealen und Zirkeln (oder eventuell anderen Werkzeugen) die Wissenschaftlichkeit einer Praxis garantieren kann. Das griechisch-antike Ideal einer Situations- und Personenunabhängigkeit von Aussagen und Begründungen in einer Theorie ist für die Geometrie so auszufüllen, daß für ihre Grundformen der Ebene, der Orthogonalität und der Parallelität eine von Eigennamen für Personen oder Dinge (wie z. B. das Pariser Urmeter) unabhängige, also prototypenfreie Reproduzierbarkeit erreicht werden kann.

Das oben angedeutete Kontrollverfahren für die Ebene, zu der es zwei auch untereinander frei verschiebbar passende Paßstücke geben muß, bildet auch ein Herstellungsverfahren methodisch erster Ebenen (methodisch heißt hier, daß für die Herstellung nicht schon andere ebene Oberflächen als verfügbar angenommen werden, wie dies der Fall wäre, wenn man etwa ein Gußverfahren vorsähe). Dann ist – analog zum vierten Postulat Euklids für die Orthogonalität – für die Ebenen zu zeigen, daß verschiedene Durchführungen des Herstellungsverfahrens (also verschieden in den ausführenden Personen und in den bearbeiteten Körpern) »gleiche« Resultate haben. Anschaulich gesprochen, wenn in verschiedenen Werkstätten zu verschiedenen Zeiten Ebenen produziert werden, muß erwartet werden dürfen, daß jede ebene Platte der einen Werkstatt auf jede ebene Platte der anderen paßt.

Mit dem Blick des Logikers ist ein solcher Eindeutigkeitssatz, der diese Passung aller Ebenen ungeachtet ihrer Herkunft behauptet, ein Sprung von einem Existenz- zu einem All-Satz (und kann als solcher nicht aufgrund der Logik allein gültig sein). Denn die prototypenfreie Reproduzierbarkeit beginnt ja mit der Definition, eine Platte P heiße eben, wenn *es* zu ihr zwei untereinander frei verschiebbar passende Paßstücke *gibt*; dies ist, auch dem Laien ersichtlich, ein Existenzsatz. Der Eindeutigkeitssatz, daß *alle* Platten, zu denen es untereinander passende Paßstücke gibt, aufeinander passen, ist auch dem Laien ersichtlich ein All-Satz. Das erkenntnistheoretische Problem dieses All-Satzes ist, wie er zu begründen ist, da er nicht logisch aus dem Existenzsatz der Definition folgt.

Bevor diese Frage beantwortet wird, sei noch einmal daran erinnert, daß die Verhältnisse bei der Orthogonalen logisch genauso liegen: Ein Winkel heiße ein rechter, wenn *es* zu ihm einen gleichgroßen (d. h. deckungsgleichen) Nebenwinkel *gibt*. Daraus folgt nicht logisch der Eindeutigkeitssatz, wonach *alle* Winkel, zu denen es einen gleichgroßen Nebenwinkel gibt, ihrerseits deckungsgleich sind.

Auch das berühmte Parallelenproblem, d. h. die Frage nach der Geltung des Parallelenpostulats im Verhältnis zu den Definitionen, anderen Postulaten und Axiomen, läßt sich in eine entsprechende logische Form bringen. Diese weicht allerdings in der Formulierung von der Originalfassung bei Euklid ab: Definition: Eine Gerade g heiße parallel zu einer Geraden h, wenn *es ein* gemeinsames Lot l auf g und h *gibt*. Der Eindeutigkeitssatz mit einem Allquantor lautet dann: Wenn es zu zwei Geraden g und h ein gemeinsames Lot l gibt, dann schneidet *jedes weitere* Lot l' auf g oder auf h die jeweils andere Gerade rechtwinklig. (Dadurch wird das »Parallelenproblem« also so umformuliert, daß es den Übergang von der Definition der Parallelen mit einem Existenzsatz zu einem Eindeutigkeitssatz mit Allquantor betrifft.) Und auch hier gilt wie im Falle der Ebenen und der Orthogonalen, daß der Eindeutigkeitssatz nicht logisch aus der Definition folgt.

Zugleich wurde hier die Formulierung des Parallelenpostulats bei Euklid durch den Satz von der Rechtwinkligkeit der vierten Rechtecksecke ersetzt. Damit wird Gebrauch gemacht von der Äquivalenz etwa des Winkelsummensatzes für das Dreieck (die Winkelsumme im Dreieck ist gleich zwei rechte) mit dem Parallelenpostulat (was der Laie sofort sieht, wenn er das fragliche Rechteck durch Ziehen einer Diagonalen in zwei Dreiecke zerlegt). Für den zeichnerischen Herstellungszusammenhang besteht das Parallelenproblem darin, daß man bei der Konstruktion eines Rechtecks nur dreimal einen Winkel mit Zirkel und Lineal konstruieren kann; der vierte ergibt sich dabei von selbst und ist nicht mehr frei für das Konstruktionshandeln verfügbar. Woher, so läßt sich dann das Eindeutigkeitsproblem der Parallelität formulieren, »weiß man«, daß dieser vierte sich ergebende Winkel ebenfalls ein rechter ist?

Damit sind für die Grundformen der Ebene, der Orthogonalität und der Parallelität jeweils Definitionen und Eindeutigkeitssätze angegeben, wie sie der historische Euklid nur im Falle der Orthogonalität formuliert hat. Die nächste zu bewältigende Aufgabe ist es, das Verhältnis von mathematischen und handwerklichen Gegenständen, von idealen begrifflichen Gebilden und Objekten unserer Sinneserfahrung zu klären. Damit sollen auch erkenntnistheoretische Begriffe wie Eindeutigkeit und prototypenfreie Reproduzierbarkeit weiter geklärt werden.

## 4. Mathematik und Erfahrung

Als Erben der Antike und des euklidischen Theorienvorbildes stellt sich uns eine weitere Aufgabe: Wenn für die Grundbegriffe der Ebene, der Rechtwinkligkeit und der Parallelität einerseits Definitionen (durch Herstellungs- bzw. Kontrollverfahren), andererseits Postulate der Eindeutigkeit (als Gleichheit aller Herstellungsresultate) formuliert sind, ist damit noch nicht geklärt, was die »idealen« oder »mathematischen« Gegenstände der Geometrie im Unterschied zu den sinnlich wahrnehmbaren, handwerklich erzeugten Gegenständen wie Zeichenebenen, Linealkanten oder gezeichneten Figuren sind. Hier hat vor allem die Philosophie Platons den Anfang einer zweieinhalbtausendjährigen, unglücklichen Geschichte gesetzt. Vor allem in popularisierenden oder hilflosen Erläuterungsversuchen begegnet noch heute die Vorstellung, die gezeichneten Figuren eines Kreises oder eines gleichseitigen Dreiecks seien nur schlechte Annäherungen an die »Idee« des Kreises bzw. des gleichseitigen Dreiecks, ein unwürdiges Spielmaterial für unsere unzuverlässigen Sinne, mit dem zusätzlichen Makel, daß jeder gezeichnete Kreis, jedes gezeichnete Dreieck eine reale Größe (genauer ein Größenverhältnis z. B. zu unserem eigenen Körper) haben. Die idealen Figuren dagegen seien absolut, hätten keine Größe (genauer kein Größenverhältnis zu einem Größenstandard). Und nur die sinnlichen Gegenstände, die bloß eine gewisse Teilhabe an der Idealität mathematischer Gegenstände hätten, seien mit allen Schwächen der Vergänglichkeit oder der Beweglichkeit belastet – im Unterschied zu den idealen Gegenständen.

Da auch Aristoteles mit seinem Gegenentwurf einer Abstraktionstheorie[17] nicht erfolgreich war, wonach die Gegenstände der Geometrie von denen der sinnlichen Erfahrung »abgezogen« würden, und da auch sonst die Geistesgeschichte bis zum Ende des 19. Jahrhunderts keine überzeugende Lösung des Problems entwikkeln konnte, hat sich die Mathematik zu Beginn des 20. Jahrhunderts entschlossen, dieses leidige Problem aus der Mathematik zu verbannen. Seit den *Grundlagen der Geometrie* von David Hilbert, die in erster Auflage 1899 erschienen sind (und jetzt, hundert Jahre später, in 28. Auflage vorliegen), wird Geometrie nur noch »formal-

17 Vgl. hierzu Becker 1975, S. 118.

axiomatisch« betrieben. Grundbegriffe wie Punkt, Gerade, Ebene und andere werden nicht explizit definiert. Sie treten nur als traditionelle Wörter für bestimmte Variablensorten auf. Ihr Verhältnis zu Gegenständen der Erfahrung (von dem z. B. die Physik in ihren räumlichen Aussagen Gebrauch macht) sind kein Problem der Mathematik mehr, sozusagen durch einen Programmbeschluß Hilberts, der sich damit äußerst erfolgreich in der Mathematik durchgesetzt hat.

Die Erfolglosigkeit des platonischen und des aristotelischen Weges, die Gegenstände der Geometrie zu bestimmen, sowie die Ausklammerung des Problems durch die Mathematik ändern jedoch nichts an der Tatsache, daß die Geometrie bereits seit voreuklidischer Zeit und bis in die modernste naturwissenschaftliche und technische Gegenwart hinein eine Theorie der räumlichen Formen und Größen geblieben ist. Ohne Übertreibung wird man behaupten dürfen, daß sie die erfolgreichste Theorie aller Zeiten und Kulturen ist, ohne die es weder Geographie noch Astronomie, weder Technik noch Naturwissenschaft, weder Mathematik noch Wissenschaftsgeschichte gäbe. Und dabei spielt immer ein Bestand von (in ihrer Geltung fraglos anerkannten) Sätzen und deren Anwendung auf eine technische Praxis eine Rolle, wie sie von jedem Geometrieschüler, jedem Schreinerlehrling, jedem Architekten und Ingenieur usw. gelernt werden muß. (Auch die angeblich nur als Formelsysteme ohne Inhalt intendierten Axiome und Lehrsätze der Geometrie Hilberts sind nicht so beliebig, wie ihr formaler Charakter erlauben würde. Sie sind vielmehr genau die Sätze, die sich aufs beste mit unserer räumlichen Anschauung vertragen und ihre Nützlichkeit in Technik und Naturwissenschaft stets von neuem unter Beweis stellen.)

Deshalb darf ein neuer Versuch unternommen werden, das antike euklidische Erbe kritisch von seinen philosophischen Belastungen zu befreien. Wir brauchen uns heute nicht der Geringschätzung körperlicher Arbeit anzuschließen, die in der antiken Polis zwischen dem Polites und den Sklaven institutionalisiert war.[18] Ohne Frage ist unser täglicher Lebensvollzug gar nicht denkbar, ohne daß wir fortwährend immer auch Handwerker sind. Wir bewegen den ganzen Tag lang zwischen Aufwachen und Einschlafen uns selbst und Dinge um uns herum; wir handeln also fortgesetzt und unerläßlich in

18 Vgl. Janich 1999b.

sprachfreien Handlungen. Die Zweckgerichtetheit der (größtenteils zur Routine gewordenen) Handlungsketten legt dabei eine Reihenfolge der Teilhandlungen fest. Niemand zieht sich am Morgen die Schuhe vor den Strümpfen an und umgekehrt am Abend aus. Niemand führt die Tasse mit dem Morgenkaffee vor dem Eingießen an den Mund oder gießt ihn ein vor dem Zubereiten. Das heißt, wir sind (1) zwangsläufig immer poietisch handelnde Menschen und beachten dabei (2) die Reihenfolge solcher Teilhandlungen in Handlungsketten, die nur bei Strafe des Mißerfolgs vertauscht werden können. Es sind also weder Natur- noch Sittengesetze, die Handlungsketten der Poiesis in bestimmte Reihenfolgen bringen, sondern allein ihr Mittelcharakter für die durch sie verfolgten Zwecke.

Darüber hinaus zeigt eine kleine Reflexion auf den Zusammenhang von sprachfreiem Handeln und Sprechen, daß unsere Lebenspraxis ebenfalls eine völlige Abstinenz vom griechischen Erbe bezüglich Theorie, Praxis und Poiesis aufweist. Wir beachten nämlich die durch Erfolg und Mißerfolg unterschiedene Ordnung von Teilhandlungen unserer poietischen Handlungsketten auch sprachlich adäquat. Wo z. B. im Alltagsleben Aufforderungen eine Rolle spielen – man denke an Gebrauchsanweisungen, Kochrezepte, Bedienungsanleitungen, Verwaltungsvorschriften usw. –, akzeptieren wir nur solche, welche die Teilhandlungen von Handlungsketten »richtig«, d. h. zum Erfolg führend, vorschreiben. Das heißt, wir beachten im Alltagsleben konsequent ein Prinzip der methodischen Ordnung. Dieses verbietet für den Zusammenhang von Sprache und sprachfreier Praxis eine Anordnung von Sprachstücken, die von der erfolgreichen Anordnung sprachfreier (Teil-)Handlungen abweicht.

Das griechische Erbe jedoch, das im Feld von Theorie und Praxis noch einmal das Theoretisieren über Theorien hervorgebracht hat, erlaubt gleichsam das freie Spiel mit den Elementen der Theorie, etwa durch Umgruppierungen von Definitionen, Postulaten und Axiomen. Es ist genauer die Ablösung der Theorie von der Praxis, im Feld der Geometrie sogar von der Poiesis, die allererst eine solche beliebige Anordnung von Sätzen der Theorie erlaubt. Denn im Vollzug von Herstellungshandlungen bleibt, das weiß der Laie wie der Fachmann, gar keine andere Wahl, als z. B. Körper so zu bearbeiten, daß ihre Oberflächenformen (in Stücken oder Teilen) eben sind, daß beim Schnitt zweier Ebenen eine gerade Kante entsteht und bei nochmaligem ebenen Schnitt eine Ecke; und daß solche dreiflächigen Ecken zusätzlichen Bedingungen unterworfen werden können, um z. B. eine Würfelecke zu bilden, von denen zwei sich zu einer rechtwinkligen Kante, vier zu einer Ebene und acht zum vollen Körper ergänzen lassen. Und wir können nicht, nach dem Vorbild Euklids, erst ebene Figuren zeichnen und diese dann durch Rotation (»dreidimensionale«) Körper erzeugen lassen – weil wir in der richtigen Anordnung der poietischen Handlungen zuerst den Körper bearbeitet haben müssen, auf dessen ebene Oberfläche die »erste« Zeichnung aufgetragen werden kann.

Wo an die Stelle der Beliebigkeit des Spiels mit den Elementen der Theorie die methodische Ordnung der herstellenden Handlungen tritt, ist die Reihenfolge ausgezeichneter geometrischer Grundformen festgelegt. In der Literatur ist nachzulesen,[19] wie schrittweise das sogenannte Dreiplattenverfahren (paarweises Abschleifen von je zwei Platten eines Tripels, die am Ende jeweils wechselweise aufeinander frei verschiebbar passen), analog das Dreikeileverfahren für den rechten Winkel und das Doppelkeilverfahren für die Parallelität (von zwei Ebenen) die entsprechenden »Grundformen« liefern; und wie sich mit diesen die Kongruenz von Winkeln und Strecken definieren lassen.[20] Dies sind keine abgehobenen philosophischen Erfindungen einer praxisfernen operativen Geometriebegründung, sondern die definitorisch elaborierten Formen einer technisch erfolgreichen Praxis.

An eine Theorie, die nun im Unterschied zum euklidischen Vorbild aus einem System von Herstellungsanweisungen für räumliche Formen besteht, läßt sich die Lösung des Problems anschließen, wie die Gegenstände der Geometrie im Verhältnis von Idealität und sinnlich wahrnehmbaren, technisch hergestellten Objekten zu bestimmen sind.

Schon im Alltag halten wir aus guten Gründen nicht an der Pra-

19 Vgl. Janich 1997a.

20 Man beachte, daß sowohl der rechte Winkel als auch die Parallelität nicht planimetrisch, d. h. im Sinne der Konstruktion von Geraden, operativ definiert werden. Vielmehr wird ein Realisierungsverfahren für ein Paar zueinander rechtwinkliger Ebenen bzw. für ein Paar zueinander paralleler Ebenen an Körpern angegeben. Dies ist vor allem deshalb wichtig, weil das Parallelenproblem, hier reformuliert als die Rechtwinkligkeit der vierten Rechtecksecke, nicht in der Planimetrie, also nicht als ebenes Problem, sondern nur stereometrisch, d. h. als räumliches Problem, gelöst werden kann.

xis fest, Rezepte nicht nur zu formulieren und zu befolgen, sondern diese auch zu erwägen, zu kommentieren, zu diskutieren usw. Selbstverständlich unterscheidet auch der Laie wie z. B. der Bäcker zwischen Brot und Backrezept. Das Brot als Produkt der Befolgung des Rezepts zu realisieren ist nicht die einzige Möglichkeit, mit Rezepten umzugehen. Rezepte können diskutiert und verglichen werden in einem Verständnis, »als ob« sie befolgt worden wären. Auch jede Gesetzesdebatte im Parlament erfolgt in diesem Verständnis: Man diskutiert Vorschriften, als ob sie befolgt würden, um an den Folgen ihre Vorzüge und Nachteile gegeneinanderzuhalten.

Diese »Als-ob-Redeweise« läßt sich auch bei den Herstellungsanweisungen geometrischer Grundformen annehmen, und zwar mit einem guten, oben bereits dargelegten Grund: Wenn die Definitionen von Ebene, rechtem Winkel und parallelen Ebenenpaaren eine Herstellung und Kontrolle dieser Formen vorgeben, so ist die Eindeutigkeit dieser Herstellungsanweisungen ein zusätzliches, theoretisches Problem: Weiß man, daß eine beliebige Wiederholung des vorgeschriebenen Verfahrens (mit guten Gründen) die Gleichheit der Ergebnisse erwarten läßt? Diese Frage zu beantworten ist genau das Feld der »Als-ob-Redeweise«: Man betrachtet nicht die sinnlich wahrnehmbaren Produkte sprachfreier Herstellungshandlungen, sondern die Handlungsvorschriften als Sätze einer Theorie.

Bildlich gesprochen ist der Sprung vom Brot zum Backrezept, von den ebenen, rechtwinkligen oder parallelen Platten zu den Rezepten ihrer Herstellung der Sprung von der »Erfahrung« zur »Mathematik«, genauer zur Idealität der geometrischen Gegenstände. Man verhandelt ideale Gegenstände im Sinne eines Ideationsverfahrens,[21] das sich allein im Sprachlichen vollzieht. Man beschränkt sich auf die (logischen) Folgerungen aus den Herstellungsanweisungen. Dabei werden diese Anweisungen wie Behauptungen behandelt, also ihres auffordernden Charakters entkleidet – und sind genau in diesem Sinne die Gegenstände der Als-ob-Redeweise (nämlich als ob die Anweisungen so pünktlich befolgt wären, daß die Produkte der Befolgung selbst in nichts anderem bestünden, als im behauptenden Teil der vormaligen Aufforderungen beschrieben wird).

Oben war die Frage aufgeworfen worden, was im Falle von Handlungsanweisungen, die einer operationalen Definition der Grund-

21 Vgl. Janich, Artikel »Ideation«, 1984, S. 177.

formen eben, rechtwinklig und parallel entsprechen, noch zu tun bzw. an Handlungen zu normieren bleibt, um zur Eindeutigkeit der Formen zu kommen. Diese Frage kann jetzt beantwortet werden: Die Eindeutigkeitssätze folgen logisch aus der Beschreibung der Realisierungsverfahren. Für den Aufbau der Theorie bedeutet dies: Die Eindeutigkeit (im Sinne der prototypenfreien Reproduzierbarkeit) wird als Zweck gesetzt, für den jeweils als Mittel das entsprechende Realisierungsverfahren (in einer explizit normierten Terminologie) angegeben wird. Mit anderen Worten, der Übergang von der Beschreibung sinnlich wahrnehmbarer Produkte von Herstellungshandlungen zu den idealen Gegenständen der Geometrie ist kein nebensächlicher Luxus, sondern der unerläßliche Schritt, um die beanspruchte Qualität der geometrischen Theorie (transsubjektive und universelle Geltung) ausweisen zu können.

Als Erben Euklids sind wir mit den neuen Mitteln von Definitionsverfahren wie dem der Ideation in der Lage, der ungeklärten Idealität der geometrischen Gegenstände und ihrem ungeklärten Verhältnis zu den Gegenständen der technischen Praxis (der »Erfahrung«) eine Lösung entgegenzustellen, die der Theorie Euklids (in gereinigter und verbesserter Form) nicht ein Ende, sondern eine Begründung beschert. Ihre Rolle für unsere Rede über räumliche Verhältnisse von der »reinen« Mathematik bis zu den Anwendungen in Geographie, Astronomie, Physik und Technik ist erkenntnistheoretisch von den Bürden der (platonischen und aristotelischen) Tradition befreit worden. Damit fällt auch ein anderes Licht auf erkenntnistheoretische Folgerungen, die sich aus dem älteren, problematischen Verständnis von Euklids Erbe ergeben hatten. Diese sind zum Schluß aufzugreifen.

## 5. Reine Erkenntnis von Realität

Zum antiken Erbe zählt, daß Erkenntnis einen Wert an sich hat. Nicht Anwendung und Nutzen, sondern Wahrheit, genauer Geltung aus Begründung und aus Einsicht in die begründenden Prinzipien machten ihren Status als Selbstzweck aus. Wie das Glück, das nach Aristoteles das höchste, weil einzig seiner selbst wegen erstrebte Gut ist, so mache Streben nach Erkenntnis als Selbstzweck glücklich.

Für diese enge und auf den ersten Blick auch aus moderner Perspektive attraktive Sicht der Erkenntnis wird von der antiken Philosophie durchgängig unterstellt, daß dem Erkennen als menschlicher Leistung das zu Erkennende in menschenunabhängiger Gegebenheit gegenübersteht. Ob dies platonisch das Reich der Ideen oder aristotelisch der Gegenstand der Erfahrung ist, beide bestehen, und sie bestehen in der Vielfalt ihrer Eigenschaften menschenunabhängig. Erkenntnis wird damit (in einer Vielfalt von näheren Bestimmungen) durch eine Entsprechung zum Erkannten bestimmt. In zugespitzter Form entstehen damit die Anfänge von Korrespondenz-, Adäquations- oder Abbildtheorien der Wahrheit, die sich in expliziten Bekenntnissen bis in die Blüte der empirischen Wissenschaften (in ihrem empiristischen Verständnis) des 19. und 20. Jahrhunderts hinein fortsetzen. Auch heute ist die verbreitetste Populärphilosophie, in der sich naturwissenschaftliche Selbstverständnisse artikulieren, die einer realistischen Abbildtheorie des Erkennens. Die Natur und ihre Gesetze sind es in diesem Falle, die den menschenunabhängigen Gegenstand der Erkenntnis bildeten.

Die moderne Wissenschaftstheorie des 20. Jahrhunderts hat dagegen in einer linguistischen Wende den Sprachcharakter und damit die (logisch syntaktische) Theorieform der naturwissenschaftlichen Erkenntnis in den Vordergrund gerückt. Der Entdeckungszusammenhang naturwissenschaftlichen Forschens verlagert die empirische Fundierung des Abbilds in die Erfahrungskontrolle von Protokollsätzen (im Wiener Kreis) oder Basissätzen (im Kritischen Rationalismus) und erwägt ansonsten die Verhältnisse von Satzsystemen zueinander im Fortgang naturwissenschaftlicher Erkenntnis. Die Betonung bzw. Bevorzugung der Theorie vor der Praxis und *a fortiori* vor der Poiesis schlägt sich in den empiristischen Wissenschaftstheorien des 20. Jahrhunderts darin nieder, daß das technische Fundament der Naturwissenschaften übersehen bzw. ignoriert wird. Daß es immer die Zwecke des poietischen Herstellens (vor allem von Meß- und Experimentierapparaturen) sind, deren erfolgreiche Realisierung erst die Gegenstände naturwissenschaftlicher Wirklichkeitserkenntnis liefern, wird damit übersehen.

Und als schließlich diese wissenschaftstheoretischen Versuche, die Rationalität naturwissenschaftlicher Theorien in der Verbindung ihrer logischen Syntax mit einer Erfahrungsbasis auszuweisen, allgemein als mißlungen eingeschätzt wurden, hat sich wieder eine sprach- und theorienfixierte Wissenschaftstheorie durchgesetzt, die nun den Streit der Schulen und Scientific Communities zum Motor von wissenschaftlichen Revolutionen und Paradigmenwechseln erklärt hat. Ein strenger Anspruch auf Wirklichkeitserkenntnis wird wegen der damit verbundenen (und nunmehr erkannten) Probleme nicht mehr erhoben; an seine Stelle tritt das schiere historische Faktum der Durchsetzung von Lehrmeinungen im Urteil von Experten.

Liest man dagegen den historischen Erblasser Euklid im Sinne der voranstehenden poietischen Geometriebegründung, dürfen wir uns als wesentlich reichere Erben verstehen. In der Tat bildet Erkenntnis in einem gewissen Sinne Realität ab bzw. weist sich als Entsprechung zu Realität aus. Nur ist es eben nicht eine menschenunabhängig postulierte oder gedachte Realität, sondern das in menschlichen Handlungen Realisierte. Wie sich räumliche Formen und Größen zueinander verhalten und was für sie (in geometrischen Sätzen) als Wissen behauptet und begründet werden kann, ist Ergebnis eines sprachfreien Eingriffs des Menschen in das Vorhandene. Mit seinen Händen gestaltet er die Welt der Körper räumlich, formt sie und gewinnt damit unter anderem die Geräte, mit denen er in Handwerk, Technik und Wissenschaft (räumliche) Messungen ausführt. Er bildet den Lauf der Gestirne auf die künstlich erzeugten Projektionsflächen (etwa einer halben Hohlkugel bei Eudoxos) ab und erzeugt die Modelle des Planetensystems, seien sie ptolemäisch, kopernikanisch oder keplerisch, in den Ausdrücken einer Geometrie, deren Semantik die Herstellungsziele der handwerklichen Gerätebauer sind.

Statt naiv realistisch naturwissenschaftliche Erkenntnis als Abbild des Naturgegebenen aufzufassen, legt dann das antike Erbe Euklids eine andere Abbildtheorie der Erkenntnis nahe: Weder bilden sich die Dinge der Körperwelt in die Wörter der Theorien ab noch die Verhältnisse der Dinge, also die Sachverhalte, in die Aussagen der Theorie. Vielmehr werden die Gegenstände wie die Sachverhalte, über welche die Sätze der Theorie etwas sagen, durch die sprachfreien Handlungen und ihre Produkte sowie durch die Künste aufeinander hierarchisch geschichteter Metasprachen abgebildet. Zugespitzt formuliert: An die Stelle eines Ding- oder Relationenisomorphismus (Gleichgestaltigkeit unter ausgewählten, explizit angegebenen Aspekten) zwischen menschenunabhängiger Körperwelt und Theorie tritt ein Isomorphismus zwischen handelnd realisierten

Sachverhalten und ihren (primär präskriptiven) sprachlichen Fassungen.

Der Wissenschaftstheorie des 20. Jahrhunderts ist in ihren Formen des Logischen Empirismus, des Kritischen Rationalismus und des Kuhnschen Historismus entgegenzuhalten, daß die Geltung von Protokollsätzen, die Begriffsbildung für Basissätze und die sprachliche Fassung der Paradigmen durch Handwerks- und Ingenieurskunst und nicht durch logisch syntaktische Kunststücke der Theorie zustande kommen. Die Paradigmenwechsel schließlich, die von Kuhn beschrieben werden, vollziehen sich gerade nicht in der Beliebigkeit des metatheoretischen Spiels mit den Elementen der Theorie in der Konkurrenz der Auffassungen verschiedener Personengruppen. Nie hat historisch faktisch ein Paradigmenwechsel dazu geführt, Labors zu schließen, das Personal zu entlassen und die Geräte der Forscher zu verschrotten. Vielmehr hat es immer in der Welt der technischen Produkte zweckrationalen menschlichen Handelns einen kumulativen Zuwachs an Handlungsvermögen, an Zahl und Genauigkeit meßbarer Parameter, an Zahl und Reichweite technisch beherrschter experimenteller Effekte gegeben.

Wir sind also Euklids Erben in einem weit dramatischeren Sinne, als ein vielleicht unter dem Verdacht des verstaubt Historischen stehendes Thema hätte vermuten lassen. Das Selbstverständnis einer modernen technischen Zivilisation, die durch Naturwissenschaften gestützt ist, führt noch immer ein mißverstandenes antikes Erbe mit sich, das in der korrekturbedürftigen Auffassung vom Verhältnis zwischen Theorie und Poiesis genährt wird. Gibt man jedoch den in Bildern der Antike tradierten Verblendungszusammenhang gegenüber der Zweckrationalität poietischen Handelns auf, hat uns gerade die Geometrie Euklids ein Vorbild für Wissenschaft zu liefern, das von Anfang an die Ergebnisse jeder Wissenschaft im selben Sinne in die Verantwortung des Menschen legt, wie dies auch für alle anderen Handlungen menschlicher Praxis gilt.

# 2. Philosophische Perspektiven der Chemie

## 1. Überraschung Chemie

Von allen Wissenschaften dürfte die Chemie die einzige sein, die keinen Namen hat. Wer überrascht einwenden wollte, »Chemie« sei doch der Name dieser Wissenschaft, hat damit die Bezeichnung für den Gegenstand dieser Wissenschaft preisgegeben. Tatsächlich bedeutet »Chemie« für Chemiker wie Nichtchemiker anscheinend beides, den Gegenstandsbereich (Stoffe und ihre natürlichen oder technischen Umwandlungen) und die Wissenschaft davon – in der Bedeutungsfülle des Wortes Wissenschaft (als Beruf, als akademische oder industrielle Forschung, als Bestand an Wissen und Know-how, als Politikressort, als akademische Institution, als Anspruch auf einen besonderen, eben wissenschaftlichen Geltungstyp usw.).

Andere Fächer, auch in den Naturwissenschaften, haben jeweils zwei Wörter, etwa physisch und physikalisch, biotisch und biologisch, psychisch und psychologisch, archaisch und archäologisch. So sind die ägyptischen Pyramiden archaische Bauwerke, die archäologisch untersucht werden. Wer Angst hat, hat ein psychisches Problem; wer »Angst« wissenschaftlich definieren möchte, hat ein psychologisches. Und ein Lebewesen ist keine Biologie.

In der Großzügigkeit der Alltagssprache oder dort, wo der Zusammenhang Mißverständnisse ausschließt, tendiert man heute zu den »interessanter« klingenden Verbindungen mit »logisch«. Man sagt, Herr X habe ein psychologisches Problem (wo er ein psychisches hat), und Frau Y beziehe sich auf die biologische Evolution (wo sie sich auf die Entwicklung des Lebendigen, des Biotischen bezieht). Dies entspricht dem Zeitgeist, der im Deutschen den Friseur Keratologen und die Fußpflegerin Podologin nennt.

Hier geht es nicht um sprachliche Besserwisserei, sondern um einen eminent wichtigen Unterschied: Wer die Benennung einer Wissenschaft und die Bezeichnung ihres Gegenstandes nicht auseinanderhält, hat schon die Chance verspielt, Wissenschaft zu verstehen. Wissenschaften können nämlich einen Gegenstandsbereich sehr verschieden erforschen. Dabei spielen die Konkurrenz der Theorien und Methoden, der Fortschritt des Suchens und Findens, die Bemühung um Ziele und Meinungen eine Rolle. Ob ein Psychologe ein psychisches Problem eines Patienten oder Klienten richtig erfaßt und therapeutisch beherrscht oder nicht, ob die Theorien der Archäologen über die Pyramiden wahr oder falsch sind, ja sogar, ob es ein natürliches Geschehen der Evolution überhaupt gibt, über das Biologen streiten können, ist sprachlich nur mit der Unterscheidung von Wissenschaft und Gegenstand zugänglich.

Und die Chemiker? Sie müssen auf ein Wort wie »Chemologie« oder ähnliches verzichten. Das ist, philosophisch gesehen, gefährlich. Es unterstellt nämlich, es könne nur eine (Form der) Chemie geben und es sei klar, wovon sie handelt.

Wir werden im folgenden behelfsmäßig von der »Wissenschaft Chemie« und dem »Gegenstand Chemie« sprechen, um diesem Defekt abzuhelfen. Immerhin ist ja die Wissenschaft Chemie erst ein paar hundert Jahre alt, während der Gegenstand Chemie wohl so alt ist wie das Universum. Zusätzlich könnte man unter »Chemie« außerhalb von Wissenschaft und ihrem Gegenstand auch ein vorwissenschaftliches »Chemistrieren« verstehen, das mit den Urzeitmenschen beginnt, die zum ersten Mal Felle gegerbt, Nahrungsmittel gekocht, Früchte vergoren, Farben gemischt und Metall gewonnen haben; also Chemie als vor- und außerwissenschaftliche menschliche Praxis.

Falsch wäre die Annahme, außerhalb des philosophischen Blicks spiele die Zweideutigkeit des Wortes Chemie keine Rolle. Wagt ein Philosoph, etwa den einen oder anderen Aspekt im Selbstverständnis eines Chemikers zu kritisieren, wird er leicht zu hören bekommen, der ausgewiesene Chemiker sei doch schließlich der Fachmann für Chemie. Was habe da der Philosoph zu melden? Sollte es sich bei diesem Disput nicht um das unbekannte Exemplar eines Philosophen handeln, der tatsächlich die bessere Chemie macht, könnte sich ein solcher Chemiker im verbreiteten Irrtum verfangen haben, daß (bildlich gesprochen) der Pianist auch der beste Komponist, der Komponist auch der beste Musiktheoretiker und der Musiktheoretiker auch der beste Musikhistoriker sei. Aber eine Kunst (griechisch: Technik) zu beherrschen und über diese Technik eine klare und wahre Theorie zu haben, sind zwei verschiedene Kompetenzen. Wer etwa ein exzellenter Chemiehistoriker ist (der dafür sicher auch einiges von Chemie verstehen muß), ist ein Geisteswissenschaftler. Er erforscht und erkennt, was der Naturwissenschaftler im chemischen Labor durch die Jahrhunderte erzeugt oder entdeckt, aber er erzeugt oder entdeckt nicht selbst etwas über Stoffe, sondern über Chemiker. Wenn also die Gegenstände chemischer Forschungspraxis Stoffe und ihre Umwandlung sind, so ist der Gegenstand der Geisteswissenschaft »Chemiegeschichte« (genauer: Chemiegeschichtsschreibung) die Tätigkeit der Chemiker.

Die (systematische, nicht nur mit ihrer eigenen Geschichte befaßte) Philosophie ist dagegen weder eine Natur- noch eine Geisteswissenschaft, sondern eine Reflexionswissenschaft, die beides, die Natur- und die Geisteswissenschaften, nachträglich kritisch bedenkt. »Kritisch« leitet sich vom griechischen Verbum *krinein* (unterscheiden, beurteilen) ab und fällt nicht mit dem Gebrauch der deutschen Alltagssprache zusammen, wonach kritisch soviel heißt wie ablehnend.

Was ein kritischer Philosoph bezüglich der Chemie vorfindet, ist nicht die Natur durch die Brille des Chemikers gesehen. Es ist vielmehr die Wissenschaft Chemie und, bei hinreichender naturwissenschaftlicher Allgemeinbildung, die umfassende chemische Gestaltung des täglichen Lebens in allen Sparten technischer Produkte, wie Nahrung, Kleidung, Behausung, Fahrzeuge, Werkzeuge, Medizin usw. Ein Philosoph dagegen, der am Kulturphänomen Chemie zum Beispiel nur den historischen Wissenschaftsbetrieb oder nur die politisch-ökonomische Rolle der chemischen Industrie oder nur den Wissensstand der Chemie als Theoriengebäude zur Kenntnis nimmt, hat schon seine eigene Einbettung in eine chemisch gestaltete Lebenswelt verkannt. Chemie als historisch gewachsenes Kulturphänomen kritisch (das heißt vor allem unvoreingenommen durch jede ablehnende oder befürwortende Vorentscheidung) zu bedenken sollte also die technische und wirtschaftliche Bedeutung der Chemie ebenso in den Blick nehmen wie die Aspekte der Wissenschaft Chemie, sollte die wissenschaftstheoretischen Fragen ebenso stellen wie die ethischen, sollte nach den Prinzipien (Anfängen) ebenso fragen wie nach den Folgen und sollte sich in Unvoreingenommenheit von der Chemie überraschen lassen.

## 2. Philosophie der Chemie – eine Fehlanzeige?

Die Chemie hat in ihrer Nachbarschaft zu Physik und Biologie noch weitere Überraschungen zu bieten. Während die Physik Namen und Gegenstand schon aus der griechischen Antike bezieht und auch Biologie bereits von den antiken Philosophen betrieben wurde, die damals noch als wissenschaftliche Generalisten für alles Wissen zuständig waren, taucht die Chemie (von einigen Bemerkungen bei Aristoteles abgesehen) als Wissenschaft oder Naturphilosophie erst in der Neuzeit auf. Damit fehlen ihr rund zweitausend Jahre philosophischer Reflexion.

Was vielleicht ein noch schwereres Erbe ist, es fehlt ihr damit auch die Einschätzung, eine wichtige Komponente abendländischer Kultur zu sein. Die Mathematik dagegen, historisch die Geometrie Euklids, liefert das Vorbild für Theorien; und die Physik, beginnend mit beobachtender und messender Astronomie und seit der neuzeitlichen Mechanik systematisch experimentierend, liefert die erfahrungswissenschaftliche Methode. Physiker liefern als Kosmologen Weltbilder, Biologen als Organismus- und Evolutionstheoretiker Menschenbilder. Aber was tut die Chemie? Die Philosophen hat es anscheinend wenig beschäftigt.

Die eindrucksvollen Erfolge der empirischen Naturwissenschaften im 19. Jahrhundert und ihre Grundlagenkrisen (wie die Unvereinbarkeit Newtonscher Mechanik und Maxwell-Hertzscher Elektrodynamik) sowie Fortschritte und Krisen der Mathematik (etwa die Entdeckung der nichteuklidischen Geometrien, die Entdeckung mengentheoretischer Antinomien) haben eine Wissenschaftstheorie hervorgebracht, die im 20. Jahrhundert die Diskussion der Wissenschaften schlechthin dominiert hat. Sie war dabei immer auf die Vorbilder Mathematik und Physik fixiert. Die alles beherrschende Schule war der Logische Empirismus, der Wissenschaftlichkeit nur den Formalwissenschaften (Logik, Mathematik) und den empirischen Wissenschaften nach dem Vorbild der Physik zuerkennen wollte. Die Chemie kam dabei nur als Appendix der Physik vor, als Anhängsel also, das jedenfalls keine eigene Wissenschaftstheorie oder Philosophie erforderte.

Eine große Überraschung für den philosophisch-kritischen Blick auf die Chemie ist also die Philosophie selbst. Sie hat die Chemie sträflich vernachlässigt, wenn nicht gar ignoriert. (Noch in den

1980er Jahren hat ein Göttinger Wissenschaftstheoretiker und Philosophieprofessor eine Magisterarbeit zum Thema schreiben lassen, warum es keine eigenständige Philosophie der Chemie geben kann!)

Betrachtet man aber die Hauptthemen der Wissenschaftstheorie zur Physik (Begriffs- und Theoriebildung, empirische Kontrollverfahren, Verhältnisse zwischen Theorien wie klassischer, relativistischer und Quantenphysik, Rationalität der Physikgeschichte), so findet sich kaum ein Bereich, in dem die Chemie nicht einen eigenen, vom physikalischen höchst verschiedenen Weg gegangen ist. Auch wenn historisch die Einführung von Waage, Thermometer und anderen physikalischen Messungen in die Chemie für die Ausbildung ihrer Begriffe und experimentellen Verfahren von größter Wichtigkeit war, ist die Eigenständigkeit der Chemie nicht zu bestreiten. Die Chemie hat eine ganz eigene Fachsprache entwickelt, einen vom physikalischen durchaus unterscheidbaren Aspekt der materiellen Welt erforscht und in ihrem Verhältnis zu Natur und Technik, zur lebendigen und unbelebten Welt, in der Etablierung von Chemie als Universitätswissenschaft und in der engen Verzahnung der Hochschulchemie mit der chemischen Industrie und der Volkswirtschaft einen anderen Weg genommen als Physik und Biologie. Chemie ist auch kein Anhängsel der Physik. Hätten Chemiker nicht die Elemente und ihr Periodensystem identifiziert und technisch realisiert, hätten Atom-, Kern- und Elementarteilchenphysik keinen Gegenstand: Es ist also nicht einfach Physik eine Grundlagenwissenschaft der Chemie; Chemie ist auch eine Grundlagenwissenschaft der Physik.

Die Philosophen, die Chemie als Gegenstand und als Wissenschaft vernachlässigt haben, werden dafür schwerlich überzeugende Gründe gehabt haben. (Die noch junge Disziplin »Philosophie der Chemie«, über die der Artikel von J. Schummer, in: K. Griesar [Hg.], *Wenn der Geist die Materie küsst* einen Überblick gibt, läßt die Größe dieses Versäumnisses ahnen.)

Das Mißverhältnis zwischen alltäglicher und wissenschaftlicher Bedeutung der Chemie einerseits und dem philosophischen Desinteresse andererseits verschärft sich noch, wo die wenig bearbeitete Rolle der Chemie für unser heutiges Welt- und Menschenbild bedacht wird. Die gegenwärtige Weltsicht ist eine naturwissenschaftlich-stoffliche, eine materialistische schlechthin, und die Chemie ist die Stoff-Wissenschaft schlechthin. Was zum Beispiel der Laie heute von Biologen über die Entstehung und Entwicklung des Lebens im ganzen wie in der individuellen Generationenfolge erfährt, ist hauptsächlich Molekularbiologie, also Chemie des Lebens. Wo es um Gene oder um Neurone, um genetische Blaupausen oder um Struktur und Funktion von Hirnen geht oder wo sich die mathematischen Modelle der physikalischen Kosmologen und Urknalltheoretiker in die Entstehung der Materie hineinrechnen, ist es immer die Chemie als Stoffwissenschaft, die Welt- und Menschenbilder prägt. Das Verständnis der Chemie ist deshalb ein unverzichtbarer Teil des Verständnisses der natürlichen wie der kultürlichen Welt. Hier steht die Philosophie bis heute abseits, von Ausnahmen abgesehen.

Dabei geht es keineswegs nur um die großen wissenschaftlichen Theorien und Entwürfe. Die nicht nur für den Fachchemiker ärgerliche Alltagsbewertung etwa in der Lebensmittelwerbung, wonach »chemisch« fast zum Synonym für schädlich, gefährlich oder schlecht und »biologisch« fast zum Synonym von natürlich, gesund oder gut geworden sind, gehört ebenfalls zur Gedankenlosigkeit, die durch philosophisches Nachdenken aufzubrechen ist. Es wäre ein Irrtum zu vermuten, hier gehe es nur um chemische oder biologische Fachkompetenz. Die Frage nämlich, was die Wissenschaft Chemie und die Biologie »sind«, was unter »natürlich« und »künstlich« zu verstehen ist, wie schädlich und nützlich unterschieden werden usw. sind weder chemische noch biologische, sondern philosophische Fragen.

## 3. Menschen treiben Chemie

Chemiker, darin wohl kaum verschieden von Physikern, Biologen oder anderen Wissenschaftlern, haben bei ihrer beruflichen Tätigkeit ein ganz direktes, ungebrochenes Verhältnis zu ihrem Gegenstand. Dies ist so bei jeder aufmerksamen Befassung mit einem Objekt, sogar beim Philosophen, der über die Chemie nachdenkt. Die Person des Chemikers als Forscher, meistens sogar die Person des Chemikers als Lehrer, tritt gegenüber dem Gegenstand Chemie zurück. In diesem Sinne gelten chemische Forschungsergebnisse als »objektiv«, d. h. vom Objekt bestimmt oder dem Objekt entsprechend. Nur wenn Schwierigkeiten auftreten, wenn Problemlösungsstrategien fehlschlagen, wenn Vermutungen unbestätigt bleiben oder wenn in der akademischen oder laborpraktischen Lehre Vermittlungsprobleme entstehen, tritt der Chemiker wie jeder Forscher und Lehrer aus diesem unmittelbaren, naiven Verhältnis zum Forschungsgegenstand heraus und hebt sich gleichsam auf die nächsthöhere Stufe, von der aus er sich selbst im Verhältnis zu seinem Forschungsgegenstand betrachten kann.

Es dürfte unstrittig sein, daß es zweierlei ist, Chemie zu treiben und über Chemie nachzudenken (zu »philosophieren«). Oben wurde darauf verwiesen, daß die Kompetenzen des Praktikers und des Theoretikers, hier also des Fachwissenschaftlers und des Philosophen, verschieden sind. Diese Tatsache betrifft nicht die Zugehörigkeit zu verschiedenen Berufsgruppen oder akademischen Institutionen. Auch der professionelle Chemiker kann Philosophie und der professionelle Philosoph Chemie lernen und treiben. Aber dies geschieht leider selten.

Tatsächlich zieht man sich in den erwähnten Problemsituationen meist auf das Vertraute, das Bewährte zurück. Das heißt, der Chemiker wird die Wissenschaft Chemie soweit wie möglich im Stil und mit den Mitteln bedenken, die ihm der Gegenstand Chemie selbst an die Hand gibt.

Die Versuche, eine Wissenschaft mit den Mitteln ihrer eigenen Methoden und Ergebnisse zu betrachten, haben eine große Tradition. Enttäuscht von der akademischen (Natur-)Philosophie haben historisch zuerst Physiker und Mathematiker ihre eigenen Selbstverständnisse ausgebildet (hauptsächlich im 19. Jahrhundert). Wenn zum Beispiel ein Physiker behauptet, Physik beruhe auf Messung und Experiment, so ist er beim Messen und Experimentieren in Wahrheit nicht auf Naturgegenstände, sondern auf seine eigenen Tätigkeiten und technischen Produkte gestoßen. Dennoch ist der Physik (im großen und ganzen) dazu nicht mehr eingefallen als die Behauptung, die Naturgesetze bestimmten die Funktion von Meßgeräten und seien auch der Grund für die Wiederholbarkeit von Experimenten. Die Physiker möchten also die Physik mit Physik erklären. Philosophen nennen diese Haltung Physikalismus.

Aber der Physikalismus ist falsch. Was immer die physikalischen Ergebnisse über die Funktion von Meßinstrumenten oder die Wiederholbarkeit von Experimenten aussagen mögen, ist unvollständig und ungenügend. Denn, um es im einfachen Beispiel zu sagen: Die physikalische Erklärung der Funktion einer Uhr kann nicht unterscheiden, ob die Uhr »richtig funktioniert« oder nicht. Bleibt die Uhr wegen eines Defekts stehen, wird kein physikalisches Gesetz verletzt (»falsifiziert«). Vielmehr wird nur eine Zwecksetzung des Physikers, der Zeitmessungen durchführen möchte, verfehlt. Auch Defekte an Uhren werden physikalisch erklärt. Der Unterschied zwischen »gestört« und »ungestört« ist also von der physikalischen Erklärung der Funktion unabhängig. Der Uhrmacher (Konstrukteur und Erbauer) der Uhr muß ebenso wie ihr Benutzer wissen, was er von einer ungestörten Uhr verlangt (z. B. daß nebeneinanderlaufende Uhren ein konstantes Gangverhältnis haben usw.). Und so bei allen Messungen.

Auch die Erklärung der Wiederholbarkeit von Experimenten durch Naturgesetze ist unzureichend. Experimente sind zwangsläufig technische Veranstaltungen. Nur wo es gelingt, die Ausgangssituation des Laborexperimentes technisch so zu reproduzieren, daß die Gleichheit des Ablaufs relativ zur Gleichheit der Bedingungen behauptet werden kann, ist die Wiederholung des Experiments gelungen. Die Gleichheit der Bedingungen aber hat mit den Fragen, Absichten und Zwecken des Forschers zu tun, ja, ist durch diese bestimmt.

Der Physikalismus ist falsch, weil er methodisch zirkulär ist: Ein Physiker kann nicht über »Naturgesetze« anders befinden als im Sinne der durch Laborforschung gewonnenen Ergebnisse. Diese beruhen aber auf Messung und Experiment. Das heißt, die Eigenschaften der Meßgeräte und die Bedingungen der Experimente können nicht zugleich Voraussetzung und Ergebnis sein. Ähnliches gilt für die Reproduzierbarkeit von Maßeinheiten, die ihrerseits bereits auf physikalischem Erfahrungswissen beruhen.

Dieses Problem ist auch von Physikern durchaus erkannt worden. Dazu gibt es dann (geradezu literarisch anmutende) Geschichten, wonach alles mit allem zusammenhänge, das Ganze mehr sei als seine Teile und nur das Ganze (die Theorie, das Netz der Begriffe usw.) eine Bedeutung habe, Geltung beanspruche oder dergleichen. Solche Geschichten erweisen sich bei sorgfältiger Analyse als Ausflüchte, weil sie die zu zeigende Geltung von Ergebnissen immer wieder auf die unterstellte Geltung der Forschungsbedingungen zurückführen. Der Physikalismus leidet daran, daß er die tatsächlichen künstlichen Investitionen der Laborforschung mit ihren durchaus vernünftigen Zwecken ignoriert und den Erfolg der Naturwissenschaft allein der Natur zuschreiben möchte – ohne daß der Begriff der Natur oder der Zuschreibung geklärt würde oder eingelöst werden könnte.

Auch die Mathematiker haben sich von allen erkenntnistheoretischen Fragen der akademischen Philosophen verabschiedet und erklären ihre Wissenschaft Mathematik eben mathematisch, als eine Mathematik der Mathematik, kurz als Metamathematik oder (mathematische) Beweistheorie. Mathematik ist danach die Kunst des Gebrauchs inhaltsleerer Zeichen, der ihrerseits mit inhaltsleeren Zeichen erfaßt werden könne. Diese Auffassung nennen Philosophen Formalismus. Auch der Formalismus enthält handfeste erkenntnistheoretische Fehler.

Physikalismus und Formalismus sind Beispiele dafür, wie Fachwissenschaften ihre Selbstverständnisse dadurch ausbilden, daß sie auf die Unterscheidung zwischen der Wissenschaft und ihrem Gegenstand verzichten und Wissenschaft wieder zum Gegenstand ihrer Wissenschaft machen. Dies ist auch in der Chemie durchaus geläufig. (Ein treffender Name für diese Position wäre »Chemismus«.)

Psychologisch gesehen mag es ja naheliegen, die Objektivität einer Wissenschaft dadurch verstehen zu wollen, daß man auch die Wissenschaft selbst wie ihren Gegenstand, d. h. mit denselben Begriffen und Methoden, behandelt. Daraus ergeben sich aber, wie auch der philosophische Laie leicht sehen kann, die genannten Schwierigkeiten. Chemismus führt auf Zirkel, auf falsche Selbstbezüglichkeiten, denen jeder Geltungsanspruch für chemische Ergebnisse zum Opfer fällt.

Zwar wird ein solches Nachdenken über Chemie vom gestandenen Fachwissenschaftler oft als praktisch nicht wichtig angesehen. Unstrittig dürfte aber sein, daß mit diesen Vorstellungen von Objektivität und Chemismus die Person des Chemikers aus dem Spiel gelassen wurde.

Dies kann keinem erfolgreichen Chemiker recht sein, z. B. wenn es um die Anerkennung seiner Erfolge geht. Und dies darf keinem Chemiker recht sein, wenn es um seine Verantwortung für das geht, was er als Forscher oder Anwender, als Lehrer oder öffentlicher Vertreter seines Faches tut. Verantwortung kann nun einmal nicht beim Gegenstand Chemie selbst liegen. Sie muß bei der Wissenschaft

Chemie als menschlicher Tätigkeit angesiedelt sein. Es ist deshalb keineswegs zufällig, sondern eine direkte Folge eines chemistischen Selbstverständnisses von Chemikern, daß auch der gütigste und argloseste, der bemühteste und ehrlichste Chemiker in Schwierigkeiten kommt, sobald er an seine Verantwortung erinnert wird: Er glaubt, die Naturwissenschaften seien doch, wie sie sein müssen; man könne nur entdecken, was es von Natur aus an Gesetzlichkeit zu entdecken gibt; für die Folgen der Entdeckungen seien die Anwender verantwortlich.

In diesem Sinne sind (immer von Ausnahmen abgesehen) Naturwissenschaftler die Meister der doppelten Buchführung. Die »Naturerkenntnisse« in Labor und Theorie werden auf dem einen Konto geführt, der Umgang mit anderen Menschen, die Frage nach Anstand, Moral und Verantwortung, auf dem anderen Konto. Überschneidungen gibt es höchstens in den chemischen Institutionen. Aber wo nicht gerade Betrug oder geistiger Diebstahl im Spiel sind, sind im Selbstverständnis des Chemikers eben chemische Ergebnisse die eine und die persönliche (moralische und politische) Haltung des Chemikers die andere Sache.

Auch für diese famose Trennung, die in vielen geläufigen Wortpaaren auftaucht (wahr/falsch versus gut/böse; Wissen versus Wollen; Denken versus Fühlen; Erkenntnis versus Verantwortung usw.), lassen sich wieder philosophische Propagandisten finden, in der Vergangenheit wie in der Gegenwart. Dies kann hier nicht weiter erläutert, darf aber auch nicht verschwiegen werden, um nicht den falschen Eindruck zu erwecken, hier würde ein Philosoph dem Naturwissenschaftler (sozusagen von der moralischen zur unmoralischen Disziplin) einen Vorwurf machen.

Dennoch bestreitet niemand: Die Wissenschaft Chemie wird von Menschen gemacht, und alles, was wir durch sie über den Gegenstand Chemie wissen, ist ein Ergebnis menschlicher Bemühungen. Chemie ist als Verdienst und, wo dies der Fall ist, als Verschulden immer Menschen zuzurechnen. In philosophischer Terminologie wird deshalb das Treiben von Chemie (in allen Formen dieses Treibens) als *Handlung* bezeichnet. Das Handeln der Chemiker ist gleichsam die Schnittstelle zwischen den einzelnen Personen und deren Leistungen, aus denen die Wissenschaft Chemie und die Erkenntnisse des Gegenstandes Chemie bestehen. Das Wort »Handeln« im folgenden näher zu erläutern soll dem besseren Verständnis der Chemie dienen – einen scharfen Blick auf den »Chemismus« eingeschlossen.

Handeln muß der Mensch lernen, und er lernt es von anderen Menschen. Wir lernen, uns zu bewegen (gehen, schwimmen, radfahren, schreiben, mit Messer und Gabel essen, ein Musikinstrument spielen). Wir lernen, etwas herzustellen, etwa eine Ordnung (beim Aufräumen der Spielsachen, beim Einordnen der Bücher, beim Zusammenbau des Regals) oder etwa ein neues Produkt (beim Kaffeekochen, Schreinern oder im Garten). Wir lernen, zu sprechen und mit anderen Menschen umzugehen, sie aufzufordern, zu bitten, zu tadeln usw. Wir lernen also Handeln, d. h. die Tätigkeiten auszuführen, die uns andere Personen zurechnen. Im Zweifel müssen wir uns fragen lassen, ob wir etwas absichtlich oder versehentlich getan haben oder ganz unbeteiligt waren. In einer durch Gesetze geregelten Öffentlichkeit, etwa bei der Teilnahme am Straßenverkehr, unterscheidet ein Richter zwischen vorsätzlich, fahrlässig und unschuldig.

Nicht dagegen lernen wir das bloße, *natürliche Verhalten*. Wie wir uns bewegen, wenn wir erschrecken oder stolpern, was unser Körper hervorbringt an Abwärme, Haaren und Ausscheidungen, was als Stoffwechsel, Altern, Geburt und Tod vorgeht, sind keine Handlungen. Sie sind aus äußeren und inneren Ursachen unseres Organismus kausal (naturwissenschaftlich) erklärbar.

Vorsicht ist angezeigt, weil das deutsche Wort Verhalten zweideutig ist. Es meint einerseits die soeben genannten Beispiele der natürlich an uns ablaufenden Vorgänge, allgemeiner alle Naturvorgänge (wie z. B. die Bewegungen der Planeten, der Wolken, der Pflanzen und Tiere), andererseits Weisen des Handelns, wenn man danach fragt, wie eine Person sich in einer bestimmten Situation verhält. (Im Englischen ist dieser Unterschied mit den Wörtern *behavior* und *conduct* deutlicher als im Deutschen getroffen.)

Chemie zu treiben ist sicher kein natürliches, kausal erklärbares Verhalten (*behavior*), sondern ein Handeln. Nachprüfbar wird dies, wenn die typischen Kennzeichen des Handelns herangezogen werden: Zum Handeln kann man *sinnvoll auffordern*. Handlungen können *ge-* und *mißlingen* (z. B. im Sinne des alltäglichen Richtig- und Falschmachens), und sie können *Erfolg* und *Mißerfolg haben*, das heißt ihren *Zweck* erreichen oder verfehlen. (Ge- und Mißlingen müssen von Erfolg und Mißerfolg unterschieden werden, weil manchmal auch gelungene Handlungen zu Mißerfolg führen.)

Dies alles läßt sich nicht auf das bloße natürliche Verhalten anwenden. (Die Zwecke, die der Biologe in manchen Theorien dem natürlichen Verhalten zuschreibt, sind nicht die Zwecke des beschriebenen Organismus, sondern die seiner eigenen biologischen Erklärungen.) Im Unterschied dazu sind die *Zwecke* eines menschlichen Akteurs selbst gesetzt. Der Akteur selbst wählt zweckmäßige *Mittel*, für deren Wirkungen und Nebenwirkungen er *verantwortlich* gemacht wird, das heißt, daß er im Zweifel Fragen nach dem Zweck und den Folgen beantworten muß.

Chemie treiben ist also Handeln von Menschen. Handeln hat eigene Formen der Vernünftigkeit, etwa in den *Reihenfolgen*, die in den Handlungen der Bewegung, des Herstellens und der zwischenmenschlichen Praxis eingehalten werden müssen, um zum Erfolg zu führen. Wer ein Glas Wein eingießen will, wird zuerst den Korken entfernen und dann die Flasche neigen. Wer von einem anderen Menschen einen Gefallen oder eine Hilfeleistung erwartet, wird zuerst fragen oder bitten und dann danken. Im Alltag ist dies alles selbstverständlich. Wird dann *über* Handlungen *gesprochen*, etwa in Vorschriften (wie Gebrauchsanweisungen, Kochrezepten, Bauanleitungen oder Regeln) oder in Behauptungen (wie Protokollen, Berichten oder Erzählungen), wird selbstverständlich die »richtige«, am Handlungserfolg bestimmte Reihenfolge eingehalten. Nur in unübersichtlichen wissenschaftlichen (und philosophischen) Theorien geht es wild durcheinander – seit der antiken Mathematik.

Ordnungen des Handelns bestimmen auch durchgängig das Treiben von Chemie. Wird dann in der täglichen Laborarbeit oder in der wissenschaftlichen Publikation über nichtsprachliche Handlungen des Forschers gesprochen, ist selbstverständlich im Berichten und Beschreiben sowie in den theoretischen Fortsetzungen der Theoriebildung die Reihenfolge zu berücksichtigen, die zum Erfolg führt. Das heißt, jedes chemische Wissen ist an die *methodische Ordnung der Handlungen* gebunden, durch die es gefunden, geprüft und begründet wird.

Dies ist ein philosophisches Bild des Treibens der Wissenschaft Chemie. Es dient dem Zweck zu verstehen, wie der Chemiker zu Erkenntnissen kommt. Wie verhält sich dieses zu dem Bild, das der Chemiker selbst von seiner Tätigkeit hat?

## 4. Die Chemie der Chemiker

Chemie ist heute eine fortgeschrittene Wissenschaft und begegnet dem Anfänger, dem Schüler oder Studenten, in hochentwickelter Form. Schon beim Betreten eines Chemie-Hörsaals zeigt sich im Vergleich zu anderen Wissenschaften wieder eine Besonderheit: Prominent findet sich da eine große Tafel mit dem Periodensystem der Elemente. Keine andere Wissenschaft ist imstande (oder auch in der Versuchung), gleichsam die Quintessenz allen Wissens, die Grundgegenstände aller Forschung in einer symbolischen Gesamtdarstellung zu präsentieren. Der Chemiestudent dagegen hat zu lernen, daß der Gegenstandsbereich der Chemie in einem gewissen Sinne fertig abgesteckt ist.

Dies trifft nicht nur für die Übersicht über alle chemisch nicht weiter zerlegbaren Stoffe zu, sondern auch für die Gegenstände, die er im Hörsaalexperiment vorgeführt und im eigenen Praktikum angeboten bekommt. Nicht Natur in Flaschen, sondern technische Produkte der chemischen Industrie, nach Katalog bestellbar in gewünschten Graden der Reinheit, sind die Reagenzien, mit denen der Studierende in die Chemie eingeführt wird.

Gegenüber der Chemiegeschichte steht diese Einführung auf dem Kopf. Sie beginnt beim jüngsten Gesamtergebnis. Das pädagogische Problem der Chemielehre besteht also darin, möglichst effizient und übersichtlich vom neuesten Stand der Forschung her das verfügbare chemische Wissen zu vermitteln.

Wie in anderen Wissenschaften auch wird selbstverständlich das jeweils jüngste und aktuellste Wissen für das jeweils beste gehalten. Aber in der Chemie hat dies besondere Folgen: Vom Ergebnis her werden die Anfänge der chemischen Theorie, die ersten Schritte in das chemische Wissen hinein vorgestellt. Es wird also z. B. nicht eine Entdeckungsgeschichte mit Gründen, Umwegen und Irrtümern geschildert, sondern ein System des Wissens, das mit der Unterstellung beginnt, Zweifel am aktuellen Wissen seien nicht angebracht. Ob es sich dabei überhaupt um ein Wissen handelt und nicht etwa bloß um eine Modemeinung einer bestimmten, wenn auch großen verschworenen Personengruppe von Experten, ist dabei keine zulässige, sinnvolle Frage.

Wenn dann *Methoden* des Messens, Experimentierens, Analysierens und Synthetisierens besprochen werden und wenn schließlich modernste Labortechnik an die Stelle der einfachen Herstellungs- und Beobachtungsschritte in Vorlesung oder Anfängerpraktikum treten, dient die Legitimation dieser Verfahren tatsächlich der Untermauerung des von Anfang an unterstellten Wissens. Mit anderen Worten, die Chemie des Chemikers wird diesem beigebracht wie ein System von Dogmen, wie eine Art religiösen Wissens, das die Gelehrten dieser Religion ihrerseits von den Weisen dieser Zunft gelernt haben.

Diese Darstellung, wie ein Chemiker sein Fachwissen erwirbt, ist natürlich ein Versuch der Verfremdung eines vertrauten Vorgehens. Zweck dieser Verfremdung ist es, auf die Struktur der Wissensvermittlung aufmerksam zu machen. Alle chemisch etablierten Verfahren, die zur Ausbildung oder Prüfung dieses Wissens dienen, sind in einem Top-down-Vorgehen an die Unterstellung gebunden, daß am Anfang der Lehre das reiche Ende und Ergebnis einer erfolgreichen Forschungs- und Technikgeschichte steht. So kann denn auch ein Chemiker in allen Sparten seines Berufes durchaus höchst erfolgreich sein, ohne je darüber nachzudenken, was denn sein Fach zu einer Wissenschaft macht und woran es liegt, daß diese Wissenschaft über ein wissenschaftliches Wissen verfügt.

Die Chemie begegnet, so wurde in der Einleitung gesagt, dem Philosophen nicht als einer Natur durch die chemische Brille gesehen, sondern als eine Wissenschaft und als umfassende chemische Gestaltung des täglichen Lebens. Die Frage schon, wie der unbestrittene technische Erfolg der Chemie mit den Merkmalen einer Wissenschaft zusammenhängt, ist nicht leicht zu beantworten. Wie führen Handlungen von Chemikern dazu, daß ihre Ergebnisse nicht von der einzelnen Person, vom Subjekt, abhängig und damit subjektiv bleiben, sondern mit einem allgemeinen Geltungsanspruch, philosophisch gesagt, mit *Transsubjektivität* ausgestattet sind? Was rechtfertigt die Erwartung, jeder Mensch, der sich nur der Mühe unterzieht, könnte die Ergebnisse der Wissenschaft Chemie auf gleiche Weise nachvollziehen, Experimente und Beobachtungen wiederholen, Unterscheidungen lernen, Theorien schlüssig finden usw.?

Diese Fragen angemessen zu stellen und zu beantworten ist Aufgabe der Wissenschaftstheorie zur Chemie. Sie expliziert, genauer, sie rekonstruiert nachträglich, wie die tatsächlich von Chemikern erhobenen (transsubjektiven) Geltungsansprüche eingelöst werden können. Dazu darf dann selbstverständlich nicht mehr einfach unterstellt werden, daß die tatsächlich anerkannten Theorien auch die bestmöglichen oder die gültigen sind. Denn die Geltung ist ja erst zu zeigen, und der bloße Verweis auf technischen Erfolg begründet keine Geltung. Technische Erfolge sind gleichsam das Erreichen von Zielen, und Ziele können, wie beim Wandern, häufig auf verschiedenen Wegen erreicht werden, gelegentlich sogar von Wanderern, die sich völlig verlaufen haben und das Ziel zufällig finden.

Unbestritten bleibt, daß das Handeln der Chemiker die Wissenschaft Chemie hervorbringt. »Hervorbringen« meint die Beteiligung am heutigen Chemiebetrieb, der historisch eine späte Form einer Praxis ist, die nicht als Wissenschaft begonnen hat. Die Anfänge liegen vielmehr seit prähistorischer Zeit in allen Tätigkeiten, die wir heute als Veränderung von Stoffeigenschaften ansehen, also die Tätigkeiten des Gerbens und Färbens, des Konservierens, Destillierens, Mischens, Brennens usw. Zusammenfassend geht es dabei um Werkstoffe, Wirkstoffe und Brennstoffe, die vom Anfang menschlicher Zivilisation bis heute das Chemische im menschlichen Handeln betreffen.

Das lateinische Wort für den Eingriff des Menschen in das Natürliche ist *cultivare*. Der Ackerbauer und Viehzüchter kultiviert das Vorfindliche. Heute ist dieser ursprüngliche Sinn von »Kultur« noch in den Wörtern Obstbaumkultur oder Bakterienkultur zu finden. Auch der Handwerker kultiviert das vorfindlich Natürliche. Die vorwissenschaftlichen Anfänge der Chemie sind also in diesem wörtlichen Sinne Kultur. Aus diesen lebensweltlichen Praktiken stammen die Gegenstände, mit denen die Chemie historisch begonnen hat und – das ist der philosophisch wichtige Aspekt – mit denen sie heute jederzeit neu beginnen könnten, würden wir der technischen und theoretischen Errungenschaften der modernen Chemie verlustig gehen.

## 5. Chemie als Kulturleistung

Versteht man unter »Chemie« (als Wissenschaft) ganz pauschal die technische und theoretische Beherrschung von Stoffeigenschaften, steckt im Wort »Beherrschung« ein Bezug auf technisches Können und theoretisches Wissen. Damit ist der Aspekt abgedeckt, daß die Wissenschaft Chemie durch Handeln von Chemikern hervorgebracht wird. Von »Natur« oder gar »Naturgesetzen« ist dabei nicht die Rede. Was hat es also auf sich mit der Selbsteinschätzung vieler Chemiker, sie seien Naturwissenschaftler, würden also die Natur erforschen, Naturgesetze entdecken (wie Kolumbus Amerika entdeckt hat) und letztlich mit ihrer Naturwissenschaft nur das ausführen, was die Natur mit ihren ewigen Gesetzen beherrsche – nicht zuletzt im Körper des Naturwissenschaftlers mit den Mechanismen des Stoffwechsels, des Organismus einschließlich des Hirns und der menschlichen Fortpflanzung als Teil der biologischen Evolution. Der Mensch und seine Kultur als »Teil der Natur« – so läßt sich dies in Vorworten von Lehrbüchern der Chemie finden. Das Selbstverständnis der Chemiker ist also (wenigstens mehrheitlich) »naturalistisch«. Das heißt, die Natur als Gegenstand der Naturwissenschaft ist letztlich auch für diese verantwortlich.

Philosophisch betrachtet, stellt sich für jede naturalistische Position eine Reihe von Fragen: Was bedeuten die sprachlichen Ausdrücke, in denen das naturalistische Bekenntnis geäußert wird? Sind die dabei aufgestellten Behauptungen sinnvoll, überprüfbar und am Ende wahr? Diese Nachfragen führen auf eine analoge Situation zu derjenigen, die oben am Beispiel von Physikalismus und Chemismus erläutert und kritisiert wurde. Unstrittig dürfte hier sein, daß Wörter wie »Natur«, »Naturgesetz« und ähnliche keine chemischen Fachausdrücke sind, und daß Behauptungen, in denen solche Ausdrücke vorkommen, nicht mit den Methoden der Chemie (im Labor oder in der Theorie) bearbeitet werden können.

Nun ist es Teil eines geläufigen Alltagswissens, daß nicht alles, was die Menschen den lieben langen Tag sagen, mit einer kritischen philosophischen Elle gemessen werden darf. Vielmehr kommen in allen uns bekannten Kulturen auch Bekenntnisse vor, etwa religiöser Art, die als Bekenntnisse Privatsache des Glaubens und nicht wissenschaftliche Thesen öffentlicher Überprüfbarkeit sind. In diesem Sinne kann man »Naturalismus« auch als eine Art von religiösem Bekenntnis äußern. Dann wäre eine philosophische Kritik unangemessen.

Nicht konsequent dagegen läßt sich ein Naturalismus mit Geltungsanspruch vertreten. Geltungsansprüche sind ja selbst keine Naturgegenstände, sondern werden von Menschen handelnd gegenüber anderen Menschen erhoben. Der Naturalist dagegen, der alles der großen Mutter Natur in die Schuhe schieben möchte, kann konsequenterweise über sie nur behauptend und beschreibend reden. Für eine vorschreibende Festlegung, wie gültige von ungültigen Behauptungen unterschieden werden, ist hierbei kein Platz. Mit anderen Worten, der Naturalist gerät prinzipiell in einen Selbstwiderspruch: Er muß tun, was er naturalistisch gesehen gar nicht tun kann, nämlich selbst vorschreibend das Natürliche vom Nichtnatürlichen, vom Künstlichen und Kultürlichen unterscheiden.

Hier hilft nur weiter, sich Rechenschaft über die Rede von natürlich und künstlich (technisch, kultürlich) zu geben. Die Unterscheidung stammt von Aristoteles und betrifft eine Gegenüberstellung von Aspekten ein und derselben Sache. Bei Aristoteles ist es die Marmorstatue, deren Gestalt vom Bildhauer kunstvoll, künstlich (mit dem griechischen Wort: technisch) herbeigeführt wurde, während die Qualitäten des Marmors wie Farbe, Härte usw. natürliche Eigenschaften der Statue sind. Ergänzt man etwas die Aristotelische Philosophie, fällt auf, daß die Statue durch Bearbeitung auch ein anderes Gewicht erhalten hat als der ursprüngliche Marmorblock. Das heißt, an den künstlichen Eigenschaften lassen sich diejenigen unterscheiden, die der Künstler absichtlich und zweckmäßig herbeigeführt hat, und solche, die ebenfalls durch ihn »verursacht« wurden, aber nur beiläufig oder zufällig. Hätte der Bildhauer nicht eine Statue, sondern ein geeichtes Gewicht für eine Getreidewaage herstellen wollen, wären das Gewicht der Hauptzweck und die räumliche Form nur beiläufig.

Daraus kann man ersehen: Was an einem Objekt natürlich und künstlich ist, hängt von den Absichten und Mitteln des Menschen ab, der diesen Gegenstand bearbeitet. Es ist also nicht etwas Natürliches oder Naturgesetzliches, das festlegen würde, was der Mensch durch seine Eingriffe in das Natürliche erzeugt, erreicht oder vermeidet. Es sind vielmehr die Zwecksetzungen und das Können des Menschen, auf das die Unterscheidung von natürlich und künstlich bezogen bleibt.

Diese Überlegungen treffen auch auf die Tätigkeiten des Chemikers zu. Stoffe, die er mit seinen Verfahren bearbeitet, sind zunächst Naturgegenstände – solange sie noch von keinem Menschen berührt und bearbeitet wurden. In diese Lage kommt ein heutiger Chemiker praktisch nie. Vielmehr hat er es in der Regel mit Gegenständen zu tun, die bereits menschliche (technische) Bearbeitungsprozesse hinter sich haben.

Fragt man also, ob der Chemiker treffender als Naturwissenschaftler oder als Techniker (Technikwissenschaftler) beschrieben wird, erweist er sich in erster Linie als Techniker. Es sind ja die Zwecke seiner Handlungen, welche die typisch chemischen Eigenschaften betreffen, die er untersucht und verändert. Was in der Theorie gültig darüber gesagt wird, hängt ab davon, was im Labor technisch gelingt.

Das eigentlich Verblüffende an diesen Verhältnissen ist, daß die Wissenschaft Chemie (wie andere Naturwissenschaften auch) ein Selbstverständnis ausgebildet hat, in dem diese technische Seite nicht beachtet wird und statt dessen naturalistische Bekenntnisse formuliert werden. Dies hat gravierende Folgen sowohl für das chemische Wissen als auch für die Verantwortung des Chemikers.

Naturalistisch läßt sich z. B. beim besten Willen nicht erklären, was chemische Elemente sind. Erst die Prozeduren, natürliche Stoffe aufzuspalten, zu verändern usw. lassen sich systematisch in *chemische* und *physikalische Verfahren* unterscheiden; und erst die chemischen Verfahren erlauben es, die Unterscheidungen einzuführen, festzulegen und zu lehren, die der chemische Anfänger kennen muß, wenn er z. B. zwischen Gemisch, Lösung und Verbindung unterscheiden möchte. Kurz, die gesamten Grundbegriffe des theoretischen Wissens der Chemie sind letztlich an eine erfolgreiche Laborpraxis gebunden. Und diese ist im Sinne der Aristotelischen Unterscheidung eine technische Praxis.

Wenn also, was sich philosophisch zeigen läßt, das chemische Wissen tatsächlich ein wissenschaftliches Wissen mit einlösbarem Anspruch auf Geltung, Allgemeinheit und Transsubjektivität ist, liegt dies an der Kultivierung des Umgangs mit der stofflichen Welt, den der Chemiker beherrscht. Und diese Beherrschung erwirbt er als Mitglied einer menschlichen Gemeinschaft, die nicht in jeder Generation vom Urzustand des Steinzeitmenschen aus neu beginnt, sondern auf der Kulturhöhe, welche die Menschen seiner Zeit erreicht haben. Die Wissenschaft Chemie ist also eine Kulturleistung, die als Bezugspunkt für eine Definition dessen dient, was als nicht künstlich und damit als natürlich, als »Natur«, anzusehen ist und dafür, welche Erfahrungen technisch reproduzierbar und damit Definitionen des Naturgesetzlichen sind.

Besondere Bedeutung aber hat es, daß ein Erkennen der Chemie als Kulturleistung mit größter Einfachheit und Selbstverständlichkeit das Verantwortungsproblem des Chemistrierens zugänglich macht: Es sind ja immer Zwecke, Folgen und Nebenfolgen des technischen Eingriffs in Vorfindliches, die zur Naturwissenschaft Chemie führen. Zu fragen ist also, ob Zwecke gerechtfertigt sind oder nicht. Dabei sieht man bereits auf den ersten Blick, daß das zweckmäßige Handeln des chemischen Forschers in weiteren Zusammenhängen steht, den Einsatz bestimmter Mittel auch an den Nebenfolgen beurteilen muß usw.

Hier soll nicht der falsche Eindruck erweckt werden, die konkrete Entscheidung des Verantwortens chemischer Forschung sei einfach. Hier soll nur gezeigt werden, daß der Chemiker mit seiner Fachkompetenz in den moralischen und politischen Beratungs- und Entscheidungsprozeß einbezogen werden muß (und philosophisch gesehen: kann). Oder kurz: Kein Naturalist zu sein, sondern die Chemie als Kulturleistung zu betrachten, für die Verantwortung übernommen werden kann und muß, ist letztlich das entscheidende Argument, warum jeder Chemiker sich eine überlegte philosophische Haltung anstelle eines religiösen Bekenntnisses zur Chemie erwerben sollte.

## 3. Das Experiment in der Biologie

### Einleitung: Biologie, eine Experimentalwissenschaft?

Wer auch nur einen flüchtigen Blick auf die Forschungspraxis von Physik und Chemie wirft, wird darin die Prototypen experimentalwissenschaftlichen Vorgehens finden. Laborforschung an technisch heute mit hohem Aufwand hergestellten Zuständen und Verläufen ist die – und manchmal scheint es sogar die einzige – Quelle physikalischer und chemischer Erfahrung. Diese Einschätzung erfährt auch dadurch keine Abstriche, daß experimentelle Resultate zur Erklärung und Prognose nicht technisch hergestellter, also »natürlicher« Zustände und Verläufe herangezogen werden, wo Physiker z. B. Astrophysik oder Meteorologie, Chemiker die Chemie des Stoffwechsels oder der Atmosphäre betreiben.

Demgegenüber wird Biologie nicht in derselben Weise sogleich mit einem experimentalwissenschaftlichen Vorgehen assoziiert. Zwar wird jeder, der auch nur einen flüchtigen Blick auf die Forschungspraxis heutiger Biologen wirft, feststellen, daß auch dort extensiv experimentiert wird und die experimentelle Forschung vor allem unter molekularbiologischen Vorzeichen ein immer größeres Gewicht gewinnt. Andererseits sind es drei Aspekte, die teils durch biologiegeschichtliche, teils durch alltägliche Verständnisse überlagert, zumindest Einschränkungen gegenüber der experimentellen Methode in der Biologie nahezulegen scheinen: (1) Biologie ist zu einem erheblichen Teil Evolutionsbiologie, Naturgeschichtsschreibung, betrifft also chronologisch längst vergangene Entwicklungen und scheint damit nicht im selben Sinne experimenteller Beobachtung zugänglich zu sein wie reproduzierbare Laborphänomene. (2) Biologen sind auch heute noch mit deskriptiven, klassifikatorischen Aufgaben befaßt. In ihnen wird nicht selten eine Form beschreibender und vergleichender, aber nichtinvasiver Naturwissenschaft gesehen, für die ein methodologisch prinzipieller Unterschied zu experimentell gestützten Kausalerklärungen behauptet wird. Klassifikations- oder Systematisierungswissen gilt dabei noch am ehesten als Typ einer Wissenschaft, die naturgegebene Strukturen in wissenschaftliche Darstellungen sprachlicher und figürlicher Form abbildet. (3) Biologie hat es mit Lebewesen oder Formen des

Lebendigen zu tun, die, anders als die Gegenstände von Physik und Chemie, in ihrer individuellen Lebendigkeit deutlich verschieden sind von den energetischen oder stofflichen Aspekten der technisch erzeugten Phänomene in Physik und Chemie.

Solche Relativierungen oder Einschränkungen der Bedeutung experimenteller Verfahren für die Biologie verdanken sich Wissenschaftsverständnissen, die aus heutiger philosophischer Sicht nicht unproblematisch sind. Sicherlich trifft zwar zu, daß sich auch die heutige Biologie primär an den vorfindlichen Formen des Lebendigen orientiert und darin ihren Gegenstandsbereich sieht. Aber genauso sicher ist für die Biologie zu Beginn des 21. Jahrhunderts festzustellen, daß sie ihre Gegenstände durch Methoden konstituiert, auf die in keiner Weise zutrifft, daß Formen des Lebendigen in kontemplativer Distanz, gleichsam naturbelassen, lediglich sortiert und beschrieben werden. Vielmehr wird durchgängig nach Erklärungen für Strukturen, Funktionen und Entwicklungen von Formen des Lebendigen gesucht, die sich auf technische Invasion, auf Eingriff und Veränderung des Vorgefundenen stützen. Dies gilt auch für die drei genannten Vorbehalte, der Biologie insgesamt den Charakter einer Experimentalwissenschaft zuzusprechen:

(1) Eine evolutionsbiologische Naturgeschichtsschreibung, die die rezenten Formen des Lebendigen als Ergebnis ihrer eigenen natürlichen Entstehungsgeschichte beschreiben möchte, hat ausgehend vom heutigen Wissen das Vergangene hypothetisch zu rekonstruieren und diese Rekonstruktionen abzugleichen mit paläologischen Funden, erdgeschichtlichen Rahmenbedingungen usw. Zum aktuellen Wissen zählt aber nicht nur ein naturwissenschaftlicher Überblick über die rezenten Formen, sondern auch das aktuelle Kausalwissen, das erst die Mittel bereitstellt, hypothetische Extrapolationen oder Retrodiktionen vorzunehmen. Die Evolutionsbiologie geht hier im Prinzip nicht anders vor als z. B. die Kriminalistik bei der Rekonstruktion eines Unglücks oder eines Verbrechens: Ausgehend von einem rezenten Befund werden Hypothesen über dessen Entstehungsgeschichte im Lichte aktuellen Kausalwissens aufgestellt und mit eventuell dadurch erst zu suchenden oder zu bildenden Indizien abgeglichen.
Dieses für die Naturgeschichtsschreibung unverzichtbare Kausalwissen ist – in einem noch zu erläuternden Sinne – unver-

zichtbar auf Experimente angewiesen, so daß gerade der Verweis auf die naturwissenschaftliche Geschichtsschreibung des Lebendigen den experimentalwissenschaftlichen Charakter der Biologie betont bzw. fordert.

(2) Klassifikation und Systematik in botanischer wie zoologischer Tradition ist, entgegen dem Mißverständnis vor allem zahlreicher Wissenschaftstheoretiker, keine naturwissenschaftliche Betätigung, die diese in Gegensatz zu Experimentalwissenschaften setzen würde. Vielmehr handelt es sich, da man ja auch Klassifizierungssysteme nach besser oder schlechter, also nach Geltungskriterien will beurteilen können, im Rahmen einer Naturwissenschaft um Methoden, die nicht ohne Kausalerklärungen zu den Einteilungen oder Klassen ihres Systems kommen können. Es ist ja weder die elementare Klassifikationslogik, die im Prinzip schon in der Aristotelischen Syllogistik als ausreichend differenziert verfügbar ist, noch sind es die modernen statistischen, populationstheoretischen Verfahren, die allein ausreichten, Klassen oder Taxa zu definieren. Und gar die Auffassung, gewisse Taxa wie z. B. »Arten« seien Naturgegenstände, verdanken sich nur mangelnder methodologischer Reflexion auf die Bedingungen, mit denen in der Biologie solche Taxa abgegrenzt werden. Werden dagegen Einteilungen gesucht, die sich in ihren Adäquatheitskriterien unterscheiden von Einteilungen, wie sie etwa ein aufmerksamer Kunde in einem Blumenladen oder in einer zoologischen Handlung durch Zusehen und Reden angeben könnte oder ein Forstwirt unter ökonomischen Gesichtspunkten, so führt die biologische Klassifikation wieder auf die unter (1) besprochene evolutionstheoretische Zielsetzung zurück, Einteilungen als Ergebnis eines natürlichen Geschehens erklären zu können – und ist damit ebenfalls ein Argument für und nicht gegen den experimentalwissenschaftlichen Charakter der Biologie.

(3) Das auch in der modernen Biologie nicht einfach aufzugebende Verständnis, wonach Formen des Lebendigen – anders als physikalische Körper oder chemische Stoffe – als Individuen auftreten und nicht im selben Sinne lediglich als Substrat technischer Maßnahmen, ist auf die Fragestellungen und Erkenntnisinteressen der modernen Biologie und die dadurch nahegelegten oder erzwungenen Forschungsmethoden zu relativieren. So wie mo-

derne Technik, etwa die Konstruktion eines Verkehrsflugzeugs, zu speziellen Zwecken erfordert, den Menschen zweckgebunden als physikalisches oder chemisches System zu beschreiben und z. B. sein Gewicht, seinen Platz- und seinen Sauerstoffbedarf in Rechnung zu stellen, ohne daß damit der Mensch bereits ein physikalisches oder chemisches System (und nichts anderes) wäre, ist die Betrachtung individueller Lebewesen z. B. als Organismen nicht ohne spezifische Modellierungen möglich. »Organismus« ist hier eine Beschreibungskategorie der Biologen im selben Sinne, wie »Körper« eine der Physiker ist. Das heißt, daß selbst ein Festhalten der Biologie an der Individualität der meisten Formen des Lebens durch die Beschreibung als Organismen auf Modelle zurückzugreifen hat, die ihrerseits nur im Zusammenhang von experimentellem Wissen gebildet und auf Angemessenheit hin beurteilt werden können.

Unerwähnt ist hierbei noch geblieben, daß für viele biologische und evolutionsbiologische Fragen nicht nur organismische Konstruktionen und Funktionen, sondern auch Verhaltensdispositionen und -äußerungen eine Rolle spielen, die im systematischen, naturwissenschaftlichen Zugang ebenfalls eine Experimentierkunst fordern, wie sie (mit etwas anderen Zielsetzungen) z. B. in der Psychologie zu großer Blüte gebracht worden ist. Das heißt, auch der Verweis auf das Verhalten von Lebewesen als etwas *prima facie* Natürliches schränkt den experimentalwissenschaftlichen Charakter der Biologie nicht ein.

Stellt man schließlich in Rechnung, daß in der offenen Liste der notwendigen Bedingungen dafür, daß Leben vorliegt, Stoffwechsel und Vererbung zentrale Forschungsbereiche moderner Biologie darstellen, so dürfte die umfassende Bedeutung experimentellen Vorgehens in der Biologie außer Frage stehen.

Im krassen Kontrast zu dieser hervorragenden Rolle des Experiments in der Biologie steht das Vakuum an Klärungen, die dem Experiment als Mittel biologischer Forschung zuteil wurden. Dies darf sowohl von den Bemühungen der Biologen selbst als auch von den dafür nun wahrlich zuständigen Wissenschaftstheoretikern und Philosophen behauptet werden. Gegenwärtig scheint es, daß diese Verhältnisse sich zu ändern beginnen, seit in der englischsprachigen wissenschaftstheoretischen Debatte das Experiment als neues Thema aufgetaucht ist und derzeit schnell wachsende Aufmerksamkeit findet. Dieser Entwicklung, die derzeit viele Anzeichen einer boomenden Mode hat, ist jedoch mit einer gewissen historischen und systematischen Vorsicht zu begegnen.

## 1. Die Neuentdeckung eines alten Gegenstands: Das Experiment in der analytischen Wissenschaftstheorie

Das Jahr Null in der Zeitrechnung der Experimentalisten der englischsprachigen, analytischen Wissenschaftstheorie (und ihrer deutschsprachigen Ableger) ist das Jahr 1983. Mit dem Buch *Representing and intervening* von Ian Hacking beginnt publizistisch eine Diskussion, die ihre eigene Bedeutung und Neuheit sogleich dadurch hervorhebt, daß sie diese Neuheit und die bisherige Vernachlässigung des Themas durch Wissenschafts- und Erkenntnistheorie explizit betont. So heißt es im Vorwort bei Hacking: »This book is in two parts. You might like to start with the second half, Intervening. It is about experiments. They have been neglected for too long by philosophers of science, so writing about them has to be novel. Philosophers usually think about theories.« Ein anderes Buch, Allan Franklins *The neglect of experiment* (1986), behauptet: »The second question regarding the epistemology of experiment has been almost totally neglected by philosophers of science, except for the recent work of Ian Hacking and Dudley Shapere referred to earlier.« 1987 heißt es bei Peter Galison im Vorwort des Buches *How experiments end*: »Dispite the slogan that science advances through experiments, virtually the entire literature of the history of science concerns theory. Whether scholars have looked to the seventeenth-century scientific revolution, to nineteenth-century field theory, or to twentieth-century relativity and quantum mechanics, the histories they write highlight the evolution of concepts, not laboratory practice.« Und der Klappentext behauptet: »Peter Galison plunges the reader into the intellectual and social world of twentieth-century experimental physicists. Few accounts in the history and philosophy of science capture the dynamic activity of experimentation.« In dem Buch *Experiment, right or wrong*, noch einmal von Allan Franklin, heißt es: »For years the history and philosophy of science has relied on an image of experimentation viewed through theory. Experiments, when they were discussed at all, were reduced to observations, the psychology of observations, and theorists' use of observations … Only there, in the laboratory itself, can one see how the miner sifts gold from pyrite.« Ebenfalls 1990 erscheint das Buch *Experiment and the making of meaning. Human agency in scientific observation and experiment* von David Gooding. Unter der Überschrift »The procedural turn« heißt es:

> It is inevitable that language has, as Ian Hacking put it, mattered to philosophy. It is not inevitable that practices – especially extra-linguistic practices – have mattered so little. Philosophy has not yet addressed an issue that is central to any theory of the language of observation and therefore, to any theory of science: how do observers ascend from the world to talk, thought and argument about that world? … One reason for neglect of observational practice is that scientists' own accounts of experimental work support the disembodied view that philosophers tacitly endorse. … Unreflective philosophical practice allows the scientist fewer resources to investigate the world than non-scientists have.

Die Reihe solcher Feststellungen ließe sich um zahlreiche Beispiele verlängern. Und so überrascht es nicht, daß die Gastgeber zu einer Tagung »Bedeutung und Vielfalt des Experiments« am ZIF in Bielefeld 1996 formulieren, die Konferenz solle »die Anstrengungen bündeln … und schließlich der Diskussion im deutschen Sprachraum, die besonders im Vergleich zur angelsächsischen noch hinterherhinkt, einen Anschluß an die internationale Debatte verschaffen« (Heidelberger/Steinle 1998).

Einschätzungen dieser Art verdanken sich jedoch einem historischen und zugleich systematischen Tunnelblick, der – angesichts durchaus zugänglicher englischer Originaltexte oder Übersetzungen – noch nicht einmal als Folge von angelsächsischen Sprachbarrieren erklärbar ist. Läßt man die eine oder andere Bemerkung von Francis Bacon im *Novum Organum Scientiarum* (1620) ebenso wie die Bemerkungen, die Galileo Galilei zu seinen Experimenten macht, als Vorgeschichte außer Betracht, so liegt spätestens in John Stuart Mills Unterscheidung für vier Ausschließungsverfahren von nicht am experimentellen Ursache-Wirkungs-Verhältnis beteiligten Phänomenen ein bedenkenswerter und auch für moderne philosophische Untersuchungen einschlägigen Ansatz vor, der manche Einsichten vermittelt, die in den Texten der 1983er Tradition fehlen. Aber Mills *System der Logik* von 1843 und die vier »Methoden der experimentellen Forschung« scheinen dort unbekannt zu sein.

Daß Ernst Mach in seinem Buch *Erkenntnis und Irrtum. Skizzen zur Psychologie der Forschung* (1905) unter den Überschriften »Über Gedankenexperimente« und »Das physische Experiment und dessen Leitmotive« eine Fülle von Beobachtungen und erkenntnistheoretischen Einsichten zusammengetragen hat, die, nicht zuletzt an historischen Beispielen auf tatsächliche Forschung bezogen, auch heute in einer Diskussion des Experiments nicht fehlen dürfen, ist dem aktuellen Experimentalismus unbekannt oder der Erwähnung nicht wert. Besonders drastisch aber ist das Ignorieren der Tatsache, daß in Hugo Dinglers Buch *Das Experiment. Sein Wesen und seine Geschichte* (1928) ein Entwurf vorliegt, der – wenn auch beschränkt auf Experimente in der Physik – den Problemen der Gegenstandskonstitution und der Begriffsbildung durch das Experiment einen ganzen ausführlichen Ansatz widmet, der durch das Gesamtwerk Dinglers eine Einbettung in eine Erkenntnis- und Wissenschaftstheorie als diskussionswürdigen Gegenstand hat: Diese Vernachlässigung ist für die wissenschaftliche Qualität des jüngeren Experimentalismus nicht mehr entschuldbar. Schließlich betont die von Hacking inaugurierte Diskussion einen neuen, erkenntnistheoretischen (»Entitäten«-)Realismus, der gerade im Blick auf das Experiment von Dingler nicht nur widerlegt, sondern mit forschungsnahen und erkenntnistheoretisch tragfähigen Argumenten um eine diskussionswürdige Alternative bereichert worden ist. Mit anderen Worten, die von Hacking begonnene und von ihm und anderen weitergeführte Diskussion verdankt sich in ihrer Selbstsicherheit einem historischen und systematischen Provinzialismus, der sich seiner eigenen Herkunft aus der Sprachfixierung der analytischen Wissenschaftstheorie und aus dogmatischen Vorannahmen eines durch sie propagierten Empirismus so wenig bewußt ist, daß sie den Aspekt des künstlichen Herstellens und technischen Intervenierens durch naturwissenschaftliche Forschung für eine markante Neuentdekkung halten kann.

Waren die genannten Beispiele der ignorierten Geistesgeschichte einer Philosophie des Experiments bisher fast ausschließlich auf Physik abgestellt, so versucht in der Tradition Hugo Dinglers (und Eduard Mays) der Philosoph und Psychologe Klaus Holzkamp in seinem Buch *Wissenschaft als Handlung* (1968) eine Ausweitung der Wissenschaftstheorie auf Experimente in anderen Wissenschaften, explizit auch in der Biologie. Doch Holzkamp ist auf der Insel und in den USA unbekannt. Eine beim Autor angefertigte Habilitationsschrift, die von H. Tetens unter dem Titel *Experimentelle Erfahrung. Eine wissenschaftstheoretische Studie über die Rolle des Experiments in der Begriffs- und Theoriebildung der Physik* 1987 in Hamburg publiziert wurde, bleibt in der englischsprachigen Diskussion unberücksichtigt, ebenso wie einschlägige Arbeiten des Autors selbst.

Läßt man die historische Uninformiertheit der englischsprachigen Autoren als kontingentes Faktum außer acht, bleibt für zu klärende Fragen des Experiments in der Biologie bzw. in den Naturwissenschaften als nicht ignorierbarer Defekt, daß die von der englischsprachigen Literatur behauptete erkenntnistheoretische Lücke durch das Ignorieren des Experiments einerseits in der ihr unbekannten Diskussion nicht besteht, andererseits von ihr selbst nicht gefüllt werden konnte. In anderen Worten, der »Neue Experimentalismus« hat der Philosophie des Experiments in der älteren und reiferen Tradition systematisch wenig entgegenzusetzen. (Für eine differenziertere Diskussion und Bewertung des neuen Experimentalismus verweise ich auf R. Lange 1997.)

Es gibt noch einen zweiten Diskussionszusammenhang, in dem neuerdings das Experiment als Thema aufgetaucht ist, nämlich den der Wissenssoziologie und des sogenannten »Sozialen Konstruktivismus« von Karin Knorr-Cetina. »Konstruktiv« definiert sich dabei zunächst als Ablehnung von »Objektivismus« und »Antiobjektivismus« in dem Sinne, daß ersterer von der »Welt der Tatsachen« zu wissenschaftlichen Weltkonzeptionen (Theorien, Erklärungen) übergehe und letzterer in umgekehrter Richtung verfahre. Statt dessen soll die »Fabrikation von Erkenntnis« im Labor als künstliche Veranstaltung betrachtet werden – und zwar, dies ist die spezifisch soziologische Komponente, gleichsam in der Attitüde der Ethnologien, die Forscher wie Mitglieder einer fremden Kultur unvoreingenommen beobachtet. Mehr als deutlich sind dabei die eingestreuten ablehnenden Bemerkungen gegen jede Art von kritischer Philosophie, die Erkenntnistheorie mit dem Ziel betreibt, Kriterien zur Unterscheidung von Erkenntnis, bloßer Meinung und Irrtum zu formulieren (selbstverständlich immer im Umfange des der Autorin Bekannten; dazu zählt die hier vertretene Wissenschaftstheorie des Methodischen Konstruktivismus und Kulturalismus definitiv nicht).

Durch die Methode der sozialwissenschaftlichen Beobachtung

experimenteller Forschung im tatsächlichen Vollzug gelingt es dem »Sozialen Konstruktivismus«, auf vieles aufmerksam zu machen, was weder im Selbstverständnis der Naturwissenschaftler noch in den Theorien von Wissenschaftstheoretikern vorkommt, wie sie der Autorin vor allem in Spielarten analytischer und empiristischer Formen einer Philosophy of Science bekannt sind. Erwähnt sei nur die Wechselwirkung zwischen der Produktion eines Papers anhand Laborforschung mit dieser selbst und den Konsequenzen, die sich aus Verselbständigungen des Sprachlichen beim Übergang vom technischen Know-how zur theoretischen Formulierung ergeben.

Bemerkenswert aber ist der blinde Fleck dieses Ansatzes: Soll er tatsächlich etwas über Experimentalwissenschaften aussagen, bedarf er einer geeigneten Abgrenzung von Wissenschaft und Nichtwissenschaft. Hier wiederum konsequent soziologisch-empirisch zu verfahren und einfach diejenigen Praktiken zu untersuchen, denen ihre Akteure selbst das Prädikat »Wissenschaft« oder »Forschung« zusprechen, und sich damit einem faktischen Konsens anzuschließen, ist weder selbstkonsistent (weil dann die Wissenschaftlichkeit der ethnologischen Methode der Untersuchung nicht als Anspruch erhoben werden kann) noch in irgendeinem Sinne erhellend für ein Verstehen und ein Begreifen des Anspruchs, daß Experimentalwissenschaft eine ausgezeichnete Wissensform produziert. Technisch gelingt dies nicht (»Verstehen«), weil die normativen Aspekte nicht erfaßt werden können, die allererst in der Laborforschung die ungestörte von der gestörten Apparatur bzw. den ungestörten vom gestörten Experimentalverlauf zu unterscheiden erlauben. Legitimatorisch (»Begreifen«) gelingt dies nicht, weil die an die Zwecksetzungsautonomie von Forschern anschließende Zweck-Mittel-Rationalität von technischen Maßnahmen und darüber hinaus die lebensweltliche moralische und politische Rechtfertigung der Forschungszwecke selbst nicht in den Blick kommen.

Der genannte Ansatz des sozialen Konstruktivismus steht hier stellvertretend für eine Reihe anderer, wie sie in Spielarten des sogenannten »Strong Programme« der Edinburgher Schule (vor allem von David Bloor) vertreten werden und ausdrücklich auf eine rein kausale Beziehung zwischen sozialer Ordnung der Wissensproduktion und Wissensbeständen insistieren, über den »Pragmatischen Realismus« von Andy Pickering oder den Referenzrealismus von Rom Harré: Alle tragen das Dogma des Realismus (in unterschiedlichen Spielarten) vor sich her, der im Sinne traditioneller erkenntnistheoretischer oder wissenschaftstheoretischer Positionen längst als obsolet eingestuft wurde, weshalb sie im Rahmen des sozialen Konstruktivismus anders, d. h. als sozial definiertes Verhältnis von »Natur« oder »Tatsachen« und der Praxis ihrer Erforschung, bestimmt sein sollen.

Mit anderen Worten, diese ganze Richtung hat sich dem Paradox verschrieben, aus einer (begründeten) Ablehnung naiv-realistischer Wissenschafts- und Erkenntnistheorien einer etwas raffinierteren Form derselben die Tür offenzuhalten; denn daß es die »facts« in irgendeinem Sinne »gibt«, die nicht erst durch die sprachlichen und nichtsprachlichen Handlungen der Laborforscher erzeugt würden, muß – vergleiche die Ablehnung des Anti-Objektivismus durch Knorr-Cetina – in jedem Falle gerettet werden. Damit ist die Hoffnung, im Zugriff auf die Methoden einer empirischen Soziologie von jeder Philosophie und Erkenntnistheorie unabhängig zu werden, als Illusion zu erkennen.

Eine Konsequenz dieser Illusion (unter anderen) dürfte sein, daß diese Spielart des empirischen Umgangs mit Experimentalwissenschaften für den Experimentalforscher »at work« ebenso konsequenzenlos bleibt wie eine deskriptivistisch-affirmative Wissenschaftstheorie in der Tradition des Logischen Empirismus und des Kritischen Rationalismus. Es ist den Experimentalwissenschaftlern nicht vorzuwerfen, wenn sie achselzuckend nach der Lektüre solcher Philosophien und Soziologien wieder zu ihrer Arbeit zurückkehren und sich dabei fühlen mögen wie ein Schreiner oder ein Lagerverwalter, dem ein Soziologe oder ein Psychologe bei seiner Arbeit über die Schulter sieht, ohne ihm für seine Arbeit zu nützen.

## 2. Experimentieren als Handeln

»Das Experiment in der Biologie« als philosophisches Thema mag die Erwartung wecken, da werde zuerst in einem allgemeinen Sinne über das Experiment in erkenntnis- oder wissenschaftstheoretischer Hinsicht diskutiert, um dann spezielle Probleme des biologischen Experiments zu behandeln. Dies soll im folgenden so geschehen, daß zuerst Aspekte und Bedingungen herausgestellt werden, unter denen Experimente ein wissenschaftliches Erfahrungswissen liefern.

Biologiespezifisch sind dann nicht nur die schon auf den ersten Blick zu erwartenden Unterschiede, die sich aus Energie- und Stofftransformationen in physikalischen und chemischen Experimenten zum experimentellen Umgang mit dem Lebendigen zeigen. Biologiespezifisch ist bereits, daß eine allgemeine philosophische Klärung des Experiments auf einen aus der Biologie stammenden Vorbehalt trifft, wonach alle Äußerungen und Hervorbringungen von Lebewesen – und mithin auch diejenigen von experimentierenden Menschen – gleichsam in den Zuständigkeitsbereich der Biologie selbst fallen, nämlich als »Verhalten«. Bei aller, selbstverständlich auch von Biologen eingestandenen Kultürlichkeit und Technisierung des Experimentierens in den Wissenschaften gelten Verhaltensweisen, zumal solche mit kognitiven Ergebnissen, als Teil oder Ausdrucksform menschlichen Verhaltens.

»Verhalten«, das einer an Naturwissenschaften orientierten Psychologie eine zunächst inhaltliche, dann methodologische Tradition des Behaviorismus beschert hat, ist heute unter dem Einfluß der Naturwissenschaften ein derart breit gebrauchtes Wort geworden, daß nicht nur alle von allen Naturwissenschaften beschriebenen Veränderungen (Wie verhält sich der Mond bei Annäherung des Kometen X? Wie verhält sich ein Kupferdraht bei Erwärmung? Wie verhält sich ein balzender Hahn beim Auftauchen eines Freßfeindes?) damit bezeichnet werden, sondern auch menschliches Handeln, und zwar (wieder unter dem Einfluß einer Wissenschaft, diesmal der Psychologie) mit besonderer Betonung bei moralischen oder politischen Aufgaben (Wie verhält sich der entdeckte Kaufhausdieb? Wie verhält sich die Regierung zur Ausladung ihres Außenministers durch China?). In diesem Sinne liegt es dem Biologen wie dem Laien nahe, zu fragen, wie sich der biologische Experimentator verhält – in einem anscheinend wieder auf die Biologie verweisenden Verständnis, das sich die behavioristische Psychologie besonders klar auf die programmatischen Fahnen geschrieben hat: Wie läßt sich Verhalten beschreiben, kausal erklären und naturwissenschaftlich prognostizieren?

Hier soll entgegen der Naturalisierung oder Biologisierung des experimentellen Handelns eine kulturalistische Alternative gesetzt werden, weil sie – wie zu zeigen sein wird – klären kann, wie durch Experimente Erkenntnisse zu gewinnen sind. Dazu sind fürs erste alle aus der Biologie genommenen Formulierungen zurückzustellen, wonach der Mensch »als Teil der Natur« experimentiere, »um seine natürliche Neugier zu befriedigen«, die ihm als »natürliche Veranlagung« zur Bewältigung seines Lebens im Sinne eines Überlebenskampfes in die Wiege gelegt sei. Solche Popularisierungen biologischer, vor allem evolutionsbiologischer Denkfiguren und Thesen nehmen ja biologische Resultate und ihre Geltung allemal in Anspruch und sind, sofern die heutige Biologie ohne Experimente nicht auskommt, günstigenfalls nur eine logisch zirkuläre Folgerung aus der eigenen Prämisse. (Immerhin darf festgestellt werden, daß die Biologie bisher noch nicht behauptet hat, logische Zirkelschlüsse seien natürlich oder von Überlebensvorteil.)

Gegen die allumfassende, naturalisierende Rede vom »Verhalten« sei hier die Rede vom »Handeln« gesetzt, das auf ein Lebenkönnen in der Kultur Bezug nimmt, wie es für jeden heutigen Kulturmenschen (einschließlich aller Biologen) angenommen werden muß – es sei denn, er könnte nicht ein kompetenter Teilnehmer einer menschlichen Gesellschaft sein und Biologe werden.

Zu den ersten Widerfahrnissen eines Kleinkindes zählt es, daß die ihn aufziehenden großen Mitmenschen ihm manches zurechnen und manches nicht. Nur ein schwachsinniger oder krimineller Erzieher würde ein Kind loben und tadeln, belohnen und strafen für Regungen wie Erschrecken, Stolpern, Sichverschlucken, Niesen, Einschlafen usw. und andererseits unbeachtet lassen, wofür man üblicherweise im Alltagsdeutsch sagt, das Kind tue es »absichtlich«. Auch wenn die intellektuelle und moralische Kompetenz der Erzieher weit streuen mag, so daß vielleicht gelegentlich das nicht Zurechenbare Gegenstand von Sanktionen wird (z. B. wenn der Erwachsene in seinem Kind ein Spiegelbild eigener Schwächen wiedererkennt), ist doch ein gemeinschaftliches Leben mit halbwegs gelingender Kooperation und Kommunikation nur möglich (und wird so tatsächlich erreicht), wenn unterschieden wird zwischen dem einer Person als Schuld oder Verdienst Zuzurechnenden und dem ihr nicht Zuzurechnenden. Ja, es ist sogar ein ernst zu nehmender Vorschlag, den Begriff der Person an die Fähigkeit zu knüpfen, diese Unterscheidung zu machen – im Unterschied etwa zum Säugling.

Das von anderen einem Menschen als Schuld oder Verdienst Zuzurechnende heiße »Handlung«. Dies ist allerdings nicht als Definition zu verstehen, sondern nur als motivierende Erinnerung an eine Unterscheidung, wie sie jeder Kulturmensch *de facto* im

Umgang mit seinen Mitmenschen praktisch immer respektiert. Ebenso soll auch nicht definiert werden, Handlungen seien »bewußt« oder »absichtlich« ausgeführt, weil dadurch nur das Einfachere durch das Kompliziertere, das Bekanntere durch das Unbekanntere bestimmt würde. Vielmehr mag es für jeden deutschsprachigen Erwachsenen genügen, Beispiele von Handlungen – im Unterschied zu den vorhin gegebenen Beispielen für Verhalten wie Erschrecken, Stolpern usw. – zu geben: (zu einem Ort) gehen, ein Ding aufheben, eine Speise zubereiten oder essen, einen Menschen grüßen, einen Satz behaupten, einen Aufsatz lesen sind Beispiele von Handlungen.

Die besondere Unterscheidungsabsicht, die hiermit erläutert sein soll, betrifft also Handeln versus Verhalten. Es entspricht den Üblichkeiten der deutschen Sprache, daß man zu Handlungen sinnvoll auffordern kann, zu Verhalten nicht. Handlungen kann man – wieder bezogen auf das übliche Verständnis – auch unterlassen, Verhalten nicht. Wer dagegen verstößt und jemanden auffordert zu stolpern oder auch, das Stolpern zu unterlassen, verstößt entweder gegen die in Sprachgewohnheiten verfestigte, tatsächliche Unterscheidung von Handeln und Verhalten, oder aber er fordert im ersten Falle eine Person auf, wie ein Pantomime handelnd das Stolpern zu imitieren bzw. im zweiten Falle, so zu handeln, daß ihm das Verhalten des Stolperns nicht widerfahre – etwa durch die Handlungen des Beachtens von Stolpersteinen.

Den Sprachüblichkeiten entspricht es auch, nur den Handlungen, nicht aber dem Verhalten ein Gelingen oder Mißlingen zuzuschreiben und dieses auf das Erreichen oder Verfehlen der Zwecke bzw. des Zwecks einer Handlung zu beziehen. Im Kontext biologischer Überlegungen allerdings wird auch gern von zweckmäßigem und unzweckmäßigem, von erfolgreichem und erfolglosem Verhalten gesprochen und dabei übersehen, daß es sich dabei um Zuschreibungen von individuellen Selektionsvorteilen oder -nachteilen durch den biologischen Beobachter handelt – im Unterschied zum Gelingen oder Mißlingen einer Handlung, die letztlich nur dem Handelnden selbst, nämlich in Kenntnis der von ihm verfolgten Zwecke, zugänglich ist. (Es kann ja sogar vorkommen, daß dem außenstehenden Beobachter, wie biologisch, psychologisch oder philosophisch kompetent er immer sein mag, die Deutung einer Handlung nach ihren Zwecken mißlingt, weil der Handelnde

»etwas anderes wollte«, als der Beobachter der Handlung angenommen hat.)

Die Betonung des Unterschiedes von Handeln und Verhalten im Kontext der Klärung des biologischen Experiments ist deshalb von besonderer Bedeutung, weil die Biologie selbst Sprach- und Unterscheidungsgewohnheiten bereithält, die einem erkenntnistheoretischen Begreifen des Experiments entgegenstehen. Zwar experimentieren Biologen *de facto* nicht zur empirischen Aufklärung des Experimentierens von Biologen, d. h. machen das Experimentieren von Biologen nicht selbst zum Gegenstand biologischer Experimente, aber prinzipiell ist die Selbstanwendung von naturwissenschaftlichen Erklärungsmustern ein geläufiges Mittel, das gerade in der Biologie in Form evolutionärer Erkenntnistheorien einen gewissen Zulauf hat. Wenn hier dagegen das Experimentieren als Handeln und experimentelle Resultate als gültig nach dem Unterschied von Gelingen und Mißlingen und nach Erreichen und Verfehlen von Zwecken des handelnden Experimentators dargestellt werden sollen, ist dies von Anfang an ein (kulturalistischer) Gegenentwurf.

Als ein solcher Gegenentwurf ist er seinerseits nicht völlig bedingungslos und voraussetzungsfrei. Vielmehr bedient er sich, wie gezeigt, von Anfang an einer begrifflichen Unterscheidung, für deren Nachvollziehen der Leser an Kompetenzen erinnert wurde, über die er bereits verfügt, und an Unterscheidungen, die er *de facto* im täglichen Lebensvollzug dauernd trifft. Von deren Unverzichtbarkeit kann er überzeugt werden, sofern er überhaupt ein Mitglied einer menschlichen Kulturgemeinschaft bleiben möchte, in der er potentieller Adressat von Aufforderungen durch andere ist.

Im folgenden soll deshalb von der Unterscheidung zwischen Handeln und Verhalten in dem Sinne Gebrauch gemacht werden, daß Handlungen ge- oder mißlingen und Zwecke erreichen oder verfehlen. Zwecke sind keine metaphysischen Entitäten, sondern Sachverhalte, die durch Handeln hergestellt oder aufrechterhalten werden sollen (wie beim Öffnen einer Flasche bzw. dem Heizen eines Zimmers). Das Gelingen oder Mißlingen von Handlungen stößt dem Handelnden (an seiner Handlung) zu, nicht anders, wie ihm sein eigenes Verhalten zustößt. Verhalten sollen deshalb – genauso wie Erfolg oder Mißerfolg im Handeln – »Widerfahrnisse« heißen, außerdem Ereignisse, die einen Menschen betreffen, ohne ein Verhalten oder ein Handlungserfolg bzw. -mißerfolg zu sein –

wie das vielzitierte unerwartete Getroffenwerden von Dachziegeln, Blitzen oder Infektionen.

Widerfahrnisse könnten auch »Erfahrungen« genannt werden, wäre ein solcher Sprachgebrauch nicht gerade wieder für den Zweck der Klärung naturwissenschaftlicher Erfahrungen verwirrend. Zwar kann man ohne Kollision mit sprachlichen Üblichkeiten sagen, Erfahrungen »widerführen einem« oder »stießen einem zu« – ohne weitere Unterscheidung der genannten drei bzw. vier Typen von Widerfahrnissen. Aber die Üblichkeiten der Alltagssprache sind hier nicht logisch konsistent, denn man spricht auch davon, daß Erfahrungen »gemacht« werden. Ist das Machen von Lebenserfahrung noch ein unauflösliches Gemisch von aktiven und passiven Zutaten, so ist das Experimentieren und das Machen experimenteller Erfahrungen jedenfalls nicht ohne Handlungen des Experimentators denkbar. Nur wie das Experiment »ausgeht«, stößt dem Experimentator zu, nicht aber, daß und wie er selbst experimentiert und dazu meist mit großem Aufwand von Wissen einerseits, Technik andererseits (und meist nicht zu vergessen von Hoffnungen oder Erwartungen) etwas vorsätzlich, d. h. zweckmäßig veranstaltet.

Experimente in den Naturwissenschaften einschließlich der Biologie haben ein alltägliches Pendant, genauer, historisch und systematisch gesehen, ein lebensweltliches Vorbild. Wer Blumen sät, einen Kuchen backt, Most ansetzt oder einen Pfeil abschießt, bringt Ereignisse in Gang, die selbst keine menschlichen Handlungen sind, sondern »Verläufe«, über die er ein bezwecktes Resultat (die Pflanze im nächsten Sommer, den gebackenen Kuchen, den Wein oder das Treffen des Ziels) herbeiführt. Mit anderen Worten, Experimentieren ist zu vergleichen mit der handelnden Herstellung von Sachverhalten, die als Ausgangssituation für einen (selbst keine Handlung darstellenden) Verlauf als geeignetes Mittel angesehen werden, am Ende dieses Verlaufs den bezweckten Sachverhalt zu erreichen. Ob die erwünschten Sachverhalte tatsächlich erreicht werden, nämlich daß die gesäten Blumen blühen, der gebackene Kuchen oder der Wein schmecken und der Pfeil die Mitte der Zielscheibe erreicht, widerfährt dem Handelnden als Erfolg oder Mißerfolg und ist in diesem Sinne eine zweckgerichtet gemachte Erfahrung.

Diese handlungstheoretische Parallelisierung von zweckgerichteten Handlungen, die ihr Resultat über einen Verlauf erreichen (oder verfehlen), mit dem Experiment ist erneut gegen mögliche Mißverständnisse naturalisierender oder biologisierender Herkunft in Schutz zu nehmen. Es sind nicht sogenannte Naturgesetze, die über Möglichkeit oder Unmöglichkeit von Experimenten entscheiden und die damit konstitutiv für experimentelle Erfahrung sind, vielmehr kommen Erfahrungen erst dadurch zustande, daß Verläufe durch technische Reproduktion ihrer Anfangsbedingungen beliebig wiederholt werden können. Mit anderen Worten, Allgemeinheit oder Universalität, die mit dem Begriff des Naturgesetzes verknüpft sind, brauchen nicht einer begrifflich und methodisch ungeklärten Instanz »Natur« überantwortet zu werden. Die Leistungen experimentierender Naturwissenschaften bestehen gerade darin, durch technische und begriffliche Beherrschung von Sachverhalten die immer gleichen Verläufe künstlich herstellen zu können. Mit anderen Worten: Ungeachtet der alltagssprachlichen Üblichkeit, von Erfahrung auch dort zu reden, wo uns Unerwartetes, Unbezwecktes zustößt, oder auch dort, wo unsere Sinnesorgane affiziert werden, sind experimentelle Erfahrungen immer gemachte Erfahrungen in dem Sinne, daß die Geltung von Aussagen über experimentelle Resultate vom menschlichen Handlungswissen davon abhängt, die immer gleichen Verläufe durch immer gleiche technische Veranstaltungen zu erreichen (»technische Reproduzierbarkeit«).

Die technische Reproduzierbarkeit (in der Form von Präparation und Start, siehe unten) erklärt auch, wieso durch Experimente ein Kausalwissen gewonnen und kausale Erklärungen ermöglicht werden – wie man sie traditionell den sogenannten Naturgesetzen zuschreibt. Experimentell gewonnenes Wissen ist *per definitionem* ein Bewirkungswissen, mit anderen Worten das Know-how, was zu tun ist, um die immer gleichen Wirkungen zu verursachen. Kausalität als Ursache-Wirkungs-Verhältnis darf also nicht auf das Problem verschoben werden, wie ein passiver Beobachter von Ereignisfolgen Ursache und Wirkung unterscheidet – jedenfalls, sofern es um naturwissenschaftlich begründete Urteile von kausalen Verhältnissen geht. Nur diese (den Naturwissenschaften unangemessene) Passivität führt auf die Probleme, die sich etwa in der Kritik an metaphysischen Kausalitätskonzeptionen durch David Hume ergeben. Die experimentierenden Naturwissenschaften dagegen setzen durch technisch veranstaltete Experimente ein Kausalitätsprinzip (»keine Wirkung ohne Ursache«) oder ein Kausalitätsgesetz (»gleiche Ursachen haben gleiche Wirkungen«) technisch dadurch in die Praxis um, daß sie die Reproduzierbarkeit von Wirkungen (in Form von Verläufen oder Endzuständen von Verläufen) durch Reproduktion von Ursachen (Präparation und Start, häufig auch Aufrechterhaltung gewisser Umstände) sicherstellen.

Wenn also eingangs auf die Unverzichtbarkeit des Experiments in der Biologie wegen der Unverzichtbarkeit von Kausalwissen für die Rekonstruktion von Evolution oder für Systematik und Klassifikation verwiesen wurde, so ist es diese Form von Kausalität, die sich im Experiment als sogenannte »interventionistische« erweist, d. h. durch Intervention, durch technischen Eingriff in Vorhandenes gewonnen wird. »Naturgesetze« sind experimentell gestützte Thesen, deren Gesetzesartigkeit sich primär einer Generalisierung verdankt, wie sie schon im Wort »Reproduzierbarkeit« zum Ausdruck kommt: Das »immer wieder« des Erreichens von Verläufen durch Präparation und Start ist der Ort, an dem erkenntnistheoretisch die Gesetzesartigkeit der Naturgesetze zu finden ist. Es ist also, anschaulich, nicht die Natur selbst, die hier eine Regelmäßigkeit erzeugt. Vielmehr ist die Regelmäßigkeit der technischen und begrifflichen Handlungen von Experimentatoren der Bezugspunkt, anhand dessen sich das immer Gleiche zeigt.

Erst wo dieser erkenntnismäßige Zugang gesehen und anerkannt wird, ist einzusehen, daß der Widerfahrnischarakter, wonach Experimente überhaupt gelingen und danach kausale Hypothesen, also Naturgesetze mit experimenteller Bestätigung, überhaupt formuliert werden können, eine widerfahrnishafte Naturgesetzlichkeit bestimmt. Diese erkenntnistheoretische Klärung der traditionellen Rede von Naturgesetzen kann insbesondere zeigen, daß deren Gesetzesartigkeit logisch einem Typus von Verallgemeinerung angehört, wie sie auch in einfachen lebensweltlichen Bereichen begriffen wird, die normalerweise nicht mit Naturgesetzlichkeit in Verbindung gebracht werden: Wer etwa ein bestimmtes Kochrezept befolgt, realisiert (als bestimmte Person an einem bestimmten Ort zu einer bestimmten Zeit) allgemeine Anweisungen, in denen keine (logischen) Eigennamen für Personen, Orte und Zeiten vorkommen, sondern nur Zutaten (genauer selbstverständlich: in den Rezepten die Bezeichnungen für Zutaten). Jede individuelle Realisierung des im Kochrezept als Vorschrift enthaltenen Herstellungszwecks ist also die künstliche Produktion eines Realisats – nicht anders als im naturwissenschaftlichen Experiment. Die unverzichtbare Sprachform von Naturgesetzen (ohne die auch der Naturwissenschaftler trivialerweise nicht darüber reden könnte) macht diese also zu allgemein formulierten Rezepten, denen der (naturwissenschaftlich kompetente) Experimentator im Experiment eine Realisierung geben kann.

Diese »instrumentalistische« Auffassung von Naturgesetzen löst das von philosophisch-metaphysischen Formulierungen produzierte Paradox, daß Naturgesetze gesetzmäßig oder allgemein sind, der Naturwissenschaftler aber immer nur das einzelne beobachten kann. Die gesamte wissenschaftstheoretische Kontroverse zwischen Logischem Empirismus mit seinen induktionslogischen Versuchen (etwa von H. Reichenbach und R. Carnap) und dem Kritischen Rationalismus mit seinen deduktionslogischen, falsifikationistischen Vorschlägen (K. R. Popper) beruht also insgesamt auf dem erkenntnistheoretischen Irrtum, daß die Gesetzesartigkeit von Naturgesetzen in der (logischen) Allgemeinheit von naturwissenschaftlichen Aussagen über »alle« Körper, Bewegungen, Kraftfelder usw., d. h. der jeweiligen Objekte, läge. Tatsächlich ist es aber der durch Handeln und Reden von Naturwissenschaftlern geregelte Zugang, der die Identifikation der »immer gleichen« Objekte in technisch reproduzierten Verläufen sicherstellt.

»Instrumentalistisch« wurde diese Auffassung von Naturgesetzen deshalb genannt, weil sie (im Gegensatz zu »realistischen«, Naturgesetze als Abbilder einer Realität mißverstehenden Auffassungen) Naturgesetze als »Instrumente«, nämlich als Rezepte zur experimentellen Realisierung der behaupteten Verläufe interpretiert. Damit ist die gesamte hier vorgetragene Klärung des Experiments durch die Zweckrationalität des technischen und des begrifflichen Handelns der Experimentatoren von der (metaphysikkritischen) Zielsetzung getragen, »experimentell gestütztes Kausalwissen von Naturgesetzen« so zu bestimmen, daß sein Erreichen durch die Handlungen von experimentierenden Naturwissenschaftlern ausdrücklich, lückenlos (und von metaphysischen Voraussetzungen frei) angegeben werden kann.

Experimente lassen sich handlungstheoretisch in das Schema fassen:

$$S_0 \; h \; S_1 \; V \; S_2;$$

h stehe für die Handlungen, die der Experimentator zur Herstellung eines Sachverhalts S1 auszuführen hat, wobei er selbstverständlich vom Vorhandenen, dem Sachverhalt S0, ausgeht. V bezeichnet den Verlauf, der zu einem Sachverhalt S2 führt. Die experimentelle Erfahrung besteht darin, S1 technisch so weit zu beherrschen, daß beliebig wiederholt ein Verlauf V und ein (»vorhergesagter«, recht besehen aber geplanter und bezweckter) Sachverhalt S2 erreicht wird.

Noch genauer gesagt, muß an den Handlungen h bzw. dem durch sie hergestellten Sachverhalt S1 noch einmal unterschieden werden zwischen »Präparation« und »Start« eines Experiments. Am einfachen Beispiel: Die berühmten Fallexperimente Galileis an der schiefen Ebene bestehen darin, (1) eine Fallrinne herzustellen und in einen bestimmten Neigungswinkel zu bringen, eine Kugel in Startposition zu setzen, die Messung von Längen und Dauern vorzubereiten usw. Sind diese Veranstaltungen beendet, wird (2) das Experiment – letztlich durch manuellen Eingriff des Experimentators – gestartet, und erst wenn dieser Eingriff des Startens beendet ist, ereignet sich der Verlauf, der im Experiment als »Registration« wieder handelnd vom Experimentator begleitet wird; mit der besonderen Maßgabe, daß die Registration den Verlauf in relevanter Weise nicht beeinflußt, also »stört«.

Was hier an einem so einfachen Beispiel wie dem Galileischen Fallexperiment noch der alltäglichen Handlungskompetenz zugeschoben ist (nämlich den »sich selbst überlassenen« Verlauf z. B. von einer durch Zug geführten, also durch Handeln im freien Fall »gestörten« Bewegung zu unterscheiden), kann in den modernen Experimentalwissenschaften (wo während der Verläufe bestimmte Bedingungen aufrechtzuerhalten sind) zu einem erheblichen Unterscheidungsproblem werden. Experimente im allgemeinen aber sind jetzt prinzipiell beschrieben:

In zweckgerichteten Handlungsketten, die sich nach Präparation, Start und Registration einteilen lassen, produziert der Experimentator (im Lichte seines Wissens und seiner darauf bezogenen Fragen) mit technischen Mitteln einen komplexen Sachverhalt. Der registrierte Verlauf wird als das empirische, experimentelle Wissen beurteilt, ob die technische Beherrschung in Präparation und Start ausreicht, genau den vermuteten oder prognostizierten Verlauf herbeizuführen.

Ersichtlich gleicht das Experiment in hohem Maße der Tätigkeit des Ingenieurs, der ebenfalls im Lichte seines Wissens eine Maschine konstruiert, baut und in Gang setzt, um zu sehen, ob sie, wie durch sein naturwissenschaftlich-technisches Wissen erwartet, funktioniert oder nicht. Experimentelle Erfahrung ist also grundsätzlich immer relativiert auf technische Veranstaltungen des Experimentators oder, handlungstheoretisch gesprochen, ein Widerfahrnis des Erreichens oder Verfehlens von Zwecken herstellenden Handelns.

Eine öffentliche, auch von Naturwissenschaftlern gern geteilte Meinung über das Experimentieren läßt sich weniger dadurch beeindrucken, daß mit dieser handlungstheoretischen Erläuterung die These Kants in der *Kritik der reinen Vernunft* eingeholt ist, wonach die Naturwissenschaften in der Rolle des bestallten Richters die Natur in den Zeugenstand rufen; vielmehr wird gegenüber dieser aktiven Komponente des Experiments gern eingewandt, die ungeplante Zufallsentdeckung spiele im Bereich des Experimentierens eine bedeutende Rolle. Die Lehrmeisterin Natur zeige sich gegenüber menschlichem Witz als immer noch für eine Überraschung gut. Freilich ist in dieser Populärmeinung nicht ausreichend bedacht, was man in diesem Zusammenhang unter »zufällig« zu verstehen hat. Wer von der Aristotelischen Zufallstheorie nicht zu belehren ist, wonach einem nur zufällig (*kata symbebekos*) zustoßen könne, was man auch absichtlich herbeiführen kann, mag aber doch wenigstens anerkennen, daß das Unerwartete oder Unbeabsichtigte immer nur als Unterschied zum Erwarteten oder Beabsichtigten definiert ist. Das heißt, gerade die Betonung der Zufallsentdeckung ist ein stillschweigendes Zugeständnis, daß das Experiment einen anderen Verlauf genommen hat, als im Lichte bisherigen Wissens erwartet. Mit anderen Worten, gerade die Betonung der experimentellen Zufallsentdeckung ist eine Bestätigung dafür, daß Präparation und Start des Experiments von Erwartungen getragen (und in diesem Sinne auch als Handlungen zu bezeichnen) sind und daß relativ zu diesen der Ausgang des Experiments Wissen liefert.

Eine Einsicht, die sich im Verweis auf die angebliche Wichtigkeit der Zufallsentdeckung verbirgt, ist ebenfalls handlungstheoretisch explizierbar: Etwas Neues gelernt wird in der Tat am ehesten dadurch, daß das Experiment zunächst einmal mißlingt. Das heißt, das in Präparation und Start investierte vorgängige Wissen reicht (noch) nicht aus, einen Verlauf sicher zu reproduzieren. Die Überwindung vorliegender Störungen und die dadurch bestätigte Störursachenhypothese erweitert den Bestand experimentell gesicherten Wissens. Darin liegt dann auch erkenntnistheoretisch der wichtigste Unterschied zwischen Naturforscher und Ingenieur. Der erstere ist insofern am Mißlingen seiner experimentellen Versuche interessiert, als ihm gerade die technische Beseitigung von Ursachen des Mißlingens den erhofften Erkenntnisfortschritt bringt, während der Ingenieur sich im wesentlichen auf bereits hinreichend verläßliches Wissen bei der Konstruktion und Herstellung von Maschinen verläßt – so sehr, daß er im Falle des Mißlingens weniger am investierten Wissen als vielmehr an seiner persönlichen Fähigkeit zu zweifeln hat, dieses in der rechten Weise einzusetzen.

Wird, und sei es aus geistesgeschichtlichen Gründen, die Absicht weiterverfolgt, »der Natur« im Zustandekommen experimentellen, empirischen Wissens noch eine Rolle zuzuweisen, so ist es handlungstheoretisch gesehen diejenige, daß ja weder im Experiment noch für den Ingenieur Beliebiges machbar ist. Das heißt, auch wo die investierten Wissensbestände durchaus hinreichen, technische Ziele zu formulieren – man denke etwa an ein Perpetuum mobile –, kommt es vor, daß sie sich jedoch empirisch nie realisieren lassen. »Natur« zeigt sich also als Grenze technischer Realisierbarkeit, und zwar dem Experimentator wie dem Ingenieur. Diesem Charakter der nicht überschreitbaren Grenzen zuzustimmen heißt, eine philosophische Vorsicht zu teilen, wonach experimentell gewonnene Erkenntnisse kein »Abbild« der Natur sind. Hätten sich Experimentatoren die Realisierung anderer als der historisch tatsächlich realisierten Verläufe vorgenommen, hätten sie andere natürliche Grenzen technischer Machbarkeit entdeckt. Mit anderen Worten, die Natur erzwingt keineswegs die Inhalte, also die Begriffe und Sätze, in denen naturwissenschaftliches Experimentalwissen zum Ausdruck kommt. Vielmehr setzt sie lediglich Grenzen, die als Unterschiede von technisch Machbarem und technisch Nichtmachbarem dem Naturforscher zustoßen – aber dieser trägt immer die Entscheidung, was ihm an Erfahrung zustoßen kann und was nicht. In einem an Hugo Dingler angelehnten Bild erweist sich Natur gegenüber ihrer experimentellen Forschung wie homogenes Gelee, das der Experimentator mit einem Löffel ausschöpft. Die Form des Löffels und die Form seiner Führung entscheiden, was aus dem Amorphen herausgelöffelt werden kann und welche Gestalt es hat – und bildlich der Geleetopf, wo die Grenzen des Ausschöpfens erreicht sind.

## 3. Biologische Besonderheiten

Nach der einleitenden Klärung, wonach vermeintliche Vorbehalte gegen den experimentalwissenschaftlichen Charakter der Biologie sich bei näherem Besehen geradezu als das Gegenteil erweisen und auch eine (1) naturgeschichtliche, (2) klassifizierende Theorie des (3) Lebendigen auf experimentelles Kausalwissen angewiesen ist, kann unter gleichsam neuen Vorzeichen noch einmal nach biologischen Besonderheiten gefragt werden – sofern es solche gegenüber dem physikalischen, chemischen oder auch psychologischen Experimentieren geben sollte. Hier ist allerdings auch auf die in der Einleitung gemachte Feststellung zu verweisen, daß der Bedeutung des Experiments in der Biologie ein philosophisches und wissenschaftstheoretisches Vakuum an Klärung gegenübersteht. Sofern die voranstehenden allgemeinen Klärungen des naturwissenschaftlichen Experiments dafür Abhilfe schaffen, können sie auch für die Biologie hilfreich sein. Allerdings zeigt sich eine Fülle biologiespezifischer Fragen, auf die hier nur eher unvollständige, programmatische Entwürfe vorgetragen werden können, ohne daß auf eine ausgearbeitete Theorie des biologischen Experiments Bezug genommen werden könnte. (Klärung in wichtigen Fragen gibt hier die Dissertation R. Langes 1999.)

Ohne Anspruch auf Vollständigkeit seien im folgenden drei Gegenstandsbereiche biologischen Experimentierens herausgegriffen, an denen sich Unterschiede und Gemeinsamkeiten des biologischen Experiments mit Nachbarwissenschaften ergeben, nämlich (1) Stoffwechsel, (2) Vererbung und (3) Verhalten.

*Zu (1):* Für alle biologischen Experimente zum Stoffwechsel von Organismen wird chemisches und physikalisches Wissen in Dienst genommen. Ob Volumen, Gewicht, Energieinhalt, chemische Zusammensetzung oder energetisch relevante Spezifikationen von Stoff- und Energieaustausch zwischen Organismus und Umwelt Gegenstand biologischer Experimente werden, physikalisches und chemisches Know-how des Experimentierens werden in der Biologie ohne Hinderung durch irgendwelche Fächergrenzen übernommen und praktiziert. Dazu gehören alle einschlägigen Meß- und Nachweisverfahren. Der Organismus im Fließgleichgewicht mit seiner Umwelt verletzt, und dies wird in biologische Experimente als (heute!) selbstverständlich investiert, weder physikalische noch chemische Erhaltungssätze. Gäbe es vielmehr eine Unverträglichkeit biologisch-experimenteller Beobachtungen mit solchen grundlegenden Prinzipien, würde sich eine Vermutung immer auf unzureichende Experimentalbedingungen für Stoffwechseluntersuchungen richten.

Diese Grundentscheidung moderner Biologie ist für ihren eigenen experimentellen Gegenstand von nicht zu unterschätzender Bedeutung: Würde etwa ein biologisch beschriebenes »System« irgendeinem physikalischen oder chemischen Erhaltungssatz widersprechen, wären Zweifel an einer adäquaten Ziehung von »Systemgrenzen« angebracht. Ob es dabei um die Abgrenzung eines individuellen Organismus, einer bestimmten Population oder etwa eines symbiotisch voneinander abhängenden Systems von Individuen oder Populationen geht, die technische Präparation des Experimentalgegenstandes wäre davon betroffen.

Dieser Hinweis soll verdeutlichen, daß es nichts Biologiespezifisches, einen prinzipiellen Unterschied von Physik und Chemie Definierendes ist, daß der Biologe naturgegebenen Lebewesen begegnet. Er begegnet ihnen im Rahmen experimenteller Forschung nämlich nicht nach Analogie des Jägers, der auf dem Hochsitz keine methodologischen Abgrenzungsprobleme zu reflektieren hat, was denn nun das System »Rehbock« hinreichend von seiner Umwelt abgrenze, um ihn mit einem Blattschuß zu erlegen. Der Biologe muß sich dagegen, wegen des methodologischen Ziels technischer Reproduzierbarkeit von Verläufen, der Reproduzierbarkeit von Stoffwechselprozessen im Sinne von Präparation und Start sicher sein. Und dazu hat er immer für die Herstellung und Verwendung apparativer Bedingungen, unter denen Organismen oder Populationen untersucht werden, orientiert an Physik und Chemie systemische Grenzziehungen vorzunehmen.

Dies ist die moderne, reflektierte Form von Naturwissenschaftlichkeit und Experimentalismus, der die alte Auffassung des Mechanismus ablösen kann: Weder ist – im Sinne Descartes' – der Organismus eine Maschine, noch muß – im Sinne der modernen Konstruktionsmorphologie nach W. F. Gutmann – eine Modellierung des Organismus durch maschinentheoretische Konstruktionspläne im Rahmen physikalischer und chemischer Gesetze als ausschließlich und erschöpfend angenommen werden. Vielmehr sind Präparationen für Experimente gelegentlich auch konstitutiv für (»funktionelle«) Systemgrenzen, über die hinweg Stoffwechselvorgänge stattfinden. In diesem Sinne sind auch die experimentell untersuchten Gegenstände oder Gegenstandsbereiche keine »natürlichen« mehr, sondern von Menschen gemachte, mit dem griechischen Wort: »technisch«.

Dies kann nur den die modernen Naturwissenschaften nicht verstehenden oder ideologisch ablehnenden Romantiker beunruhigen, denn z. B. schon die Frage etwa nach dem menschlichen Stoffwechsel in der Atmung läßt sich als naturwissenschaftliche Frage nur technisch stellen, indem der atmende Mensch in einen geschlossenen Behälter gesetzt wird und dann Messungen über Volumina, Temperatur, chemische Zusammensetzung, Feuchtigkeitsgehalt usw. von aufgenommener und abgegebener Atemluft stattfinden. Mit anderen Worten, ein experimenteller Umgang mit Stoffwechselprozessen bezieht sich immer auf ein technisch definiertes Objekt, das durch diese technische Bestimmung (im sprachfrei-handwerklichen wie im begrifflichen Sinne) erst ein verläßliches, reproduzierbares Wissen ermöglicht. Dies ist dem verbreiteten Irrtum entgegenzusetzen, wonach z. B. Natürlichkeit und Zuträglichkeit menschlicher Ernährung im begrifflichen Gegensatz zu experimentalwissenschaftlicher Forschung steht. Sollte z. B. die Naturbelassenheit bestimmter Nahrungsmittel, die übrigens auch als naturbelassene immer Ergebnis menschlichen Eingriffs durch Produktion sind (und in diesem Sinne ein Kulturprodukt), als Kennzeichen zuträglicher, gesunder Ernährung ausgewiesen werden, so geschieht dies in nachprüfbarer Weise wieder nur durch experimentelle Kontrolle. Eine Reflexion auf das Experimentieren mit Stoffwechselvorgängen und der Versuch, hierüber soviel wissen zu können wie möglich, ist immer technikgebunden – oder kein verläßliches Wissen. Erkenntnistheoretische Überlegungen, wie verläßliches Wissen über Stoffwechsel von Organismen möglich ist, können deshalb einen wichtigen Beitrag zur Entideologisierung der Diskussion über gesunde Lebensformen und darüber hinaus über einen vernünftigen Umgang mit der Natur als Ressource leisten.

Eine spezielle Teilklasse von Stoffwechselvorgängen bedarf besonderer philosophischer Klärung: die der kognitiv relevanten z. B. in Sinnesorganen und in (Zentral-)Nervensystemen. Unter den genannten physikalischen und chemischen Vorgaben und den in der Biologie etablierten und weiterentwickelten Experimentierverfahren gibt es keinen prinzipiellen Unterschied zwischen solchen Stoffwechselvorgängen, die z. B. der Aufrechterhaltung der Körpertemperatur, dem Wachstum oder der Lokomotion des Organismus dienen, und solchen, die der Steuerung von Verhalten über Wahrnehmung der Umwelt, von Beute, Freßfeinden und Fortpflanzungspartnern (oder anderen biologisch relevanten Weltgegenständen) dienen. Andererseits läßt sich selbst konsequent innerbiologisch dort eine Trennlinie ziehen, wo das physikalische, chemische, physiologische und strukturell-organismische Vokabular verlassen wird zugunsten von Wörtern, die primär dem Sprachbereich menschlicher Kognitionsleistungen entstammen, wie wahrnehmen, sehen, hören, riechen, tasten, erkennen, unterscheiden usw.

Ein damit in die experimentelle Biologie eingehendes »Körper-Geist-Problem« ist hier insofern von Bedeutung, als nach allgemeiner naturwissenschaftlicher Überzeugung das Experimentieren auch für die Bereiche organismisch geleisteter Kognition und der durch sie möglichen Steuerung von organismischem Verhalten zuständig ist. Leider ist dieser Bereich durch eine philosophiehistorische Diskussion derart verwirrt und vernebelt (und erhält sich diesen Zustand in der gegenwärtigen »Analytischen Philosophie des Geistes« mit ihrer Fixierung an ungeklärten, alltagssprachlichen Rede- und Denkgewohnheiten bzw. an verfehlten Verständnissen der Naturwissenschaften), daß vielleicht ein Hinweis auf das Experimentieren des Biologen als zweckgerichtetes menschliches Handeln wenigstens einige Probleme lösen oder zum Verschwinden bringen kann.

Hier ist Mehrheitsphilosophien mit einer gewissen Skepsis zu begegnen, die das Körper-Geist-Problem durch eine Naturalisierung von Erkenntnistheorie zum Verschwinden bringen möchten, indem letztlich, eventuell über behavioristische Beschreibungen menschlichen Handelns und Redens, Kognition und Information als (eventuell emergente oder superveniente) Eigenschaften materieller Systeme und ihrer zeitlichen Veränderungen aufgefaßt werden. Gerechtfertigt ist eine solche Skepsis dadurch, daß solche Programme (selbst wenn sie leisten könnten, was sie in Aussicht stellen) jedenfalls nicht mehr ihren eigenen Geltungsanspruch enthalten könnten. Geltungsansprüche nämlich werden in normativen Kriterien und damit letztlich in der Form von Aufforderungen von Menschen an Menschen erhoben, wo selbstverständlich wie in den elementarsten Formen des Aufforderns der kontrafaktische, d. h. noch nicht realisierte Zweck die zentrale Rolle spielt: Wie es unsinnig wäre, jemanden zum Schließen einer geschlossenen Tür aufzufordern, wäre es unsinnig, zum Erheben oder Einlösen von Geltungsansprüchen aufzufordern, wenn diese bereits erhoben und eingelöst (und selbstverständlich als eingelöste zu erkennen) wären. Da sich naturalisierte Erkenntnistheorien konsequent nur des Verweises auf Fakten, und zwar im Blick auf Geltungs- und Erkenntnisansprüche, bedienen, des Funktionierens organismischer Kognitionsleistungen, menschlicher Kommunikationsleistungen und schließlich naturwissenschaftlicher Erklärungsleistungen, verkennen sie, daß ein Ersetzen normativer durch faktischer Geltung nicht mehr mit Irrtümern und falschen Theorien oder Behauptungen zurechtkommt. Wahr oder gültig kann nur sein, was auch falsch oder ungültig sein kann.

Für eine experimentelle Erforschung organismischer Kognitions- und Steuerungsleistungen hat dies zur Folge, daß auf die Unterscheidung von gelingender und mißlingender Kognition bzw. Information oder Kommunikation nicht verzichtet werden kann. Mit anderen Worten, jeder Biologe, der etwa kognitiv gesteuertes Verhalten untersucht, muß in seine Experimente die Unterscheidung von zutreffender und nicht zutreffender Kognition bzw. erfolgreicher und nicht erfolgreicher Kommunikation investieren. Er kann sie nicht aus Experimenten bzw. empirischen Resultaten extrahieren oder ablesen.

Dies bedeutet nicht, kognitiv relevante Stoffwechselvorgänge erneut mit einem metaphysischen Ballast zu beladen. Es bedeutet lediglich, daß die – in aller Regel ja anthropomorphen – sprachlichen Mittel zur Beschreibung von Kognitionsleistungen so gefaßt werden müssen, daß der Unterschied von wahr und falsch, gültig und ungültig, zutreffend und unzutreffend operationalisiert wird. Nur dann läßt er sich experimentell realisieren und empirisch untersuchen. Dabei kommt ein Aspekt ins Spiel, der nur bei naturalistischen Mißverständnissen des Experimentierens zu unlösbaren Schwierigkeiten führt, im Rahmen handlungstheoretischer Auffassungen jedoch schon von Anfang an prinzipiell integriert ist: nämlich die Zweck-Mittel-Rationalität von Handlungen.

Von elementaren Alltagsbeispielen bis zu höchst komplexen Handlungsketten im naturwissenschaftlichen Forschungsprozeß gilt, daß das Verhältnis von Zweck und Mittel nicht eineindeutig ist; das heißt, weder kann ein bestimmter Zweck nur und ausschließlich durch ein bestimmtes Mittel erreicht werden, noch ist etwas, das Mittel für einen bestimmten Zweck ist, Mittel nur für diesen Zweck und nicht eventuell auch für andere. Das heißt, auch wo definitiv entscheidbar ist, ob eine Handlung ein Mittel für einen bestimmten Zweck ist bzw. ob ein bestimmter Zweck durch ein bestimmtes Mittel realisiert wird, bleibt die Offenheit für andere Mittel und Zwecke gegeben.

Für eine biologisch-experimentelle Untersuchung kognitiver Organismusleistungen heißt dies, daß Stoffwechselvorgänge in Sinnesorganen und Nervensystemen als Mittel für die Zwecke zutreffender oder unzutreffender Kognition beschrieben und experimentell erprobt werden müssen. Dazu muß der Biologe aber seine Beschreibungskriterien für den Unterschied von gelingender und mißlingender Kognition investieren. Im Beispiel: Welche Stoffwechselprozesse erklären, daß ein Reptil mit seiner Schleuderzunge ein Insekt fängt oder verfehlt, bleibt von den *a priori* investierten Unterscheidungskriterien des Biologen abhängig, die Sinneswahrnehmung des Reptils so zu interpretieren, daß sie die Beute richtig oder falsch wahrgenommen hat bzw. relativ zu richtiger oder falscher Wahrnehmung richtig oder falsch (zweckmäßig oder unzweckmäßig) reagiert hat. Die Pointe dieses simplen Beispiels liegt darin, daß gerade der Unterschied von zutreffender und unzutreffender Kognition nicht in einer eineindeutigen Kausalerklärung erzeugt werden kann, wonach gleichsam die nervöse Maschinerie des Organismus das Zutreffen der Wahrnehmungsleistung definiert. Vielmehr definiert der Biologe auf dem Niveau seiner Beobachtersprache diesen Unterschied und beschreibt dann den Organismus als ein mögliches Mittel der Realisierung dieser Leistung (etwa durch ein technisches Modell in neurophysiologischer Sprache).

Das Experiment in der Biologie ist also durchaus ein probates Mittel, im Rahmen biologischer Fragestellungen dem Körper-Geist-Problem bzw. der Aufklärung von Kognition und kognitiv gesteuertem Verhalten beizukommen. Es verweist aber zugleich darauf, daß es ein methodischer Irrtum wäre, hierin gleichsam eine systematische Naturgeschichte der Kognition zu suchen. Es sind nicht die naturgesetzlichen, systemischen Eigenschaften sogenannter »niederer« Organismen, die sich im Evolutionsgeschehen strukturell und funktionell höher entwickeln, bis ihnen durch geheimnisvolle Fulgurationen plötzlich die Wahrheit oder Geltung ihrer Kognitionen anhaftet. Es ist vielmehr die kultürliche Investition von (in Kulturgemeinschaften lebenden und erzogenen) Biologen, die in ihren Experimenten realisieren, was sie begrifflich an Geltungsansprüchen aus dem Kulturzusammenhang übernommen und als Gegenstand biologisch beschriebener Kognition konstituiert haben. Kognition, Kommunikation und Information erweisen sich so nicht als Naturgegenstände, sondern als begriffliche und methodische Investitionen in die Kunst biologischen Experimentierens.

*Zu (2):* Biologische Experimente zur Vererbung sind, gemessen am aktuellen Stand biologischer Forschung, wieder gegen biologiespezifische Mißverständnisse in Schutz zu nehmen: Die Favorisierung molekularbiologischer Verfahren und Theorien verstellt leicht den Blick auf den Gegenstand, um den es hier geht: Was »Vererbung« als Gegenstand von Experimenten ist, wird durch molekulare Gegenstände oder Vorgänge weder definiert noch konstituiert. Vielmehr sind es in methodischer Ordnung gerade diejenigen Untersuchungen und Entdeckungen einer alltagssprachlich so genannten Vererbung in der Generationenfolge von Individuen, die genetischen Experimenten den Gegenstand liefern. Gäbe es nicht einerseits die außerwissenschaftliche Rede von vererbten (versus z. B. erworbenen) Ähnlichkeiten zwischen Vorfahren und Nachkommen und andererseits ein ebenfalls außerwissenschaftliches Züchterwissen über Tiere und Pflanzen, in denen der Mensch durch Eingriff in das Fortpflanzungsgeschehen ihn interessierende »Eigenschaften« verstärkt oder unterdrückt, so hätte das Wort »Vererbung« keine Bedeutung.

Das heißt aber, ein methodisch rekonstruierendes Verständnis genetischer Experimente in der Biologie hat methodisch primär dort zu beginnen, wo sie tatsächlich auch historisch begonnen haben, etwa in den systematischen Züchtungsexperimenten von Mendel. Leider aber ist die Interpretation solcher Züchtungsexperimente, die bekanntlich auch für Darwin das Erklärungsmodell für natürliche Selektion abgeben, durch eine empiristische Philosophie mit ihrer Fortsetzung einer realistischen Metaphysik von mancherlei Mißverständnissen belastet. Das weitreichendste dürfte sein, von den durch Züchtung zu beeinflussenden »natürlichen Eigenschaften« oder »Merkmalen« zu reden, wie es schon die antike Metaphysik als Substanz-Akzidens-Schema entwickelt hat. Das heißt, die Unterstellung als Tatsache, Lebewesen hätten von Natur aus Eigenschaften, deren Vererbung in Züchtungsexperimenten erkannt werden solle (etwa um der Züchterin »Natur« auf die Geheimnisse zu kommen), ignoriert den zweckorientierten Kontext des Definierens und Zuschreibens von »Eigenschaften« durch den Züchter als notwendige Bedingung empirischer Resultate. Zugespitzt gesagt, haben Lebewesen von Natur aus überhaupt keine Eigenschaften. Vielmehr werden erst im Blick auf das züchterische Interesse, z. B. Pferde für die Zwecke des Lastentransports, des Springreitens oder des Ziehens von schweren Wagen zu züchten, spezifische Eigenschaften erfunden. (Eine genauere Konstitution der in Züchtungsexperimenten definierten »Eigenschaften« findet sich bei M. Gutmann.)

Man darf sich deshalb aus der allgemeinen Theorie des Experiments die Handlungen des Experimentators für Präparation und Start des Experiments nicht so vorstellen, daß er sich gleichsam zweckfrei zu einer möglichst naturgetreuen Abbildung von für die Züchtung vorgesehenen Individuen in einen Kriterienkatalog von natürlichen Eigenschaften begibt. Vielmehr ist es die lebensweltliche Praxis des Umgangs mit Lebewesen in Haltung und Züchtung, aus der heraus sich Züchtungsziele, Verfahren und Bedingungen ergeben. (Vgl. Gutmann 1996, Kapitel 7 »Die Züchtung«.)

Das zunächst irritierende Gleichsetzen von Züchtungsexperimenten etwa mit einem physikalischen oder einem chemischen Experiment läßt sich, entgegen dieser Prima-facie-Irritation, handlungstheoretisch konsequent einlösen, wenn der Bezug auf ein Züchtungskollektiv die Voraussetzung für Züchtungsverfahren wie Inzucht im engeren und weiteren Sinne, Reinlinienzucht, Kreuzungszucht usw., bei Pflanzen Selbstung, Pfropfung und andere Vermehrungsformen hergestellt wird. Erst bezogen auf Reinzucht-Verfahren gelingt die Präparation des Experimentalgegenstandes, an dem dann die durch Züchtung verstärkten oder abgeschwächten »Eigenschaften« festgelegt werden können. Ob das Experiment Erfolg oder Mißerfolg hat, besteht selbstverständlich im Erreichen oder Verfehlen bezweckter, also rational festgelegter Züchtungsziele.

Und erst wo dieses experimentell gestützte Züchtungswissen in sprachlich explizit beschriebener Form vorhanden ist, kann im nächsten Schritt darangegangen werden, sogenannte Vererbungsmechanismen zu suchen und zu erforschen, die der bereits erreichten technischen Reproduzierbarkeit von organismischen Eigenschaften im Reinzuchtverfahren verfügbar sind. (Zu diesen gehören auch die empirisch erkannten Grenzen der Züchtung als Vorgabe – bekanntlich wegen der heute erreichten technischen Möglichkeiten, in molekularbiologischen Verfahren durch direkten Eingriff Genomteilübertragungen vorzunehmen und dadurch Lebensformen zu produzieren, die in Tier- und Pflanzenwelt sonst nicht zur Vermehrung oder Kreuzung zu bringen sind.)

Von ähnlicher Art sind die zu klärenden Fragen, in welchem Sinne »Standardobjekte« technisch reproduziert werden können, die etwa für Experimente mit Bakterienstämmen, Viren oder anderen Formen des Lebendigen benötigt werden. (Hier sei abermals auf die Arbeit von Rainer Lange 1999 verwiesen.)

Die heute im Vordergrund des Interesses stehenden molekularbiologischen Experimente zur Vererbung können, brauchen aber hier auch nicht weiter diskutiert zu werden, da sie in eine experimentelle Technik eingebunden sind, wie sie auch in Chemie und Physik praktiziert wird und in der voranstehenden methodischen Theorie des Experiments handlungstheoretisch expliziert wurde. Mit anderen Worten, molekulare Genetik wirft, insofern sie als Experimentalwissenschaft betrieben wird, keine spezifisch anderen Probleme auf als andere Experimente in den Naturwissenschaften – wieder mit zwei biologiespezifischen Einschränkungen:

– In der Molekularbiologie hat sich, wie auch in der Chemie der großen Moleküle, die Rede von »Information« als struktureller Eigenschaft großer Moleküle oder Molekülketten eingebürgert. Diese bis in die Alltagssprache übernommene Rede von der »Codierung von Erbinformation im Genom« ist von einer Zweideutigkeit des Informationsbegriffs belastet, wie sie schon im alltäglichen Sprachgebrauch vorzufinden ist: Einerseits wird von »Information« so gesprochen, daß es entscheidend darauf ankommt, ob diese wahr oder falsch, zutreffend oder unzutreffend ist – wie etwa bei einer Information, die man durch eine Fahrplanauskunft von der Bahn erhält. Andererseits spricht auch der Laie davon, daß z. B. auf einer Schallplatte »Information gespeichert« ist – ersichtlich ohne den Anspruch, aus dem technischen Gelingen dieser Speicherung und der Abrufmöglichkeiten auf Wahrheit oder Falschheit der gespeicherten Informationen schließen zu können.

Für die informationstheoretische Rede im Bereich der Genetik ist zu berücksichtigen, daß hier ausschließlich die zweite Form vorgesehen wird, der es weder auf eine Semantik noch auf Geltung dieser Information ankommt – von einer abwegigen Metaphorisierung abgesehen. Damit tritt einfach an die Stelle traditioneller Kausalbeschreibung von Molekülstrukturen und chemischen Reaktionen eine Art von informationstheoretischem Jargon, ohne daß dadurch etwas prinzipiell anderes oder Neues, etwa in neuen Experimenten zu Untersuchendes zur Biologie hinzugekommen wäre. Informationen werden kurz als Struktureigenschaften materieller Systeme und deren zeitliche Veränderung als Informationsverarbeitung »interpretiert«, d. h. aber redundant übersetzt.

Kritikbedürftig daran ist, wenn (im Gefolge naturalistischer Mißverständnisse) bei der Rede von »Codierung« übersehen wird, daß nicht das codierende oder codierte System, wohl aber der diese Metaphorik verwendende Biologe unterscheiden muß zwischen wahren und falschen Aussagen über den technischen Erfolg einer Codierungshandlung (nämlich über eine gelingende Rückübersetzung in den primären Zustand) und daß durch diese strikte Trennung des Objektbereichs molekulargenetischer Untersuchungen von den Geltungskriterien der sie darstellenden Aussagen das Wahrheits- oder Geltungsproblem der letzteren nicht auf die Objektebene verschoben ist. Mit anderen Worten, die Rede von Information in der experimentellen Genetik ist nicht etwa eine Möglichkeit, aus dem »Verhalten« von Molekülen zur Wahrheit von Aussagen über sie zu kommen, sondern umgekehrt.

– Ein zweites Mißverständnis, das sich gern an die Beschreibung molekulargenetischer Experimente knüpft, betrifft die Unterscheidung von Genetik und Gentechnik in dem Sinne, daß erstere das zweckfreie Aufspüren naturgesetzlicher Vorgänge oder Mechanismen, letztere eine davon losgelöste oder ablösbare technische Anwendung z. B. im Bereich der Züchtung neuer Pflanzensorten sei. (Dieses Mißverständnis bestimmt weitgehend die ökologische Diskussion der Gentechnik, weniger die Selbstverständnisse der Genetiker.) Gerade die handlungstheoretische Klärung des Experimentierens zeigt, daß es überhaupt kein Wissen von »naturgesetzlichen« genetischen Zusammenhängen geben kann, es sei denn in der Form des Beherrschens von Experimentiertechniken. Es ist also ein verfehlter Technikbegriff, der die Trennung von naturwissenschaftlicher Genetik und technischer Anwendung in einer Gentechnik für möglich hält, weil nicht gesehen wird, in welchem Sinne die Gegenstände einer experimentellen Genetik selbst technisch erzeugt sind.

Etwas anders gelagert, aber hierher gehörend sind die innerbiologischen Mißverständnisse, daß im Genom vollständige Konstruktionspläne für den adulten Organismus und seine Entwicklung von der Zeugung an vorlägen. Dagegen sind stichhaltige, mit der hier entwickelten Theorie des Experiments kompatible Einwände sowohl von der Konstruktionsmorphologie Senckenbergscher Provenienz als auch der Funktionskomplexitätstheorie H.-R. Dunckers vorgetragen worden.

*Zu (3):* Verhaltensexperimente stehen generell unter einem unglücklichen philosophischen Erbe: Descartes hatte Tiere als Automaten bezeichnet und eine prinzipielle, erkenntnistheoretische Trennlinie zwischen dem naturwissenschaftlich Erklärbaren und dem Geistigen gezogen. Unter dem Vorzeichen einer erfolgreichen Physik und dem Experiment als ihrem wichtigsten Erkenntnismittel hat sich in der zweiten Hälfte des 19. Jahrhunderts eine Experimentalpsychologie etabliert, der Physik, Physiologie und Anatomie die wichtigsten Referenzdisziplinen wurden. Nach Maßgabe der dort etablierten Verfahren und in Opposition zu einer spekulativen Psychologie der Philosophen wurden Aspekte menschlichen und tierischen Verhaltens wie z. B. das Lernen zum Gegenstand von Experimenten gemacht, für die kein prinzipieller, etwa ontologisch oder erkenntnistheoretisch begründeter Unterschied zwischen Mensch und Tier gezogen wurde.

Das naturwissenschaftliche Vorbild geriet schnell in Konflikt mit der Verwendung einer Begrifflichkeit, die für kognitive und emotive Aspekte menschlichen Handelns und Erlebens in Alltagssprache, Literatur, Philosophie und Theologie gebräuchlich waren. Dies hat in Verhaltensexperimenten mit Menschen wie Tieren zu einer radikalen Skepsis gegenüber einer (später so genannten) »deutenden«

oder »verstehenden« Sprechweise geführt und an deren Stelle eine Beschränkung auf »Erklärungen«, d. h. auf das physikalisch Beobachtbare postuliert und teilweise praktiziert. Allgemein bekannte Beispiele hierfür sind die Pawlowschen Reflex-Experimente, der Behaviorismus J. B. Watsons und, in der Wissenschaftstheorie des 20. Jahrhunderts, der Physikalismus des frühen Wiener Kreises.

Für Verhaltensexperimente mit Tieren – das Problem, welcher Sprache sich die Beschreibung einer experimentellen Verhaltenspsychologie des Menschen zu bedienen hat, bleibe hier ausgespart – sah man sich mit der Frage konfrontiert, inwieweit Anthropomorphisierungen menschlichen Verhaltens erlaubt, verboten und vor allem vermeidbar waren. Daß dabei einer radikalen Form des Physikalismus, der nur die physikalische (und in der für den Physikalismus typischen Subsumption der Chemie unter die Physik auch die chemische) Terminologie zulassen wollte, größte Schwierigkeiten erwachsen mußten, liegt auf der Hand. Etwas Verhaltensspezifisches, wie z. B. die Interpretation des Appetenzverhaltens als Suchbewegung nach Nahrung, konnte so nicht erfaßt werden. Deshalb wird (wie übrigens auch weitgehend in der Humanpsychologie) nur noch ein methodologischer Behaviorismus vertreten, der versucht, für die Terminologie einer experimentellen Verhaltensforschung Operationalisierungen anzubieten und damit bewußtseinsabhängige Deutungen zu vermeiden.

Das prinzipielle Problem, aus welchen Wurzeln die Sprache einer experimentellen Verhaltenswissenschaft stammen solle, wurde in der Biologie wohl deshalb nie prinzipiell gestellt und beantwortet, weil mit zunehmender Anerkennung der Darwinschen Evolutionsbiologie auch die Verhaltensforschung unter evolutionstheoretischen Erklärungsanspruch gestellt wurde: Am deutlichsten und konsequentesten wohl im Programm von Konrad Lorenz (1973) sollte der Evolution organismischer Strukturen auch eine Evolution des Verhaltens zur Seite gestellt werden, das schrittweise parallel zur Entwicklung organismischer Konstruktionspläne die Verhaltensdifferenzierungen von einer »amöboiden Reaktion« bis zu geplanten Handlungen des Werkzeuggebrauchs in den Köhlerschen Affenversuchen und schließlich der sprach- und traditionsabhängigen Menschen erklären sollte.

Mit anderen Worten, nicht der erkenntnistheoretische Grund, daß der Experimentator im Verhaltensexperiment zunächst einmal anthropozentrisch seine Erkenntnisziele und die dafür gewählten Mittel durch ein experimentelles Design anzugeben hatte, sollte Begriffsbildungen erlauben, die auch in der Alltags- und Bildungssprache für menschliches Handeln und Erleben gebräuchlich sind; vielmehr das letztlich evolutionsbiologische Erkenntnisziel, jegliches tierische Verhalten als Vorstufe des menschlichen anzusprechen (und hierdurch auch als heuristisches Mittel für die Ontogenie menschlichen Verhaltensrepertoires zu nutzen), sollte anthropomorphisierende Sprechweisen zulässig machen.

Man darf den Einfluß nicht unterschätzen, den diese Strategie auch außerhalb fachwissenschaftlicher Forschung, etwa in der öffentlichen Meinung hatte, wo z. B. biologische Aggressionstheorien zur Deutung individuellen oder kollektiven menschlichen Handelns herangezogen wurden, wo die Rede von Instinkt, Orientierung, Lernen, Hackordnung, Reflexen, ja sogar von einem Stufenbau des Kognitiven mit einer popularisierten Auffassung von Abstraktion, Zwecksetzung und Handlungsplanung vertreten wurde, und schließlich sogar die Dressurexperimente, Primaten Formen der Sprache beizubringen, heute Allgemeingut sind. Diese Auffassungen propagieren in populären und höchst verbreiteten Darstellungen bis in die aktuelle Gegenwart einen Biologismus anscheinend unbegrenzter Reichweite.

Verstärkt werden diese Einflüsse noch durch ein weiteres, aus der philosophischen Tradition stammendes Erbe, wonach die Erkenntnis gleichsam die Herrin der Triebe, also die »Ratio« die Steuerungsautorität der »Emotio« sein sollte. Evolutionsbiologisch gewendet, sitzen die »höchsten«, nämlich kognitiven Leistungen von Begriffsbildung und Sprache, von wissenschaftlicher Welterkenntnis und erkenntnisgetragener Ethik »über« dem Emotiven, vom dumpfen Trieb bis zum Gefühl des Erhabenen. Für die Begriffsbildung von Verhaltensexperimenten hat dies zur Folge, daß Kognitionsleistungen gleichsam die höchsten, für den triebmäßig und emotiv balancierten Organismus die für die Arterhaltung relevantesten und am höchsten selektiven Vorzüge darstellen – bis in die Erklärung der Möglichkeit von Kultur und technischer Zivilisation hinein.

Für die Gewinnung empirisch-experimenteller Erkenntnisse über tierisches Verhalten zieht dies die Annahme einer Hierarchie von Leistungen nach sich, die man im günstigen Falle ontogenetisch wie phylogenetisch nachweisen können soll. Es ist, bildlich gesprochen, der Aufstieg von der Täuschbarkeit des Stichlingsmännchens durch eine optimale Feindattrappe über averbales Lernen bei Wirbeltieren (durch Abstraktion und vorsprachliche Begriffsbildung) zum Ich-Begriff und schließlich zur Selbstdistanzierung in sprachlich repräsentierter Übersicht über eigene, vergangene wie zukünftige Situationen unter Einbeziehung anderer Artgenossen. Unter diesen Vorzeichen ist dann, im Rahmen sogenannter evolutionärer Erkenntnistheorien, auch keine prinzipielle Grenze mehr zwischen tierischem Verhalten und menschspezifischen Kulturleistungen einschließlich der Wissenschaften (bis hin zur sogenannten Zweiteilung der Kultur in eine natur- und eine geisteswissenschaftliche Betrachtungsweise) gezogen worden.

Aber auch wo von Ethologen derart weitreichende Konsequenzen biologischer Kulturdeutung nicht geteilt werden, ist es doch durchgängig üblich geworden, von einem »zweckmäßigen« Verhalten zu sprechen. Ob Instinkte definiert werden als Verhaltensweisen, die, in ihren wichtigsten Teilabläufen erblich festgelegt, für die Erhaltung des Individuums oder das Fortbestehen der Art durchschnittlich vorteilhaft sind, ob das Appetenzverhalten durch sogenannte »Endhandlungen« mit Bedürfnisbefriedigung zweckmäßigerweise zum Stillstand kommt, ob die Rolle von »Imponiergehabe« und »Demutsgebärden« für die Paarbildung zweckmäßig ist oder das Sozialverhalten von staatenbildenden Insekten mit einer zweckmäßigen Arbeitsteilung erklärt wird – schon die Begriffsbildung für Entwurf und Durchführung von Verhaltensexperimenten ist von Zweckmäßigkeitsüberlegungen im Sinne evolutionstheoretischer Erklärungen geleitet. Hier kann eine methodologische Reflexion auf die Bedingungen für einen empirischen Erkenntnisgewinn durch Experimente vor dem biologistischen Mißverständnis der Plazierung der Zwecke auf der falschen Sprachebene bewahren:

Das Experimentieren selbst kann, wie oben gezeigt, nur als zweckgerichtetes Handeln interpretiert werden, wenn die dabei gewonnenen Erfahrungen als wiederholbare Widerfahrnisse verfügbar werden sollen. Das heißt aber, daß der experimentierende Ethologe seine eigene Disziplin mit deren erfolgreichen Verfahren nur im Rahmen einer Unterscheidung von Handeln und Verhalten begreifen kann. Nichts spricht dagegen, diese Unterscheidung, die nicht nur theoretisch, sondern sogar im tatsächlichen Vollzug des Experimentierens und der Interpretation von Experimentalresultaten unverzichtbar ist, auch zum methodischen Inventar auf der biologischen Objektebene zu machen. Mit anderen Worten, nichts spricht dagegen, die Unterscheidung, die ohnehin tatsächlich vom Biologen vollzogen werden muß, auch im Bereich der Untersuchungsobjekte gelten zu lassen.

Im einzelnen heißt dies, daß für die in Experimenten nutzbare Begriffsbildung für tierisches Verhalten eine methodische Ordnung zu berücksichtigen ist, die in den wichtigsten Schritten folgendermaßen durchlaufen wird: Primär für jede Wissenschaft vom tierischen Verhalten ist, daß der Biologe in bezug auf seine eigenen Bemühungen Handlungen von Verhalten und von Widerfahrnissen, die keines von beidem sind, unterscheidet. Im zweiten Schritt lehrt ein Blick auf die Verhaltensexperimente von Psychologen, daß dort auch an Handlungen (im terminologischen Sinne!) von Versuchspersonen durch den Versuchsleiter experimentiert wird, wo Instruktionen der Versuchsperson durch den Versuchsleiter und deren Befolgung durch die Versuchsperson eine konstitutive Rolle für Verlauf und Erfolg eines Experiments bilden. Das heißt, die Handlungen einer Person können durch eine andere Person wie ein Verhalten, ja wie ein naturgesetzlicher Verlauf betrachtet werden. (Die Unterscheidung erkenntnistheoretischer von ethischen Problemen eines solchen Vorgehens kann hier nicht besprochen werden; vgl. dazu Janich 1996b.) Das heißt aber, daß schon im experimentellen Umgang mit Menschen die Unterscheidung von Handeln und Verhalten es für den Objektbereich nicht verbietet, Beschreibungen und Kausalerklärungen zu geben, ohne daß dabei der handelnden oder sich verhaltenden Versuchsperson die Autonomie zu dieser Unterscheidung abgesprochen werden muß. Beim Übergang auf Tiere gibt es also keinen Grund, in der Verwendung (operationalisierter) anthropomorphisierender Beschreibungen eine Verletzung naturwissenschaftlicher Prinzipien des Experimentierens zu sehen. Die Frage, ob Tiere im kartesischen Sinne Automaten sind oder nicht, braucht dazu nicht einmal erwogen zu werden. Alle Fragen haben sich vielmehr auf der methodologischen Ebene der Klärung des Experiments zu entscheiden.

Zu letzteren gehört an prominenter Stelle, daß eine Rede vom »zweckmäßigen Verhalten« nur dann sinnvoll ist, wenn mit Gründen entschieden ist, auf welcher Ebene, d. h. bei welchem zwecksetzenden Subjekt, die Zwecke verortet werden. Ersichtlich sind es bei evolutionstheoretischen Fragestellungen die Erkenntniszwecke des Biologen und nicht die Zwecke des sich verhaltenden Tiers, um die es für die Entwicklung und Durchführung von Experimenten gehen kann. Es sind ja schließlich die funktionellen Leistungen in Form tierischen Verhaltens, die dem Biologen in seinen komplexen Erklärungen weiterhelfen – ob dem Individuum oder der Art qua Naturgeschehen weitergeholfen wird, beurteilt (stellvertretend für die Natur) immer der von Zwecken geleitete, redende und experimentierende Biologe. (Hier wiederholt sich, was oben am Beispiel kognitiv relevanter Stoffwechselprozesse bzw. später am Beispiel entwicklungsrelevanter Codierungen von Informationen im Genom gesagt wurde: Es sind immer die Zuschreibungen von wahr und falsch, von gelungener und mißlungener Kognition, von erfolgreicher und erfolgloser Mittelwahl durch den Biologen an ein Organ, einen Organismus oder an eine Art, die den biologischen Gegenstand konstituieren.)

## 4. Schluß

Eine handlungstheoretische Klärung des Experiments in der Biologie mit dem Ziel, die Bedingungen für den Gewinn empirischer Erkenntnis durch Experimentieren herauszuarbeiten, zeigt nicht nur die Relativierung aller biologischen Erkenntnis auf das zweckgerichtete Handeln und Reden des Biologen. Dies könnte als eine zwar antibiologistische und damit für das Selbstverständnis des Biologen wichtige, aber im Forschungsprozeß nicht weiter wirksame Einsicht gewertet werden. Vielmehr zeigt sich auch, daß eine erkenntnistheoretische Klärung der Mittel, denen die Biologie ihre erfahrungswissenschaftlichen Fortschritte verdankt, einen konstitutionstheoretischen und einen semantischen Beitrag für den Gang der Biologie leistet: Die Objekte der Biologie sind, pointiert gesagt, keine Naturgegenstände, sondern höchst zweckmäßige Erfindungen des Biologen. Denn es sind seine Fragen und Erkenntnisinteressen, unter denen Naturgegenstände zu Objekten in bestimmten Verfahren werden – so daß die Natur, wie sie die Biologie erkennt, immer eine nicht aus der Distanz beschriebene, sondern an technisch-experimenteller Intervention geprüfte und beherrschte Natur ist.

# Kapitel VI
# Wissen vom Menschen

# I. Was ist genetisches Wissen?

## 1. Einleitung

Die Einladung, als Philosoph zur Frage »Was ist genetisches Wissen?« Stellung zu nehmen, verstehe ich als Aufforderung, die klassische Aufgabe des Philosophen wahrzunehmen: nämlich eine Kritik im Prinzipiellen zu leisten. »Kritik« kommt von griechisch *krinein*, unterscheiden. Es werden also Unterscheidungen im Grundsätzlichen zu leisten sein. Das »Grundsätzliche« des Human-Genom-Projekts (im folgenden kurz HGP) liegt in den stillschweigenden Annahmen, Hintergrundphilosophien, Ontologien und Grundüberzeugungen der Wissenschaftler und Politiker, die mit dem HGP umgehen.

Vorschnell wäre es, Klärungsbedarf nur bezüglich philosophischer Fragen der Genetik zu erwarten. Auch was Wissen heißt, steht hier durchaus zur Debatte.

Die Philosophie hat, so wird gerne von ihren Historikern behauptet, ihren Anfang, ja geradezu ihren Anlaß in der Entdeckung gehabt, die Frage nach dem Wissen zu stellen. Was unterscheidet Wissen nicht nur vom Irrtum, also wahr von falsch, sondern insbesondere von bloßen Meinungen, die erst durch Begründung oder Widerlegung zum Wissen oder zum Irrtum werden?

Leider ist es heute unter Philosophen, zumal unter Wissenschaftstheoretikern, nicht mehr Konsens, daß diese Frage nach Wahrheit, Wissen und Erkenntnis ein originär philosophisches Aufgabengebiet ist. Ganze Schulen und Strömungen haben den Hut des selbständigen Denkens an der Garderobe des Theaters abgegeben, auf dessen Bühne die Naturwissenschaft aufgeführt wird. So hat z. B. Karl Popper dort, wo es nicht um die Formalwissenschaften Mathematik und Logik geht, die Wissenschaftlichkeit auf einen speziellen Typ von Widerlegbarkeit durch Erfahrung eingegrenzt. Die Bestimmung eines wissenschaftlichen Wissens, das über ein »Bisher nicht an Erfahrung gescheitert« hinausgeht, fehlt bei ihm. Seinem Schüler Thomas S. Kuhn ist sogar dieser »Kritische Rationalismus« mit seinem Rationalitätsanspruch noch zu weit gegangen; das wissenschaftliche Wissen wird bei ihm nur noch zu einem sozialen, historischen Phänomen und besteht in der Meinung der Fachleute (der

»Scientific Community«) zu einem bestimmten Zeitpunkt. Da es aber keinen Rat der Weisen gibt, die eine Einteilung von Fachleuten und Nichtfachleuten zu treffen hätten, gibt es nur noch das historische Faktum der Paradigmenwechsel als Überlebensgeschichte von Glaubensgemeinschaften. Und W. V. O. Quine »naturalisiert« die Erkenntnistheorie (also nicht nur die Erkenntnis!) und macht sie selbst zum Gegenstand naturwissenschaftlicher Fachdisziplinen. Alles wird (erkenntnistheoretisch unbestimmte) »Erfahrung« – Spracherwerb und Sprachverwendung genauso wie Sinneswahrnehmung oder eben die Verfahren der Naturwissenschaften. Es gibt bestenfalls nur noch ein Schichtenmodell von schieren Fakten, denen wiederum nur faktisch zugestimmt oder nicht zugestimmt wird. Die philosophische Idee von Wahr und Falsch, von Erkenntnis, Meinung und Irrtum ist verschwunden.

Hier wird diese Selbstaufgabe der Philosophie, die man trotz ihrer großen Anhängerschaft unter Naturwissenschaftlern und Philosophen getrost eine Mode nennen kann, nicht geteilt. Vielmehr lehrt schon das tägliche Leben (und zeigt nebenbei die Wissenschaft am HGP), daß eine gesittete Gemeinschaft nicht ohne gegenseitige moralische und rechtliche Verpflichtungen auskommt. Dazu rechnen Ansprüche an andere und an sich selbst, wahr, falsch und nicht gewußt zu unterscheiden und durch Suchen und Finden, durch Begründen und Widerlegen, durch Gelingen und Scheitern einzulösen. Ewige oder absolute Wahrheiten sind nicht verlangt. Aber das andere, heutige Extrem relativistischer Beliebigkeit und schierer Tatsächlichkeit ist nicht akzeptabel.

Damit wird die Frage »Was ist genetisches Wissen?« zu einer ernstgemeinten Frage, statt einfach den tatsächlichen Meinungen von Gruppen, und seien sie noch so sehr als Experten geschätzt, hinterherzulaufen. (Diese Gruppen sind also sowohl Grundlagenforscher der Genetik als auch Bestätigungsphilosophen des Tatsächlichen.)

Selbstverständlich kann hier keine Erkenntnis- oder Wahrheitstheorie entwickelt werden. Dazu wird auf einschlägige Fachliteratur verwiesen.[1] Es bleibt nur, philosophische Kritik sozusagen im Vollzug zu demonstrieren, und zwar an den entscheidenden Aspekten des Human-Genom-Projekts.

1 Vgl. Janich 1996d (2. Auflage 2000); 2000a.

Durch das Human-Genom-Projekt geht ein Riß. Das naturwissenschaftliche Programm der Identifizierung und Sequenzierung von Genen im menschlichen Genom einerseits, die »ELSI«-Probleme (»ethical, legal, social issues«) andererseits werden unter zwei Perspektiven verfolgt, zwischen denen es Verwerfungen, Unverträglichkeiten, ja Widersprüche gibt. Hier ist nicht davon die Rede, daß es selbstverständlich grundverschiedene Aufgabenbereiche sind, einerseits naturwissenschaftliche Grundlagenforschung zu treiben und andererseits über deren Folgen in moralischer, rechtlicher und politischer Hinsicht zu urteilen. Vielmehr wird im folgenden die These vertreten, daß im HGP diese beiden Aufgabenbereiche in einem folgenreichen Konflikt zweier Perspektiven zueinander stehen.

Schon die allgemeinere Frage »Was wissen wir, wenn wir das menschliche Genom kennen?« enthält einen Hinweis auf diesen Konflikt: Sie formuliert die Aufgabe zu diskutieren, was wir denn nun wissen, wenn ..., während der Wenn-Satz selbst (»wir kennen das Genom«) anscheinend eine unkontroverse, naturwissenschaftliche Grundlage benennt, über die man sich allenfalls auf den neuesten Kenntnisstand zu bringen habe. Dieses Vorverständnis wird hier nicht geteilt. Statt dessen wird philosophisch nachzufragen sein, was es heißt, das Genom zu *kennen* bzw. *genetisches Wissen* zu haben. Dabei wird sich zeigen, daß das vorherrschende *naturwissenschaftliche Selbstverständnis* der Akteure und Vertreter des HGP ursächlich ist für gravierende Probleme bei der Lösung der ELSI-Fragen.

Dazu wird im ersten Schritt auf ein prinzipielles Verständigungsproblem der HGP-Diskussion verwiesen, dessen Kern in einem zweideutigen Begriff von »Information« liegt. Im zweiten Schritt wird der technische Charakter genetischen Wissens gezeigt. Im dritten Schritt ist ein philosophisches Resümee zu ziehen, worin beim HGP das Erklärungsbedürftige (*Explanandum*) besteht und worin die Erklärung (*Explanans*).

## 2. Unverträgliche Informationsbegriffe

Im HGP wiederholt sich, was in den letzten fünfzig Jahren dem Informationsbegriff allgemein widerfahren ist (und bis in die lateinischen Ursprünge bei *informare* und *informatio* zurückreicht):[2] In den Wissenschaften wie im täglichen Leben werden zwei sich widersprechende Informationsbegriffe gebraucht. Wie auch immer dieser Gegensatz benannt wird, es geht immer um dasselbe: In Alltag und Wissenschaften wird von *Information* einerseits so gesprochen, daß es dabei auf *Bedeutung* und *Geltung* ankommt (z. B. bei einer Information über Zugfahrpläne, über genetisch bedingte Krankheiten oder über den Autor dieses Textes); und andererseits wird in »mathematischen Theorien der Information« nachrichtentechnisch Informationsübertragung als kausaler, naturwissenschaftlich beschreibbarer, an technischem Gerät realisierter Vorgang beschrieben. Dort geht es um den Erhalt von Strukturen einer Nachricht. Diese »Information« hat weder Bedeutung noch Geltung.

Die *nachrichtentechnische Fachsprache der molekularen Genetik* mit den üblichen Sprechweisen von Entschlüsseln, Code, Codieren, Transkribieren, Translatieren, genetischer Information sowie die im HGP betriebene Bioinformatik und der Einsatz moderner Großcomputer in der Strukturforschung des menschlichen Genoms bedienen sich eines *strukturellen Informationsbegriffs.* Molekulare »Information« hat weder Bedeutung noch Geltung, sowenig wie Speicherung und Wiedergabe von »Information« auf Tonband. In den *ELSI-Fragen* jedoch, in denen die genetische Disposition eines Versicherungsklienten, eines Heiratswilligen oder eines Patienten festgestellt, mitgeteilt, vorenthalten, gesetzlich geregelt usw. wird, geht es um einen *kommunikativen Informationsbegriff.* Hier sind inhaltliches Verständnis und kontrollierbare Geltung »genetischer Information« unerläßlich.

Philosophische Analysen des Informationsbegriffs haben gezeigt,[3] daß der Streit um Zuständigkeit zwischen mathematischen Naturwissenschaften einerseits und Kulturwissenschaften andererseits in eine vernünftige Arbeitsteilung aufgelöst werden kann. *Methodisch*

2 Nähere Details zur Geschichte des Informationsbegriffs in: Janich 1999a; auch im vorliegenden Band.
Eine ausführliche Geschichte findet sich in: Capurro 1978.

3 Vgl. Janich 2000b.

*primär* haben Begriffe der Kommunikation und Information ihren Sitz in sprachlichen Leistungen von Menschen, die reden, um im Rahmen der täglichen Lebensbewältigung gemeinschaftliche Praxis zu organisieren. Dort haben Nachrichten, ihre Erzeugung, ihr Transport durch Raum und Zeit, ihre Entgegennahme sowie die Ziele der beteiligten Kommunikationspartner, verstanden zu werden bzw. verstehen zu wollen (und beides zu erreichen), eine Rolle, für die es immer auf Bedeutung und Geltung ankommt.

Was Aufgabe eines (menschlichen) Boten bei der Überbringung einer Botschaft ist und was die Leistungen technischer Substitute (wie der Verschriftlichung gesprochener Sprache, Telefon, Tonband) sind, ist definiert und philosophisch geklärt.

Mit großem Erfolg sind Teile dieser *menschlichen Leistungen* der Kommunikation *technisch substituiert* worden. Nachrichtentechnische Mittel sind Gegenstand natur- und technikwissenschaftlicher Erforschung und Beschreibung.

Ebenfalls mit großem Erfolg sind nachrichtentechnische Mittel für die *Modellbildung in naturwissenschaftlicher Forschung* verwendet worden, z. B. in der Thermodynamik, der Hirnforschung und der Molekularbiologie. An den Erfolg dieser Modellbildung aber hat sich eine falsche Populärphilosophie angeschlossen, der die Abhängigkeit der Nachrichtentechnik von gelingender menschlicher Kommunikation unbekannt ist: Es sind nämlich die Unterschiede von Verstehen und Nichtverstehen, von Anerkennen und Nichtanerkennen, von Geltung und Nichtgeltung, von Wahr und Falsch, die letztlich die Definition der (ungestörten) Funktion technischer Substitute menschlicher Kognitionsleistungen (wie Telefon oder Rechenmaschine) tragen. Das Argument dafür ist ebenso einfach wie triftig. Auch schwer gestörte technische Systeme, über die keine sinnvolle menschliche Kommunikation mehr möglich ist oder in denen falsche Resultate (z. B. an Rechnern) produziert werden, widerlegen keine Naturgesetze. Sie gehorchen vielmehr denselben Gesetzen wie die störungsfrei funktionierenden technischen Systeme: Es bleibt immer die Kompetenz des menschlichen Sprechers oder Rechners, Störungen nachrichtentechnischer Systeme in kommunikativ relevante und irrelevante (d. h. für Verständnis und Geltung entscheidende) einzuteilen. Das technische System (d. h. seine Funktion nach physikalischen Gesetzen) kann dies selber nie. Es ist gegenüber Bedeutung und Geltung von Kommuniziertem neutral.

Naturgesetze definieren oder erklären weder (semantische) Bedeutung noch (alethische) Geltung.

Bei der Verwendung nachrichtentechnischer Modelle in naturwissenschaftlicher Forschung ist dies übersehen worden. Wer z. B. Sprachverstehen oder Erkennen allein als Organismusleistung erklären will, übersieht, daß dieselben Organismusdispositionen auch für alle Mißverständnisse und Irrtümer verantwortlich sind. Wer die Erkenntnisfähigkeit des Menschen als Evolutionsprodukt bestimmen möchte, hat damit auch die Irrtumsfähigkeit des Menschen bestimmt.[4] Zwar haben Sprachverstehen und Erkenntnisfähigkeit immer materielle Träger, die sinnvoll naturwissenschaftlich erforscht und beschrieben werden können; aber Sprachverstehen und Erkennen sind selbst keine naturwissenschaftlichen Gegenstände, d. h. sie können naturwissenschaftlich nie vollständig kausal erklärt werden. Dies ergibt sich bereits aus dem simplen Grund, daß diese Erklärungen ihrerseits nur Erklärungen sein können, wenn sie (semantische) Bedeutung und (alethische) Geltung haben und von Menschen kommunikativ vertreten werden. Bezogen auf das HGP heißt dies, daß die informationstheoretische Sprechweise z. B. bei den Prozessen der Translation und Transkription im Genom sich einer Metaphernbildung bedienen, der gerade das Spezifische der Metaphernherkunft verlorengegangen ist.

Der friedliche Kompromißvorschlag, stillschweigend eine Unterscheidung mitzuführen, wonach auf der naturwissenschaftlichen Sprachebene der molekularen Genetik der strukturelle, nachrichtentechnische Informationsbegriff, auf der Ebene der ELSI-Fragen jedoch der kommunikative Informationsbegriff gemeint sei, hilft hier leider nicht weiter. Es wird nämlich dadurch gerade der Sinn der Frage unklar, was wir wissen, wenn wir das Genom kennen: *materielle* (nämlich: molekulare) *Strukturen* sollen die Informationsträger sein, die *ursächlich* sind für die Informationen, die der Arzt dem Patienten gibt oder der Gesetzgeber dem Versicherer über die genetische Disposition von Klienten zugänglich macht. Es lassen sich in den offiziellen Texten des HGP, in Lehrbüchern und in der ELSI-Diskussion des HGP immer wieder Passagen nachweisen, in denen unerkannt Informationen im Sinne der Genomstruktur als Informationen über Gesundheitsrisiken, Veranlagungen, Erbgänge

4 Für eine detaillierte Begründung dieser These vgl. Janich 2000a.

von Merkmalen usw. genommen werden.[5] Es kann aber aus logischen Gründen keinen gleitenden Übergang von »Informationen« ohne Bedeutung und Geltung zu solchen mit Bedeutung und Geltung geben, als ginge es dabei um einen Gegensatz wie kalt und warm.

Dieses Beispiel einer gleichlautenden Bezeichnung für zwei logisch unverträgliche Begriffe zeigt den oben behaupteten Riß im HGP: Während Information im Kontext der ELSI-Fragen nur sinnvoll ist, wo ihre menschlichen Träger und Benutzer *Auskunft über den Sinn menschlicher Rede geben und Geltungsansprüche einlösen* können, werden im Diskurs der ELSI-Fragen unerkannt und nur vermeintlich problemlösend Gleichsetzungen vorgenommen mit »Informationen«, die Struktureigenschaften von Molekülketten sind. Letzteres aber geschieht in Behauptungen, die selbst nur mit Anspruch auf semantische Bedeutung und alethische Geltung der molekularbiologischen Teile für ELSI-Fragen entscheidend sein können. Die (erkenntnistheoretische und sprachliche) Selbstvergessenheit der Molekulargenetiker ist der Grund für das hier diskutierte Problem: Sie unterscheiden nicht zwischen ihrer Wissenschaft und deren Gegenstand.

Als Aufgabe ergibt sich daraus, sorgfältiger auf die Begrifflichkeit zu achten, in der einerseits *Naturwissenschaft betrieben* und naturwissenschaftliche Programme formuliert, andererseits *Geltung beansprucht* oder *Folgenbeurteilungen vorgenommen* werden. Deshalb wenden wir uns jetzt der Frage zu, was der *Gegenstand der Genetik* ist und in welchem Sinne man von diesem ein Wissen haben könne.

## 3. Der Gegenstand der Genetik

Es ist bekannt, daß das HGP nicht der historische oder systematische Anfang aller Genetik ist. Es sind vielmehr zwei historisch lange vor dem Beginn genetischer *Wissenschaften* liegende Bereiche, in de-

5 Ein beinahe beliebig ausgewähltes Beispiel: vgl. Cahill, George, »Brief History of the Human Genom Project«, unter der Überschrift »Some Problems«: »... the dominant and possibly the driving force in the development of the new genetic information are economic interests ...« und wenig später »We do not think that most of the moral problems that arise from the new genetic information will have unique answers ...«, aus: Gert u. a. (Hg.) 1996.

nen *genetisches Wissen* zuerst entstanden ist, nämlich einmal die *Züchtung von Pflanzen und Tieren*, zum andern die Beobachtung vom *Erbgang menschlicher Anomalien*, vor allem schwerer Fälle wie Farbenblindheit, Polydaktylie und Bluterkrankheit. Erkenntnistheoretisch sind diese alten Beispiele, die heute ja auch außerwissenschaftlich ihre Fortsetzung finden, in mehrfacher Hinsicht lehrreich.

Der menschliche Züchter, der Haus- und Nutztiere oder Nutz- und Schmuckpflanzen züchtet, greift in das natürlich vorhandene und ablaufende Fortpflanzungsgeschehen ein, um es nach seinen Zwecken zu beeinflussen. Dabei setzt, ja erfindet er die *Merkmale*, um die es ihm geht. Ob es Schnelligkeit und Heimfinde-Sicherheit von Brieftauben, Fettarmut von Schweinen, Milchproduktion bei Kühen oder das Aussehen von Kaninchen und Rassehunden ist, ob Form und Farbe von Blüten, Schädlingsresistenz oder Bodengenügsamkeit von Nutzpflanzen, das Züchtungswissen als Know-how der Herbeiführung erwünschter Verhältnisse definiert die jeweiligen Merkmale. Diese sind *nicht natürlich* – in einem aristotelischen Sinne, wonach das Natürliche dasjenige ist, was von selbst entsteht, während das nach menschlichen Zwecken Herbeigeführte das Künstliche, griechisch das *Technische*, ist.[6] Die technische Intervention des Menschen in Natur heißt seit der römisch-lateinischen Tradition *cultivare*. *Cultura* ist das Produkt des kultivierenden Eingriffs in das Vorfindliche. Zu welcher Kultur im Sinne hoher Kunst dieses genetische Wissen entwickelt wird, zeigen praktisch und theoretisch die Finessen z. B. der Pferdezucht.

»Die Natur« kommt dabei nur ins Spiel in der Form, daß den Phantasien und Wünschen der Züchter (»natürliche«) Grenzen gesetzt sind. Drastisch formuliert: Auch wenn es für die Lebensmittelindustrie noch so profitabel wäre, Schweine zu züchten, bei denen jedes Tier sechs, acht oder gar zwölf Schweinehaxen lieferte, wird dieser Zweck durch die menschlichen Handlungen des Züchtens und der Haltung von Tieren nicht erreichbar sein. Wissenschaftstheoretisch formuliert: *Natur* kommt ins Spiel als *empirisches* Widerfahrnis, *welche Zwecke* des Züchterhandelns (mit welchen Mitteln) *erreichbar* sind und welche nicht.

Für das Gegensatzpaar natürlich/künstlich sollen diesen Beispielen sagen, daß es keine ontische Einteilung aller Dinge und Ereig-

6 Zur Reichweite dieser Unterscheidung für Chemie und naturwissenschaftliche Grundlagenforschung vgl. Janich/Rüchardt (Hg.) 1996.

nisse in natürliche und künstliche betrifft – ein Auto und eine Tagung als künstliche, ein Hund und eine Geburt als natürliche Dinge bzw. Ereignisse; vielmehr betrifft die Unterscheidung nur *Aspekte*, die häufig genug am selben Ding bzw. Ereignis auftreten können. Auch der überzüchtete Rassehund hat neben seinen künstlichen Merkmalen auch natürliche, weil ja der Züchter z. B. nicht das Altern oder Sterben des Tieres herbeigeführt, d. h. als Zuchtziel ausgewählt hat. Aber auch für die natürlichen Merkmale gilt selbstverständlich, daß sie Gegenstand menschlichen Handelns, genauer züchterischer Einflußnahme erst dann werden können, wenn sie als natürliche Merkmale oder Eigenschaften praktisch und sprachlich identifiziert sind – nämlich als beiläufige Störungen im beherrschten Züchtungsprozeß.

Neben dem Know-how der Pflanzen- und Tierzucht wurde als vorwissenschaftliches genetisches Wissen die *Beobachtung vom Erbgang auffälliger Störungen bei Menschen* genannt. Bluterkrankheit, Farbenblindheit oder Polydaktylie sind Störungen im Sinne einer Abweichung vom normalen, gesunden Menschen. Auch hier gilt, daß das Merkmal oder die Eigenschaft, deren Erbgang von Interesse ist, in seiner bzw. ihrer Festlegung *normativ bestimmt* ist (bei den genannten Beispielen relativ zu einem kulturell eingespielten Konsens bezüglich Normalität). Dies mutet vielleicht bei der Fünfzahl von Fingern oder Zehen, der man ja gerne eine evolutionsbiologische Erklärung geben möchte, unnötig kulturalistisch zugespitzt an. Man denke aber nur an Beispiele wie die Haarfarbe von Menschen; bei der regional und historisch verschiedenen Wertung der Rothaarigkeit kann man schon deutlicher sehen, wie weit die kultürliche Normierung von erbgängig interessanten Merkmalen geht. Mehr noch, die im privaten Bereich der eigenen Familien beobachtbaren Ähnlichkeiten und Differenzen etwa zwischen Großvätern und Enkeln sind häufig von der Art, daß sie nicht auf einen etwa naturwissenschaftlich etablierten, gar in irgendeinem Sinne vollständigen Kriterienkatalog von Eigenschaften eines Organismus zurückgreifen, sondern ganz ad hoc (»genau dasselbe Lachen!«) festgesetzt werden.[7]

Der Unterschied der beiden Formen genetischen Wissens, der Tier- und Pflanzenzucht einerseits, der Beobachtung menschlicher

7 Für Details vgl. Gutmann 1996.

Generationen andererseits, liegt darin, daß das *Züchtungswissen* ein klares, *instrumentelles Geltungskriterium* im Erreichen und Verfehlen von Zuchtzielen hat. Dagegen beziehen sich die Beobachtungen im menschlichen Leben auf eine kulturelle Praxis, in der das Zusammenlegen von Erbhöfen, die standesgemäße Heirat, die zeitgemäße Selbstverwirklichung oder ähnliches als Handlungsziel immer einen höheren Stellenwert haben als die Überprüfung genetischer Thesen z. B. zum Erbgang von Psoriasis, Diabetes oder auch musikalischer oder mathematischer Begabung. Weil es sich moralisch verbietet (und für die Betroffenen wenig attraktiv wäre), Menschenzüchtung nach dem Vorbild von Zucht und Haltung von Tieren zu betreiben, bleibt man im Bereich der außerwissenschaftlichen Humangenetik auf das bloß historische Beobachten angewiesen.

## 4. Die Verwissenschaftlichung von Züchtungs-Know-how

Systematisch gesehen ist der erste und wichtigste Schritt der *Verwissenschaftlichung* von Züchtungswissen durch Arbeiten vom Typ derjenigen Mendels erreicht. Die bekannten Mendelschen Zuchtexperimente mit Erbsen und Bohnen unterscheiden sich von den Zuchtexperimenten der vor- und außerwissenschaftlichen Tier- und Pflanzenzüchter dadurch, daß nicht das Zuchtergebnis selbst, sondern *ein Wissen davon* in den Vordergrund rückt. Es ist gleichsam eine Verschiebung analog der vom Ingenieur zum Physiker, bei der allerdings nicht übersehen werden darf, daß die neuzeitliche Physik ihre Grundlage in der Ingenieurskunst des Labors hat.

Hier ist nicht zu wiederholen, was Mendel getan und erkannt hat.[8] Aufmerksam zu machen ist allerdings auf einen wesentlichen Umstand, den erstaunlicherweise nicht einmal Mendel selbst in seinen Schriften besonders hervorgehoben hat und der in heutigen Darstellungen von Mendels Leistungen mit schöner Regelmäßigkeit weggelassen wird, sei es, weil er den Fachleuten selbstverständlich

8 Informativ für das Verhältnis der Mendelschen Ergebnisse zur gegenwärtigen Molekularbiologie ist das Lehrbuch *Moderne Genetik* von Brown (1999), das in Kapitel 17 (»Was Mendel entdeckte«) eine Geringschätzung der Untersuchungen Mendels als »kurzsichtige Einstellung« bezeichnet. Allerdings kommt der Autor nicht zu einer Vergabe der Kriterien Explanandum und Explanans, in denen sich methodische Abhängigkeiten verschiedener empirischer Befunde voneinander zeigen.

ist, sei es, weil er in seiner Bedeutung nicht erkannt wird. Mendel mußte nämlich für seine Züchtungsexperimente *zuerst Reinzuchtformen herstellen*. Das heißt, um den Erbgang irgendeines Merkmals wie der Blütenfarbe zu verfolgen, mußten erst durch Selbstung (Selbstbefruchtung) und Auslese in einem bestimmten Merkmal genetisch reine Pflanzen gewonnen werden. Das heißt, daß das in den Mendelschen Regeln formulierte Wissen sich auf *künstlich produzierte Gegenstände* bezieht, die so weder im natürlichen noch im kultürlichen Habitat des Klostergartens vorkommen.

Wissenschaftstheoretisch ist damit die Bedingung der *Reproduzierbarkeit von Startbedingungen eines Experiments* sichergestellt.[9] Das heißt, die Verwissenschaftlichung eines vor- und außerwissenschaftlichen Züchterwissens durch die Erzeugung von Reinzuchtformen für Vererbungsexperimente besteht in der *Herstellung künstlicher Verhältnisse*.

Das *Verhältnis von Explanans* (dem Erklärenden) *und Explanandum* (dem Erklärungsbedürftigen) wird bei Mendel ebenfalls deutlicher als im praktischen Züchtungswissen. Während das Können von Tier- und Pflanzenzüchtern in einem *Störungsbeseitigungs- oder Störungsvermeidungswissen* für die Züchtung von Individuen mit erwünschten Eigenschaften besteht (und die Störung entweder das Auftauchen unerwünschter Nebeneffekte des Züchtungseingriffs oder den Rückfall in unerwünschte Ausprägungen im fraglichen Merkmal bedeutet), ist es bei Mendel die *universelle Hypothese über den Erbgang dominanter und rezessiver (oder intermediärer) Merkmale*, die als *Züchtungsziel* verfolgt wird und die als Bezugspunkt für die Definition der Störung eines einzelnen Züchtungsexperiments definiert wird. Noch einmal in der vorher verwendeten Analogie: Während den Ingenieur z. B. der Defekt als Störung relativ zum Ziel interessiert, das Drehmoment eines Verbrennungsmotors möglichst konstant über einen weiten Drehzahlbereich zu halten, weil dies für das Autofahren vorteilhaft ist, interessiert den Physiker an der Thermodynamik des Verbrennungsmotors z. B. die Geltung seiner Aussagen über Verbrennungsprozesse verschiedener Treibgase in Ab-

9 Eine wissenschaftstheoretische Analyse des Experiments unter der Fragestellung, welche Bedingungen für gültige Resultate erfüllt sein müssen, in: Janich 1998g. Spezielle Probleme des Experimentierens in der Biologie sind analysiert in: Janich 1997c; auch im vorliegenden Band. Ein Standardwerk zum Experiment in der Biologie ist: Lange 1999.

hängigkeit vom Druckverlauf; Störungen sind hier von Interesse im Sinne der Frage, ob alle relevanten Parameter für die theoretische Beherrschung des Verbrennungsvorgangs erkannt sind. Aber für beide bleibt die *technische Reproduzierbarkeit* das letztinstanzliche *Geltungskriterium.* Auch dem außerwissenschaftlichen Tier- und Pflanzenzüchter erlaubt das Mendelsche Wissen, vom praktischen Können eine Stufe aufzusteigen zu dessen theoretischer Beherrschung.

## 5. Die Rolle der Keimbahn

Der nächste entscheidende Schritt für die Entwicklung genetischer Wissenschaft (neben der etwa gleichzeitig erfolgenden Entwicklung des Konzepts der Zelle, auf die wir hier nicht eingehen) ist die Unterscheidung der *Keimbahn* vom restlichen Organismus. August Weismann hat (etwa von 1870 bis 1910) nach heutiger Deutung das Ziel verfolgt, die *Vererbung erworbener Eigenschaften* durch entsprechende Hypothesen zur Deszendenztheorie *auszuschließen.* Wir können hier weder auf sein atomistisch-mechanistisches Verständnis der Physik noch auf seinen Anschluß an Darwin eingehen, der letztlich auf einer Fehlinterpretation der Darwinschen Selektionstheorie beruht.[10] Für genetisches Wissen ist dagegen von Bedeutung, daß Weismann hypothetisch die *Vererbung von Eigenschaften allein dem Keimplasma zuschreiben* wollte, das seinerseits aus atomaren Komponenten mit hierarchisch geordneten Funktionen bestehen sollte. In diesen sollte stattfinden, was man heute landläufig (und in der Biologie) Mutation nennt.

Aus wissenschaftstheoretischer Sicht hat Weismann ein *Forschungsprogramm* formuliert. Er hat seine Thesen oder ihre Gegenstände nicht etwa empirisch »entdeckt«. Mit anderen Worten, es ist das Weismannsche Erkenntnisziel, das aus apriorischen (d. h. vor der Erfahrungskontrolle aufgestellten und durch Erfahrung nicht widerlegbaren) Hypothesen besteht, denen experimentell zunächst nichts entspricht. Auch eine Umdeutung der Weismannschen Abstammungstheorie im Rückspiegel der heutigen molekularen Genetik darf nicht zu der Fehlinterpretation führen (wie z. B. bei R. Daw-

10 Für weitere Details vgl. Janich/Weingarten 1999.

kins), daß hier eine empirisch-experimentelle Annäherung zwischen den Weismannschen »Biophoren« und den heutigen »Genen« besteht. Die zu Zeiten Weismanns wegen ihrer Färbbarkeit entdeckten Farbkörperchen im Zellkern (»Chromosomen«) waren nicht wegen ihrer funktionellen Rolle gesucht und gefunden worden, sondern tauchten sozusagen als labortechnisches Kunstprodukt von Färbungsversuchen in der Mikroskopie auf.

Die Verschiebung des vor- und außerwissenschaftlichen Züchtungswissens über dessen Verwissenschaftlichung durch Mendel zur Auffassung Weismanns ist dramatisch: Die Alleinzuständigkeit der Keimzellen für Mutationen markiert die *Unterscheidung zwischen Genotyp und Phänotyp*, wonach die phänotypische Ausprägung eines Organismus für die Weitergabe von Merkmalen unerheblich sein soll. Das bedeutet, daß die (empirisch nur phänotypisch zugänglichen) *Merkmale* gegenüber dem in der Keimbahn weitergegebenen Bauplan *sekundär*, nebensächlich, gleichsam mit den Individuen schwankend werden, während sich die Selektion der Umwelt nur scheinbar auf diese Merkmale, in der Sache jedoch auf die *in der Keimbahn weitergegebenen Erbanlagen* richtet. Nach Weismann sind *phänotypische* Merkmale nur Repräsentanten und Umsetzungen *genetischer* Merkmale, so daß sich die Identität der *Art* definiert durch einen Katalog typischer genetischer Merkmale. Entgegen Darwins Modell der kontinuierlichen Umbildung von Organismen wird so bei Weismann Evolution auf einen diskontinuierlichen Vorgang in der Keimbahn zurückgeführt.

Im Blick auf die Frage »Was ist genetisches Wissen?« ist diese modern anmutende Auffassung Weismanns kein naturwissenschaftliches Erfahrungswissen, sondern ein hypothetischer Versuch, ein *Explanans* anzubieten, das die der damaligen Biologie bekannten *empirischen Befunde als Explanandum* erklärt. Überspitzt heißt dies: Wenn heute die molekulare Struktur der Chromosomen mit biochemischen Analysemethoden erfolgreich aufgeklärt wird, hat man »die andere Seite« des Weismannschen Programms und seine *erkenntnistheoretische Rolle als apriorische Hypothese* außer acht gelassen. Der Begriff des Merkmals oder der Eigenschaft einerseits, die Unterscheidung von Genotyp und Phänotyp andererseits haben sich gravierend verschoben, ohne daß diese Verschiebung empirisch oder erkenntnistheoretisch fundiert worden wäre. Man hat sich sozusagen mit Weismann (und wegen der inzwischen entstandenen Labor-

Biochemie) ganz auf das Explanans konzentriert. Darüber wurde zumindest in den Hintergrund gedrängt, wenn nicht vergessen, daß *primär* die *Merkmale einer herstellbaren Reinzuchtform* erklärungsbedürftig sind und aus Vorgängen der Keimbahn erklärt werden sollen.

## 6. Die molekularbiologische Erklärung

Für die Beurteilung genetischen Wissens einschließlich der heute üblichen Auffassung vom genetischen Bauplan und von Formen der Genexpression heißt dies, daß die Unterscheidung von Genotyp und Phänotyp auf ein hypothetisches Konstrukt zurückgeht. Denn nur wenn zutrifft (und empirisch nachgewiesen ist), daß Mutationen in einer Deszendenzlinie von Individuen *allein* Sache der Keimbahn sind, rechtfertigt sich die Auffassung vom Phänotyp als der nur beiläufigen Erscheinungsform relativ zum genetischen Bauplan. (Nur um auf den entscheidenden Aspekt dieser wenig gerechtfertigten Vorentscheidung aufmerksam zu machen: Man könnte durchaus den »genetischen Fingerabdruck« eines Individuums zum Phänotyp rechnen und den Genotyp als statistisches Konstrukt auffassen, das durch eine Variationsbreite im Genom verschiedener Individuen bestimmt wird. Aber auch hier wäre zu fragen, wie die Kriterien für diese Variationsbreite zu finden sind, insbesondere ob sie nicht doch wieder nur sinnvoll wären relativ zu einer phänotypisch bestimmten Individuengruppe, seien es nun menschliche Rassen oder sonst irgendwelche durch somatische oder Verhaltenskriterien vorher definierte Individuengruppen.)

Was durch die heutige Biochemie auf molekularer Ebene über den Zellstoffwechsel, die Zellteilung, die Bildung von Keimzellen und die zweigeschlechtliche Fortpflanzung bekannt ist und mit welchen Methoden und Ergebnissen die molekulare Struktur des menschlichen Genoms aufgeklärt wird, ist Sache der Fachleute. Nach dem Verständnis des HGP ist *Genetik* diese Wissenschaft, d.h., sie *beschränkt sich* (vielleicht eingeschränkt auf: im wesentlichen, in den naturwissenschaftlich interessanten Aspekten) *auf diesen molekularbiologischen Teil.* Damit ist aber nicht die Frage beantwortet, was genetisches *Wissen* ist.

## 7. Wissen oder Meinung

Aus jahrzehntelanger Diskussionserfahrung zur Philosophie der Naturwissenschaften kann hier nur nachdrücklich vor einem Mißverständnis gewarnt werden. Der Philosoph, der die Frage nach dem Wissen der Naturwissenschaften im Unterschied zur bloßen Meinung stellt, macht sich nicht anheischig, nun die bessere Physik, die bessere Chemie oder die bessere Biologie anbieten zu können. Der *Vollzug der Forschung*, die bekanntlich nur im Wechselspiel von Labortechnik und Theoriebildung erfolgen kann, ist erkenntnistheoretisch die eine Sache; die andere ist, ob sich *sagen* läßt, in welchem Sinne und mit welcher Begründung die von den Fachleuten erreichten *Resultate als Wissen vertreten* werden. Daß sie es als Wissen, Erkenntnis oder auch als Wahrheit (wenn auch Naturwissenschaftler dieses Wort aus guten Gründen meiden) vertreten wollen und tatsächlich vertreten, kann nicht in Abrede gestellt werden, sonst müßte ja jeder Forscher die Negation seiner Ergebnisse ebenso schätzen wie deren positive Formulierung.

Damit hat sich der Schwerpunkt unserer Frage, was heißt es, das Genom zu kennen oder genetisches Wissen bereitzustellen, von den Wörtern Genom und genetisch auf die Wörter kennen und wissen verschoben. Diese Fragen sind *philosophische*, wobei, um noch einmal auf die Abwehr eines störenden Mißverständnisses einzugehen, mit »*naturwissenschaftlich*« und »*philosophisch*« keine soziologische Unterscheidung von Personengruppen gemeint ist, sondern allein eine Unterscheidung von Bereichen von Gegenständen, Methoden, Fachsprachen, Kriterien usw. (Was daraus einzelne Personen machen, d. h. ob die Philosophie eines professionellen Naturwissenschaftlers oder die Naturwissenschaft eines professionellen Philosophen tauglich oder untauglich ist, ist eine Frage der jeweiligen Personen und der Beurteilungskriterien.)

Die These dieses Beitrags ist, daß durch das HGP ein Riß geht, der nicht etwa die Arbeitsteilung zwischen Naturwissenschaftlern und Experten für ELSI-Fragen betrifft, sondern einen Riß *zwischen zwei unverträglichen Philosophien*. Auch diese These ist nicht soziologisch gemeint, wonach Personen, die naturwissenschaftliche Grundlagenforschung im HGP betreiben, und Personen, die sich professionell mit ELSI-Fragen befassen, inkompatible Philosophien verträten. Vielmehr soll jetzt abschließend gezeigt werden, daß es weniger die naturwissenschaftlichen Ergebnisse des HGP sind als vielmehr eine *Selbstverständigungsphilosophie ihrer Vertreter*, die einer Lösung von ELSI-Problemen wenig förderlich ist. Der genannte Riß also ist jetzt bei der Frage lokalisiert, was denn Wissen sei in einer Wissenschaft, wie sie im HGP betrieben wird.

## 8. Abbilden als Wahrheitskriterium – zweckfrei?

Leider ist hier auch der klassischen Philosophie mit Vorsicht zu begegnen. Die Griechen haben uns nicht nur eine Vorliebe fürs Theoretische vor dem Praktischen vererbt, sondern mit der Philosophie von Platon und Aristoteles auch eine *Geringschätzung von Poiesis und Technik* gegenüber der Praxis z. B. des Politikers und Philosophen. Demgegenüber verdankt die moderne naturwissenschaftliche Grundlagenforschung ihren entscheidenden Vorzug vor theoretischen Luftschlössern einer effizienten Labortechnik. Selbstverständlich versucht jeder Grundlagenforscher, mathematische Fehler, statistische Lücken, logische Widersprüche in Definitionen und theoretischen Behauptungen zu vermeiden, aber *entscheidend* bleibt immer, was *im Labor gelingt*.[11] Wer der Geringschätzung des technischen Machenkönnens gegenüber der schönen Theorie anhängt, wird gerade beim HGP dessen Gegenstand nicht erfassen.

Dieser Satz selbst betrifft nicht den tatsächlichen Vollzug humangenetischer Grundlagenforschung oder die Formulierung ihrer Resultate, sondern deren Philosophie. Geradezu pausenlos artikulieren sich Forscher der heutigen Genetik *philosophisch*. Damit ist gemeint, daß sie sich über *Verfahren*, also *menschliche Handlungsweisen* der genetischen Forschung äußern. Vorherrschende Tendenz ist dabei, wie vor allem in der Rede vom *physical mapping* und vom *sequencing*, also von biochemischer Strukturaufklärung am Genom deutlich wird, eine *Abbildvorstellung* von Wissen und Erkenntnis. Da »gibt es« von Natur aus in den (natürlich von Natur aus vorhandenen) Zellen des Menschen ein Genom, dessen *Struktur zu beschreiben* ist wie die Erde vom Geographen durch das *Zeichnen von Landkarten*.

11 Die Form einer instrumentellen Wahrheitstheorie ist ausgearbeitet in: Janich 1996d. Eine Kurzform für den schnellen Leser, die Bezug auf naturwissenschaftliche Forschung nimmt, in: Janich 1999d; auch im vorliegenden Band.

Unterstellt wird dabei, daß Landkarten nur zutreffend oder unzutreffend sein können, aber nichts mit den *Zwecken* des Landkartenzeichnens zu tun haben. Dieser Irrtum verdankt sich dem klaren Kriterium der geometrischen Ähnlichkeit und etwa der Diskussion der Kartographen um die verschiedenen Techniken, die buckelige Kugeloberfläche der Erde auf die Ebene der Landkarte zu projizieren. Aber schon die Frage, ob der Kartograph am Ende eine *Karte* erstellt hat, in der *Abbildungswissen* enthalten ist, wird ihn nicht der Pflicht entheben, sowohl die Auswahl eines bestimmten Projektionsverfahrens als auch die Auswahl der in die Karte aufgenommenen Gegenstände zu *rechtfertigen*. Nicht nur sind es die unterschiedlichen Zwecke z. B. bei einer Karte der Bundesbahn, einer Straßenkarte des ADAC, einer topographischen Karte der Forstverwaltungen, einer Karte des Militärs oder einer Karte der Meteorologen, die erhebliche Unterschiede in den verzeichneten Gegenständen zur Folge haben. Eine Karte, in der »alles« verzeichnet ist, wäre nicht nur völlig unbrauchbar in dem laienhaften Sinne, daß sie für jede Verwendung zuviel zeigen würde; sie ist auch eine logische Unmöglichkeit im Sinne der Abschließbarkeit des vor Ort Unterscheidbaren – *individuum ineffabile* sagten dazu kurz die Scholastiker. Dies soll heißen, wer *über die Struktur des menschlichen Genoms »alles« sagen* möchte, scheint zumindest vergessen zu haben, daß die Grenzen seines Universums kulturgeschichtlich mit den aktuell labortechnisch verfügbaren Parametern gezogen worden sind und daß diese Entwicklungsgeschichte der Laborverfahren kein Ende haben wird, schon gar kein natürliches oder naturgesetzliches.

## 9. Die Wissenschaftlichkeit des HGP

Die *Philosophie des HGP* als Selbstverständigungsphilosophie seiner naturwissenschaftlichen Grundlagenforscher hat also erstens ein großes *Problem*, wenn sie die Technikverachtung der antiken Philosophie übernimmt und übersieht, daß die *Gegenstände der heutigen Genetik* gerade den Aspekt des Gemachten, Künstlichen, Technischen als den entscheidenden Aspekt haben, der von den Fachleuten erforscht und diskutiert wird. Dabei liefert der technische Erfolg, also das Erreichen menschlicher Ziele, die Geltungskriterien für Aussagen und Theorien.

Damit sind zweitens positiv bereits *zwei Aspekte des Wissenscharakters* genannt: In der experimentelle Reproduzierbarkeit der Ergebnisse liegen für den Wissenschaftsphilosophen zwei Forderungen nach Allgemeinheit. Zum einen sind *Ergebnisse* als *transsubjektiv gültig*, d. h. als personen- und situationsunabhängig gültig auszuweisen (im Unterschied zu Autoritätswahrheiten, Träumen charismatischer Forscher und einmaligen Glücksfällen im Labor). Transsubjektive Geltung oder Allgemeingültigkeit *hinsichtlich der Urheber oder Vertreter* des jeweiligen Wissens ist also dieser eine Aspekt. Der andere wird üblicherweise *Universalität* genannt und betrifft den Unterschied zwischen einem Wissen über ein Individuum (wie z. B. über die Erde bei den Geographen) und dem Wissen, das sich im technischen Sinne universell, also auf alle Objekte eines Bereichs, erstreckt, also z. B. auf alle Lebewesen mit Zellkern und Genom. Es geht hier anschaulich um das Problem, wie eine genetische Typenbildung zu erfolgen hat, nachdem ja labortechnisch nur Individuen untersucht werden können.

Hier dürfte für die Selbstverständigungsphilosophie der genetischen Grundlagenforscher eher ein geringeres Problem liegen. Ob jemand historisches Wissen und philosophische Einsicht in die Entwicklungsgeschichte des Laborcharakters heutiger Genetik hat, ist vergleichbar nebensächlich gegenüber der richtigen Anwendung der entwickelten Verfahren – so wie ein zuverlässiger Autofahrer zwar auch ein gewisses technisches Grundwissen über sein Fahrzeug benötigt, aber nicht die Funktionsweise der Bordelektronik oder der Mehrlenker-Radaufhängung kennen muß.

Anders liegt es beim dritten Aspekt von genetischem Wissen, der die *Verteilung der* (nur erkenntnistheoretisch zu bestimmenden) *Rollen von Explanans und Explanandum* betrifft. Was soll wodurch erklärt werden? Als kleine Hilfsüberlegung sei erwähnt, welch prominente Rolle die *Diskussion von Modellen* für Exponenten der heutigen Genetik wie Frederick Sanger, Max Delbrück, Francis Crick oder James Watson gespielt hat. Die Aufklärung der molekularen Struktur der DNA und RNA, die strukturelle Beschreibung von Transkription und Translation, die Einbringung dieser Vorstellung in die Evolution der Hyperzyklen bei Manfred Eigen, ja sogar die Darstellung des HGP selbst ist weitestgehend an Modellbildungen orientiert. Es werden, pointiert formuliert, chemische Vorgänge (fast ausschließlich) an ihren (Struktur-)Modellen diskutiert und daraus weitere Hypothesen und Experimente entwickelt. Da ist es zumindest psychologisch verständlich, daß dieser Umgang mit Modellen, deren Bewährung tatsächlich (nur) relativ zu Experimentaltechniken und theoretischen Annahmen entschieden wird, gleichsam zur Alltagswelt des Grundlagenforschers wird. Sie sind dem Forscher so vertraut wie der unvermeidliche Coffeepot auf dem Labortisch. Und deshalb hält er leicht seine Modelle für natürlich, für naturgegeben.

## 10. Modelle von oder für etwas?

Wissenschaftstheoretisch – man vergleiche den Einwand gegen das irrtümliche Selbstverständnis der Kartographie als zweckunabhängig – sind diese Modelle nicht *Modelle von etwas*, sondern *Modelle für etwas.*[12] Modelle »von etwas« behaupten Strukturgleichheiten von Modell und Modelliertem, den teilweisen oder vollständigen Abbildcharakter von Explanans- und Explanandumgegenständen. Die Auffassung des Modells »von etwas« ist nur dort völlig unproblematisch, wo das Modell und das Modellierte kategorial gleich sind, d. h. mit denselben Worten beschrieben werden wie z. B. das Haus und das Modell des Hauses im Büro des Architekten. Die *Kriterien* der Gleichheit zwischen Haus und Modell, ja die Wörter für ihre Beschreibung sind unproblematisch *auf beide Objekte gleich anwendbar.*

Dies ist aber beim Verhältnis von Explanans und Explanandum in der Molekularbiologie nicht der Fall. Während der Architekt z. B. die geometrischen Wörter, mit denen er über die räumlichen Verhältnisse des Hauses und des Modells spricht, für beide Objekte gleichermaßen unproblematisch verwenden und die rechtmäßige Verwendung z. B. durch Messung kontrollieren kann, ist die Anwendung derselben Kriterien oder Wörter im Bereich der molekularen Chemie und Biologie nicht möglich. Sie ist gerade das durch Erkenntnis zu lösende Problem. Es geht ja in der empirischen Forschung immer um bessere und schlechtere Modellbildungen. Die Auffassung, daß die in der molekularen Genetik verwendeten Modelle »Abbildungen von etwas«, also strukturidentisch mit etwas

12 Die Unterscheidung von »Modell von« und »Modell für« verdanke ich Mathias Gutmann (1995).

Natürlichem seien, ist eine unüberprüfbare, weil sinnlose Behauptung. Modelle »für etwas« dagegen markieren historisch den Erfolgsweg der Chemie und ihrer Anwendung in der Biologie.

Die *metaphysische Frage*, wie es in Wirklichkeit oder in der Natur ist, spielt *de facto* (und gerechtfertigterweise) keine Rolle für die Zustimmung oder Ablehnung der Fachleute zu bestimmten Modellen struktureller und funktioneller Art. Es geht nur darum, und zwar tatsächlich und vernünftigerweise, was Modelle an Explanansleistung erbringen, d. h. was sie technisch erfolgreich erklären.

## 11. Wo bleibt ELSI? Folgen einer falschen Erkenntnistheorie

Die Erfolgsgeschichte der molekularen Genetik hat dieselben Gründe wie die *Erfolgsgeschichten reduktiven Vorgehens* in den Naturwissenschaften allgemein: Im kulturhistorischen Geschehen der Alltagswelt stellen sich Aufgaben und Probleme, die durch Erkenntnisse besser bewältigt werden (sollen) als ohne diese. Statt nun (empiristisch verkürzt) davon zu sprechen, daß sich *Naturphänomene* zeigen, die nach Erklärung rufen, ist davon auszugehen, daß in der Zivilisationsgeschichte im Wechsel von Gelingen und Mißlingen, von Erfolg und Mißerfolg menschlicher Handlungen *Erfahrungen im Blick auf menschliche Zwecke und Ziele gemacht* werden. Ein hier einschlägiges Beispiel sind die Erfahrungen von Tier- und Pflanzenzüchtern mit Maßnahmen, die relativ zu Züchtungszielen erfolgreich bzw. erfolglos sind.

Das erfolgreiche reduktive Vorgehen der Naturwissenschaften besteht nur darin, eine empirisch hinreichend verläßliche *Praxis zum Explanandum zu machen* und auf einer »tieferen« Ebene *Kausalerklärungen* zu suchen.

Heute können die Mendelschen Regeln molekulargenetisch kausal erklärt werden. Darüber hinaus kann für die Explanandum-Ebene verschärfend hinzugesetzt werden, welche Einschränkungen oder Bedingungen für die Geltung dieser Regeln bestehen. Das heißt, es zählt zum reduktiven Vorgehen der Suche nach Kausalerklärungen, aus der gelungenen Erklärung wieder *Rückschlüsse auf das Explanandum* zu ziehen.

Ein erkenntnistheoretischer Irrtum wäre jedoch, den *methodisch primären* Charakter des Explanandums aufzugeben, zu ignorieren oder zu vernachlässigen und sich nur noch von den (letztlich technischen) Erfolgen der Explanans-Ebene leiten lassen. Dieses Vorgehen ist jedoch häufig, auch in der aktuellen Genforschung, zu beobachten; und zwar in der Form, daß – logisch gesprochen – im Verhältnis von Explanans und Explanandum unvermittelt auf die metasprachliche Ebene übergegangen wird: Man behauptet, das Explanans erkläre *die Geltung* der Explanandum-Beschreibung. Dies trifft aber generell nicht zu. Vielmehr verliert das Explanans seine Funktion als Explanans, wenn das Explanandum keine Geltung auf der eigenen Beschreibungsebene hat. Zur Veranschaulichung noch einmal das Beispiel: Wenn das molekularbiologische Explanans sich nicht auf ein empirisch solide fundiertes Beobachtungs- und Beschreibungswissen über den Erbgang von Merkmalen bezieht, die ihrerseits primär unabhängig vom Explanans und auch weiterhin auf der Explanandum-Ebene zuverlässig erkannt werden können, gibt es kein Explanans, keine Kausalerklärung mehr.

Es spricht nichts dagegen, ein Experte für eine bestimmte Explanans-Ebene wie die Molekulargenetik zu werden und sich auf dieses Feld zu beschränken. Diese Forschung gewinnt mit zunehmender Differenzierung und Absicherung sozusagen ihr eigenes Existenzrecht und führt, wie analog auch andere Explanansleistungen in den Naturwissenschaften (etwa die pharmazeutische oder die Kunststoffchemie, die Festkörperphysik und andere), auf neue und eigene Fortsetzungen und Anwendungsgebiete. Außerdem kann es prinzipiell keine *ars inveniendi* oder »Lullische Kunst« (für die Ebenen der Explananda) geben. In der *Heuristik* des Forschens ist *alles erlaubt*, auch das beliebige Hinundherspringen zwischen den Ebenen von Explanans und Explanandum. Aber wenn sich die Forschereinfälle ereignet haben, geht es wieder bei den Resultaten um die Wahrheitsfrage. Was weiß man tatsächlich, d. h. explizit kontrollierbar, über das Genom, ausgedrückt in Beschreibungen des Erbgangs explizit bestimmter Merkmale?

Dann führt es in die Irre, den Erfolg des reduktiven Weges der Naturwissenschaften zu verkennen und die *dabei vorgenommenen Abblendungen* zu übersehen, die jeweils in der »Tieferlegung« einer Erklärungsebene für zu erklärende Wissensbestände vorgenommen werden. Sozusagen die Doppelhelix oder die Gene oder die Nukleotidsequenzen oder was auch immer für die *Realität mit der höchsten*

*Dignität* (d. h. sichersten Realitätserkenntnis) zu nehmen und von dort aus wieder aufsteigend zum Gesamtorganismus, zur Definition der Art, zur Unterscheidung von Genotyp und Phänotyp zu kommen, ist eine fatale Folge der hier kritisierten Erkenntnis- und Wissenschaftstheorie der Molekularbiologie.

Es liegt auf der Hand und zeigt sich in allen Umkehrungen des erfolgreichen reduktiven Vorgehens in der Naturforschung, daß dabei die gerade bei der reduktiven Abblendung mit guten Gründen gemachten Beschränkungen nun als Hypothek für die neue Gegenstandskonstitution auftreten.[13] Im zugespitzten Beispiel: Wenn man sich, wie zu bestimmten Zwecken höchst sinnvoll, allein auf eine physikalische Beschreibung des menschlichen Körpers beschränkt und dabei durchaus manche Zusammenhänge erfolgreich kausal erklären kann, führt das umgekehrte Vorgehen dazu, den Menschen nur noch als physikalisches System aufzufassen und dabei noch nicht einmal originär biologische Beschreibungen einholen zu können, vom Psychologischen oder Kultürlichen ganz zu schweigen. Wenn entsprechend der erfolgreiche Rückgang auf die molekulare Beschreibung des menschlichen Genoms umgekehrt wird und der Mensch *nur noch als Realisierung des genetischen Bauplans interpretiert* wird, ist selbstverständlich alles verloren, was nicht genetisch bedingt ist. Insbesondere geht, erkenntnistheoretisch gesehen, die *Offenheit für die Frage* verloren, wie das genetisch Bedingte vom nicht genetisch Bedingten methodisch sauber zu unterscheiden ist.

Für das Feld der ELSI-Probleme heißt dies, absichtlich überspitzt formuliert, daß am Ende nur noch solche Phänomene des menschlichen Lebens in den Blick kommen, für die vorher die Kausalreduktion auf das Genom in molekularer Sicht gelungen ist. Demgegenüber bleibt festzuhalten, daß eine verantwortliche Diskussion von Kulturphänomenen, zu denen z. B. Krankheiten zählen, nur möglich ist, wenn die *Qualität ihrer empirischen Erforschung auf der Phänomenebene des Explanandums erhalten* bleibt.

13 Dieses auf die Gegenstandskonstitution der Genetik gerichtete Argument ist nicht zu verwechseln mit den bekannten Argumenten der Determinismus-/Reduktionismusdebatte. Hier wird vielmehr auf die methodische Ordnung von Explanandum und Explanans verwiesen, damit Erklärungen gelten (wahr sind). Was letztlich durch das Genom festgelegt ist und was nicht, ist eine empirische Frage.

# 2. Kognitionswissenschaft und Menschenbild: Natürlich kultürlich

## Einleitung

Gegenstand der folgenden Erörterung ist eine Kritik von Wissenschaftsverständnissen, die den Kognitionswissenschaften tatsächlich zugrunde liegen.[1] (Im Blick auf inhaltliche Ansätze kognitionswissenschaftlicher Disziplinen geht es hier also um *wissenschaftsphilosophische oder metatheoretische* Probleme.) Zweck dieser Kritik ist es, (1) dafür zu argumentieren, daß in die Kognitionswissenschaften der handelnde Kultur-Mensch als Maß aller Dinge Eingang finden muß, und (2) in einem allgemeineren Sinne die Frage zu erörtern, ob Naturwissenschaften zum Menschenbild etwas beitragen können – »können« in einem philosophischen Sinne selbstverständlich; denn es kann gar keine Frage sein, daß sie es *de facto* und geradezu allgegenwärtig tun, sei es im Gewande der Evolutionsbiologie, der Physiologie (mit dem Schwerpunkt Neurowissenschaft) oder einer naturwissenschaftlichen Psychologie, und dies in der gesamten Bandbreite von hochkarätiger Spezialforschung über popularisierte Naturwissenschaft bis hin zu Simplifikationen in der öffentlichen Meinung – und eben durch die modernen Kognitionswissenschaften.

Die damit aufgegriffene Frage richtet sich zunächst darauf, ob der *De-facto-Einfluß der Naturwissenschaften* auf das gegenwärtige Menschenbild *zu Recht* besteht. Die Formen, in denen insbesondere die Kognitionswissenschaften Einfluß nehmen, sind allgemein bekannt. Man denke etwa an den Einfluß, den die Verwendung von Computern auf die Alltagssprache hat, und zwar in zwei entgegengesetzten Richtungen der Verwischung von Grenzen zwischen

1 Im folgenden sind Titel genannt, auf die sich kritische Bemerkungen beziehen, und solche, in denen die Begründung vorgetragener Kritik oder eigener Gegenvorschläge behandelt wird: Eigen 1973; Glasersfeld 1985; Hartmann/Janich (Hg.) 1996a; Janich 1993a, 1994c, 1997b, 1993b, 1989a, 1994a, 1987a, 1992c, 1994b, 1995b, 1981, 1996c, 1981b, 1987b, (1986) 1987c, 1990, 1988, 1993f.; Janich/Rüchardt (Hg.) 1996; Klix 1976; Roth/Schwegler 1995; Schmidt 1992; Schmidt (Hg.) 1987; Shannon/Weaver 1972 (deutsch: 1976); Weingarten 1993; Wiener 1948.

Mensch und Maschine: einerseits wird anthropomorphisierend über Computer gesprochen, und andererseits technomorphisierend über den Menschen. Ganz geläufig spitzt sich diese Grenzverwischung etwa in den Fragen zu: »Ist das menschliche Hirn ein Computer?« und: »Können Computer denken?« Die Protagonisten einer in solchen Popularisierungen zum Ausdruck kommenden Fortschrittsidee stellen sich selbst gern in die Tradition der Entthronung des Menschen: von der kopernikanischen Wende (Erde nicht mehr Mittelpunkt des Weltalls) über die Darwinsche Wende (Mensch nicht mehr Krone der Schöpfung), eventuell die Freudsche Wende (der Mensch nicht mehr Herr im Hause seiner eigenen Triebe) und nun einer *kognitionswissenschaftlichen Wende*, die einen vermeintlichen Sonderstatus des Geistigen durch einen informationistischen Ansatz überwinden möchte, dem das *Geistige nur noch als Struktureigenschaft des Materiellen* erscheint.

Eine grobe Gliederung ist damit vorgezeichnet: In einem ersten Teil werden die Wissenschaftsverständnisse gegenwärtiger Kognitionswissenschaften zu kritisieren sein, um in einem zweiten Teil nach Möglichkeiten zu suchen, die diagnostizierten Fehler zu vermeiden oder zu überwinden.

Allerdings ist dabei noch in keiner Weise erklärt, warum im Blick auf die Kognitionswissenschaften *allein naturwissenschaftliche* Ansätze und Überzeugungen in den Blick kommen, während geistes- oder kulturwissenschaftliche Ansätze unberücksichtigt bleiben. Eine Begründung für diesen Fokus ist allerdings schnell zu geben: Die traditionellen Geisteswissenschaften melden Fehlanzeige in kognitionswissenschaftlicher Hinsicht und haben sich auf die Aufgabe zurückgezogen, das Kulturerbe zu pflegen. Ein Beitrag zu aktueller Kognitionsforschung ist weder intendiert noch in Sicht. (Potentielle Ausnahmen wie etwa eine an der Phänomenologie orientierte Wissenssoziologie kommen hier ebenfalls nicht in Frage, weil sie in den Kognitionswissenschaften keine Berücksichtigung finden.)

Die Gründe für die *Dominanz der naturwissenschaftlichen Methoden* in den Kognitionswissenschaften sind offenkundig. Einerseits durch die erheblich verbesserte Beobachtbarkeit des lebenden Hirns und durch die hochkomplexen Modellierungsmöglichkeiten mit Hilfe von Parallelrechnern, neuronalen Netzen usw. ist das Methodeninventar naturwissenschaftlicher Kognitionsforschung geradezu explosionsartig erweitert worden. Zum anderen ist die Zuständigkeit von Naturwissenschaften für Fragen der Erkenntnis durch die Geschichte der Naturwissenschaften und die dabei entwickelten Selbstverständnisse nahegelegt worden: Die relativistische Revision der Klassischen Physik wird, verstärkt durch die Philosophien des Logischen Empirismus und der Analytischen Sprachtheorien, als Sieg des Empirismus über philosophische Erkenntnistheorien gewertet; und die Evolutionsbiologie wird in der Form einer evolutionären Erkenntnistheorie ebenfalls als naturwissenschaftliche Überwindung metaphysischer Alternativen gefeiert.

Gegenüber dieser Entwicklung bleibt für die Universitätsdisziplin *Philosophie* in fast allem, vor allem den mehrheitlich vertretenen Richtungen, nur ein *völliges Versagen* festzustellen, in das auch die Analytische Philosophie des Geistes einzubeziehen ist: Den Naturwissenschaften gegenüber eine andere denn affirmative Haltung einzunehmen, und zwar speziell in wissenschaftstheoretischen Fragen, gilt den meisten Fachphilosophen nicht nur als utopisch, sondern als nachgerade wissenschaftlich unseriös. Sei es, daß man die Arbeit scheut, sich in die Naturwissenschaften entsprechend zu vertiefen, sei es, daß philosophischer Kritik keine Durchsetzbarkeit zugetraut wird, die überwältigende Mehrheit der Fachphilosophen verzichtet auf eine Wissenschaftsphilosophie als Vernunftkritik und gesellt sich dadurch der Auffassung bei, die Naturwissenschaften würden schon selbst (mit naturwissenschaftlichen Mitteln) ihre eigene Philosophie machen. Jede hier vorgetragene Kritik an Naturwissenschaften aus philosophischer Warte bleibt deshalb immer zu verrechnen mit dem Eingeständnis, daß die Erkenntnis- und Wissenschaftstheoretiker die Naturwissenschaften *de facto* langfristig und effizient im Stich gelassen haben, um lieber an ihren selbsterzeugten Fragen und Problemen Gefallen zu finden.

## 1. Kritik von Wissenschaftsverständnissen in den Kognitionswissenschaften

Der Erfolg, den die Naturwissenschaften mit der experimentellen Methode für Kausalerklärungen haben, hat in der Wahrnehmungsforschung zunächst der Sinnesphysiologie, der Wahrnehmungspsychologie und den Neurowissenschaften, durch das Experimentieren vorgegeben, zur Richtung von der Umwelt auf den Organismus geführt. Das heißt, da *Experimente* immer Ursache-Wirkungs-Verhältnisse gemäß den *technischen Einflußmöglichkeiten des Experimentators* untersuchen und die Ursachen immer bei den vom Experimentator veränderten Umständen liegen, finden Wahrnehmungsexperimente zwangsläufig immer in der Form statt, daß der Experimentator Reizangebote variiert und Einfluß auf Standardisierung oder Situierung des wahrnehmenden Organismus nimmt, um dann nach dessen Verhalten oder nach reizinduzierten Wirkungen auf Hirnvorgänge oder -zustände zu fragen.

Die experimentelle Methode scheint also ein *Sender-Empfänger-Prinzip* der Wahrnehmungs- und Kognitionsforschung nachgerade zu erzwingen, obgleich die Konstruktivität von Kognitionsleistungen längst bekannt und häufig respektiert ist – vom Uexküllschen Funktionskreis bis zu Aspekten, die als Aufmerksamkeit und ihre Lenkung berücksichtigt werden.

In der gesamten experimentell verfahrenden Kognitionsforschung scheint dabei übersehen zu werden, was als unverzichtbare Prämisse in die Geltung jedes experimentellen Resultats einfließt: Das vom Experimentator variierte *Reizangebot* muß von ihm nicht nur gemacht und wahrgenommen, sondern *in seiner Beschreibung als gültig* unterstellt werden. Mit anderen Worten, ein Kognitionsexperiment nimmt immer eine gelingende Konsensbildung unter wissenschaftlichen Beobachtern bezüglich des zu erkennenden Reizangebots in Anspruch. Diese selbstverständlich über sprachliche Kommunikation zu erreichende Konsensbildung unter Kognitionsforschern ist nicht nur eine Kulturleistung, die für den Naturvorgang, der im Experiment untersucht wird, konstitutiv ist; sie bestimmt auch die Wahrheits- oder Geltungskriterien für das Experiment selbst, so daß Kognitionsexperimente nichts zur *Unterscheidung von Kognition und Nichtkognition* leisten können. Diese Unterscheidung wird vielmehr in alle Kognitionsexperimente bereits investiert.

In besonderer Form gilt dies auch für psychologische Kognitionsexperimente mit Menschen, die vom Versuchsleiter instruiert werden. Dort ist die *gelingende sprachliche Kommunikation* für die Befolgung der Instruktion durch die Versuchsperson ebenfalls *konstitutiv für das Experimentalresultat.* (Eine noch einmal kompliziertere Situation besteht bei Kognitionsexperimenten im weiteren Rahmen der Gestaltpsychologie, auf die hier allerdings nicht einzugehen ist, weil sie in der spezifischen Form ihrer Wahrnehmungsangebote die von der Versuchsperson zu erbringenden Leistungen, z.B. die Ergänzung einer unvollständigen Figur zu einer »guten Gestalt«, schon als konsensfähig beschriebene Kulturerzeugnisse vorgibt und damit dem Naturalismusverdacht des Ursache-Wirkungs-Verhältnisses entziehen kann.)

Ein zweiter grundlegender Einfluß (neben dem Experiment als Methode) auf naturwissenschaftliche Kognitionsforschung entstammt dem *Anpassungsgedanken traditioneller Evolutionsbiologie.* Die als Kognitionen bezeichneten Umweltwirkungen auf den Organismus werden durch den angeblichen Selektionsvorteil der zutreffenden gegenüber der irrtümlichen oder fehlenden Kognition bewertet. Dies erzeugt den Eindruck, evolutionsbiologische Ansätze der Erkenntnistheorie könnten deren Anspruch auf Unterscheidung von Erkenntnis, bloßer Meinung und Irrtum einholen.

Die in diesen Ansatz einfließenden Fehler sind jedoch offenkundig: Abgesehen von den hier nicht zu besprechenden biologiephilosophischen Einwänden gegen kritikbedürftige Verständnisse der Evolutionsbiologie ist es ein Grundzug der evolutionären Erkenntnistheorie, *Kognition als individuelle Organismusleistung* zu konzipieren. Dabei mag es sein, daß manche Kognitionsforscher die Rolle einer Handlungs- und Redegemeinschaft von Kognitionshabenden und eventuell sogar deren Kulturgeschichte für die Unterscheidung von Erkenntnis und Irrtum bemerken, aber sie verharren im umgekehrten Reduktionismus physikalistischer oder biologistischer Ansätze, auch solche gemeinschaftlichen Kulturleistungen noch als Produkt der je einzelnen Organismen darstellen zu wollen; eine eventuell *naturhistorische Genese* der kulturellen Menschwerdung wird dadurch verwechselt mit der *Genese heutiger Erkenntnis* ebendieser Entwicklung. In mangelnder Unterscheidung zwischen einer Wissenschaft und ihrem Objektbereich wird nicht unterschieden zwischen der (chronologischen) Richtung natur- und kulturhistorischer Entstehung einerseits und dem Erkenntniszugang zu diesen Entwicklungen andererseits.

Infolge dieser Verwechslung kommt es, was in Kritiken der evolutionären Erkenntnistheorie vielfach zum Ausdruck gekommen ist, zu einer prinzipiell unüberwindlichen Petitio Principii, wonach das zu Erkennende des kognitionswissenschaftlichen Forschungsobjekts bereits *dem Kognitionsforscher selbst bekannt* sein muß. Auch der von G. Vollmer scheinbar gefundene Ausweg, dieses Bekanntsein den naturwissenschaftlichen Weltbeschreibungen zu überantworten, ist kein Ausweg, sondern nur die Erweiterung des methodischen Zirkels durch einen Umweg; auch Naturwissenschaften sind unmöglich ohne die Kulturleistung normativ orientierter Konsensbildung unter Naturwissenschaftlern.

Damit ist bereits ein weiterer Fehler evolutionär orientierter Kognitionsforschung benannt: Die Naturalisierung der Erkenntnis verkennt grundsätzlich eine *unverzichtbare normative Orientierung an Geltungskriterien*, die ihrerseits nicht aus (selbst ja immer notwendigerweise normenfundierten) Naturwissenschaften bezogen werden kann. Dies führt u. a. dazu, daß gerade die Auffassungen, die Kognition im Unterschied zu Irrtum oder Fehlen von Kognition als Überlebensvorteil definieren wollen, kein erkenntnistheoretisches Kriterium für Wahr und Falsch, für Erkenntnis und Nichterkenntnis zur Verfügung haben.

Neben der experimentellen Methode und der Naturalisierung von Kognition sind es die *Mittel der Modellierung*, die naturwissenschaftlichen Kognitionswissenschaften ein (weithin unerkanntes) Problem aufbürden. Eine informationistische Redeweise, die entweder explizit mit den sprachlichen Mitteln der Nachrichtentechnik und der Informationswissenschaften oder implizit durch die Verwendung von Computermodellen der Kognition beizukommen versucht, hat sich auf einen naturalistischen Informationsbegriff eingelassen, wo Kognition als Aufnahme, Verarbeitung und Speicherung von Information beschrieben wird. Sei es die explizite Gleichrangigkeit von Information mit Stoff und Energie (N. Wiener), sei es die Rede von Information in der Chemie der großen Moleküle, der Molekularbiologie und der Genetik, seien es Popularisierungen dieser Ansätze bis zu den Naivitäten, eine »Physik der Kulturgeschichte« schreiben zu wollen (B. O. Küppers), Information wird als Strukturmerkmal materieller Systeme bzw. deren zeitlicher Veränderung interpretiert und in dieser Interpretation für gleich geeignet befunden, natürliche wie kultürliche Gegenstände zu beschreiben und dabei in der flotten Gleichsetzung von Maschine und Tier (Descartes) und von Tier und Mensch (moderne Evolutionsbiologie) den Menschen auf einen maschinentheoretisch modellierbaren Naturgegenstand zu reduzieren.

Die hierbei häufig betretenen Wege lassen sich leicht als verfehlt erkennen: Wo die informationstheoretische Rede an Gegenständen der Chemie oder Molekularbiologie definiert werden soll, wird übersehen, daß diese ihrerseits theorieabhängig konstruierte, in technischer Laborpraxis erfolgreiche menschliche Produkte sind. Das heißt, daß in diesen Fällen die informationstheoretische Rede nur als eine vollständig *redundante Zusatzrede* über die bereits als erfolgreich zu unterstellende Kausalbeschreibung chemischer und molekularbiologischer Vorgänge auftaucht. Mit anderen Worten, die vermeintlich Informationen tragenden oder verarbeitenden Objekte von Chemie und Molekularbiologie sind weder natürlich, noch ist die informationstheoretische Redeweise Ausdruck eines neuen, weiterführenden oder anderen Wissens gegenüber der herkömmlichen Kausalbeschreibung.

Wo dagegen versucht wird, die informationstheoretische Rede gleich an entsprechenden *Maschinen zur Nachrichtenübertragung, Informationsverarbeitung oder computermäßigen Berechnung* einzuführen, wird übersehen, daß deren (die Konstruktion, Herstellung und Betreibung von Geräten tragende) Funktionsbestimmung durch die *Leistungsgleichheit mit menschlichen Kognitionsleistungen* gegeben wird. Wer dies bestreitet, würde übersehen, daß *de facto* solche Techniken nicht ohne Unterscheidung von ungestörten und gestörten Geräten bzw. deren Funktionen auskommen. Mit anderen Worten, auch informationsverarbeitende Maschinen und deren Beschreibungen bleiben, wegen des für sie konstitutiven Aspekts der ungestörten Funktion, abhängig von den normativen Kriterien zur Unterscheidung von gelingender und mißlingender bzw. erfolgreicher und erfolgloser Kommunikation und Kognition. Erst relativ dazu sind »informationsverarbeitende« Maschinen in kausaler Beschreibung geeignete Mittel.

Die gesamte Naturalisierung des Informationsbegriffs über Versuche, sie auf thermodynamische oder statistische Grundlagen zu stellen, ignoriert, daß der *Bezug auf gelingende und erfolgreiche menschliche Kommunikation unverzichtbar* ist, die ihrerseits auf Handlungsgemeinschaften von Menschen bezogen bleibt, welche, wenn ihre Handlungen sprachlich sind, weder das Verstehen- und Verstandenwerdenwollen noch den Geltungsanspruch an Rede zu keiner Zeit und in keinem Fall aufgeben können. Damit ist die Unhintergehbarkeit der Bestimmung informationstheoretischer oder kognitiver Wörter durch naturwissenschaftliche Erklärung unaufhebbar.

Eine vierte und letzte Kritik gilt *radikal-konstruktivistischen Ansätzen*. Zwar läßt sich deren grundsätzliche Intention verteidigen, entgegen jeder abbild- oder korrespondenztheoretischen Auffassung von Wahrheit und Kognition den konstruktiven Aspekt der Welterkenntnis zu betonen. Auch erscheint eine pauschale Kritik riskant angesichts der Tatsache, daß sich die Ansätze des Radikalen Konstruktivismus so weit differenziert haben, daß ihnen außer der Betonung einer gewissen Konstruktivität der Erkenntnis kaum Gemeinsamkeiten geblieben sind – bis hin zu kulturalistischen Ablegern in Form einer radikal-konstruktivistischen Literaturwissenschaft (S. J. Schmidt).

Aber wo autopoietische, systemtheoretische oder (angeblich) nicht reduktionistisch verfahrende, *physikalistische Ansätze* vertreten werden (G. Roth, H. Schwegler), liegen Formen eines radikal-konstruktivistischen Zugangs zur Kognition vor, die einem prinzipiellen Einwand offenstehen: Sie alle stützen sich auf Ergebnisse von Naturwissenschaften in Interpretationen, die deren eigenen Wahrheitsanspruch nicht mehr einholen können. Ob im Biologismus von Maturana und Varela, im Physikalismus G. Roths oder in systemtheoretischen Versuchen, dann die Erkenntnisleistungen der investierten Biologie, Chemie und Physik ihrerseits als Konstruktionsleistungen von Gehirnen, Beobachtern und eventuell höheren Systemen ganzer Scientific Communities zu rekonstruieren, wird prinzipiell übersehen (wie auch im systemtheoretischen Ansatz von N. Luhmann im Bereich der Sozialwissenschaften), daß sich der Anspruch auf Geltung dieses Ansatzes selbst innerhalb dieses Ansatzes nicht mehr einholen läßt. Wer so redet, daß er *per definitionem* systemtheoretisch nur noch die Beobachterperspektive einnehmen kann, hat sich selbst endgültig die Teilnehmerperspektive, vor allem aber eine Vollzugsperspektive verbaut. Er kann nicht mehr auf der kognitionswissenschaftlichen Ebene einen *Anspruch auf Geltung* der kognitionswissenschaftlichen Behauptungen *erheben*, da er diese selbst zum Gegenstand einer systemtheoretischen Deskription gemacht hat. Damit wird *a fortiori* der Anspruch auf Geltung von Kognitionsresultaten auf der Objektebene der Kognitionswissenschaften verfehlt. Das heißt, die gesamte systemtheoretische Raffinesse der radikal-konstruktivistischen Ansätze hat mit ihrer gelungenen Naturalisierung die spezifisch menschliche Kulturleistung von Wahrheit und Geltung, von Kognition und Erkenntnis aufgegeben.

Strukturell ist dieser Einwand auch folgendermaßen zu fassen: Da der Mensch als Kognitionshaber in der Beschreibung nur noch ein System aus der Beobachterperspektive ist, kann er nicht mehr zwischen Erfolg und Mißerfolg der Erzeugung des Systems unterscheiden. Die *systemtheoretische Dispensierung jeder methodischen Ordnung* zugunsten der systemtheoretisch beschriebenen, immer schon als vorhanden unterstellten Systemfunktionen unterliegt damit demselben Irrtum, der dem Versuch zugrunde liegt, aus der hochkomplexen Funktion etwa eines elektronischen Systems zu schließen, es gäbe keine methodische Ordnung bei der Herstellung, d.h. bei Konstruktion und Bau des entsprechenden elektronischen Geräts. Die von manchem radikalen Konstruktivisten so schmerzlich empfundene Zwangslage, das eigene Handeln und Reden nur in zeitlicher Reihenfolge von Einzelschritten vollziehen zu können und nicht das Ganze als Ganzes im Ganzen ausdrücken zu können, läßt erkennen, wohin die Naturalisierung des Menschenbildes durch den Radikalen Konstruktivismus gekommen ist: Das philosophische Aha-Erlebnis hinsichtlich der Irrtümer von abbild- oder korrespondenztheoretischen Auffassungen der Kognition wird zum intellektuellen Fliegenleim, der eine weitere philosophische Klärung verhindert, wie Kognitionen mit Geltungs- oder Wahrheitsanspruch konstruktiv möglich werden.

So erweisen sich rückblickend die an den Naturwissenschaften orientierten Kognitionswissenschaften (1) wegen der unbewältigten Konsequenzen der experimentellen Methode, (2) wegen einer zirkulären Orientierung selektionstheoretischer Erklärungen, (3) wegen geltungstheoretischer Defizite informationstheoretischer sprachlicher Mittel und (4) wegen radikal-konstruktivistischer Verluste von Geltungsansprüchen als Folge einer konsequenten Naturalisierung des gesamten kognitionswissenschaftlichen Forschungsbereichs als prinzipiell verfehlt. Ihnen ist insbesondere die philosophische Einsicht abhanden gekommen, daß *von Kognition nur dort sinnvoll die Rede sein kann*, wo diese von nichtkognitiven Leistungen ihrer materiellen oder organismischen Träger unterschieden werden können; und daß diese Unterscheidung nur dadurch gelingt, daß Kognitionen von mißlingenden Kognitionen (d.h. fehlenden oder irrtümlichen) *nur durch Geltungsansprüche* unterschieden werden. Auch wenn Kognitionsleistungen von Lebewesen generell an Stoffwechselvorgänge gebunden sind, bleibt das kognitionswissenschaftliche

Grundproblem »Was ist und wie erbringt der Mensch Kognition?« unberührt, wo Kognition durch Stoffwechsel (bzw. durch Bewegungen von Maschinen) definiert werden soll. Es beruht damit auf den Wissenschaftsverständnissen naturwissenschaftlicher Kognitionswissenschaften, wenn sie weder erklären können, warum die komplexen Stoffwechselvorgänge z. B. nicht der Leber, wohl aber die des zentralen Nervensystems kognitiv relevant sind, noch dieses Problem aus der Welt schaffen können, indem einfach nichtkognitive Stoffwechselprozesse etwa der Leber oder der Vererbungsmechanismen zu Kognitionen umgetauft werden – weil dann die Kognitionswissenschaften selbst nicht mehr mit dem Anspruch auftreten können, Kognitionsleistungen zu sein.

## 2. Die analytische Philosophie des Geistes – ein Ausweg?

Umgekehrt proportional zur Vielzahl der Ansätze und Theorien der analytischen Philosophie des Geistes kann hier der Nachweis kurz ausfallen, daß sie als philosophische Begleitmusik der naturwissenschaftlichen Kognitionsdisziplinen das eingangs beklagte Versagen der Philosophie nicht vermeiden kann.

Über (fast) alle Ansätze mit ihren Lösungsvorschlägen des Körper-Geist-Problems hinweg läßt sich deren wissenschaftsphilosophisches und erkenntnistheoretisches Defizit benennen: Sie sind *naiv und affirmativ gegenüber den Naturwissenschaften*. Dies reicht in Extremfällen bis zu der Auffassung, das Körper-Geist-Problem entstehe überhaupt erst durch die Grenzen der Erklärungsleistungen bestimmter Naturwissenschaften (z. B. kausale Abgeschlossenheit der Physik – wieder verknüpft mit der Unfähigkeit von Philosophen, zwischen Wissenschaft als Praxis mit Geltungsansprüchen und dem Objektbereich dieser Wissenschaft zu unterscheiden), die es nun in irgendeiner Weise zu überwinden gelte. Daß dabei alle *konstitutionstheoretischen* Überlegungen zur *Entstehung des Gegensatzes von Körper und Geist* als Aspekten einer in diesen Hinsichten ungeschiedenen lebensweltlichen Praxis auftreten, wird nicht gesehen.

Deshalb sollen hier nur solche Versuche in Betracht kommen, die auf Aspekte der Intentionalität und des Selbstbewußtseins rekurrieren. Diese können sich – bis zum Beweis des Gegenteils durch neue Entwicklungen – alle nicht aus der deskriptivistischen Attitüde gegenüber menschlichen Handlungen und Redehandlungen lösen und statt dessen die Teilnehmer- oder Vollzugsperspektive einnehmen. Der gesamte Umgang der analytischen Philosophie des Geistes (in ihren durchaus unterscheidbaren Spielarten) mit Intentionalität verfehlt den Aspekt, daß *nur die Intentionalität des Intentionalitätstheoretikers die Konstitution seiner vermeintlich theoretischen Gegenstände leistet*. So entsteht die paradoxe Situation, daß die analytische Philosophie des Geistes, die gegenüber den lebensweltlichen Vollzügen von Handlungen und Sprachhandlungen ebenso deskriptivistisch-affirmativ bleibt wie gegenüber den Ergebnissen naturwissenschaftlicher Kognitionsforschung, zwar die sprachlich vollzogene Selbstmodellierung des Menschen (sein Selbstbewußtsein) und die Erkenntnis seiner eigenen Intentionalität zum Gegenstand ihrer Erörterungen macht, aber dieses für ihren eigenen Ansatz nicht ernst nimmt, indem sie Zwecke und Mittel ihres Philosophierens in Form handlungstheoretischer und sprachphilosophischer Unterscheidungen und deren normative Anwendung in kulturell gewachsenen Situationen nicht reflektiert. Sie setzt sich vielmehr fort als zweckfreies Glasperlenspiel innerhalb der deskriptivistischen und immer von Naturwissenschaftsgläubigkeit gefährdeten Tradition.

In ihrer Scheu vor dem Einnehmen einer Teilnehmerperspektive in der Form, daß die begrifflichen philosophischen Mittel explizit normiert und als tragfähige Mittel für explizit genannte Zwecke legitimiert werden, wird von dieser Tradition weder eine neue oder andere Richtung der Kognitionswissenschaft vorgeschlagen noch ein neuer oder weiterführender philosophischer Rahmen für deren Reflexion bereitgestellt.

Sie bleibt folgen- und erfolglos. Es ist deshalb zu befürchten, daß sie in ihrer affirmativen Haltung gegenüber den Naturwissenschaften und dem Kulturfaktum Sprache *nur zu einem ideologisierenden Überbau naturwissenschaftlicher Kognitionswissenschaften beiträgt*. Die Rezeption moderner Forschungen in den Popularisierungen für das gebildete Publikum von Zeitschriften wie *Nature*, *Science*, *Spektrum der Wissenschaft* usw. bis hin zu den Wissenschaftsteilen oder Artikeln von *FAZ*, *Süddeutscher Zeitung*, *Spiegel*, *DIE ZEIT*, *Stern* und ungezählten Fernsehsendungen belegen dies eindrucksvoll.

## 3. Kognitionswissenschaft und Menschenbild

Noch einmal ist die in der Einleitung betonte Unterscheidung aufzunehmen, einerseits Kognitionswissenschaft zu treiben und andererseits über Kognitionswissenschaften zu philosophieren. Die vorangehende Kritik an der Naturalisierung der Kognitionswissenschaften bezog sich metatheoretisch auf Reflexionsdefizite hinsichtlich Zwecken und Mitteln kognitionswissenschaftlicher Ansätze. Konsequenterweise wird im folgenden nicht eine konkurrierende Form zu vorfindlichen Kognitionswissenschaften praktiziert, sondern es soll eine wissenschaftsphilosophische Überlegung zu Grundlagen und Methoden kognitionswissenschaftlicher Beschreibungen des Menschen vorgetragen werden.

Von *Zwecken und Mitteln der Kognitionswissenschaften* zu sprechen nimmt Bezug auf eine ebenso triviale wie regelmäßig übersehene Tatsache, wonach auch Kognitionswissenschaften *durch das Handeln von Menschen hervorgebracht* werden. Dabei ist »Handeln« in einem terminologischen Sinne so zu verstehen, wie er in methodischen Handlungstheorien expliziert wird: Handlungen sind auf Zwecke gerichtet bzw. können als Mittel zum Erreichen von Zwekken verstanden werden. Zwecke sind durch Handeln herbeizuführende Sachverhalte, die ihrerseits in Aussagen dargestellt werden können. Das Erreichen oder Verfehlen von Zwecken durch Handlungen wird als Erfolg bzw. Mißerfolg dieser Handlungen bezeichnet. Zu Handlungen kann nach geläufigem Sprachverständnis sinnvoll aufgefordert werden, und Handlungen können unterlassen werden.

Eine zentrale Unterscheidungsabsicht dieses Handlungsbegriffs betrifft die *Absetzung von einem bloßen Verhalten*, wie es exemplarisch etwa am Erschrecken, Stolpern, Niesen oder an Körperreflexen erläutert wird.

Es ist selbst schon eine Konsequenz naturalisierter Kognitionswissenschaften, wenn eine solche Unterscheidung von Handeln und Verhalten auf Widerstände nicht nur behavioristischer, physikalistischer und biologistischer Herkunft trifft. Denn das Programm, kognitionswissenschaftliche Leistungen von Organismen zum Objekt naturwissenschaftlicher Beschreibung zu machen, schließt ein, *daß die Zwecksetzungsautonomie handelnder Menschen zum Bereich des kausal Erklärbaren gerechnet wird.* Dabei übersieht man jedoch, in welchem Sinne ein Prinzip der methodischen Ordnung verletzt wird: Es gehört zu den elementarsten Kompetenzen täglicher Lebensbewältigung in unserer heutigen kultürlichen Situation, daß wir zwischen Handeln und bloßem Verhalten unterscheiden. Schon als kleine Kinder haben wir zu lernen (und haben wir gelernt), was uns als Schuld oder Verdienst zugerechnet wird und wo dies, für die Kulturgemeinschaft selbstverständlich, nicht geschieht. Wo ein Erzieher nicht kriminell oder schwachsinnig ist, wird er ein Kind nur loben oder tadeln, wo es sich um durch das Kind verfügbare Handlungen dreht, nicht aber bei bloßem Verhalten, über das das Kind keine Verfügung hat.

Unbestritten ist die handlungstheoretische Unterscheidung von Handeln und Verhalten, wie wohl jede Unterscheidung, in Sonder- und Grenzfällen nicht beliebig trennscharf. Schon bei den ebenfalls für die Lebensbewältigung eines jeden Menschen in Betracht kommenden routinisierten Handlungen, vor allem in Alltagsroutinen wie denjenigen des Gehens, Essens oder bei Handlungen wie Schwimmen, Radfahren, Autofahren, sind immer (unter Beteiligung von Kognitionsleistungen) Grenzfälle zwischen Handeln und Verhalten anzutreffen, die erst im Falle von Mißlingen bzw. Mißerfolg und von Bemühungen, in der Wiederholung Mißlingen oder Mißerfolg zu vermeiden, wieder als ein überlegtes, explizites Ergreifen von Mitteln für bestimmte Zwecke durchgeführt werden.

Solche Grenzfälle spielen jedoch keine Rolle, wo es darum geht, die *Handlungen von Kognitionsforschern* auf ihre Leistung hin zu beurteilen, also nach erfolgreich und erfolglos zu unterscheiden, und damit die *Geltung ihrer Resultate* zu bedenken. Welcher naturalistischen Herkunft auch immer bestimmte Kognitionswissenschaftler sind, wenn sie ihre Programme formulieren und realisieren, sie tun es nicht ohne Anspruch auf Geltung ihrer Resultate. Damit sind Kognitionsforscher in relevanter Hinsicht methodisch primär nach Zwecken handelnde Kulturmenschen, die ihre Handlungen *de facto* und ihrem Anspruch nach auf Gelingen und Erfolg hin beurteilen. Dazu gehört nicht zuletzt die Verständlichkeit der sprachlichen Darstellung ihrer Forschungsresultate und die Einlösung von Geltungsansprüchen im Sinne des Erreichens programmatisch gesetzter Forschungszwecke. »Methodisch primär« heißt damit die Unumkehrbarkeit einer Reihenfolge, in der der Kognitionsforscher selbst bei seiner Forschungstätigkeit und beim Vertreten seiner

Resultate ein in Kooperation und Kommunikation mit anderen Kulturmenschen stehender Zeitgenosse ist und nicht etwa ein Organismus oder ein Tier, dem noch zusätzlich ein paar emergente Eigenschaften zukommen, oder irgendeine molekularbiologisch beschriebene Maschine mit einem z. B. aus Komplexität erwachsenden Plus an Geist.

Es wird zum erkenntnistheoretischen Leitmotiv einer *Philosophie der Kognitionswissenschaften*, deren *Angewiesenheit auf methodische Ordnung* zu zeigen, sobald eingesehen wurde, daß auch Kognitionswissenschaften nicht anders als durch menschliches Handeln zustande kommen: Über diese Handlungen zu reden verlangt, Rücksicht auf Reihenfolgen zu nehmen, deren Vertauschung im Handeln selbst mit dem Verlust ihres Erfolgs bezahlt werden müßte. Beispiele für solche Handlungsketten sind überall, und zwar schon außerwissenschaftlich und außerphilosophisch, zu finden. Etwa die Zubereitung eines Gerichtes verlangt die Einhaltung der Reihenfolge der Handlungen beim Kochen, und zwar weder als Natur- noch als Sittengesetz, sondern nur aus Gründen der intendierten Zweckerreichung. Und wo immer über Handlungsketten geredet wird, bei denen die Vertauschung von Teilhandlungen zu einem Verfehlen des Zwecks der gesamten Handlungskette führt, ist die *Legitimation eines Prinzips der methodischen Ordnung* offensichtlich. Spricht man, vorschreibend oder beschreibend, über die Reihenfolge solcher Teilhandlungen abweichend von der erfolgreichen Ordnung, werden Rezepte erfolglos und Beschreibungen falsch. Übertragen auf die Kognitionswissenschaften heißt dies, daß nur der mit Zwecksetzungsautonomie ausgestattete Mensch, der als Handelnder immer das Erreichen oder Verfehlen der selbstgesetzten Zwecke beurteilen kann, für Kognitionswissenschaften konstitutiv ist. Das heißt, es kann eine naturwissenschaftliche Erforschung menschlicher Kognition – methodisch nachträglich – nur durch Menschen geben, die sich bereits darauf geeinigt haben, was Kognitionen sind und wie an ihnen ein Gelingen und Mißlingen, Erfolg und Mißerfolg unterschieden wird. Dies soll in einigen weiteren Aspekten erläutert werden.

Zunächst ist für »Kognition« ebenso wie für das deutsche »Erkenntnis« und das Wort »Leistung« immer zu unterscheiden, ob damit ein *Vorgang*, ein Prozeß oder deren *Ergebnis*, deren Resultat gemeint ist. Die vorfindlichen, naturalistisch verstandenen Kognitionswissenschaften haben sich, in vermeintlichem Fortschritt gegenüber philosophischen Traditionen der Erkenntnistheorie, von der Frage nach der Kognition als Resultat abgewandt und *Kognition als Vorgang* zum Gegenstand der Frage gemacht »Wie funktioniert Kognition?« oder »Durch welche Mechanismen kommt Kognition zustande?« In methodischer Ordnung können solche Fragen jedoch nur sinnvoll formuliert werden (und damit Gegenstand einer naturwissenschaftlichen Forschungsbemühung werden), wenn explizit geklärt ist, worin das *Explanandum Kognition* besteht, genauer, welche Resultate als Kognitionsleistungen anzusehen sind und welche nicht. Mit anderen Worten, Kognitionswissenschaften verfehlen – vgl. obige Kritik – ihren Gegenstand, wenn sie sich nicht auf den Aspekt der *Geltung von Kognitionsresultaten* einlassen. »Kognition« als Vorgang kann nämlich sonst nicht mehr von anderen Stoffwechselprozessen in Organismen unterschieden werden.

Wo von Gelingen und Mißlingen von Kognition gesprochen werden kann, zeigt sich freilich schnell, daß diese methodisch primär *nicht als individuelle Organismusleistungen*, sondern immer relativ zu *Kooperation und Kommunikation menschlicher Handlungsgemeinschaften* gefaßt werden müssen. Diese sind es nämlich, in denen sich im Sinne praktischer Bewährung Kriterien ausbilden, die normativ zur Unterscheidung von gültigen und ungültigen Kognitionsresultaten führen. Wenn der Kognitionswissenschaftler dagegen einwenden wollte, ein Waldläufer bedürfe nicht der sprachlichen Artikulation von Sätzen, wo die Bäume stehen, gegen die er beim Laufen nicht stoßen möchte, so daß er auch keiner Wahrheitskriterien für Aussagen bedürfe, so übersieht der Kognitionswissenschaftler, daß auch solche im direkten Handlungsvollzug gemachten und über den Erfolg der Handlungen entschiedenen Kognitionen für ihn, den Kognitionswissenschaftler, immer sprachlich artikulierte und auf Gelingen und Erfolg beurteilte Kognitionen sind. Kurz, weil der Kognitionswissenschaftler eine Kognitionswissenschaft betreibt, muß er erst bei den sprachlich explizierten und nach Geltung oder Irrtum unterschiedenen Kognitionsresultaten anfangen – oder er hat keinen Gegenstand, von dem er sprechen kann.

Programmatisch läßt sich für Kognitionswissenschaften daraus die *Forderung* aufstellen, anzugeben, wonach die *Kognitionswissenschaften selbst ihr Gelingen oder Mißlingen unterscheiden.* Was wollen die Kognitionswissenschaften (eventuell explizit in der Absicht, etwas zu einem wissenschaftlich gestützten Menschen- und Weltbild beizutragen) herausfinden, und nach welchen Kriterien glauben sie, etwas herausgefunden zu haben?

Hier hilft ein Blick auf die (gegenüber den Kognitionswissenschaften reifere) Philosophie einer Naturwissenschaft wie der Physik weiter: Physikalische Erkenntnisse sind immer mit erfolgreicher Labortechnik verknüpft. Mit anderen Worten, es ist die technische, ingenieurmäßige Beherrschung von Experimenten, aus der die Geltung physikalischer Theoreme oder Theorien kommt. In handlungstheoretischer Betrachtung der physikalischen Forschung heißt dies, daß schon für die Bereitstellung der Labortechnik, also von Beobachtungs-, Meß- und Experimentiergeräten, ein *Störungsbeseitigungs- oder Störungsvermeidungswissen* als technisches Know-how erreicht sein muß, um Gelingen und Erfolg von Beobachtungen und Experimenten als technische Reproduktion bestimmter Verläufe oder Zustände feststellen zu können. Übertragen auf die Kognitionswissenschaften heißt dies, daß sie dann Resultate vorzuweisen hätten, wenn sie ein Störungsvermeidungs- oder Störungsbeseitigungswissen bezüglich Kognitionen (als Resultat und Vorgang) angeben könnten. Da, wie oben ausgeführt, das Explanandum »Kognition als Resultat« die Unterscheidung von gültig und ungültig, von erfolgreicher und erfolgloser Kognition methodisch primär in Anspruch nimmt, könnten *Kognitionswissenschaften* durchaus *von erkenntnis- und wahrheitstheoretischen Überlegungen* profitieren. Diese haben die Kriterien zu formulieren, nach denen Kognitionsresultate als Erkenntnisse, als (unbegründete und damit bloße) Meinungen oder als Irrtümer zu differenzieren sind. Und die Kognitionswissenschaften hätten dann selbst die Aufgabe, naturwissenschaftlich zu erforschen, wie es zu (erkenntnistheoretisch definierten) Fehlern oder Störungen kommt und wie diese zu vermeiden oder zu beseitigen sind.

In gewissem Sinne wird dieses Verständnis von kognitionswissenschaftlichen Aufgaben bereits *in der Medizin mit Erfolg praktiziert.* Es reicht häufig der Common Sense der an einer Kulturgemeinschaft erfolgreich partizipierenden Menschen aus, um hinreichend zu definieren, welche Verhaltensauffälligkeiten eines Menschen als kognitive Störung zu interpretieren sind. Klassische Beispiele sind Ausfälle sprachlicher Leistungen, wo etwa durch Läsion oder Tumorerkrankung das Wernecke- oder das Brocca-Zentrum des Gehirns gestört wird. Das heißt, ein erster Schritt zu einem Störungsvermeidungs- oder Störungsbeseitigungswissen bezüglich diagnostizierter Defekte im Sprachvermögen eines Menschen führt zu einer naturwissenschaftlichen Hypothese über deren Ursachen, die dann als (bestens) bestätigt gilt, wenn (im günstigsten Falle) die Beseitigung der Störung aufgrund dieser Hypothese gelingt.

Dieses Beispiel möge als Hinweis genügen, wie Kognitionswissenschaften auf der Grundlage von *Leistungen, die jeder Kulturmensch zu seiner täglichen Lebensbewältigung selbstverständlich erbringen muß*, als zweckrationales Handeln begriffen werden, um daraus Geltungskriterien zu beziehen und das lästige Problem ihres Explanandums »Kognition« lösen zu können.

In der genannten Orientierung am Beispiel der medizinischen Bereitstellung eines *Prophylaxe- und Therapiewissens für die Vermeidung oder Beseitigung von Kognitionsstörungen* eröffnet sich auch ein Zugang zur *Unterscheidung von natürlichen und kultürlichen Dispositionen zum Erkennen.* In derselben Selbstverständlichkeit, in der ein Mensch ohne Unterscheidung nach natürlich und kultürlich in die Gemeinschaft der anderen Menschen kooperierend und kommunizierend hineinwächst, wird er durch Übung und Lernen zum Mitglied einer Kulturgemeinschaft. Unterscheidungen von Körper und Geist, von Natur und Kultur spielen im praktischen Lebensvollzug dabei sowenig eine Rolle wie im Erwerb der Fähigkeiten zu diesem Lebensvollzug.

Erst wo Störungen oder Behinderungen auftreten, etwa schon im ganz undramatischen Falle z. B. einer Ermüdung beim Erlernen oder Erwerben von Fertigkeiten und Fähigkeiten wie Klavierspielen oder Vokabeln einer fremden Sprache, wird unterschieden zwischen körperlichen und geistigen oder (hier nicht als gleichbedeutend angesehen!) zwischen natürlichen und kultürlichen Aspekten. Man wird z. B. unterscheiden, ob es nur an einem schlechten Lehrer oder einer schlechten Lehrmethode liegt, wenn erhoffte Lernfortschritte ausbleiben, oder ob auch bei Änderung oder Verbesserung der Unterweisung keine Fortschritte zu erzielen sind – und man dann von mangelnder Eignung (gegebenenfalls verbunden mit mangelnder Neigung des Schülers) spricht.

Dieses Beispiel soll besagen, daß erst im Vollzug versuchter Störungsbeseitigung oder Störungsvermeidung unterschieden wird zwischen kultürlichen Aspekten des Erwerbs und der Praxis von Erkenntnisdispositionen und den natürlich dafür vorausgesetzten Anlagen. Bezogen bleibt diese Unterscheidung, eventuell sogar verbunden mit dem Eingeständnis, natürliche Dispositionen nicht weiter verändern oder beeinflussen zu können, immer auf den Kontext kultürlicher Lebensbewältigung. Die den Kognitionswissenschaften zur Erforschung aufgegebenen natürlichen Erkenntnisdispositionen ergeben sich also gleichsam als der kultürlich nicht formbare Rest, der dann nur mit Hilfe der naturwissenschaftlich gewonnenen und geprüften Kausalhypothesen noch erklärt, im günstigen Falle therapiert werden kann.

## 4. Schluß

Es mag hier offenbleiben, ob die Philosophie ihrerseits im Blick auf Kognition ein Menschenbild entwerfen soll. Die hier vorgetragenen Vorschläge, mit den Mitteln der Handlungstheorie Kognitionsleistungen von Menschen in kulturellen Situationen zu erfassen, waren vielmehr *in kritischer Absicht* herangezogen worden, sich *mit naturwissenschaftlichen Ansätzen* in der Kognitionsforschung auseinanderzusetzen. Damit kamen gleichsam von selbst *nur* jene *Formen von Kognition* in Betracht, denen sich die Naturwissenschaften ihrerseits zugewandt haben – unter Vernachlässigung großer und lebenswichtiger anderer Formen. Selbstverständlich gehört es zu den Kognitionsleistungen eines jeden kompetenten Mitmenschen unserer heutigen Kulturstufe, daß er gewisse *soziale Kognitionen* im weiten Spannungsbereich vom Umgang mit dem Lebenspartner, den Arbeitskollegen, den Nachbarn, den Mitbürgern und Mitgliedern anderer Kulturen erwerben und bewerten kann. Kognitionen im Sinne *historischer Erfahrungen*, wieder differenzierbar von der subjektiven Lebenserfahrung und der kognitiven Konstitution der eigenen Biographie bis zur wissenschaftlichen Geschichtsschreibung, kommen hinzu. Dies wird von den Kognitionswissenschaften bisher ebenso ausgespart wie z. B. *Kognitionen, die die Folgen eigener Handlungen betreffen*. Als ein explizit ausgearbeitetes Beispiel sei hier die Dreidimensionalität des Raumes erwähnt, deren »Notwendigkeit« im Sinne eines synthetisch-apriorischen Wissens modern als Handlungsfolgewissen einer Poiesis rekonstruiert wird, die unsere alltägliche, gegenständliche Welt mit ebenen Oberflächen, geraden Kanten und rechten Winkeln nach kultürlichen Zwecken zugerichtet hat (Janich 1989). Dies soll als Beispiel für Kognitionsformen stehen, die, wieder feiner differenzierbar z. B. gegenüber lebensweltlichen mathematischen und logischen Kognitionen, sich dem Bereich geregelten menschlichen Handelns und der Zweckrationalität konsequenter Regelbefolgung verdanken.

Demgegenüber scheinen die *Kognitionswissenschaften* weitestgehend einem Modell von Kognition verpflichtet zu sein, bei dem sich für das Augenwesen Mensch die *Welt* über die Augen *in seinem Gehirn abbildet* – sicherlich ergänzt um kognitionswissenschaftliche Ansätze zur auditiven Wahrnehmung, in beinahe exotischen neurobiologischen Arbeiten sogar um den Geruchssinn erweitert. Daß der Mensch aber nicht leben könnte, hätte er nicht ein *Handlungsfolgewissen* und wäre er nicht disponiert, an Handlungsfolgen – hier zu Abkürzungszwecken nur bildlich und vergröbernd gesprochen – zu unterscheiden zwischen gleichsam logisch zwangsläufigen Handlungsfolgen einerseits und kontingent-empirischen Handlungsfolgen andererseits, wird übersehen. Das heißt, zu den kultürlich unverzichtbaren kognitiven Dispositionen des Menschen gehört zumindest implizit, dafür aber nicht weniger handlungsorientierend, eine kognitive Unterscheidung von apriorisch und aposteriorisch, analytisch und synthetisch, logisch und empirisch, also von Kognitionsformen, die in der Reflexionsdisziplin Philosophie zu explizieren und auf den Begriff zu bringen sind (wo nicht schon das dogmatische Fallbeil einer naturalisierten Erkenntnistheorie den Hintergrund für eine kognitionswissenschaftliche Einfallslosigkeit abgibt).

Einen De-facto-Beitrag naturwissenschaftlicher Kognitionstheorien zum Menschenbild zu diagnostizieren und zu kritisieren müßte – was in den vorangegangenen Überlegungen nicht geleistet wurde – zusätzlich an der Frage orientiert werden, was »*Menschenbilder*« sind und *wozu sie benötigt werden*. Daraus wäre eine weitere Beurteilungsinstanz zu gewinnen, die insbesondere für die Beantwortung der normativen Frage hilfreich wäre, in welchem Sinne Naturwissenschaften begründet und gerechtfertigt zu einem Menschenbild beitragen sollen. Denn die voranstehende Kritik ist nicht dahin gehend mißzuverstehen, ein naturwissenschaftlicher Beitrag zum Verständnis des Menschen und seiner kognitiven Dispositionen sei unmöglich oder sinnlos. Vielmehr ist er unabweisbar *im Kontext kultürlicher Bestimmungen von Kognition*, Geltungskriterien und Funktion in der Lebensbewältigung zu situieren, wie dies am Beispiel medizinisch orientierter Kognitionsforschung im Sinne eines prophylaktischen und therapeutischen Know-hows zur Störungsvermeidung und Störungsbeseitigung von menschlicher Kognition (im Reichtum ihrer Formen) diskutiert worden ist.

Es spricht vieles dafür, daß die tatsächlich praktizierte naturwissenschaftliche Kognitionsforschung besser ist als ihr Erscheinungsbild: Letzteres wird durch die *unzureichenden Selbstverständigungs- und Populärphilosophien der Kognitionsforscher* mehr bestimmt als durch ihre fachwissenschaftlichen Forschungsresultate.

# 3. Die Sprache der Wissenschaften von der Raumkognition

## 1. Einleitung: Wo liegt das Problem?

Der Mensch ist in allen seinen Lebensäußerungen, Lebensvollzügen und Bemühungen der Lebensbewältigung bewegt; er bewegt sich, und er bewegt Dinge um sich herum. Dazu bedarf er der Orientierung im Raum. Bezeichnet man das Gewinnen solcher momentansituativen wie dauerhaften Orientierungen pauschal als Kognition, so ist das Gewinnen und Haben von *Raumkognition* eine elementare *Grundbedingung jeden Lebensvollzugs.*

*Wissenschaften* haben sich der Raumkognition mit Schwerpunkt bei den empirischen Naturwissenschaften vom Menschen in verschiedenen Disziplinen zugewandt, von denen die Sinnesphysiologie die älteste, die Wahrnehmungspsychologie die verbreitetste und die Neurowissenschaften die aktuellsten sein dürften. Ihnen sind, üblicherweise der Philosophiegeschichte zugerechnet, spekulative und hypothetische Betrachtungen (meist mit Bezug auf Alltagsbeobachtungen) vorausgegangen, die bis in die historischen Anfänge der Erkenntnistheorie zurückreichen. Heute haben die Wissenschaften von der Raumkognition vor allem im Rahmen von Versuchen neuen Auftrieb erhalten, durch interdisziplinäre Zusammenarbeit von neurophysiologischen, bis auf die molekulare Ebene ins Detail gehenden Forschungen mit experimentalpsychologischen, entwicklungsbiologischen, informationswissenschaftlichen, automatentheoretischen und nicht zuletzt linguistischen Ansätzen neue Fragestellungen und Perspektiven zu gewinnen.

Alle diese Bemühungen, ja sogar die künftigen, sind mit der ebenso trivialen wie unausweichlichen Zwangslage konfrontiert, daß Wissenschaften von Raumkognition (in welchem genaueren Sinne auch immer) nicht nur ihre *Resultate in Sprachform* und *mit Geltungsansprüchen* zu erbringen haben, sondern daß schon jede Frage, jedes Problem, jedes mögliche Forschungsziel im Medium der Sprache formuliert sein muß. Dabei wird es unausweichlich auch zur Verwendung von Wörtern kommen, die einerseits »den Raum«, andererseits »die Kognition« betreffen.

Diese ebenso selbstverständliche wie unausweichliche Sprachgebundenheit jeder Wissenschaft von Raumkognition von ihren ersten Fragen und Vermutungen bis zu ihren jeweils letzten und sichersten Antworten stellt nur für denjenigen Laien und für denjenigen Wissenschaftler keine Irritation dar, der sich seiner Alltagssprache bzw. seiner wissenschaftlichen Fachsprache so *naiv* und selbstverständlich bedient wie etwa der Fähigkeit, zu gehen oder aus einem Glas zu trinken. Anders verhält es sich, wo explizite Auskunft über Wortbedeutung und Sprachgebrauch erwartet wird – etwa aus Sorge, Ungeklärtheiten des Anfangs in Ergebnisse einzuschleusen oder unerkannte, stillschweigende Prämissen zu (unerkannt) bindenden Forschungsbeschränkungen zu machen.

Dabei bleibt faktisch jeder Fachsprachensprecher, der sich durch Studium und Praxis in die Fachterminologie einer Wissenschaft eingelebt hat, auf die Dauer seines gesamten Lebens immer auch *Alltagssprachensprecher*. Niemand könnte Wissenschaftler werden und sein, der nicht bezüglich räumlicher und kognitiver Unterscheidungen ein reiches, alltagssprachliches Vokabular beherrschte. In diesem Sinne gehört es zu elementaren Grundfähigkeiten jedes für das Treiben von Wissenschaft hinreichend normalen und gesunden Menschen, »räumlich« über seine eigenen Bewegungen bei den normalen Verrichtungen des täglichen Lebens bis hin z. B. zur Teilnahme am Straßenverkehr ebenso zu sprechen wie über Form, Größe und Lage von Dingen, über räumliche Aspekte von Ereignissen wie Richtungen, Geschwindigkeiten usw., wie es andererseits selbstverständlich ist, daß »kognitive« Wörter wie sehen, tasten, hören, wahrnehmen, sich erinnern, sich vorstellen und andere Wörter, etwa zur Beschreibung oder Beurteilung von Kognitionsergebnissen, zu Gebote stehen.

Auch dort, wo einerseits die räumlichen, andererseits die kognitiven Wörter im Rahmen einschlägiger Fachwissenschaften terminologisch differenziert, expliziert und gelegentlich gegenüber den Alltagssprachgebrauchsweisen modifiziert werden, müssen die Erfinder und Benutzer solcher Terminologien gleichwohl *kompetente Sprecher der einschlägigen Alltagssprache* bleiben. (Es wird später genauer zu zeigen sein, in welchem Verhältnis die demselben Bereich angehörenden sprachlichen Unterscheidungen einerseits der Alltagssprache, andererseits der Wissenschaftssprache bei ein und derselben individuellen Person stehen.)

In der selbstverständlichen und unausweichlichen Sprachabhängigkeit jeder Wissenschaft von der Raumkognition (wie auch jeder anderen Wissenschaft) kein Problem zu sehen kann sich also nur leisten, wer den räumlichen und kognitiven Sprachbereichen der Alltags- wie der Wissenschaftssprache zufrieden vertraut – sozusagen in der Rolle des gut bedienten Konsumenten. Diese – angenehme – Rolle aufzugeben gibt es üblicherweise keinen Grund, wenn alltagssprachliche Kommunikation über räumliche oder kognitive oder raum-kognitive Sachverhalte nicht zu Mißverständnissen führt; ebenso wenn sich Fachwissenschaftler vom Raum, von der Kognition oder von der Raumkognition ohne Mißverständnisse und Übersetzungsprobleme zwischen Fachterminologien verständigen können und sich zugleich in der Sicherheit wiegen, daß schon das *Erheben* von Geltungsansprüchen für wissenschaftliche Resultate automatisch mit deren *Einlösung* zusammenfällt – sanktioniert durch den faktischen Konsens der Fachleute, was in der betreffenden Frage »State of the Art« ist.

Die Rolle des gut bedienten Konsumenten ist bekanntlich nicht die einer philosophischen Erkenntniskritik, von den Tagen des philosophischen Dreigestirns Sokrates, Platon und Aristoteles bis in die Gegenwart einer Wissenschaftstheorie als Wissenschaftskritik hinein. So elementar vertraut, wie jedem hinreichend normalen und gesunden Menschen ist, daß man sich gelegentlich täuscht, geirrt hat, falsch erinnert, kurz, ein *vermeintliches Wissen* nicht als wahres Wissen, sondern eben nur als *bloße Meinung* erkennt, so kann sich Erkenntniskritik nicht mit dem Faktum der Zustimmung einer Gruppe von Laien oder einer Gruppe von Fachwissenschaftlern zu ihren eigenen, häufig genug gruppenbildenden Meinungen begnügen.

Anlässe dafür gibt es genug. Für die Wissenschaften liegen sie vor allem im Fehlen hinreichender begrifflicher Bestimmung der einschlägigen Fachterminologien, und zwar sowohl für die Rede vom Raum als auch für die Rede von der Kognition und *a fortiori* für die Rede von der Raumkognition. Dazu später. Aber auch die *Alltagssprache*, die ja von keinem Individuum beim Spracherwerb, der sich durch Hineinwachsen in eine Sprech- und Handlungsgemeinschaft vollzieht, neu erfunden wird, rechtfertigt durch ihre alltägliche Brauchbarkeit nicht die Rolle des gut bedienten Konsumenten. Sie ist vielmehr das Produkt ihrer eigenen *Entstehungsgeschichte*, die beim Spracherwerb kein Rolle spielt, meistens auch den Sprachlehrern schlichtweg unbekannt ist und in vielen Facetten unbekannt bleibt. Erwähnt sei als Beispiel nur, daß wir mit dem alltagssprachlichen Erwerb *geometrischer Wörter* wie Punkt, Gerade, Kreis (und all den anderen) ein großes, aber undurchschautes Erbe übernehmen insofern, als wir die gelungenen und die mißlungenen Unterscheidungsabsichten und Hintergründe der Entstehungsgeschichte der Geometrie (historisch) vor Eudoxos von Knidos und Euklid gleichsam unerkannt mitnehmen: Einerseits ist es eine Erfindung und Maxime der Griechen, Geometrie und Mathematik als Theorie des zeitlich Unveränderlichen, Statischen zu betreiben, obgleich jeder Lebensvollzug einschließlich der des Geometers (sogar beim Zeichnen oder Denken von Figuren) die in der Zeit ablaufende Bewegung ist; andererseits bewegen wir uns in einem nebulösen Spannungsfeld zwischen einer poietisch-technischen Bedeutung geometrischer Wörter, wenn wir z. B. Form-, Größen- oder Lagebeziehungen mit Linealen oder Meßstäben auf ebenen Unterlagen realisieren, und einer mathematischen oder idealen Betrachtungsweise, wonach Punkte keine, Linien nur eine, Flächen zwei und »räumliche« Figuren drei Ausdehnungen hätten, aber keine Farbe oder sonstige Qualitäten sinnlich wahrnehmbarer Gegenstände. Kurz, schon die alltäglich selbstverständliche geometrische Rede vom Raum, in die wir als Kinder einsozialisiert worden sind, ist wie ein gewaltiger Schutt- und Schrottberg von Trümmern einer unbekannten, *a fortiori* unbegriffenen Kulturgeschichte.

Zum Problem, das ein Überwechseln von der Rolle des gut zur Rolle des schlecht bedienten Konsumenten nahelegt, werden solche Defizite der Alltags- wie der Wissenschaftssprache dann, wenn die undurchschauten, stillschweigenden Prämissen alltagssprachlicher Unterscheidungen den Fachwissenschaften in der Formulierung ihrer Probleme und Resultate (sowohl im Bereich von Raum- wie von Kognitionstheorien) einen unerwarteten Streich spielen. Dann bleibt nur noch, wegen fehlenden Klärungsangebots die Rolle des Konsumenten ganz zu verlassen und sich in der des Produzenten zu versuchen: Lassen sich Klärungen raumwissenschaftlicher, kognitionswissenschaftlicher und hier selbstverständlich raum-kognitionswissenschaftlicher Sprache erreichen, in der vermeintlich empirische Ergebnisse der Forschung über Dispositionen und Fähigkeiten des Menschen, sich im Raum zu orientieren, nicht einfach eine *Reproduktion unerkannter Vorurteile* sind, die uns die Geschichte als Belastung der Alltagssprache beschert hat? Dies ist die Frage, von der die folgenden Untersuchungen ihren Ausgang nehmen.

Um sich nun nicht naiv in ein Henne-Ei-Problem (was war zuerst? Die Alltagssprache oder ihre kulturhistorischen Hintergründe?) zu verstricken, oder den Anschein der Voraussetzungs- und Zweckfreiheit zu erwecken, sei auf eine unbestrittene Trivialität zurückgegriffen: Wo ein Mensch überhaupt »etwas will«, also z. B. wissenschaftlich etwas über die menschliche Fähigkeit räumlicher Orientierung herausfinden, ist er *immer schon* ein *im Lebensvollzug* stehender Mensch, der als hinreichend sozial kompetentes Mitglied einer Handlungs- und Sprechergemeinschaft einiges beherrscht, was sich mit den Mitteln der Handlungstheorie explizieren läßt. Dies soll im nächsten Abschnitt geschehen, um damit auch die philosophische Investition offenzulegen, der sich die folgenden Lösungsvorschläge verdanken.

## 2. Das Anfangsproblem und seine methodisch-kulturalistische Lösung

»Von nichts kommt nichts« und: »Mit irgend etwas muß man ja anfangen« sind geläufige Ausdrucksformen des heute verbreiteten Achselzuckens dort, wo es um Darstellung oder Bereitstellung von begründetem Wissen, um das Erheben von Geltungsansprüchen und deren Einlösung geht. »Wir sind immer schon inmitten« ist die allgemeine Haltung, die, mit der allgegenwärtigen Rede von Paradigmenwechsel, Inkommensurabilität, Systemtheorie, Axiomen und Kulturrelativismus verbrämt, einen *Rückzug in die Beliebigkeit* decken soll: Wer will, mag mitmachen, aber bitte zu den von der »Community« anerkannten Spielregeln! Behauptungen zu begründen, Ansprüche zu rechtfertigen, Fachsprachen zu explizieren führe dagegen stracks in die Absolutheits- oder in die Letztbegründungsfalle.[1] Es genüge, dabeizusein bei den Spielen des Wissenschaftsbe-

1 Wie der Alternative zwischen Absolutbegründung und relativistischer Beliebigkeit zu entgehen ist, bildet ein Kernthema methodisch-kulturalistischer Begründungs- und Wahrheitstheorien. Programmatisch hierzu: Hartmann/Janich 1996b. Eine Analyse und Überwindung von Relativierungen in der Tradition vom Kritischen Rationalismus bis zur Theorie wissenschaftlicher Revolutionen von Th. S. Kuhn vgl. Janich 1998d.

triebs und dazuzugehören zu seinen Trägern, in postmoderner Abgeklärtheit. Kurz, Anfänge sind beliebig oder genauer, sind keine.

Fokussiert auf die sprachlichen Mittel für Wissenschaften von der Raumkognition und auf Forderungen, diese terminologisch zu klären, heißt dies: Wir können ja alle schon sprechen, im Alltag wie im Wissenschaftsbetrieb, und sind dabei praktische wie theoretische *Holisten*. Nur ganze Kontexte geben einzelnen Wörtern ihren Sinn, ganze Praktiken ihre Unterscheidungskraft, ganze Moden ihre Relevanz. Die Forderung nach *expliziter Definition* oder auch nur Begriffsklärung kann nur noch verstanden werden in der Rolle des schwebenden Barons Münchhausen, der sich selbst samt Pferd am Schopf hält,[2] oder als Frage an das Funktionieren des komplexen Systems, in dem sich Organe und Organismus nicht nur gegenseitig definieren, sondern auch in ihrer Existenz gegenseitig bedingen[3] – kein Einstieg und kein Ausstieg, kein Anfang und kein Ende.

Simple Lebenserfahrung spricht allerdings gegen diesen Modetrend. Noch immer hat menschliches Leben einen Anfang und ein Ende, damit auch jede Sprachlerngeschichte und jede Theorie. Immer noch hat jedes System im Bereich menschlicher Erzeugnisse einen Erzeuger, der irgendwann und irgendwo mit der Erfindung und Planung, mit der Herstellung und Ingangsetzung seines Systems beginnt, um das Ende dieser Bemühung dort zu sehen, wo das System die ihm zugedachten Aufgaben erfüllt – sei es nun eine komplexe elektronische Schaltung oder ein Modell für ein dadurch modelliertes Naturstück, vom Sonnensystem bis zum zentralen Nervensysten. Noch immer sind Terminologien und Theorien endliche, von Menschen in endlicher Zeit produzierte Welt- oder besser Kunststücke mit (zumindest) zeitlichem *Anfang und Ende,* zwangsläufig produziert in einer *zeitlichen Folge von Einzelschritten.* Die Mode des Holismus, vom Thema unserer Untersuchung her des »semantischen Holismus«, die angeblich der Reflexion auf Sprachgebrauch nur noch das Analysieren und Beschreiben läßt, beruht also auf einer schlichten *Verwechslung* von Herstellung und Betrieb eines Systems, von Aufbau und Verwendung einer Terminologie, von Rekonstruktion und Gebrauch vorgefundener Sprache.

2 So bei Albert 1969.

3 So in systemtheoretischen Ansätzen, von einführenden Lehrbüchern in die Systemtheorie wie Willke 1998 bis zur systemtheoretischen Form des Radikalen Konstruktivismus bei H. Maturana.

Die (angebliche) Beliebigkeit des Anfangs wird von der Nichtbeliebigkeit des Endes, des Ziels desavouiert: Wie sich in unübersichtlichem Gelände zu einem bestimmten Ziel kein Weg finden läßt, wenn unbekannt ist, von wo aus er gesucht wird, läßt sich für die Sprache der Raumkognitionswissenschaften als Ziel kaum ein gangbarer Weg finden, wenn nicht der Ausgangspunkt, wenn nicht eine *Lösung des Anfangsproblems*[4] gegeben wird.

Daß wir »immer schon« Alltagssprache und bei der Stellung unseres Problems auch Wissenschaftssprache sprechen, ist selbstverständlich wahr. »Immer schon« heißt aber nicht zeitlich oder historisch immer schon, denn ontogenetisch wie phylogenetisch haben wir diese Sprachen erst gelernt. Die Verschiedenheit der individuellen ontogenetischen Lerngeschichten und die Unbekanntheit der phylogenetischen Sprachentstehungsgeschichte, verknüpft mit den Kontingenzen biographischer wie kulturhistorischer Naturwüchsigkeit, lassen allerdings eine Geschichtsschreibung einschlägiger Fachsprachen in Alltag und Wissenschaft als eher unergiebiges Terrain erscheinen. Es empfiehlt sich, das »Immer-schon« systematisch zu interpretieren als eine *universelle Minimalbedingung für einen Konsens* unter all denen, die dasselbe Ziel verfolgen und eine Sprache für die Wissenschaften von der Raumkognition vorstellen, angeben, auffinden, erfinden oder ähnliches wollen. Solche Minimalbedingungen für eine Befassung mit unserem Thema sind Teil einer alltäglichen Sozialkompetenz, die im folgenden in einer kleinen Skizze mit handlungstheoretischen Mitteln erläutert werden soll:

Jeder hinreichend normale und gesunde, hinreichend erwachsene Mensch besitzt die Kompetenz zu handeln. »*Handeln*«, selbst schon wieder Indiz für ein modeverdächtiges Thema, soll hier mit *zwei Unterscheidungsabsichten* als Wort verwendet werden.[5] Zum einen soll es *vom bloßen Verhalten unterschieden* werden, wie es üblich ist,

4 Die volle Schärfe des Anfangsproblems hat zuerst wohl H. Dingler gesehen, der ihm eine letztlich dezisionistische Lösung gibt; der Methodische Konstruktivismus der Erlanger Schule hat statt dessen einen Rückgang auf ein lebensweltliches Immer-schon-Können vorgeschlagen, das sich einschließlich der damit verknüpften Ansprüche, methodisch erste Schritte zu rechtfertigen, in fatale Nähe zum Kritischen Rationalismus begeben hat. Für beides vgl. Dingler 1969. Vgl. hierzu auch die Replik von H. Albert auf Janich/Kambartel/Mittelstraß 1974, in: Albert 1980, S. 193f.

5 Eine methodisch-kulturalistische Handlungstheorie neuesten Standes findet sich in: Hartmann 1996.

zu unterscheiden zwischen einem Doppelaxel beim Eiskunstlauf und dem Stolpern, zwischen dem Eingießen eines Glases Wein und dem Verschütten, zwischen dem Flötespielen und dem Niesen, zwischen dem Grüßen und dem Erschrecken. Wovon wir in der Alltagssprache sagen, wir täten es mit Absicht und verfolgten einen Zweck, wozu wir andere (und uns selbst metaphorisch durch Entschluß) auffordern können und woran wir selbst authentisch entscheiden, ob uns gelungen oder mißlungen ist, was wir tun wollten, heiße Handlung. Bloßes Verhalten wie Stolpern, Niesen, Erschrecken stößt uns dagegen zu und kann uns nicht besser oder schlechter gelingen oder mißlingen. Diese Unterscheidungskompetenz hat und nutzt jeder Mensch – oder er befindet sich in psychiatrischer Therapie oder im Gefängnis.

Wer aus naturalistischer, behaviouristischer, empiristischer oder sonstiger Überzeugung den *Unterschied zwischen Handeln und bloßem Verhalten bestreitet*, verkennt, daß er damit nicht einmal die Fähigkeiten seiner Haustiere teilen möchte, die auch z. B. zwischen absichtlichem und versehentlichem Zusammenstoß unterscheiden. Und er falsifiziert sich selbst, zumindest performativ, wenn er mit der Prämisse oder zur Stützung der These »Handlung gleich Verhalten« die eigenen theoretischen Produkte mit Geltungsansprüchen versieht und damit bei jedem Versuch, diese wieder kausal zu erklären oder auch nur naturwissenschaftlich zu beschreiben, unhintergehbar nach seinen Zwecken zwischen Gelingen und Mißlingen unterscheidet, also *per definitionem* handelt.

Damit ist auch die zweite Unterscheidungsabsicht bereits genannt: *Vollzug* und *Beschreibung* von Handlungen kann jeder hinreichend normale, gesunde und erwachsene Mensch *unterscheiden* – sonst würde er z. B. nicht (mit allen Konsequenzen) zwischen dem Vollzug und der Beschreibung eines Mordes, eines Fallschirmabsprungs, eines wissenschaftlichen Examens usw. unterscheiden.

In den Nebeln elaborierter Theorien und relativistischer Positionen nützt es, auf *einfache Beispiele* zurückzugreifen. Am klarsten und zugleich unbestreitbarsten sind die Verhältnisse bei einem speziellen Typ von Handlungen, den *poietischen* oder handwerklich herstellenden. Wer einen Baum fällt, zu Balken und Brettern schneidet, diese hobelt und verarbeitet, erzeugt Produkte, deren Eigenschaften ihm nicht begegnen wie der Regenbogen nach dem Gewitter oder das durch Erschrecken zerbrochene Weinglas. Vielmehr sind diese Eigenschaften die Zwecke seiner poietischen Handlungen. Daran zeigen sich Erfolg und Mißerfolg der Schreinerei, abhängig vom Geschick, vom verfügbaren Werkzeug und Material.

Poietische Handlungen sind nicht nur zweckgerichtet, geplant, und führen zur *Erfahrung* von Erfolg oder Mißerfolg; sie werden im Vollzug nicht nur selbstverständlich unterschieden von ihrer eigenen Beschreibung oder Vorschreibung; auch hängen sie in Handlungsketten nicht kausal vom Anfang, sondern final vom Zweck ab: Wer dem Baum zunächst mit dem Hobel statt mit der Axt zu Leibe rückt oder dem gefällten Stamm zunächst mit dem Hobel statt mit den Sägen des Sägewerks, würde wenig Erfolg haben. Und wer, im *Sprung vom Handwerk zum Mundwerk*,[6] über das Schreinern andere Reihenfolgen beschreibend behauptet oder als Rezept vorschreibt, würde wegen dieser Verletzung der zum Erfolg führenden Reihenfolge von Handlungen wohl nicht ernst genommen.

Es ist den Wissenschaften und der Philosophie vorbehalten geblieben, diese Einsicht immer wieder zu verletzen, weil die Mundwerker das Handwerk, die Poiesis, *ignoriert* haben – und zwar nur in ihren Theorien und Reflexionen, nicht in der Lebenspraxis. Es wurde noch kein Mundwerker, kein Theoretiker (also Zuschauer der Praxis) gesichtet, der poietisch nicht die Flasche öffnen würde, bevor er ausschenkt, nicht den Schuh anzieht, bevor er ihn schnürt, nicht den Brief öffnet, bevor er ihn liest usw. Aber schon die Philosophie Platons hat der Geometrie von den Pythagoräern über Eudoxos bis zu ihrer ersten Hochform bei Euklid die mundwerkliche Abkehr von der handwerklichen Grundlage beschert, und in der Reihenfolge vom Punkt über die Linie zur Fläche und zum Körper bzw. im Aufbau von der Planimetrie zur Stereometrie vergessen, daß dem Zeichnen und Konstruieren geometrischer Figuren die handwerkliche Herstellung der Zeichenebene, des Lineals und des Zirkels aus Körpern vorausgeht. Zweieinhalbtausend Jahre *Ignorieren der methodischen Ordnung bei gleichzeitiger Inanspruchnahme des Erfolgs* der ignorierten Handlungsketten charakterisieren unsere heutigen Auffassungen zum Verhältnis von Theorie und Praxis, und zwar in allen theoriebildenden Disziplinen von der Geometrie bis zur Linguistik.

Demgegenüber bleibt festzuhalten: Wie am Beispiel der poietischen Handlungen nun *für alle Handlungen* zu lernen ist, gibt es für

6 Vgl. Janich 1999b.

die allermeisten unserer Handlungsketten eine Reihenfolge, die im Vollzug nur bei Strafe des Mißerfolgs verletzt werden kann. Und wer Wahres darüber behaupten oder Zweckmäßiges dazu vorschreiben möchte, muß im Übergang von der Praxis zur Theorie diese Reihenfolge einhalten, die methodische Ordnung wahren.

Dies gilt ebenfalls für ein Begreifen des Handelns selbst: Wer über Handeln Sinnvolles behaupten oder für Handeln Zweckmäßiges vorschreiben möchte, muß Handlungen vollziehen. Der Handlungsvollzug geht der Handlungsbeschreibung methodisch voraus. Handlungsbeschreibungen finden ja selbst im Wege von Handlungsvollzügen statt. Anders formuliert: Der Handlungsvollzug ist durch Handlungsbeschreibung *methodisch unhintergehbar.* Wo das Wort »methodisch« (von griechisch *methodos,* der Weg, um etwas zu erreichen) diesen Reihenfolgenaspekt abdeckt, soll der in der Überschrift mit dem zweiten Wort »kulturalistisch« versprochene Lösungsweg ebenfalls bereits erreicht sein: Es soll die Betonung des Handelns als Kulturleistung signalisieren, wo sich »Kultur« vom poietischen Handeln des Kultivierens (ursprünglich bei Ackerbau und Viehzucht), also des Eingriffs in das natürlich Vorfindliche mit den Händen, ableitet. Im Anschluß an die Aristotelische Unterscheidung von *physis* und *techne* als dem, was von selber wächst oder geschieht, und dem, was der Mensch durch sein Können in Verfolgung seiner Zwecke künstlich hervorbringt, wird die Frage nach der *Sprache der Wissenschaften von der Raumkognition,* die ja nun wahrlich als Sprache ein Kunstprodukt ist, *methodisch-kulturalistisch zu rekonstruieren* sein.

Auch dem Wort *»Rekonstruktion«* geht es nicht besser als »Handeln« und all den anderen, in unserem Kontext vorkommenden Wörtern: Sie sind bereits besetzt (etwa durch die »logische Rekonstruktion« der Syntaxtheoretiker im Logischen Empirismus) und abgewertet durch die Einschätzung (etwa durch eine anarchistische Erkenntnistheorie), das nachträgliche Rekonstruieren wissenschaftlicher Fachsprachen sei für deren Konstrukteure in der fachwissenschaftlichen Forschung so hilfreich wie die nachträgliche Behauptung »er hat Radfahren gelernt« für das Lernen des Radfahrens.

Hier soll »Rekonstruieren« anders verstanden werden. Man orientiere sich an folgendem Modellfall: Es gelte, einen Mord aufzuklären. Bei einem Lokaltermin wird der Tathergang »rekonstruiert«, um aus vorliegenden Aussagen und Indizien eine gültige, vor Gericht u. a. der Kohärenz- und Konsistenzprüfung standhaltende Beschreibung zu gewinnen. Wieder weiß jeder hinreichend normale, gesunde und erwachsene Mensch, daß bei der Rekonstruktion eines Mordes nicht gemordet wird, daß andererseits aber die Rekonstruktion einen eigenen, nicht auf die Tötung des Opfers, sondern auf die Beschreibung des Tathergangs gerichteten Zweck verfolgt, nämlich gültige von ungültigen oder überzeugende von nicht überzeugenden Beschreibungen zu unterscheiden.

*Wissenschaften* in ihren historisch vorfindlichen Theorieformen *zu rekonstruieren* soll analog dasselbe leisten: Die Theorien sind gleichsam die Aussagen der Tatverdächtigen. Diese mögen ja bekräftigend zu ihren eigenen Aussagen hinzufügen, daß diese wahr, richtig oder gültig seien – aber das tun sie alle. Und daß sie damit die Richter überzeugen, wird nicht durch ihre Rolle als Tatverdächtige, nicht durch die Authentizität ihrer Aussagen, nicht durch ihre Beteiligung am Tatgeschehen, kurz nicht durch ihre Autorenrolle für Theorien gesichert. Die Rolle des Täters mit seinen Auskünften bleibt verschieden von der Rolle des Richters, die Auskünfte und weitere hinzukommende Befunde zu bewerten. Selbstverständlich entspricht die *Rolle des Richters* der Rolle des Rekonstrukteurs, der ein *erkenntnistheoretisches Anliegen* verfolgt. Er will für historisch vorfindliche Theorien zum Raum, zur Kognition und zur Raumkognition herausfinden, was davon der Prüfung standhält und was nicht. Und zur Prüfung stehen zunächst nicht die »Inhalte« dieser Theorien an, sondern methodisch primär ihre sprachlichen Mittel.

Es wird also im folgenden nicht fingiert, es gäbe ein *Anfangsproblem* der Art, daß es in Alltag und Wissenschaften Auffassungen und Theorien von Raum, von der Kognition und der Raumkognition noch nicht gäbe. Es braucht auch nicht ein letztes Fundament, eine erste Maxime oder ein absoluter Grund gesucht zu werden. »Immer schon« muß jedoch darauf rekurriert werden dürfen, daß, wer redet, damit auch handelt und Zwecke verfolgt, so daß sich beurteilend fragen läßt, ob sie geteilt werden (sollen) oder nicht und ob sie erreicht oder verfehlt wurden. Lassen sich solche Zwecke des Redens als Verstandenwerden und Anerkanntwerden bestimmen, sind damit *Bedeutung* und *Geltung von Rede* unterschieden. Eine dagegen bloß behauptete oder in Anspruch genommene Beliebigkeit des Anfangs sowie Beliebigkeit der Ordnung in der Rede von Raumkognition sind also zu ersetzen durch den Zweck, die sprachlichen Mittel von Wissenschaften der Raumkognition zu rekonstruieren, d. h. ihre *terminologische Verständlichkeit* nachträglich explizit zu sichern und ihre *Geltungsansprüche als einlösbar* (oder uneingelöst) auszuweisen. Dieser Rekonstruktionsaufgabe wenden wir uns im folgenden zu.

## 3. Die Alltagssprache

In die Alltagssprache wachsen Menschen, übrigens in allen Kulturen, hinein, indem sie vom Stadium des Säuglings und des Kleinkindes aus allmählich die Fähigkeiten erwerben, die am Ende die Minimalkompetenz für eine selbständige Lebensbewältigung darstellen. Ganz gleich, ob eine bewußte, gar reflektierte Erziehung stattfindet oder die Nachkommen naturwüchsig in die Gruppe der Erwachsenen hineinwachsen, werden in sprachfreier wie in sprachlicher Kooperation *Handlungsfähigkeiten* erworben. *Sprachfähigkeiten* stellen einen Teil dieser Handlungskompetenz dar. Ob nun, unterschieden nach Lebensalter des Nachwachsenden und kultürlicher Differenziertheit der Erwachsenengruppe, überhaupt keine, eher beiläufige oder teilweise absichtliche, selten genug reflektierte sprachliche Unterweisung stattfindet, niemals erfolgt Spracherwerb *allein* durch sprachliche Unterweisung. Es wäre eine absurde Vorstellung, wir würden unsere ersten Wörter durch Definitionen erwerben.

Nun könnte eine wenigstens 3000 Jahre alte Fixierung philosophischer Reflexionen auf das Verhältnis von Sprache und Welt (Wirklichkeit, Natur) dazu verleiten, die wichtigste *Aufgabe* der Sprache in *Weltbeschreibung* zu sehen. Es mag wohl ein Überwiegen erkenntnistheoretischer Fragestellungen in den Philosophien vor dem *linguistic turn* gewesen sein, daß dem behauptenden, assertorischen, apophantischen Reden mehr Aufmerksamkeit geschenkt wurde als dem auffordernden, vorschreibenden, normierenden Reden.[7] Die Probleme der Ethik und des Rechts wurden weniger bei Problemen der Sprachverwendung gesehen, als daß Bedeutungs-

7 Nach dem *linguistic turn* war es vor allem die Verbindung von Logik und Empirismus, die zu derselben Beschränkung auf die behauptende und darstellende Funktion der Sprache geführt hat. Man vergleiche hierzu die Emphase, mit der die strukturalistische Wissenschaftstheorie ihren »non-statement-view« als Überwindung des älteren »statement-view« gepriesen hat. Vgl. Stegmüller 1986.

und Geltungsprobleme von Aussagen anhand der Geometrie, der Astronomie, allgemein der Wissenschaften diskutiert wurden.

Alltagssprachenerwerb *beginnt methodisch* wohl kaum mit dem behauptenden oder beschreibenden, sondern mit dem auffordernden Reden. Und es richtet sich damit weniger auf Weltgegenstände, auf Dinge und Ereignisse, als vielmehr auf das Handeln selbst.[8]

Hier kann keine explizite sprachphilosophische Begründung gegeben, sondern nur eine Richtung für Überlegungen gewiesen werden, die Behauptung zu belegen, daß *Wörter für Handlungen* Wörtern für Dinge und Eigenschaften methodisch vorausgehen. Weniger klar liegt diese Reihenfolge bei Geschehnissen, weil ja Handlungen eines Akteurs, die einen anderen Akteur betreffen, für diesen keine Handlung, sondern ein (widerfahrnishaftes) Geschehnis darstellen. Und erst in weiterer, methodischer Differenzierung werden Geschehnisse ausgemacht, die (erkennbar) keinen menschlichen Akteur zum Urheber haben, also »von selbst«, im Aristotelischen Sinne von Natur aus, geschehen. Doch spricht auch diese methodische Reihenfolge der Differenzierungsschritte dafür, in einer methodischen Rekonstruktion bei Handlungen anzusetzen, diese in Verbindung mit Widerfahrnissen zu bringen, an Widerfahrnissen z. B. das Gelingen und Mißlingen der eigenen Handlungen von Fremdhandlungen zu unterscheiden, um schließlich Widerfahrnisse auszugliedern, die nichts mit menschlichen Akteuren zu tun haben – vom Bellen des Hundes über das Wachsen der Blumen bis zum Gewitter.

In den menschlichen Handlungen spielen *Dinge* wie die eß- und trinkbaren, Kleidungsstücke, Güter des täglichen Gebrauchs von der Milchflasche bis zur Bettdecke, vom Spielzeug bis zum Werkzeug, vom Haustier bis zum Haus und zur Sonne eine Rolle als das, was in Handlungen einschlägig vorkommt – und dabei noch *zusätzliche Eigenschaften* hat wie die Süße der Schokolade, die Farbe des Balls, die Lautstärke des Hundegebells.

Hier soll keine Ontologie entworfen werden. Es geht um eine methodisch-kulturalistische Rekonstruktion im Sinne des Aufsuchens methodischer Reihenfolgen des Spracherwerbs anhand elementarer Beispiele im Rahmen unserer Kultur – also nicht in einer

8 Dies hat vor allem die kleine pragmatische Wende im Methodischen Konstruktivismus betont und sprachphilosophisch berücksichtigt. Vgl. Lorenzen/Schwemmer 1975.

fingierten prähistorischen Zeit, aber auch nicht mit den Finessen einer zivilisatorischen Differenziertheit, die nur für Menschen eines gewissen Kulturkreises, Alters oder einer bestimmten Schicht, Bildung oder sonstiger Differenzierung wichtig wird. Sie sollen möglichst allgemein, möglichst kulturinvariant sein – weil wir wohl mit Recht unterstellen, daß in allen Kulturen Menschen Raumkognition haben und schon deshalb eine *Sprache für die Wissenschaften* davon *möglichst kulturinvariant* zu sein hat.

Welch theoretische Perspektive für unser Thema man auch einnehmen mag, eines wird wohl unkontrovers sein: Die methodische Reihenfolge der Rekonstruktion von sprachlichen Mitteln zu Raum und Kognition mit dem Ziel, über »Raumkognition« zu sprechen, wird bei den räumlichen und nicht bei den kognitiven Wörtern anzufangen haben. (Das heißt nicht, daß nicht völlig unabhängig voneinander räumliche und kognitive Wörter gelernt werden können.)

Der Grund hierfür versteht sich fast von selbst: Kognitive Wörter, auf räumliche Sachverhalte gerichtet, können nur im Zusammenhang *vollzogener* Raumkognition auftreten, unabhängig davon, daß diese als regelhaft gelingende im Einzelfall auch mißlingen kann – oder die Rede von Raumkognition hätte keinen Gegenstand, keine Praxis, auf die sie sich bezieht.

Das Hineinwachsen in eine Handlungs- und Sprechergemeinschaft von Menschen wird also mit *Aufforderungen zu Handlungen* verbunden sein, von denen wir, als methodische Rekonstrukteure, manche als *raumbezogen* von anderen als *nicht raumbezogen* unterscheiden können. Z. B. die Aufforderung, herzukommen oder wegzugehen, aufzustehen oder einen Löffel vom Boden aufzuheben und auf den Tisch zu legen, werden wir zu den raumbezogenen Handlungen rechnen, während wir Aufforderungen mitzusingen, still zu sein, mitzuspielen, aufzuessen, zum Geschwisterkind oder zum Haustier lieb zu sein usw. zu den nicht raumbezogenen Handlungen rechnen werden. Welche sprachlichen Unterscheidungen zum Raum werden wir, bezogen auf solche Vorverständnisse, über Aufforderungen zum raumbezogenen Handeln erlernen können? Hier kann, schon aus Umfangsgründen, nur eine grobe Skizze einer methodischen Ordnung gleichsam von Gruppen von Handlungen entworfen werden.

(*Exkurs:* Die folgenden Vorschläge übersehen nicht, daß es eine andere philosophische Zugangsweise zum Problem der Raumkognition vor allem in phänomenologischen Traditionen gibt, von denen insbesondere die Neue Phänomenologie von H. Schmitz auf detailliert ausgearbeitete Ergebnisse verweisen kann.[9] Dort wird hauptsächlich das authentische Erleben der eigenen Leiblichkeit und z. B. das räumliche Verhältnis zu den eigenen Extremitäten oder zur Richtungsorientierung im Wahrnehmen herangezogen. So anregend und lehrreich diese Entwürfe sind, leisten sie es nicht, eine schrittweise methodische Rekonstruktion unserer alltagssprachlichen Mittel in zwischenmenschlicher, auf Handlungen gerichteter Kommunikation zu liefern. Sie nehmen diese Mittel vielmehr selbst bereits in Anspruch, unterstellen sie gewissermaßen als geleistet und reflektieren mit ihnen auf die leiblichen Bedingungen ihrer Möglichkeit. Kurz, die phänomenologische Rekonstruktion unterscheidet sich in Ziel und Mittel prinzipiell von der methodisch-kulturalistischen.)

Aufforderungen zu raumbezogenen Handlungen, an denen das kleine Kind beides, die raumbezogene Handlung und die dafür verwendeten sprachlichen Mittel, einübt, sind also z. B. »Komm her!«, »Geh weg!«, aber auch »Nicht anfassen!« (bei einem heißen Gegenstand). Hier lassen sich solche Handlungen, in denen *eine Person sich selbst* irgendwohin begibt, von solchen unterscheiden, sich selbst als ganze *in irgendeine bestimmte Haltung* (»Setz dich!«, »Steh auf!«) zu begeben, und diese wieder von solchen unterscheiden, in denen *nur ein Körperteil* oder eine Gesichtspartie (»Mund auf, Augen zu!«) räumlich gezielt bewegt werden soll (»Leg die Hände auf den Tisch!«, »Lehn deinen Kopf an die Lehne!«, »Stell deinen Fuß auf das Bänkchen!«).

Nachträglich rekonstruierend wird man für die dabei verwendeten sprachlichen Mittel darauf zu achten haben, wie sie *in theoretischen Beschreibungen zusammengefaßt* und geordnet werden. Es liegt nahe, hierbei einerseits an den *Ort* zu denken, an den sich die aufgeforderte Person begeben soll, wie »in das Haus«, »vom Tisch herunter« oder »auf die Rutschbahn«. Die relative Lage wird also, situationsabhängig, auf die räumliche Umgebung bezogen. Dies gilt andererseits auch, wenn eine Person aufgefordert wird, sich umzudrehen, aufzustehen, herzukommen oder wegzugehen, also eine

9 Vgl. Schmitz 1990.

Richtung einzuschlagen. Selbst Handlungswörter, die direkt für eine bestimmte Körperhaltung gebraucht werden, wie niederknien, stehen, in die Hocke gehen, ja sogar springen, bleiben diesbezüglich auf Umgebungen bezogen. Würde etwa ein Mensch, von einem Schwimmreifen getragen, im Wasser die Haltung des Hockens oder Kniens einnehmen, würden wir nicht die entsprechenden Wörter verwenden.

Ersichtlich spielen dabei *stillschweigende Unterstellungen der Richtung* eine Rolle, von denen die lotrechte aufgrund der Schwerkraft die wichtigste sein dürfte, relativ zu der dann auch die individuelle körperliche Ausrichtung der Links-rechts-Symmetrieebene und der (etwa in Mundhöhe liegenden) Oben-unten-Ebene zusammen mit der (etwa bei den Backenknochen, für manche Handlungen auch bei der Nasenspitze liegende) Vorn-hinten-Ebene das *nachträglich rekonstruierte Bezugssystem* abgeben.[10]

Offensichtlich haben räumlichen Bezug auch Aufforderungen, die relative Lage von Körperteilen oder Gliedmaßen zu verändern, etwa mit geschlossenen Beinen zu stehen, die Finger zu spreizen oder die Hände zu falten, die Hände vor die Augen zu halten, die Arme zu verschränken usw. Diese Beispiele stellen die *erste große Gruppe der raumbezogenen Handlungen* dar, die den Leib (und seine Teile) der aufgeforderten Person betreffen.

Es ist nicht auszumachen, ob und gegebenenfalls wieweit es möglich sein muß, solche Handlungen durch sprachliche Mittel bereits gebieten oder verbieten zu können, um zum handelnden *Umgang mit Dingen* wie Nahrungsmittel, Spielzeug, Werkzeug, Dinge des täglichen Gebrauchs usw. überzugehen. Jedenfalls kommt bei diesen neu hinzu, daß die *haptischen Verhältnisse* zwischen Handelnden und Umgebungsdingen verändert werden müssen: Ein Apfel, ein Glas mit Limonade, ein Ball usw. müssen angefaßt, in die Hand genommen, aufgefangen oder aber weggelegt, abgestellt, weggeworfen werden. Der *Berührungszusammenhang* wird herbeigeführt oder aufgehoben. Gilt dies primär für den Leib der handelnden Person und das fragliche Ding, kommen sekundär haptische Verhältnisse zwischen den Dingen selbst ins Spiel, wie den Löffel auf den Tisch

10 Diese Angaben zu den drei Bezugsebenen verdanken sich der Theorie der »Umwelträume« von J. v. Uexküll und G. Kriszat – allerdings in einer nicht unproblematischen Zugangsweise zur Unterscheidung von Wahrnehmungs- und Wirkraum. Vgl. Janich 1989b.

zu legen, das Wasser aus der Kanne zu gießen, das Taschentuch vom Tisch zu nehmen.

Körperliche Berührung im Bereich der Dinge herbeizuführen oder aufzuheben ist Bedingung dafür, *Verhältnisse des Passens oder Nichtpassens* herzustellen und festzustellen. Quaderförmige Bauklötze haben Passungen, die zwischen Kugel und Würfel nicht herzustellen sind, und die Teile eines Puzzles dienen der Einübung, die Passung flächiger, irregulärer Gebilde mit ihren Rändern aneinander festzustellen und herzustellen.

Die (im Unterschied zum menschlichen Leib) formstabilen Dinge erlauben und erfordern andere Handlungen als Flüssigkeiten oder Knetmasse. Hier sei nur die Herstellung von Abdrücken und das räumliche Formen mit Knetmasse erwähnt, um schon erste *räumliche Ähnlichkeiten* sprachlich einholen zu können – etwa wenn Figuren nach Menschen oder Tieren geformt werden. Im Unterschied dazu ist der handelnde Umgang mit Flüssigkeiten ein Ansatz, die sich selbst an die umgebende Gefäßform unter Einfluß der Schwerkraft anpassende Flüssigkeit zu einer apprädikativen Rede über das *Volumen* zu führen, das beim Umgießen konstant bleibt. Das heißt, das Bewegen und Verformen von festen, plastischen und flüssigen Körpern führt bereits in ein ungeheuer vielfältiges *Vokabular*, das es erlaubt, *relative Lage, Form und Größe von Körpern*[11] zu erfassen. All diese Bestimmungen sind noch in dem Sinne qualitativ, als sie weder einer arithmetischen noch gar einer geometrischen Sprache bedürfen, auch nicht in vor- oder außerwissenschaftlicher Verwendung. Sie verlangen nur die räumlichen Bezeichnungen, die etwa spielende Kinder, Mannschaftssportarten, Holzfäller und Fischer, iglubauende Eskimos, Töpfer und Gärtner benutzen.

Hier soll nicht behauptet werden, daß für eine explizite Ausarbeitung dieser methodischen Rekonstruktion in allen Teilbereichen eine eindeutige Festlegung der methodischen Reihenfolge erfolgt sein muß. Mit einiger Sicherheit wird man nur das Ziel bzw. das Ergebnis dieser Rekonstruktion fassen können; es mag aber sein,

11 Man achte auf die Reihenfolge, wonach das Herumräumen von Dingen als Veränderung ihrer relativen Lage in Handlungsaufforderungen vorkommen kann, ohne daß dabei von Form und Größe der Dinge die Rede ist. Diese Reihenfolge kehrt sich im Zusammenhang wissenschaftlicher Forderungen nach Reproduzierbarkeit von Angaben um. Vgl. Abschnitt 5 »Wissenschaftssprache«.

daß es dorthin verschiedene Wege gibt, von denen keiner gegen das Prinzip der methodischen Ordnung verstößt.

Eindeutig scheint dagegen, daß die methodisch primären sprachlichen Mittel zunächst mit der räumlichen *Situiertheit und Bewegung des eigenen Leibes* und seiner Gliedmaßen beginnt und daß von dieser subjektiven Perspektive aus *die Dingwelt räumlich behandelt* wird. Das Abgehen von der »subjektiven« Perspektive (im wörtlichen Sinne) auf »objektive« Sachverhalte (»der Löffel liegt auf dem Tisch«) soll demnach, nach dieser Rekonstruktion, über das Handlungsvermögen sichergestellt werden, einen Löffel auf den Tisch zu legen. Kurz, die Pointe des hier programmatisch skizzierten Aufbaus einer räumlichen Sprache liegt darin, über Aufforderungen zu raumbezogenen Handlungen, die den eigenen Leib betreffen, zu solchen raumbezogenen Handlungen zu gelangen, die räumliche Veränderungen in der Umgebung betreffen. Von dort aus sind dann die Mittel zu suchen und zu gewinnen, zu intersubjektiv anerkennungsfähigen Aussagen über authentisch hergestellte Sachverhalte zu kommen. Die *Aufforderungen*, eine Menge von Stühlen im Kreis oder in einer geraden Reihe aufzustellen, Schrauben nach ihrer Länge oder ihrer Dicke zu sortieren, aber auch Formen aus Knetmasse herzustellen oder eine Flüssigkeit zu gleichen Teilen in die vorhandenen Gläser zu gießen, bestimmen gleichsam operativ die Bedingungen der Möglichkeit, in Überprüfungsverfahren zum *Konsens über die Geltung beschreibender Aussagen* (dann auch über nicht selbst hergestellte Sachverhalte) zu kommen.

Ebenfalls zu den räumlichen Aspekten neben der relativen Lage von Körpern, für die Berührung, Abstand, Zwischenraum, Richtung maßgeblich sind, sowie der Form und der relativen Größe von Körpern sind über Handlungsaufforderungen auch raumbezogene Handlungen zu bedenken, die *Kohärenz und Kontinuität herstellen oder auflösen*. Ein Zündholz auf ein Blatt Papier zu kleben, einen Teig aus Mehl und Milch anzurühren und als Sonderfall eine lokkere Schraube festzudrehen wären Beispiele der Herstellung eines mechanischen Zusammenhanges, der umgekehrt beim Abbeißen, Zerschneiden, Zerbrechen, Spalten usw. aufgelöst wird. Kohärenz oder Kontinuität im Unterschied zur bloßen Berührung ist ebenfalls über die Handlungen, die entsprechenden Verhältnisse herzustellen, bestimmbar und die Behauptung, entsprechende Sachverhalte bestünden, in Bedeutung und Geltung kontrollierbar.

Dies spielt insbesondere eine wichtige Rolle dort, wo es zur Kunst (*techne*) wird, das Schneiden oder Trennen für die Formung von Körpern heranzuziehen, vom Schnitzen einer Figur bis zum Fräsen und Drehen »geometrischer« Körperformen wie Zylinder oder einer geraden Rille eines bestimmten Querschnitts in einer ebenen Oberfläche. Hier setzen die »Schnitte« (in wörtlichem Sinne!) an, über die geometrische Grundbegriffe wie Ebene, Gerade, rechter Winkel usw. gewonnen bzw. erlernt werden.[12]

Sind bisher Handlungen des Sichbewegens und des Räumens, d. h. des Bewegens von Dingen sowie des Befestigens und Lösens, bedacht worden, so stellt das beiläufig erwähnte Formen einen erheblichen Bereich der Poiesis dar. Beispiele räumlichen Formens reichen von Handwerkskünsten des Schneiders, Schreiners oder Schmieds beim Anpassen von Kleidern, beim Herstellen eines Tisches oder einer Sense bis zu den modernen Produktionstechniken wie Stanzen, Spritzguß, Tiefziehverfahren, Lasergravur usw. Hier münden die elementaren Handlungsaufforderungen, die ihren Anfang bei den Kinderspielen im Sandkasten, im Schnee und später im Kunstunterricht (oder auch mit dem Löffel im Pudding) haben, in die arbeitsteilige Differenzierung der Handwerke, Künste und Techniken. Wörter für räumliche Formen werden im Kontext der Fähigkeit erworben, sie selbst herbeizuführen, später, sie als herbeigeführte zu beurteilen, und noch später, solche Bezeichnungen auf vorfindliche Dinge anzuwenden.

Damit ergibt sich eine grobe Einteilung in drei große Gruppen raumbezogener Handlungen, nämlich der Selbstbewegung, des Räumens und des Formens. Im Überblick:

(1) Selbstbewegung des Handelnden als Änderung
- der relativen Lage zu anderen Menschen oder Umgebungsstükken
- der Haltung
- der relativen Stellung einzelner Gliedmaßen oder Körperpartien

(2) Dingbewegung (»räumen«) als Änderung
- der Lage (Entfernung, Richtung) zum Akteur
- der Lage zu anderen Akteuren und Betroffenen
- der Lage zu anderen Dingen

12 Wie von Schnitten zu den räumlichen Formen von Körpern zu gelangen ist, deren operative Definition der Bildung einer geometrischen Terminologie vorausgeht, ist ausgeführt in: Janich 1997a.

(3) Dingveränderung (»formen«) als Änderung
- des Zusammenhangs mit anderen Dingen (befestigen, zusammenfügen, trennen)
- der Form durch Bearbeiten (biegen, gießen, schmieden, einschmelzen)
- der Form durch Teilung (schneiden, sägen, ritzen)
- der Größe durch teilen/zusammenfügen.

(Nicht eigens erwähnt, aber durchaus in dieser Aufzählung enthalten sind darstellende raumbezogene Handlungen von der pantomimischen Nachahmung bis zum Zeichnen. Auch die Fülle von Ordnungsbeziehungen, vom Aufreihen von Holzperlen auf einem Faden bis zum Sortieren von Bausteinen der Größe nach, und einfache qualitative Größenvergleiche der Länge, der Fläche und des Volumens sind hierin bereits enthalten. Im Vorgriff in Kategorien von Fachwissenschaften zu sprechen sind alle topologischen und geometrischen Sachverhalte sowie eine Reihe kinematischer – man denke an Richtungen! – einschließlich denen chiralischer Differenzierung verfügbar.)

Unterstellt man für den Moment die Vollständigkeit der hier vorgetragenen Skizze und, was noch deutlich mehr ist, versucht man sich diese Skizze zur detaillierten, im wesentlichen alle alltagssprachlichen Wörter rekonstruierenden Ausarbeitung vorzustellen, so ist der Frage nachzugehen, ob sich umgekehrt, gleichsam von außen, *Sprachstücke* nennen lassen, *die nicht* im Rahmen von *Aufforderungen zu raumbezogenen Handlungen bestimmbar* sind. Was könnte die entsprechende Handlungsunabhängigkeit sein? Es müßte ja wohl um Verhältnisse gehen, die »von Natur aus« vorhanden sind und gleichwohl zumindest wahrnehmbar, wenn nicht gar handlungsrelevant für Menschen werden. Wie ist dies z. B. mit dem gestirnten Himmel, dem kurzfristig sichtbaren Muster eines Blitzes, den flüchtigen Gestalten von Flammen und Wasserwellen, Wolken und Rauch?

Die kritische Prüfung des Vorschlags, *alle* alltagssprachlichen Wörter zum Raum über Aufforderungen zu raumbezogenen Handlungen zu bestimmen, läßt sich noch in einer anderen Perspektive aufnehmen: Da ja hier nicht unterstellt werden soll, das Prinzip der methodischen Ordnung sei allgemein anerkannt, sei in der Attitüde des Holisten, des Formalisten oder auch des unreflektierten Fachwissenschaftlers gefragt, ob denn nicht schon »vorausgesetzt« werden müsse, daß »der Raum existiere« und dabei bestimmte Eigenschaften, vor allem menschenunabhängige oder kognitionsunabhängige Eigenschaften, habe; denn es sei ja wohl für niemanden ein Problem, etwa in Theorien zur Entstehung unseres Planetensystems oder im Rahmen der paläontologischen Plattentektonik über räumliche Verhältnisse zu sprechen, die zu Zeiten bestanden haben müssen, zu denen es noch keine Menschen gab. Und es ist zu überlegen, ob sich diese Frage bzw. dieser Einwand nicht noch weiter verschärfen läßt zur Frage, ob denn nicht das Vorgehen zirkulär sei, in den Aufforderungen zu raumbezogenen Handlungen gerade diejenigen sprachlichen Mittel rekonstruierend einzuholen, die man vorher, z. B. aus empirischen Wissenschaften der Physik oder der Wahrnehmungspsychologie, schon gelernt hat. Ja selbst innerhalb des hier vorgetragenen Ansatzes läßt sich fragen, welcher Kompetenz sich denn die Unterscheidung zwischen raumbezogenen und nicht raumbezogenen Handlungen verdankt, die oben im Text mit der schlichten Behauptung herangezogen wurde, daß wir dies im Alltag können.

Diesen möglichen Einwänden soll im folgenden Rechnung getragen werden, wo der *Übergang* von der Alltagssprache *zur Wissenschaftssprache vom Raum* Gegenstand einer methodisch-kulturalistischen Rekonstruktion wird.

## 4. Was ist der Raum?

Es ist die wohl größte Leistung der sprachlichen Wende der Philosophie (*linguistic turn*), erkannt zu haben, daß sprachlich formulierte Probleme und Fragen aus den Traditionen der Philosophie, der Wissenschaften, der Religionen usw. wegen ihrer unausweichlich sprachlichen Form allzu leicht zu einem Trojanischen Pferd geraten: Die grammatische Richtigkeit von Fragen und Behauptungen suggeriert semantischen Sinn. Daraus wurde die sprachphilosophische Lehre gezogen, an die Stelle dieser Suggestion eine sprachanalytische Prüfung zu setzen, ob die anscheinend so tiefsinnigen Fragen und Probleme in Wahrheit, d. h. nach kritischer Prüfung, nicht doch nur Scheinprobleme seien, die sich einem semantischen Mißbrauch von Wörtern (bei grammatischer und syntaktischer Korrektheit) verdanken.

Bei der Rede von »dem Raum« liegen die Verhältnisse nicht anders. Sätze wie »Der Raum ist endlich« (oder: unendlich, dreidimensional, gekrümmt, homogen, isotrop, ohne Verbindung mit Zeit nicht zu denken usw.) hat die klassische grammatische Form Substantiv, Verbum, Adjektiv und klingt damit nicht anders als »Der Eiffelturm ist hoch« (rostig, aus Eisen, eine Touristenattraktion ...) oder »Die Zugspitze ist verschneit« usw. Will man aber das Substantiv »Raum« nicht den Eigennamen für künstliche oder natürliche Dinge gleichstellen, sondern nur Prädikatoren, hätte man eine grammatische Gleichheit zu »Das Haus ist geräumig« oder »Der Vulkan ist erloschen«. In jedem Falle würde das Substantiv »Raum« suggerieren, wir behandelten es wie einen *Eigennamen* oder einen *Prädikator* für natürliche oder künstliche Dinge.

Es ist eine elementare Übung für ein sprachphilosophisches Proseminar, Gründe dafür anzugeben, daß diese Gleichsetzung unzulässig ist. Weder die faktische Lerngeschichte noch eine sprachanalytische oder eine methodisch rekonstruierende Festlegung des Gebrauchs für »Raum« folgt denselben Verfahren wie für die Vergleichs-Substantiva. Andererseits ist selbstverständlich bekannt, daß auch die Alltagssprache schon Wörter hat, die nicht in dieser Weise auf Dinge (oder Ereignisse) bezogen sind und die man schon in einer Vulgär-Unterscheidung »abstrakt« nennt. Bezüglich »abstrakter Begriffe« nützt es wenig, eine Klärung durch Alltagsverständnisse zu erhoffen, statt die Mittel einer elaborierten und reflektierten Sprachphilosophie zu bemühen. Dort sind Verfahren ausgearbeitet, die unterscheiden z. B. zwischen (logischer) Abstraktion[13] zur Bildung von »Abstraktoren«, wie Zahl, Begriff, Sachverhalt, Bedeutung, von »Ideatoren«,[14] wie Punkt, Gerade, Ebene, gleichförmige Bewegung, homogene Massendichte usw., und der Reflexion,[15] einem Verfahren zur Bildung von »Reflexionstermini« wie Raum, Zeit, Leben, Geist und anderen.

»Raum« ist ein Reflexionsterminus, d. h., nicht wie Prädikatoren oder Eigennamen einer Objektsprache, sondern nur über ein metasprachliches Verfahren zu bestimmen: Indem wir Wörter der Objektsprache sortieren z. B. nach räumlichen, zeitlichen, stofflichen, oder solchen, die Aspekte des Lebendigseins betreffen, *reden* wir

13 Schneider, Artikel »Abstraktion« (1980), S. 37.

14 Janich, Artikel »Ideation« (1984), S. 177.

15 Janich, Artikel »Reflexionsterminus« (1995a), S. 528.

*über das Reden*, genauer, reden wir einteilend über sprachliche Mittel. Dazu benötigen wir, grammatikalisch ausgedrückt, ein Adjektiv »räumlich«, das, logisch gesehen, ein Prädikator zur Einteilung von Wörtern ist. Es zu benützen spielt sich im Bereich der Reflexion auf Sprache ab.

Der Übergang von »räumlich« zu »Raum« geschieht durch eine einfache Ersetzung: Alle Sätze, die mit räumlichen Sprachstücken gebildet werden, werden als Sätze »über den Raum« bezeichnet. Inhaltlich bedeutet dies, daß Sätze über den Raum keine neuen oder anderen Sachverhalte auszudrücken erlauben gegenüber denjenigen, die mit räumlichen Wörtern erfaßt werden. Es kommt also kein spezielles oder eigenes Wissen einer »Theorie« oder »Wissenschaft vom Raum« hinzu, über die mit räumlichen Wörtern dargestellten theoretischen oder wissenschaftlichen Sachverhalte hinaus. Damit löst sich die Zuschreibung von Eigenschaften zum Raum (vgl. die obigen Beispielsätze) auf in solche Sätze, in denen das Substantiv Raum nicht mehr vorkommt. Der Raum ist *kein Gegenstand der Objektsprache* mehr, sondern nur ein Reflexionsbegriff für die Aufgabe der Sprachkritik.

Für die Alltagssprache wie die Wissenschaftssprache ergibt sich aus dieser Klärung einer terminologischen Verwendung von »Raum«, daß die einschlägigen »räumlichen« Wörter in einem methodischen Aufbau bereitgestellt bzw. für vorfindliche Sprachen rekonstruiert werden müssen.

Ersichtlich beantworten solche terminologischen Bestimmungsverfahren nicht die oben aufgeworfene Frage, woher wir denn das Wissen nehmen, welche Wörter den räumlichen, etwa im Unterschied zu den zeitlichen oder stofflichen, zuzurechnen sind; oder in der Sichtweise von Holismus und Formalismus ausgedrückt: ob wir denn nicht schon ein Wissen vom Raum, gar ein empirisch wissenschaftliches Wissen oder die Annahme einer menschenunabhängigen Existenz voraussetzen müßten. Aber auch diese Fragen und Problemstellungen lassen sich als Scheinprobleme erkennen, die sich aus einer deskriptivistischen Haltung gegenüber der Sprache in Alltag und Wissenschaften ergeben. Hier wird in einer Haltung, die wir an anderer Stelle »linguistischen Phänomenalismus«[16] getauft haben, gesprochen, als handelte es sich bei Sprachstücken um vorfind-

16 Vgl. Janich/Kambartel/Mittelstraß 1974, S. 14 und S. 49 f.

liche Naturgegenstände. In Wahrheit kommt aber *Sprache durch Handeln von Menschen* in die Welt und läßt sich – hier muß eine *pragmatische Wende* an die linguistische angeschlossen werden – immer auf Zweck und Mittel hin beurteilen. Und es sind die handlungsorientierenden Aufgaben der Rede in menschlicher Kooperation, die ein Gelingen und Mißlingen der Handlungen und damit die Tauglichkeit als Mittel für Zwecke etablieren. Hier stehen sich, in anderen Worten, zwei grundsätzlich verschiedene Perspektiven gegenüber: die der philosophisch-metaphysisch-theologischen Traditionen, das (von Gott oder einem Demiurgen) Gegebene als das vor aller Erkenntnisbemühung Strukturierte, mit Eigenschaften Behaftete zu sehen, oder die Perspektive, das uferlose Reden kultürlicher Traditionen einer Analyse und Kritik gerade der menschlichen Beiträge und Zutaten zu unterwerfen und damit ein Konstitutionsproblem zu erkennen und zu lösen. Dieser methodisch-kulturalistische Weg fragt nach der Zweckmäßigkeit unserer Handlungen, unter diesen unserer Sprachhandlungen und unter diesen wiederum der reflektierenden, metasprachlichen Einteilungshandlungen für unsere historisch vorfindlichen Sprachen und Sprachstücke.

Auf diesem Weg läßt sich erkennen, daß z. B. die Einteilung in räumlich, zeitlich und stofflich nicht etwa dem Faktum geschuldet wäre, daß wir nun einmal z. B. in der klassischen Physik Geometrie, Kinematik und Dynamik vorfinden, oder im Kanon der Wissenschaften die Geometrie, die Physik und die Chemie, sondern daß es Praktiken der Lebensbewältigung sind, in denen wir mit anderen Menschen sprachlich kommunizieren und diese Kooperation erfolgreich nach räumlichen, zeitlichen und stofflichen Perspektiven organisieren. Die *Dauerhaftigkeit* unserer *poietischen Produkte* wie Häuser, Geräte, Werkzeuge usw. ist der Zusammenhang der Räumlich/zeitlich-Kategorisierung. An ihnen interessieren uns *vornehmlich die räumlichen und die stofflichen Aspekte*, während im Bereich des Arbeitens und der Erholung, des Spiels und der physischen Lebensvollzüge und nicht zuletzt von Sinnlichkeit und Tod gerade die *zeitlichen* Aspekte in den Vordergrund rücken – gelegentlich Verbindungen eingehend dort, wo uns Bewegungsformen, Geschwindigkeiten, Richtungen und Richtungsänderungen oder auch die räumlichen Bezüge von Ereignissen, wie bei Gewittern, Kriegen, Volksfesten usw., interessieren.

Die sprachkritische Auflösung und pragmatische Einbettung der Frage »Was ist der Raum?« in Handlungs- und Lebensvollzüge läßt die traditionellen, metaphysisch-ontologisch-theologischen Hintergründe verschwinden, ohne die auch die holistischen und formalistischen Fragen an die methodische Rekonstruktion raumbezogener Sprache durch Aufforderungen zu raumbezogenen Handlungen nicht fundiert sind. Oder um es in der Sprache der Gegenpositionen zu sagen: Der Raum »existiert« nur dadurch, daß wir unsere Handlungen räumlich organisieren und darüber in geeigneter Weise gelingend sprachlich uns verständigen. Über den z. B. prähistorischen Raum der physikalischen Kosmogonie oder der Paläontologie können wir ebenfalls nicht sprechen, ohne zu reden und damit jetzt, also in der Gegenwart, Sprachbedeutungen und Geltungskriterien zu investieren, die uns erlauben, sinnvolle von sinnlosen und wahre von falschen Behauptungen über die Entstehung des Sonnensystems oder die Plattentektonik in frühgeschichtlicher Geologie zu unterscheiden.

## 5. Wissenschaftssprache

Der Schritt von der Alltags- zur *Wissenschaftssprache* erfolgt, historisch gesehen, ebenso naturwüchsig wie die Entwicklung der Alltagssprache selbst. Hier soll, wie in den ersten beiden Abschnitten dargelegt, dieser Schritt nicht in historistischer oder empiristischer Distanz lediglich beschrieben oder analysiert werden. Vielmehr geht es um eine methodisch-kulturalistische Rekonstruktion, die den historisch-faktischen Zustand der Wissenschaftssprache bei Bedarf durch Herstellung und Aufweis von Kohärenz und Konsistenz erweitert oder modifiziert.[17]

Betrachtet man die Disziplinen, die sich heute *de facto* mit Raum und mit Raumkognition befassen, könnte sich auf den ersten Blick folgendes *Anfangsproblem* stellen: Da ja auch Wissenschaften vom Raum wie mathematische und physikalische Teildisziplinen selbstverständlich kognitive Ergebnisse präsentieren, könnte vermutet werden, ihnen gehe etwa die Wahrnehmungspsychologie oder gar

17 Eine detaillierte Darstellung des Prozesses einer Hochstilisierung lebensweltlicher zu wissenschaftlichen Methoden bzw. Sprachen findet sich z. B. in: Janich 1996a und 1997b.

eine organismustheoretische oder evolutionsbiologische Theorie des Erkenntnissubjekts voraus. Ersichtlich kann dies aber nicht die methodische Reihenfolge sein, da ja Psychologen und Biologen, Evolutions- und Organismustheoretiker für die Erforschung und Beschreibung raumkognitiver Dispositionen und Leistungen bereits eine Sprache vom Raum benötigen. Hier leistet das Prinzip der methodischen Ordnung eine Klarstellung: Wo im Erstsprachenerwerb eines Individuums Lerngeschichten zu den für die Alltagssprache rekonstruierend unterschiedenen Teilbereichen simultan ablaufen, geht in den Wissenschaften wegen des selbstverständlichen und unausweichlichen Gebots der Sprachlichkeit aller Fragen, Forschungen und Resultate die *Sprache vom Raum* der *Sprache von Raumkognition* methodisch voraus.

Wo dies gesehen wird, stellt sich ein zweites Anfangsproblem, für dessen Bewältigung wieder das Prinzip der methodischen Ordnung hilfreich wird: Soll die Rekonstruktion einer Sprache vom Raum gleichsam bei den *statischen* Verhältnissen anfangen, eine Rekonstruktion, wie sie, hier noch ganz grob gesprochen, in der Sprache der Geometrie vorliegt und die nicht über Bewegungen konstituiert ist? Oder soll eine Rekonstruktion direkt bei Bewegungen beginnen, um im zweiten Schritt aus ihnen eine Trennung von räumlichen und zeitlichen Aspekten zu gewinnen? Hier muß wieder – dies ist der kulturalistische Aspekt einer methodisch-kulturalistischen Rekonstruktion – darauf verwiesen werden, daß unsere historisch *de facto* vorliegenden und nachträglich als bewährt ausweisbaren sprachlichen Mittel, Bewegungen wissenschaftlich zu beschreiben, sich *primär* im Bereich einer *Dingsprache* ansiedeln. Genauer heißt dies zweierlei: (1) Das handelnde und redende Subjekt, das über raumbezogene Aufforderungen Handlungen und damit Bewegungen primär auf sich selbst, den eigenen Leib, bezieht, tritt wegen der Transsubjektivitätsform der Wissenschaften in den Hintergrund gegenüber Beschreibungen räumlicher Verhältnisse zwischen den Dingen. (2) Das *Reproduzierbarkeitspostulat* für die Beschreibung räumlicher Verhältnisse wird sich weniger auf bestimmte Körperbewegungen wie Gesten, Tanzschritte oder die Bewegungen eines Dirigenten beziehen als vielmehr auf technisch reproduzierbare räumliche Aspekte von Körpern.

Das Anfangsproblem, ob wissenschaftliche Raumsprache bei Bewegungen oder bei den räumlichen Eigenschaften von Körpern, also gleichsam statisch, beginnen solle, läßt sich klärend auch fassen als die Alternative, ob bei *Prozessen* oder bei *Resulaten von Prozessen* zu beginnen sei. (Die deutsche Sprache kennt ja viele Wörter, die für beides stehen, etwa die Wörter »Arbeit« oder »Leistung«, die beide den Prozeß wie das Resultat bzw. das Produkt des Prozesses bezeichnen können.) Wegen der besonderen Erfordernisse transsubjektiver Kontrollierbarkeit von Sachverhalten, die in wissenschaftlichen Aussagen dargestellt werden, bietet sich eher das Produkt oder das Resultat als der flüchtige Prozeß selber an, ohne daß dadurch bestritten werden muß, daß es sich um Produkte oder Resultate nur dort handeln kann, wo Prozesse in derselben Weise handelnd wiederholt werden können.

Besonders klar zeigen sich diese Abhängigkeiten bei einer methodischen Rekonstruktion der *Sprache der Geometrie*, sofern diese nicht *ex post* formalistisch mißverstanden wird: Sollen Wörter wie Punkt, Gerade, Ebene, rechter Winkel, parallel und andere nicht als bloße logische Formen von Prädikaten verstanden werden, sondern als Wörter, die auf physische Objekte und deren räumliche Formen tatsächlich angewandt werden können, und zugleich ihren Status als Termini einer mathematischen Theorie behalten, so bietet sich eine *operative* Geometriebegründung als Lösung des Problems an.[18] Operationen sind selbstverständlich Bewegungen. Wenn etwa nach dem berühmten Drei-Platten-Verfahren Ebenen durch paarweises Abschleifen je zweier von drei Platten bis zur Passung hergestellt werden sollen, ist der Schleif- oder der Kontrollvorgang selbstverständlich eine Bewegung, die dabei erzeugte ebene Oberfläche aber ein Resultat, das ohne Bezug auf Zeit oder Bewegung konstatiert wird.

Die Wissenschaftsgeschichte selbst beschert ein drittes Anfangsproblem: Nachdem ohne Frage in der handwerklich-technischen Lebenswelt die Meßkunst räumlicher Größen erfunden, entwickelt und unverzichtbar praktiziert wurde und wird, ist es ein ebenfalls unverzichtbarer Aspekt wissenschaftlicher Genauigkeit, räumliche Angaben *quantitativ aufgrund von Messungen* anzugeben. Historisch ist dazu im 19. Jahrhundert die empiristische Auffassung entstan-

18 Operative Geometriebegründungen in teilweise verschiedenen Auffassungen von den Aufgaben der Philosophie bilden ein Kernthema für die Philosophie H. Dinglers, deren sprachphilosophische Revision durch P. Lorenzen und wiederum deren kulturalistische Revision durch P. Janich. Zur Klärung dieser Verhältnisse vgl. Janich 1997a, S. 10-17.

den, daß die Verknüpfung räumlicher Aussagen mit arithmetischen und dann die Anwendung der Differential- und Integralrechnung auf räumliche Verhältnisse in Technik und Natur erlaubenden Aussagen durch eine *Operationalisierung* zu leisten sei, die auf die Charakterisierung räumlicher *Formen durch* räumliche *Größen* hinausläuft.[19] Das heißt, die räumliche Form z. B. der Geraden wird als »kürzeste Verbindung« gekennzeichnet und gewinnt ihren Sitz im System der Wissenschaften dadurch, daß nun immer feinere naturwissenschaftlich-technische Meßverfahren ausgebildet werden, konkret zu entscheiden, ob vorliegende Objekte oder Verhältnisse (wie Kanten an Dingen oder Lichtstrahlen) gerade sind oder nicht. Diese Entwicklung verkennt aber, daß die Strukturgleichheit der arithmetischen und der räumlichen Verhältnisse, die für eine Kennzeichnung von Formen durch Größen bereits herangezogen wird, nicht ohne Formbestimmungen zu haben ist:

Der Kürze halber sei als Beispiel die Additivität der Länge für einen Längenbegriff gewählt, der benötigt wird, um für eine vorliegende Verbindung zweier punktförmiger Objekte zu entscheiden, ob diese die kürzeste ist oder nicht. Danach würden zwei gleichlange Objekte der Länge L, etwa Kanten eines Meßstabes, die Struktur der Additivität natürlicher Zahlen genau dann haben, wenn sich aus den beiden Stäben der Länge L ein neues Objekt der Länge 2L zusammenlegen ließe. Dies ist aber nur dann der Fall, wenn die bereits geraden Kanten der Länge L wiederum gerade hintereinandergelegt werden. Werden sie dagegen z. B. im Winkel von 60° aneinandergelegt, ist der Abstand der beiden Endpunkte des neuen Objekts wiederum gerade L – eine Struktur also, die man für die weitere rechnerische Behandlung von Längenmeßresultaten nicht wünscht. Kurz, es läßt sich generell zeigen, daß eine Charakterisierung von räumlichen Formen wie gerade, eben, rechtwinklig, parallel über Größen, denen ein Längenmeßverfahren entspricht, gerade nicht gelingt. Umgekehrt ist bereits in der Literatur nachzulesen, daß eine *formentheoretische Bestimmung von Größenbegriffen*[20] wie kongruent (für Strecken) und alle daraus definierbaren (z. B. rationalzahlige Längenverhältnisse) sowohl für den Bereich der operativen, technischen

19 Am deutlichsten findet sich die später von Philosophen des Logischen Empirismus wie R. Carnap und C. G. Hempel fortgesetzte Auffassung bei H. von Helmholtz (1887).

20 Vgl. Janich 1992b.

Realisierung als für den Bereich der Grundlegung einer axiomatischen Geometrie gelingt.

Dies kann hier nur angedeutet werden, um dem mit dieser Literatur nicht vertrauten Leser die Schrittfolge zu verdeutlichen, die im Aufbau einer räumlichen Sprache von technisch reproduzierbaren Körperformen zu Angaben ihrer Größe (Längen, Flächen, Volumina) und ihrer relativen Lage – in genau dieser methodischen Reihenfolge – führen.

Im Rahmen der *Protophysik des Raumes* wird durch ein System von Handlungsanweisungen bestimmt, wie methodisch primär, also ohne Rückgriff auf bereits verfügbare räumliche Formen, an Körpern ebene Oberflächenstücke, gerade Kantenstücke, rechtwinklige Keilstücke, zueinander parallele Ebenenstücke und daran anschließend gleichlange Kantenstücke in beliebiger relativer Lage zueinander technisch realisiert werden können. Wo der Kongruenzbegriff operativ gewonnen wurde, können geometrische Teilungsverfahren etabliert werden, über die das Längenverhältnis zweier Strecken (Kantenstücke) mit jeder gewünschten technischen Genauigkeit durch ein Verfahren definiert sind. (Wegen der empiristischen Tradition, in der Längeneinheiten durch Standards, sogenannte Prototypen, ausgezeichnet werden sollten, sei darauf verwiesen, daß diese Verfahren »prototypenfrei« sind. Hier werden keine Urmeter und auch keine Ur-Ebenen benötigt.)

Was von formalistischen und empiristischen Ansätzen in der Regel übersehen wird, ist die *erkenntistheoretische Leistungsfähigkeit* des umgekehrten Weges von der Form zur Größe: Für diese Ansätze gibt es explizite Beweise, daß die technischen Herstellungsverfahren für die Grundformen der Ebenen, der Geraden, des rechten Winkels und der Parallelität *eindeutig* sind.[21] Das heißt, die Angabe des Verfahrens in einer eigens normierten Terminologie leistet, die einschlägige Gleichheit aller Produkte zu beweisen. Im Beispiel: Werden zweimal unabhängig voneinander ebene Oberflächenstücke durch das Drei-Platten-Verfahren hergestellt, so ist die Erwartung begründet, daß jede Platte aus dem einen Tripel auf jede Platte aus dem anderen paßt. Und nur wer sich dem Dogmatismus verschrieben hat, daß es in den Wissenschaften nur empirische oder logisch-formale Wahrheiten geben kann, muß diese Aussage für eine empiri-

21 Die Eindeutigkeitsbeweise für die räumlichen Grundformen der Ebene, der Rechtwinkligkeit und der Parallelität finden sich in: Janich 1997a.

sche Hypothese halten; d. h., es sei nur aus Erfahrung zu wissen, ob zwei Platten aus verschiedenen Herstellungsprozessen aufeinander passen. Hierbei wird allerdings übersehen, daß Menschen weder im Alltag noch in den Wissenschaften ohne ein *Handlungsfolgewissen* bestehen könnten, das weder empirisch noch logisch im herkömmlichen Sinne ist.[22] Ein Handlungsfolgewissen betrifft die Folgen von Handlungen, sofern diese nur »richtig«, und das heißt hier, in pünktlicher Befolgung von Handlungsvorschriften, ausgeführt sind. *De facto* hat dies jeder Laie und jeder Wissenschaftler bereits anerkannt, der nicht nur davon ausgeht, ebene Oberflächen an Körpern führten zur Passung, sondern der im Einzelfall bei Nichtpassung sofort schließt, mindestens eine der beiden Oberflächen sei nicht eben. Mit anderen Worten, weder ein Laie noch ein Wissenschaftler gibt den Satz »Alle ebenen Oberflächen passen aufeinander« zur empirischen Revision frei. Vielmehr wird er gegen empirische Widerlegung durch ein normatives Verständnis gesichert.

Zusammenfassend läßt sich für die Anfangsprobleme bei der Rekonstruktion einer Wissenschaftssprache vom Raum festhalten:

(1) Eine räumliche Terminologie hat mit einer Dingsprache und nicht mit einer Sprache über die handelnden Subjekte zu beginnen;
(2) räumliche Terminologie hat bei den Resultaten räumlicher Formung und nicht bei einer eigenen, vorräumlichen Sprache von Bewegungen zu beginnen;
(3) räumliche Terminologie hat bei den Formen und nicht bei den Größen zu beginnen.

Diese hier schon aus Gründen des Umfangs nur angedeuteten, in der methodischen Philosophie aber ausgearbeiteten und in der Literatur vorliegenden Vorschläge zur methodischen Rekonstruktion einer Sprache vom Raum vermögen es, eine *prototypenfrei reproduzierbare Basis* für die *Rede von Formen, Größen und relativen Lagen von Körpern und Hohlkörpern*[23] zu etablieren. Für sie ist, und das ist ihr erkenntnistheoretischer Vorzug gegenüber formalistischen und empiristischen Konkurrenten, *transsubjektive Geltung von Aussagen explizit ausweisbar.* Damit schließt sich dieser Vorschlag an die Re-

22 Inwiefern ein Handlungsfolgewissen eine moderne Rekonstruktion des Kantischen Apriori darstellt, ist ausgeführt in: Janich 1989b, S. 218f.

23 Man beachte die Reihenfolge als Konsequenz aus dem Prinzip der methodischen Ordnung. Vgl. Anmerkung 10.

konstruktion der Alltagssprache an. Auch dort ging es um Aufforderungen zu raumbezogenen Handlungen. Im Zuge der Verwissenschaftlichung betreffen solche Aufforderungen Herstellungsanweisungen zu Produkten, die als Geräte für Messung und Beobachtung in allen empirischen, quantitativen Wissenschaften, in denen räumliche Aussagen eine Rolle spielen, angewandt werden. Die Sprache der Geometrie wird damit als Sprache der Ingenieurwissenschaften zur Herstellung wissenschaftlicher Geräte für räumliche Messungen begriffen. Durch bestimmte Verfahren der »Ideation« wird an diese technische Praxis ein definitorisch fundierender Übergang in die mathematischen Theorien der analytischen Geometrie und der Analysis geleistet. Damit ist auch der Defekt behoben, daß im Rahmen der linearen Algebra oder auch einer eher populären Darstellung der analytischen Geometrie mehr oder weniger implizit ein Verfügen über Formbegriffe bereits unterstellt wird, etwa die Geradlinigkeit der Koordinatenachsen oder die Lösung des Meßproblems auf den Achsen selbst, wie es bei jeder Anwendung der analytischen Geometrie z. B. auf die Beschreibung von Experimenten oder in der Astronomie erfüllt sein muß.

Des weiteren, und auch hier kann nur auf die Literatur verwiesen werden, sind z. B. die *Dreidimensionalität des Erfahrungsraums* oder die *Euklidizität aller technischen Produkte* aufgrund ihrer räumlichen Isotropie bereits etabliert. Wer, in einem Mißverständnis der relativistischen Physik, der nichteuklidischen Geometrie den Vorzug vor der euklidischen gibt in einem Kontext, in dem er zugleich einer Technik vertraut, in der das Aufschrauben von Muttern auf Schrauben unabhängig von der Seite der Mutter möglich ist, begeht einen performativen Widerspruch. Wie an anderer Stelle bewiesen, gilt die Euklidizität bereits dann, wenn man annimmt, daß ein in eine Kerbe passender, von zwei ebenen Oberflächenstücken gebildeter Keil auch nach einer halben Umdrehung in dieselbe Kerbe paßt.[24]

Mit diesem Verweis auf die protophysikalische Literatur soll angedeutet sein, daß damit die gesamte mathematische und physikalische Sprache für räumliche Verhältnisse zwischen Körpern zur Verfügung steht. Kinematische Sachverhalte lassen sich daraus durch Hinzunahme von Bewegung (nicht von Zeit!) rekonstruieren. Die Rede von Translations- und Rotationsbewegungen, von

24 Der Beweis findet sich in Janich 1997a.

Richtungen und Geschwindigkeiten, von Beschleunigungen und relativer Ruhe lassen sich so, wie in der *Protophysik der Zeit*[25] gezeigt, schrittweise, zirkelfrei und lückenlos methodisch einholen.

Damit dürften alle sprachlichen Mittel zur Verfügung stehen, die z. B. ein Wahrnehmungspsychologe, ein Psycholinguist oder ein Evolutionsbiologe für die Beschreibung menschlicher Raumkognitionsleistungen benötigen dürfte. Mit anderen Worten, es ist umgekehrt kein Wort auszumachen, das auf diesem Wege nicht rekonstruierbar wäre. Eine solche starke These mit einem universellen Anspruch läßt sich deshalb ohne größeres Risiko aufstellen, weil relativ zum Anspruch auf wissenschaftliche Geltung von Aussagen dieser Disziplinen, und damit auf transsubjektive Kontrollierbarkeit, auch der Rückgang auf sprachliche Explizitheit und operative Beherrschung in der Dingsprache impliziert ist.

Wer nun den *kognitiven Aspekt* einer Sprache von Raumkognition unterbewertet findet – man könnte sich z. B. auf wahrnehmungspsychologischen Theorien von der Rolle der Bewegungsparalaxe beim einäugigen Sehen beziehen –, möge sich vor Augen halten, daß der vorliegende Ansatz sowohl die alltagssprachliche wie die wissenschaftssprachliche Rede vom Raum an Handlungen gebunden hat, die behaupteten Verhältnisse primär selbst herzustellen, um über ein Verfügen reproduzierbarer Verhältnisse die Kontrollkriterien zu etablieren, die bei der Beschreibung nicht selbst hergestellter Verhältnisse verwendet werden. Mit anderen Worten, *Raumkognition* wird *im Kontext von Raumkonstitution* rekonstruiert, wo Konstitution den menschlichen Umgang mit Umgebungen in der eigenen Lebenswelt bedeutet, dann einschließlich aller Hochstilisierungen in die messenden Wissenschaften hinein und deren Anwendung auf die Untersuchung des Erkenntnissubjekts, seiner Sinnes- und neuronalen Organe.

25 Janich 1980.

# Nachwort: Das Beispiel als Werkzeug

Der Leser, der einen größeren Teil der voranstehenden Beiträge liest – beliebig herausgegriffen oder in der hier dargebotenen Reihenfolge –, wird auf einige wenige Beispiele häufig von neuem stoßen. Der defekte Taschenrechner und die stehengebliebene Uhr, das Rad und der Draht, die Fahrplanauskunft gegenüber der Schallplatte und ein Kurzdialog über den Weg zum Bahnhof sind solche Beispiele. Insbesondere wer das ganze Buch in einem Zug liest, was üblicherweise nur der Autor und der Lektor tun, wird wiederholt (wenn auch in verschiedenen Zusammenhängen) auf diese Beispiele treffen.

Die Lektorin des Suhrkamp Verlages, der ich die Vereinheitlichung der Anmerkungen und des Literaturverzeichnisses verdanke, hat mir deshalb aufs freundlichste vorgeschlagen, die Wiederkehr des Gleichen durch eine Variation der Beispiele zu ersetzen. Doch Entscheidendes spricht dagegen.

Das vorliegende Buch verdankt sich einem Philosophieverständnis, für das stringentes Argumentieren das wichtigste Mittel des Philosophen ist. Argumente vollziehen sich in endlich vielen, tatsächlich meistens überschaubar wenigen Schritten. Und jede Argumentationskette bedarf eines Anfangs. Soll dieser Anfang nicht seinerseits mit starken Voraussetzungen aufgeladen sein, welche die Tragweite des Arguments beschränken, müssen die Anfänge so einfach wie möglich sein.

In diesem Sinne sind die hier gewählten Beispiele das Ergebnis einer zum Teil jahrzehntelangen Suche nach den (hinsichtlich ihrer Voraussetzungen) einfachsten, aber in ihrer Aussagekraft weitreichendsten Beispielen. Der defekte Taschenrechner ist das einfachste Alltagsbeispiel einer Maschine, die der Gewinnung gültiger Aussagen, nämlich einfacher Rechenergebnisse, dient, diesen Zweck aber wegen eines Defekts verfehlt. Dieses Beispiel ist erheblich für die Diskussion des Körper-Geist-Problems. Im Bereich des Messens (und damit aller messenden Technik- und Naturwissenschaften) zeigt die stehengebliebene Uhr, ebenfalls ein einfaches Alltagsbeispiel, analog zum defekten Rechner, daß es nicht die Naturgesetze und nicht die Naturwissenschaften allein sein können, die das Gewinnen gültiger Resultate erklären. Nur der nach Zwecken handelnde Mensch entscheidet, ob technisch qualifizierte Ergebnisse gewonnen sind oder nicht. Ähnlich beim Verhältnis von Fahrplanauskunft und Schallplatte: Der redefähige Mensch sucht nach verständlicher und gültiger Information, wo die Schallplatte nur Geräusche liefert. Redeverständig ist der Mensch in seiner Lebenspraxis, um in Kommunikation mit anderen Kooperation zu organisieren. In diesem Sinne schließlich steht der Dialog über den Weg zum Bahnhof für die Rückführung gültiger Behauptungen auf anerkannte Aufforderungen, und für die Rückführung ihres Verständnisses und ihrer Anerkennung auf nichtsprachliche Handlungen.

Die Fähigkeiten des zweckrational handelnden und redeverstehenden Menschen werden dann Gegenstand vielfältiger leistungsgleicher Substitutionen durch technische Hilfsmittel, von der Verschriftung der Sprache bis zu den Nachrichtentechniken, Robotern, Computern und Netzen. Geläufige Metaphern über die Erkenntnisleistungen von Molekülen oder die Gespräche zwischen Neuronen dagegen bleiben untrennbar abhängig von der Kulturleistung des Menschen, ein zweckrational handelndes, redeverstehendes Wesen zu sein.

Zweckrationalität ist nirgends leichter zu greifen als bei den nichtsprachlichen Handlungen der Bewegung und des Herstellens. Die heute unvermeidliche Kultürlichkeit des alltäglichen Lebensvollzugs durch Bewegung findet ihren handfesten Niederschlag, wo handwerklich-technische Produkte als Produkte ihrer zweckrationalen Hervorbringung und damit in ihrer Einbettung in Zwecksetzungsautonomie, Mittelwahlrationalität und Folgenverantwortlichkeit der mündigen Person begriffen werden. Die (neben dem Hebel) wohl elementarste technische Erfindung des Menschen, das Rad, ist zugleich die Maschine mit der universellsten Verwendung. Das Beispiel lehrt die Unumkehrbarkeit von Fortschritt und Höherentwicklung bis zu den Höchstleistungen moderner Fahrzeugtechnik (als Beispiel technischer Zivilisation) und erlaubt in seiner Einfachheit, die Technikförmigkeit entscheidender Kulturentwicklungen zu demonstrieren. Das Beispiel des Drahtes ergänzt den Weg konstruktiver Phantasie durch den unverzichtbaren Aspekt des Unvorhergesehenen, des Unplanbaren.

Ein Beispiel selbst mag die Einfachheit dieser Beispiele erläutern: Ein Handwerker, der sich auf Reparaturen spezialisiert hat, bedient sich dafür möglichst weniger, möglichst universell verwendbarer

Werkzeuge – vielleicht ein Satz Schraubenzieher, ein Satz Schlüssel, ein paar Zangen für verschiedene Zwecke. Entscheidend ist allein die Funktionalität und Effizienz seiner Werkzeuge. Jede Differenzierung und eventuelle Variation wird allein durch den Zweck bestimmt. Die elementaren Beispiele dieses Buches werden ebenfalls in einem Reparaturbetrieb eingesetzt, nämlich gegenüber den unzähligen Mißverständnissen, die sich aus der Naturalisierung menschlicher Kultur ergeben.

Das Beispiel hinke, mag ein findiger Kopf einwenden, weil die verschiedenen Schraubenzieher und Schraubenschlüssel auf selbst schon technisch vorgefertigte Reparaturobjekte passen müssen; der Elektriker, der eine Lampe aus dem frühen Jugendstil zu reparieren hat, oder der Uhrmacher, dem man ein altes, handgefertigtes Unikat überbringt, wird andere Werkzeuge benötigen als ein Reparaturservice für DIN-genormte Industrieprodukte. Ja, dieser Einwand paßt, sticht aber nicht, weil die Reparaturstücke naturalistischer Welt- und Menschenbilder durch einen Mainstream ebenfalls weitgehend normiert sind.

Da Philosophen, Geistes- und Kulturwissenschaftlern das Handwerk meist weniger nahesteht als das Mundwerk, mag die Kanonisierung möglichst einfacher Beispiele an andere, vertraute Mittel für schlüssiges Argumentieren erinnern: Es sind insgesamt recht wenige Schlußfiguren wie der modus ponens (»wenn aus A B folgt und wenn A gilt, dann gilt auch B«), der modus tollens (»wenn aus A B folgt, B aber nicht gilt, dann gilt auch A nicht«), in der Syllogistik der modus barbara (»wenn alle P Q sind und alle Q R, dann sind auch alle P R«) oder die quantorenlogischen Elementarverhältnisse, wonach ein Allsatz durch ein einziges Gegenbeispiel widerlegt, ein Existenzsatz durch ein einziges positives Beispiel belegt werden kann – kurz, für schlüssiges Argumentieren genügen meist wenige, weithin elementare, aber universell verwendbare Argumentationsfiguren. Und dennoch ist die Fülle des damit abzudeckenden Bereiches von Aussagen unendlich.

Die elementaren Beispiele in diesem Buch, die methodische Abhängigkeiten demonstrieren und auf eine Vielzahl von Problemen angewandt werden, verhalten sich ähnlich: Sie bilden einfachste Bausteine der Rede über den Menschen und seine Hervorbringungen. Sie sind so voraussetzungsarm, daß jeder seinen Lebensvollzug auch nur laienhaft bedenkende Mensch in ihnen Beispiele seiner eigenen Lebensführung entdecken kann. Und sie reichen aus zur Rekonstruktion komplexester Kulturphänomene und modernster Technik- und Naturwissenschaften, um in genau diesem Sinne transsubjektiv und universell Argumente zu tragen, Argumente einer um Wissenschaftlichkeit bemühten Philosophie.

# Nachweise

(mit den Originaltiteln, die teilweise von den Titeln in diesem Band abweichen)

Kapitel I: Kultur und Methode

1. »Technik und Kulturhöhe«, in: Grunwald; A. (Hg.), *Technikgestaltung zwischen Wunsch und Wirklichkeit*, Berlin, Heidelberg, New York 2003, S. 91-104.
2. »Kulturvergleich in der Beobachterperspektive. Versuch einer methodischen Grundlegung«. Erschienen unter dem Titel »Beobachterperspektive im Kulturvergleich. Versuch einer methodischen Grundlegung«, in: Srubar, Illiar (Hg.), *Konstitution und Vergleichbarkeit von Kulturen* (zur DFG-Tagung Erlangen, September 2002), Ms. 19 S., in Vorbereitung.
3. »Vom Handwerk zum Mundwerk. Grundzüge von Konstruktivismus und Kulturalismus«, in: Wallner, F. W./Agnese, B. A. (Hg.), *Konstruktivismen. Eine kulturelle Wende*, Wien 2001, S. 1-14.

Kapitel II: Handeln und Sprechen

1. »Vollzugs- versus Beschreibungsperspektive des Handelns und das Problem wissenschaftlicher Transsubjektivität. Für Friedrich Wallner« 2003, Ms. 16 S., erscheint in englischer Übersetzung 2005, hg. v. M. J. Jandl.
2. »Sprachphilosophie und Informationsbegriff«. Erschienen unter dem Titel »Information und Sprachphilosophie«, in: Mittelstraß, J. (Hg.), *Die Zukunft des Wissens*, Berlin 2000, S. 78-91.
3. »Der Satz vom Widerspruch – alt und modern«, in: Th. Keutner, R. Oeffner, H. Schmidt (Hg.), *Wissen und Verantwortung. Festschrift für Jan Beckmann*, München 2005, S. 65-89.

Kapitel III: Erkennen und Begründen

1. »Emergenz: ist die Kultur des Wissens natürlich begrenzt?« Erschienen unter dem Titel »Kultur des Wissens – natürlich begrenzt?«, in: Hogrebe, W. (Hg.), *Grenzen und Grenzüberschreitungen*, XIX. Deutscher Kongress für Philosophie, Bonn 2004, S. 431-444.
2. »Begründungsanfänge«, in: W. Kellerwessel, W.-J. Gramm, D. Krause, H.-Ch. Kupfer (Hg.), *Diskurs und Reflexion. Festschrift für Wolfgang Kuhlmann*, Würzburg 2005, S. 323-344.
3. »Was ist denn nun Wahrheit – ganz praktisch gesehen?«, in: *Wirtschaft und Wissenschaft*, Heft 3 (1999), S. 35-45.

Kapitel IV: Kommunikation und Information

1. »Die Naturalisierung der Information«, in: *Sitzungsberichte der Wissen-*

*schaftlichen Gesellschaft an der Johann Wolfgang Goethe-Universität Frankfurt am Main*, Bd. XXXVII, 2, (1999), 36 S.
2. »Überlegungen zu einer methodischen Medienphilosophie der Kommunikation«, in: Nagl, L./Sandbothe, M. (Hg.), *Systematische Medienphilosophie*, Akademie Verlag Berlin 2005, S. 83-98.
3. »Technische Substitution kommunikativer Kompetenz?« Erschienen unter dem Titel »Substitution kommunikativer Kompetenz?«, in: *Robotik. Einführung in eine interdisziplinäre Diskussion*, hg. v. Decker, M., Graue Reihe der Europäischen Akademie Bad Neuenahr-Ahrweiler, Nr. 16, 1999, S. 17-31.

Kapitel V: Wissenschaftstheorie
1. »Euklids Erben«, in: Cobet, J./Gethmann, C. F./Lau, D. (Hg.): *Europa. Die Gegenwärtigkeit der antiken Überlieferung*, Aachen 2000, S. 357-371.
2. »Philosophische Perspektiven der Chemie«. Erschienen unter dem Titel »Was ist und wozu treibt man Chemie? Versuch einer philosophischen Antwort«, in: Griesar, K. (Hg.), *Wenn der Geist die Materie küsst,* Harri Deutsch, Frankfurt/M. 2004, S. 49-65.
3. »Das Experiment in der Biologie«, in: *Theory in Biosciences* (Theorie in den Biowissenschaften), 116, 1 1997, S. 33-64.

Kapitel VI: Wissen vom Menschen
1. »Was ist genetisches Wissen?« Erschienen unter dem Titel »Der Status des genetischen Wissens«, in: Honnefelder, L./Propping, P. (Hg.), *Was wissen wir, wenn wir das menschliche Genom kennen?*, Köln 2001, S. 70-89.
2. »Kognitionswissenschaft und Menschenbild: natürlich kultürlich«. Erschienen unter dem Titel »Zwischen natürlicher Disposition und kultürlicher Lebensbewältigung«, in: Engel, A. K./Gold, P. (Hg.), *Der Mensch in der Perspektive der Kognitionswissenschaft*, Frankfurt/M. 1998 (stw 1381), S. 373-394.
3. »Die Sprache der Wissenschaften von der Raumkognition«, in: *KODIKAS/Code, Ars Semeiotica* 22, Nr. 3-4, Tübingen 1999, S. 189-208.

# Literatur


Albert, H., *Traktat über kritische Vernunft*, 2. Auflage, Tübingen 1969.

– »Konstruktivismus oder Realismus?«, in: Albert, Hans/Keuth, Herberth (Hg.), *Kritik der kritischen Psychologie*, Hamburg 1973, S. 9-20.

– *Traktat über kritische Vernunft*, 4. Auflage, Tübingen 1980.

Anelli, Pier Lugio, u. a., »Molecular Meccano. 1. [2] Rotaxanes and a [2] Catenane Made to Order«, in: *Journal of American Chemical Society* 1992, 114, S. 193-218.

Aristoteles, »The Metaphysics, Books I-IX with an english translation by Hugh Tredennick, M. A.«, in: *The Loeb Classical Library*, Harvard University Press 1961.

– *Metaphysik*, nach der Übersetzung von Hermann Bonitz, bearbeitet von Horst Seidel, Hamburg 1995.

Artikel »Definition, implizite«, in: Mittelstraß, J. (Hg.), *Enzyklopädie Philosophie und Wissenschaftstheorie*, Bd. I, Mannheim, Wien, Zürich 1980, S. 442.

Artikel »Entropie«, in: Klaus, G., *Wörterbuch der Kybernetik*, Bd. 1, Frankfurt/M., Hamburg ²1971, S. 176.

Artikel »Technik« in: Ritter, J./Gründer, K. (Hg.), *Historisches Wörterbuch der Philosophie*, Bd. 10, 1998, S. 940-952..

Austin, John Langshaw, *How to Do Things With Words*, Oxford 1962.

Becker, Oskar (Hg.), *Zur Geschichte der griechischen Mathematik*, Darmstadt 1965.

– »Mathematische Existenz. Untersuchungen zur Logik und Ontologie mathematischer Phänomene«, in: *Jb. Philos. Phänomen. Forsch.* 8 (1927), Tübingen, 2. Auflage 1973.

– *Grundlagen der Mathematik in geschichtlicher Entwicklung*, Nachdruck Frankfurt/M. 1975.

Bloor, D., *Knowledge and Social Imagery*, London 1976.

Böhme, G. (Hg.), *Protophysik*, Frankfurt/M. 1976.

Brandt, Reinhard, *Philosophie. Eine Einführung*, Stuttgart 2001.

Brown, Terence A., *Moderne Genetik*, 2. Auflage, Heidelberg, Berlin 1999.

Budó, Ágoston, *Theoretische Mechanik*, Berlin 2. Aufl. 1963.

Burckhardt, Jacob, *Weltgeschichtliche Betrachtungen* (1905), in: *Gesammelte Werke*, Bd. IV, Basel 1956.

Capurro, Rafael, *Information. Ein Beitrag zur etymologischen und ideengeschichtlichen Begründung des Informationsbegriffs*, München 1978.

Carnap, Rudolf, *Der logische Aufbau der Welt*, Berlin 1928, Nachdruck Hamburg 1974.

Carnap, R./Bar Hillel, Y., »An Outline of a Theory of Semantic Information«, in: Bar Hillel, Y. (Hg.), *Language and Information*, Reading, Mass. 1964.

Christaller, Thomas, »Mit dem Roboter der Natur auf der Spur«, in: *Spektrum der Wissenschaft*, Dossier 4 (1998), S. 104-108.

Descartes, R., *Œuvres*, Adam/Tannery (Hg.), Paris 1964.

Diamond, Jaered, *Der dritte Schimpanse. Evolution und Zukunft des Menschen*, Frankfurt/M. 1994.

Dingler, H., *Die Grundlagen der Angewandten Geometrie. Eine Untersuchung über den Zusammenhang zwischen Theorie und Erfahrung in den exakten Wissenschaften*, Leipzig 1911.

*Das Experiment – Sein Wesen und seine Geschichte*, München 1928.

– *Die Methode der Physik*, München 1938.

– *Die Ergreifung des Wirklichen*, München 1955.

– *Aufbau der exakten Fundamentalwissenschaft*, hg. v. Paul Lorenzen, München 1964.

– *Die Ergreifung des Wirklichen*, Kap. I-IV, herausgegeben und mit einer Einleitung versehen von: Lorenz, K./Mittelstraß, J., Frankfurt/M. 1969.

– *Die Ergreifung des Wirklichen*, Eidos: München, 1995.

Duncker, H.-R., »The emergence of macroscopic complexity«, in: *Zoology 103* (2001), S. 240-259.

Ebeling, W./Feistel, R., *Physik der Selbstorganisation und Evolution*, Berlin 1986.

Eigen, M., »The Origin of Biological Information«, in: Mehra, J. (Hg.), *The Physicists Conception of Nature*, Dordrecht 1973, S. 594-632.

Engels, J. W., »Gene, die uns bewegen. Von der Definition der Gene zur Sequenzierung des menschlichen Genoms«, in: *Sitzungsberichte der Wissenschaftlichen Gesellschaft an der Johann Wolfgang Goethe-Universität*, Bd. XXXVI, Nr. 2, Stuttgart 1998.

*Euclid's Elements*, übersetzt und kommentiert von Thomas L. Heath, New York 1956, Bd. I.

Euklid, *Die Elemente*, Nachdruck aus »Ostwalds Klassiker der exakten Wissenschaften«, Darmstadt 1980.

Franklin, A., *The neglect of experiment*, Cambridge 1986.

– *Experiment right or wrong*, Cambridge 1990.

Frege, F. L. Gottlob, »Begriffsschrift, eine der arithmetischen nachgebildete Formelsprache des reinen Denkens«, Halle 1879, in: Angelelli, I. (Hg.), *Begriffsschrift und andere Aufsätze*, Darmstadt, Hildesheim 1964.

Gabriel, G., »Implizite Definitionen. Eine Verwechslungsgeschichte«, in: *Annales Scientifiques* 35 (1978), S. 419-423.
Gabriel, G./Mainzer, K./Janich, P., »Kausalität«, in: *Enzyklopädie Philosophie und Wissenschaftstheorie*, Bd. 2, Mannheim, Wien, Zürich 1984, S. 372-376.
Galison, P., *How experiments end*, Chicago 1987.
Gert, B., u. a. (Hg.), *Morality and the New Genetics: A Guide for Students and Health Care Providers*, Boston, Mass. 1996.
Gethmann, C. F., »Logische Deduktion und transzendentale Konstitution. Zur Kritik des Kritischen Rationalismus am methodologischen Theorem der Begründung«, in: Czapiewski, Winfried (Hg.), *Verlust des Subjekts? Zur Kritik neopositivistischer Theorien*, Kevelaer 1975, S. 11-121.
Gethmann, C. F./Hegselmann, R., »Das Problem der Begründung zwischen Dezisionismus und Fundamentalismus«, in: *Zeitschrift für allgemeine Wissenschaftstheorie* 8 (1977), S. 342-368.
Gethmann, C. F./Janich, P./Sax, H., *SAPHIR. Technikfolgenbeurteilung der bemannten Raumfahrt. Systemanalytische, wissenschaftstheoretische und ethische Beiträge: ihre Möglichkeiten und Grenzen*, Köln 1993.
Glasersfeld, E. von, »Konstruktion der Wirklichkeit und des Begriffs der Objektivität«, in: *Einführung in den Konstruktivismus* (Schriften der Carl Friedrich von Siemens-Stiftung, Bd. 10), München 1985, S. 1-26.
Gooding, D., *Experiment and the making of meaning*, Dordrecht 1990.
Griesar, K. (Hg.), *Wenn der Geist die Materie küsst*, Frankfurt a. M. 2004.
Grunwald, A. (Hg.), *Rationale Technikfolgenbeurteilung. Konzeption und methodische Grundlage*, Heidelberg 1998.
– *Handeln und Planen*, München 2000.
Grunwald, A./Sax, H. (Hg.), *Technikbeurteilung in der Raumfahrt. Anforderungen, Methoden, Wirkungen*, Berlin 1994.
Gutmann, M., »Modelle als Mittel wissenschaftlicher Begriffsbildung: Systematische Vorschläge zum Verständnis von Funktion und Struktur«, in: Gutmann, W. F./Weingarten, M. (Hg.), *Konstruktion der Organismen II. Aufsätze und Reden der Senckenbergischen naturforschenden Gesellschaft* 43, Frankfurt/M. 1995, S. 15-38.
– *Die Evolutionstheorie und ihr Gegenstand. Beitrag der methodischen Philosophie zu einer konstruktiven Theorie der Evolution*, Berlin 1996.
Gutmann, M./Hartmann, D./Weingarten, M./Zitterbarth, W. (Hg.), *Kultur, Handlung, Wissenschaft. Für Peter Janich*, Weilerswist 2002.
Gutmann, W. F./Weingarten, M. (Hg.), *Konstruktion der Organismen II. Aufsätze und Reden der Senckenbergischen naturforschenden Gesellschaft* 43, S. 15-38, Frankfurt/M. 1995.

Hacking, I., *Representing and intervening*, Cambridge 1983.
Hanekamp, G., *Protochemie. Vom Stoff zu Valenz*, Würzburg 1996.

Harré, R., *Varieties of realism*, Oxford 1986.

Hartmann, D., *Naturwissenschaftliche Theorien. Wissenschaftstheoretische Grundlagen am Beispiel der Psychologie*, Mannheim, Wien, Zürich 1993.

– »Kulturalistische Handlungstheorie«, in: Hartmann, D./Janich, P. (Hg.), *Methodischer Kulturalismus. Zwischen Naturalismus und Postmoderne*, Frankfurt/M. 1996, S. 70-114.

– *Philosophische Grundlagen der Psychologie*, Darmstadt 1998.

Hartmann, D./Janich, P. (Hg.), *Methodischer Kulturalismus. Zwischen Naturalismus und Postmoderne*, Frankfurt/M. 1996a.

– »Methodischer Kulturalismus«, in: dies. (Hg.), *Methodischer Kulturalismus. Zwischen Naturalismus und Postmoderne*, Frankfurt/M. 1996b, S. 9-69.

– (Hg.), *Die Kulturalistische Wende. Zur Orientierung des philosophischen Selbstverständnisses*, Frankfurt/M. 1998.

Heidelberger, M./Steinle, F. (Hg.), *Bedeutung und Vielfalt des Experiments*, Baden-Baden 1998.

Helmholtz, H. von, »Zählen und Messen, erkenntnistheoretisch betrachtet«, in: *Philosophische Aufsätze*, Leipzig 1887, S. 17-52.

Hempel, C. G., *Grundzüge der Begriffsbildung in der empirischen Wissenschaft*, Düsseldorf 1974.

Hilbert, David, »Neubegründung der Mathematik. Erste Mitteilung«, Hamburg 1922, wieder in: *Hilbertiana*. 5 Aufsätze von David Hilbert, Darmstadt 1964, S. 12-32.

– »Axiomatisches Denken«, aus: Hilbert, D., *Gesammelte Abhandlungen*, Bd. III, S. 146-156, Berlin 1935, wieder in: *Hilbertiana*, Darmstadt 1964, S. 1-11.

Holzkamp, Klaus, *Wissenschaft als Handlung*, Berlin 1968.

Hronszky, I./Feher, M./Balázs, D. (Hg.), *Scientific knowledge socialized*, Budapest 1988.

Inhetveen, R., *Konstruktive Geometrie. Eine formentheoretische Begründung der Euklidischen Geometrie*, Mannheim, Wien, Zürich 1983.

– »Abschied von den Homogenitätsprinzipien?«, in: *Philosophia naturalis* 22 (1985), Sonderheft »Protophysik heute« (hg. v. Peter Janich), S. 132-144.

Janich, Nina, *Richtig und falsch oder Anleitung zum Querdenken? Zur Frage des Anspruchs an Wissenstransfer*, Regensburg 2002.

Janich, P., *Die Protophysik der Zeit*, Mannheim, Wien, Zürich 1969.

– »Zur Protophysik des Raumes«, in: Böhme, G. (Hg.), *Protophysik*, Frankfurt/M. 1976, 83-130.

– *Die Protophysik der Zeit. Konstruktive Begründung und Geschichte der Zeitmessung*, Frankfurt/M. 1980.

– »Ist Psychologie auf der Grundlage technischer Rationalität als Wissenschaft möglich?«, in: Kempf, W./Aschenbach, G. (Hg.), *Konflikt und Konfliktbewältigung*, Bern, Stuttgart, Wien 1981a, S. 419-441.
– »Natur und Handlung. Über die methodischen Grundlagen naturwissenschaftlicher Erfahrung«, in: Schwemmer, O. (Hg.), *Vernunft, Handlung und Erfahrung*, München 1981b, S. 69-84.
– Artikel »Ideation«, in: Mittelstraß, J. (Hg.), *Enzyklopädie Philosophie und Wissenschaftstheorie*, Bd. 2 (1984), S. 177.
– »Protophysics of Time. Constructive foundation and history of time measurement«, in: Cohen, R. S./Wartofsky, M. W. (Hg.), *Boston Studies in the Philosophy of Science*, Vol. 30, Dordrecht, Boston, Lancaster 1985.
– »Evolution der Erkenntnis oder Erkenntnis der Evolution?«, in: Lütterfelds, W. (Hg.), *Transzendentale oder evolutionäre Erkenntnistheorie?*, Darmstadt 1987a, S. 210-226.
– »Naturgeschichte und Naturgesetz«, in: Schwemmer, O. (Hg.), *Über Natur. Philosophische Beiträge zum Naturverständnis*, Frankfurt/M. 1987b, S. 105-122.
– »Philosophische Beiträge zu einem kulturalistischen Naturverständnis«, in: *Zeitschrift für Wissenschaftsforschung*, Bd. 3 (1986), S. 35-46; außerdem in: Burrichter, C./Inhetveen, R./Kötter, R. (Hg.), *Zum Wandel des Naturverständnisses*, Paderborn, München, Wien, Zürich 1987c, S. 115-128.
– »Truth as success of action«, in: Hronszky, Imre/Feher, Márta/Dajka, Balázs (Hg.), *Scientific Knowledge Socialized*, Budapest 1988, S. 313-326.
– »Does Biology need a relativistic revision?«, in: Newton-Smith, W. H./Wilkes, W. K. (Hg.), *International Studies in the Philosophy of Science. The Dubrovnik Papers*, Bd. 2, Nr. 2 (1989a), S. 190-198.
– *Euklids Erbe. Ist der Raum dreidimensional?*, München 1989b.
– »Physiology and Language. Epistemological Questions about Scientific Theories of Perception«, in: Bligh, J./Voigt, K., *Thermoreception and Temperature Regulation*, Berlin, Heidelberg, New York, London, Paris, Tokio, Hongkong 1990, S. 151-163.
– »Die Galileische Geometrie. Zum Verhältnis der geometrischen Idealisierung bei E. Husserl und der protophysikalischen Ideationstheorie«, in: Gethmann, Carl Friedrich (Hg.), *Lebenswelt und Wissenschaft. Studien zum Verhältnis von Phänomenologie und Wissenschaftstheorie*, Bonn 1991, S. 164-180.
– *Entwicklungen der Methodischen Philosophie*, Frankfurt/M. 1992a.
– »Form und Größe. Eine Wissenschaft wovon ist die Geometrie?«, in: Janich, P., *Grenzen der Naturwissenschaft*, München 1992b, S. 26-43.
– *Grenzen der Naturwissenschaft. Erkennen als Handeln*, München 1992c.
– »Physiologie und Sprache. Erkenntnistheoretische Probleme naturwissenschaftlicher Wahrnehmungstheorien«, in: ders., *Grenzen der Naturwissenschaft*, München 1992d, S. 101-118.

– »Das Leib-Seele-Problem als Methodenproblem der Naturwissenschaften«, in: Elepfandt, A./Wolters, G. (Hg.), *Denkmaschinen? Interdisziplinäre Perspektiven zum Thema Geist und Gehirn*, Konstanz 1993a, S. 39-54.
– »Die Kultur fortschreitender Naturerkenntnis«, in: Winnacker, E.-L. (Hg.), *Fortschritt und Gesellschaft*, Stuttgart 1993b, S. 99-112.
– »Erkennen als Handeln. Von der konstruktiven Wissenschaftstheorie zur Erkenntnistheorie«, in: Hogrebe, W. (Hg.), *Jenaer philosophische Vorträge und Studien*, Erlangen, Jena 1993c.
– »Grenzen der Naturerkenntnis«, in: *Dialektik* 3, Natur, Naturwissenschaften, Kulturbegriffe, 1993e, 9-21.
– »Über den Einfluß falscher Physikverständnisse auf die Entwicklung der Neurobiologie«, in: Florey, E./Breidbach, O. (Hg.), *Das Gehirn, Organ der Seele?*, Berlin 1993f., S. 309-326.
– »Erkennen als Handeln«, in: Gál, Egon/Marcelli, Miroslav/Michalovic, Peter (Hg.), *Science and Philosophy in Shaping Modern European Culture*, Bratislava 1994a, S. 33-48.
– »Hirnforschung als philosophisches Problem«, in: *Annals of Anatomy* 176 (1994b), S. 497-503.
– *Die Konstruktive Wissenschaftstheorie. Einführung in die allgemeine und spezielle Konstruktive Wissenschaftstheorie*, zwei Kurseinheiten der Fernuniversität Hagen, Hagen 1994c (in erweiterter Form erschienen unter dem Titel *Kleine Philosophie der Naturwissenschaften*, München 1997).
– Artikel »Reflexionsbegriffe« und »Reflexionsterminus«, in: Mittelstraß, J. (Hg.), *Enzyklopädie Philosophie und Wissenschaftstheorie*, Bd. 3, Stuttgart, Weimar 1995a, S. 528.
– »Information als Konstruktion«, in: *Logik und Mathematik, Frege-Kolloquium Jena* 1993, hg. v. Max, I./Stelzner, W., Berlin, New York 1995b, S. 470-483.
– Artikel »Protophysik«, in: Mittelstraß, Jürgen (Hg.), *Enzyklopädie Philosophie und Wissenschaftstheorie*, Bd. III, 1995c, S. 382f.
– Artikel »Technik«, in: Mittelstraß, J. (Hg.), *Enzyklopädie Philosophie und Wissenschaftstheorie*, Bd. 4, Stuttgart, Weimar 1996a, S. 214-217.
– »Das Experiment in der Psychologie«, in: ders., *Konstruktivismus und Naturerkenntnis*, Frankfurt/M. 1996b.
– *Konstruktivismus und Naturerkenntnis. Auf dem Weg zum Kulturalismus*, Frankfurt/M. 1996c.
– *Was ist Wahrheit? Eine philosophische Einführung*, München 1996d (2. Aufl., München 2000).
– *Das Maß der Dinge. Protophysik von Raum, Zeit und Materie*, Frankfurt/M. 1997a.
– *Kleine Philosophie der Naturwissenschaften*, München 1997b.
– »Das Experiment in der Biologie«, in: *Theory in Biosciences*, Bd. 116, 1, 1997c, S. 33-64.

– »Argumente versus Standpunkte. Replik auf die Kritiken«, in: *Ethik und Sozialwissenschaften. Streitforum für Erwägungskultur* 9 (1998a), Heft 2, S. 253-268.
– »Der Informationsbegriff und die methodisch-kulturalistische Philosophie«, in: *Ethik und Sozialwissenschaften. Streitforum für Erwägungskultur* 9 (1998b), Heft 2, S. 169-182.
– (Hg.), *Die Kulturalistische Wende. Zur Orientierung des philosophischen Selbstverständnisses*, Frankfurt/M. 1998c.
– »Die Struktur technischer Innovationen«, in: Hartmann, D./Janich, P. (Hg.), *Die Kulturalistische Wende. Zur Orientierung des philosophischen Selbstverständnisses*, Frankfurt/M. 1998d, S. 129-177.
– »Kulturalistische Logikbegründung«, in: Hartmann, D./Janich, P. (Hg.), *Die Kulturalistische Wende. Zur Orientierung des philosophischen Selbstverständnisses*, Frankfurt/M. 1998f, S. 57-128.
– »Was macht experimentelle Resultate empiriehaltig? Die methodisch-kulturalistische Theorie des Experiments«, in: Heidelberger, M./Steinle, F. (Hg.), *Experimental Essays – Versuche zum Experiment*, Baden-Baden 1998g, S. 93-112.
– »Die Naturalisierung der Information«, in: *Sitzungsberichte der Wissenschaftlichen Gesellschaft an der Johann Wolfgang Goethe-Universität*, Frankfurt/M., Bd. XXXVII, 2 (1999a), 36 S.; auch im vorliegenden Band.
– »Handwerker und Mundwerker«, in: Wehr, M./Weinmann, M. (Hg.), *Die Hand. Werkzeug des Geistes*, Heidelberg, Berlin, Oxford 1999b, S. 271-292.
– »Kritik des Informationsbegriffs in der Genetik«, in: *Theory in Biosciences* 18 (1999c), S. 66-84.
– »Was ist denn nun Wahrheit – ganz praktisch gesehen?«, in: *Wirtschaft und Wissenschaft*, Heft 3 (1999c), S. 35-45 (Zeitschrift des Stifterverbandes für die deutsche Wissenschaft); auch im vorliegenden Band.
– *Was ist Erkenntnis? Eine philosophische Einführung*, München 2000a.
– »Informationsbegriffe im Spannungsfeld mathematisch naturwissenschaftlicher und kulturwissenschaftlicher Disziplinen«, in: Hubig, Ch. (Hg.), *Unterwegs zur Wissensgesellschaft*, Berlin 2000b, S. 47-62.
– »Die Begründung der Geometrie aus der Poiesis«, in: *Sitzungsberichte der Wissenschaftlichen Gesellschaft an der Johann Wolfgang Goethe-Universität Frankfurt am Main*, Bd. XXXIX, Nr. 2, 2001a, S. 27-68.
– *Logisch-pragmatische Propädeutik*, Weilerswist 2001b.
– »Karl R. Popper, Logik der Forschung«, in: Brandt, R./Sturm, Th. (Hg.), *Klassische Werke der Philosophie. Von Aristoteles bis Habermas*, Leipzig 2002a, S. 285-312.
– »Kultur des Wissens – natürlich begrenzt?«, erscheint in: Hogrebe, W. (Hg.), *Grenzen und Grenzüberschreitungen*, XIX. Deutscher Kongreß für Philosophie, Bonn 2004, S. 431-444, auch im vorliegenden Band.

– »Beobachterperspektive im Kulturvergleich. Versuch einer methodischen Grundlegung«, erscheint in: I. Srubar (Hg.), *Konstitution und Vergleichbarkeit von Kulturen*, Tagungsband 2002c; auch im vorliegenden Band.
– »Vollzugs- versus Beschreibungsperspektive des Handelns und das Problem der transsubjektiven Geltung wissenschaftlicher Aussagen« (2003), im vorliegenden Band.
Janich, P./Kambartel, F./Mittelstraß, J., *Wissenschaftstheorie als Wissenschaftskritik*, Frankfurt/M. 1974.
Janich, P./Rüchardt, Ch. (Hg.), *Natürlich, technisch, chemisch. Verhältnisse zur Natur am Beispiel der Chemie*, Berlin, New York 1996.
Janich, P./Weingarten, M., *Wissenschaftstheorie der Biologie. Methodische Philosophie und die Begründung der Biowissenschaften*, München 1999.

Kamlah, Wilhelm/Lorenzen, Paul, *Logische Propädeutik*, Mannheim, Wien, Zürich 1967, 2. Auflage 1973.
Kant, Immanuel, *Kritik der reinen Vernunft*, Riga 1781, hg. von Wilhelm Weischedel, Wiesbaden 1956.
– *Prolegomena zu einer jeden künftigen Metaphysik, die als Wissenschaft wird auftreten können*, Riga 1783, hg. von Wilhelm Weischedel, Wiesbaden 1958.
Klix, F., *Information und Verhalten. Kybernetische Aspekte der organismischen Informationsverarbeitung. Einführung in naturwissenschaftliche Grundlagen der allgemeinen Psychologie*, 3. Auflage, Wien 1976.
Knorr-Cetina, K., *Die Fabrikation von Erkenntnis*, Frankfurt/M. 1984.
Kropp, Gerhard, *Vorlesungen über Geschichte der Mathematik*, Mannheim, Zürich 1969.
Kuhlmann, Wolfgang, *Reflexive Letztbegründung. Untersuchungen zur Transzendentalpragmatik*, Freiburg, München 1985.
Küppers, B. O., *Der Ursprung biologischer Information. Zur Naturphilosophie der Lebensentstehung*, mit einem Vorwort von C. F. von Weizsäcker, München, 2. Auflage 1990.

Lange, R., »Vom Können zum Erkennen«, in: Hartmann, D./Janich, P. (Hg.), *Methodischer Kulturalismus*, Frankfurt/M. 1996, 157-196.
– »Gibt es einen ›Neuen Experimentalismus‹?«, in: *Theory in Biosciences*, 116 (1997), S. 65-94.
– *Experimentalwissenschaft Biologie. Methodische Grundlagen und Probleme einer technischen Wissenschaft vom Lebendigen*, Würzburg 1999.
Lorenz, Konrad, *Die Rückseite des Spiegels*, München, Zürich 1973.
Lorenz, Kuno/Mittelstraß, Jürgen (Hg.), *Hugo Dingler. Die Ergreifung des Wirklichen*, Kap. I-IV, Frankfurt/M. 1969.
Lorenzen, P., *Einführung in die operative Logik und Mathematik*, Berlin, Göttingen, Heidelberg 1955.

– »Das Begründungsproblem der Geometrie als Wissenschaft der räumlichen Ordnung«, in: *Philosophia naturalis* Bd. VI, Heft 4, 1961, S. 415-431.
– »Wie ist die Objektivität der Physik möglich?«, in: *Argumentationen. Festschrift für Josef König*, Göttingen 1964, S. 143-150.
– *Differential und Integral. Eine konstruktive Einführung in die klassische Analysis*, Frankfurt/M. 1965.
– »Ein dialogisches Konstruktivitätskriterium«, in: Lorenzen, P./Lorenz, K., *Dialogische Logik*, Darmstadt 1978, S. 9-16.
– *Elementargeometrie. Das Fundament der Analytischen Geometrie*, Mannheim, Wien, Zürich 1984.
– *Lehrbuch der Konstruktiven Wissenschaftstheorie*, Mannheim, Wien, Zürich 1987.
Lorenzen, P./Lorenz, K., *Dialogische Logik*, Darmstadt 1978.
Lorenzen, P./Schwemmer, O., *Konstruktive Logik, Ethik und Wissenschaftstheorie*, 2. Auflage, Mannheim, Wien, Zürich 1975.

Mach, Ernst, *Erkenntnis und Irrtum. Skizzen zur Psychologie der Forschung*, Leipzig 1905.
Morris, Ch. W., *Foundations of the Theory of Signs*, Chicago 1938 (deutsch: *Grundlagen der Zeichentheorie*, München 1972; Frankfurt/M. 1988).
– *Signs, Language and Behavior*, New York 1946.

Peirce, Charles S., *Phänomen und Logik der Zeichen*, hg. v. H. Pape, Frankfurt/M. 1983.
Pickering, A. (Hg.), *Science as Practice and Culture*, Chicago 1992.
Pinker, Steven, *Sprachinstinkt*, München 1996.
– *Wie das Denken im Kopf entsteht*, München 1998.
Platon, »Res publica«, in: *Platonis Opera*, Hg. von Johannes Burnet, Bd. IV, Oxford 1899.
– *Politeia*, in der Übersetzung von Friedrich Schleiermacher, hg. von Otto, Walter F./Grassi, Ernesto/Plumböck, Gerd, Rowohlts Klassiker, Reinbek 1958, S. 67-310.
– *Sämtliche Werke*, Bd. I-IV, Rowohlts Klassiker der Literatur und Wissenschaft, Reinbek 1994.
Psarros, N., *Die Chemie und ihre Methoden. Eine philosophische Betrachtung*, Weinheim u. a. 1999.

Quine, W. V. O., »Epistemology Naturalized«, in: *Ontological Relativity and other Essays*, New York, London 1969 (deutsche Ausgabe *Ontologische Relativität und andere Schriften*, Stuttgart 1975).

Radder, H., *In and about the World. Philosophical Studies of Science and Technology*, New York 1996.
Ratey, John J., *Das menschliche Gehirn. Eine Gebrauchsanweisung*, Düsseldorf, Zürich 2001.
Reidemeister, Kurt, *Das exakte Denken der Griechen*, Hamburg 1949.
Rheinberger, H.-J., *Experiment, Differenz, Schrift. Zur Geschichte epistemischer Dinge*, Marburg 1992.
Rheinberger, H.-J./Hagner, M. (Hg.), *Die Experimentalisierung des Lebens: Experimentalsysteme in den biologischen Wissenschaften* 1850/1950, Berlin 1993.
Riedel, M., Artikel: »Bürger, bourgeois, citoyen«, in: Ritter, J. (Hg.), *Historisches Wörterbuch der Philosophie*, Bd. 1, Darmstadt 1971.
Rorty, R. (Hg.), *The linguistic turn*, Chicago, University of Chicago Press 1967.
Roth, G., *Fühlen, Denken, Handeln. Wie das Gehirn unser Verhalten steuert*, Frankfurt/M. 2001.
Roth, G./Schwegler, H., »Das Geist-Gehirn-Problem aus der Sicht der Hirnforschung und eines nicht-reduktionistischen Physikalismus«, in: *Ethik und Sozialwissenschaften. Streitforum für Erwägungskultur* (1995), Heft 1, S. 69-77.
Ryle, G., *The Concept of Mind*, London 1949 (deutsch: *Der Begriff des Geistes*, Stuttgart 1987).

Sandbothe, Mike, *Pragmatische Medienphilosophie. Grundlegung einer neuen Disziplin im Zeitalter des Internet*, Velbrück: Weilerswist 2001.
Schäfer, Lothar, *Karl R. Popper*, München, 3. Auflage 1996, S. 10.
Schmidt, S. J. (Hg.), *Der Diskurs des Radikalen Konstruktivismus*, Frankfurt/M. 1987.
– (Hg.), *Kognition und Gesellschaft. Der Diskurs des Radikalen Konstruktivismus 2*, Frankfurt/M. 1992.
Schmitz, H., *Der unerschöpfliche Gegenstand. Grundzüge der Philosophie*, Bonn 1990.
Schneider, H. J., Artikel »Abstraktion«, in: Mittelstraß, J. (Hg.), *Enzyklopädie Philosophie und Wissenschaftstheorie*, Bd. 1 (1980), S. 37.
– »Technikgeschichte als Paradigma für Kulturverstehen?«, in: Gutmann, Mathias/Hartmann, Dirk/Weingarten, Michael/Zitterbarth, Walter (Hg.), *Kultur – Handlung – Wissenschaft. Für Peter Janich*, Weilerswist 2002, S. 302-321.
Schnelle, H., »Information«, in: Ritter, J./Gründer, K. (Hg.), *Historisches Wörterbuch der Philosophie*, Bd. 4, Darmstadt, Basel 1976, S. 355.
Schraft, Dieter/Müller, Erik, »Roboter gestern, heute, morgen«, in: *Spektrum der Wissenschaft*, Dossier 4 (1998), S. 6-11.
Schummer, J., *Philosophie der Chemie: Rück- und Ausblicke*, in: Griesar, K.

(Hg.), *Wenn der Geist die Materie küsst*, Harri Deutsch, Frankfurt/M. 2004.
Shannon, C. E./Weaver, W., *The Mathematical Theory of Communication*, Illinois 1949 (deutsch: *Mathematische Grundlagen der Informationstheorie*, München 1976).
Singer, Wolf, *Der Beobachter im Gehirn*, Frankfurt/M. 2002.
Stegmüller, W., *Die Entwicklung des Neuen Strukturalismus seit 1973*, Heidelberg, Berlin, New York, Tokio 1986.
– *Hauptströmungen der Gegenwartsphilosophie. Eine kritische Einführung*, Bd. II, 8. Auflage, Stuttgart 1987.
Stephan, Achim, *Emergenz. Von der Unvorhersagbarkeit zur Selbstorganisation*, Dresden 1999.
Steven Pinker, *Sprachinstinkt* (deutsch 1996), und: *Wie das Denken im Kopf entsteht* (deutsch 1998).
Stichwörter »informatio« und »informo«, in: *Stowassers lateinisch-deutsches Schul- und Handwörterbuch*, 7. Auflage, Leipzig 1923, S. 409.
Szabo, Arpad, *Anfänge der griechischen Mathematik*, Wien, München 1969.

Tetens, H., *Experimentelle Erfahrung. Eine wissenschaftstheoretische Studie über die Rolle des Experiments in der Begriffs- und Theoriebildung der Physik*, Hamburg 1987.
Thiel, Christian, *Philosophie und Mathematik*, Darmstadt 1995.
Tomasello, Michael, *The Cultural Origins of Human Cognition*, Harvard University Press 1999.
Tugendhat, E./Wolf, U., *Logisch-semantische Propädeutik*, Stuttgart 1983.

Vollmer, G., »Was ist Naturalismus?«, in: Keil, G./Schnädelbach, H. (Hg.), *Naturalismus*, Frankfurt/M. 2000, S. 46-67.
Vroon, Piet, *Drei Hirne im Kopf. Warum wir nicht können, wie wir wollen*, Zürich 1993.

Waal, Frans de, *The Ape and the Sushi-Master. Cultural Reflections by a Primatologist*, New York 2001 (deutsch: *Der Affe und der Sushi-Meister. Das kulturelle Leben der Tiere*. München, Wien 2002).
Wallner, F. G./Jandl, Martin J., »Konstruktion und Verbindlichkeit«, in: Gutmann, M./Hartmann, D./Weingarten, M./Zitterbarth, W. (Hg.), *Kultur, Handlung, Wissenschaft. Für Peter Janich*, Weilerswist 2002, S. 260-285.
Weingarten, M., *Organismuslehre und Evolutionstheorie*, Hamburg 1992.
– *Organismen – Objekte oder Subjekte der Evolution? Philosophische Studien zum Paradigmenwechsel in der Evolutionsbiologie*, Darmstadt 1993.
Weiß, Ulrich, *Hugo Dinglers Methodische Philosophie. Eine kritische Rekon-*

*struktion ihres voluntaristisch-pragmatischen Begründungszusammenhangs*, Mannheim, Wien, Zürich 1990.
Wiener, N., *Cybernetics or Control and Communication in the Animal and the Machine*, MIT 1948, 1961 (deutsch: *Kybernetik, Regelung und Nachrichtenübertragung in Lebewesen und in der Maschine*, Düsseldorf, Wien 1963).
Willke, H., *Systemtheorie*, Stuttgart, New York, 3. Auflage 1998.
Wilson, Edward O., *Die Einheit des Wissens*, Berlin 1998.
Wittgenstein, Ludwig, *Tractatus logico-philosophicus*, Frankfurt/M. 1963.
Wolters, Gereon, Artikel »Prinzip der pragmatischen Ordnung«, in: Bd. III der *Enzyklopädie Philosophie und Wissenschaftstheorie*, hg. v. Mittelstraß, Jürgen, 1995.
Wright, Georg Henrik von, *Norm and Action, A Logical Enquiry*, London 1963 (deutsch: *Norm und Handlung. Eine logische Untersuchung*, Königstein/Ts. 1979).

## Immanuel Kant
## im Suhrkamp Verlag

*Werkausgabe*

stw-Werkausgabe in zwölf Bänden. Herausgegeben von Wilhelm Weischedel. (Die Ausgabe ist text- und seitenidentisch mit der 1968 erschienenen zwölfbändigen Theorie-Werkausgabe.) 12 Bände mit Gesamtregister in Kassette. 5245 Seiten. Die Bände sind auch einzeln lieferbar

- Band I: Vorkritische Schriften bis 1768/1. stw 186. 524 Seiten

- Band II: Vorkritische Schriften bis 1768/2. stw 187. 519 Seiten

- Band III/IV: Kritik der reinen Vernunft. Zwei Bände. stw 55. 724 Seiten

- Band V: Schriften zur Metaphysik und Logik 1. stw 188. 384 Seiten

- Band VI: Schriften zur Metaphysik und Logik 2. stw 189. 327 Seiten

- Band VII: Kritik der praktischen Vernunft. Grundlegung zur Metaphysik der Sitten. stw 56. 302 Seiten

- Band VIII: Die Metaphysik der Sitten. stw 190. 896 Seiten

- Band IX: Schriften zur Naturphilosophie. stw 191. 172 Seiten

- Band X: Kritik der Urteilskraft. stw 57. 468 Seiten

NF 130/1/12.00

- Band XI: Schriften zur Anthropologie, Geschichtsphilosophie, Politik und Pädagogik 1. stw 192. 404 Seiten
- Band XII: Schriften zur Anthropologie, Geschichtsphilosophie, Politik und Pädagogik 2. Register. stw 193. 532 Seiten

**Schriften zur Ästhetik und Naturphilosophie.** Herausgegeben von Manfred Frank und Véronique Zanetti. Zwei Bände und ein Kommentarband. stw 1517. 1400 Seiten

**Theoretische Philosophie.** Textausgabe und Kommentar. Herausgegeben von Georg Mohr. Drei Bände und ein Kommentarband. stw 1518. 1500 Seiten

NF 130/2/12.00